环渤海污染压力和海上响应的统筹调控研究

"基于环境承载力的环渤海经济活动影响监测
与调控技术研究"项目组　著

U0195385

海洋出版社

2016年·北京

内容简介

本书是介绍国家海洋公益性行业科研专项"基于环境承载力的环渤海经济活动影响监测与调控技术研究"总体研究成果的专著。全书在介绍了研究工作基础、技术路线的基础上，系统梳理了 8 个方面的创新性探索，分析了环渤海地区社会经济活动的总体特征与海洋环境的关系，研发了渤海海洋环境承载力评估技术与监测方法；研究构建了社会经济活动产生化学需氧量等污染物压力的评价指标体系；重点研究辽东湾工业污染调控、渤海湾城镇生活污染调控和莱州湾农业污染调控；提出了渤海环境管理的陆海统筹机制与管理模式。

本书可为从事渤海环境研究和治理的人员提供决策依据和参考，为从事海洋管理、海域使用的研究人员提供资料参考，也可供海洋科学、环境科学等专业的学生选作学习参考用书。

图书在版编目 (CIP) 数据

环渤海污染压力和海上响应的统筹调控研究／《基于环境承载力的环渤海经济活动影响监测与调控技术研究》项目组著 . —北京：海洋出版社，2015.12

ISBN 978-7-5027-9279-4

Ⅰ . ①环… Ⅱ . ①基… Ⅲ . ①环渤海经济圈－海洋环境－环境保护－研究 Ⅳ . ① X55

中国版本图书馆 CIP 数据核字 (2015) 第 292007 号

责任编辑：郑跟娣

责任印制：赵麟苏

海洋出版社出版发行

网址：http://www.oceanpress.com.cn

地址：北京市海淀区大慧寺路 8 号，邮编：100081

北京朝阳印刷厂有限责任公司印刷 新华书店北京发行所经销

2016 年 1 月第 1 版 2016 年 1 月第 1 次印刷

开本：889mm × 1 194mm 1/16 印张：35

字数：840 千字 定价：220.00 元

发行部：010-62132549 邮购部：010-68038093 总编室：010-62114335

海洋版图书印、装错误可随时退换

项目报告编写组

课题总负责人：

栾维新

专题一编写组成员：

张志锋　穆景利　赵　骞　王　辉　杜利楠　张微微
王立军　王　燕　张　哲

专题二编写组成员：

栾维新　王　辉　康敏捷　王晓惠　徐丛春　李宜良
姜昳芃　杜利楠　片　峰　赵冰茹

专题三编写组成员：

李怡群　胡振宇　高文斌　周余义　周　军　张海鹏
安　然　孙　丽

专题四编写组成员：

石洪华　彭　伟　沈程程　李　芬　吴姗姗　郑　伟
王勇智　方春洪　张凤成　霍元子

专题五编写组成员：

张春宇　陈　旭　刘容子　张　平　刘堃疏　震　娅
张　红　郑淑英　刘彦宏　黄　莉

序　言

改革开放以来，环渤海地区的经济和社会发展取得了举世瞩目的成就，由此产生的陆域水资源、水环境条件恶化，引发了渤海生态服务功能显著下降、可持续利用能力加速丧失、陆海一体的环境保护压力日益增大等一系列问题。21世纪以来，渤海的环境污染和生态破坏引起了国家的重视，2007年2月，国家发展和改革委员会牵头完成《渤海环境保护总体规划》，2008年度海洋公益性行业科研专项资助"海洋资源和生态环境承载力研究"，2009年国家海洋局启动了渤海专项。

相关研究表明，渤海已经是我国目前海洋环境恶化最严重、生态安全最脆弱的海区。1980年以前渤海基本为清洁海域；至2011年，渤海海域除渤海中部仍保持一类水质外，近岸大部分海域均为污染海域，四类和劣四类水质面积在1.1×10^4—$1.7 \times 10^4 \, km^2$之间波动，已经严重影响了环渤海社会经济发展和公众用海安全，一些专家认为渤海环境承载力已达极限。渤海海洋环境在过去30年的时间尺度内发生这样急剧的变化，沿岸社会经济活动强度不断加大是其根本原因。相关研究的初步结论表明，海上活动对渤海海洋环境污染的贡献为20%左右，临海产业活动的贡献不超过20%，陆域社会经济活动的贡献超过60%。要遏制渤海海洋环境污染的趋势，必须重点控制沿海社会经济活动对渤海海洋环境影响的强度。

为了客观评估环渤海地区社会经济活动的环境压力，实施渤海环境污染的陆海统筹治理，2010年国家海洋公益性行业科研专项资助了"基于环境承载力的环渤海经济活动影响监测与调控技术研究"项目。我作为项目立项咨询专家，参与了课题实施方案修改和制定具体研究目标的讨论；作为中期验收专家组组长，对完善课题研究技术路线、处理各子课题逻辑关系、凝聚研究目标等提出了修改意见；在自验收专家评审会上，对课题研究创新成果的凝聚、研究成果的提升方向、课题总报告结构等提出要求。项目组认真地吸收了咨询会、中期验收会和自验收会各位专家的意见，经过反复讨论、修改，形成了这个体系比较完善的研究成果。本项研究在以下几个方面形成鲜明的特色。

一是项目立项具有前瞻性。党的十八届三中全会明确要求"建立资源环境承载能力监测预警机制，对水土资源、环境容量和海洋资源超载区域实行限制性措施。建立陆海统筹的生态系统保护修复和污染防治区域联动机制"。国家海洋局科学技术司五年前确立这个研究题目，任务的总体设计和研究结论比较好地契合了国家现实需求，并且符合海洋公益性行业科研专项设立宗旨，为寻求渤海海洋环境陆海统筹管理的途径和实施对策提供了依据。

二是探索了人文社会科学和自然科学相结合解决海洋环境问题。项目组以问题为导向，以技术为支撑，并在解决不同问题时，根据问题自身的特点有针对性地应用自然科学和人文社会科学的研究方法。在研发渤海海洋环境承载力评估技术与监测方法，利用GIS技术将渤海近岸海域管理单元的划分与控制性监测站位的选择，建立评价单元环境承载力等级评估体系和渤海环境承载力趋势性预警机制以及基于区域土地利用结构解决社会经济活动不均匀分布的空间化问题等方面，主要应用自然科学的研究方法。而在构建社会经济活动产生化学需氧量等污染物压力的评价指标体系，分析社会经济统计资料与污染物排放量的关系，形成《关于加强渤海海洋环境陆海统筹管理的建议》和《关于加快环渤海地区工业结构优化的建议》咨询报告等方面，更多是采用人文社会科学的研究方法。从项目各部分衔接的情况上来看，自然科学与人文社会科学融合得非常好，紧密结合环渤海社会经济发展研究渤海环境污染压力的尝试是值得肯定的。

三是课题研究的逻辑思路清楚。项目重点研究人海关系中的环境污染调控，具体解决发展与环境问题，把区域经济发展与环境问题结合起来。环境承载力就是生产力，是可以直接与经济活动挂钩的。区域经济发展与环境承载力管理相协调就是满足以下两点要求：一是区域经济发展和产业结构调控要符合产业发展规律，二是要结合产业结构调整切实实现改善环渤海地区生态环境的目标。自然科学与人文社会科学两种理论和学科方法结合是难点，这一方面反映在数学上，具体来说就是数据处理，尤其是对空间数据的处理，是对编序数据的处理，存在"城市穿透"或"城市过渡"。人文社会指标的空间化处理也做得很好，在对环渤海地区环境污染倒U型曲线（库兹涅茨曲线）的研究，非常清晰地揭示了渤海环境污染的演变特征。

四是课题研究的工作基础扎实。课题组系统整理分析了渤海环境业务化监测与调查、近岸海域专项调查、渤海专项调查、渤海入海污染源监测与调查和环保部门环境监测等海洋环境方面的资料；并根据研究实际需要，对辽东湾、渤海湾和莱州湾进行了海洋环境方面的补充调查；投入大量的精力整理了环渤海三省两市和辖区内44个地级市1980—2011年社会经济统计指标、2010年度444个县级统计单元40项社会经济统计指标，以及第一次全国污染源普查资料，处理了大量的原始数据，保证了研究结果的科学可靠性。

五是对创新性成果总结得比较系统。项目组着力总结和凝练创新性研究，并在第二篇比较系统地从10个方面总结了创新性探索。这样可以比较系统地向读者展示研究成果，也有利于后续研究者应用参考,我比较赞赏这样总结研究成果的表达方式。

党的十八届三中全会首次提出"用制度保护生态环境"，全会强调，要紧紧围绕建设美丽中国深化生态文明体制改革，加快建立生态文明制度，健全国土空间开发、资源节约利用、生态环境保护的体制机制，推动形成人与自然和谐发展现代化建设新格局。全会提出，建设生态文明，必须建立系统完整的生态文明制度体系，用制度保护生态环境。要健全自然资源资产产权制度和用途管制制度，划定生态保护红线，实行资源有偿使用制度和生态补偿制度，改革生态环境保护管理体制。在此背景下，本项致力于环渤海地区社会经济发展和渤海生态环境保护和谐并进的研究和对策建议正大有用武之地。

人与自然和谐相处，社会经济的可持续发展，是值得我们不断探索的课题。愿本项目的后续研究可以进一步深化和升华，愿更多的专家和学者加入到相关研究中来，期待专著中的成果得到更广泛的传播和应用。

王佑文

2015. 05. 20

前 言

渤海上承海河、黄河、辽河三大流域，下接黄海、东海生态体系，是我国唯一半封闭型内海，具有独特的资源和地缘优势，是环渤海地区社会经济发展的重要支持系统。

环渤海地区是我国社会经济高度发达的区域之一，沿岸的辽宁、河北、山东、北京和天津等三省两市辖区总面积约为 $51.5 \times 10^4 \, km^2$，占全国陆地面积的5.37%，但却集中分布了全国总人口的14%、国内生产总值的19.8%、三产增加值的21.2%；本区人口密度相当于全国人口平均密度的3.2倍、经济密度为全国的4.5倍、高速公路密度为全国的3.1倍；本区也是我国三大城市密集的地区之一，分布有北京和天津两大直辖市，城市化率（64.68%）比全国平均水平高出13个百分点。环渤海地区海洋经济发展迅速，海洋总产值从1986年的64亿元增长到2008年的10 894亿元，年均增长率高达26.6%，约占全国海洋生产总值的36.1%。

过去30年，渤海海洋环境变化趋势令人担忧。1980年以前渤海海域基本为清洁海域；1990年渤海各海域海水质量总体处于较好的水平，仅在辽东湾、渤海湾、莱州湾局部海域有二类水质的分布；至2011年，渤海海域除渤海中部仍保持一类水质外，多数沿海海域及各大海湾的海水质量均为四类或劣四类水质，未达到清洁海域水质标准的面积约 $2.4 \times 10^4 \, km^2$。渤海水体中的无机盐、活性磷酸盐、化学需氧量、石油类、铜、锌等污染物含量全部超标，一种或多种污染物未达到一类水质标准的面积已占到海域总面积的56%。渤海已经呈现生态服务功能显著下降、可持续利用能力加速丧失、陆海一体的环境保护压力日益增大等问题。

渤海是我国海洋环境最为脆弱的海区，其海洋环境变化是气候、水文、水动力等自然条件和沿岸地区社会经济活动长期综合作用的结果。但是，在过去20—30年的时间尺度内发生这样急剧的变化，与沿岸社会经济快速发展、人口高度集中、工业等社会经济活动强度不断加大有密切的关系。要遏制渤海海洋环境污染加重的趋势，必须重点控制沿海社会经济活动对渤海海洋环境影响的强度，通过调整产业结构、转变经济发展方式、节能减排等调控措施，减缓对渤海海洋环境的压力，探索经济可持续发展和海洋环境逐步改善"双赢"的有效途径。

为加强渤海污染环境治理，2010年度海洋公益性行业科研专项支持了"基于环境承载力的环渤海经济活动影响监测与调控技术研究"项目（项目编号：201005008），项目由栾维新教授牵头，大连海事大学、国家海洋环境监测中心、国家海洋局第一海洋研究所、国家海洋局信息中心、国家海洋局技术中心、河北省海洋与水产科学研究院、国家发改委国土开发与地区经济研究所、国家海洋局海洋发展战略研究所和综合开发研究院（中国·深圳）等单位50多位专家参与课题研究。

为完成项目研究任务，课题组系统整理分析了渤海环境业务化监测与调查、近岸海域专项调查、渤海专项调查、渤海入海污染源监测与调查和环保部门环境监测等海洋环境方面的资料；并根据研究实际需要，对辽东湾、渤海湾和莱州湾进行了海洋环境方面的补充调查。课题组系统整理了环渤海三省两市和辖区内44个地级市1980—2011年社会经济统计指标、2010年度444个县级统计单元40个社会经济统计指标，以及全国第一次污染源普查资料，处理了30多万原始数据，为比较准确地估算环渤海地区工业、农业和城镇生活等社会经济活动产生的化学需氧量、总氮、总磷污染物对渤海环境的影响奠定了扎实的基础。

在研究计划的实施过程中，课题组主要是围绕以下4个方面开展研究：第一是研发了渤海海洋环境承载力评估技术与监测方法。为了评估渤海的海洋环境承载力，以渤海海洋功能区划环境质量为基本要求，充分考虑敏感和重要生态区保护要求、入海河流河口缓冲区的需求以及渤海水动力状况，确定了渤海水质控制目标。将渤海近岸海域划分为23个管理单元，中部海域划分为6个管理单元，选择了150个控制性监测站位。建立了评价单元环境承载力等级评估体系和渤海环境承载力趋势性预警机制；第二，研究构建社会经济活动产生化学需氧量等污染物压力的评价指标体系。以全国第一次污染源普查资料为基础，深入分析社会经济统计资料与污染物排放量的关系，系统提取了农业、工业、城镇居民生活等活动的污染物排放系数，并针对不同研究区域的排污特点对各类排放系数进行了修订，构建了环渤海地区社会经济活动全范围全类型的污染物排放系数体系；系统整理环渤海地区2010年度444个县级统计单元农业、工业、城镇居民生活三大类40个社会经济统计指标，利用污染物排放系数估算每个县级单元内化学需氧量、总氮和总磷等主要污染物压力，依据陆域水系自然特征和渤海近岸海域管理单元的划分结果将陆域划分23个汇水单元；以区域土地利用结构为基础解决社会经济活动不均匀分布的空间化问题；分析每个汇水单元污染物排放的总量与来源结构，为形成治理渤海环境污染的陆海统筹"倒逼机制"提供依据。第三，重点研究三大海湾的污染治理问题。根据对辽东湾、渤海湾和莱州湾的海洋环境调查资料与监测数据的处理，系统完成了对三大海湾的海洋环境承载力监测评价和预警研究，全面评估了3个海湾的沿海社会经济活动影响海洋环境的压力，评价了3个海湾社会经济活动与海洋环境承载力的时空耦合关系；针对3个海湾海洋环境和陆源污染物构成特点，分别设计了辽东湾环境承载力监测与工业污染调控方案、渤海湾环境承载力监测与城市污染调控方案以及莱州湾环境承载力监测与农业污染调控方案。第四，研究治理渤海海洋环境的海陆统筹机制问题。在系统分析渤海海洋环境治理现状与问题的基础上，借鉴国际经验提出渤海海洋环境的治理模式和陆海统筹对策，寻求通过沿海产业布局和产业结构的调整，实现减轻渤海海洋环境压力的途径。

为了尽快将课题组的研究成果转化为管理部门决策的依据，为建立渤海资源环境承载能力监测预警机制，加强渤海海洋环境陆海统筹管理，课题组向国家发展与改革委员会地区经济司、国家海洋局生态环境保护司等管理部门提交了《关于加强渤海海洋环境陆海统筹管理的建议》、《关于加快环渤海地区工业结构优化的建议》、《关于加强环渤海地区农业面源污染治理的建议》等咨询报告，研究成果已被上述部门应用采纳。

该书不仅是所有项目参与人员4年多协同努力的成果，也凝聚了参与项目立项、中期检查、咨询的有关专家学者的心血与智慧。感谢国家海洋局第一海洋研究所的丁德文院士、李培英研究员、吴桑云研究员，国家海洋环境监测中心的关道明、马明辉、温泉研究员，国家海洋局东海分局的潘增弟研究员，中国海洋大学的李永琪、杨作升教授，国家海洋局第二海洋研究所的周明江研究员，辽宁师范大学的侯林教授，辽宁省海洋水产科学研究院的韩家波教授，大连海洋大学的陈勇、勾维民教授等专家学者，对课题研究方案、技术路线、研究方法等方面提出的建设性意见。感谢国家海洋局科学技术司、生态环境保护司、海域综合管理司、海洋出版社等部门领导的关心与支持。

本书的出版由国家海洋局海洋公益性行业科研专项"基于环境承载力的环渤海经济活动影响监测与调控技术研究"（项目编号：201005008）资助。

由于时间、精力以及作者水平的限制，书中难免存在疏漏甚至错误的情况，敬请同行专家和读者批评指正。

栾维新

2015年5月10日

目　次

第五篇　社会经济活动环境影响压力机制研究

第六篇　环渤海地区重要污染物压力研究

第七篇　辽东湾环境承载力监测与工业污染调控研究

第八篇　渤海湾环境承载力监测与城镇污染调控研究

第九篇　莱州湾环境承载力监测与农业污染调控研究

第十篇　渤海海洋环境管理的陆海统筹机制与产业调控研究

第一篇 概述

1 项目研究背景与意义

1.1 项目研究背景

渤海海洋环境状况令人担忧。渤海是我国目前海洋环境恶化最严重、生态安全最脆弱的海区。1980年以前渤海基本为清洁海域；至2011年，渤海海域除渤海中部仍保持一类水质外，近岸大部分海域均为污染海域，四类和劣四类水质面积在1.1×10^4—$1.7 \times 10^4 \, \mathrm{km}^2$之间波动，已经严重影响了环渤海社会经济发展和公众用海安全，一些专家认为渤海海洋环境承载力已达极限。

（1）研究沿海社会经济活动对渤海海洋环境影响的机制是破解"渤海难题"的关键

渤海海洋环境在过去20—30年的时间尺度内发生这样急剧的变化，沿岸社会经济活动强度不断加大是其根本原因。根据相关研究的初步结论，海上相关活动对渤海海洋环境影响的贡献为20%左右，临海产业活动的贡献不超过20%，陆域社会经济活动的贡献超过60%。要遏制渤海海洋环境污染加重的趋势，必须重点控制沿海社会经济活动对渤海海洋环境影响的强度。通过调整产业结构、转变经济发展方式、节能减排等调控措施，减缓对渤海海洋环境的压力，探索经济可持续发展和海洋环境逐步改善，实现"双赢"的有效途径。

（2）环渤海地区若干国家级区域发展战略在环渤海地区的实施迫切需要开展本项研究

环渤海地区先后已经有辽宁沿海经济带、京津冀都市圈、河北曹妃甸循环经济示范区、天津滨海新区、黄河三角洲生态示范区、山东沿海蓝色经济带等多个国家级区域发展战略在此形成交集，继珠江三角洲和长江三角洲后，环渤海区域社会经济发展在国家发展战略层面的地位和期望越来越高。研究破解环渤海地区经济发展和渤海海洋环境承载力之间的矛盾和解决问题的途径，已经成为当务之急。

（3）本项研究将有力地推进环渤海地区经济发展方式的转变

转变经济发展方式是我国目前经济发展的重大战略任务，这样的宏观背景为调整产业结构、实现节能减排的目标创造了良好的条件，也为减轻沿海社会经济发展对渤海海洋环境压力提供了难得的机遇。当前，环渤海地区内的国家级区域发展战略的实施，基本是以发挥港口功能为核心，以发展船舶等装备制造、石油化工、钢铁、电力等污染较重的重化工业为目标，重化工业将进一步聚集，对海洋环境施加的压力将空前的大。关于重点项目的建设，必须按照低碳、绿色、循环经济的发展理念，提出更严格的环境要求，实现结构优化、效益增加、发展可持续。本项研究探索陆域经济活动与海上环境污染之间的响应关系，可以从控制海上污染的角度为环渤海地区产业结构调整提供理论依据，从而有效推动该区域内经济发展方式的转变。

本项目切合《国家中长期科学和技术发展规划纲要（2006—2020年）》（以下简称《纲要》）中"环境"重点领域之"海洋生态环境保护"优先主题，体现了《纲要》中关于"加强海洋生态与环境保护技术研究，发展近海海域生态与环境保护"等需求；同时满足《国家"十一五"海洋科学和技术发展规划纲要》重点任务中的"发展海洋开发保护技术，推动海洋经济健康发展"，"开展海洋管理研究，促进海洋事业可持续发展"等需求；对《全国科技兴海规划纲要（2008—2015年）》中的"加快海洋公益技术应用，推进海洋经济发展方式转变"等需求也有很好的体现。

1.2 意义

本项目面向国家两个重大需求：一是国家保护和改善渤海海洋环境的直接需求，二是推进《纲要》中"海洋生态环境保护"优先主题的研究。渤海海洋环境在过去20—30年的时间尺度内发生急剧的变化，周边社会经济活动强度不断增大、入海排污量不断增加是渤海海洋环境变化的最根本原因（图1.1），海陆统筹治理是保护渤海海洋环境的正确思路。本项目将渤海海洋环境治理的重点从海上转移至陆域，以海洋环境承载力监测为抓手，以社会经济活动影响海洋环境变化的内在机制为依据，通过调控渤海周边社会经济的发展，达到改善和保护渤海海洋环境的目的。

项目对"海洋环境承载力"概念作出新的阐释，即以海洋环境质量控制目标值与实际载荷量的差值作为环境承载力，是对海洋环境载荷能力的描述，新的阐释突出了以海洋环境承载力为基础确定海洋环境"污染调控目标"的可操作性。项目顶层是以体系化、链条式为思路设计的，以海洋环境承载力评估与监测技术研究为起点，以社会经济活动影响海洋环境变化的机制研究为核心，通过3个海湾污染调控方案设计研究，提出保护渤海海洋环境的海陆统筹政策建议为最终目标。项目主要解决两大方面的问题：①开发海洋环境承载力的监测方法。即以海洋环境监测资料为基础，并综合考虑海洋功能区划等多个因素，采用专家评价方法确定渤海环境质量控制目标，进而确定海洋环境承载力，将其作为调控社会经济的抓手；同时也为海洋环境监测评价的业务化延伸提供支撑。②构建影响海洋环境的社会经济活动评价指标体系，研究社会经济活动与海洋环境承载力间的时空耦合机制，将其作为调控社会经济的主要依据，完善海洋经济监测评估的业务化体系。

以上两点是项目的基础研究部分，为其他部分研究提供理论和技术支撑。项目分别对辽东湾、渤海湾和莱州湾开展工业、城镇生活、农业污染影响海洋环境的调控技术研究，分析各海湾的海洋环境承载力状态和社会经济发展的环境压力，并提出三大海湾具有针对性的调控对策。综合以上研究提出渤海海洋环境管理的海陆统筹机制及产业调控措施，探索区域经济持续发展和海洋环境逐步改善，实现"双赢"的有效途径。

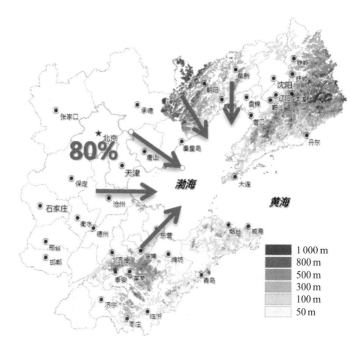

图1.1 陆源污染物入渤海示意图

1.3 项目主要研究目标

1.3.1 项目总体目标

本项研究总体目标是：系统研究社会经济活动影响海洋环境的压力机制，为调整环渤海地区产业结构提供决策依据，探索区域经济可持续发展和海洋环境逐步改善，实现"双赢"的有效途径。

本项研究具体目标是：①在科学确定海洋环境质量控制目标的基础上，研究海洋环境承载力监测与预警方法；②建立影响海洋环境的社会（人口和城市等）经济（农业和工业生产等）活动评价指标体系，研究沿海社会经济活动与海洋环境要素间的时空耦合关系，分析社会经济活动影响海洋环境承载力的压力机制；③应用海洋环境承载力监测和压力机制的研究结论，在辽东湾、渤海湾、莱州湾分别开展工业污染、城市污染、农业污染的调控规划研究，确定三大海湾海洋环境污染控制目标和沿岸各产业污染物减排要求，研究区域产业结构和产业规模等规划调控措施；④研究治理渤海海洋环境的行政管理、制度安排、经济政策等海陆统筹机制，提出调整环渤海区域产业结构和控制重点污染产业规模的对策建议。

1.3.2 项目年度目标

2011年：完成渤海环境调查与监测资料的收集和综合分析，渤海近岸海域分区单元的划分，渤海环境质量控制目标的确定；完成环渤海地区社会经济统计资料收集与分析，渤海海洋环境变化趋势资料收集与分析，社会经济活动污染物特征分析，影响海洋环境的主要社会经济活动遴选；开展社会经济活动统计指标的选择、污染系数的提取等研究，建立影响海洋环境的社会经济活动评价指标体系。

2012年：完成海洋环境承载力监测评估，海洋环境承载力分级评价和预警，制定海洋环境承载力评估与监测技术规范；完成"影响海洋环境的社会经济活动评价指标体系"研究任务；完成环渤海地区社会经济发展宏观背景分析报告；完成辽东湾海洋环境监测历史资料收集整理及补充调查，辽东湾工业入海污染物的污染调控目标的确定，辽东湾海域环境承载力的评估；开展社会经济活动与海洋环境承载力时空耦合的理论与方法研究，社会经济活动与海洋环境承载力耦合的空间界定，时空耦合分析研究。

2013年：完成社会经济活动与海洋环境承载力时间累积耦合分析，时间边际效应耦合分析，耦合模型构建、验证及过程反演；完成辽东湾社会经济活动与海洋环境承载力的时空耦合关系评价，工业入海污染物的污染调控目标确定，工业污染调控方案设计研究；完成渤海湾海洋环境监测历史资料收集整理及补充调查，城市入海污染物的污染调控目标确定，海域环境承载力的评估；完成莱州湾海洋环境监测历史资料收集整理及补充调查，农业入海污染物的污染调控目标确定、海域环境承载力的评估。

2014年：在上一年度工作的基础上，完成"渤海湾环境承载力监测与城市污染调控方案设计"研究任务；完成"莱州湾环境承载力监测与农业污染调控方案设计"研究任务；完成渤海海洋环境综合治理的调控政策建议；完成环渤海地区产业调整对策建议；编制相关图件，编制数据集，汇总研究成果，出版专著，提交成果验收。

1.4 项目主要研究内容

项目主要研究内容为：①海洋环境承载力评估、监测及预警方法研究；②建立影响海洋环境的社会经济活动评价指标体系；③社会经济活动与海洋环境承载力耦合机制研究；④辽东湾环境承载力监测与工业污染调控方案设计；⑤渤海湾环境承载力监测与城市污染调控方案设计；⑥莱州湾环境承载力监测与农业污染调控方案设计；⑦渤海海洋环境管理的海陆统筹机制及产业调控研究。

1.4.1 海洋环境承载力评估与监测方法研究

在渤海环境调查与监测资料收集整理与综合分析基础上，研究采用地理信息系统（GIS）技术，结合水系分布、水动力条件、污染源归并、海洋功能区划等信息，运用聚类分析方法优化和确定渤海近岸海域分区单元。采用GIS技术，对渤海近岸海域各分区单元的海洋功能区划和敏感保护目标的水质要求、其他海洋环境管理政策措施的水质要求等进行图层叠加，结合各分区海域规划分析结果和环境污染背景值，对各分区海域内不同类型功能区从资源利用的适宜性、海域利用现状、海洋经济发展需求等方面分析研究，确定各分区海域的主导功能和辅助功能。

综合考虑各分区的污染压力输入来源及主要迁移路径，并合理衔接各分区之间的水质要求，采用专家评判法，确定海水中不同类型污染物允许浓度的空间分布，即其环境质量控制目标，并编制渤海主要污染物的环境质量控制目标空间分布图件。采用GIS技术和单因子评价法，将主要污染物的监测结果转化为其浓度分布图，并由此确定各控制站位的主要污染物浓度Q_{Exp}。将Q_{Exp}与Q_{Std}相比较，获得主要污染物的单站位海洋环境承载力MEC。

1.4.2 建立影响海洋环境的社会经济活动评价指标体系

系统收集整理环渤海地区社会经济统计资料，分析国内外关于社会经济活动污染物特征（如行业排污手册、污染物普查等）研究成果，结合研究需要进行必要的污染调查和社会经济典型调查，并对重点社会经济活动排放污染物取样化验，研究各主要社会经济活动的排污方式、污染物类型，确定其污染物特征。通过对不同产业部门产污、排污能力及污染物排海量的分析，运用产业关联分析等方法，如具体甄选产生溶于水中的无机氮（DIN）含量等海洋环境监测要素污染物的主要社会经济活动，建立海洋污染物和社会经济活动的关联。根据主要社会经济活动污染物特征分析的结论，参照"行业排污手册"等相关行业污染物排放标准，针对每个经过筛选的典型海洋环境污染监测要素如化学需氧量（COD），提取主要社会经济活动排放相关污染物系数。

以系统理论为指导，运用数量经济学、应用数学、环境科学、区域经济学等理论方法，应用层次分析法（AHP）、主成分分析法、产业关联分析法等数量分析方法，建立影响渤海海洋环境的社会经济活动评价指标体系。

1.4.3 社会经济活动与海洋环境承载力耦合机制研究

本部分内容主要包括两个层面的耦合研究，一是渤海三大湾海洋总体环境状况与社会经济的时空耦合研究，二是渤海主要环境要素与社会经济的时空耦合研究。具体以系统工程理论为指导，运用数量经济学、应用数学、环境科学等理论方法，应用数据挖掘、GIS和关联分析等技术方法，分析社会经济活动与海洋环境承载力的时空耦合机制。

在三大海湾层面上，利用GIS分析平台将环渤海地区人口增长、城市化水平、农业发展、工业结构、工业规模、服务业发展水平等指标数据空间化；将包括水质、无机氮、PO_4^{3-}、重金属、石油烃等海洋环境要素的监测数据空间化；以三大湾为单元耦合分析社会经济活动空间分布与渤海各环境要素空间分布的关系；利用子任务2"社会经济活动与海洋环境承载力耦合机制研究"中指标分解结论构建空间耦合分析的指标体系；采用数据挖掘技术、因子分析法、数据包络分析（DEA）等方法定量分析环渤海地区社会经济发展的空间差异性如何影响海洋环境的空间分布差异。

在环境要素层面上，以海洋环境监测各个站点数据为基础，通过插值将各环境要素的点状数据面状化，利用GIS分析平台划分环境要素梯度，计算各梯度中的分布总量；在海域耦合单元划分基础上，利用数字高程模型（Digital Elevation Model， DEM）数据并结合流域范围确定对应的陆域影响范围，整理陆域范围的社会经济统计资料并对其进行空间化；通过灰色关联分析、因果分析、GIS空间分析等方法，重点研究该区域社会经济发展产业层面的特征（类型、结构、规模、距海远近等）与海洋环境污染分布区的相互联系。

1.4.4 辽东湾环境承载力监测与工业污染调控方案设计

收集整理2005年以来的辽东湾海洋环境调查与监测历史数据资料，将历史资料和补充调查资料进行整合，并输入监测数据集。依据《海洋环境承载力监测与评估技术规范》，利用辽东湾监测数据集和评价软件，评估辽东湾环境承载力；并按照环境承载力等级划分标准，筛选评价和预警辽东湾主要污染物和主要污染区域。充分利用研究内容②和③中的方法和结论，全面评估辽东湾沿海社会经济活动影响海洋环境的压力；综合辽东湾环境承载力、社会经济活动强度及两者时空耦合关系的评估结果，确定辽东湾需要重点控制的入海污染物类型及主要污染源，并进一步研究确定沿岸重点控制的污染产业和区域，提出主要入海污染物的减排要求等"污染调控目标"。系统分析整理1980—2010年辽宁省工业统计资料，重点分析工业污染对辽东湾海洋环境的压力，依据辽东湾的海洋环境"污染调控目标"要求，通过辽宁省工业发展规划的多方案情景模拟，提出辽宁省工业发展方式、产业结构、重点产业规模的规划调控与对策建议，为减轻工业污染对辽东湾海洋环境的压力提供依据。

1.4.5 渤海湾环境承载力监测与城市污染调控方案设计

收集整理2000年以来的渤海湾海洋环境调查与监测历史数据资料，将历史资料和补充调查资料进行整合，并输入监测数据集。依据《海洋环境承载力监测与评估技术规范》，采用渤海湾监测数据集和评价软件，评估渤海湾海洋环境承载力；并按照环境承载力等级划分标准，筛选评价和预警渤海湾主要污染物和主要污染区域。依据研究内容②和③给出的方法和结论，结合渤海湾地区经济发展实际，全面评估渤海湾沿海社会经济活动影响海洋环境的压力，重点研究渤海湾地区城市污染对海洋环境的压力。综合渤海湾环境承载力、社会经济活动强度及两者时空耦合关系的评估结果，确定渤海湾需重点控制的入海污染物类型及主要污染源，并进一步研究确定沿岸重点控制的污染产业和区域，提出主要入海污染物的减排要求等"污染调控目标"。依据渤海湾的海洋环境"污染调控目标"要求，通过区域城市发展规划的多方案情景模拟，提出主要城市发展方式、污水处理、污水回用等城市污染调控对策与建议。

1.4.6 莱州湾环境承载力监测与农业污染调控方案设计

收集整理2000年以来的莱州湾海洋环境调查与监测历史数据资料，将历史资料和补充调查资料进行整合，并输入监测数据集。依据《海洋环境承载力监测与评估技术规范》，采用莱州湾监测数据集和评价软件，评估莱州湾海洋环境承载力。并按照环境承载力等级划分标准，筛选评价和预警莱州湾主要污染物和主要污染区域。依据研究内容②和③给出的方法和结论，结合莱州湾地区经济发展实际，在全面评估莱州湾沿海社会经济活动影响海洋环境压力的基础上，重点研究沿岸（黄河流域）地区农业污染对莱州湾海洋环境的压力。综合莱州湾环境承载力、社会经济活动强度及两者时空耦合关系的评估结果，确定莱州湾需重点控制的入海污染物类型及主要污染源，并进一步研究确定沿岸重点控制的污染产业和区域，提出主要入海污染物的减排要求等"污染调控目标"。全面收集山东省渤海流域区域发展规划和区域农业发展规划方面的资料，客观分析判断区域农业的发展趋势，系统整理分析1980—2010年环莱州湾沿岸地区农业统计资料，重点研究农业发展对莱州湾海洋环境的压力，依据莱州湾的海洋环境"污染调控目标"要求，通过区域农业发展规划的多方案情景模拟，提出主要农业发展方式、施用化肥、农业用药、畜牧业发展等农业污染调控对策与建议。

1.4.7 渤海海洋环境管理的海陆统筹机制及产业调控研究

系统收集国内外关于经济发展与环境保护间的研究成果，根据环渤海地区经济发展阶段特点，以环境经济学理论为基础，在"经济可持续发展/环境改善、经济可持续发展/环境维持、经济可持续发展/环境恶化"等发展模式中，选择适应环渤海地区经济发展实际和海洋环境承载力特点的经济发展模式，并从理论上进行系统阐释。

系统收集国内外区域性海洋环境法律法规研究成果，包括国际组织、国家、地区，内容、范围、效力、缺位等，评估环渤海地区涉海发展战略、规划和海洋功能区划的现状、管理要求、调整诉求和矛盾问题，研究统筹协调对策。系统收集和分析国外区域性海洋环境管理的理论、方法、体制和机制方面的资料，总结成功案例，研究环渤海区域海陆统筹的环境管理模式（体制、机构、行业）现状，提出建议模式。重点研究环渤海区域环境保护与海陆统筹治理的政策建议，包括法制建设、体制改革、规划调整、管理模式、市场化调控对策等。

1.5 研究的创新点

本项研究的主要创新点是将治理渤海海洋环境的重点从海域转移至陆域，将海洋环境承载力监测与沿海社会经济活动对海洋环境影响的压力紧密联系起来，将海洋环境承载力监测结果作为确定海洋环境"污染调控目标"的依据，以此作为调控沿海社会经济活动影响海洋环境压力的根据，以调整沿海产业布局结构、转变经济发展方式作为减轻渤海海洋环境压力的途径，这在我国尚属首次。

项目在研究社会经济活动影响海洋环境的评价指标体系的基础上，分析沿海社会经济活动与近岸海域环境要素间的时空耦合关系，研究社会经济活动影响海洋环境承载力的压力机制，为切实通过调整陆域社会经济活动改善渤海海洋环境提供了理论与技术支撑。

本项研究的经济、社会效益显著。一是基于渤海三大海湾海洋环境承载力监测与预警的结论，确定每个海湾重点控制的入海污染物、沿岸重点控制的污染产业、重点污染物入海减排要求等明确的"污染调控目标"，为实施"海陆统筹"战略，根据海洋环境承载力状况调控陆域经济活动规模等提供依据。二是依据"污染调控目标"提出针对每个海湾沿海产业的控制途径、调控管理措施等，建立控制渤海海洋环境的行政管理、制度安排、政策经济手段等海陆统筹机制。本项目如能有效实施，将明显减少治理渤海海洋环境的投入。三是通过对区域建设项目提出严格环境要求，将未来一个时期重点发展的重化工业纳入低碳、循环经济的新型工业化道路。实践也已经证明，区域发展方式的转变、落后产能的淘汰、产业结构的调整等实施越早，调整的难度越小，综合效益（避免重复建设等）也越好。四是为海洋环境监测评价的业务化延伸提供支撑，有利于完善海洋经济监测评估的业务化体系。

1.6 研究的技术路线

本项目研究内容具体技术路线如图1.2所示。

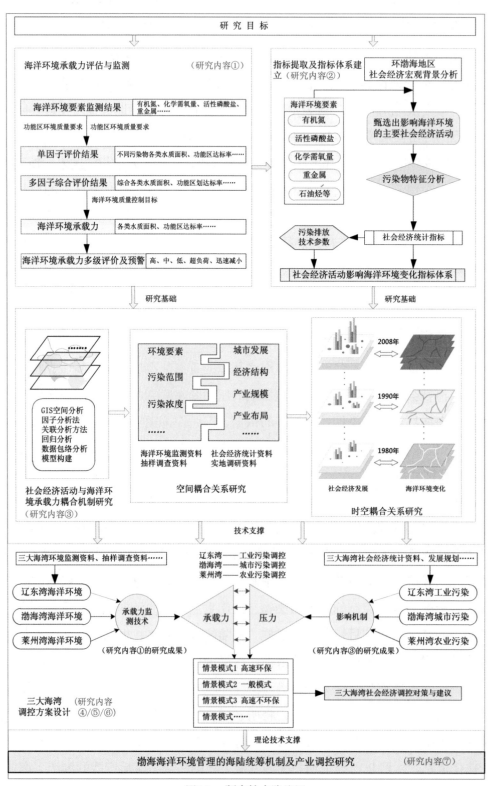

图1.2 研究技术路线图

2 项目研究的工作基础

2.1 研究范畴的界定

2.1.1 陆域研究范围

研究海域范围的确定比较明确，即整个渤海海域，面积7.7×10^4 km²，相比海域的研究范围，陆域研究范围的确定相对复杂。宏观层面上汇入渤海的所有河流所流经的流域范围都应列在陆域研究范围之内，这种思路在逻辑上是客观和严谨的，但在操作层面上无法确定研究重点，并且可行性欠佳。对于研究而言，应确定比较明确的研究区域，以使研究区域具有典型性、数据具有可获取性。因此，在确定陆域研究范围过程中综合考虑了研究范围的典型性、流域范围的客观性、研究数据的可获取性等因素。具体思路是首先确定大的行政区划范围，在此基础上根据流域范围确定入渤海的陆域范围。

陆域范围为环渤海地区。环渤海地区作为一个地理概念，首先从经济区角度提出，其区域范围主要从经济地理角度，以行政单元界定。以往的经济地理研究主要包括两种划分方法：狭义的划分方法仅包括北京、天津、河北、辽宁、山东三省两市；广义的划分方法还包括与这些省市经济联系较为密切的山西与内蒙古的部分地区。以往渤海环境问题相关研究多采用以沿海地级市为范围，本次项目研究选择以环渤海三省两市为研究的陆域范围，出于三点考虑：一是保证了经济地理概念的完整性，便于其他相关研究的参考和比较；二是环渤海三省两市保证了省级行政单元的完整性，便于管理对策的制定和实施，也便于与其他区划的衔接；三是研究面积覆盖了对渤海产生环境压力的主要社会经济活动的分布范围，能够满足自然环境—社会经济系统综合分析的需求，仅以沿海地级市为范围无法满足综合分析的需求。

2.1.2 流域范围的界定

如前文所述，本次研究将三省两市基本确定为环渤海地区的陆域研究范围，下面进一步对该范围的具体划分做更细的分析。在这里将"研究范围"的确定作为一个问题独立出来是基于海洋环境角度的"环渤海地区"与渤海之间的特殊关系，降雨及陆域活动造成的废水经地表径流汇入河流，最终流入渤海，其中天津和河北两地河流向东最终都汇入渤海，但辽宁和山东两省同时拥有渤海岸线和黄海岸线，相应地，两省的河流最终汇入两个海域，而不只是渤海，所以在严格意义上，渤海并不是三省两市废水排放入海的唯一海域（图2.1）。因此，在研究中应将汇入黄海的河流相对应的陆域区域剔除在研究范围之外，尽可能地保持研究的客观和严谨性。

以辽宁和山东两省等高线图结合河流来确定两省汇入黄海的流域范围，采用50 m、100 m、150 m、……大于1 000 m等高线作为确定流域范围的基础数据，绘制等高线图，结合两省的单线河与双线河图，分别划定了辽宁和山东两省的入黄海流域范围图（图2.2），并计算了各自的入黄海流域范围大小。辽宁省入黄海流域范围为2.66×10^4 km²，占全省面积的18.23%，辽宁省入渤海流域面积为11.93×10^4 km²；山东省入黄海流域范围为6.82×10^4 km²，占全省面积的43.44%,山东省入渤海流域面积为8.88×10^4 km^2。除去两省入黄海流域面积后,环渤海地区的实际面积为42.39×10^4 km^2,比之前的三省两市总面积少了9.48×10^4 km^2,占全国面积比重由5.37%减少到4.39%。基于以上分析,本书此后出现的所有"环渤海地区"均指剔除入黄海流域后的陆域面积,即42.39×10^4 km^2,占全国土地面积的4.39%。

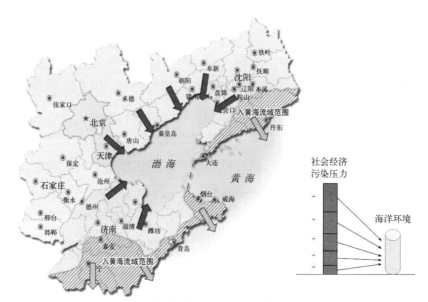

图2.1 陆源污染物入渤海空间范围示意图

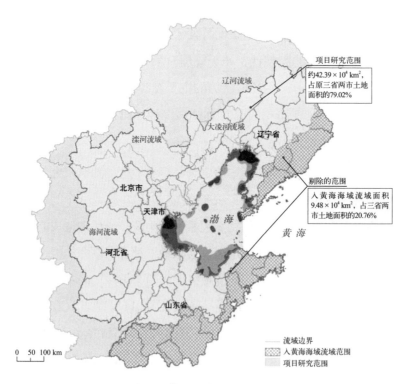

图2.2 环渤海地区范围图(剔除入黄海流域范围)

2.1.3 时间节点

改革开放前的统计资料难以收集,数据获取性差,影响研究的一致性,本项目研究的时间范围依据渤海海洋环境变化的基本事实来确定。20世纪80年代初期，渤海近海海洋环境基本属清洁海域，为一类水质，个别海湾海水水质为二类，总体海洋环境良好。而2011年渤海未达到清洁海域的面积为$3.3 \times 10^4 \text{ km}^2$，占渤海总面积的43%，且四类和劣四类水质占污染海域面积的25%，绝大多数近岸海域污染严重。经过30多年，渤海环境从清洁转变为严重污染，该时间跨度可以反映社会经济发展影响海洋环境的演变过程，因此，项目选取1978—2011年为研究的时间范围，作为研究区宏观背景分析的时期，对于具体污染物估算研究，由于社会经济统计资料的限制，研究选择2010年作为污染物估算的横截面年份。

2.1.4 社会经济活动范围

本项目研究的社会经济活动是指根据社会经济活动污染物特征甄选的、对海洋环境产生较大影响的区域社会经济活动的总称。依据社会经济活动的类型大体分为农村居民生活、城镇居民生活、工业生产、农业种植业生产、畜禽养殖业生产等，其中各类社会经济活动的具体内容在之后的研究中以指标体系的形式给出。

2.2 主要环境污染要素的选择

本项目研究对象的选择依据"以海定陆"。社会经济活动引起环境污染的类型多样，污染物众多，鉴于本项目研究的最终目的是保护渤海海洋环境，在选择要研究的污染物类型上也主要考虑海洋污染物，因此，并未考虑固体废弃物污染和废气污染。众多社会经济活动与环境变化的研究，大多选择废水、废气、废渣作为污染研究要素，或从宏观上研究"三废"与经济增长的关系，或从微观上分析点源或面源污染的产生过程机理，这对于海洋环境保护而言针对性不强。本项目研究选择海洋主要环境污染要素为研究对象，结合陆域社会经济活动研究经济发展与污染排放压力间的关系，对于研究海洋环境变化针对性强。因此，本项目研究主要以化学需氧量、氮、总磷和重金属为环境污染要素进行研究。

化学需氧量（Chemical Oxygen Demand，COD）：又称化学耗氧量，是反映水体中有机质污染程度的综合指标，其值越小，说明水质污染程度越轻，含量过高会导致水生生物缺氧以至死亡，使水质腐败变臭。

氨氮（Ammonia Nitrogen，AN）：是水体中的营养素，也是主要耗氧污染物，可导致水体富营养化现象，致使水质恶化，破坏水体生态平衡，对鱼类及某些水生生物有毒害。

总氮（Total Nitrogen，TN）：指的是水中有机氮、氨氮、亚硝酸盐氮、硝酸盐氮的总和。总氮量的增加，主要导致微生物和藻类等水生生物大量繁殖，造成水体富营养化。

总磷（Total Phosphorus，TP）：指的是水样经消解后将各种形态的磷转变成正磷酸盐后测定的结果，以每升水样含磷毫克数计量。水中磷可以元素磷、正磷酸盐、缩合磷酸盐、焦磷酸盐、偏磷酸盐和有机团结合的磷酸盐等形式存在。其主要来源为生活污水、化肥、有机磷农药及近代洗涤剂所用的磷酸盐增洁剂等。水中的磷是藻类生长需要的一种关键元素，过量磷是造成水体污秽异臭，使湖泊发生富营养化和海湾出现赤潮的主要原因。

重金属污染（Heavy Metal Pollution）：指由重金属或其化合物造成的环境污染。重金属或其化合物不能被生物降解，且具有生物累积性，很难在环境中降解，可直接威胁高等生物包括人类，对土壤的污染具有不可逆转性。

2.3　社会经济统计资料及处理

本项目所用数据来源：①社会经济数据来源于辽宁省及其所辖各市（县）社会经济统计年鉴，部分县区资料来源于中国县(市)社会经济统计年鉴；②地图资料为辽宁省基础地理数据，来源于国家基础地理信息系统；③土地利用数据为中科院2005年辽宁土地利用资料，采用土地利用二级分类数据；④估算2010年工业污染的基准数据来自第一次全国污染源普查资料（2008年数据）和中国环境统计年鉴；⑤各社会经济活动排污系数来自第一次全国污染源普查各系数册，还有部分系数收集整理于公开发表或出版的文章和著作。

时间范围：收集1980—2010年连续系统的社会经济统计资料，以国家和省、市统计局公布的统计资料为依据。

空间范围：河北省、天津市和北京市全部纳入统计范围，统计辽宁省和山东省剔除黄海流域部分后的社会经济资料。环渤海地区综合分析以省级单位为统计单元，几个海湾沿岸社会经济以地级市（或县级单位）为统计单元。

社会经济活动影响渤海环境的宏观背景分析：从宏观上分析环渤海地区经济发展现状与特点、产业结构及演变、城市和社会发展等对渤海环境的总体压力；具体分析环渤海地区农业生产的规模、结构，以及化肥、农药施用量对环境的总体压力；分析工业生产的规模、内部结构，以及重点污染产业对环境的总体压力。

2.4　海洋环境资料及处理

渤海海洋环境变化趋势资料收集的时间、空间及主要内容如下。

时间范围：收集1990—2010年海洋环境监测资料，以国家海洋环境监测公报或国家海洋环境监测中心提供的资料为依据。

空间范围：以海洋环境监测站位分布和评价范围作为评价重点，海域水质变化状况包括全海域的评价结果。

海洋环境变化趋势分析：收集了2000—2010年环渤海近岸海域水体、沉积物监测数据，从污染面积、程度和功能区达标情况等方面对渤海海洋环境质量变化趋势进行了初步分析，重点评价渤海海域清洁海域、轻度污染海域、严重污染海域的变化趋势，海洋功能区划环境质量达标率变化，以及重点污染物变化趋势。

排污口资料：环渤海沿岸13个地市的排污口地理分布、排污类型、近10年各排污口的主要污染物种类和超标程度等；收集环渤海辽宁、河北、天津和山东等三省一市及环渤海7大水系（辽河、滦河、海河、黄河、辽东半岛诸河、辽西半岛诸河和山东半岛诸河）的DEM数据和全国水文的空间数据；收集了环渤海45条主要入海河流近10年的水质变化情况和污染物主要类型等信息和环渤海区域水文动力数据，数据来源于"908专项"、渤海专项和历年监测数据等。

采用相关分析等方法半定量分析环渤海社会经济活动变化与海洋环境变化之间的关系，并确定渤海的功能定位。

2.5　污染普查资料及处理

污染普查资料来自于第一次全国污染源普查公报，数据包括城镇居民生活污染源情况、畜禽养殖业污染源普查、工业企业污染物产生量统计数据、种植业基本情况、种植业肥料及农药使用情况、水产养殖业基本情况、污水处理厂基本情况等各类型社会经济活动的污染源普查数据。

根据研究需要，对不能提取出相对稳定排污系数的工业各个行业，利用污染源普查资料推算出工业各行业的排污强度作为估算工业行业排放量的基本参数。对居民生活排污、畜禽养殖业排污以及种植业排污的估算均采用污染普查的排放系数作为基础参数。

2.6　土地利用空间数据及处理

2.6.1　土地利用资料的处理

将2005年土地利用数据的26个二级土地利用分类合并为10类如表2.1所示，分别为：城镇用地、其他建设用地、农村居民点、旱地、水田、林地、草地、水体、滩涂、裸地沙地，并以区县为统计单元提取每类土地利用类型的面积。

表2.1　土地利用资料的分类情况

	1. 城镇用地	2. 其他建设用地	3. 农村居民点	4. 旱地/包括	5. 水田/包括
土地类型				平原旱地	平原水田
				丘陵旱地	丘陵水田
				山地旱地	山地水田
面积/km²	930	439	3 476	25 726	7 332
占流域比例/%	1.47	0.70	5.51	40.78	11.62
	6. 林地/包括	7. 草地/包括	8. 水体/包括	9. 滩涂等/包括	10. 裸地沙地/包括
土地类型	灌木林	低覆盖度草地	河渠	滩地	裸土地
	有林地	中覆盖度草地	湖泊	滩涂	裸岩石砾地
	疏林地	高覆盖度草地	水库坑塘	盐碱地	沙地
	其他林地			沼泽地	
面积/km²	20 981	1 103	1 037	2 049	14
占流域比例/%	33.26	1.75	1.64	3.25	0.02

2.6.2 社会经济数据不均匀分布的空间处理

为客观反映研究区状况，提高分析的精度，对社会经济统计数据与土地利用数据进行了匹配（图2.3），因为在实际中，不同利用类型的土地上承载的社会经济活动并不相同，如工业生产活动绝大多数分布在城镇用地和其他建设用地上，而不是分布在耕地或其他土地利用类型上，因此，工业相关统计数据也应分布在城镇及其他建设用地上；相应地，污染普查监测的化学需氧量或氨氮数据应主要分布在城镇用地和农村居民点用地上，而不应分布在沙地、草地或其他土地利用类型上，图2.3显示了数据空间化及与各土地利用类型匹配的过程，数据空间化过程中每类土地利用类型内部各类社会经济数据按平均分布处理。

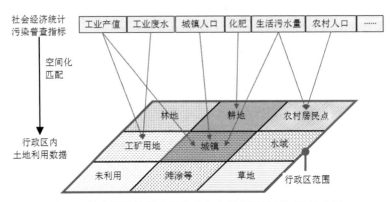

图2.3 社会经济数据空间化及与土地利用数据匹配示意图

2.6.3 流域边界外数据的剔除

这里的剔除是指跨流域边界且位于流域边界之外的行政区范围内各类数据的剔除。流域边界与行政区划边界并不重叠，流域边界往往将行政区范围割裂为多个部分，位于流域边界之外的部分并不属于研究区范围，为提高研究精度，该部分数据应予剔除。具体思路为：依据边界外各土地利用面积比例确定各类型数据的剔除比例，以化肥施用量数据的确定为例，承载化肥投入的主要土地类型是耕地，包括各类旱地和水田，以GIS为平台计算流域范围外该行政区的各类旱地和水田面积，确定该面积占该行政区旱地和水田总面积的比例，行政区化肥施用总量乘以该比例即为该行政区落在流域外的施用量数据，应从总量中予以剔除，图2.4显示了该剔除过程。

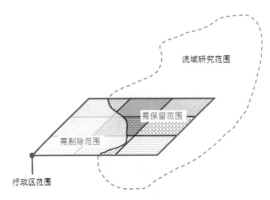

图2.4 跨流域边界的行政区数据剔除示意图

2.7　渤海环境治理相关政策法规

渤海环境治理的相关政策法规及主要内容见表2.2。

表2.2　渤海环境治理的政策法规

时间	渤海环境治理行动	主要内容
2000年5月	由农业部牵头，国家环保总局（现环保部）、国家海洋局和交通部参加，制定了《渤海沿海资源管理行动计划》	该计划分项目目标、展望、管理原则、渤海沿海资源管理、建议采取的行动、行动计划的实施等6部分。项目目标：向农业部提交一份多部门的渤海管理沿海资源管理行动计划，以指导该地区的海洋资源和水产资源的可持续发展
2000年8月	国家海洋局制定并实施了《渤海综合整治规划》（2001—2015年)	阐述了渤海综合整治的必要性和紧迫性，渤海综合整治的指导思想、原则与目标，渤海综合整治规划项目，渤海综合整治的组织实施，并进行了渤海综合整治的可行性分析和效益预测，共有7大类27项
2000年7月26日	国家海洋局和环渤海三省一市在大连联合发表"渤海环境保护宣言"	"渤海环境保护宣言"就渤海环境问题的重要性、拯救渤海的指导思想、原则和目标以及措施与行动，做出了明确表态，其中包括：组建跨行政区的渤海综合管理协调机构；确定和控制该海域排污总量；筹集专项治理基金、培养人才；用现代科学和信息技术改善渤海环境等，希望能最终实现渤海经济与社会和海洋环境与资源整体协调、持续发展的目标
2000年	《渤海环境管理战略》	提出了渤海环境管理的战略目标与行动原则、战略框架；提出了基于生态系统管理理念与方法。构建了中央政府及地方各级政府与利益相关者之间的新型伙伴关系，构建了一个长期、综合、具有战略导向意义的海洋/海岸带生态管理框架
2001年	国务院正式批准了由国家环保总局（现环保部）、国家海洋局、交通部、农业部、海军及天津、河北、辽宁、山东四省市联合制定的《渤海碧海行动计划》	历时15年，分为近期、中期和远期目标：近期，2001—2005年；中期，2006—2010年；远期，2011—2015年。以恢复和改善渤海的水质和生态环境为立足点，以调整和改变该地区的生产生活方式、促进经济增长方式的转变为基本途径，陆海兼顾、河海统筹，以整治陆源污染为重点，遏制海域环境的不断恶化，促进海域环境质量的改善，努力增强海洋生态系统服务功能，确保环渤海地区社会经济的可持续发展。"渤海碧海行动计划"预示着我国的资源利用和生态保护都步入一个新阶段
2004年3月30日	农业部颁布《渤海生物资源养护规定》，从5月1日起施行	新的养护规定涉及捕捞、养殖、增殖、休闲渔业等各个方面，以期合理养护和利用渤海生物资源，促进渔业的可持续发展

时间	渤海环境治理行动	主要内容
2006年	国家发展和改革委员会组织环渤海的三省一市和国务院有关部门启动了《渤海环境保护总体规划(2008—2020年)》的编制工作	以构建海洋污染防治与生态修复、陆域污染源控制和综合治理、流域水资源和水环境综合管理与整治、环境保护科技支持、海洋监测五大系统为出发点，加强系统间的联系，改变以单纯依靠投资和工程项目实施来开展环境治理工作的方式，形成了以海定陆的基本思路，即：全面加强从海洋到河流，从入海口到流域上游地区的污染源控制，并把陆地污染控制、流域水资源与水环境综合管理，以及海域保护有机结合起来。实现点源、面源同时控制，水量、水质同时监管，海域、沿海城市与入海河流流域同时规定节水、治污任务
2008年11月	《渤海环境保护总体规划(2008—2020年)》正式获得国务院批准	
2009年7月	《渤海环境保护总体规划(2008—2020年)》（以下简称《规划》）转发并贯彻执行	
2009年5月	国家海洋局印发了《关于开展渤海石油勘探开发活动定期巡航执法检查工作的意见》	决定建立渤海定期巡航制度，进一步加强对渤海日益扩大的海洋石油勘探开发活动的巡航监视，及时发现、处置各类海洋违法违规行为和突发的海洋环境污染损害事件，促进海洋石油勘探开发活动的健康、协调、可持续发展
2012年6月	国家海洋局长对渤海海洋环境保护进行调研	国家海洋局局长刘赐贵一行，对秦皇岛、唐山海洋环境保护工作进行调研，并在曹妃甸渤海国际会议中心，召开了渤海海洋环境保护工作座谈会
2012年10月	国家海洋局印发《关于建立渤海海洋生态红线制度的若干意见》	《意见》提出，要将渤海海洋保护区、重要滨海湿地、重要河口、特殊保护海岛和沙源保护海域、重要砂质岸线、自然景观与文化历史遗迹、重要旅游区和重要渔业海域等区域划定为海洋生态红线区，并进一步细分为禁止开发区和限制开发区，依据生态特点和管理需求，分区分类制定红线管控措施
2013年3月5日	环渤海区域合作市长联席会办公室组织，环渤海节能减排促进会主办的"环渤海蓝天行动"启动	目的：遏制、解决严重雾霾天气等大气污染问题。"环渤海蓝天行动"旨在宣传环保知识、倡导环保理念，推动环渤海区域加强环保方面的合作，通过努力，使环渤海区域大气环境得到改善
2013年5月29日	河北省将控制雾霾提上立法层面	提交省第十二届人大常委会第二次会议审议的省气象灾害防御条例草案二审稿增加了采取有效措施控制雾霾天气相关内容。条例草案二审稿规定，省、设区的市人民政府气象主管机构和环境保护行政主管部门应建立空气质量监测信息共享、预报会商和信息发布制度，及时向公众发布大雾、霾灾害监测信息和空气质量监测信息
2013年9月	国务院发布《大气污染防治行动计划》	这是当前和今后一个时期全国大气污染防治工作的行动指南。目标：经过5年努力，全国空气质量总体改善，重污染天气较大幅度减少；京津冀、长三角、珠三角等区域空气质量明显好转；力争再用5年或更长时间，逐步消除重污染天气，全国空气质量明显改善

续表

时间	渤海环境治理行动	主要内容
2013年9月4日	河北省委确定的《大气污染专项治理十条措施》公布实施	从10个最要紧的方面着手，为污浊的大气进行前所未有、力度最强的"大扫除"
2013年9月6日	《河北省大气污染防治行动计划实施方案》印发	采取50条措施，加强大气污染综合治理，改善全省环境空气质量。《方案》提出，要着力解决以细颗粒物（PM2.5）为重点的大气污染问题，突出抓好重点城市、重点行业、重点企业的污染治理，形成政府统领、企业施治、创新驱动、社会监督、公众参与的大气污染防治新机制
2013年9月17日	《京津冀及周边地区落实大气污染防治行动计划实施细则》印发	为加快京津冀及周边地区大气污染综合治理，依据《大气污染防治行动计划》，制定本实施细则
2013年10月23日	由6省区市、7部委协作联动的京津冀及周边地区大气污染防治协作机制在北京启动	这是贯彻国务院《大气污染防治行动计划》的一个重要举措。在新机制下，按照"责任共担、信息共享、协商统筹、联防联控"的工作原则，北京等6省区市和环保部等7个国家部委，将执行一系列工作制度：信息共享制度、联动应急响应制度等

3 项目的组织与实施

3.1 项目的设计思路

为项目更好实施，我们依据体系化、链条式的思路进行项目顶层设计。如图3.1所示，研究内容1、2、3为研究内容4、5、6的完成提供基础和技术支撑；通过对研究内容3、4、5、6的集成创新，完成研究内容7，寻求区域经济持续发展和海洋环境逐步改善实现"双赢"的有效途径。

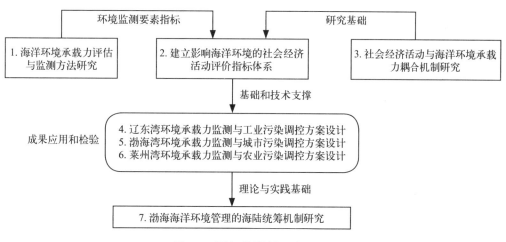

图3.1 项目顶层设计示意图

3.2 项目研究的过程管理

项目由国家海洋局组织，大连海事大学牵头实施并负责总体方案设计及协调。国家海洋环境监测中心、国家海洋信息中心、国家海洋局第一海洋研究所、国家发改委国土开发与地区经济研究所、国家海洋局海洋发展战略研究所、综合开发研究院（中国·深圳）、河北省水产研究所、国家海洋技术中心为项目共同实施单位，协作单位各自分工负责本项目部分研究任务。

项目管理规范化、制度化、科学化，引进竞争机制，实施严格的中期评估制度和项目滚动管理方式。同时，项目执行科技部和国家海洋局相关的课题管理规定，包括：

（1）按照财政部、科技部和国家海洋局的相关要求，编制项目实施方案和项目预算；

（2）按照签订的项目任务书具体实施项目，按照规定管理和使用项目经费，落实项目约定的配套条件；

（3）接受国家海洋局科学技术司和海洋公益性行业科研专项经费管理咨询委员会的管理，以及相关职能部门的监督检查、验收和绩效考评；

（4）按要求进行成果登记，并对项目所形成的成果资料（包括技术报告、论文、数据和评价报告等）进行归档，推动专项经费成果的应用和转化。

3.3 结合管理需要调整研究重点

项目在立项阶段在社会经济活动影响海洋环境变化机制研究中设置了构建社会经济发展影响渤海海洋环境变化的时间累积模型，构建社会经济发展影响海洋环境变化的时间边际效应耦合模型。但随着项目研究的推进和认识的深化，项目组发现社会经济发展与渤海海洋环境变化的时间耦合问题本身就是近20多年周边社会经济发展与渤海海洋环境变化的累积效应问题，课题采用EKC曲线对该问题进行了研究与阐述。从渤海环境治理角度，陆域社会经济活动的污染源类型识别、空间布局特征、规模大小、排污强度等是影响渤海环境变化的最主要因素，这些因素也是管理措施落实的主要方面，是渤海环境治理政策调控的主要内容，因此，结合管理需求，项目组在污染机制研究中将截面的空间耦合作为主要研究内容，时间耦合研究仅作为空间耦合研究的基础和背景。

项目组对该内容的调整在项目进度交流会及中期检查会上均征求了咨询专家意见，专家组认为应将研究重点放在空间耦合研究方面，对该内容的调整表示认同。

第二篇　创新性探索

渤海是我国唯一的半封闭型内海，具有独特的资源和地缘优势，是环渤海地区社会经济发展的重要生态环境支持系统。随着环渤海地区的辽宁、河北、山东、北京和天津等省市经济社会的高速发展，陆源污染物严重污染了渤海海洋环境，区域性资源环境约束日益加剧。为加强渤海污染环境治理，2010年度海洋公益性行业科研专项支持了"基于环境承载力的环渤海经济活动影响监测与调控技术研究"项目。该项目以环渤海三省两市和辖区内44个地级市1980—2011年社会经济统计资料、2010年度444个县级统计单元40项社会经济统计指标、第一次污染源普查资料、土地利用资料和渤海海洋环境监测信息数据等为基础，重点研究了环渤海地区工业、农业和城镇生活等社会经济活动产生的化学需氧量、总氮、总磷和重金属污染物对渤海环境的影响。

项目组在全面分析渤海环境承载力及相关研究现状的基础上，经过反复总结归纳，认为在以下10个方面比以往的研究有所进展和深入。

4　沿海社会经济活动与海洋环境的关系研究

4.1　研究重点

社会经济发展与环境污染属于社会科学与自然科学交叉问题，已有的相关研究主要关注3个方面的问题。

第一，关于环境库兹涅茨曲线存在性的研究。以某个国家或各个省市范围为研究对象，研究环境系统与经济系统间的关系从不协调到协调的过程。

第二，流域环境污染的研究。近些年针对鄱阳湖流域、太湖流域、巢湖流域、松花江流域和辽河流域环境污染的研究逐步深入。

第三，关于化学需氧量和氨氮污染物的研究。盛学良等根据太湖流域同类型污水中总氮、总磷的浓度和当前废水治理技术及接纳水体的环境质量等分析，确定了太湖流域三级保护区内各类排污单位总氮、总磷允许排放浓度等。

4.2　主要拓展方向

4.2.1　加强区域经济系统的分析

社会经济发展过程中物质能量转换产生的大量废弃物是造成环境污染的最重要原因。不同的区域经济发展模式和发展方式决定了污染物排放的不同强度，控制污染物排放，治理环境污染最重要的是从源头治理，就污染谈污染的思路存在一定的局限性，需要跳出环境污染研究的内圈，更多关注社会经济发展的特征。以往研究比较偏重对污染本身的研究，如污染物总量控制、环境承载力等，缺少区域经济系统分析，缺少从社会经济发展的角度去分析污染产生的宏观背景。

4.2.2 加强社会经济与环境污染数据的空间化分析

社会经济活动与污染物的产生在陆域空间上基本重叠，但不同地域空间上的经济活动和污染强度不同。以往的研究大多将研究区域按照均一化的状态处理，即社会经济活动的规模和强度在研究区域上平均分布，污染源的聚散状态也是均一化。这样的前提可以减少数据处理量，可以有效规避因空间不均匀分布造成的复杂状况，对研究两者关系提供了简化的研究平台，但并不能将环境污染的具体状态、分布以及强度与社会经济活动紧密对接，影响了研究结论的精度，也使得提出的污染治理方案或建议针对性不强，可操作性差。

4.2.3 强化社会经济发展总体水平与环境污染内部机制的研究

环境污染实际上是社会经济发展过程中伴生的一种客观现象，是物质流在生产中的残留和转移。现有大量研究虽采取定量方法研究社会经济活动整体水平与环境污染现状之间的关系，但结论往往却带有强烈的定性特征，主要在于定量研究的范围和对象过于宏观，是在忽略两者内在机制的前提下得出的结论，而经济发展与环境污染的内部关联机制是环境污染治理的前提，这方面研究相对较少，已有的研究较为宽泛，工业生产的环境污染多集中在行业背景分析和整体发展水平、发展阶段与污染的关系研究上，对于污染机制方面的研究不足。现有研究对农业面源污染机制关注较多，但在研究的内在尺度上也相对宽泛，大多忽略土地利用结构和空间分布特征，也需要在以后的研究中予以补充。

4.2.4 重点解决社会经济指标选取问题

污染物的产生和输移本身就受到各种因素的影响，是一个复杂的物质能量流过程。国内外学者通过建立各类模型去逼近和模拟该过程，虽然在宏观层面上探索出很多成形的研究方法，如库兹涅茨曲线等，但这些方法是假定污染物的产生和输移过程为黑箱，其间的污染源强、污染物种类、空间分布等差别都是忽略的，缺乏追根溯源的研究思路，因此，这些方法均缺乏内在的机制支撑，不能很好地指导减少污染物排放政策的制定。另外，现有研究方法对影响污染物产生的指标构建也多建立在经济层面，大多以国内生产总值、人口、三产产值、固定资产投资、环境治理投资等作为研究指标，这类指标只是污染物产生的间接影响因素，并不能作为影响的直接因素，而且指标层次较高，精度不够，影响研究结论的具体化和可操作性。

4.3 主要探索

本项目在社会经济活动与海洋环境关系的理论研究主要有以下三方面探索。

4.3.1 突破了陆域污染源与海域污染区在空间上错位分布的研究难点

陆源污染源与海洋污染在空间上错位分布，难以确定污染与源头之间的对应关系，增加了研究难度，本项目依据陆域水系自然特征将陆域划分为若干流域和汇水单元，同时，依据海洋污染状况和水动力情况将海域污染进行分区，并通过陆域污染入口将两类分区进行耦合链接，组成若干陆海统筹管理单元，实现陆源污染源与海域污染区的空间耦合，将自然分区、行政分区与管理分区有机结合，为污染治理提供了污染源识别和污染量估算等方面重要参考依据，为陆海环境统筹提供了可操作的研究思路与技术手段，在理论和研究方法方面有所突破。

4.3.2 深入研究区域社会经济系统形成的陆源污染与海洋环境的空间关系

以往研究比较偏重对污染本身的研究，如污染物总量控制、环境承载力等，缺少从区域社会经济宏观背景系统分析污染物产生的机制。社会经济发展过程中，物质能量转换产生的大量废弃物是造成环境污染的最重要原因，治理环境污染最重要的是从社会经济活动这个源头着手治理。就污染谈污染的思路存在一定的局限性，需跳出环境污染研究的内圈，更多关注社会经济发展的特征，本项目从空间尺度、时间尺度、经济活动类型、排污特征等方面系统分析了环渤海地区社会经济活动污染物排放的总量与结构，系统梳理了渤海海洋环境污染的源头，为研究渤海环境污染提供了很好的基础。

4.3.3 解决了陆域社会经济活动不均匀分布的空间化问题

社会经济活动与污染物的产生在陆域空间上基本重叠，但不同地域空间上的经济活动和污染强度不同。以往的研究大多将研究区域按照均一化的状态处理，即社会经济活动的规模和强度在研究区域上平均分布，污染源的聚散状态也是均一化。这样的前提可以减少数据处理量，可以有效规避因空间不均匀分布造成的复杂状况，对研究两者关系提供了简化的研究平台，但并不能将环境污染的具体状态、分布以及强度与社会经济活动紧密对接，影响了研究结论的精度。本研究利用GIS平台并引入土地利用资料很好地解决了社会经济活动不均匀分布的空间化问题，提高了研究的客观性与精度。

5 渤海环境污染主要原因

1980年以前，渤海基本为清洁海域，基本不存在污染物超环境承载力的情况。到2012年，渤海45%以上的海域为非清洁海域（图5.1），主要污染物为无机氮和活性磷酸盐，渤海的环境承载力已接近极限，过度的海洋环境污染明显降低了渤海的生态服务功能，甚至危及公众的用海安全。渤海海洋环境在过去30多年内发生如此剧烈变化，除了气候、水文、水动力等自然条件外，主要与环渤海地区高强度的社会经济活动密切相关。

近年来，环渤海地区的工业化、城镇化、现代化水平迅速提高，在经济社会高速发展的同时，区域资源环境的约束亦不断强化，渤海总氮、磷和化学需氧量等传统海洋环境污染物总量不断提高。因此，要遏制渤海海洋环境污染的趋势，必须从控制沿岸社会经济活动强度入手。

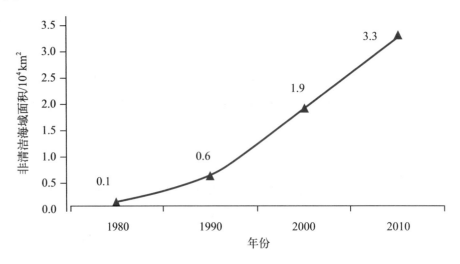

图5.1　1980—2010年渤海非清洁海域面积

5.1　环渤海地区的社会经济要素高度聚集

在1978—2012年的34年间，环渤海地区的总体经济规模迅速扩大，区域国内生产总值总量由829.2亿元增长至132 075.7亿元，占全国国内生产总值的比例由22.7%增长至25.4%；工业增加值由471.5亿元增长至56 439.8亿元，占全国工业增加值的比例近30%；第三产业增加值由149.3亿元增长至58 332.3亿元，占全国第三产业增加值的比例由17.1%增长至25.2%；区域人口总量由17 206.8万人增长至20 459.4万人，占全国人口总量的比例由17.9%增长至18.3%。2012年环渤海地区的国内生产总值总规模分别相当于长江三角洲（两省一市）的1.31倍和珠江三角洲（9城市）的3.02倍。

环渤海地区的社会经济要素集聚程度明显高出全国的平均水平，在仅占全国总面积的5.43%区域内，却集中分布了全国总人口的18.3%、国内生产总值的25.4%、高速公路通车里程的16.6%、铁路通车里程的17.4%；本区的人口密度、经济密度、高速公路密度和铁路网密度分别相当于全国平均水平的3.4倍、4.7倍、3.1倍和3.2倍。全区的水资源消耗量、能源消耗量、大气污染物排放量和固体废物排放量[①]分别占全国的10.1%、29.9%、26.9%和29.7%。社会经济要素的高度聚集和主要污染物集中排放，必然加剧环渤海地区的资源环境约束，同时形成对渤海海洋环境的巨大压力。

---

①数据来源：2012年《中国统计年鉴》、《中国环境统计年鉴》，其中大气污染排放量、固体废物排放量分别指工业废气排放量和一般工业固体废物产生量。

5.2　偏重工业部门的产业结构加大了环境压力

环渤海地区的工业基础雄厚，规模庞大，是我国石油、钢铁、化工、重型机械、造船、煤炭等重工业部门的重要基地。总体来看，环渤海地区基本处于工业化阶段中后期，工业结构整体呈现明显的重型化特征。在1978—2012年的34年间，环渤海地区的工业增加值由471.5亿元增长至56 439.8亿元（工业总产值由1 218亿元增长至216 356.9亿元），工业总产值规模增长了120倍，尤其是2000年后工业的年平均增长速度达18%；工业部门的劳动力由1 227.8万人增长至2 421.1万人，全员劳动生产率由3 840元/人增加到233 121元/人，提高了60倍，处于迅速的工业化时期。渤海湾沿岸的京津冀地区工业总体规模达到75 075.2亿元，高度集聚的重化工业对陆域和渤海湾海域环境形成较大的环境压力；环渤海地区辽宁省老工业基地的工业规模约为41 776.7亿元，对辽东湾的海洋环境的压力相对较大；莱州湾沿岸山东半岛的工业环境压力相对较小。

5.3　农业面源污染是化学需氧量等传统污染物的重要来源

按照一般的认识，农业是历史悠久的传统产业，农业污染的影响不像工业和城镇污染影响那样明显。但是，根据我们对环渤海地区社会经济活动形成化学需氧量、总氮和总磷等污染物压力的系统研究发现，环渤海地区的辽宁、山东和河北三省的农业也较为发达，伴随着农业生产规模的扩大、农业结构的调整、农用化肥和农药施用量的增加，农业面源污染已经成为化学需氧量、总氮、总磷等传统污染物的主要来源。

5.3.1　农业总体规模迅速扩大

1978—2012年的34年间，环渤海地区农林牧渔业总产值由245.48亿元增长至18 119.6亿元，年均增速13.78%，占全国农业总产值的比重由17.57%增长至20.26%。农业及农村经济规模迅速扩大，加剧了环渤海地区农业面源污染。

5.3.2　农业的化学化过程加剧了面源污染

环渤海地区的山东、河北、天津、辽宁、北京是我国北方农业经济发达地区，属于农业集约化程度较高的地区，农用化学品使用量远高于全国平均水平。1949年环渤海地区化肥施用量仅为0.95×10^4 t，1978年为2.15×10^6 t，2012年则增加到9.91×10^6 t。单位面积的化肥施用量也由0.4 kg/hm^{2}增加到569 kg/hm^2，高出全国水平的18.6%，是国际公认的化肥施用安全上限（225 kg/hm^2）的3.17倍。早在1990年，环渤海地区就已经超越了化肥使用安全上限，区域土地超负荷接受化肥施用量已经达22年之久。

5.3.3　畜牧业规模的扩大形成了点面结合的污染

近30多年来，为了满足人们对肉、蛋、奶等畜牧产品的消费需求，环渤海地区畜牧业发展规模增长速度较快。1978—2012年，畜牧业总产值由32亿元增长至5 914亿元，畜牧业总产值占农业总产值的比重也由13%增加到34%。畜牧养殖的主要品种为肉猪、鸡、奶牛等，畜牧养殖70%以养殖专业户为主，打破了以往畜—肥—粮的良性循环。

5.3.4 垃圾、污水和秸秆不合理处置导致农村环境状况日益恶化

垃圾、污水和秸秆不合理处置是农村水环境恶化的重要原因之一。随着人们生活水平的被不断提高，农村居民生活人均垃圾产生量和污水排放量都有了较大幅度的提高，但是农业相应的污染处理设施却未能及时地配套建设，从而使农村环境开始不断恶化。

5.4 城镇生活污水也是重要的污染源

环渤海地区是城镇密集区，是城市化进程发展较快的区域。1978—2012年的34年间，城镇人口由3 108万人增加至14 305万人，城市化水平由18%提高至57.6%，高于全国城市化平均水平5个百分点。2012年建成区面积相比1984年翻了两番，由1984年的2 272 km² 增加至2012年的9 974.8 km²。环渤海地区集中分布了我国东部五大城市群中的3个城市群，即以京津为核心的京津冀都市圈、以大连和沈阳为中心的辽中南城市群、以济南和青岛为双核的山东半岛城市群。城市是最重要的政治、经济、文化中心，承载着集聚、辐射、服务和带动经济发展的功能。同时，城市高度聚集的人口和社会经济活动，也是形成大气、水、土地污染的重要根源。据统计，2012年环渤海地区城市污水排放总量达$7.88 \times 10^9 \, m^3$，相当于黄河的年均径流量（$5.35 \times 10^{10} \, m^3$）的1/6。2012年环渤海地区城市环境基础设施投资额1 468.3亿元，其中用于城市污水治理的投资额为73.78亿元，污水处理率约为87%。

5.5 陆源污染贡献了绝大部分污染物

国家海洋局专项监测调查结果显示，环渤海地区工业生产、农业生产和城镇居民生活是陆源污染的三大来源。陆域经济活动产生的废水通过排污口、地表径流、河流排入海中，受陆源排污影响显著的污染物主要为营养盐、化学需氧量、重金属、有机污染物（POPs）。结合环护部监测结果以及文献资料，综合分析入海污染源的结果表明：陆源（江河、排污口、沿岸非点源）污染物排海量占渤海污染物入海总量的90%以上。从陆源污染物入海途径分析，排污口和沿岸非点源入海污染物所占比例较小，江河流域污染物入海总量占陆源污染物排海量的90%以上，其中携带大量的化学需氧量、氨氮、总磷、石油类、重金属等污染物。因此江河流域污染治理和社会经济调控是控制污染物入海总量、减轻渤海海洋环境污染状况的关键。

6　渤海环境承载力总体不足

1998—2010年，渤海近岸海域水质污染呈加重趋势，劣四类水质面积由650 km² 增加至3 220 km²，主要污染物为无机氮和活性磷酸盐，陆源排污是影响渤海水质的主要污染源。为了服务于陆源污染防治和渤海海洋环境改善，科学客观地评估渤海的海洋环境承载力，本项

目主要开展了以下几个方面的研究工作。

6.1 确定水质管理目标

以海洋功能区划为基础；充分考虑沿海社会经济发展的近期计划和长远规划，合理利用海水自净能力，在主要陆源入海口预留缓冲区；基于海域分区污染特征、水动力状况、生态系统和生境状况、水产资源养护状况等，划分近岸和近岸以外海域的评价单元分区。依据临海产业发展状况，结合海域主导使用功能和海域污染现状，明确水质关键控制指标和渤海近岸海域的水质管理要求。

6.2 确定渤海环境承载力评价单元分区

如图6.1所示，以渤海海洋功能区划为基本要求，充分考虑敏感和重要生态区保护要求、入海河流河口缓冲区的需求，以及渤海水动力状况，确定渤海水质目标、24个近岸海域管理单元、6个中部海域管理单元和150个控制性监测站位。根据现场监测与调查结果评估渤海环境承载力状况，结果表明，渤海环境承载力总体不足，其中大连近岸、辽东湾、渤海湾、莱州湾西部近岸海域超载严重，并已影响到渤海中部海域水质。

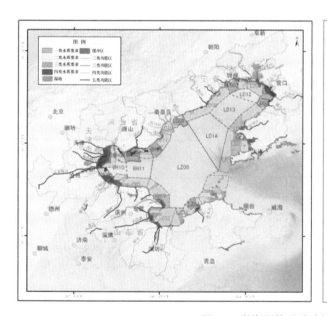

渤海环境承载力评价单元分区结果
- 渤海近岸：共24个评价单元
  - 功能区＋缓冲区＋生态区
  - 行政管辖区
  - 水动力状况
- 渤海中部：6个评价单元
  - 生态区
  - 水深和水团运动分区

图6.1 渤海环境承载力评价单元分区

6.3 控制性监测站位的设置

控制性监测站位设置原则：①不同水质目标区域之间的衔接，功能区、缓冲区、生态区等；②考虑水动力条件的空间差异，差异大，站位密；③近岸以外海域，在各评价单元顶角处设站，在各倾倒区和油气区设站；④根据渤海水质污染历史，长期重污染区站位密；⑤站位设置与三维水动力模型的网格大小匹配，并充分利用现有的业务化监测站位。

监测站位设置初步方案：全渤海共设置水质控制性监测站位约150个，其中使用历史站位约30%。

6.4 渤海环境承载力评价结果

以环渤海沿岸汇水区为主要依据，把上游流域和海岸带陆源排污压力归并至24个陆源排污管理单元，基于三维水质模型构建陆源排污管理单元与近岸海域管理单元之间的源汇响应关系，根据渤海环境承载力状况，评估各陆源排污管理单元的排污负荷状况，如图6.2所示，结果表明，24个陆源排污管理单元中，11个单元的向海排污量超载，其中氮入海量超载的有10个单元，磷入海量超载的有6个单元，超载的陆源排污管理单元主要分布在金复湾、辽东湾、渤海湾和莱州湾西岸。

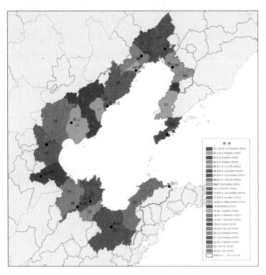

(a) 渤海沿岸陆源排污管理单元

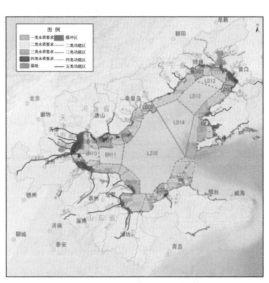

(b) 渤海近岸和中部海域管理单元

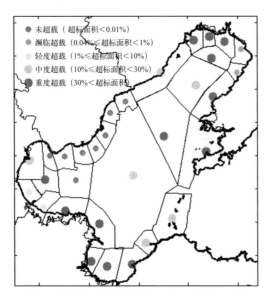

(c) 渤海海域环境承载力状况

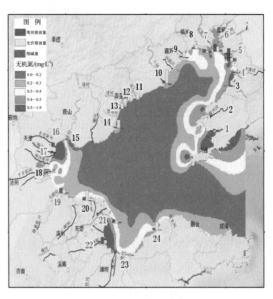

(d) 渤海陆源排污负荷状况

图6.2　渤海海域环境承载力及陆源排污负荷分区评价结果

7 社会经济活动影响环境的压力机制研究的新进展

污染物的产生和输移本身就受到各种因素的影响，是一个复杂的物质能量流过程。国内外学者通过建立各类模型去逼近和模拟该过程，虽然在宏观层面上探索出一些较成熟的研究方法，如库兹涅茨曲线等，但这些方法都是假定污染物的产生和输移过程为黑箱，其间的污染源强、污染物种类、空间分布等差别都是被忽略的，缺乏追根溯源的机制研究。本项研究利用污染普查的排污系数将社会经济活动与氨氮、磷和化学需氧量等污染物排放量联系起来，比较客观地估算某个流域社会经济活动产生的种类污染物压力，也为通过产业规划调整减轻污染压力提供了可能，具体包括以下几个方面的内容。

7.1 构建社会经济活动影响环境的指标体系

环渤海地区陆域社会经济活动都或多或少地影响着渤海海洋环境，甄别具有代表性的经济活动，选择切实可以反映主要影响海洋环境的经济活动，对其他相关但相关性不强的经济活动进行必要的剔除，从整体上把握指标体系的代表性。指标选取从影响渤海环境变化的各个社会经济层面出发，在分析单项指标的基础上构建影响渤海海洋环境的指标体系。如表7.1所示，充分考虑了分类、分地区、分层次构建农业、工业、城镇三大类指标体系，并依据不同的研究区范围对指标体系进行调整，每个污染要素的指标体系约包括40个社会经济指标，为污染排量的估算奠定了基础。选择的指标应具有良好的时间序列、量纲、通用性等共性，可以满足研究中对指标的处理、对比，如可以采用产量的指标尽量采用产量，避免产值因素中的价格波动影响。

表7.1 影响污染物排放的主要社会经济指标

类型层	行业层	指标层（变量层）		备注
总体指标		人口	非农业人口	数量
			农业人口	数量
		经济发展水平	国内生产总值	数量
			一产国内生产总值	数量
			工业国内生产总值	数量
			三产国内生产总值	数量
		土地利用	建成区面积	数量
			工业用地面积	数量

类型层	行业层	指标层（变量层）		备注
农业生产	种植业	化肥	氮	数量
			磷	数量
			钾	数量
			复合肥	数量
			有机肥	数量
		农药	主要农药种类	数量
		生产水平	耕地面积	数量
			灌溉面积	数量
			机械化水平	投入量
	畜牧业	种类	猪	数量（产量）
			牛	数量（产量）
			羊	数量（产量）
			鸡等	数量（产量）
		粪便	猪牛羊鸡等	数量×排污系数
	渔业	产量	产量（产值）	数量（产值）
		饵料	投入量	数量
		粪便	排污系数	数量×排污系数
工业生产	内陆工业（污水排放重点行业）	黑色金属矿采选业	生铁、钢	产量
		黑色金属冶炼及压延业	生铁、钢	产量
		石油和天然气开采业	原油	产量
		石油加工业	乙烯	产量
		化学原料及化学品制造业	化学纤维	产量
		塑料制品业	塑料	产量
		煤炭开采业	煤炭	产量
		装备制造业	产值	产值
		食品加工业	产值	产值
		医药制造业	产值	产值
		造纸及纸制品业	产值	产值
		纺织业	产值	产值
	临海产业	港口工业	吞吐量	数量
		造船工业	造船吨位	数量
		海水淡化产业	淡化水量	数量
		海水运输业	运输量	数量
		海水油气开发	产量（比重）	数量（比重）
城镇生活	居民生活及服务业	（三产）	产值	产值
	城市径流		径流数据	数量

7.2　各类社会经济活动污染物排放系数的系统提取

以全国第一次污染源普查资料为基础，参考社会经济统计资料与污染物排放量资料，系统提取了农业、工业、城镇居民生活等活动的污染物排放系数，并针对不同研究区域的排污特点对各类排放系数进行了修订（表7.2），构建了环渤海地区社会经济活动全范围全类型的污染物排放系数体系（图7.1），为污染物排放量的估算提供了重要参数。

表7.2　各行业产污排污系数来源

各类系数		来源/方法
产污系数	种植业	化肥、有机肥实际施用量
	畜牧业	排泄系数
	工业各行业	工业污染普查手册 工业各行业废水排放标准（GB）
	居民生活（城镇+农村）	城镇生活源产排污系数手册
排污系数	种植业	吸收率、流失率
	畜牧业	平均浓度估算法 排泄系数估算法
	工业各行业	工业污染普查手册 工业各行业废水排放标准（GB） 统计数据的反演
	居民生活（城镇+农村）	城镇生活源产排污系数手册
入河系数		文献资料：点源污染物（0.8—0.9）；面源污染物（0.02—0.2）

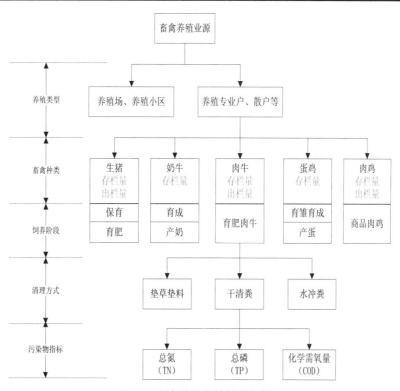

图7.1　畜禽养殖业排污系数体系

7.3　环渤海地区社会经济活动污染物排放量的估算

对环渤海444个县级单元40个社会经济统计指标进行系统整理，结合行业产污排污系数，估算了环渤海地区23个流域的化学需氧量（图7.2）、总氮、总磷及重金属污染产生和排放的来源、强度、源强构成及空间分布特征，并以陆域汇水单元为基础分析了污染排放负荷的空间分布特征，确定了影响3个海湾环境污染的陆域重点污染源空间区域和主要社会经济活动类型，建立了海域环境污染与陆域社会经济活动之间的初步对应关系，对海洋环境污染治理的对策制定提供了科学依据。

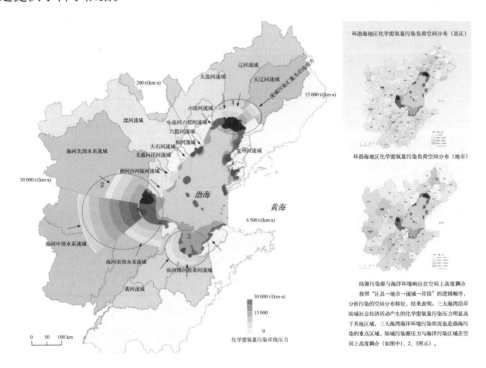

图7.2　环渤海地区化学需氧量污染岸线压力分布

8　自然—行政—管理分区的融合

为客观分析区域污染物的压力，按自然规律和行政管理要求确定污染物的控制目标，就涉及如何估算按自然规律（流域）汇集污染物→将行政区（社会经济统计以行政区为单元）→按管理要求综合分区的问题。本项研究通过3个步骤解决了这三类分区融合的问题。

8.1　平原地区的流域划分（自然分区）研究

环渤海地区存在大面积的平原地区，现有流域划分方法适用于地形起伏较大区域，在平原地区难以得到理想结果。基于DEM数据的水文信息计算机自动提取是流域划分的主要技术手段，现有研究中采用最多的是基于GIS的水文分析工具，如Arc/Info GRID模块、ArcView水文分析扩展模块（Hydrologic Functions）、ArcGIS空间分析工具（Spatial Analyst）中的水文分析（Hydrologic Analysis）。应用的DEM数据源主要有矢量化地形图等高线、HYDRO1K、SRTM3。现有基于DEM数据的流域划分技术流程主要包括洼地填充、流向计算、汇流能力计算、生成流域四部分。传统流域划分方法由于DEM数据的误差以及流向计算采用的算法的缺陷，造成提取的河网和流域边界与实际情况不匹配，这种情况在提取平原地区的河网和流域边界时很常见。特别是在进行大范围的流域提取时，DEM数据水平分辨率和高程精度较低，平原地区的划分结果很不理想。环渤海地区有大面积的平原区域，传统的流域划分方法无法完成环渤海地区流域划分工作。本研究基于Arc Hydro Tools水文分析工具，采用30 m高分辨率数字高程模型和矢量河网数据，应用地形修复技术和河网流向校正技术，提高了平原地区流域分区的精度。首先，地形修复处理利用具有代表性的矢量河网降低DEM数据中与矢量数据重叠的网格单元的高程值，以矢量线为基准进行缓冲区分析，选出水系邻近区域，再采用线性插值的方法获得各个网格的高程，进而修改原始DEM数据，将已知河网的径流模式融合到DEM中，改进了流向计算结果，使之与已知河网的径流模式相吻合。其次，流向校正用来解决河网中存在流向计算错误、分支或辫状河流的问题（图8.1）。该方法主要得到以下结论：①未经过地形修复及河网校正处理提取的河网与地形图矢量河网数据相比，在山地丘陵区形态、走向基本吻合，匹配较好；平原地区以及接近入海口的平原地区，形态和走向差异很大。经过校正处理以后，山地丘陵区的形态变化不大，与已知河网更加吻合。平原地区以及接近入海口的平原地区的河网发生了明显的变化，形态、走向与作为辅助信息的已知河网吻合的很好，河流交汇点、入海口位置不存在偏移的情况。②提取到满意的河网是流域划分的前提，经过地形修复及流向校正处理的河网可以在平原地区提取到满意的河网。提取河网时集水面积阈值的大小，影响河流的长度、河流的数量、集水区的疏密，但不影响河流流域的外边界。通过减小阈值可以提取出河流的支流以及流域的子集水区；通过增大阈值，可以忽略支流，只提取干流，不划分子集水区，只划分完整的流域边界。

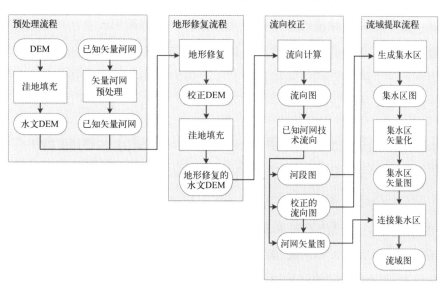

图8.1　平原地区流域划分基本技术流程

8.2 社会经济活动空间不均匀分布分析（自然与行政分区融合）

污染物产生的根源是社会经济活动，要从社会经济活动入手对污染进行管理调控需要对社会经济活动空间不均匀分布进行客观分析。社会经济数据的获取方式不同于自然环境数据，社会经济数据是以行政单元为范围，通过统计的方式得到的。行政单元内的不同位置存在社会经济要素的多少无法确定，传统分析方法以行政单元为空间基础进行社会经济活动空间分析。首先，该方法假设社会经济活动在行政单元内是均匀分布的，但这与实际情况不符，也不能明确行政单元内污染物来源的具体位置。其次，计算流域单元内社会经济要素指标值时，传统的以行政单元与流域单元交集面积为权重的计算方法，误差非常大，不能准确客观地反映实际情况。本研究以环渤海地区1∶10万比例尺土地利用类型图为基础，运用GIS空间分析方法对环渤海地区的社会经济活动的空间分布现状进行了模拟。基于GIS，建立社会经济指标与土地利用类型的对应关系，以土地利用数据为空间基础，比较客观地描述了社会经济活动在行政单元内不均匀分布的现实，以土地利用数据的面积为权重实现社会经济数据在不同分区间的转换。

该方法与传统的简单面积权重法比较，具有以下优点。

（1）该方法更真实地呈现了社会经济数据空间分布特征

首先，用地面积权重法呈现了地形对人口分布的影响，地势平缓的地区，人口密度高；其次，用地面积权重法呈现人口向海分布的特征，沿海岸带地区的人口密度整体较高；最后，用地面积权重法呈现了交通线路对人口分布的影响，铁路、国道沿线人口密度较高。

（2）准确度高，误差小

不同分区间转换时准确度更高，研究结果较传统的简单面积权重法降低了40%以上的误差。

（3）更客观地表现区域差异

首先，能正确地反映城乡差异；其次，能反映面积相近区域区域差异；最后，能很好地反映近岸特征，由于近岸区域流域分区面积大小相近，简单面积权重法难以表达社会经济要素近岸空间分布特征。用地面积权重法在近岸区域与简单面积权重法相比呈现了完全不同的结果，主要原因在于其进行空间分布模拟时基于土地利用数据，具有现实基础，因此，其结果能够呈现更真实的区域差异。

8.3 陆海统筹的管理分区（自然—社会—管理分区的融合）

根据对渤海海洋污染与陆域社会经济活动压力关系分析，将环渤海地区的陆域和近岸海域划分为23个陆海环境统筹管理分区如图8.2所示，统筹考虑从污染物源头汇入流域→入海河口→影响海域3个部分。为避免因将流域划分太细而不利于实施管理，同时考虑陆源污染物90%以上通过河口入海实现，将入海排污口归并入流域，并将流域产生污染物的压力均摊到海岸线。陆海统筹管理分区以流域为边界进行管理调控，在遵循了污染形成的自然过程的基础上，提高了管理工作的科学性。

图8.2 环渤海地区的23个陆海环境统筹管理分区

9 陆海统筹治理环境污染的"倒逼机制"

9.1 海域严重污染区与流域环境污染压力高度关联

根据国家海洋环境质量公报,渤海氮、磷、化学需氧量等污染物严重超标的海域主要分布于渤海湾、莱州湾、辽东湾顶的近岸以及大连近岸。辽西—冀东海域沿岸、辽东湾东部沿岸和烟台沿岸海域有局部轻度污染海域分布。渤海严重污染海域与流域的环境污染压力存在高度的关联性,如图9.1所示。

渤海湾海域环境污染最为严重,全部为劣于三类水质的中度污染海域,其中四类和劣于四类海水水质的重度污染海域面积约占渤海湾总面积的1/3。渤海湾沿岸马颊河、海河南部水系、海河中部水系和海河北部水系等4个流域,是社会经济活动强度最大、污染物压力也最大的流域,单位海岸线氮的压力分别为1 621 t/(km·a)、4 703 t/(km·a)、2 387 t/(km·a)、112 t/(km·a)。

莱州湾海域环境污染较为严重,基本为劣于二类水质的污染海域。其中,四类和劣于四类海水水质标准的重度污染海域面积约占莱州湾总面积的30%,劣于三类海水水质的中度污染海域面积约占20%,劣于二类海水水质的轻度污染海域面积约占35%。莱州湾沿岸的潍河、小清河和徒骇河等3个流域的社会经济活动有一定强度,形成的单位海岸线氮的压力分别为925 t/(km·a)、1 390 t/(km·a)、790 t/(km·a)。

辽东湾海域是三大海湾中环境污染最轻的海湾，劣于二类水质的轻度污染海域约占辽东湾总面积的18%，劣于三类海水水质的中度污染海域面积约占5%，劣于四类海水水质标准的重度污染海域面积仅占辽东湾总面积的10%。辽东湾沿岸的大辽河、辽河和大凌河等3个流域的社会经济活动强度较大、形成的污染物压力也较大，单位岸线氮污染排放的压力分别为2 300 t/(km·a)、678 t/(km·a)、667 t/(km·a)。

辽西—冀东海域沿岸对应的流域（大凌河、小凌河、六股河、大石河、滦河、北戴河等流域），形成的单位岸线氮污染排放的压力一般为42—92 t/(km·a)、16—93 t/(km·a)；辽东湾东部沿岸（大清河、复州河等流域），形成的单位岸线氮污染排放的压力为15—60t/(km·a)；烟台沿岸（黄水河、界河、胶莱河、潍河流域等），形成的单位岸线氮污染排放的压力一般为60—900 t/(km·a)，海上仅有局部轻度污染海域分布。

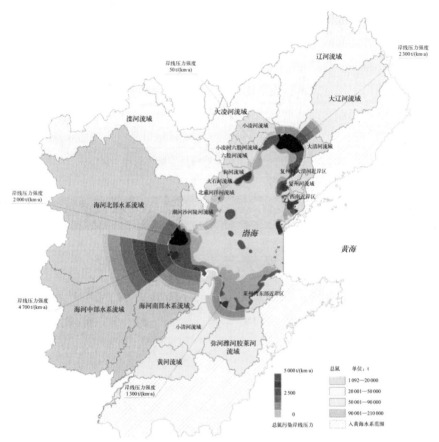

图9.1　环渤海地区总氮污染岸线压力

9.2　重点流域的污染物来源构成存在明显的差异

根据"环渤海地区社会经济活动主要污染物压力估算研究"成果的结论，可将复杂的社会经济活动归并为工业（含21部门）、农业（含种植业、畜牧业和农村生活）及城镇生活等三大类污染物来源，如图9.2所示，由于各流域承载的社会经济活动压力构成存在差异，主要流域的工业、城镇生活和农业污染源所占比例明显不同，决定了治理污染的重点也不同。①渤海湾顶部偏北的海河北部水系流域单位岸线的总氮污染物压力很大，城镇污染源约占50%，是治理重点，工业排放仅占排放总量的5%；渤海湾顶部的海河中部水系流域总氮污染来源主要是城镇居民生活排放和农村生产生活排放，两者约占总排放量的85%；渤海湾顶部偏南的海河南部水系流域，总氮污染物单位岸线压力中农业污染占了80%，仅畜牧业污染源就占了总氮污染的50%，治理重点比较明确。②莱州湾顶部对应的小清河、弥河、潍河及胶莱河流域农业污染特征明显，氮污染物中农业污染源的比重分别为64%、51%和65%，畜禽养殖和农村生活是治理污染的重点。③辽东湾顶部对应的辽河、大辽河及大凌河流域的工业污染特征明显。大辽河流域氮污染中工业污染源的比重约占1/3，化学需氧量污染中工业污染源的比重约占2/3，其工业污染源所占比重是环渤海各流域中最大的。因此，陆源污染的管理应结合污染源结构的空间差异，以流域为单元有针对性地对主要污染源进行管理调控。

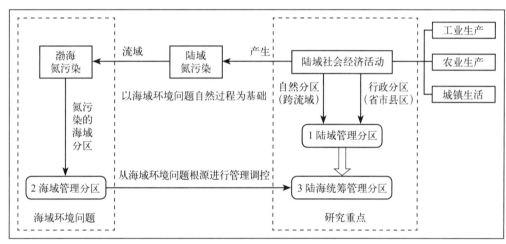

图9.2　重点流域的污染物来源

9.3　科学划分渤海海洋环境治理的陆海统筹管理分区

根据对渤海海洋污染与陆域社会经济活动压力关系的分析，所谓划分渤海海洋环境治理的陆海统筹管理分区，就是统筹考虑污染物源头汇入流域—入海河口—影响海域3个部分。陆源污染物是以河流流域为单元汇集到入海口的，工业生产与城镇生活产生的污染物主要通过排污口进入河流，农业生产产生的污染物主要通过降水形成的地表径流进入河流，入海河流整体以流域为边界汇聚所有支流的污染物通过河口进入海洋，产生污染物的社会经济活动是按环渤海的三省两市的行政管辖范围统计的，为了避免因将流域划分太细而不利于实施管理，以采用2、3级河网分类将环渤海地区划分为23个流域；考虑到陆源污染物90%以上通过河口入海的现实，将入海排污口归并入流域，并将流域产生的污染物压力均摊到海岸线；将渤海的海岸划分为23个岸段；污染物入海后，在海水动力的作用下扩散，在近岸海域形成一定污染范围，海域的环境承载力监测（海洋环境质量）和评价是以海洋功能区划的水质要求标准为依据的，由于省级海洋功能区划将海域划分的功能区较多，通过水质控制目标将各类海洋功能区进行归并为23个海域单元。综合考虑环渤海地区的流域特点、行政区划的相对完整性、污染物入海特征、海洋环境管理要求等因素，我们将环渤海地区的陆域、海岸和近岸海域划分为23个陆海统筹的管理分区，具体划分如图9.3所示。陆海统筹管理分区以流域为边界进行管理调控，在遵循了污染形成的自然过程的基础上，提高了管理工作的科学性，同时把流域管理与行政单元管理相结合更具有可操作性。

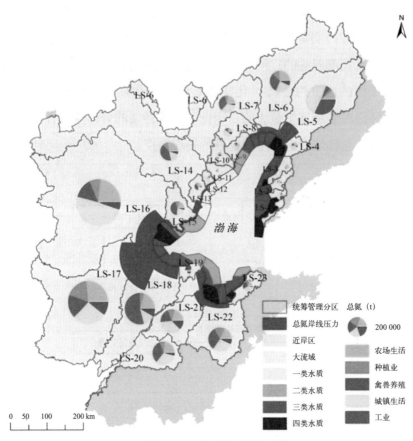

图9.3 环渤海地区23个陆海环境统筹管理分区

9.4 逐步建立以海定陆的污染管理 "倒逼机制"

如果不对环渤海陆域的社会经济活动进行管理调控，仅仅是管理排污口及海上污染活动，很难遏制渤海环境持续恶化的趋势，因而迫切需要逐步建立以海定陆的污染管理的"倒逼机制"。具体路径见图9.4，根据海洋环境承载力评估的结论—确定与海域水质管理需求矛盾突出的重点区域和污染物的控制目标—依据陆海统筹的管理分区确定陆上对应的重点流域及具体污染物的减排目标—根据污染物来源的构成特点锁定流域内具体行政单元需要管理调控的社会经济活动—根据海域环境管理需求对陆域社会经济活动进行管理调控。在污染物入海总量控制前提下，设定各污染物最高允许排放量，通过流域指标分配，并逐级分解落实到各行政区，各行政区根据自身社会经济发展实际，制定各行业或部门的污染物排放消减计划，并以此为基础，可尝试建立化学需氧量和氨氮排污权交易制度，实现以环境的客观容量为基准限定污染物的排放量。采取调整工业结构、改善农业生产方式、强化城市生活污水处理等措施，切实减轻陆源污染对海洋环境的压力。为此，海洋、环境保护、发展改革、工业信息化、农业、水利、城乡建设等相关部门要充分协调，整体规划，从准入政策、发展规模、排放标准等方面制定系统的海洋环境保护政策，以陆海统筹的思路来改善和优化渤海海洋环境。

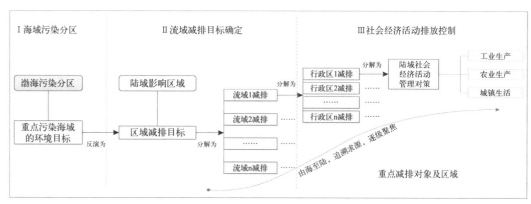

图9.4　以海定陆的污染管理"倒逼机制"示意图

9.5　渤海海洋环境和陆域环境统筹治理

在环渤海地区经济持续高速增长和综合竞争力大幅度提高的同时，该地区的环境问题愈来愈严重，民众的生存环境出现恶化趋势，生命健康受到不同程度的威胁。环境污染引起的潜在危机正在由局部向更大地域范围扩展，全面地表现为河流、地下水体的污染、土地特别是耕地的污染、城市和人口密集区雾霾等大气污染。

渤海海洋环境污染是上述各类污染向海域的延伸，环渤海地区的河流和地下水污染治理好了，渤海的主要海洋环境问题也就基本解决了。因此，需要统筹考虑海洋环境管理控制目标与区域环境综合治理目标的关系，将海域的环境控制目标"倒逼"到流域内各行政单元主要污染减排目标与陆域综合治理相结合，既提高环境治理投资的综合效益，同时也提高海洋环境治理的可操作性。在北戴河海域和自然保护区等海洋环境敏感目标明确而重要的海域，陆域环境综合治理与海洋环境"倒逼"减排目标要求差距太大的地区，应该实施以海定陆的污染管理"倒逼机制"。

为了保护地区利益和部门利益，追求本地区国内生产总值的大发展，在上下游之间、左岸和右岸之间、这部分流域和那部分流域范围之间，"你污染我，我污染他"已经成为灰色的环保潜规则。在环渤海地区实施以海定陆的污染管理"倒逼机制"过程，可以有效避免行政分割和以邻为壑损害流域水环境的整体性。

10　农业面源污染有新认识

按照一般的认识，农业是历史悠久的传统产业部门，农业污染的影响不像工业和城镇污染影响那样明显。但是，本研究根据对环渤海地区社会经济活动形成化学需氧量、氮和总磷等污染物压力的系统研究发现，农业经济活动的变化引起的污染特别需要引起高度关注。

10.1 农业生产和农村居民生活对传统污染的贡献较大

农业社会经济活动对环境产生的影响主要体现为农田径流（化肥、农药流失）、农村生活污水及垃圾、畜禽养殖等造成的农业面源污染。根据社会经济活动主要污染物压力分析的结论，农业面源污染对环渤海地区的化学需氧量、氮和总磷等污染物贡献较大，如图10.1和图10.2所示。

2010年环渤海地区各类社会经济活动形成的总氮总压力约为2.12×10^6 t，其中工业生产形成的氨氮压力约为0.17×10^6 t，约占全区总氮总压力的7.82%；城镇居民生活产生的总氮压力约为0.72×10^6 t，约占总压力的33.87%；农业生产和农村生活的总氮总压力约为1.24×10^6 t，约占全区总氮总压力的58.31%以上，其中农村居民生活、种植业生产和畜牧业活动形成的总氮压力分别约0.49×10^6 t、0.22×10^6 t和0.53×10^6 t。

2010年环渤海地区各类社会经济活动形成的化学需氧量总压力约为9.54×10^6 t，其中工业生产形成的化学需氧量压力约为2.37×10^6 t，约占全区化学需氧量总压力的24.86%；城镇居民生活产生的化学需氧量压力约为2.23×10^6 t，约占全区化学需氧量总压力的23.33%；农村居民生活和畜牧业活动形成的化学需氧量压力分别约1.46×10^6 t和3.48×10^6 t，农业生产和农村居民生活的化学需氧量总压力约为4.94×10^6 t，约占全区化学需氧量总压力的51.81%以上。

2010年环渤海地区各类社会经济活动形成的总磷总压力约为24.71×10^4 t，城镇居民生活产生的总磷约为3.06×10^4 t，约占总排放量的12.39%；农村居民生活、种植业生产和畜牧业活动形成的总磷分别约2.02×10^4 t、1.07×10^4 t和18.56×10^4 t，农业生产和生活的总磷约为21.65×10^4 t，约占全区总磷排放的87.61%以上。

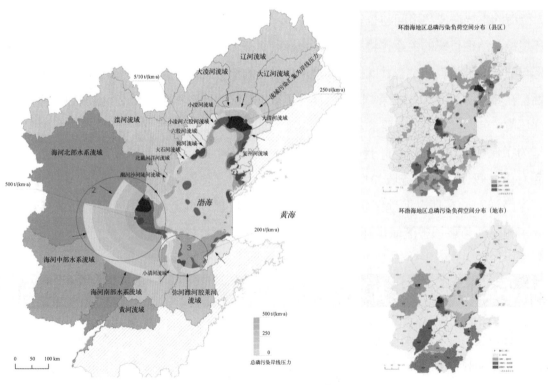

图10.1 环渤海地区总磷污染岸线压力

10.2 农业面源污染是渤海近岸海域污染的主要根源

根据国家海洋环境质量公报，渤海总氮、总磷、化学需氧量等污染物严重超标的海域主要分布于渤海湾、莱州湾、辽东湾海域以及大连近岸海域。辽西—冀东海域沿岸、辽东湾东部沿岸和烟台沿岸海域有局部轻度污染海域分布。渤海严重污染海域与周边流域的环境污染压力存在高度的关联性，而农业污染是这些流域污染的主要来源。

渤海湾海域全部为劣于三类水质的中度污染海域，其中四类和劣于四类海水水质标准的重度污染海域面积约占渤海湾总面积的1/3，是海洋环境污染最为严重的海湾，这主要与沿岸的马颊河、海河南部水系、海河中部水系和海河北部水系等4大流域的农业面源污染高度关联。根据"环渤海地区社会经济活动主要污染物压力估算研究"成果的结论，渤海湾沿岸上述4个流域约459.95 km的海岸，农业面源产生的单位海岸线总氮、化学需氧量和磷的压力分别达到1 082 t/(km·a)、7 870 t/(km·a)、152 t/(km·a)，分别相当于渤海沿岸平均压力的2.16倍、1.90倍和2.12倍。根据对污染源构成的研究结论，农业生产和农村生活贡献了这4个流域总氮污染的59.26%，特别是海河南部岸段畜禽养殖业（肉牛、猪）所占比例较大；化学需氧量污染的60.56%来自农业，主要是海河北部岸段和南部岸段畜禽养殖业（奶牛、猪、肉牛）所占比例较大；磷污染的82.94%来自农业，海河南部岸段畜禽养殖业（肉牛、猪）是主要污染源。

莱州湾海域基本为三类水质的污染海域，其中四类和劣四类海水水质标准的重度污染海域面积约占莱州湾的35%，海洋环境污染较为严重。莱州湾沿岸的潍河、小清河和徒骇河等3个流域的农业面源污染影响更为明显。根据"环渤海地区社会经济活动主要污染物压力估算研究"成果的结论，莱州湾沿岸上述3个流域约302.32 km海岸，农业面源产生的单位海岸线总氮、化学需氧量和磷的压力分别达到551.97 t/(km·a)、4 009.31 t/(km·a)、82.24 t/(km·a)，分别相当于渤海沿岸平均压力的1.10倍、0.97倍和1.15倍。根据对污染源构成的研究结论，农业生产和农村生活贡献了这3个流域总氮污染的60.21%，特别是图9.3中LS-20、LS-22号岸段畜禽养殖业（猪、奶牛、肉牛）所占比例较大；化学需氧量污染60.65%来自农业，主要是图9.3中LS-20号岸段畜禽养殖业（猪、奶牛、肉牛）所占比例较大；总磷污染82.23%来自农业，图9.3中LS-20号岸段畜禽养殖业（猪、奶牛、肉牛）是主要污染源。

辽东湾海域是三大海湾中环境污染最轻的海湾，劣于二类海水水质的轻度污染海域面积约占辽东湾海域总面积的18%，劣于三类海水水质的中度污染海域面积约占辽东湾海域总面积的5%，劣于四类海水水质标准的重度污染海域面积仅占辽东湾总面积的10%。辽东湾沿岸的大辽河、辽河和大凌河等3个流域的农业面源污染所占比例相对较小，但也均在35%以上。根据"环渤海地区社会经济活动主要污染物压力估算研究"成果的结论，辽东湾沿岸上述3个流域约333.41 km海岸，农业面源产生的单位海岸线总氮、化学需氧量和磷的压力分别达到509.73 t/(km·a)、6134.55 t/(km·a)、70.44 t/(km·a)，分别相当于渤海沿岸平均压力的1.02倍、1.48倍和0.98倍。根据对污染源构成的研究结论，农业生产和农村生活贡献了这3个流域总氮污染的40.48%，特别是辽河流域岸段畜禽养殖业

（猪、牛、禽类）所占比例较大，畜禽养殖业也是化学需氧量和总磷污染的重要来源；化学需氧量污染24.66%来自农业；磷污染70.44%来自农业。

辽西—冀东海域沿岸（大凌河、小凌河、六股河、大石河、滦河、北戴河等流域）农业面源形成的单位海岸线总氮压力一般为40—90 t/(km·a)、20—90 t/(km·a)；辽东湾东部沿岸（大清河、复州河等流域）农业面源形成的单位海岸线氮的压力一般为15 t/(km·a)、60 t/(km·a)；烟台沿岸（黄水河、界河、胶莱河、潍河流域等）农业面源形成的单位海岸线氮的压力一般为60 t/(km·a)、925 t/(km·a)，海上仅有局部轻度污染海域分布。

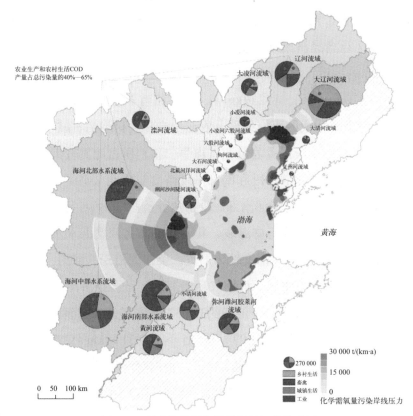

图10.2　环渤海地区化学需氧量污染构成图

10.3　农业生产方式和结构调整是污染加剧的重要原因

农业是个传统的产业部门，环渤海地区的农业生产活动有悠久的历史，但在人类漫长的历史时期内农耕活动并未形成明显的污染压力。从传统耕作方式上来看，我国农业活动遵循自然循环规律，一方面为人类提供食物等初级产品，另一方面则保持了清洁的水、空气，并维护着生物多样性。因此，长期的传统农业活动产生的污染规模较小。近些年为什么会成为传统污染物的主要来源？

环渤海地区的辽宁、山东和河北三省的农业较为发达，伴随着农业生产规模的扩大、农业结构的调整、农用化肥和农药施用量的增加，农业面源污染形成的化学需氧量、总氮、总磷等传统污染物压力还将不断加大，农业污染的治理形势非常严峻。

10.3.1　农业总体规模迅速扩大

在1978—2012年的34年间，环渤海地区农林牧渔业总产值由245.48亿元增长至18 119.6亿元，年均增速13.78%；占全国农业总产值的比重由17.57%增长至20.26%；尽管农业播种总面积由$2.12 \times 10^7 \ hm^2$降低为$1.72 \times 10^7 \ hm^2$，种植业产值占全国的比重却由18%增长至19%，主要粮食产量由$5.40 \times 10^7 \ t$增长至$10.1 \times 10^7 \ t$；渔业产值由6.39亿元增长到2 138.2亿元，主要水产品产量由1.40×10^6增长至$14.80 \times 10^6 \ t$；农村用电量由$66.95 \times 10^8 \ kW \cdot h$增长至$1 532 \times 10^8 \ kW \cdot h$；农用拖拉机由40.7万台增长至473.5万台，农业劳动力自1992至2005仅13年由5 281万人减少至4 423万人。农业及农村经济规模迅速扩大，加剧了环渤海地区农业面源污染。

10.3.2　农业的化学化过程加剧了面源污染

环渤海地区的山东、河北、天津、辽宁是我国北方农业经济发达地区，属于农业集约化程度较高的地区，农用化学品使用量远高于全国平均水平。如图10.3和图10.4所示，1949年全区化肥施用量仅为$0.95 \times 10^4 \ t$，1978年为$214.74 \times 10^4 \ t$，2012年则增加到$990.7 \times 10^4 \ t$；单位面积的化肥施用量也由$0.4 \ kg/hm^2$增加到$569 \ kg/hm^2$，高出全国平均水平18.6%，是国际公认的化肥施用安全上限（$225 \ kg/hm^2$）的3.17倍；早在1990年，环渤海地区化肥施用量就已经超越了化肥使用安全上限，区域土地超负荷接受化肥施用量已经达22年之久。本区施用的化肥主要为碳酸氢铵、尿素、复合肥等氮肥，形成总氮污染。近些年来复合肥、过磷酸钙、钙镁磷肥等类磷肥的施用量也在增加，形成磷的污染源。由于利用率较低（氮肥仅30%—35%，农药仅20%—30%），大量化肥、农药以地表径流、淋溶、气态挥发等形式进入环境污染地表水或地下水。环渤海地区的农药施用量也在增加，大量农药的使用成为目前种植业抵抗农作物病虫害及消除杂草困扰最有效而直接的手段。1990年农药施用量为$12.84 \times 10^4 \ t$，2012年已经增长到$31.21 \times 10^4 \ t$，主要为杀虫剂（啶虫脒）、除草剂（百草枯）、杀菌剂（百菌清）、杀螨剂（哒螨灵）类农药。农药使用密度约$22.4 \ kg/hm^2$，是全国同期水平的1.5倍，约为发达国家的3.7倍，但农药的利用率不足30%，大多流失。环渤海地区化肥、农药投入量大，利用率低，大部分通过农田径流流入河流最终汇入海洋，成为海洋污染的重要污染源。

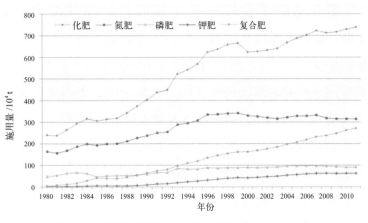

图10.3　1980—2010年环渤海地区化肥施用量变化

环渤海地区化肥施用量空间分布（2011年）

环渤海地区化肥施用情况（2011年，10^4 t）

地区	化肥使用量	氮肥	磷肥	钾肥	复合肥
北京	13.84	6.78	0.88	0.74	5.44
天津	24.39	11.37	3.91	1.68	7.43
河北	326.28	152.42	47.1	27.05	99.71
辽宁	124.77	60.35	10.77	10.43	43.24
山东	248.69	83.48	28.1	22.68	114.43
环渤海	737.97	314.4	90.76	62.58	270.25
全国	5704.24	2381.42	819.19	605.13	1895.09
比重	12.94%	13.20%	11.08%	10.34%	14.26%

图10.4　2011年环渤海地区化肥施用量及空间分布

10.3.3　畜牧业规模的扩大形成了点面结合的污染

近30多年来，为了满足人们对肉、蛋、奶等畜产品的消费需求，环渤海地区畜牧业发展规模增长速度较快。1978—2012年间，畜牧业产值由32亿元增长至5 914亿元，畜牧业产值占农业总产值的比重也由13%增加到34%；畜牧养殖的主要品种为肉猪、鸡、奶牛等，猪的存栏量由4 771头增长至6 678万头，1992年到2011年10年间鸡的出栏量由5.97亿只增长至31.6亿只；牲畜存栏量由1 173万头增长至1 589万头；产业化发展的畜牧业使肉、蛋、奶等畜产品产量的增长更为迅猛，禽蛋产量由0.42×10^6 t增长至10.58×10^6 t，奶类产量由0.22×10^6 t增长至10.37×10^6 t，肉类产量由1.53×10^6 t增长至17.15×10^6 t。畜牧养殖70%以养殖专业户为主，打破了以往畜—肥—粮的良性循环。规模饲养场畜禽排污集中、浓度大、规模大，且多分布于村庄、道边、河畔，畜禽粪便收集并堆积在养殖场周围空地比较普遍，在雨水冲刷下很容易进入附近水体，或者直接排入河流中，最终汇入海洋。

10.3.4　垃圾、污水和秸秆不合理处置导致农村环境状况日益恶化

环渤海气候干旱，矿产资源较为丰富，但由于在矿山开发过程中缺乏生态保护和生态修复措施，植被资源遭到严重破坏；加之坡耕地区域种植结构不甚合理，大多未采取保护性耕作技术，在雨季造成了严重的水土流失。统计分析表明，渤海地区水土流失面积已超过2×10^4 km^2。渤海沿岸地区人口稠密，44个地市乡村人口共计11 007.62万人，平均每平方千米达212人，人粪尿、生活垃圾和生活污水年平均产生总量达8.29×10^6 t和8.11×10^8 t。农作物秸秆30%被焚烧，蔬菜废弃物大部分被随意丢弃路边或灌溉渠系，不仅浪费了资源，加剧农村生态环境恶化，也成为污染的重要原因。

综上分析，总氮、总磷的排放以非点源污染负荷为主，由于非点源污染负荷主要集中在

汛期排入水体，因此对水体水质的冲击破坏作用非常大。入渤海河流入海水量以汛期水量为主，因此，非点源污染负荷对渤海水体水质的影响较大，改善渤海海域水质不仅要控制陆域点污染源的排放，还要加强流域综合管理，减少非点源污染负荷的排放。

10.3.5　总氮等农业面源污染区域差异明显

根据环渤海地区化学需氧量等主要污染物环境压力的研究结果，2010年环渤海地区农业生产和生活形成的氮、磷和化学需氧量等主要污染物的环境压力分别为50.03×10^4 t、10.49×10^4 t和371.84×10^4 t。如环渤海地区农业生产总氮污染物压力差异十分明显，渤海湾沿岸的海河南部、海河中部等几个水系流域的总氮污染物压力最为集中，单位海岸线氮的压力分别为1 688 t/(km·a)、551 t/(km·a)；莱州湾沿岸的潍河、小清河等流域压力也相对较大，分别为436 t/(km·a)、428 t/(km·a)；辽西—冀东海域沿岸、辽东湾东部沿岸和烟台沿岸对应的流域，单位海岸线氮的压力仅为7.47 t/(km·a)、3.1 t/(km·a)、27.37 t/(km·a)，总氮压力最大岸线和压力较小岸线相差百倍以上。

10.4　环渤海地区农村污染治理面临三大困境

根据对环渤海地区农村污染现状与趋势的分析，农村生活及农业污染的治理面临三大困境，需要引起高度重视。

10.4.1　农业面源污染治理没有得到应有的重视

作为目前水体污染的重要来源之一，农业面源污染并未得到应有的重视。与排污口集中、排污途径明确的工业及城市污染相比，农业面源污染具有分布广泛、分散、隐蔽等特征，现有的污染治理技术和政策工具对于农业面源污染几乎是束手无策。农业环境保护普遍面临着三重滞后性，被通俗地称为"三个欠账"，即经济欠农业的账，发展欠环保的账，环保欠农业的账。迄今环保工作主要对象仍然是工业和城市领域，导致严重的农业面源污染得不到治理，农业环保水平远远低于工业环保水平。

环渤海地区及渤海环境问题受到了高度重视，从2000年起，国家海洋行政管理部门有针对性地制定了《渤海综合整治规划》、《渤海沿海资源管理行动计划》以及《渤海环境管理战略》等专项计划；2001年，国务院正式批准了《渤海碧海行动计划》；国家发改委组织编制的《渤海环境保护总体规划(2008—2020年)》已于2008年11月获国务院批准；2012年，国家海洋局印发《关于建立渤海海洋生态红线制度的若干意见》。从内容上看，国家所出台的一系列规划及规定都针对氮磷营养盐、化学需氧量、石油类等特征污染物制定了总量控制目标，制定了重点河口、海域各类污染物排海总量分配方案和削减计划，但污染源控制上仍然以工业和城镇等点源污染控制为主，对环渤海地区陆域农业面源污染的控制工作缺乏具体可操作的目标。在农业面源对部分污染要素的贡献率已超出工业点源的情况下，这些都表明已有政策对农业面源污染的关注程度明显相对不足。

10.4.2 农业面源污染治理面临环境经济学困难

从环境经济学视角分析，治理农业面源污染面临着3个方面的难题。

10.4.2.1 农村环境的产权不明晰

市场机制正常作用的前提条件是产权明晰，且产权必须是排他的、可转让的。而农村环境一类的公共品具有不可分割的特性，无法界定其产权或是界定成本很高，导致产权不清晰。结果必然是人们为了追求个人利益的最大化而无节制地争夺有限的环境资源，从而导致环境质量日益恶化。就农业面源污染而言，其排放与土地资源的利用密切相关。现行的土地承包制度有益于维持土地经营的稳定性，但由于户均占有土地资源规模很小，细碎化的土地资源产权现状提高了环境友好型技术实施的成本，影响了农民采用环保技术的积极性。同时，不完善的土地流转制度等也使得农户倾向于对土地进行短期掠夺式生产，最直接的方式就是大量施用化肥等农用化学品来达到迅速增产的目的。

10.4.2.2 环保治理存在明显的规模不经济问题

环渤海地区的农业组织化程度较低，农业生产组织形式仍然以分散的农户经营为主，小规模的农业经营将明显提高农业面源污染治理成本，导致难以对农业废弃物进行集中式规模化处理。规模不经济在畜禽养殖业上表现得尤为明显，目前环渤海地区集约化的畜禽养殖场绝对数量少，其中所占比重最大的都是小规模的畜禽养殖场。在配套设施不完善、经营管理水平低下的情况下，难以对畜禽粪便进行有效处理，导致大量污染性有机质进入水体形成严重的农业面源污染。环渤海地区农业生产目前虽然呈现出组织形式多元化的趋势，但在一定时期内，小农户的组织形式还将长期存在并且是主导的生产组织形式。

10.4.2.3 农村的环境意识需要提高

随着城镇化进程的快速推进，劳动力价格的持续走高使农民收入的主要来源已经由务农收入转向务工收入。非农收入的增加使得农户不愿将稀缺的劳动力分配到繁重低效的农业劳动中，因而通过增加投入见效快的农用化学物资来替代劳动力的减少，从而导致农业生产中产生大量的农业面源污染。此外，虽然农民是农业面源污染最直接的受害者，但他们对此认识却十分有限，这也导致环渤海地区农户家庭的农业经营方式仍以粗放式为主，严重破坏了农业生产的生态环境。

10.4.3 农业面源污染难以"自愈"

农业是提供粮食等必需品的基础性产业，在可以预见的未来，环渤海地区农业增加值占国内生产总值的比重有可能减小，但农业总体规模仍必然进一步扩大，继续推进农业的现代化进程是当前我国农业发展的总趋势，保护耕地和提高土地产出率是发展农业现代化过程中的重要目标，在这样的大背景下，化肥、农药等化学投入将有增无减。根据环渤海几个省市的规划，畜牧业在农业总产值中的比重不断提高，这使得农业面源污染有进一步加剧的趋势。环渤海地区省份在省政府推进畜牧产业发展政策的推动下，各省畜牧业发展方式转变速度明显加快，现代畜牧业快速发展，畜牧业投入前所未有，生产能力大幅提升，环渤海地区省份已经成为全国重要的畜牧业生产和畜产品供给基地。河北省到"十二五"末，畜牧业产值占农林牧渔业总产值的比重力争达到50%，全省在全国位次前移一到两位。山东省到2015年，畜牧业产值在农业总产值中的比重每年提高1个百分点以上，达到35%。可以预见，随着畜牧业规模的不断扩张，环渤海地区的农业面源污染问题会更加突出。

在对环境与经济之间相互作用关系的探讨中，新自由主义经济学家提出了"环境库兹涅茨曲线（EKC）假说"，他们认为，存在环境质量将在某一经济增长点或多或少的自动改善的机制，依此来证明拒绝市场干预的合理性。按照新自由主义经济学派的方法，以一项重要的污染指标化学需氧量为例，对辽宁省进行化学需氧量排放与经济发展关系分析及情景分析（1981—2020年），如图10.5所示。由图可知，由于工业和城镇生活污染属于点源污染，虽然工业和城镇生活的曲线在形状上有较大差异，但都存在随着经济增长污染排放量不断消减而呈现逐步下降的趋势。而农业污染是面源污染，存在信息不对称、排放途径不确定、多个污染者交叉排放等问题，其统计和监测目前在世界范围内都是一个难题。农业是永续性产业，随着农业生产规模的扩大，农业污染强度的加剧，农业治理问题仍然存在，这就决定了农业污染的持续性，未来可能成为影响渤海环境的最重要因素。因此，农业农村表现出与工业、城镇生活截然不同的趋势，一直处于不断上升的过程，目前还未出现拐点。由于农业面源化学需氧量数值巨大，直接改变了化学需氧量总量"倒U形"趋势，使得化学需氧量总量也不断攀升。这也说明随着农业规模继续扩大，传统污染持续增加，但已经不符合环境库兹涅茨曲线假说，在不进行政策干预的情况下仅仅通过农业经济自身的发展不能"治愈"农业面源污染问题。

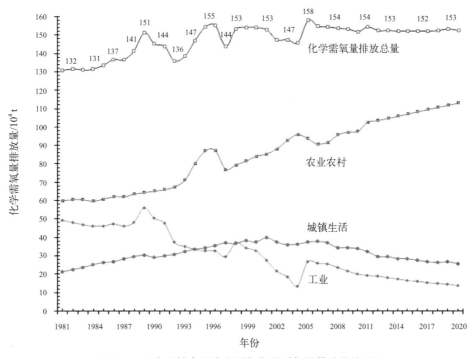

图10.5　辽宁省社会经济发展与化学需氧量排放量关系图

10.5　治理环渤海地区农业面源污染的对策建议

10.5.1　探索农业面源污染控制技术

开展农业面源快速识别与诊断、监测与评价、预报与预警、农业面源污染综合防治技术等方面的研究工作，为环渤海农业面源污染防治提供持续技术支撑。开展农业面源污染防治工程实施效果评价工作，通过建立综合评价指标体系和评价方法，客观评价农业面源污染防治效果。建立和完善环渤海地区农业面源污染监测网络，形成农业面源污染长效监测机制，健全农业面源污染防治支撑体系，全面提升农业面源污染防治能力。

以有效控制和根本减少农业面源污染对渤海水质影响为目标，遵循"整体、协调、循环、再生"的理念，促进环渤海地区农村生产和生活条件的根本改善。有效转变区域农业生产方式，全面推行化肥、农药、农膜、秸秆、畜禽粪便、养殖废水等农业资源高效、循环、安全利用技术，促进农业清洁生产；实施乡村清洁工程，促进农村生活废弃物的资源循环利用和有效处理，实现农村生活环境的明显改善。

本着"统筹规划、突出重点、逐步实施、全面推进"的原则，以"清洁种植、清洁养殖、清洁生活"为发展方向，重点抓好一批小流域综合整治工程，用经济手段、市场机制和物业管理相结合的模式进村入户，在强化政府宏观指导和管理职能的同时，充分发挥农村组织和农民的自主性和积极性，从根本上解决农业生产和农村生活所带来的农业面源污染问题，实现农业生产发展、农民生活富裕、农村环境优美、农村生态良性循环，保护渤海环境，建设社会主义新农村的发展目标。

在项目实施过程中要坚持7个结合：治理与预防相结合，宏观调控与技术示范相结合，农业生产与农村生活相结合，源头控制与过程治理、末端净化相结合，重点治理与全面推进相结合，创新研究与技术集成示范相结合，政策引导与生态补偿相结合。

10.5.2　总结清洁种植示范工程的经验

清洁种植工程以减少化肥、农药使用量，降低农地膜残留量，保证农产品质量安全，防治农业种植过程对环境污染为目标，重点在高产小麦、玉米、棉花和集约化蔬菜、水果生产区实施，主要建设内容如下。

（1）以环境安全保障为目标的种植结构调整与布局优化

土壤、地形、坡度、气象因素既是决定作物适生性的主要因素，也是决定农业面源污染发生潜力的重要影响因子。因此，在充分考虑作物适生性和农业面源污染发生潜力的基础上，充分发挥比较优势，调整种植结构，优化作物布局，在低污染风险区优先发展集约化蔬菜种植业，在高污染风险区优先发展需肥量低、环境效益突出的豆科或发展粮食、经济林等。在空间布局上合理安排作物结构，发展条带种植模式。在时间布局上，依据土壤养分供应特性和作物需肥规律合理安排作物轮作制度，最大限度地保障环境安全。

（2）以提高利用率、减少流失为目标的农业资源高效、循环、安全利用工程

针对化肥、农药等农业化学品不合理利用所引起的资源浪费、生产成本增加、利用率降低和农田化肥、农药流失加剧等问题，大力推广农田养分综合管理技术、精准施肥技术、病虫综合防治技术、精准施药技术，发展农业化学品替代技术，以有机肥部分代替化肥，以生物防治、物理防治部分替代化学防治，以低毒、低残留农药替代高毒农药。综合利用作物秸秆、畜禽粪便和养殖、生活中污水资源，通过土壤培肥，减轻农业生产对农业化学品的过度依赖，提高农业综合生产能力，控制农田面源污染。

（3）以防治土壤侵蚀为目标的保护性耕作和等高种植工程

针对示范区水土流失严重问题，在25°以上山坡地区，推广退耕还林、退耕还草；在25°以下坡耕地地区，开展以少耕、免耕、节水灌溉、间套作、等高种植等技术，有效利用土地资源，提高植被覆盖率，防止土壤侵蚀。

（4）以农业面源污染物拦截、净化为目标的植物缓冲带建设工程

在近水域沿线地带，开展多层次植物缓冲带建设，通过种植氮磷高效富集植物、立体拦截等途径，充分发挥植物对农业面源污染物的阻控、拦截、生物吸收和生物降解效应，最大限度地减轻农田流失氮磷养分和农药对水体的污染。

10.5.3　开展清洁养殖示范工程

清洁养殖工程以防治畜禽养殖污染和保障畜禽产品质量安全为目标，重点在规模化养殖区实施以下内容。

（1）以减少养殖排污、保障畜禽产品安全为目标的过程污染控制工程

针对规模化养殖场清粪方式不合理所造成的污染风险加大和处理负担加重问题，采用干清粪工艺技术，实现固液分离，减少养殖污水产生，降低粪便流失风险。针对饲料添加剂、抗生素等不合理使用所带来的畜产品质量安全和畜禽粪尿中有害物质超量残留等问题，推广环境安全型饲料添加剂和兽药，综合降低畜产品有害物质残留和粪尿中污染物排放。

（2）以环境保护和能源利用为目标的清洁能源工程

在养殖业发达地区，通过建设沼气池处理畜禽粪便，一方面为农民生活提供清洁能源，另一方面实现畜禽粪便等污染物的高效净化，减少粪便污染。在集约化养殖区，重点建设大中型沼气工程，在散养地区，重点建设户用沼气工程。

（3）以提高资源化利用为目标的畜禽粪尿综合利用工程

畜禽固体粪污通过发酵、熟化、晾干等处理，用于生产有机肥，污水通过建设消化池或采用上流式厌氧污泥床技术净化养殖污水，实现达标排放或安全回灌。

10.5.4　推广乡村清洁示范工程

以村为单位，解决农村生活污水、人畜粪便、生活垃圾、秸秆造成的污染问题，把"三

废"变"三料"形成"三益";以"三节"促"三净"实现"三生"。即推进人畜粪便、农作物秸秆、生活垃圾和污水("三废")向肥料、原料、饲料("三料")的资源转化,实现经济、生态和社会三大效益("三益");通过集成配套推广节水、节肥、节能("三节")等实用技术和工程措施,洁净水源、清洁农田和清洁庭院("三净"),实现生产发展、生活富裕和生态良好("三生")的目标。乡村清洁工示范程可以分为以下3种模式。

(1)三结合型乡村清洁示范工程

在种植业为主导、养殖业欠发达的传统农区,重点解决农村生活污水、生活垃圾和秸秆污染问题,建设"污水净化、垃圾秸秆堆肥、物业化服务"三结合型乡村清洁示范工程。以村为单元,修建生活污水暗排沟收集农村生活污水,建设生活污水净化池,集中处理农村生活污水,处理后的污水作为灌溉用水;每户配备垃圾收集桶,分类收集农村生活垃圾,将收集的生活垃圾运送到发酵处理池,与农作物秸秆混合发酵,生产有机肥;采用物业化服务模式,由专人负责全村生活垃圾收集和堆沤以及有机肥施用等,建设物业站。

(2)四结合型乡村清洁示范工程

在传统养殖业初具规模地区,重点解决农村生活污水、人畜粪便、生活垃圾、秸秆造成的污染问题,建设"农村户用沼气、污水净化、垃圾秸秆堆肥、物业化服务"四结合型乡村清洁示范工程。养殖户建设户用沼气;以村为单元,以农户为基础,修建生活污水暗排沟收集生活污水,因地制宜建设不同规模的生活污水净化池,对农村生活污水进行集中处理,处理后用作灌溉用水或达标排放;每户配备垃圾收集桶,分类收集农村生活垃圾,将收集的生活垃圾以及生活污水净化池的污泥运送到发酵处理池,与农作物秸秆混合进行发酵,生产有机肥;采用物业化服务模式,由专人负责全村生活垃圾收集、有机肥站管理及有机肥施用、生活污水净化池维护、沼气池出料及后续服务等,建设物业站。

(3)集约型乡村清洁示范工程

在养殖业发达地区,以养殖小区、大中型养殖场为单元,采取工厂化运作方式,建设大中型厌氧发酵工程,修建暗排沟,将养殖废水和生活污水输送到厌氧发酵池,产生的沼气作为生活燃料,处理后的污水进入污水净化池进行二级处理或作为液体肥料使用。同时,每户配备垃圾分类收集装置,由专人收集农村生活垃圾,将收集的生活垃圾与畜禽粪便以及大中型厌氧发酵工程产生的固体废弃物运送到有机肥生产场进行发酵处理,生产商品有机肥。大中型厌氧发酵工程运行和有机肥生产将采取企业化运作和物业化管理。

这一举措,遵循"农民增收、面源减少"的原则,在小流域综合整治工程中实施,持之以恒。成功一片,巩固一片,成功一批,推广一批。

10.5.5 推动农牧结合,优化农业结构

优化农业结构,需要引导农业生产的主体进行有机对接,完善农业生产链条,促进资

源循环利用，其中，重要一种对接形式就是农牧对接，即把种植业和畜禽养殖业结合起来。在农业生产过程中充分实现农牧结合，有利于节约农业化学药品，同时缓解畜禽排泄物的污染。具体而言，养牛基地产生的牛粪经发酵后成为优质有机肥，可以作为肥料提供给邻近地区的种植业农户；养猪基地产生的猪尿通过厌氧发酵产出沼气和沼液，沼液可通过专用管道输到临近的种植业基地，成为有机肥料，多余的部分还可用于饲料生产，改善研究区种植业单一的农业生产结构。同时以沼气为纽带，利用食物链连接种植业和养殖业，在农业生产系统内实现能量多级利用，降低农业面源污染物的排放量。这样通过整合环渤海地区的特色农业，进行农牧对接，既解决了畜禽养殖业排污量大的问题又从源头上控制了化肥的过度使用，通过优化农业结构缓解了环渤海地区农业环境压力。

10.5.6　开展合作型生态农业试点，提高农民组织化程度

目前环渤海地区农业经营模式以农户家庭为主，高度分散化的农业生产限制了农民投入污染治理的资金和技术，导致研究区域农业污染范围广而难以治理。为了更好地推进生态型农业的发展，应提高农户组织化程度，引导农民在农业生产、农业污染治理等方面开展合作，发挥组织优势和规模效益，实现合作型生态农业。在较小范围内可以尝试联合农业生产特色相近的地区，开展生态农业示范项目，设立生态农业试点。试点范围内农民可以集中资金进行沼气池管网建设，在农牧对接的基础上采用山地养鸡、猪-沼-果（稻、菜）等生态立体种养模式，发展合作型生态农业经济。一方面能够利用规模效益，充分利用农业系统内的物质和能源，降低农民对农业化学药品的依赖，另一方面对形成的农业面源污染可进行集中处理，节约农业污染治理的成本。

10.5.7　提高绿色补贴比重，调整财政支农结构

农业补贴应将促进农业发展和保护生态环境结合起来，通过调整财政支农支出的结构来促进地区生态农业的发展。把对农业化学药品的补贴调整为对绿色生产环节的补贴，鼓励农民进行清洁生产。此外，当地政府还可对绿色、无公害的农产品生产进行鼓励性补贴。这种补贴在降低农户的生产成本，增加绿色农产品的供给的同时也会降低农产品的市场价格，扩大对这种农产品需求，从而最终起到增加农民收入、提高生产技术和减轻农业面源污染等多重作用，对环渤海地区农业经济和环境的协调发展起到重要促进作用。

10.5.8　增加农业科技投入，科学防治农业面源污染

应加强对农业科技的重视，增加农业面源治污的科研投入，从而对环渤海地区农业面源污染进行科学防治。在种植业上推广测土配方施肥，适时适量施肥，提高化肥利用率，减少化肥污染，在保证粮食生产的同时兼顾环境。在畜禽养殖业上推广品种改良技术，同时开发对规模性养殖基地畜禽排泄物进行综合利用的技术。由于该地区水资源相对不足，而农村生活污水排放量大，因此也应着力研发适合该地区的节水型污水处理技术。

10.5.9 推行农业循环经济，转变农业经济增长方式

农业面源污染治理是环渤海地区各省市环境污染治理中相对缺失的部分，治理却又面临着重重困境。在农业面源污染形势愈发严峻的情况下，依赖末端治理解决不了农业面源污染问题，推行农业循环经济才是环渤海地区各省市解决农业面源污染减排实现可持续发展的最佳途径。只有转变现有农业经济增长方式，改变农业经济的利益结构，才能在保障农业经济收益的同时保障与自然环境的协调发展，减少农业面源污染。与自然生态环境紧密相关使得农业循环经济发展模式的建立具有得天独厚的优势，推行农业循环经济也是在整个国民经济体系中推动循环经济发展的基础环节。

环渤海地区各省市农业循环经济的推行同样遵循"3R"原则，即减量化（Reduce）、再使用（Reuse）、再循环（Recycle），可以从3个层次上设计农业物质循环流动：一是在农业产业内部层次上，通过提高同产业物质、能量流动中的利用效率减少农业面源对环境的污染物输出，环渤海地区各省市可以采用立体养殖、立体种植的模式；二是在农业不同产业之间的层次上，通过不同产业之间的物质、能量交流，同时使得农业废弃物得到充分利用；三是在农产品消费层次上，在消费过程中和消耗后"变废为宝"，在减少农业面源污染排放的同时节省农业生产资料的输入，环渤海地区省市可将重点放在人畜粪便还田、农作物秸秆饲料化上。

11　加快环渤海地区工业结构优化的建议

环渤海地区作为我国重要的老工业基地，工业一直占国民经济的主导地位。改革开放的30多年以来，环渤海地区充分发挥其优越的地理区位、丰富的自然资源、发达的海陆空交通和雄厚的工业基础等方面的优势，迅速扩大了工业总体规模，形成了日臻完善的工业体系，在我国工业体系中的地位也越来越重要。但是，随着环渤海地区的石油、钢铁、化工、重型机械、造船和煤炭等工业部门的迅速扩张，地区工业结构的重型化日益突出，地区资源消耗和环境保护的压力越来越大。环渤海地区规模庞大的重化工业不仅对陆域环境形成比较大的压力，而且也成为渤海海洋环境的主要污染源。

为了落实党的十八届三中全会提出的"强化节能节地节水、环境、技术、安全等市场准入标准，建立健全防范和化解产能过剩长效机制"和"建立陆海统筹的生态系统保护修复和污染防治区域联动机制"等要求。在认真分析环渤海地区的工业发展现状、结构特征和环境压力特点等基础上，综合考虑优化区域工业结构、淘汰过剩产能、改善大气和水环境，减轻对渤海海洋环境的压力等综合目标，研究环渤海地区工业机构优化的对策建议和实施途径，为破解环渤海地区工业健康持续发展的难题提供理论基础，做出有益的探索。

11.1　环渤海地区重工业结构特征明显

近年来，环渤海地区的工业化、城镇化和现代化水平迅速提高，在工业总体规模不断扩大的同时，工业结构重型化的趋势也愈加明显。重型化特征明显的工业加剧了区域资源消耗和环境保护两方面的压力。

11.1.1　工业总体规模迅速扩张

环渤海地区工业整体发展水平较高，石油化工、采矿冶炼、装备制造和食品加工等行业的基础尤为雄厚，是我国重要的重化工业基地。如图11.1所示，在1978—2012年的34年间，环渤海地区的工业增加值由471.5亿元增长至56 439亿元，工业增加值增长了近120倍，占全国工业增加值的比重维持在28%以上，工业增加值占国内生产总值的比重由56.8%降低至42.6%；工业部门的劳动力由1 227.8万人增长至2 421.1万人，第二产业就业劳动力占总就业的比例由1988年的30.0%增长至2012年的32.3%；全员劳动生产率也由3 840元/人增加到233 121元/人，提高达60余倍，处于迅速的工业化时期。环渤海地区的单位面积的工业经济强度也在不断增强，已经由1980年的10.9万元/（km²·a）增长至2012年的1 074.2万元/（km²·a），相当于全国平均密度［232.5万元/（km²·a）］的4.62倍。

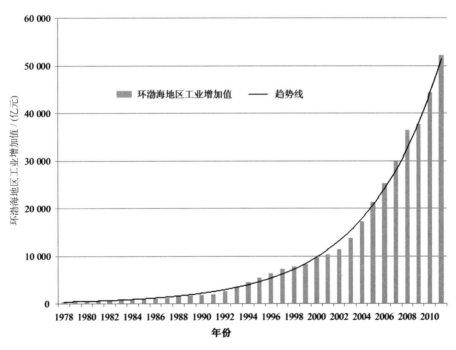

图11.1　环渤海地区工业产值时空变化

环渤海地区的工业发展并不平衡，处于工业化中期的河北、辽宁和山东省发展较快，如图11.2所示，2000—2012年工业总产值年均增长速度分别为22.5%、22.1%和19.7%；而北京和天津已经进入后工业化阶段，近几年工业总产值增长速度要低于其他三省，2000—2012年年均增长速度分别为15.0%和17.5%。从工业总体规模来看，最大的山东省约为114 707.3亿元，最少的天津市为23 250.54亿元，其余依次为辽宁49 031.54亿元、河北43 048.65亿元、北京15 596.2亿元。

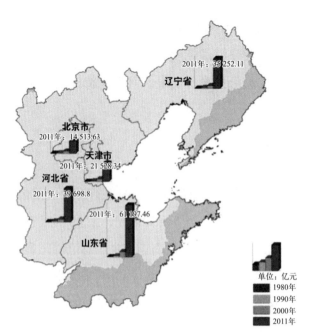

图11.2 1978—2011年环渤海地区工业产值变化图

11.1.2 重化工业为主的结构特点突出

环渤海地区目前仍然处于工业化的中后期，是我国黑色冶金业、化学原料制造业、交通设备制造业、食品加工业、石油加工业、通用设备制造业等重要工业生产基地。根据社会经济统计资料分析，1980—2012年间，重工业占工业总产值的比重由57.1%上升为74.5%，主要是汽车制造业、黑色金属冶炼和压延加工业、通用设备制造业等重工业部门比重提高比较大，汽车制造业的比重由几乎空白上升为5.0%，黑色金属冶炼和压延加工业的比重由6.6%上升为10.4%，通用设备制造业的比重由3.1%上升为5.2%。2012年环渤海地区重工业总产值占全国的比重为27.6%，其中黑色金属矿采选业、黑色金属冶炼及压延加工业、石油加工业、石油和天然气开采业产值最大，占全国比重大于30%，金属加工业等13个产业占全国比重超过20%，工业结构的重型化趋势明显，如表11.1所示。

表11.1 环渤海地区各产业产值占全国比重统计情况

比重区间	行业名称及比重值				
>30%	黑色金属矿采选业	黑色金属冶炼及压延加工业	石油加工业	石油和天然气开采业	
	49.09%	37.03%	31.31%	31.23%	
20%—30%	金属制品业	食品加工业	食品制造业	通用设备制造业	化学原料及化学品制造业
	27.87%	23.66%	23.51%	21.90%	21.78%
	专用设备制造业	医药制造业	非金属矿物制品业	电力及热水供应业	
	21.48%	21.25%	21.21%	20.38%	

续表

比重区间	行业名称及比重值				
	橡胶和塑料制品业	纺织业	木材加工竹、藤、棕制品业	造纸及纸制品业	交通运输设备制造业
15%—20%	19.72%	19.72%	19.32%	18.78%	18.34%
	非金属矿采选业	家具制造业	煤炭采选业	印刷及记录媒介复制业	皮革、毛皮、羽绒制品业
	16.66%	16.57%	16.06%	16.05%	15.60%

环渤海地区各省市的重工业比重都比较高。2012年，山东、河北、辽宁、北京和天津三省两市的重工业比重（规模以上企业数据）分别达到68.02%、79.56%、79.14%、84.60%和80.46%。各省市的主导工业部门有一定的差异，如表11.2所示，山东省居于前五位的工业部门分别为化学原料制造业、食品加工业、通用设备制造业、纺织业和非金属矿物制品业，合计约占工业总产值的35.8%；辽宁省前五位的工业部门分别为通用设备制造业、石油加工业、食品加工业、交通设备制造业和非金属矿物制品业，合计约占工业总产值的42.2%；河北省前五位的工业部门分别为黑色金属冶炼业、电力及热水供应业、黑色金属采选业、石油加工业和化学原料制品业，合计约占工业总产值的50.1%；北京市前五位的工业部门分别为交通运输设备制造业、电力及热水供应业、通信电子设备制造业、石油加工业和电气机械及器材制造业，合计约占工业总产值的58.4%；天津市前五位的工业部门分别为黑色冶金业、交通运输制造业、通信电子设备制造业、石油及天然气开采业、石油加工炼焦及核燃料加工业，合计约占工业总产值的51.7%。重化工业在环渤海地区工业发展中始终扮演着主要的角色，重化工业主导型的工业结构在过去30多年里一直伴随着环渤海地区的经济发展。尤其是在振兴东北老工业基地战略提出后，环渤海地区的重工业比重更是保持了持续增长的势态。2012年环渤海地区整体重工业比重已经高达75.5%，比2000年增加了15个百分点。

表11.2 2011年环渤海地区各省市支柱产业列表

地 区	支柱产业
环渤海	黑色冶金业、化学原料制造业、交通设备制造业、食品加工业、石油加工业、通用设备制造业、电力热水供应业
北京市	交通运输设备制造业、电力及热水供应业、通信电子设备制造业、石油加工业、电气机械及器材制造业、煤炭采选业、通用和专用设备制造业
天津市	黑色冶金业、交通运输制造业、通信电子设备制造业、石油及天然气开采业、石油加工业、化学原料制品业、煤炭采选业、通用设备制造业
河北省	黑色金属冶炼业、电力及热水供应业、黑色金属采选业、石油加工业、化学原料制品业、食品加工业
山东省	化学原料制造业、食品加工业、通用设备制造业、纺织业、石油加工业、黑色金属冶炼业、非金属矿物制品业、电力、热水供应业、交通设备制造业
辽宁省	黑色金属冶炼业、通用设备制造业、石油加工业、食品加工业、交通设备制造业、非金属矿物制品业、化学原料制造业、电器机械制造业

11.1.3 工业同构现象明显

由于长期条块分割、各自为政，环渤海地区呈现出支柱产业相似和产业结构趋同的现象，特别是辽宁、山东和河北三省都以钢铁、煤炭、化工、建材、电力、重型机械、汽车等重型工业部门为主。从产业带发展重点来看，京津冀产业集聚带是以石油化工、钢铁冶金和机械电子为主导的综合型工业地带，工业内部结构偏重于重工业；辽东半岛产业带是以重型机械、造船和化学工业等为主体的超重型工业基地；山东半岛产业带则是以电子、机械、石化和轻纺等工业为主导行业。环渤海区域内的各省市之间缺乏沟通与合作，出台的产业规划内容雷同、互补性较差；同时各省市间还存在不同程度的重复建设和恶性竞争。这样既造成了环渤海地区重化工业比重居高不下，也造成了资源浪费和产能过剩，严重制约着该地区经济的可持续发展，对经济发展方式的转变和产业结构升级与调整带来了极大的困难。

11.2 环渤海地区的工业发展趋势不利于区域环境改善

为充分发挥沿海的资源和区位优势，加速推进区域经济发展，国务院先后批准实施了辽宁沿海经济带、河北沿海地区、天津滨海新区、山东半岛蓝色经济区和京津冀都市圈等发展规划。这些区域发展规划基本都确定了以发挥港口功能为核心，以产业进一步向沿海地区转移为手段，以发展装备制造、石油化工和钢铁等重化工业为目标的发展趋势（表11.3）。这种发展趋势既不利于环渤海地区及海洋环境的保护和改善，又加剧了区域资源消耗。

表11.3 环渤海地区重要发展规划资料整理

发展规划	规划部门	时间	规划时间	规划产业
天津滨海新区	天津市政府	2004年	2005—2020年	先进制造产业区：海河下游石油钢管和优质钢材深加工区；国家级石化产业基地：大港三角地石化工业区、油田化工产业区和临港工业区的一部分，重点建设百万吨级乙烯炼化一体化、渤海化工园、蓝星化工新材料基地等项目
河北曹妃甸循环经济示范区	国家发展与改革委员会	2008年	2009—2020年	大型现代化精品钢基地：千万吨级曹妃甸精品钢铁基地工程、精品钢铁基地扩建工程；大型石化基地：千万吨级炼油和百万吨级乙烯大型炼化一体化及配套工程；重型装备制造基地：船用设备、临港装备制造基地、修船工程和港口机械、石油钻探设备
辽宁沿海经济带	国家发展与改革委员会	2009年	2009—2020年	长兴岛临港工业区：船舶制造及配套产业、大型装备制造业、能源产业和化工产业；营口沿海产业基地：化工、冶金、重装备等；锦州湾沿海经济区：石油化工和金属冶炼等
沧州渤海新区	河北省人民政府	2010年	2010—2020年	石油化工：石油-石脑油-乙烯、环氧乙烷-柴油、汽油、石油焦的完整石油化工产业链；华北最大的特种钢铁生产基地：南钢集团的钢铁园区、中钢滨海基地产业集群建设、中钢和宝钢合作建设的40×10^4 t镍铁、铬铁产业等项目；华北地区重要的特色装备制造业基地：船舶修造、大型港口机械、专用汽车及汽车零部件等产业（链）

发展规划	规划部门	时间	规划时间	规划产业
山东半岛蓝色经济区	国家发展与改革委员会	2011年	2011—2020年	海州湾重化工业集聚区：巨大型港口、钢铁工业、石化业；前岛机械制造业集聚区：机械装备制造业龙口湾海洋装备制造业集聚区：海洋工程装备制造业、临港化工业、能源产业；滨州海洋化工业集聚区：海洋化工业、海上风电产业、中小船舶制造业；东营石油产业集聚区：我国最大的战略石油储备基地后方配套设施区、海洋石油产业
河北沿海地区发展规划	国家发展与改革委员会	2011年	2011—2015年	钢铁产业：推进城市钢铁企业有序向沿海临港地区搬迁改造，首钢京唐钢铁二期，石钢搬迁改造项目，马城、大贾庄、司家营铁矿开发，适时建设曹妃甸精品钢铁基地；装备制造业：山海关修造船、秦皇岛零部件制造基地；唐山高速动车组扩能改造及中低速磁悬浮轨道交通系统产业化，曹妃甸重型装备基地，沧州渤海新区专用汽车制造基地，沧州管道装备制造及风电设备基地；石化产业：曹妃甸石化基地，华北石化炼化一体化改造工程，沧州炼油质量环保升级改造，沧州渤海新区醋酸乙烯、己内酰胺等高端化工项目
东北振兴"十二五"规划	国家发展与改革委员会	2012年	2011—2015年	盘锦市：稳定油气采掘业，依托港口优势提升石化及精细化工、石油装备制造产业；抚顺市：推进精细化工产业发展，建设先进装备制造产业基地和原材料基地；沈阳市：先进装备制造业基地；大连市：大型石化产业基地、先进装备制造业基地；抚顺市：大型石化产业基地；葫芦岛：船舶和海洋工程产业基地；辽阳市：大型石化产业基地；辽西北地区：新型煤化工产业基地

11.2.1 工业污染治理初见成效，对传统污染物排放仍有较大贡献

根据全国污染普查得出的工业污染物排放特点和排污系数分析，环渤海地区的黑色金属矿采选业、黑色金属冶炼及压延业、石油和天然气开采业、石油加工业、化学原料及化学品制造业、煤炭开采业、造纸业和装备制造业等12个工业部门是比较典型的生产规模和污染物排放量都较大的工业污染源，约占工业废水排放总量的65%以上。根据相关资料分析得知，1978—2012年间，环渤海地区的主要重工业产品产量明显增加，其中生铁产量由0.16×10^8 t增至2.93×10^8 t、钢产量由0.13×10^8 t增至2.97×10^8 t、原油产量由0.50×10^8 t增至0.75×10^8 t、乙烯产量由不足10×10^4 t（1978年全国乙烯产量仅38×10^4 t）增至415.9×10^4 t、化学纤维产量由6.7×10^4 t增至131.9×10^4 t、农业化肥产量由481.1×10^4 t增至891.6×10^4 t、化学农药产量由18.7×10^4 t增至54.5×10^4 t、原煤产量由1.54×10^8 t增至3.42×10^8 t、纺纱产量由117.7×10^4 t增至879×10^4 t。相关统计显示，1978年环渤海地区工业废水排放总量为37.8×10^8 t、1996年为36.4×10^8 t、2012年增加到42×10^8 t，万元产值工业废水排放量已经由1978年的310 t压减到2012年的2 t，这表明工业污染治理取得明显效果。但是，由于工业总体规模的快速增长，近

年环渤海地区的工业废水总排放量仍然呈现逐年增加的态势。

根据环渤海地区总氮、化学需氧量和磷等主要污染物环境压力的研究结果，2010年环渤海地区主要工业部门产生的总氮污染物的环境压力为8.54×10^4 t，其中渤海湾沿岸的海河南部、海河中部和海河北部等几个水系流域，单位海岸线压力分别为128.03 t/(km·a)、480.92 t/(km·a)和123.91 t/(km·a)，辽东湾沿岸的辽河和大辽河水系，单位海岸线压力分别为46.94 t/(km·a)和744.15 t/(km·a)，小清河水系和弥河水系，单位海岸线压力分别为173.67 t/(km·a)和63.64 t/(km·a)。工业部门产生化学需氧量污染物的环境压力为108.08×10^4 t，其中分布于渤海湾沿岸的海河南部、海河中部和海河北部等几个水系流域，单位海岸线压力分别为1 410.54 t/(km·a)、6 407.54 t/(km·a)和1 956.24 t/(km·a)；辽东湾沿岸的辽河、大辽河水系，单位海岸线压力分别为677.84 t/(km·a)和2 300.08 t/(km·a)；小清河水系和弥河水系，单位海岸线压力分别为2 013.39 t/(km·a)和1 138.98 t/(km·a)；滦河水系单位海岸线压力为1 356.37 t/(km·a)。

11.2.2　重工业废水的重金属污染风险区域差异明显

根据对环渤海地区工业行业统计和我国第一次污染普查中工业行业重金属产排强度的分析，在39类工业行业中有色金属冶炼及压延加工业、有色金属矿采选业、化学原料及化学制品制造业、金属制品业、黑色金属冶炼及压延加工业、交通运输设备制造业和通信设备计算机及其他电子设备制造业等7个行业对工业废水中的重金属污染物贡献较大。重点研究这几类工业企业空间布局现状，可以得出砷、铬、铅、镉和汞等5种重金属污染的排污压力分布情况。

以环渤海地区7个重点污染行业的企业空间分布数据为基础，利用GIS工具划定重点污染行业分布的空间聚集区域。经过分析，有色金属冶炼及压延加工业的集中分布主要是辽宁省的大连市、沈阳市和锦州市，河北省的邢台市、保定市和张家口市，山东省的烟台市、东营市和滨州市，天津的市辖区和静海县；有色金属矿采选业的集中分布主要是辽宁省的本溪市和丹东市，河北省的石家庄市、张家口市和承德市，山东省的烟台市和威海市；金属制品业的集中分布主要是辽宁省的沈阳市和本溪市，河北省的衡水市、沧州市和唐山市，山东省的青岛市、烟台市和潍坊市，天津的市辖区；黑色金属冶炼及压延加工业的集中分布主要是辽宁省的鞍山市和本溪市，河北省的唐山市和邯郸市，山东省的济南市、莱芜市和日照市以及天津的市辖区、静海县和宁河县；交通运输设备制造业、通信设备计算机及其他电子设备制造业等3个行业的集中分布主要是辽宁省的沈阳市和大连市，河北省的保定市、邢台市和衡水市，山东省的青岛市、烟台市和济南市，天津的武清区和市辖区。我国许多大型重工业企业集团的总部公司设立在北京，其集团的所有增加值被计入北京市的相关统计数据里。即使如此，2012年北京市重工业增加值在国内生产总值中所占的比例也已经低至13.15%。通过产业结构不断优化升级，北京市内真正从事重工业生产的企业数量已经不多，因此北京市面临的重金属污染风险并不大。

以环渤海地区7个重点污染行业的企业空间分布数据为基础，以企业为单元估算各类重金属的产排污量，并采用等标污染负荷法将各个行业产生和排放的各类重金属污染物量转换为等标污染负荷量，综合分析区域重金属污染风险。等标污染负荷量的高风险区主要集中在辽宁省的中部和南部地区，河北省的东北部、中部和南部地区，山东省的东部和西南部地区，天津的市辖区。

11.2.3　偏重工业的部门结构形成巨大的能耗和运输压力

由于环渤海地区的工业结构重型化趋势明显，区域能源消耗量迅速增加，见图11.3，1990年消耗2.56×10^8 t标准煤，2000年消耗4.02×10^8标准煤，2012年为10.56×10^8标准煤，占全国能源消耗的比例由25.93%增长至29.19%；这期间电力消耗由$1\,563 \times 10^8$ kW·h增长至$10\,452 \times 10^8$ kW·h；尽管单位国内生产总值的能源消耗（折合标准煤量）已经由5.96 t/万元降低到0.80 t/万元，但仍然比全国平均0.70 t/万元的水平要高。环渤海地区也是我国重要石油化工基地及油品消耗区，2012年原油加工能力约为$16\,591.14 \times 10^4$ t；占全国37.09%；汽油和柴油的年消耗量分别为$2\,580.40 \times 10^4$ t、$4\,455.17 \times 10^4$ t，分别占全国年消耗量的22.23%、32.87%。

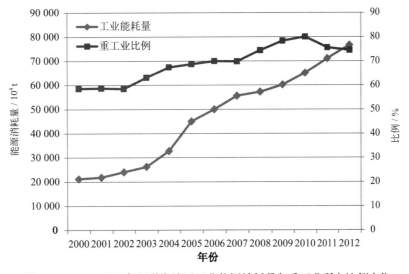

图11.3　2000—2012年环渤海地区工业能源消耗量与重工业所占比例变化

环渤海地区的运输压力也比较大，2012年铁路通车里程为17 068.8 km，占全国通车里程的17.49%，铁路年货运量为7.31×10^8 t，占全国年货运量的18.72%；高速公路通车里程为15 982 km，占全国高公路通车里程的16.61%；机动车保有量为5 232万辆，约占全国机动车保有量的21.8%；渤海沿岸分布有大连、营口、秦皇岛、京唐、天津、黄骅、烟台等港口，2012年货物吞吐量约占全国沿海港口的29.61%。

同时由表11.4可见，环渤海地区的主导产业及支柱产业主要集中在高污染高能耗或者高污染或者高能耗的产业分类中。

表11.4 污染能耗高低产业分类

高污染高能耗产业	高污染低能耗产业	低污染高能耗产业	低污染低能耗产业
钢铁产业 石化产业 电力、热力的生产和供应业 煤炭开采和洗选业	食品制造烟草加工业 纺织业 造纸印刷文教制造业 纺织服装鞋帽制品业	非金属矿物制品业 石油和天然气开采业 非金属及其他矿采选业 水的生产和供应业	金属制品业 木材加工及家具制品业 通信设备、计算机电子设备制造业 电气机械及器材制造业 装备制造业 仪器仪表制造业 工艺品及其他制造业 金属矿采选业 燃力的生产和供应业

11.2.4 转变工业发展方式的任务繁重

当前，我国处于转变经济发展模式的关键期，一方面要建立健全防范和化解产能过剩长效机制，另一方面是要通过优化工业部门结构，强化节能节地节水、减轻环境损害、提高生态效益，环渤海地区的这两方面的任务尤其繁重。国务院于2013年10月下达了《关于化解产能严重过剩矛盾的指导意见》，指出我国部分产业供过于求矛盾日益凸显，钢铁、水泥、电解铝等高消耗、高排放传统制造业产能过剩尤为突出，2012年底我国钢铁、电解铝、船舶产能利用率分别仅为72%、71.9%和75%，明显低于国际通常水平。环渤海地区2012年钢铁工业产值约25 412.58亿元，占地区工业产值的14.01%，占全国钢铁工业产值的比例高达31.78%，分布有鞍钢、河北钢铁等全国前10位大型钢铁企业，炼钢能力约为3.16×10^8 t，占全国的43.7%；石油化工业产值约占地区工业产值的16.13%，占全国石油化工业产值的比例高达27.42%，全国7大石化产业基地中就有辽中南、京津冀和山东半岛3个分布在本区，2012年石油、汽油和柴油产量分别是7 457.00$\times 10^4$ t、3 352.56$\times 10^4$ t和6 497.51$\times 10^4$ t，分别占全国产量的35.94%、37.35%和38.08%；同时，石油化工业仍有一批在建、拟建项目，大连临港石化产业基地将形成5 000$\times 10^4$ t炼油、200$\times 10^4$ t乙烯、200$\times 10^4$ t对二甲苯（para-xylene，PX）生产规模；盘锦计划在"十二五"期间形成原油加工突破3 200$\times 10^4$ t、乙烯180$\times 10^4$ t、沥青700$\times 10^4$ t生产规模。环渤海地区也是国内重要的高端装备研发、设计和制造基地。2010年，环渤海地区装备制造业产值达31 044.196 2亿元，占全国装备制造业产值比重的27.68%，占区域工业总产值的17.04%；区域内有大连、渤海、天津等造船基地，年造船能力达到786$\times 10^4$ t，约占全国的17.64%。显然，我国严重过剩的产业部门不仅在环渤海地区都有分布，而且环渤海地区这些部门的产能过剩情况可能比全国平均水平更加突出。

11.3 实施以化解产能过剩为核心的工业结构优化

环渤海地区工业部门日益重型化的趋势必然加重以下5个方面的问题：钢铁、石化和造船等产能过剩问题不断加剧；转变工业发展方式的难度继续加大；以雾霾为代表的大气污染仍将持续；重金属污染的区域风险日益升高以及渤海海洋环境面临的压力越来越大。综合分析以上几个方面的问题可以发现：以治理雾霾或减轻对渤海环境污染等为单一目标来解决环渤海地区工业发展的问题是不现实的。

为了寻求解决环渤海地区工业现实问题的途径，课题组尝试运用投入产出理论系统分析环渤海地区工业的发展现状和调整工业结构的效应。基于国家行业分类标准将工业划分为21个部门，以列昂惕夫（Leontief）提出的投入产出技术为基础构建了环渤海地区区域投入产出模型，运用列昂惕夫逆矩阵分别模拟了石化、钢铁、装备制造3个重工业部门按一定速度增长或负增长等不同的情景下，对区域工业结构的不同波及效应。经过反复模拟对比发现，在环渤海地区石化、钢铁和装备制造等3个重工业部门负增长的情况下，可缓解区域工业发展所面临的上述几个问题。因此，化解产能过剩是环渤海地区工业结构优化的核心。

11.3.1　化解产能过剩，有利于改善区域工业结构

根据投入产出的原理，某个工业部门与其他工业部门间存在联系，联系程度用感应度系数和影响力系数来描述。石化、钢铁和装备制造3个工业部门不仅占据了环渤海地区工业产值的前三位，而且属于产业关联度比较高的强辐射力部门，它们的感应度系数和影响力系数分别为4.311 18/1.159 06、2.636 607/1.267 36和2.024 95/1.234 79。当这3个产业规模扩大时，其他工业部门由于与其关联度不同，被拉动的需求也有明显的差异。具体来说，煤炭开采和洗选业、石油和天然气开采业、金属矿采选业、非金属及其他矿采业、金属制品业和电力及水的生产和供应等产业受到拉动最为明显。也就是说，当石化、钢铁和装备制造3个产业规模扩大时会对主要的高耗能重工业部门产生较大需求。而工艺品及其制造、非金属矿物制品、食品、通信设备制造等产业受到影响较小。通俗地说，即当石化、钢铁和装备制造这3个主要重工业部门规模扩张时，与之相关其他重工业部门也必须跟着扩大规模，才能维持工业体系平衡，最终形成越发展重工业部门比例越大的局面。环渤海地区目前基本是处于这样的困境；而当通过压缩这几个主要重工业部门的过剩产能使其在工业经济中所占的比重降下来时，其余各重工业部门也会因需求减少而缩小规模，这样区域经济和工业结构就会逐步走上良性调整路子。

我国重工业部门产能过剩大体形成以下的循环路径，大规模的基础设施建设及房地产开发，产生巨大的水泥、钢铁、化工产品和建筑材料的需求—石油化工、钢铁、机械等产业规模扩大—拉动煤炭开采和洗选业、石油和天然气开采业、金属矿采选业、非金属及其他矿采业、金属制品业、电力及水的生产和供应等产业扩张—形成以重工业为主的产业结构，相应也形成巨大的资源和环境压力。而当基础设施建设及房地产开发规模压缩—水泥、钢铁、化工产品和建筑材料的需求减少—表现为石油化工、钢铁、机械等产能过剩—倒逼煤炭开采和洗选业、石油和天然气开采业、金属矿采选业、非金属及其他矿采业、金属制品业、电力及水的生产和供应等产业也压缩规模。

11.3.2 化解产能过剩，有利于转变工业发展方式

根据2013年10月国务院制定的《关于化解产能严重过剩矛盾的指导意见》，化解产能严重过剩矛盾是当前和今后一个时期推进产业结构调整的工作重点。当产品生产能力严重超过有效需求时，将会造成社会资源巨大浪费，降低资源配置效率，阻碍产业结构升级。受国际金融危机的深层次影响，国际市场持续低迷，国内需求增速趋缓，我国部分产业供过于求矛盾日益凸显，传统制造业产能普遍过剩，特别是钢铁、水泥、电解铝等高消耗、高排放行业尤为突出，造成行业利润大幅下滑，企业普遍经营困难。

值得关注的是，环渤海地区的河北、山东和辽宁省等地区的钢铁产业、平板玻璃、水泥和船舶制造等产能严重过剩问题表现最为突出，而且仍有一批在建、拟建项目，产能过剩呈加剧之势。如不及时采取措施加以化解，势必会加剧市场恶性竞争，造成行业亏损面扩大、企业职工失业、银行不良资产增加、能源资源瓶颈加剧、生态环境恶化等问题，直接危及产业健康发展，甚至影响到民生改善和社会稳定大局。因此，根据投入产出表分析的结论，落实国务院《关于化解产能严重过剩矛盾的指导意见》，压缩环渤海地区的石油化工、钢铁、机械等行业规模的措施实施得越早，对于转变工业发展方式越有利。

11.3.3 化解产能过剩，有利于实现改善环境的目标

根据国务院《大气污染防治行动计划》、《京津冀及周边地区落实大气污染防治行动计划实施细则》，到2017年，北京市、天津市、河北省细颗粒物（PM2.5）浓度在2012年基础上将下降25%左右，山东省下降20%；京津冀及周边地区不得审批钢铁、水泥、电解铝、平板玻璃和船舶等产能严重过剩行业新增产能项目，不再审批炼焦、有色、电石和铁合金等新增产能项目；2015—2017年，结合产业发展实际和环境质量状况，进一步提高环保、能耗、安全、质量等标准，加大执法处罚力度，将经整改整顿仍不达标企业列入年度淘汰计划，继续加大落后产能淘汰力度。

根据本公益项目的研究结论，环渤海地区以重化工业为主的工业结构，不仅贡献了一定比例的总氮、化学需氧量和磷等传统污染物，而且还形成比较大的重金属污染风险，同时也是渤海环境污染的主要根源。因此，压缩环渤海地区的石油化工、钢铁、机械等行业规模，是突破资源环境约束，实现绿水青山、蓝天碧海等改善环境目标的必由之路。

第三篇
环渤海地区社会经济活动特征

12 环渤海经济圈的总体经济特征

12.1 环渤海地区区域基本概况

12.1.1 优越的地缘条件

环渤海地区具有优越的地理区位条件。该区域东隔渤海湾与太平洋相望，西与中国西北地区相毗邻，并通过亚欧大陆桥与中亚、东欧及西欧相通，北与东北地区相连，东南与华东地区为邻，西南与中南区相接，处在东来西往、南联北开的十分有利的地理位置。从国际上看，环渤海地区处于东北亚经济圈的中心地带，东临朝鲜半岛，与日本列岛隔海相望；北与蒙古、俄罗斯和东欧地区沟通。该区域是我国与韩国、日本、朝鲜等东北亚国家开展国际交流与合作的重要门户。环渤海地区还是连接内陆和西亚、欧洲的亚欧大陆桥的重要起点之一，是新亚欧大陆桥的桥头堡，有众多港口可以作为路桥上岸的起点港。从国内来看，环渤海地区位于我国华北、东北和西北三大区域的结合部，扼居中国北方通向海洋的门户，环渤海沿岸的港口城市历来为我国三北地区和华东部分内陆地区的进出口通道和货物集散地。这种独特的地缘优势，为环渤海地区经济的发展、开展国内外多领域的经济合作，提供了有利的环境和条件，成为我国第三大经济增长极。

12.1.2 自然资源丰富

环渤海地区拥有丰富的矿产资源、油气资源、海洋资源、煤炭资源和旅游资源。该区域能源和矿产资源在我国沿海地区得天独厚，且资源分布相对集中，较易于开发投产，资源互补性较强。据统计，已探明对国民经济有重要价值的矿产资源达100多种，特别是铁矿石、石油、天然气、铝、铜、锌、海盐、天然碱等储量位居全国前列。仅就辽宁而言，就有储量居全国第一的铁矿，占全国总储量80%以上的菱镁矿，占全国总储量66%的硼矿，储量、产量均占全国第一的钼矿等。从辽河平原一直到华北平原是我国石油蕴藏的富集地区，已探明渤海湾石油储量达6亿多吨，2011年，渤海油气产储量分别占国内海上油气产储量的71.69%和69.93%[①]，成为我国油气增长的主体。渤海是我国的内海，生物资源及海洋能资源丰富多样、潜力巨大。丰富多彩的海洋自然景观和人文景观也为滨海城市旅游资源开发提供了良好的前

---

① 资料来源：2013年6月4日《每日经济新闻》。

景。环渤海地区也是我国重要的农业基地，耕地面积达1 445.5×10⁴ hm²，占全国耕地总面积的12%，粮食产量占全国总产量的13%以上。

12.1.3 立体交通网络发达

环渤海地区是我国交通枢纽功能聚集地区，是我国海运、铁路、公路、航空、通信网络的枢纽地带，交通联片成网，形成了以港口为中心、陆海空为一体的较为完善的综合立体交通网络，成为沟通东北、西北和华北经济并进入国际市场的战略要地。该区域以高速公路网为骨架，众多等级公路四通八达，覆盖了区域内绝大多数城市。2011年，环渤海地区公路里程达到40.7×10⁴ km，公路密度为全国的2.2倍，高速公路通车里程11 869.5 km，高速公路密度为全国的3.1倍，二级以上公路里程达到64 376 km；铁路营运里程的平均密度为308.6 km/（10⁴ km²），远远高于全国平均水平。航空运输网络也很发达，以北京为中心的10多个机场，开通国内、国际航线100多条。环渤海地区港口星罗棋布，环渤海西侧形成以天津北方国际航运中心为主，秦皇岛港、唐山港等错位发展的津冀沿海港口群，主要服务于京津、华北及其西向延伸的中国北方地区；北侧则形成以大连东北亚国际航运中心为主，营口港、锦州港等为辅的辽宁沿海港口群，主要服务于东北三省和内蒙古东部地区。2012年环渤海地区主要规模以上港口①吞吐量达16×10⁸ t，占全国主要规模以上港口吞吐量的1/4。

12.1.4 工业基础雄厚

环渤海地区产业基础雄厚，是我国最大的工业密集区，是我国重化工业、装备制造业和高新技术产业基地。近20年来，环渤海地区不仅保持了诸如钢铁、原油、原盐等资源依托产品的优势，同时新兴的电子信息、生物制药、新材料等高新技术产业也迅猛发展，目前已经形成以高新技术产业、电子信息产业、汽车制造业、机械制造业为主导的产业带。环渤海地区是我国石化产业的重点集聚区，七大石化产业基地中就有3个布局于此，分别是辽中南石化基地、京津冀石化基地和山东石化基地。此外，环渤海地区也是我国装备制造业最大的集聚区，装备制造业基础雄厚，内生力强大，是未来装备制造业的动力区。其中，北京是全国航空、卫星、机床等行业的研发中心，辽宁、山东和河北依托其海洋优势，在原有装备工业基础上已逐步发展成为海洋工程装备、机床以及轨道交通装备的产业聚集区。

12.1.5 拥有实力强大的骨干城市群

环渤海地区是我国城市密集的三大地区之一，以京津两个直辖市为轴心，大连、秦皇岛等沿海开放城市为扇面，沈阳、石家庄、济南等城市为支点，构成了我国北方最重要的集政治、经济、文化、国际交往、多功能的城市群落。北京市是我国的政治和文化中心；天津的发展定位是北方经济中心；沈阳、石家庄、济南分别是所在省份的政治、经济、文化中心，大连又是副省级的经济中心城市，这些城市在全国和区域经济中发挥着集聚、辐射、服务和

---

① 本研究范围内的主要规模以上港口：天津港、大连港、秦皇岛港、营口港、日照港。

带动作用，有力地促进了本地区特色经济区域的发展。

12.2　经济总体实力评价

12.2.1　快速膨胀的环渤海区域经济

从1978年到2011年的30多年时间里，环渤海地区的国内生产总值总量由665.7亿元增加到93 291.3亿元，增长了近140倍，年均增速达15.6%，尤其是20世纪90年代后发展迅猛，年均增长达23.9%（名义增长率）。从图12.1中可以明显看出这种发展历程。

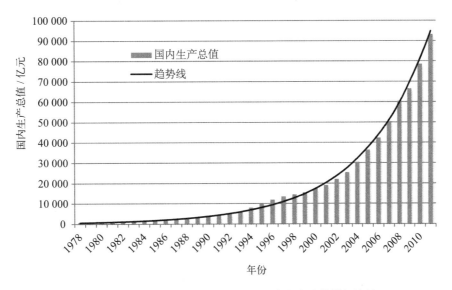

图12.1　1978—2011年环渤海地区国内生产总值增长情况

伴随着改革开放30多年我国经济的快速发展，环渤海地区已成为继珠江三角洲、长江三角洲之后的我国第三个大规模区域制造中心。依托原有工业基础，环渤海地区不仅保持了诸如钢铁、原油、原盐等资源依托型产品优势，同时新兴的电子信息、生物制药、新材料等高新技术产业也发展迅猛。

1978—2011年环渤海地区国内生产总值增长情况可以看出，近几年环渤海地区经济增长速度加快，呈现出更加良好的发展势头。经过了几十年的奠基，环渤海地区的经济迎来了新一轮的工业振兴浪潮，多项国家发展战略区域落户该地区，内在的工业基础和外部优越的发展政策加速激活老工业基地的能量，有理由相信未来环渤海地区的经济增长将在中国经济发展蓝图中添加浓浓一笔。

12.2.2　中国经济的五分之一在"渤海"

2011年环渤海地区国民生产总值为9.3万亿元，占全国国内生产总值的19.8%，其中，一产增加值占17.1%、二产增加值占20.5%、三产增加值占21.2%。可以看出，除一产增加值占全国1/6之外，二产、三产增加值均达到全国总值的1/5强，工业增加值所占比重达20.7%，如图12.2所示。

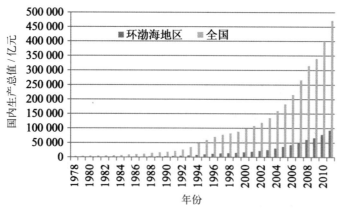

图12.2　1978—2011年环渤海经济占全国比重

　　由图12.3可见，1978年环渤海地区国内生产总值占全国经济总量的18.3%，在随后的30多年间，比重逐步提高，2005年首次突破全国经济总量的1/5，并维持在这一水平。与此同时，农业、第三产业所占全国比重也逐步提高；第二产业所占比重1978—1995年间有所降低，比重由25%降至17%（结构调整与国企改革因素），1995年后所占比重开始稳步提升，2005年重新稳占于全国1/5以上，此后一直维持在20%左右（图12.4）。2011年，环渤海地区国内生产总值总量约为长三角地区（16城市）的1.16倍，是珠三角（9城市）的1.77倍，经济规模开始赶超长三角、珠三角。

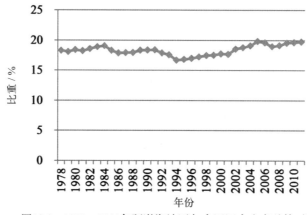

图12.3　1978—2011年环渤海地区与全国国内生产总值对比

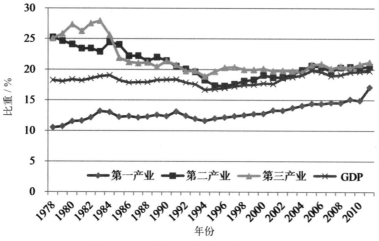

图12.4　环渤海地区各产业产值占全国比重

从以上可以看出，环渤海地区的经济无论在30年前，还是现阶段均在全国经济发展中占据了非常重要的地位。1978—2005年环渤海地区经济总量占全国经济总量近1/5，而2005年环渤海地区经济总量已是全国经济，总量的1/5强，因此可以说，中国经济的1/5在"渤海"。

中国经济的1/5在"渤海"，那么渤海是否可以承受这1/5经济所产生的环境压力？

12.2.3 经济密度是全国平均的4倍

图12.5很清晰地反映出环渤海经济圈的经济密度远远大于全国平均水平，尤其体现在第二、三产业和工业3个方面，依据计算数据，该地区经济密度是全国经济密度的4.5倍，这也侧面反映出该地区的生产要素集中度与经济开发强度是全国水平的4倍以上。

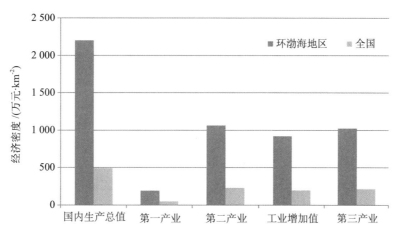

图12.5 2011年环渤海地区与全国经济密度比较

这个占中国陆域面积仅4.4%的区域却创造了全国20%的国内生产总值，伴随着如此高强度的经济开发，污染物的产生量也是巨大的，正如前面我们提到的，渤海作为该经济区废水的最终容纳地正在承受着巨大的环境压力。随着经济不断地发展，内陆产业不断向沿海聚集的同时，沿海本身的开发力度加大，双重的开发活动将继续加剧渤海的这种环境压力。

12.3 高速城市化过程

城市化水平是衡量一个区域城市化发展程度的重要指标，也是反映一个区域经济社会发展的重要指标。通过定性分析，综合考虑城市人口、经济、社会方式、地域环境等来描述城市化水平高低。目前众多专家学者均认为非农人口比例和建成区面积是衡量一个区域城市化水平最具代表性的指标。其中建成区面积指市行政区范围内经过征用的土地和实际建设发展起来的非农业生产建设地段，它包括市区集中连片的部分以及分散在近郊区与城市有着密切联系，具有基本完善的市政公用设施的城市建设用地。

12.3.1 非农人口增长近3倍

环渤海地区三省两市总人口从1978年的1.72亿增加到2011年的2.46亿，其中本研究范围中，总人口由1978年的1.37亿增至1.89亿人（图12.6），增加了5 170万人，增长了

37.8%，即在过去34年间，环渤海地区人口增加数相当于1978年总人口的近4成。2011年该地区总人口占全国总人口的14%，人口密度由1978年的323人/km²增加到2011年的445人/km²。

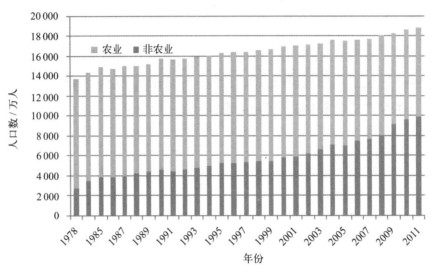

图12.6　1978—2011年环渤海地区农业—非农业人口变化

从人口增长的结构性特点来看（表12.1），1978—2011年，环渤海地区农业人口与非农人口比例由4.1∶1转变为1∶1.1，非农人口的快速增加是总人口增加的主要来源。在过去的30多年间，环渤海地区非农人口由2 692万人增加到9 918万人，年均增长210万人，增加了近3倍，农业人口则呈下降趋势，由11 004万人降至8 945万人，农村人口向城镇转移数量大。非农人口的增长也侧面反映了该地区经济发展的历程，随着地区经济的发展，驱动了农村人口向城市的转移和外来人口的输入，未来该地区的非农人口数量还将不断增长。

表12.1　不同时期环渤海地区的非农人口数　　　　　　　　　　单位：万人

年份	北京	天津	辽宁（部分）	河北	山东（部分）	环渤海地区
1978	488.8	358.5	896.8	553	395.1	2 692.1
1985	595.6	445.7	1 345.1	757	681.5	3 824.9
1995	877.7	507.9	1 507.6	1 099	1 221.3	5 213.6
2000	1 016.8	618	1 591.2	1 310.6	1 219.9	5 756.5
2005	1 237.5	663.2	1 686.8	1 831.8	1 618.9	7 038.2
2011	1 742.3	953.7	1 795.7	2 230.4	3 196.8	9 918.7
1978—2011增加	1 253.5	595.2	898.9	1 677.4	2 801.7	7 226.6

城市化率是衡量一个地区经济发展水平的重要标准。为了科学、真实地反映现阶段城乡人口、社会和经济发展情况，准确评价城镇化水平，2008年度城市化率对原有计算方法进

行了调整，采用城乡划分中的非农人口占总人口（包括农业与非农业）比重来反映城市化水平。由表12.2可以看出，2011年环渤海地区的城市化率为64.68%，高于全国平均水平近13个百分点，说明该地区人口城市化水平相对较高，区域内北京、天津、山东的非农人口比重较高，分别为86.2%、80.5%和78.7%，河北和辽宁比重相对较低。

表12.2　2011年环渤海地区非农人口与农业人口数量及城市化率

地　区	总人口/万人	非农业人口/万人	农业人口/万人	城市化率/%
全　国	134 735	69 079	65 656	51.27
环渤海	19 015	12 299.6	6 715.7	64.68
北　京	2 018.6	1 740.7	277.9	86.23
天　津	1 355	1 091	264.2	80.52
河　北	7 240.5	3 301.7	3 938.8	45.6
辽宁（部分）	3 645.2	2 424.3	1 220.9	66.51
山东（部分）	4 755.7	3 741.9	1 013.8	78.68

非农人口增加反映了该地区城市化进程，环渤海地区周边城市群不断扩大，居民生活的废水也随着增多，渤海在消化吸收工业生产废水的同时还要承担居民生活废水的排放。除沿海城市外，内陆城市排放污染物也有相当一部分经由入海河流排入海洋，据统计，2011年环渤海地区用水总量约510×10^8 m^3，其中城市用水人口约7 200万，城市用水量近80×10^8 m^3，污水排放量达73.2×10^8 m^3。根据《中国海洋环境质量公报》，2011年河流入海污染物量分别为：化学需氧量1 582×10^4 t，氨氮32×10^4 t，硝酸盐氮164×10^4 t，亚硝酸盐氮7.6×10^4 t，总磷23.6×10^4 t，石油类8.1×10^4 t，重金属2.5×10^4 t，砷3 137 t。渤海周边城市人口增长在未来相当长一段时间内仍是发展趋势，仍将对渤海环境造成巨大压力。

以环渤海地区各省市多年的城镇人口和农村人口平均用水量数据汇总，计算后取城镇日人均用水量180 L/d，农村日人均用水量100 L/d，每天人们的生活用水总量为2 885.5×10^4 t，则每年环渤海地区人们生活用水总量为102.7×10^8 m^3（1978年约为30×10^8 m^3），而黄河的年均径流量是535×10^8 m^3，也就是说，环渤海地区生活用水总量约为黄河年径流量的1/5，随着人口数量的增加，生活用水量增加，其中部分废水排入渤海，对渤海海洋环境造成影响。

12.3.2　建成区面积近30年翻两番

建成区面积是指市行政区范围内经过征用的土地和实际建设发展起来的非农业生产建设地段，它包括市区集中连片的部分以及分散在近郊区与城市有着密切联系，具有基本完善的市政公用设施的城市建设用地。采用1984年、2000年与2011年的统计数据，分析环渤海地区城市发展（表12.3），总体而言，环渤海地区建成区面积2011年相比1984年翻了两番，由1984

年的2 002.7 km²增加至2011年的8 231.2 km²，也就是在28年间，环渤海地区新增了3个1984年的环渤海区城市总面积。划分时间段可以看出，进入21世纪以来，建成区面积增速更加明显，1984—2000年17年间，建成区面积增加了2 282 km²，2000—2011年12年间，面积增加近4 000 km²。从表12.3中可以看到各省市的建成区面积变化情况。

表12.3 1984年、2000年与2011年环渤海地区建成区面积变化

项 目	北京	天津	辽宁 （部分）	河北	山东 （部分）	环渤海 地区	全 国
1984年/km²	366	242	633.2	473	288.5	2 002.7	8842
2000年/km²	490.1	385.9	1 348.2	962.9	1 097.8	4 284.9	22 439
2011年/km²	1 231.3	710.6	1 961.4	1 684.6	2 643.3	8 231.2	43 603
1984—2000变化量/km²	124.1	143.9	715	489.9	809.3	2 282.2	13 597
2000—2011变化量/km²	741.2	324.7	613.2	721.7	1 545.5	3 946.3	21 164
1984—2011变化量/km²	865.3	468.6	1 328.2	1 211.6	2 354.8	6 228.5	34 761
年均增长/%	4.43	3.92	4.12	4.64	8.23	5.18	5.86

在三省两市层面上，山东建成区面积增加速度最快，年均增长8.23%，天津增速最慢为3.92%，环渤海建成区面积年均增长222 km²，增速为5.18%。建成区内用水包括居民生活用水和工业生产用水，其中以工业生产用水所占比例较大，废水成分复杂，经处理和不经处理的工业废水直接或间接排入渤海，导致渤海水环境不断恶化，环境问题日益严峻，统计数据表明，2011年沿海城市工业废水排放总量达133.8×10⁸ t，其中直排入海的有13.5×10⁸ t。

在强大的经济发展驱动下，环渤海地区未来的建设，尤其是沿海地区的建设力度不断加大，城市的扩张，各大工业园区、临海产业园区的建设如火如荼，陆域的建设和开发或多或少、或直接或间接都会与渤海的环境发生着关系，可以说每增加1 km²的建成区，渤海的环境压力就增大一分，渤海面临的环境压力正快速增大，渤海海水交换能力有限，如果渤海的自净能力不足以消化外来的污染，如何面对和处理这种不断加大的环境压力是值得我们思考的。

12.4 人口的迅速集中

在经济全球化的大背景下，经济发展追求城市、信息、工业、国际化和市场化，人口和生产要素向沿海聚集是普遍趋势。我国沿海地区凭借优越的要素条件、区位条件及不平衡的区域发展政策支撑，吸引大量人口向沿海地区集聚。根据2011年相关数据分析，我国东部沿海地区以占全国总面积13%的土地承载了45%的全国人口，创造了全国58%的国内生产总值，90%以上的进出口总额，特大城市和大城市数量分别占全国的57%和64.5%。

图12.7清晰地反映出1978—2011年环渤海地区与全国人口密度的变化情况，环渤海地区的人口密度由323人/km²增加到445人/km²，年均增长率，即单位土地面积承载的人口数逐年增加。相比而言，全国平均人口密度由100人/km²增至140人/km²，环渤海地区人口密度是全国平均水平的3倍多。根据《中国流动人口发展报告》，2011年我国流动人口达到2.3亿，占全国人口的17%，沿海三大经济圈是吸纳流动人口的主要地区。人口及其他生产要素向沿海集中，为沿海地区经济繁荣做出了重要贡献，但同时，也应看到高的人口集中度对生态环境、海洋环境的巨大影响。

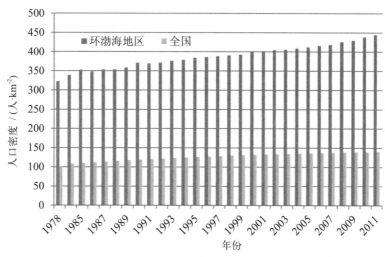

图12.7　1978—2011年环渤海地区与全国人口密度变化

13　农业生产影响渤海海洋环境的总体压力分析

农业生产活动中对环境产生的影响主要体现为农田径流（化肥、农药流失）、水土流失、农村生活污水及垃圾、畜禽养殖等造成的农业面源污染。农业面源污染物的产生与降水过程关系密切，农田中的氮、磷、农药及其他有机或无机污染物质，通过降水时产生的农田地表径流、地下渗漏进入江河湖海。分散堆放的农村生活垃圾、畜禽粪便中含氮、磷物质经径流汇入水体，引起水质污染。农业生产活动影响亦包括海上水产养殖污染，其主要来源于养殖鱼类和虾蟹类排泄物、残饵和贝类排泄物等有机污染物质。与农业或其他陆源污染相比，海水养殖污染分担率较低，但中国海水养殖模式多属于高密度、集约化养殖，且养殖区多位于水交换能力较差的浅海潮间带区和内湾水域，因此不能忽视其对局部海域环境质量的影响。

13.1　种植业和畜牧业为主的农业结构

1987年环渤海地区农林牧渔业总产值为588.6亿元，2011年增长至12 688.9亿元，24年间，农林牧渔业总产值增长了21倍，年均增长率为13.6%，如图13.1。其中，农业产值增长了13

倍，林业产值增长了10倍，牧业产值增长了34倍，渔业产值增长了43倍，可以看出在过去的20多年里，环渤海区域农业生产取得了长足的发展，通过图13.1可以看出该地区农业仍将保持快速发展。

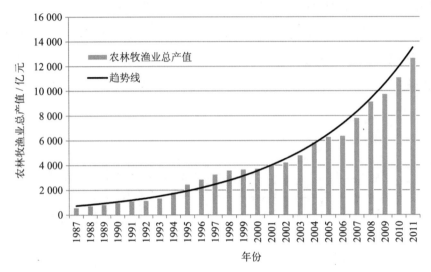

图13.1　1987—2011年环渤海地区农林牧渔业产值变化

2011年农业内部结构中，种植业和牧业产值占88.4%，其中种植业产值达到52.1%，牧业为36.3%，而林业产值所占比例最低为1.6%，渔业产值占10%，如图13.2所示。从农业内部结构看，环渤海地区仍是以种植业和牧业为主的农业生产模式。

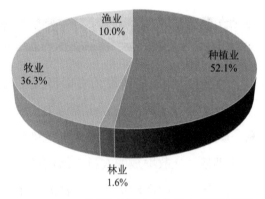

图13.2　2011年环渤海地区农林牧渔业产值结构构成

在全国范围内，环渤海地区农业占据重要位置，除林业外，农林牧渔业总产值、农业产值、牧业产值、渔业产值均占全国各产值的14%以上，见图13.3。

环渤海地区以全国1/23的土地创造了全国农业1/7的产值，除该地区本身具有的资源优势外，农业生产过程中巨大的物质能量投入也是农业高产出的主要原因。高水平的物质能量投入促使农业产量增加的同时，也不可避免地产生了巨大的环境影响，大量的面源污染物随着降雨、地表径流、河流汇入渤海，严重影响了渤海海洋环境，如何应对农业生产上大量物质能量投入所导致的海洋环境变化已成为国际上需要解决的难题之一。

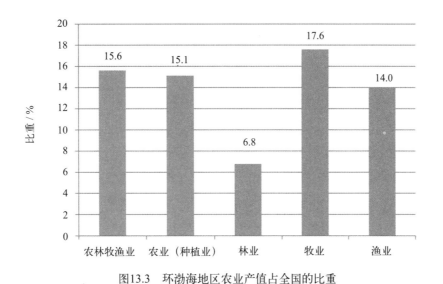

图13.3　环渤海地区农业产值占全国的比重

13.2　化肥、农药施用量居高不下

据国外测算，现代农业产量至少有1/4是靠化肥获取的，在发达国家这一数字甚至会高达50%—60%。环渤海地区农业产值为全国的1/7，而该地区的土地面积仅占全国土地面积的1/23，耕地面积占全国的1/9，该区农业产值高的重要原因也在于农业物质能源投入上的增长。表13.1中列出了环渤海地区各省市的农业化肥投入量（折纯量），环渤海地区的化肥施用总量为737.97×10⁴ t，其中氮肥314.40×10⁴ t，复合肥270.25×10⁴ t，磷肥和钾肥合计约153.34×10⁴ t。如果将2011年该区化肥施用总量用40节的列车运输（每节载重60 t），那么需要3 075列这样的列车。从1980年到2011年渤海地区总的化肥施用量为16 701.6×10⁴ t，就需要54 200列这样的列车。

表13.1　2011年全国和环渤海地区化肥、农药施用情况

地　区	化肥施用量/ 10^4 t	氮肥/ 10^4 t	磷肥/ 10^4 t	钾肥/ 10^4 t	复合肥/ 10^4 t	农药施用量/ 10^4 t
北　京	13.84	6.78	0.88	0.74	5.44	0.39
天　津	24.39	11.37	3.91	1.68	7.43	0.38
河　北	326.28	152.42	47.1	27.05	99.71	8.3
辽　宁	124.77	60.35	10.77	10.43	43.24	5.66
山　东	248.69	83.48	28.1	22.68	114.43	16.48
环渤海	737.97	314.4	90.76	62.58	270.25	31.21
全　国	5 704.24	2 381.42	819.19	605.13	1 895.09	178.70
比　重	12.94%	13.20%	11.08%	10.34%	14.26%	17.47%

图13.4反映了近30年里环渤海地区各主要农业化肥施用量的变化情况,其中,2011年环渤海地区农用化肥施用量为737.97×10⁴ t,在1980年239.8×10⁴ t的基础上增长了2倍多,在1980—1999年期间呈现迅速上升的趋势,在2000年后增速放缓进入平稳期。环渤海地区氮肥施用量由1980年的164.2×10⁴ t增至314.4×10⁴ t,比1980年增长了将近1倍,在1996年后施用量基本稳定,保持在310×10⁴—340×10⁴之间。2011年磷肥施用量为90.8×10⁴ t,是1980年的1.9倍,增速较为缓慢。钾肥经历了从无到有的过程,在30多年中增长了29倍,2011年环渤海地区钾肥施用量达到62.6×10⁴ t。复合肥施用量始终处于不断上升的状态,从1980年的3.5×10⁴ t增长至2011年的270.2×10⁴ t,增长了76倍,增长也最为迅速。相对氮肥和复合肥的施用量,磷肥和钾肥总体施用量少些,两者2011年合计153.3×10⁴ t。环渤海地区农业生产的30多年间,高投入的生产方式促进了该地区发达农业的同时,也有相当多的化肥通过各种途径汇入渤海。

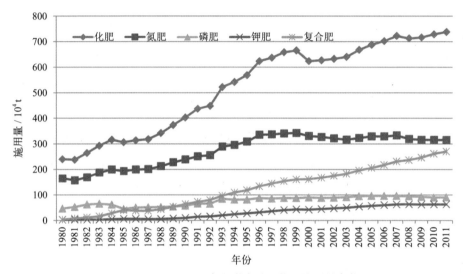

图13.4 1980—2011年环渤海地区化肥施用量变化

如图3.15所示,2011年全国地均化肥施用量为468.4 kg/hm²,环渤海地区为531.6 kg/hm²,高出全国平均水平13.5%。其中,环渤海地区地均氮肥施用量和地均复合肥施用量最为突出,分别为226.6 kg/hm²和194.6 kg/hm²,高出全国平均水平的17.9%和21.7%。环渤海地区这样的化肥施用量远远超出发达国家为防止化肥对水体污染而设置的225 kg/hm²的安全上限。我国每年农田氮肥的损失率是33.3%—73.6%,平均总损失率在60%左右,其中,气态氮挥发损失约20%,反硝化脱氮损失15%,地下渗漏损失10%,农田排水和暴雨径流损失15%。大量的化肥、农药流失加剧了湖泊和海洋等水体的富营养化。

很多研究表明农田化肥的流失是造成海洋氮磷含量高的主要原因,根据相关研究,考虑到陆域河流分解和渗漏消耗,拟采用0.05%和0.5%作为农田化肥入海系数的最小值和最大值。以0.05%为入海系数计算,最保守的估计显示,2011年环渤海地区施用的化肥至少有2.43×10⁴ t汇入海中,如果平均在整个渤海海域,即每平方千米的海域容纳了近0.33 t的纯农业化肥量,如果将近30年间的化肥总施用量计算,渤海每平方千米海域累计容纳的纯化肥量为

5.67 t。以0.5%为入海系数计算，结果表明，2011年环渤海地区施用的化肥约有24.33×10⁴ t汇入海中，如果平均在渤海整个海域，即每平方千米的海域容纳了近3.33 t的纯量农业化肥，如果将近30年间的化肥总施用量计算，渤海每平方千米海域累计容纳的纯化肥量为56.67 t。

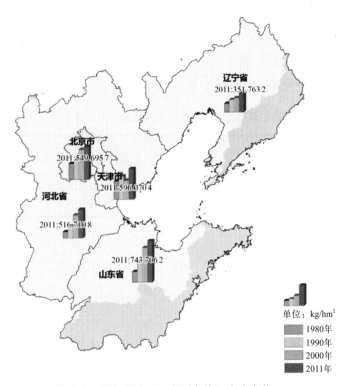

图13.5　环渤海地区三省两市施肥密度变化

2011年环渤海地区农药使用量为31.2×10⁴ t，占全国农药使用总量的17.5%，为1990年施用量的2.6倍，平均值为22.4 kg/hm²，是全国同期水平的1.5倍，约为发达国家的3.7倍，利用率不足30%，大多流失。采用10%（丁华等2006提出的最小比率）作为农药流失入海的比率，2011年环渤海地区排入渤海中的农药总量为3.1×10⁴ t，自1990年至今，环渤海地区的纯农药总量约为562×10⁴ t，依据10%的入海量，则有56×10⁴ t的农药流入渤海，相当于渤海海面每平方千米累积分布近7 t的农药。

13.3　畜牧业规模还在扩张

环渤海地区的畜牧业发展速度快、规模大，2011年畜牧业产值是1978年的90多倍，畜牧业产值占农业总产值的比重也由1978年的13%增加到2011年的34.6%，高于31.6%的全国平均水平。到2011年，环渤海地区牛、马、骡等大牲畜年底存栏数1 263.3万头，肉猪出栏数8 404.3万头，羊年底存栏数3 329万只。环渤海地区畜牧业70%以养殖专业户为主，排污集中，浓度大，且多分布于村庄、道边、河畔，畜禽粪便收集并堆积在养殖场周围空地比较普遍，在雨水冲刷下很容易进入附近水体。同时，环渤海地区畜牧业排污系数相对较高，处理效率低，污染物在处理之前和处理过程中流失较多，随着养殖规模的扩大，快速发展的畜牧业已成为渤海地区水体污染的重要源头。

本研究主要依据全国第一次污染源普查资料，结合环渤海地区农业实际情况提取畜牧业相关排污系数并进行修正，依据《中国环境经济核算技术指南》，环渤海地区农业面源总氮和化学需氧量污染物的入河系数取0.2，利用排污系数法计算2011年环渤海地区农业面源畜牧业主要污染物的排放量见表13.2。环渤海地区畜牧业养殖以猪、奶牛、肉牛和肉鸡为主，基于以上4种畜禽估算流域内畜牧业化学需氧量污染，最终估算2011年环渤海地区畜牧养殖化学需氧量总污染负荷值为2 200.5×10⁴ t，总氮排放量负荷值为113.2×10⁴ t。

表13.2　2011年环渤海地区畜牧养殖业的总氮及化学需氧量排放量　　　　　　　单位：t

项目	猪	奶牛	肉牛	肉鸡	排放合计
化学需氧量	572 816.7	282 660.8	464 018.4	2 739 134.7	4 058 630.6
总氮	72 671.3	19 777.0	33 182.4	91 532.2	217 162.9

畜牧业的发展规模仍在迅速扩张，畜牧业已成为环渤海地区农业的支柱产业。辽宁省在省政府推进畜牧产业发展政策的推动下，全省畜牧业发展方式转变速度明显加快，现代畜牧业快速发展，畜牧业投入水平前所未有，生产能力大幅提升，辽宁省已经成为全国重要的畜牧业生产和畜产品供给基地。河北省到"十二五"末，畜牧业产值占农林牧渔业总产值的比重力争达到50%，全省在全国位次前移一到两位。山东省到2015年，畜牧业产值在农业总产值中的比重每年提高1个百分点以上，达到35%。可以预见，随着畜牧业规模的不断扩张，环渤海地区的农业面源污染问题会更加突出。

14　工业生产影响渤海海洋环境的总体压力分析

环渤海地区工业发展水平较高，该地区工业基础雄厚，原油石化、采矿冶炼、装备制造、食品加工等工业门类齐全，工业产值占本地区国内生产总值比重高，达到44.6%，尤其是近15年来工业增长速度快，直至今日仍保持强劲的发展势头。工业生产的同时会产生各种工业废水，有些经处理后排放，有些直接排放，这些废水的排放对环境或多或少造成影响，工业规模越大、生产水平越低废水排放越多，不同的工业结构也决定了不同的废水种类和排放量，渤海海洋环境变化不仅缘于周边农业生产物质能量的巨大流入，周边城市工业的快速发展也是导致渤海环境变化的重要原因，因此，分析环渤海地区工业发展状况对于了解渤海海洋环境变化尤为重要。

14.1　总体规模迅速增长

2011年环渤海地区工业增加值达4.3万亿元，占全国工业增加值的23%，是1978年的104倍，是1990年的28倍，是2000年的5.7倍多，尤其是2000年后工业增长速度飞快，平均增长近18%，从图14.1中可以看出这种强劲的发展势头。从区域角度来分析，如图14.2所示，自2000

年以来三省两市的工业产值都出现了大幅度增长，山东省增长幅度最大。

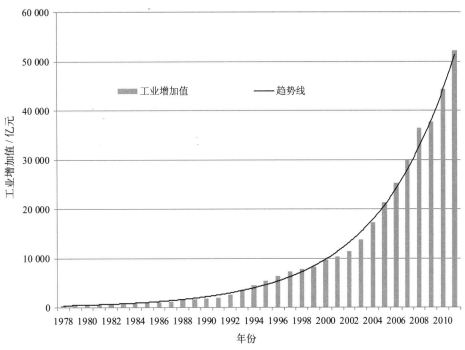

图14.1　1978—2011年环渤海地区工业产值变化

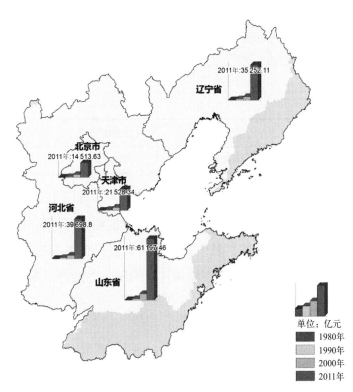

图14.2　环渤海地区三省两市工业产值时空变化

　　尽管随着生产条件与技术的进步，每万元工业产值产生废水的量逐年降低，但工业总量快速增加导致工业废水排放量仍逐年增加。1996年环渤海地区工业废水排放总量为20×10^8 t，2011年增加到32×10^8 t（为汇总的典型企业数值）。该区域的地形总体是西高东低，环渤海地区排放的大部分工业废水随着城市污水排放管道、河流、排污口的输送，其最终的归属地仍是渤海。渤海作为三省两市的海上门户，为该区域经济发展提供强大支撑的同时，其自身的环境也经受着由经济发展所产生的各种废水带来的压力。

环渤海地区在4.39%的国土面积上创造了全国工业产值的23%，工业产值的经济密度远远大于全国平均水平。通过计算环渤海地区各时期的工业总产值经济密度也可以反映出该地区工业发展的强度（表14.1），1980年每平方千米的工业总产值为29.9万元，1990年增长到112万元，2007年达到1 534万元，2011年达到4 045万元。相比于全国的工业总产值密度而言，环渤海地区具有绝对优势，2011年的密度为全国的4.6倍。从这些数据我们可以了解到环渤海地区工业发展的相对水平和集聚的程度，高产出的同时高排放的现象在过去相当一段发展时期是同步的，各种工业废水随工业经济发展而产生并排放到周边区域，有相当部分最终汇集到渤海，造成渤海环境质量的下降。

表14.1　各时期环渤海地区工业总产值密度与全国对比

年 份	工业总产值/亿元		工业总产值密度 /(万元·km^{-2})		
	环渤海	全国	环渤海	全国	环渤海/全国
1980	1 266.18	5 154.26	29.87	5.34	5.59
1985	2 079.66	9 716.47	49.06	10.06	4.88
1990	4 785.06	23 924.36	112.88	24.77	4.56
1995	15 028.26	82 301.72	354.52	85.20	4.16
2000	19 037.08	85 766.99	449.09	88.79	5.06
2005	58 530.01	251 535.32	1 380.75	260.39	5.30
2011	172 166.14	844 269.12	4 061.48	879.45	4.62

近10年来，环渤海地区的工业废水总计达360×10^8 t以上，而渤海的海水总量约为$14 000 \times 10^8$ t，工业废水占渤海海水总量的1/38，其排放规模可想而知。现阶段环渤海地区正成为全国未来经济发展的热点区域，新一轮的产业调整与布局正在进行，随着未来环渤海地区工业的进一步发展工业排放量的增加，渤海环境的压力将会进一步加大。

14.2　重化工业突出的产业结构

环渤海地区的工业基础雄厚，工业规模庞大，门类齐全，工业基础坚实，是我国石油、钢铁、化工、重型机械、造船、煤炭等产业的重要生产基地。依据国家统计年鉴中对工业行业的分类标准，计算得出环渤海地区工业各行业的企业个数与工业总产值在全国各行业中所占的比重，表14.2列出了该地区的35个工业行业在全国的地位，其中工业总产值占全国比重超过15%的行业有23个，占总行业的69%；产值占全国比重超过20%的行业有13个，占总行业的37%；产值占全国比重超过30%的行业有4个，占总行业的11%。

表14.2　环渤海地区各工业行业的企业个数及总产值占全国比重（2011年）

行业	企业个数	总产值
煤炭采选业	4.84%	16.06%
石油和天然气开采业	13.59%	31.23%
黑色金属矿采选业	43.55%	49.09%
有色金属矿采选业	9.53%	9.64%
非金属矿采选业	16.43%	16.66%
食品加工业	20.72%	23.66%
食品制造业	20.21%	23.51%
饮料制造业	14.29%	14.37%
烟草加工业	9.09%	6.86%
纺织业	12.83%	19.72%
服装及纤维品制造业	12.31%	14.25%
皮革、毛皮、羽绒制品业	13.54%	15.60%
木材加工竹、藤、棕制品业	12.74%	19.32%
家具制造业	16.31%	16.57%
造纸及纸制品业	14.98%	18.78%
印刷及记录媒介复制	12.29%	16.05%
石油加工业	33.39%	31.31%
化学原料及化学品制造业	20.01%	21.78%
医药制造业	17.76%	21.25%
化学纤维制造业	6.31%	3.66%
橡胶及塑料制品业	16.02%	19.72%
非金属矿物制品业	18.00%	21.21%
黑色金属冶炼压延加工业	32.58%	37.03%
有色金属冶炼压延	12.40%	13.73%
金属制品业	21.90%	27.87%
通用设备制造业	17.70%	21.90%
专用设备制造业	22.82%	21.48%
交通运输设备制造业	13.18%	18.34%
电气机械及器材制造	13.04%	13.07%
电子及通信设备制造	9.82%	9.71%
仪器仪表文化、办公用品制造	16.51%	10.70%
其他制造业	8.02%	8.08%
电力、热水的生产和供应业	15.06%	20.38%
煤气生产和供应业	16.71%	13.87%
水的生产和供应业	13.09%	14.98%

注：其中数据来源于中国及各省市统计年鉴。

表14.3　环渤海地区各产业产值占全国比重统计情况

比重区间	行业名称及比重值				
>30%	黑色金属矿采选业	黑色金属冶炼及压延加工业	石油加工业	石油和天然气开采业	
	49.09%	37.03%	31.31%	31.23%	
20%—30%	金属制品业	食品加工业	食品制造业	通用设备制造业	化学原料及化学品制造
	27.87%	23.66%	23.51%	21.90%	21.78%
	专用设备制造业	医药制造业	非金属矿物制品业	电力及热水供应业	
	21.48%	21.25%	21.21%	20.38%	
15%—20%	橡胶和塑料制品业	纺织业	木材加工竹、藤、棕制品业	造纸及纸制品业	交通运输设备制造业
	19.72%	19.72%	19.32%	18.78%	18.34%
	非金属矿采选业	家具制造业	煤炭采选业	印刷及记录媒介复制业	皮革、毛皮、羽绒制品业
	16.66%	16.57%	16.06%	16.05%	15.60%

表14.4　环渤海地区各省市支柱产业列表

地　区	支柱产业
环渤海	黑色冶金业、化学原料制造业、交通设备制造业、食品加工业、石油加工业、通用设备制造业、电力及热水供应业
北京市	交通设备制造业、电力及热水供应业、通信电子设备制造业、石油加工业、电气机械制造业、煤炭采选业/通用和专用设备制造业
天津市	黑色冶金业、交通运制造业、通信电子设备制造业、石油开采业、石油加工业、化学原料制品业、煤炭采选业/通用设备制造业
河北省	黑色金属冶炼业/电力及热水供应业/黑色金属采选业、石油加工业、化学原料制品业、食品加工业
山东省	化学原料制造业、食品加工业、纺织业、石油加工业、黑色金属冶炼业、非金属矿制品业、电力及热水供应业、交通设备制造业
辽宁省	黑色金属冶炼业、通用设备制造业、石油加工业、食品加工业、交通设备制造业、非金属矿物制品业、化学原料制造业、电器机械制造业

　　表14.3清楚地表现出各行业在全国的地位，其中黑色金属矿采选业、黑色金属冶炼及压延加工业、石油加工业、石油和天然气开采业成为环渤海地区工业行业的第一梯队，占全国比重均超过30%，成为环渤海地区的主导产业；金属制造业、食品加工业、食品制造业、通用设备制造、化学原料及化学品制造业、专用设备制造业、医药制造业、非金属矿物制品

业、电力及热水供应业成为环渤海地区的第二梯队行业，占全国比重均超过20%。细分环渤海地区各省市的产业地位，列举出三省两市的支柱产业名称，具体见表14.4。从表中可以发现环渤海地区工业构成明显的特征，即重化工业扮演了该地区工业发展的主要角色，各省市的支柱产业中重化工业占据了重要的地位。鲜明的重化工业主导型工业结构在过去30年里始终伴随着该区域的经济发展。

14.3 影响海洋环境的重点行业分析

环渤海地区重化工业比重高的工业结构，决定了该地区工业生产的环境影响特点，通过对该地区工业各行业在全国所占比重和各行业自身的生产排污特点，选取了黑色金属矿采选业、黑色金属冶炼及压延业、石油和天然气开采业、石油加工业、化学原料及化学品制造业、煤炭开采业、造纸业、装备制造业等几个典型环境影响产业作为重点研究对象，从各行业发展演变及未来发展趋势上分析对渤海环境的影响。

14.3.1 黑色金属矿采选业和黑色金属冶炼及压延业

将黑色金属矿采选业和黑色金属冶炼及压延两个产业合并一起分析是考虑到两个产业生产过程中废水排放具有相似的特点，而且两者共同产生该行业的最终产品类，生铁、粗钢、钢材等，在分析过程中可以进行统一计算，不需要剥离开两者各自的产品产量（实际上很难剥离开），生产过程中所产生的废水也无法分开计算，因此将两行业统一起来进行分析。

14.3.1.1 产值

1987年、1994年、2005年和2011年环渤海地区黑色金属矿采选业和黑色金属冶炼及压延业的企业数量分别为1 133个、2 569个、2 813个、4 261个，工业总产值分别为300.88亿元、1 483.93亿元、8 966.53亿元、29 423.12亿元。2011年企业数为1987年的3.8倍，产值是1987年的近97.8倍，可以看出行业规模的扩大是该行业迅速增长的主要表现方式。

14.3.1.2 产量

这两个行业的发展反映到具体产品上是生铁和钢的生产量的变化，从表14.5可发现1978年两者产量均在$1 100 \times 10^4$t左右，至1990年两者产量均有所增加，但净增加幅度并不大；2000年生铁产量突破$3 000 \times 10^4$t，钢产量突破$4 000 \times 10^4$t，增长幅度较前一时期有所提高，进入飞速发展时期；11年后，到2011年环渤海地区生铁和钢的产量分别为$28 599 \times 10^4$t和$29 831 \times 10^4$t，产量显著提高，相比之前3个时期的产量发生了数量级上的变化，其绝对体量增加巨大，达到一个新的水平。2011年生铁产量是1978年的26倍，是1990年的18倍，是2000年的近9倍；2011年钢的产量是1978年的25倍，是1990年的14倍，是2000年的7倍，而且两者产量发生巨大增幅的时期是20世纪90年代末至2011年，近80%的产量是在这个时期形成的。目前环渤海地区的生铁与钢产量均约占全国总量的43%，即全国的钢铁产量有近1/2出自渤海周边。

表14.5　4个时期环渤海地区生铁和钢产量变化

项　目	年份				倍数		
	1978产量/ 10^4 t	1990产量/ 10^4 t	2000产量/ 10^4 t	2011产量/ 10^4 t	2011产量/ 1978产量	2011产量/ 1990产量	2011产量/ 2000产量
生铁	1 104.4	1 618.8	3 393.7	28 598.8	25.89	17.67	8.43
钢	1 179.5	2 116.3	4 013.9	29 830.9	25.29	14.09	7.43

14.3.1.3　污染特征

黑色金属矿采选业和黑色金属冶炼及压延业生产过程中，主要产生的废水有选矿废水、冶金废水、重金属废水、酸碱废水等，占全国1/3的黑色金属矿采及压延业所产生的废水都是在渤海地区处理和排放的，该行业在过去30年间产生的各种废水直接或间接地都会对渤海环境造成影响，几十年的累积排放，该行业对造成渤海重金属污染方面的影响不可忽视。

14.3.1.4　发展趋势

在环渤海地区内部，河北省是黑色金属相关产业发展的大省，如表14.6所示，其产值占整个环渤海地区的46%，辽宁约占20%，山东和天津各占20%和12%，北京最少。国际上钢铁行业的发展趋势是集聚，中国目前钢铁相关行业也正在进行整合与重组，随着河北曹妃甸产业园区的建立，钢铁行业进一步聚集，河北在未来发展中黑色金属行业仍会占有重要的地位，而曹妃甸是建立在渤海中的园区，该行业所产生的生产废水将直接排入渤海，无疑加重了渤海环境的压力。

表14.6　环渤海地区黑色金属矿采及加工业各省市占比（%）

项　目	河北	辽宁	山东	北京	天津
企业个数	27.67	41.12	22.79	0.7	7.72
总产值	46.43	20.03	19.89	1.35	12.29

14.3.2　石油开采与加工业

石油开采和加工业是石油与天然气开采业和石油加工业合并一起分析的，该产业典型的产品为原油和乙烯。

14.3.2.1　产值

石油开采与加工行业的工业总产值由1985年的113亿元，到1995年的1 060亿元，增长至2011年的17 770亿元，是1985年的157倍。

14.3.2.2　产量

原油和乙烯的产量变化反映了该行业发展的历程，见表14.7，乙烯的生产自1978年至

2011年走过了从无到有的过程，1978年环渤海地区乙烯产量不到0.2×10^4 t，而2011年乙烯产量达416×10^4 t。原油产量2011年为$7\,555 \times 10^4$ t，占全国产量的37%，是1978年的2.2倍。

表14.7　环渤海地区原油和乙烯4个时期产量变化

项　目	年份				倍数		
	1978产量/ 10^4 t	1990产量/ 10^4 t	2000产量/ 10^4 t	2011产量/ 10^4 t	2011产量/ 1978产量	2011产量/ 1990产量	2011产量/ 2000产量
原　油	3 423.4	4 005.2	3 902.7	7 555.4	2.21	1.89	1.94
乙　烯	0.16	19.65	61.72	415.86	2 599.13	21.16	6.74

　　环渤海地区的石油开采与加工业产值见表14.8，占全国的31%，而在环渤海地区内部，山东的石油开采和加工业产值所占比重大，为38%，辽宁、天津和河北各自占约25%、17%和13%，北京比重为6%，可以看出石油工业在环渤海地区的分布相对平均，各省都具有相当的石油加工能力，行业集中度不高。

表14.8　环渤海地区石油开采与加工业各省市占比（%）

项目	河北	辽宁	山东	北京	天津
企业个数	16.97	34.97	38.21	3.89	5.95
总产值	13.34	24.59	38.61	6.16	17.29

14.3.2.3　污染特征

　　石油开采和加工是一个高耗水、高污染的行业，炼油厂排出的废水主要是含油废水、含硫废水和含碱废水。含油废水是炼油厂排放量最大的一种废水，主要含石油，并含有一定量的酚、丙酮、芳烃等；含硫废水具有强烈的恶臭，具有腐蚀性；含碱废水主要含氢氧化钠，并常夹带大量油和相当量的酚和硫，pH可达11—14。

14.3.2.4　发展趋势

　　现阶段全国沿海各省份均积极建立各自的石化工业项目，在建的和规划的石化项目在沿海地区有遍地开花的趋势，环渤海地区一直以来都是我国石化产业的重点发展区域，石化工业在其工业构成中占有很大比重，随着新一轮的产业调整和石化产品需求的加大，该地区的石化工业仍有很大的发展动力，产量的进一步提高也是必然的。大力发展石化产业在一定时期内可以快速拉动区域经济快速发展，但是石化产业规模的不断扩大会排放出大量的含油废水，且氨氮、烃类及其衍生物含量高，是渤海主要污染物的构成要素，对海洋环境影响较大。并且由于产业间的波及效应，石化工业的扩张会带动其他重工业部门不同程度的增长，既而排放额外大量的工业废水，最终影响区域经济和环境长期健康发展。

14.3.3 化学原料及化学品制造

化学原料及化学品制造行业包括了化学原料及化学品制造业、化学纤维制造业、橡胶制品业、塑料制品业。

14.3.3.1 产值

2011年，环渤海地区的化学原料及化学品制造业、化学纤维制造业、橡胶和塑料制品业占全国相应行业产值比重分别为25.93%、4.85%、28.64%，橡胶及塑料制品业比重最大，占全国产值的近1/3。

14.3.3.2 产量

如表14.9所示，化学纤维、化学农药、塑料3种产品在1978年产量均处于较低水平，绝对产量不大，经历30年的发展，2011年3种产品产量增长幅度巨大，分别为 131×10^4 t、53×10^4 t、$1\,091 \times 10^4$ t，其中2011年的塑料产量为1978年的406倍。农业化肥生产量在该时期增加了3.05倍，2011年的产量为 936×10^4 t，占全国产量的15%。

表14.9　4个时期环渤海地区各主要化学制品产量变化

项　目	年份				倍数		
	1978产量/ 10^4 t	1990产量/ 10^4 t	2000产量/ 10^4 t	2011产量/ 10^4 t	2011产量/ 1978产量	2011产量/ 1990产量	2011产量/ 2000产量
化学纤维	6.03	29.08	72.9	131.47	21.81	4.52	1.81
农业化肥	231.02	275.54	518.12	936.31	4.05	3.39	1.81
化学农药	2.8	4.95	12.49	52.53	18.76	10.61	4.21
塑料	2.69	43.15	160.36	1 091.3	405.69	25.29	6.79

分析表14.10中该行业的各产品产量变化可以发现，1990—2011年间的产量累积量占1978—2011年总产量的比重基本都在80%以上，说明该行业的快速发展期集中在1990年之后，而渤海环境也是在20世纪90年代逐步发生较大变化，这说明快速的工业发展与渤海环境间的变化有着直接的关系。

在环渤海区域内部山东是化学工业行业大省，行业产值占环渤海地区行业总产值的73%，辽宁和河北所占比重分别为12%和9%，天津和北京比重较小。

表14.10　环渤海地区化学原料及化学品制造业各省市占比（%）

项目	河北	辽宁	山东	北京	天津
企业个数	15.71	19.33	53.83	3.78	7.36
总产值	9.00	11.59	72.69	1.55	5.17

14.3.3.3 污染特征

化工产品多种多样，成分复杂，排出的废水也多种多样，多数有剧毒，不易净化，在生物体内有一定的积累作用，在水体中具有明显的耗氧性质，易使水质恶化。无机化工废水是无机矿物制取酸、碱、盐类基本化工原料的工业产生的废水，这类生产中主要是冷却用水，排出的废水中含酸、碱、大量的盐类和悬浮物，有时还含硫化物和有毒物质。有机化工废水则成分多样，包括合成橡胶、合成塑料、人造纤维、合成染料、油漆涂料、制药等过程中排放的废水，具有强烈耗氧的性质，毒性较强，且由于多数是人工合成的有机化合物，因此污染性很强，不易分解。

14.3.3.4　发展趋势

2011年环渤海地区几种典型化工产品产量总计约 $2\,200 \times 10^4\,t$，在生产这些最终产品的过程中各个环节上产生的废水量可想而知。如果将近30年的化工产品产量累积，总产量将达到 $1.6 \times 10^8\,t$，产生的废水量更是不可想象。经过处理和未经处理的废水通过各种方式汇入渤海，单从化工行业角度对渤海环境的影响都是巨大的。环渤海地区现阶段各类工业开发区规划数量多，其中不乏引进化工行业的园区，并且大多都布局在渤海沿岸，未来的化工行业发展对渤海环境的影响还将持续，生产废水如果处理不当其对渤海环境的破坏将加剧。

14.3.4　煤炭开采及加工

14.3.4.1　产量

原煤是该行业典型的产品形式，如表14.11所示，1978—1990年该地区原煤产量基本保持在 1.2×10^8—$1.4 \times 10^8\,t$ 的生产水平，波动幅度不大，1990年后逐年递增，至2011年原煤产量增加到 $3.4 \times 10^8\,t$。山东省煤炭行业产值占环渤海地区煤炭行业总产值45%，河北和天津分别占22%和14%。

表14.11　环渤海地区煤炭开采与加工业各省市占比（%）

项目	河北	辽宁	山东	北京	天津
企业个数	24.32	28.30	45.95	0.95	0.48
总产值	21.52	8.28	45.14	10.66	14.40

14.3.4.2　污染特征

30年来该地区共产原煤 $50 \times 10^8\,t$，煤炭开采和选煤过程中产生的废水，包括采煤废水和选煤废水的量更是无法估量。其中采煤废水是煤炭开采过程中，排放到环境水体的煤矿矿井水或露天煤矿疏干水。酸性采煤废水是在未经处理之前，pH值小于6.0或者总铁浓度大于或等于 $10.0\,mg/L$ 的采煤废水；高矿化度采煤废水是矿化度（无机盐总含量）大于 $1\,000\,mg/L$ 的采煤废水。煤炭工业废水有毒污染物包括总汞、总镉、总铬、六价铬、总铅、总砷、总锌、氟化物、总α放射性、总β放射性、总悬浮物、化学需氧量、石油类、总铁、总锰。煤炭工业对渤海环境的影响除部分粉尘沉降外，主要就是废水的排放影响。

14.3.4.3 发展趋势

环渤海地区现阶段的煤炭开采量占全国比重已由1978年的20%下降到2011年的13%左右，该地区的煤炭资源和开采速度保持稳定，未来不会有规模扩大的趋势，但环渤海地区各个煤炭专业码头的煤炭运输量很大，我国沿海的各大火力发电厂用煤大部分来源于环渤海的港口运输，煤炭专业码头的粉尘沉降引起的渤海环境变化也不容忽视，有专家提出按煤炭装载1/1 000的损失量计算粉尘量，那么沉降入渤海的煤炭粉尘将是一个巨大的数字，以$1×10^8$t的运输量计算，则粉尘量为$10×10^4$t，大约相当于40列列车（1列=40节×60 t/节）的运输量。因此，环渤海地区煤炭专业码头的建设加剧了地区煤炭粉尘量沉降。

14.3.5 纺织业

纺织业是对环境污染严重的行业之一，其污染特性是废水排放量大，而且含有大量化学药品及其他杂质，所以如果纺织废水不经处理任意排放，会对水体造成极大的危害。

如表14.12所示，山东省是环渤海地区纺织行业的领头军，2011年纺织行业的产值占到该地区的77.5%，远远高于其他各省市，河北省纺织行业产值占该地区的近1/6。辽宁、北京、天津合起来所占比重不到该地区纺织行业产值的1/10。单从纺织行业的空间布局来看，渤海湾和莱州湾的海洋环境受到纺织排污的影响较大。

表14.12　环渤海地区纺织业各省市占比（%）

项目	河北	辽宁	山东	北京	天津
企业个数	18.73	8.35	69.20	1.95	1.77
总产值	15.58	4.81	77.50	1.06	1.05

14.3.5.1 产量

2011年环渤海地区三省两市纺织业布和纱的产量情况如表14.13所示。2011年环渤海地区三省两市纺织业布的产量情况为：北京$339×10^8$m、天津$2.8×10^8$m、河北$63.18×10^8$m、辽宁$8.42×10^8$m、山东$136.44×10^8$m、环渤海地区总计$549.84×10^8$m，占全国总产量的67.5%，相当于2006年全国纺织行业的布产量。2011年环渤海地区三省两市纺织业纱的产量情况为：北京$0.3×10^4$t、天津$3.1×10^4$t、河北$147.6×10^4$t、辽宁$13.2×10^4$t、山东$714.83×10^4$t，环渤海地区总计$879.03×10^4$t，占全国总产量的30.6%，相当于2002年全国纺织行业的纱产量。

表14.13　4个时期环渤海地区纺织业布和纱产量变化

项目	年份				倍数		
	1978产量	1990产量	2000产量	2011产量	2011产量/1978产量	2011产量/1990产量	2011产量/2000产量
布/10^8 m	28.73	48.84	52.34	549.84	19.14	11.26	10.51
纱/10^4 t	117.08	226.71	169.30	879.03	7.51	3.88	5.19

近10年来，河北和山东两省纺织业规模扩大最快，尤其是山东最为明显。而北京、天津和辽宁的纺织行业规模都发生了大幅度的缩小，已出现了明显的产量下降趋势。总体而言，环渤海地区布产量达34年前近10倍，而纱产量也达30年前近7倍多。其中河北省2011年的布产量和纱产量是1978年的7倍多，山东省2011年的布产量是1978年的13倍多，纱产量是1978年的34倍。

14.3.5.2　污染特征

废水是纺织行业最主要的环境问题。纺织部门是用水量和排水量较大的工业部门之一。从20世纪90年代中期开始，纺织行业废水排放总量一般都在11×10^8t以上，在国内各类工业废水排放量中约占6.5%，位于各行业废水排放量的前十位。化学需氧量排放量约为30×10^4t，占全国工业排放量的5%左右。其中废水相当一部分还是采取直排入海的方式，排放达标率除2001年和2002年有所提高外，在此之前一直很低。纺织废水主要包括印染废水、化纤生产废水、洗毛废水、麻脱胶废水和化纤浆粕废水5种。印染废水是纺织工业的主要污染源。据不完全统计，国内印染企业每天排放废水量约300×10^4—400×10^4t，印染厂每加工100 m织物，将产生废水量3—5 t。排放的废水中含有纤维原料本身的夹带物，以及加工过程中所用的浆料、油剂、染料和化学助剂等，具有以下特点：①化学需氧量变化大，高时可达2 000—3 000 mg/L，BOD也高达2 000—3 000 mg/L；②pH值高，如硫化染料和还原染料废水pH值可达10以上；③色度大，有机物含量高，含有大量的染料、助剂及浆料，废水黏性大；④水温水量变化大，由于加工品种、产量的变化，可导致水温一般在40℃以上，从而影响了废水的处理效果。

另外，传统的印染加工过程会产生大量的有毒污水，加工后废水中一些有毒染料或加工助剂附着在织物上，对人体健康有直接影响。如偶氮染料、甲醛、荧光增白剂和柔软剂具致敏性；聚乙烯醇和聚丙烯类浆料不易生物降解；含氯漂白剂污染严重；一些芳香胺染料具有致癌性；染料中具有害重金属；含甲醛的各类整理剂和印染助剂对人体具有毒害作用等。这样的废水如果不经处理或经处理后未达到规定排放标准就直接排放，不仅直接危害人们的身体健康，而且严重破坏水体、土壤及其生态系统。

14.3.5.3　发展趋势

纺织产业是我国经济发展的重要支柱，但却存在着上游研发投入不足、中游技术装备落后、下游自主品牌和营销网络滞后等缺点，淘汰落后产能、整合产业资源将成为纺织产业升级的关键。只有通过自主创新和产品差别化提升产品附加值，通过改变我国在全球产业链体系当中的地位，由中国制造向中国创造转变，实现纺织产业的转型升级才是真正的出路。具体到环渤海地区，北京、天津、辽宁三省市的纺织行业规模不大，未来发展规模扩大的可能性很小，山东和河北两省纺织业规模继续扩张的可能性存在，但随着国家环境保护力度的加强，对纺织业污水的处理和限排会阻止或减缓该地区未来纺织业污水排放的增加。目前，该行业的最主要问题是做好现有污水的处理工作，限制环境影响大的小规模生产。

14.4 环渤海地区工业污染特征分析

改革开放以来，环渤海地区工业发展十分迅速，目前的主要工业产品产量水平与改革开放初期相比已经有了数十倍甚至上百倍的提升。如此庞大的产出，必然要消耗大量的物质资源，同时也必然产生包括废水在内的大量污染物。总体上来看，环渤海地区工业污染呈现出以下特征。

14.4.1 工业的快速增长严重影响了渤海海洋环境

改革开放以前，环渤海地区工业产品产量较低，废水排放总量较小，粗放的工业生产排放的工业废水成分相对简单，而且渤海本身具备一定的自净能力，因此工业发展对环渤海海域的海洋环境影响较小，20世纪80年代几乎全部渤海海域均为一类水质。改革开放后，环渤海地区工业取得了迅猛的发展，工业增加值增长了130多倍，工业总产值密度在1980—2011年一直为全国平均密度的4倍以上。自20世纪80年代以来，渤海海域及近岸水质经历了从一类到二类、三类、四类、劣四类的变化过程，这一变化历时30年，尤其集中在近20年。而这20年正是环渤海地区工业快速发展的时期，大量的工业废水通过各种途径汇入渤海海域，致使渤海海域的环境发生快速恶化。今天的环渤海地区正酝酿着新一轮的经济腾飞，化工、钢铁、装备制造业等环境影响大的行业仍呈现出快速发展势头，在环渤海地区填海造地建设新的工业园区都将会加剧渤海海域面临的环境压力。

14.4.2 不同行业的生产工艺和生产方式决定了污染物类型

工业生产不断排放各类工业废水，不同工业行业产生的废水其水质和水量因各自生产工艺和生产方式的不同而有很大的差别。如电力、矿山等部门的废水主要含无机污染物，而造纸和食品等工业部门的废水，有机物含量很高。工业废水的排放量取决于用水情况，冶金、造纸、石油化工、电力等工业用水量大，废水量也大，但各工厂的实际外排废水量还同水的循环使用率有关。如有的炼钢厂炼1 t钢排放废水200—250 t，而循环率高的钢铁厂，炼1 t钢外排废水量只有2 t左右。

2011年全国排污申报数据表明环渤海地区三省两市排污大户的行业主要集中在黑色金属采矿、化工、石油冶炼、钢铁、制药、造纸和煤炭开采（表14.14），占整个地区总废水排放的65%以上，这些行业的万元产值废水排放量相对其他行业高，这些重化工业部门排放废水的特点决定了环渤海地区工业污染的类型。主要工业行业排放废水类型见表14.15。

表14.14　2011年环渤海地区三省两市工业废水排放主要行业

地区	废水排放的主要行业
辽宁省	石油、化工、黑色金属采矿、钢铁、有色金属采矿
河北省	化工、造纸、黑色金属矿采选、黑色金属冶炼及压延加工、电力生产供应
山东省	造纸、化工、煤炭开采、石油冶炼业、钢铁行业、印染业、火力发电
天津市	化工、石油冶炼业、造纸业、火力发电、钢铁业、制药行业
北京市	餐饮与娱乐业、化工业、发酵与酿造、医药制造等

表14.15　主要工业行业排放废水类型

工业行业	排放废水类型
黑色金属冶炼	选矿废水、冶金废水、重金属废水、酸碱废水等
石油开采和加工	含油废水、含硫废水和含碱废水
化工原料及制造	无机化工废水、有机化工废水
煤炭开采及加工	采煤废水和选煤废水
纺织业	印染废水、化纤生产废水、洗毛废水、麻脱胶废水和化纤浆粕废水
造纸业	黑水
制造业	含油废水、重金属废水、酸碱废水等

15　环渤海社会经济影响趋势研究

15.1　社会经济活动仍然是影响渤海环境的主要压力

改革开放以来，环渤海地区的经济总量增长速度明显加快，年均增速达15%，与此同时，国家和各级政府先后出台的多项区域发展规划正为这样的高速发展提供巨大的驱动力，对环渤海地区经济的开发力度之大、层次之高在整个地区发展历史中是从来没有的。通过整理近年出台的相关产业发展规划（表15.1），可以发现环渤海地区的发展基本是以发挥港口功能为核心，以发展船舶等装备制造、石油化工、钢铁等污染较重的重化工业为目标，重化工业将进一步在渤海沿岸聚集，甚至延伸到渤海海洋之中进行人工填海造地作为开发对象，其产生的各类污染物将直接影响渤海环境，随着规划项目的开发与逐步成熟，社会经济活动将仍然是渤海环境压力产生的主要来源。

表15.1　环渤海地区重要发展规划资料整理

发展规划	规划部门	时间	规划时间	规划产业
天津滨海新区	天津市政府	2004年	2005—2020年	先进制造业产业区：海河下游石油钢管和优质钢材深加工区；国家级石化产业基地：大港三角地石化工业区、油田化工产业区和临港工业区的一部分。重点建设百万吨级乙烯炼化一体化、渤海化工园、蓝星化工新材料基地等项目
河北曹妃甸循环经济示范区	国家发展与改革委员会	2008年	2009—2020年	大型现代化精品钢基地：千万吨级曹妃甸精品钢铁基地工程、精品钢铁基地扩建工程；大型石化基地：千万吨级炼油和百万吨级乙烯大型炼化一体化及配套工程；重型装备制造基地：船用设备、临港装备制造基地、修船工程和港口机械、石油钻探设备

续表

发展规划	规划部门	时间	规划时间	规划产业
辽宁沿海经济带	国家发展与改革委员会	2009年	2009—2020年	长兴岛临港工业区：船舶制造及配套产业、大型装备制造业、能源产业和化工产业；营口沿海产业基地：化工、冶金、重装备等；锦州湾沿海经济区：石油化工和金属冶炼等
沧州渤海新区	河北省人民政府	2010年	2010—2020年	石油化工：石油—石脑油—乙烯、环氧乙烷—柴油、汽油、石油焦的完整石油化工产业链；华北最大的特种钢铁生产基地：南钢集团的钢铁园区、中钢滨海基地产业集群建设、中钢和宝钢合作建设的40×10^4 t镍铁、铬铁产业等项目；华北地区重要的特色装备制造业基地：船舶修造、大型港口机械、专用汽车及汽车零部件等产业（链）
山东半岛蓝色经济区	国家发展与改革委员会	2011年	2011—2020年	海州湾重化工业集聚区：巨大型港口、钢铁工业、石化工业；前岛机械制造业集聚区：机械装备制造业；龙口湾海洋装备制造业集聚区：海洋工程装备制造业、临港化工业、能源产业；滨州海洋化工业集聚区：海洋化工业、海上风电产业、中小船舶制造业；东营石油产业集聚区：我国最大的战略石油储备基地后方配套设施区、海洋石油产业
河北沿海地区发展规划	国家发展与改革委员会	2011年	2011—2015年	钢铁产业：推进城市钢铁企业有序向沿海临港地区搬迁改造，首钢京唐钢铁二期，石钢搬迁改造项目，马城、大贾庄、司家营铁矿开发，适时建设曹妃甸精品钢铁基地，装备制造业：山海关修造船、秦皇岛零部件制造基地；唐山高速动车组扩能改造及中低速磁悬浮轨道交通系统产业化，曹妃甸重型装备基地，沧州渤海新区专用汽车制造基地，沧州管道装备制造及风电设备基地；石化产业：曹妃甸石化基地，华北石化炼化一体化改造工程，沧州炼油质量环保升级改造，沧州渤海新区醋酸乙烯、己内酰胺等高端化工项目
东北振兴"十二五"规划	国家发展与改革委员会	2012年	2011—2015年	盘锦市：稳定油气采掘业，依托港口优势提升石化及精细化工、石油装备制造产业；抚顺市：推进精细化工产业发展，建设先进装备制造产业基地和原材料基地；沈阳市：先进装备制造业基地；大连市：大型石化产业基地、先进装备制造业基地；抚顺市：大型石化产业基地；葫芦岛：船舶和海洋工程产业基地；辽阳市：大型石化产业基地；辽西北地区：新型煤化工产业基地

15.2　农业污染可能成为最重要的因素

15.2.1　农业面源污染将成为影响渤海环境的最重要因素

面源污染自20世纪70年代被提出和证实以来对水体污染所占比重随着对点源污染的大力治理呈上升趋势，而农业面源污染是面源污染的最主要组成部分，重视农业面源污染是国际大趋势。在美国，自从20世纪60年代以来，虽然点源污染逐步得到了控制，但是水体的质量并未因此而有所改善，人们逐渐意识到农业面源污染在水体富营养化中所起的作用，经统计面源污染约占总污染量的2/3，其中农业面源污染占面源污染总量的68%—83%。2010年，环保部、农业部及国家统计局联合发布的《第一次全国污染源普查公报》显示，农业面源污染已成为中国流域污染的重要来源。长期以来农业和工业的发展应是影响渤海环境变化的主要途径，全国的环境保护和污染防控中心主要针对工业污染的治理工作开展较早，且随着相关技术和工艺升级，工业污染排放量不断削减，然而污染排放总量仍不断增加，这主要是由于农业面源污染排放量明显增多。农业污染显著特点是面源污染，产生的污染没有统一规范的治理环节，污染物削减工作主要靠生产习惯，客观上存在管理难、监管难、治理难的特点，导致农业污染压力随农业经济发展规模的扩大而迅速提高。

15.2.2　农业的现代化进程加剧了环渤海地区农业面源污染的强度

与20世纪80年代的传统农业相比，农业生产在发展规模、结构特点、生产方式等方面都发生了显著的变化。具体来说，农业的现代化进程对渤海海域环境的影响主要表现在以下几个方面：①农业的生产规模迅速增长。30多年来，环渤海地区农业总产值增长了40多倍，其中种植业产值增长25倍，畜牧业产值增长110倍，渔业产值增长160倍。粮食产量由 $4\,000\times10^4t$ 增加到 $6\,800\times10^4t$ ，增长了70%，水果产量由 291×10^4t 增加到 $3\,513\times10^4t$ ，增长了10倍多。②农业的产业结构发生明显变化。传统农业中种植业占绝对优势，比例达80%以上，随着人民生活水平不断提高，人们对肉、蛋、奶等畜产品的需求将不断增加，现代农业中畜牧业产值占农业总产值的比重也由1978年的13%增加到2011年的34.6%，畜牧业与种植业共同成为农业发展中的支柱产业。环渤海地区畜牧业具有排污量大而处理率低的特点，在污染排放量上畜牧业排污量远大于种植业，快速发展的畜牧业已成为渤海地区水体污染的重要源头。③农业生产方式发生了改变。农业生产规模在过去几十年的快速增长，除农业科学技术的贡献之外，这些成绩大多仍是依靠大量的物质和能量的投入而取得。大量的农药化肥用于经济作物的生产，农业化肥施用量增长了4倍，农药增长了3倍（相比1990年），化肥施用量和农药施用量超出安全施用量上限2倍多。传统的农业生产方式在物质和能量投入水平上对于渤海环境而言并不能构成多大的影响，这种现代农业生产方式也快速加重了农业生产这个面源污染源的强度。由此可见，农业现代化进程中，农业总体规模的增长、农业结构和生产方式的改变是推动环渤海地区农业面源污染快速增大的最主要原因，这也决定了农业污染未来可能成为影响渤海环境的最重要因素。

15.3 工业结构调整趋势不利于环境改善

环渤海区域经济目前正处于工业化阶段中后期，主导产业仍然集中在工业部门，且工业结构整体呈现重型化特征，钢铁工业、石化工业和装备制造业所占比重远远高于全国平均水平，对经济增长拉动作用明显。钢铁、石化和装备制造业3个重工业部门的产业关联紧密，对相互产业的波及效果明显，随着产业规模的不断扩大，相互间将出现反复波及作用，形成区域重工业内部自循环，导致区域产业结构不合理，也会对产业结构调整与优化带来更多阻碍。从环渤海地区主要重化工业行业未来的发展趋势上来看（表15.2），钢铁、石化、装备制造等重化工业产业发展势头迅猛，重化工业在各省市工业结构中的支柱地位将不断加强，同时重化工业布局呈现向渤海沿海集中趋势，包括山东半岛的城市群，河北唐山的曹妃甸、黄骅港，天津的滨海新区，辽宁沿海城市群等。由于钢铁、石化工业等重化工业属于资源依赖型产业，也是高能耗、高污染产业，环渤海地区工业结构重型化趋势势必会加大对资源的消耗，还会带来生态破坏和环境污染等问题。同时，主要重化工业行业呈现向渤海沿岸集中的趋势，当众多重化工业企业在小范围内集中时，其污染物排放强度增大，因此，未来的重化工业发展对渤海环境的影响还将持续，对渤海环境造成比较大的压力。

表15.2 环渤海地区主要重化工业行业发展趋势分析

工业行业	发展趋势
钢铁产业	随着曹妃甸产业园区建立，钢铁行业进一步聚集，河北钢铁产业比重将会增加；为适应《钢铁产业发展政策》调整的需要，辽宁省提出要以鞍钢、本钢和五矿营口中板为依托，发展热轧、冷轧薄板、涂镀层板和宽厚板，建设精品板材基地，以东北特钢集团为依托，建设优质特殊钢生产基地，以凌钢、新抚钢、北台为依托，建设新型建筑钢材基地
石化产业	辽宁省将重点在沈阳、大连、抚顺、盘锦、阜新、锦州、营口等地建立芳烃、聚氨酯、合成橡胶、氟化工等4个千亿元、16个百亿元以上石化产业基地；天津滨海新区上升为国家战略，依托天津港优势，大乙烯、大炼油、大钢铁等项目齐头并进，天津石化工业正蓄势待发；山东石化工业在环渤海地区乃至全国都具有相当竞争力，且发展势头良好；"十二五"末，依托唐山、沧州等重要石化产业基地，河北沿海区域将形成年产$3\,000\times10^4$ t炼油，同时建设大型乙烯、己内酰胺等配套项目
装备制造业	辽宁作为传统老工业基地，在重型装备制造等领域具有传统优势，借助国家振兴东北老工业基地的政策优惠，其重工产业将会更快更好地发展；"十二五"期间，山东省将做强做大装备制造业，打造山东半岛蓝色经济区、黄河三角洲制造业聚集带、胶东半岛高端制造业聚集区、省会城市群制造业聚集区、鲁南制造业聚集带

15.4 城镇化加剧环境压力

由于城镇居民生活废水经管道排放，容易排入河道，入河系数高，污水处理规模和程度较低，导致城镇居民生活产生的废水入河量较大。随着城镇化率的大幅提高，城市规模将不断扩大，城市地表径流污染量也逐渐增加，城镇化将成为加剧渤海环境压力的重要因素。

"十二五"期间，环渤海地区城市化进程将进入到快速增长阶段，三省两市提出的城市化目标均高于全国平均水平，最高达到了90%（表15.3）。以沈阳为核心的"五带十群"发展规划指出至2015年城镇化率要达到80%以上，这些因素将使辽宁城镇化在"十二五"进入加速发展期。山东省"十二五"期间城镇化发展目标为，城镇化水平达到55%以上，年均提高1个百分点，每年从农村转移出120万人口。河北省提出要进入全国城市化发展先进行列，未来的发展要把城市群作为主攻方向，构筑环首都城市群、冀中南城市群和沿海城市带"两群一带"城镇化空间新格局，大力推进城镇建设水平。随着环渤海地区周边城市群不断扩大，渤海周边城市人口的增长在未来相当长一段时间内仍是发展趋势，居民生活废水排放将加剧对渤海环境的压力。同时，在强大的经济发展驱动下，环渤海地区未来的建设，尤其是沿海地区的建设力度不断加大，城市的扩张，各大工业园区、临海产业园区的建设如火如荼，陆域的建设和开发或多或少、直接或间接都会与渤海的环境发生着关系，可以说每增加1平方千米的建成区，渤海的环境压力就增大一分。

表15.3　环渤海地区"十二五"城市化发展目标

地　区	"十二五"城市化发展目标
辽宁省	辽宁计划将城镇化率提高到70%左右，城镇人口达到3 000万人
河北省	到2015年，全省城镇化率达到全国平均水平，即达到51.5%，年均增长1.4个百分点，城镇人口由2010年的3 150万人增加到3 800万人
山东省	城镇化率达到49% 全省城镇化水平达到55%以上
北京市	预计"十二五"末城市化率将提高到80%
天津市	到2015年，全市人口城市化率达到90%

15.5　调整产业发展方式是重要出路

社会经济发展过程中产生的大量废弃物是造成环境污染的最重要原因。不同的产业发展方式决定了污染物排放的不同强度，控制污染物排放，治理环境污染最重要的是从源头治理。

农业污染物排放量与农业经济发展规模直接相关，而农业经济规模的发展壮大是地区经济发展的必然要求，通过减小农业经济规模的方式来降低农业污染是不切实际的，转变农业经济增长方式是农业污染治理的根本出路。以转变农业经济增长方式为主线，选择集约型、生态型、精细化的农业生产经营模式是降低农业污染的根本途径。畜牧业生产方面，逐步取消"一家一户"的养殖经营方式，通过建立畜禽养殖小区，将各养殖专业户在空间上集中起来，使畜禽养殖污染的面源特性转变为点源，实施污染物的统一收集、统一处理和循环利用。种植业生产方面，应完善和发挥有机肥与低毒农药使用的补偿机制政策，引导种植业生产向低成本、高利用率、低污染的模式发展。

环渤海地区目前正处于重化工业阶段，以钢铁、石化等高能耗、高污染工业部门为主的工业结构在一定的时期内不可避免，并且根据相关规划环渤海地区未来的重工产业将会更快更好的发展。因此，调整工业发展方式，发展循环经济，走集约化生产、清洁化生产、低消耗高产出的发展之路将是降低工业污染的重要出路。一方面，金属冶炼与压延加工业目前不仅在环渤海地区，甚至在全国范围内都处于一个供过于求的状态，全国几大钢铁生产企业分别布局在河北、辽宁和天津，区域冶金市场的饱和不仅导致了钢铁企业的恶性竞争，同时由于该产业高耗能、高污染的特性，对环渤海地区环境的破坏也很严重，因此，该产业生产规模需要得到有效控制，并通过技术更新和企业重组等途径对冶金产业进行有效整合，提高产品生产质量的同时有效控制工业污染。另一方面，石化工业属于资源消耗型产业，环渤海地区依托资源禀赋在石油开采、储存以及粗加工方面有着竞争优势，但石化产业链下游工业产品的研发和生产能力不足，是典型的粗放型生产模式，因此应深化产业结构调整，加快企业整合重组，提高产业集中度和技术水平，积极推进产品向高端化、精品化、专业化发展。

第四篇
渤海海洋环境承载力评估研究

16　海洋环境承载力及内涵

海洋环境承载力是由环境承载力派生而来，鉴于海洋是个连续的、永不停息运动的水体，海洋环境承载力的理解与界定有别于陆域环境。但从海洋资源角度考虑，并不能完整反映出其承载力大小，从海洋资源开发角度看，更多的是关注海洋资源是否可持续利用，在此前提下进而关注对海洋的最大利用和开发程度。因而，海洋环境承载力实质上是海洋对人类活动的最大支持程度，同时又受社会经济状况、国家方针政策、管理水平和社会协调发展机制等因素制约。

对承载力的研究可追溯至20世纪90年代，但进入21世纪以来，此研究才开始普及，因而构建了基于模型分析和数学分析的方法进行承载力评估，但此方法主要集中在海岸带可持续发展及指标体系的研究上。对海洋环境承载力的针对性研究相对较少，且以综合研究为主，资源与环境结合，多采用综合指数法，如秦娟等（2009）在筛选了多项指标体系后，构建了基于商权法理论和基于灰色关联度分析的评价模型，对我国沿海11省市的海洋环境承载力进行了实例研究；陈虹俊基于社会经济和海洋环境质量等指标构建了综合评估方法，并对广东海洋环境承载力进行初步探讨。可见，当前针对海洋环境承载力的研究多以资源—生态—环境—经济复合型的承载力评估体系为主，在对人类活动、海洋资源、生态环境等综合分析基础上而定性开展的研究，一般不以构建社会经济活动压力与海洋环境效应之间的源汇定量响应关系为主要目标。而本研究的立意则侧重污染源汇响应关系的建立，结合海洋环境的自净和纳污水平，实现以污染调控为主要目标的海洋环境承载力分析与评估。

海洋环境承载力的基础是海水的自净能力，正是这种能力使海洋可以在一定程度上吸纳人类排放的污染物。在向某海域排入一定数量的污染物后，如果不再向该海域排入新的污染物，一段时期后，经自净海水可实现对污染物的完全稀释和降解。但在现实中，污染物的排放和海水自净均为连续过程，不可能在一批污染物稀释降解完毕后再排污新的污染物，因此，在污染物排放与海水自净之间便存在一个速度对比。如果向海域中排放污染物的速度慢于或等于海水的自净速度，海域环境质量便可维持良好状态；但如果向海域中排放污染物的速度过快，超过海水的自净速度，将造成污染物在该海域的累积，导致环境质量不断恶化，因此，海水的自净速度是决定海洋环境承载力大小的关键因素。海洋环境承载力的大小与海洋环境管理目标也有关，不同经济活动对海水质量有不同的要求，如同功能区水质要求一样。此外，海洋环境承载力还受到许多社会因素诸如社会经济状况、国家方针政策、管理水平和社会协调发展机制等因素的制约。

因此，基于上述因素和海洋环境承载力的内在本质，本项目研究的海洋环境承载力的研究定义及内涵为"某一时期、某种状态或条件下，某海域环境所能受纳的最大污染物入海总量及其时空格局，即主要污染物的海洋环境承载力，描述的是海洋环境污染载荷能力的状态。它反映的是海洋环境对该地区社会经济发展的支撑能力"。

17　海洋环境承载力评估单元的划分

当前，国家海域使用管理施行以海洋功能区划为基础的分区管理政策。沿岸经济活动和陆源排污对渤海环境的影响总体呈近岸—外海递减的变化趋势，且随海洋环境自然属性和污染现状等因素的不同，海洋环境承载力具有区域差异。2012年，国务院正式批准了《全国海洋功能区划（2011—2020年）》（以下简称《区划》）。《区划》中对我国管辖海域划分为农渔业、港口航运、工业与城镇用海、矿产与能源、旅游休闲与娱乐、海洋保护、特殊利用和保留等8大类海洋功能区，同时明确了五大海区的总体管控要求，明确了重点海域主要功能和开发保护方向。在渤海海域，针对水交换能力差、开发利用强度大、环境污染和水生生物资源衰竭问题突出等特点，《区划》提出了两个"最严格"的管理政策，即最严格的围填海管理与控制政策和最严格的环境保护政策。重点支持唐山曹妃甸新区、天津滨海新区、沧州渤海新区等集约发展临海工业与生态城镇，重点保护双台子河口、黄河口等滨海湿地。因此，为有效落实《区划》的各项要求，发挥《区划》的整体性、基础性和约束性，依据《区划》环境质量标准，划分环渤海评价单元和生态健康关键控制区，不仅是海洋环境承载力监测与评估的基础，也是编制沿海产业结构优化方案和制定海洋开发与环境保护政策的基本平台。

17.1　评价单元划分原则

本项目研究对环渤海各评价单元划分原则为：①以海洋功能区划和海域行政边界为基础；②充分考虑沿海社会经济发展的近期计划和长远规划，合理利用海水自净能力，在主要陆源排污入海口预留缓冲区；③基于海域污染的分区特征、水动力状况、典型生态系统和生境状况等，划分近岸和近岸以外海域的评价单元分区。

17.2　陆源排污缓冲区划分

陆源入海排污缓冲区是近岸海域受纳水体的一部分，是海洋环境管理上合理利用水体的自净能力，在排污源附近适度放宽水质标准，即在一定范围内允许存在水质超标的区域。从环境管理要求来说，所谓规定的水平是根据水体功能所需要要求满足的国家海水水质标准（或规定的稀释度）。按此标准规定的缓冲区实际上是排污源与达标之间的一块允许超标区，即排污源附近的一个局部区域，在这个区域内允许污染物的浓度超过规定的国家标准，而在这个区域的边缘线上和缓冲区以外，污染物的浓度应符合规定的标准要求。尽管这一缓冲区的存在会对整个水体的水质造成潜在威胁，但其核心理念仍是以保护水体生态完整性（包括物理、化学和生物的完整性）为总目标。

缓冲区的划定旨在基于入海污染物削减目标的基础上，满足沿海海洋经济发展的基本需求，在确保海洋生态的主导功能和可持续发展能力不降低的情况下，实现沿海海洋开发与保护的协调。缓冲区水体功能复杂，其水质管理目标也不统一，原则上执行不严格于二类海水水质标准，也可根据所在功能区水质要求的实际情况而确定。

根据《渤海环境保护总体规划》报告以及"十五"计划中的相关要求，2008—2012年入海污染物削减的近期目标为：

——化学需氧量入海总量从年 150×10^4 t 减至年 120×10^4 t；

——总氮入海总量从年 14.95×10^4 t 减至年 12.5×10^4 t；

——总磷入海总量从年 1.05×10^4 t 减至年 0.9×10^4 t。

2013—2020年的远期目标为：

——化学需氧量入海总量从年 150×10^4 t 减至年 80×10^4 t；

——总氮入海总量从年 14.95×10^4 t 减至年 10×10^4 t；

——总磷入海总量从年 1.05×10^4 t 减至年 0.7×10^4 t。

因此，本研究以"十一五"数据为基础，以渤海规划中2013—2020年远期目标削减的比率为换算关系，确定各污染源强的削减目标。基于这一削减目标，根据项目研究所确定的源汇响应关系模型，2020年各汇水单元污染源强的扩散范围模拟结果如图17.1所示。

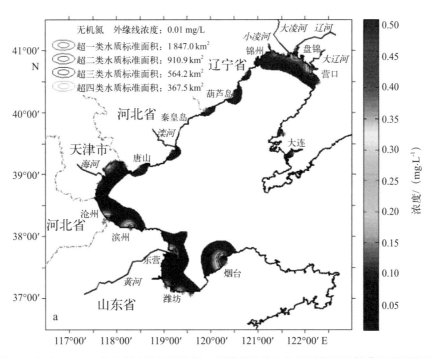

图17.1（一） 2020年各汇水单元无机氮、活性磷酸盐和化学需氧量扩散范围模拟结果

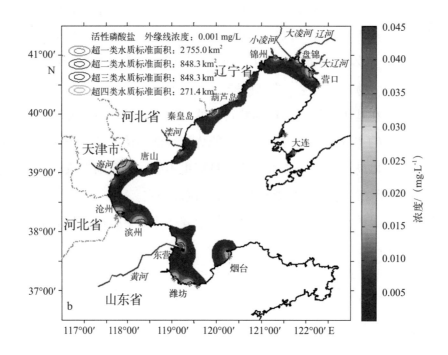

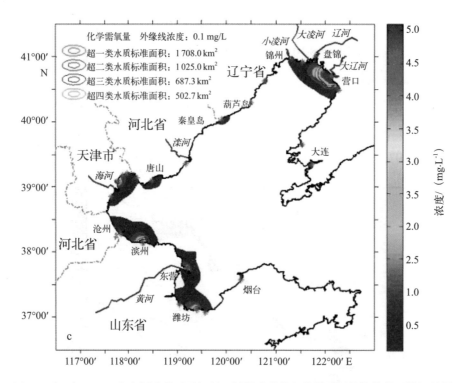

图17.1（二）　2020年各汇水单元无机氮、活性磷酸盐和化学需氧量扩散范围模拟结果

　　根据上述无机氮、活性磷酸盐和化学需氧量的模拟结果，考虑到满足沿海及海洋经济开发的基本需求，缓冲区的边界界定为无机氮、活性磷酸盐和化学需氧量模拟结果相应二类水质要求限值的最外缘，即三者的限值分别为0.30 mg/L、0.03 mg/L和3 mg/L。因此，根据各汇水单元源强和边界界定，环渤海地区共划分出13个缓冲区，相应划分结果与属性分别见图17.2和表17.1。

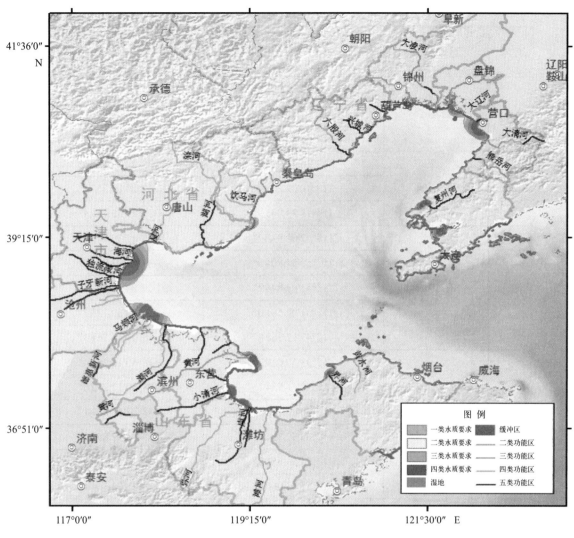

图17.2　环渤海缓冲区划分结果

表17.1　环渤海各缓冲区属性信息

序号	区域编号	边界坐标	
		经度（E）	纬度（N）
1	LD_H01	121°38′07.620 0″	39°21′12.297 6″
		121°39′29.653 2″	39°19′14.379 6″
		121°41′48.080 4″	39°17′21.584 4″
2	LD_H02	121°59′49.401 6″	40°45′00.558 0″
		122°01′31.540 8″	40°33′01.501 2″
		122°14′52.310 4″	40°32′10.431 6″
3	LD_H02	121°41′39.228 3″	40°49′54.282 3″
		121°46′08.393 9″	40°48′11.743 0″
		121°50′50.377 0″	40°49′03.012 6″

续表

序号	区域编号	边界坐标	
		经度（E）	纬度（N）
4	LD_H03	119°59′32.505 3″	39°57′53.242 4″
		120°01′40.679 4″	40°04′36.990 9″
		119°51′44.669 7″	39°59′22.964 3″
5	LD_H04	119°13′41.206 9″	39°22′29.532 4″
		119°10′02.209 4″	39°20′06.237 7″
		119°13′33.095 9″	39°19′52.719 4″
6	BH_H01	118°02′01.877 2″	39°11′39.975 0″
		117°59′54.804 5″	39°06′02.015 9″
		117°53′03.846 2″	39°04′38.202 0″
		117°51′02.181 0″	38°59′59.723 7″
		117°47′12.368 8″	38°59′13.761 3″
7	BH_H02	117°38′30.039 7″	38°50′16.263 4″
		117°40′11.554 1″	38°50′32.232 0″
		117°40′00.148 0″	38°52′14.887 1″
8	BH_H03	117°43′37.334 5″	38°24′12.859 9″
		117°54′56.657 3″	38°15′27.346 0″
		117°55′03.066 0″	38°23′02.364 1″
9	BH_H04	118°07′58.519 5″	38°11′17.406 5″
		118°16′05.581 1″	38°15′59.389 5″
		118°23′34.190 5″	38°09′15.641 1″
10	BH_H05	119°05′32.812 0″	37°53′20.743 8″
		119°18′21.856 8″	37°51′44.613 3″
		119°19′32.352 5″	37°40′12.473 0″
11	LZ_H01	118°57′56.507 8″	37°26′37.274 9″
		119°04′21.482 4″	37°22′28.028 5″
		119°04′04.207 9″	37°15′28.505 0″
12	LZ_H02	119°11′38.108 3″	37°09′33.174 3″
		119°20′30.030 9″	37°17′21.009 9″
		119°31′55.762 4″	37°09′39.583 1″
13	LZ_H03	120°21′19.112 4″	37°41′34.890 0″
		120°08′50.575 2″	37°41′50.272 8″
		120°05′56.259 6″	37°27′34.070 4″

17.3　渤海海洋功能区划及重要生态功能单元

17.3.1　渤海海洋功能区划概况

2012年3月3日，国务院批准了《全国海洋功能区划（2011—2020年）》，《区划》科学评价了我国管辖海域的自然属性、开发利用与环境保护现状，统筹考虑国家宏观调控政策和沿海地区发展战略，是对我国管辖海域未来10年的开发利用和环境保护做出的全面部署和具体安排。

在此基础上，环渤海各省市制定的省级海洋功能区划结果如图17.3所示。

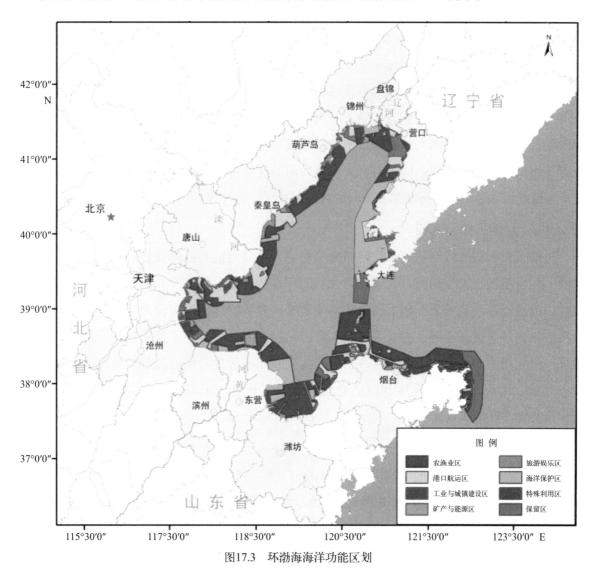

图17.3　环渤海海洋功能区划

针对渤海，《全国海洋功能区划（2011—2020年）》对其海洋功能及环境保护要求如下。

渤海是北方地区对外开放的海上门户和环渤海地区经济社会发展的重要支撑。海区开发利用强度大，环境污染和水生生物资源衰竭问题突出。

渤海海域实施最严格的围填海管理与控制政策，限制大规模围填海活动，降低环渤海区域经济增长对海域资源的过度消耗，节约集约利用海岸线和海域资源。实施最严格的环境保护政策，坚持陆海统筹、河海兼顾，有效控制陆海污染源，实施重点海域污染物排海总量控制制度，严格限制对渔业资源影响较大的涉渔用海工程的开工建设，修复渤海生态系统，逐步恢复双台子河口湿地生态功能，改善黄河、辽河等河口海域和近岸海域生态环境。严格控制新建高污染、高能耗、高生态风险和资源消耗型项目用海，加强海上油气勘探、开采的环境管理，防治海上溢油、赤潮等重大海洋环境灾害和突发事件，建立渤海海洋环境预警机制和突发事件应对机制。维护渤海海峡区域航运水道交通安全，开展渤海海峡跨海通道研究。

17.3.1.1 辽东半岛西部海域

包括大连老铁山角至营口大清河口毗邻海域，主要功能为渔业、港口航运、工业与城镇用海和旅游休闲娱乐。旅顺西部至金州湾沿岸重点发展滨海旅游，适度发展城镇建设，加强海岸景观保护与建设，维护海岸生态和城镇宜居环境；普兰店湾重点发展滨海城镇建设，开展海湾综合整治，维护海湾生态环境；长兴岛重点发展港口航运和装备制造，节约集约利用海域和岸线资源；瓦房店北部至营口南部海域发展滨海旅游、渔业等产业，开展营口白沙湾沙滩等海域综合整治工程；仙人岛至大清河口海域保障港口航运用海，推动现代海洋产业升级。区域近海和岛屿周边海域加强斑海豹自然保护区等海洋保护区的建设与管理。

17.3.1.2 辽河三角洲海域

包括营口大清河口至锦州小凌河口毗邻海域，主要功能为海洋保护、矿产与能源开发、渔业。双台子河、大凌河河口区域重点加强海洋保护区建设与管理，维护滩涂湿地自然生态系统，改善近岸海域水质、底质和生物环境质量，养护修复翅碱蓬湿地生态系统；辽东湾顶部按照生态环境优先原则，稳步推进油气资源勘探开发和配套海工装备制造，并协调好与保护区、渔业用海的关系；大辽河河口附近及其以东海域适度发展城镇和工业建设，完善海洋服务功能；凌海盘山浅海区域加强渔业资源养护与利用。区域实施污染物排海总量控制制度，改善海洋环境质量。

17.3.1.3 辽西冀东海域

包括锦州小凌河口至唐山滦河口毗邻海域，主要功能为旅游休闲娱乐、海洋保护、工业与城镇用海。锦州白沙湾、葫芦岛龙湾至菊花岛、绥中西部、北戴河至昌黎海域重点发展滨海旅游，维护六股河、滦河等河口海域和典型砂质海岸区自然生态，严格限制建设用围填海，禁止近岸水下沙脊采砂，积极开展锦州大笔架山、绥中砂质海岸、北戴河重要沙滩、昌黎黄金海岸等的养护与修复；锦州湾、秦皇岛南部海域发展港口航运；兴城、山海关至昌黎新开口海域建设滨海城镇，防止城镇建设破坏海岸自然地貌，维护滨海浴场风景区海域环境质量安全。

17.3.1.4 渤海湾海域

包括唐山滦河口至冀鲁海域分界毗邻海域，主要功能为港口航运、工业与城镇用海、矿产与能源开发。天津港、唐山港、黄骅港及周边海域重点发展港口航运；唐山曹妃甸新区、天津滨海新区、沧州渤海新区等区域集约发展临海工业与生态城镇。区域积极发展滩海油气资源勘探开发。加强临海工业与港口区海洋环境治理，维护天津古海岸湿地、大港滨海湿地、汉沽滨海湿地及浅海生态系统、黄骅古贝壳堤、唐山乐亭石臼坨诸岛等海洋保护区生态环境，积极推进各类海洋保护区规划与建设。稳定提高盐业、渔业等传统海洋资源利用效率。开展滩涂湿地生态系统整治修复，提高海岸景观质量和滨海城镇区生态宜居水平。区域实施污染物排海总量控制制度，改善海洋环境质量。

17.3.1.5 黄河口与山东半岛西北部海域

包括冀鲁海域分界至蓬莱角毗邻海域，主要功能为海洋保护、农渔业、旅游休闲娱乐、工业与城镇用海。黄河口海域主要发展海洋保护和海洋渔业，加强以国家重要湿地、国家地质公园、海洋生物自然保护区、国家级海洋特别保护区、黄河入海口、水产种质资源保护区等为核心的海洋生态建设与保护，维护滨海湿地生态服务功能，保护古贝壳堤典型地质遗迹以及重要水产种质资源，维护生物多样性，促进生态环境改善，严格限制重化工业和高耗能、高污染的工业建设；黄河口至莱州湾海域集约开发滨州、东营、潍坊北部、莱州、龙口特色临港产业区，发展滨海旅游业，合理发展渔业、海水利用、海洋生物、风能等生态型海洋产业，加强水产种质资源保护，重点保护三山岛等海洋生物自然保护区。区域海洋开发应与黄河口地区防潮和防洪相协调；屺姆岛北部至蓬莱角及庙岛群岛海域重点发展滨海旅游、海洋渔业，加强庙岛群岛海洋生态系统保护，维护长山水道航运功能。开展黄河三角洲河口滨海湿地、莱州湾海域综合整治与修复。区域实施污染物排海总量控制制度，改善海洋环境质量。

17.3.1.6 渤海中部海域

位于渤海中部，是我国重要的海洋矿产资源利用区域，主要功能为矿产与能源开发、渔业、港口航运。西南部、东北部海域重点发展油气资源勘探开发，协调好油气勘探、开采用海与航运用海之间的关系。区域积极探索风能、潮流能等可再生能源和海砂等矿产资源的调查、勘探与开发。合理利用渔业资源，开展重要渔业品种的增殖和恢复。加强海域生态环境质量监测，防治赤潮、溢油等海洋环境灾害和突发事件。

17.3.2 渤海重要生态功能单元

生态功能单元是生态系统中具有重要或不可替代生态服务价值的区域，对于保障区域生态安全、维持区域生态功能具有重要意义。从渤海的生态特征和主导功能来看，重要生态单元主要为河口区、生态保护区和渔业资源区。渤海的重点生态保护区包括海洋自然保护区、特别保护区和芦苇、碱蓬等典型滨海湿地。其中保护区的面积达16 960 km²，约占渤海总面积的22%，具体分布区域见表17.2和图17.4；芦苇、碱蓬等典型滨海湿地面积为2 226 km²

（表17.3），芦苇湿地主要分布在辽河口、渤海湾及黄河三角洲等典型河口区域，碱蓬湿地主要分布在滨州的沿海地区（图17.5）。渔业资源区主要为游泳动物的产卵和索饵区域以及中国对虾和斑海豹洄游区（图17.6至图17.9）。

表17.2　渤海海洋保护区

序号	保护区	所在地
1	蛇岛-老铁山国家级自然保护区	辽宁省大连市
2	大连斑海豹国家级自然保护区	辽宁省大连市
3	双台河口及水鸟国家级自然保护区	辽宁省盘锦市
4	天津古海岸与湿地国家级自然保护区	天津市
5	昌黎黄金海岸国家级自然保护区	河北省昌黎县
6	滨州贝壳堤岛与湿地国家级自然保护区	山东省滨州市
7	长岛国家级自然保护区	山东省长岛县
8	黄河三角洲国家级自然保护区	山东省东营市
9	团山海蚀地貌自然保护区	辽宁省营口市
10	辽河口自然保护区	辽宁省营口市
11	绥中原生砂质海岸自然保护区	辽宁省绥中县
12	兴城杂色蛤亲贝自然保护区	辽宁省兴城市
13	北大港湿地自然保护区	天津市大港区
14	石臼坨列岛自然保护区	河北省乐亭县
15	北戴河鸟类自然保护区	河北省秦皇岛市
16	南大港湿地自然保护区	河北省沧州市
17	黄骅古贝壳堤自然保护区	河北省黄骅市
18	庙岛群岛斑海豹自然保护区	山东省长岛县
19	东营莱州湾蛏类生态国家级海洋特别保护区	山东省东营市
20	东营黄河口生态国家级海洋特别保护区	山东省东营市
21	东营广饶沙蚕类生态国家级海洋特别保护区	山东省东营市
22	东营河口浅海贝类生态国家级海洋特别保护区	山东省东营市
23	东营利津底栖鱼类生态国家级海洋特别保护区	山东省东营市
24	长岛北四岛海洋特别保护区	山东省长岛县
25	龙口黄水河口海洋特别保护区	山东省烟台市
26	莱州浅滩海洋资源特别保护区	山东省烟台市

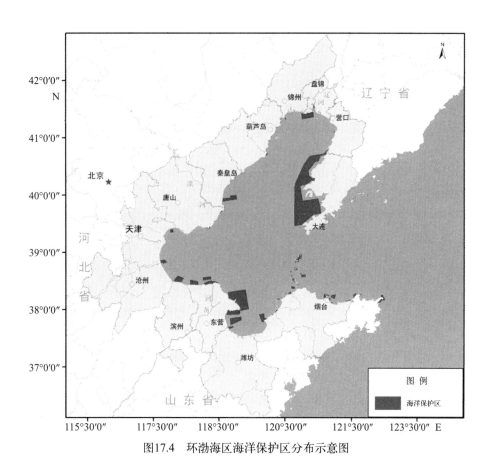

图17.4 环渤海区海洋保护区分布示意图

表17.3 环渤海区典型滨海湿地

序号	所在地	面积/km²
1	天津滨海新区	267.45
2	山东省滨州市	57.355
3	河北省沧州市	63.66
4	辽宁省大连市	20.39
5	山东省东营市	462.99
6	辽宁省葫芦岛市	27.68
7	辽宁省锦州市	132.96
8	辽宁省盘锦市	858.15
9	河北省秦皇岛市	14.51
10	河北省唐山市	38.42
11	山东省潍坊市	57.14
12	山东省烟台市	0.15
13	辽宁省营口市	37.12

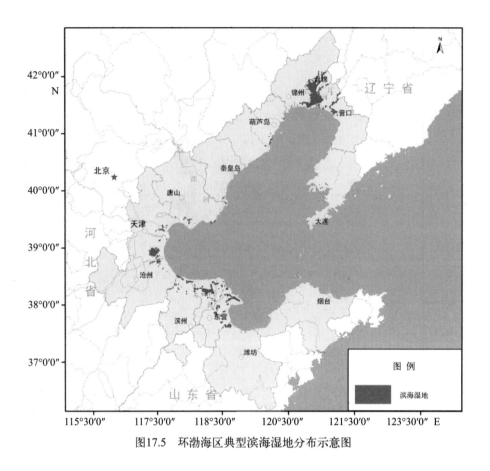

图17.5 环渤海区典型滨海湿地分布示意图

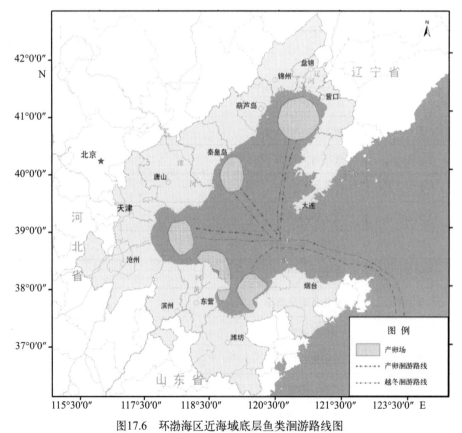

图17.6 环渤海区近海域底层鱼类洄游路线图

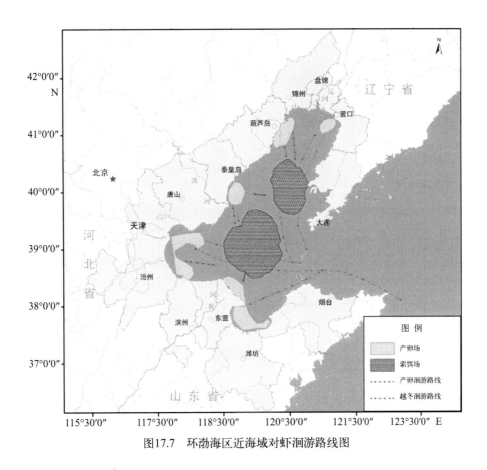

图17.7　环渤海区近海域对虾洄游路线图

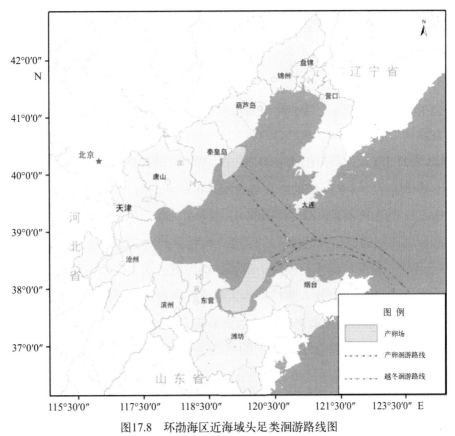

图17.8　环渤海区近海域头足类洄游路线图

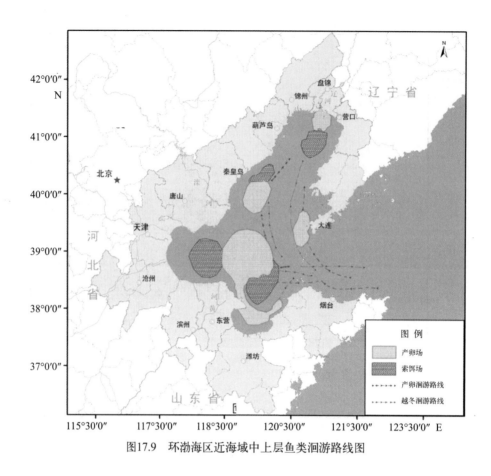

图17.9　环渤海区近海域中上层鱼类洄游路线图

17.4　渤海海洋环境水交换能力评估

　　污染物在渤海水交换下，浓度得到稀释，因此渤海的水交换能力对于污染物浓度的降低、水质的改善具有非常重要的意义。

　　针对水交换能力的研究，主要是通过数值模拟的手段，通过对半交换时间的计算，来讨论渤海的水交换能力见图17.10。魏皓等（2002）将渤海分成辽东湾、渤海湾、莱州湾、渤海中部4个区域如表17.4所示，利用HAMSON数值模型，讨论各个区域对入海污染物的稀释（水交换）能力。结果显示，各个区域的半交换时间为0.5—3.5年，其中辽东湾、渤海湾、莱州湾和渤海中部的半交换时间分别为825 d、304 d、188 d、502 d。赵骞等基于ECOMSED模式，建立了渤海潮流驱动下的盐分扩散模式，以盐分为指示剂研究了渤海的水交换能力。结果表明，渤海的3个湾中，莱州湾的水交换能力最强，渤海湾次之，辽东湾的水交换能力最弱。渤海中部海域通过与3个湾的水交换，对抑制冰区盐度升高具有重要作用。通过渤海海峡，渤海有向外海输出的净盐通量，因此渤海海峡的水交换能力最强。

　　总之，无论采取哪种计算方法，得到的结论是基本一致的。即渤海作为典型的半封闭海，水交换能力差，海水的自净能力非常有限。分区域来看：渤海海峡与黄海相通，水交换能力较好；莱州湾及渤海中部离湾口较近，水交换能力次之；渤海湾水交换能力较差；辽东湾水交换能力较差，辽东湾顶部海域自净能力极差。

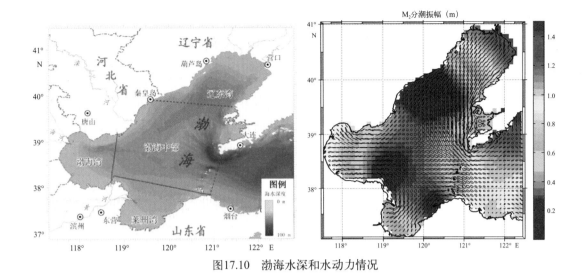

图17.10　渤海水深和水动力情况

采用ROMS模型自带的Lagrangian质点追踪模块研究渤海的水交换能力。我们在渤海区域内的所有网格点释放粒子，为了体现季节对水交换能力的影响，粒子释放时间分别在7月初（实验1）和1月初（实验2），实验结果见表17.5和图17.11。

表17.4　渤海主要海域水交换能力

海　区	水交换等级	半交换周期/d
辽东湾	差	825
渤海湾	较差	304
莱州湾	好	188
渤海中部	较好	502

表17.5　渤海质点交换比例（%）

质点释放后时间	0.5年	1年	1.5年	2年	2.5年	3年
实验1	13.88	24.3	37.75	44.64	54.69	59.54
实验2	10.4	26.04	34.22	46.2	52.02	61.09

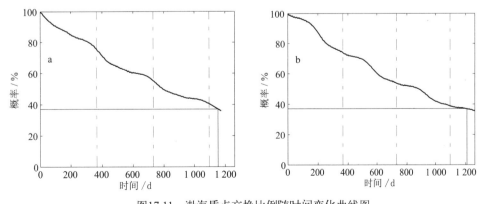

图17.11　渤海质点交换比例随时间变化曲线图
a：实验1；b：实验2；虚竖线：年分割线；直线：e折尺度对应的水体更新

渤海分为4个区域，分别是辽东湾、渤海湾、莱州湾和渤海中部，如表17.6所示。莱州湾由于面积最小，可以迅速与外部水体进行交换，平均水体更新时间仅为181.9 d，水交换能力最强。渤海湾平均水体更新时间为324.8 d，水交换能力次之。辽东湾面积较大，平均水体更新时间长达815.3 d，说明初始位于辽东湾的水质点易在湾内长时间滞留，与其他区域相比水交换能力最弱。渤海中部虽然面积广大，但由于其四面开阔的独特地理位置，渤海中部水质点可以较快与外部水进行交换，平均水体更新时间约为291.8 d。

表17.6　渤海各海湾水体更新时间　　　　　　　　　　　　　　　单位：d

海湾	渤海湾	莱州湾	辽东湾	渤海中部
实验1	364	176.8	867.1	342.4
实验2	285.6	186.9	763.5	241.2
平均	324.8	181.9	815.3	291.8

17.5　渤海海域评价单元划分结果

在综合分析缓冲区、海洋功能区划和重要生态功能单元、近岸海域水动力状况、陆域汇水单元分布和行政区划的基础上，对渤海近岸和中央海区分别划分了24个和6个评价单元，划分结果如图17.12所示，各评价单元属性信息如表17.7所示。

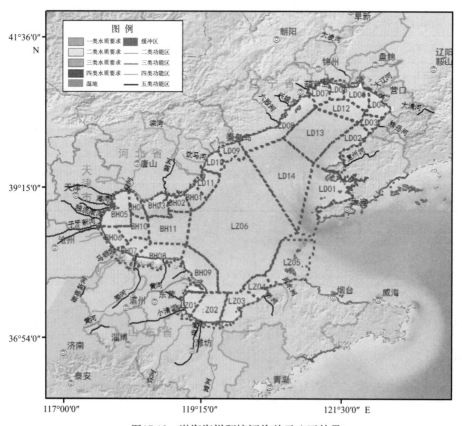

图17.12　渤海海洋环境评价单元分区结果

表17.7　环渤海评价单元分区结果及属性信息

序号	区域标号	面积/km²	坐标		包含水质类型	主要水质类型	行政区
			经度（E）	纬度（N）			
1	LD01	4 733.16	121°08'00.357 3"	38°43'40.370 6"	一类、二类、三类、四类、保留区	二类	大连市
			121°02'18.739 9"	38°30'07.875 3"			
			120°47'13.915 7"	38°32'44.834 6"			
			121°03'14.137 3"	39°37'50.351 7"			
			121°13'23.508 8"	39°32'17.967 2"			
2	LD02	2 605.26	121°03'14.137 3"	39°37'50.351 7"	一类、二类、三类、四类、保留区	二类	大连市
			121°13'23.508 8"	39°32'17.967 2"			
			121°47'14.747 0"	40°16'55.508 5"			
			121°20'00.523 5"	39°57'04.464 3"			
			121°56'28.721 0"	40°07'23.068 6"			
3	LD03	578.46	121°47'14.747 0"	40°16'55.508 5"	二类、三类、保留区	三类	营口市
			121°56'28.721 0"	40°07'23.068 6"			
			121°51'05.569 5"	40°23'32.523 2"			
			122°11'05.846 6"	40°21'23.262 6"			
4	LD04	994.25	121°51'05.569 5"	40°23'32.523 2"	三类、四类、保留区	保留区	营口市、盘锦市
			122°11'05.846 6"	40°21'23.262 6"			
			121°51'42.501 1"	40°27'14.112 8"			
			121°56'37.953 9"	40°29'14.140 5"			
			121°56'37.953 9"	40°46'46.691 2"			
5	LD05	1 960.82	121°51'42.501 1"	40°27'14.112 8"	一类、二类	二类	盘锦市、锦州市
			121°56'37.953 9"	40°29'14.140 5"			
			121°56'37.953 9"	40°46'46.691 2"			
			121°18'00.495 8"	40°53'42.171 7"			
			121°18'18.961 6"	40°38'00.415 9"			
6	LD06	950.20	121°18'00.495 8"	40°53'42.171 7"	三类、保留区	三类	锦州市、葫芦岛市
			121°18'18.961 6"	40°38'00.415 9"			
			121°04'18.767 6"	40°30'28.003 7"			
			121°03'23.370 2"	40°36'55.785 6"			
			120°56'55.588 4"	40°42'00.471 3"			

序号	区域标号	面积/km²	坐标		包含水质类型	主要水质类型	行政区
			经度（E）	纬度（N）			
7	LD07	3 087.63	121°04′18.767 6″	40°30′28.003 7″	二类、三类、四类、保留区	二类	葫芦岛市
			121°03′23.370 2″	40°36′55.785 6″			
			120°56′55.588 4″	40°42′00.471 3″			
			120°34′18.352 0″	40°02′46.081 6″			
			119°57′40.921 6″	39°48′08.956 0″			
			119°50′36.208 2″	39°59′13.724 9″			
8	LD08	930.01	119°57′40.921 6″	39°48′08.956 0″	二类、三类、保留区	三类	秦皇岛市
			119°50′36.208 2″	39°59′13.724 9″			
			119°58′45.551 9″	39°43′59.667 7″			
			119°52′45.468 8″	39°40′36.543 9″			
			119°48′36.180 5″	39°44′45.832 2″			
			119°43′40.727 7″	39°40′36.543 9″			
			119°36′36.014 2″	39°38′45.749 1″			
			119°31′31.328 5″	39°48′36.654 7″			
9	LD09	780.86	119°36′36.014 2″	39°38′45.749 1″	一类、二类	二类	秦皇岛市
			119°31′31.328 5″	39°48′36.654 7″			
			119°34′45.219 4″	39°36′54.954 3″			
			119°37′22.178 7″	39°36′54.954 3″			
			119°36′54.480 0″	39°32′27.200 1″			
			119°33′40.589 1″	39°32′08.734 3″			
			119°32′54.424 6″	39°27′50.213 1″			
			119°15′40.339 7″	39°31′59.501 4″			
10	LD10	1 027.93	119°32′54.424 6″	39°27′50.213 1″	二类、三类	二类	秦皇岛市、唐山市
			119°15′40.339 7″	39°31′59.501 4″			
			119°32′26.725 9″	39°22′27.061 6″			
			119°19′49.628 0″	39°04′36.045 1″			
			119°08′17.160 5″	39°17′59.307 5″			

序号	区域标号	面积/km²	坐标		包含水质类型	主要水质类型	行政区
			经度（E）	纬度（N）			
11	LD11	1 497.79	121°47′14.747 0″	40°16′55.508 5″	产卵场、索饵场	产卵场、索饵场	辽东湾
			121°51′05.569 5″	40°23′32.523 2″			
			121°51′42.501 1″	40°27′14.112 8″			
			121°32′00.689 8″	40°39′05.046 2″			
			121°18′18.961 6″	40°38′00.415 9″			
			121°04′18.767 6″	40°30′28.003 7″			
12	LD12	4 792.66	121°03′14.137 3″	39°37′50.351 7″	产卵场、索饵场	产卵场、索饵场	辽东湾
			121°47′14.747 0″	40°16′55.508 5″			
			121°04′18.767 6″	40°30′28.003 7″			
			121°20′00.523 5″	39°57′04.464 3″			
			120°34′18.352 0″	40°02′46.081 6″			
13	LD13	7 340.31	120°47′13.915 7″	38°32′44.834 6″	产卵场、索饵场	产卵场、索饵场	辽东湾
			121°03′14.137 3″	39°37′50.351 7″			
			120°34′18.352 0″	40°02′46.081 6″			
			119°57′40.921 6″	39°48′08.956 0″			
14	BH01	818.93	119°19′49.628 0″	39°04′36.045 1″	三类、四类	三类	唐山市
			119°08′17.160 5″	39°17′59.307 5″			
			118°57′58.556 1″	39°09′31.497 9″			
			119°05′40.201 2″	38°53′40.509 1″			
15	BH02	953.71	118°57′58.556 1″	39°09′31.497 9″	二类、四类	二类	唐山市
			119°05′40.201 2″	38°53′40.509 1″			
			118°39′30.608 0″	39°09′31.497 9″			
			118°42′44.499 0″	38°53′49.742 0″			
16	BH03	1 176.18	118°39′30.608 0″	39°09′31.497 9″	三类、四类	三类	唐山市
			118°42′44.499 0″	38°53′49.742 0″			
			118°42′44.499 0″	38°50′08.152 4″			
			118°45′39.924 1″	38°49′31.220 8″			
			118°44′44.526 7″	38°47′03.494 4″			
			118°28′25.839 2″	38°48′45.056 3″			
			118°22′16.523 2″	38°47′03.494 4″			
			118°15′39.508 4″	39°01′59.085 8″			

序号	区域标号	面积/km²	坐标		包含水质类型	主要水质类型	行政区
			经度（E）	纬度（N）			
17	BH04	712.23	118°22′16.523 2″	38°47′03.494 4″	二类、三类、四类	二类	唐山市
			118°15′39.508 4″	39°01′59.085 8″			
			118°05′02.438 3″	38°53′03.577 5″			
			118°03′39.342 2″	39°10′45.361 1″			
18	BH05	2 095.65	118°05′02.438 3″	38°53′03.577 5″	一类、二类、三类、四类、保留区	二类、三类	天津市
			118°03′39.342 2″	39°10′45.361 1″			
			118°05′39.369 9″	38°38′35.684 9″			
			117°36′15.885 8″	38°38′17.219 1″			
19	BH06	999.17	117°36′15.885 8″	38°38′17.219 1″	二类、三类、四类、保留区	二类	沧州市
			117°50′43.778 5″	38°38′07.986 2″			
			118°02′53.177 7″	38°23′40.093 5″			
			117°51′29.943 0″	38°16′16.914 3″			
20	BH07	1 377.80	118°02′53.177 7″	38°23′40.093 5″	一类、二类、三类、四类、保留区	二类	滨州市
			117°51′29.943 0″	38°16′16.914 3″			
			118°08′25.562 1″	38°28′07.847 6″			
			118°24′07.318 0″	38°25′58.587 0″			
			118°25′21.181 2″	38°22′53.929 0″			
			118°10′07.124 0″	38°11′02.995 6″			
21	BH08	2 658.53	118°25′21.181 2″	38°22′53.929 0″	一类、二类、四类	二类	东营市
			118°10′07.124 0″	38°11′02.995 6″			
			118°56′52.996 3″	38°05′35.432 7″			
			119°08′59.814 9″	38°15′27.377 7″			
22	BH09	2 558.43	118°56′52.996 3″	38°05′35.432 7″	一类、二类、三类、四类	一类、二类	东营市
			119°08′59.814 9″	38°15′27.377 7″			
			119°19′12.696 4″	38°09′21.433 7″			
			119°30′45.164 0″	37°56′53.568 8″			
			119°31′12.862 7″	37°36′34.825 9″			
			119°19′58.860 9″	37°36′25.593 0″			
23	BH10	1 326.42	118°22′16.523 2″	38°47′03.494 4″	产卵场、索饵场	产卵场、索饵场	渤海湾
			118°05′39.369 9″	38°38′35.684 9″			
			117°50′43.778 5″	38°38′07.986 2″			
			118°02′53.177 7″	38°23′40.093 5″			
			118°24′07.318 0″	38°25′58.587 0″			

续表

序号	区域标号	面积/km²	坐标		包含水质类型	主要水质类型	行政区
			经度（E）	纬度（N）			
24	BH11	3 401.34	119°05′40.201 2″	38°53′40.509 1″	产卵场、索饵场	产卵场、索饵场	渤海湾
			118°22′16.523 2″	38°47′03.494 4″			
			118°25′21.181 2″	38°22′53.929 0″			
			119°08′59.814 9″	38°15′27.377 7″			
25	LZ01	1 582.63	119°31′12.862 7″	37°36′34.825 9″	一类、二类、三类、四类、保留区	一类、二类	东营市、潍坊市
			119°19′58.860 9″	37°36′25.593 0″			
			119°06′07.899 9″	37°14′34.521 1″			
26	LZ02	2 251.09	119°06′07.899 9″	37°14′34.521 1″	二类、三类、四类	二类	潍坊市
			119°52′54.701 7″	37°36′07.127 2″			
			119°33′59.054 9″	37°09′48.301 1″			
			119°31′03.629 8″	37°36′34.825 9″			
27	LZ03	1 320.03	119°52′54.701 7″	37°36′07.127 2″	一类、二类、三类	二类	烟台市
			119°33′59.054 9″	37°09′48.301 1″			
			119°54′54.729 4″	37°41′02.580 0″			
			120°11′04.184 0″	37°30′25.509 8″			
28	LZ04	995.39	119°54′54.729 4″	37°41′02.580 0″	二类、三类、四类、保留区	保留区	烟台市
			120°11′04.184 0″	37°30′25.509 8″			
			120°03′59.470 6″	37°50′44.252 7″			
			120°08′08.758 9″	37°52′35.047 6″			
			120°16′45.801 3″	37°52′44.280 5″			
			120°22′18.185 7″	37°42′34.909 0″			
29	LZ05	3 808.67	120°16′45.801 3″	37°52′44.280 5″	一类、二类、三类	二类	烟台市
			120°22′18.185 7″	37°42′34.909 0″			
			120°17′22.732 9″	37°56′35.103 0″			
			120°20′36.623 8″	37°58′07.432 0″			
			120°31′50.625 6″	38°25′49.354 1″			
			121°03′51.068 9″	38°25′40.121 2″			
			121°00′37.178 0″	38°10′07.598 2″			
			120°58′09.451 6″	37°55′21.239 8″			
			120°55′32.492 3″	37°49′21.156 6″			

续表

序号	区域标号	面积/km²	坐标		包含水质类型	主要水质类型	行政区
			经度（E）	纬度（N）			
30	LZ06	20 766.89	120°47′13.915 7″	38°32′44.834 6″	产卵场、索饵场	产卵场、索饵场	莱州湾
			119°57′40.921 6″	39°48′08.956 0″			
			119°05′40.201 2″	38°53′40.509 1″			
			119°08′59.814 9″	38°15′27.377 7″			
			119°31′12.862 7″	37°36′34.825 9″			
			119°19′12.696 4″	38°09′21.433 7″			
			120°31′50.625 6″	38°25′49.354 1″			

18　海洋环境质量控制目标的确定

本研究系统分析了渤海水质、沉积物、生物和重点海域的环境质量现状和趋势，构建了陆源排污与渤海水质污染的源—汇定量响应关系。由于陆源排放的污染物主要首先进入海水水体，再通过海洋生物地球化学过程进入海洋沉积物和海洋生物体，因此渤海海水水质对陆源排污的响应最为直接，确定渤海海水水质管理目标是加强渤海环境质量管理的重要依据。

在上述背景资料下，对渤海近岸划分的24个评价单元的临海产业及海域使用状况等内容进行分析，分别确认每个评价单元的海域水质质量管理目标；对中央海区划分的6个评价单元，水质管理目标综合考虑评价单元与周边评价单元的邻接状况、水生生物的洄游通道/产卵场/索饵场等信息、海洋油气区和海洋倾倒区站位分布等信息后确定。

18.1　水质管理目标确定原则

确定渤海海域水质管理目标时，不仅要关注沿海地区的近期发展规划，还需关注其长期发展规划，并满足海洋功能区划的海域管理状况。

（1）近期计划与长远规划相结合

结合将评价单元所处沿海地区近期的经济发展计划和长远发展规划及水质现状、功能区使用状况、海洋环境资源保护与修复规划等确定评价单元近期（2011—2015年）和远期（2016—2020年）环境质量目标。

（2）与海洋功能区划科学合理衔接

海洋功能区划规定了各海区的主导功能和各种兼顾功能，海洋功能区划是确定水质控制目标的主导依据，规定了海域水质管理至少要达到的水质要求。确定海域的环境容量、海域主导环境功能时，综合考虑海岸线、海底、海水水体、海洋生物以及滨海陆地等各相关环境因素的制约与影响。

（3）不降低现状海水水质

为控制近岸海域环境污染，保护近岸海域水环境质量，在划分近岸海域环境功能区划时，不降低现状海水质量要求，不降低现状海水质量的执行标准。

（4）按高功能区划确定水质保护目标

对于同一海域兼有两种以上海洋功能的，按高功能区划保护要求确定保护目标。对于市界和县界两侧相邻的两个不同功能区的海域，按高功能区划确定其保护目标。

18.2 渤海海洋功能区划水质分类

海洋功能区划是海洋环境监测、分析评价和监督管理的法定依据，其环境质量标准是强化海洋环境保护和生态建设的重要依据。在《全国海洋功能区划（2011—2020年）》中对各类海洋功能区划的环境质量标准给出了指导性原则与要求，具体如表18.1所示。

表18.1 海洋功能区分类及海洋环境保护要求

一级类	二级类	海水水质质量（引用标准：GB 3097—1997）	生态环境
1 农渔业区	1.1 农业围垦区	不劣于二类	不应造成外来物种侵害，防止养殖自身污染和水体富营养化，维持海洋生物资源可持续利用，保持海洋生态系统结构和功能的稳定，不应造成滨海湿地和红树林等栖息地的破坏
	1.2 养殖区	不劣于二类	
	1.3 增殖区	不劣于二类	
	1.4 捕捞区	不劣于一类	
	1.5 水产种质资源保护区	不劣于一类	
	1.6 渔业基础设施区	不劣于二类（其中渔港区执行不劣于现状海水水质标准）	应减少对海洋水动力环境、岸滩及海底地形地貌的影响，防止海岸侵蚀，不应对毗邻海洋生态敏感区、亚敏感区产生影响
2 港口航运区	2.1 港口区	不劣于四类	
	2.2 航道区	不劣于三类	
	2.3 锚地区	不劣于三类	
3 工业与城镇用海区	3.1 工业用海区	不劣于三类	应减少对海洋水动力环境、岸滩及海底地形地貌的影响，防止海岸侵蚀，避免工业和城镇用海对毗邻海洋生态敏感区、亚敏感区产生影响
	3.2 城镇用海区	不劣于三类	
4 矿产与能源区	4.1 油气区	不劣于现状水平	应减少对海洋水动力环境产生影响，防止海岛、岸滩及海底地形地貌发生改变，不应对毗邻海洋生态敏感区、亚敏感区产生影响
	4.2 固体矿产区	不劣于四类	
	4.3 盐田区	不劣于二类	
	4.4 可再生能源区	不劣于二类	

续表

一级类	二级类	海水水质质量 （引用标准： GB 3097—1997）	生态环境
5 旅游休闲娱乐区	5.1 风景旅游区	不劣于二类	不应破坏自然景观，严格控制占用海岸线、沙滩和沿海防护林的建设项目和人工设施，妥善处理生活垃圾，不应对毗邻海洋生态敏感区、亚敏感区产生影响
	5.2 文体休闲娱乐区	不劣于二类	
6 海洋保护区	6.1 海洋自然保护区	不劣于一类	维持、恢复、改善海洋生态环境和生物多样性，保护自然景观
	6.2 海洋特别保护区	使用功能水质要求	
7 特殊利用区	7.1 军事区		防止对海洋水动力环境条件改变，避免对海岛、岸滩及海底地形地貌的影响，防止海岸侵蚀，避免对毗邻海洋生态敏感区、亚敏感区产生影响
	7.2 其他特殊利用区		
8 保留区	8.1 保留区	不劣于现状水平	维持现状

　　根据表18.1要求，环渤海海洋功能区划水质要求如表18.2所示，并以此对水质要求进行了归并，结果如图18.1和表18.3所示。

表18.2　环渤海海洋功能区分类及水质要求

序号	功能区类型	行政区名称	水质类型
1	海洋保护区	河北	一类
2	海洋保护区	河北	一类
3	海洋保护区	河北	一类
4	海洋保护区	河北	一类
5	海洋保护区	河北	一类
6	海洋保护区	河北	一类
7	海洋保护区	河北	一类
8	农渔业区	河北	二类
9	旅游娱乐区	河北	二类
10	旅游娱乐区	河北	二类
11	农渔业区	河北	二类
12	农渔业区	河北	二类
13	农渔业区	河北	二类
14	旅游娱乐区	河北	二类
15	农渔业区	河北	二类
16	农渔业区	河北	二类

续表

序号	功能区类型	行政区名称	水质类型
17	农渔业区	河北	二类
18	旅游娱乐区	河北	二类
19	旅游娱乐区	河北	二类
20	农渔业区	河北	二类
21	农渔业区	河北	二类
22	农渔业区	河北	二类
23	农渔业区	河北	二类
24	旅游娱乐区	河北	二类
25	农渔业区	河北	二类
26	港口航运区	河北	三类
27	港口航运区	河北	三类
28	港口航运区	河北	三类
29	港口航运区	河北	三类
30	港口航运区	河北	三类
31	港口航运区	河北	三类
32	港口航运区	河北	三类
33	港口航运区	河北	三类
34	港口航运区	河北	三类
35	港口航运区	河北	三类
36	港口航运区	河北	三类
37	工业与城镇建设区	河北	四类
38	工业与城镇建设区	河北	四类
39	特殊利用区	河北	四类
40	矿产与能源区	河北	四类
41	工业与城镇建设区	河北	四类
42	矿产与能源区	河北	四类
43	工业与城镇建设区	河北	四类
44	工业与城镇建设区	河北	四类
45	矿产与能源区	河北	四类
46	工业与城镇建设区	河北	四类
47	工业与城镇建设区	河北	四类
48	工业与城镇建设区	河北	四类

序号	功能区类型	行政区名称	水质类型
49	工业与城镇建设区	河北	四类
50	工业与城镇建设区	河北	四类
51	工业与城镇建设区	河北	四类
52	矿产与能源区	河北	四类
53	矿产与能源区	河北	四类
54	矿产与能源区	河北	四类
55	矿产与能源区	河北	四类
56	工业与城镇建设区	河北	四类
57	工业与城镇建设区	河北	四类
58	工业与城镇建设区	河北	四类
59	保留区	河北	保留区
60	保留区	河北	保留区
61	团山海洋保护区	辽宁	一类
62	六股河口海洋保护区	辽宁	一类
63	双台子河口海洋保护区	辽宁	一类
64	斑海豹海洋保护区	辽宁	一类
65	大笔架山海洋保护区	辽宁	一类
66	西湖咀旅游娱乐区	辽宁	二类
67	白沙湾旅游娱乐区	辽宁	二类
68	兴城海滨矿产与能源区	辽宁	二类
69	李家礁矿产与能源区	辽宁	二类
70	辽东湾矿产与能源区	辽宁	二类
71	驼山旅游娱乐区	辽宁	二类
72	长兴岛旅游娱乐区	辽宁	二类
73	浮渡河口外农渔业区	辽宁	二类
74	旅顺西湖咀农渔业区	辽宁	二类
75	牧城湾旅游娱乐区	辽宁	二类
76	兴城海滨农渔业区	辽宁	二类
77	营口望海农渔业区	辽宁	二类
78	兴城海滨旅游娱乐区	辽宁	二类
79	双岛湾农渔业区	辽宁	二类
80	天龙寺旅游娱乐区	辽宁	二类

续表

序号	功能区类型	行政区名称	水质类型
81	盖州北海旅游娱乐区	辽宁	二类
82	老铁山海域农渔业区	辽宁	二类
83	望海寺旅游娱乐区	辽宁	二类
84	止锚湾旅游娱乐区	辽宁	二类
85	兔岛旅游娱乐区	辽宁	二类
86	仙浴湾旅游娱乐区	辽宁	二类
87	营城子湾旅游娱乐区	辽宁	二类
88	葵花矿产与能源区	辽宁	二类
89	菊花岛旅游娱乐区	辽宁	二类
90	金州湾旅游娱乐区	辽宁	二类
91	长岛旅游娱乐区	辽宁	二类
92	老铁山旅游娱乐区	辽宁	二类
93	兴城海域农渔业区	辽宁	二类
94	连山旅游与娱乐区	辽宁	二类
95	大潮口旅游娱乐区	辽宁	二类
96	月东矿产与能源区	辽宁	二类
97	绥中海域农渔业区	辽宁	二类
98	笔架岭矿产与能源区	辽宁	二类
99	海南－仙鹤矿产与能源区	辽宁	二类
100	驼山海域农渔业区	辽宁	二类
101	复州湾矿产与能源区	辽宁	二类
102	小笔架山农渔业区	辽宁	二类
103	锦州旅游娱乐区	辽宁	二类
104	辽东湾农渔业区	辽宁	二类
105	西中岛旅游娱乐区	辽宁	二类
106	大潮口农渔业区	辽宁	二类
107	凤鸣岛旅游娱乐区	辽宁	二类
108	松木岛港口航运区	辽宁	三类
109	鲅鱼圈港口航运区	辽宁	三类
110	旅顺西部港口航运区	辽宁	三类
111	旅顺羊头洼港口航运区	辽宁	三类
112	葫芦山湾港口航运区	辽宁	三类

序号	功能区类型	行政区名称	水质类型
113	兴城港口航运区	辽宁	三类
114	龙栖湾港口航运区	辽宁	三类
115	盘锦港口航运区	辽宁	三类
116	仙人岛港口航运区	辽宁	三类
117	双岛湾港口航运区	辽宁	三类
118	董家口湾港口航运区	辽宁	三类
119	三十里堡港口航运区	辽宁	三类
120	台子里港口区	辽宁	三类
121	绥中石河港口航运区	辽宁	三类
122	太平湾港口航运区	辽宁	三类
123	锦州湾外港口航运区	辽宁	三类
124	松木岛工业与城镇建设区	辽宁	四类
125	鲅鱼圈工业与城镇建设区	辽宁	四类
126	团山工业与城镇建设区	辽宁	四类
127	营口沿海工业与城镇建设区	辽宁	四类
128	曹庄工业与城镇建设区	辽宁	四类
129	红沿河核电工业与城镇建设区	辽宁	四类
130	金州湾沿岸工业与城镇建设区	辽宁	四类
131	荒地工业与城镇建设区	辽宁	四类
132	龙栖湾工业与城镇建设区	辽宁	四类
133	辽滨工业与城镇建设区	辽宁	四类
134	普兰店湾工业与城镇建设区	辽宁	四类
135	三十里堡工业与城镇建设区	辽宁	四类
136	金州湾工业与城镇建设区	辽宁	四类
137	甘井子区北部工业与城镇建设区	辽宁	四类
138	七顶山工业与城镇建设区	辽宁	四类
139	台里工业与城镇建设区	辽宁	四类
140	绥中南大台工业与城镇建设区	辽宁	四类
141	绥中小陶屯工业与城镇建设区	辽宁	四类
142	绥中团山工业与城镇建设区	辽宁	四类
143	葫芦岛北港工业与城镇建设区	辽宁	四类
144	锦州湾工业与城镇建设区	辽宁	四类

序号	功能区类型	行政区名称	水质类型
145	复州湾工业与城镇建设区	辽宁	四类
146	复州湾南部工业与城镇建设区	辽宁	四类
147	长兴岛工业与城镇建设区	辽宁	四类
148	连山湾保留区	辽宁	保留区
149	东岗沿岸保留区	辽宁	保留区
150	月亮湾保留区	辽宁	保留区
151	北海湾保留区	辽宁	保留区
152	绥中狗河口保留区	辽宁	保留区
153	六股河口保留区	辽宁	保留区
154	兴城沙后所保留区	辽宁	保留区
155	金州湾保留区	辽宁	保留区
156	营城子湾保留区	辽宁	保留区
157	兴城河口保留区	辽宁	保留区
158	锦州港外保留区	辽宁	保留区
159	营口海域保留区	辽宁	保留区
160	老铁山水道保留区	辽宁	保留区
161	牧城湾保留区	辽宁	保留区
162	双台子保留区	辽宁	保留区
163	锦州湾保留区	辽宁	保留区
164	普兰店湾保留区	辽宁	保留区
165	凌海海域保留区	辽宁	保留区
166	大潮口保留区	辽宁	保留区
167	长兴岛保留区	辽宁	保留区
168	海洋保护区	山东	一类
169	海洋保护区	山东	一类
170	海洋保护区	山东	一类
171	海洋保护区	山东	一类
172	海洋保护区	山东	一类
173	海洋保护区	山东	一类
174	海洋保护区	山东	一类
175	海洋保护区	山东	一类

环渤海污染压力和海上响应的统筹调控研究

续表

序号	功能区类型	行政区名称	水质类型
176	海洋保护区	山东	一类
177	海洋保护区	山东	一类
178	海洋保护区	山东	一类
179	海洋保护区	山东	一类
180	海洋保护区	山东	一类
181	海洋保护区	山东	一类
182	海洋保护区	山东	一类
183	海洋保护区	山东	一类
184	海洋保护区	山东	一类
185	海洋保护区	山东	一类
186	海洋保护区	山东	一类
187	海洋保护区	山东	一类
188	海洋保护区	山东	一类
189	海洋保护区	山东	一类
190	海洋保护区	山东	一类
191	海洋保护区	山东	一类
192	海洋保护区	山东	一类
193	农渔业区	山东	二类
194	农渔业区	山东	二类
195	农渔业区	山东	二类
196	旅游娱乐区	山东	二类
197	农渔业区	山东	二类
198	旅游娱乐区	山东	二类
199	农渔业区	山东	二类
200	农渔业区	山东	二类
201	农渔业区	山东	二类
202	旅游娱乐区	山东	二类
203	旅游娱乐区	山东	二类
204	旅游娱乐区	山东	二类
205	旅游娱乐区	山东	二类
206	旅游娱乐区	山东	二类

续表

序号	功能区类型	行政区名称	水质类型
207	农渔业区	山东	二类
208	农渔业区	山东	二类
209	农渔业区	山东	二类
210	农渔业区	山东	二类
211	旅游娱乐区	山东	二类
212	旅游娱乐区	山东	二类
213	旅游娱乐区	山东	二类
214	农渔业区	山东	二类
215	旅游娱乐区	山东	二类
216	港口航运区	山东	三类
217	港口航运区	山东	三类
218	港口航运区	山东	三类
219	港口航运区	山东	三类
220	港口航运区	山东	三类
221	港口航运区	山东	三类
222	港口航运区	山东	三类
223	港口航运区	山东	三类
224	港口航运区	山东	三类
225	港口航运区	山东	三类
226	矿产与能源区	山东	四类
227	工业与城镇建设区	山东	四类
228	工业与城镇建设区	山东	四类
229	工业与城镇建设区	山东	四类
230	工业与城镇建设区	山东	四类
231	特殊利用区	山东	四类
232	工业与城镇建设区	山东	四类
233	特殊利用区	山东	四类
234	特殊利用区	山东	四类
235	特殊利用区	山东	四类
236	工业与城镇建设区	山东	四类
237	特殊利用区	山东	四类

续表

序号	功能区类型	行政区名称	水质类型
238	工业与城镇建设区	山东	四类
239	特殊利用区	山东	四类
240	工业与城镇建设区	山东	四类
241	工业与城镇建设区	山东	四类
242	矿产与能源区	山东	四类
243	工业与城镇建设区	山东	四类
244	矿产与能源区	山东	四类
245	工业与城镇建设区	山东	四类
246	特殊利用区	山东	四类
247	特殊利用区	山东	四类
248	矿产与能源区	山东	四类
249	矿产与能源区	山东	四类
250	特殊利用区	山东	四类
251	矿产与能源区	山东	四类
252	矿产与能源区	山东	四类
253	保留区	山东	保留区
254	保留区	山东	保留区
255	保留区	山东	保留区
256	保留区	山东	保留区
257	保留区	山东	保留区
258	保留区	山东	保留区
259	保留区	山东	保留区
260	保留区	山东	保留区
261	保留区	山东	保留区
262	海洋保护区	天津	一类
263	海洋保护区	天津	一类
264	农渔业区	天津	二类
265	旅游娱乐区	天津	二类
266	旅游娱乐区	天津	二类
267	旅游娱乐区	天津	二类
268	旅游娱乐区	天津	二类

续表

序号	功能区类型	行政区名称	水质类型
269	农渔业区	天津	二类
270	农渔业区	天津	二类
271	旅游娱乐区	天津	二类
272	农渔业区	天津	二类
273	港口航运区	天津	三类
274	港口航运区	天津	三类
275	工业与城镇建设区	天津	四类
276	工业与城镇建设区	天津	四类
277	工业与城镇建设区	天津	四类
278	特殊利用区	天津	四类
279	工业与城镇建设区	天津	四类
280	保留区	天津	保留区
281	保留区	天津	保留区

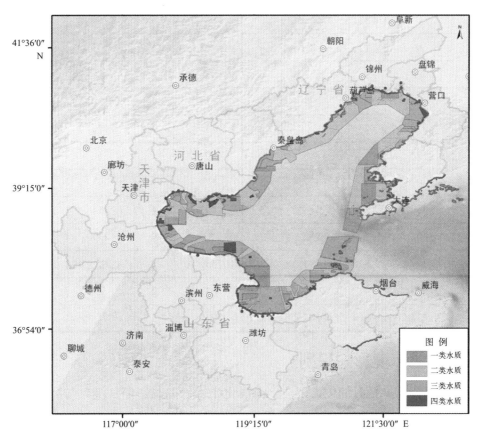

图18.1　环渤海海洋功能区划水质分类图

表18.3 渤海近岸海域分区评价单元环境功能区统计表

分区名称	一类功能区		二类功能区		三类功能区		四类功能区		总数	总面积/km²
	个数	面积/km²	个数	面积/km²	个数	面积/km²	个数	面积/km²		
LD01	2	1 675	16	1 878	16	837	10	192	44	4 582
LD02	1	698	8	1 293	5	369	4	39	18	2 399
LD03	0	0	4	87	4	465	2	24	10	575
LD04	1	5	3	24	3	719	3	242	10	990
LD05	1	246	5	924	1	124	0	0	7	1 294
LD06	1	60	3	398	1	206	0	0	5	665
LD07	1	6	4	59	5	786	3	93	13	943
LD08	1	12	9	2 676	9	267	6	111	25	3 066
LD09	2	2	6	237	5	684	2	4	15	927
LD10	3	217	7	562	1	0	0	0	11	780
LD11	1	87	1	881	1	54	1	5	5	1 028
BH01	0	0	3	68	2	710	3	40	8	819
BH02	1	38	3	778	2	43	5	94	11	953
BH03	0	0	4	56	1	861	5	259	10	1 175
BH04	0	0	1	446	4	163	5	103	10	712
BH05	2	79	9	889	6	933	7	215	24	2 116
BH06	2	43	3	488	3	337	4	130	12	998
BH07	2	370	4	538	2	295	3	170	11	1 373
BH08	3	572	3	1 800	0	0	1	1	7	2 374
BH09	0	0	4	1 177	1	179	1	9	6	1 365
LZ01	5	469	3	366	3	192	4	134	15	1 161
LZ02	2	102	3	1 782	7	83	9	239	21	2 206
LZ03	2	157	8	1 194	3	352	3	93	16	1 796
LZ04	1	10	3	287	3	643	2	55	10	995
LZ05	12	234	10	2 847	1	725	2	2	25	3 809

18.3 临海产业环境影响识别

渤海临海产业主要包括石油化工工业、海洋化工、修船与造船、港口与物流、海洋工程与建筑、海水养殖和滨海旅游业等。本节简要分析上述临海产业可能排放到海洋环境的特征污染物，以及可能导致的潜在环境问题。

18.3.1 石油化工工业

石油化工工业主要包括石油炼制行业和石油化工行业。其中石油炼制是以原油为基本原料通过对原油进行常减压蒸馏、催化重整、催化裂化、加氢裂化、延迟焦化和炼厂气加工等操作，生产石油燃料、液化石油气、汽油、煤油、柴油、燃料油、润滑油脂、石油溶剂和化工原料、石油蜡、石油沥青、石油焦等的生产过程；而石油化工行业作为石油炼制行业的下游行业，是以炼油过程提供的油和气作为原料，进行裂解及后续化学加工，生产以三烯、乙烯、丙烯、丁二烯、甲苯、二甲苯为代表的石油化工基本原料以及各种有机化学品、合成树脂、合成橡胶、合成纤维等产品，为化学工业提供化工原料和化工产品的生产过程。

石油化工行业是高能耗、高污染行业，石油化工行业生产过程中会产生大量工艺废水。炼油废水的水质不固定，不同炼油厂由于加工的原油来源种类不同、炼厂生产程序和规模不同，产生的废水特点也不尽相同。我国炼油厂的废水按其可处理性能和可回用性能，通常分为含油废水、含硫废水、含盐废水、生活污水及其他废水等类。

与炼油厂相比，石油化工厂工艺过程复杂、变化大，产品品种多样，所用的化工原料也相对较多，生产中产生的废水成分复杂、水质水量波动大、污染物浓度高且难降解，污染物多为有毒有害的有机物，对环境污染严重。不同化工厂根据生产的不同产品，污染物排放状况也大不相同。石油化工企业排放的污染物的组分比炼油厂复杂，废水也有生产过程中产生的工艺废水和非工艺污水。其主要污染物主要有石油类、烃类化合物、硫化物、酚类化合物、悬浮物等。除此之外，根据生产情况和产品不同，废水有时还会含有醇类、氯化物、醋酸、醛类、苯类等污染物。

18.3.2 海洋化工产业

海洋化工项目是指提取海水物质从事生产、经营的项目。它属于资源型产业，包括海洋石油开采加工、滨海砂矿加工，海盐及其他海水化学资源提取与利用、海水淡化、海洋生物制药等类别。

海洋石油开采排放的污染主要有生产水，钻井液和钻屑，钻井设施机舱、机房和甲板含油污水，生活污水和固体垃圾，主要污染物包括石油类、汞、镉等；滨海砂矿加工包括金红石、锆英石、玻璃石英和金刚石等洗矿和加工，主要污染物是采矿和洗矿过程中产生的悬浮物、重金属、酸碱和固体废弃物等；海水淡化工业排放污染物主要有两类：一类是化学添加剂，如生物杀灭剂（通常为氯气或次氯酸钠）、抑垢剂（通常为聚磷酸盐）、防沫剂、防蚀剂、酸洗剂等，另一类是由管路腐蚀产生的毒性重金属。此外，由于浓盐水的密度大于自然海水，其入海后易于沉降在水底，阻碍了海水的垂直混合，并影响生物产卵、生长及幼虫孵化。排放水温度的升高也将导致接受水体溶解氧含量的降低。

18.3.3 修船和造船行业

船舶修理行业主要涉及船体工程、涂装工程、舾装工程和电气工程。船体的外锚地清洗会产生残油、油渣和油污水，一般由清仓公司运走，但仍可能会有部分残留。船舶在海上航行时将受到盐雾、潮气、强烈的紫外线和带有微碱性的海水的腐蚀，运行一定时间后需将船壳上铁锈、旧油漆、油污、海生物等去除重新涂上油漆以保证航行安全，用高压水对船体外壳进行冲洗，产生冲洗废水，含悬浮物。修船电器工程主要产生化学清洗废水和含油废水。

船舶制造行业生产过程包括钢材预处理、钢材加工和部件装配焊接等工段。对海水环境的污染主要集中在船体试航阶段，需向船坞灌海水，试航完成后压载水排海，可能会产生机舱中的含油废水和冲坞废水，主要污染物是石油类和悬浮物。

18.3.4　港口物流行业

港口物流是水运模式下的现代物流集成系统。港口物流的功能主要包括港口装卸、搬运、仓储等。港口的水污染主要有：①石油，这是港口水域的主要污染物，石油污染主要是由于油船在装卸过程中的溢漏、船舶碰撞、搁浅等造成的石油漂浮水面；②装运有毒化学品船舶的洗舱水；③船舶排出的生活污水；④船舶排出的生活垃圾；⑤装卸过程中漏撒的粉尘。

18.3.5　海洋工程和建筑

海洋工程是人类开发、利用、保护和恢复海洋资源的系统工程。海洋工程项目涉及专业包括钢结构、机械、配管、电气、仪表、通信、水下工程、防腐、大型船舶等领域。海洋工程污染要素主要有化学污染、物理污染、生物损害、地质损害与污染等。化学污染主要有近岸城市、乡村和河口的排污工程中有机合成化学品、重金属、油类和营养物质的污染。物理污染是指在海洋工程的建设、使用和废弃过程中，以物理的方式、人为改变或破坏海洋原有物理状态的过程和行为，主要包括对海水的温度、盐度、深度、混浊度、水色、透明度的改变和影响，对波浪场、海流场和潮汐场的动力场的破坏和干扰。对海洋生物生长空间的损害和破坏是指海洋空间资源（围海造地、人工岛、海底工程、岸滩工程和各种破坏自然格局的防护工程）的建设和使用过程对海洋生物生长空间的占有和破坏。海底工程（海底爆破、泥沙吹填、海底开挖、泥沙耙吸、围海造地、海底隧道开挖、海底管缆铺设等）的施工等对海底底质和形态产生破坏，从而影响到海水动力场的改变，进一步影响到海底的冲刷和淤积。

18.3.6　海水养殖和滨海旅游业

海水养殖类型主要包括工厂化养殖、池塘养殖、浅海筏式养殖、网箱养殖、滩涂养殖，主要污染物是无机氮、活性磷酸盐和化学需氧量，以及养殖过程中使用的抗生素等药品；滨海旅游业主要污染是洗浴用水直接排放到浴场水体，以及游泳者自身污染和丢弃的固体垃圾，主要污染物是粪大肠菌群。

18.4　渤海海域评价单元水质管理目标的确定

根据对不同评价单元的沿海产业发展规划、海域的主导功能及海洋环境质量状况进行综

合分析，确定了渤海近岸和中部海域不同评价单元的水质控制目标（表18.4）。确定各评价
单元水质目标的主要依据分述如下。

表18.4　渤海近岸评价单元环境质量控制目标

分区编号	评价单元	临海产业状况	近岸海域环境功能区		海域污染现状	水质关键控制指标	水质要求	水质总体保护目标	
			主导功能	辅助功能				近期	远期
LD01	老铁山岬口至长兴岛海域	港口物流、造船、石油化工	工业和城镇建设区	海洋保护区	污染海域主要为锦州湾、普兰店湾和长兴岛局部海域，90%站位无机氮超标，沉积物质量良好	无机氮、活性磷酸盐和石油类	近岸满足二类水质，斑海豹保护区核心区满足一类水质	二类	二类
LD02	复州湾至瓦房店北部海域	装备制造业	城镇建设区、农渔业区、海洋保护区	—	近岸水质良好，无机氮呈下降趋势	无机氮、活性磷酸盐和石油类	近岸满足二类水质，斑海豹保护区核心区满足一类水质	二类	二类
LD03	营口鲅鱼圈海域	杂货码头、修船工业、物流	港口	旅游	水体主要污染物为无机氮、活性磷酸盐、石油类。部分站位沉积物中石油类和镉超标	无机氮、活性磷酸盐、石油类、镉和铜	无机氮、活性磷酸盐、石油类不劣于三类，镉和铜不劣于二类	三类	三类
LD04	辽河口临近海域	化工、冶金、重装备	城镇建设	港口航运	无机氮和活性磷酸盐超第四类海水水质标准，生态质量等级为差	无机氮、活性磷酸盐、化学需氧量和石油类	近岸水质不劣于四类水质，近海保留区不低于三类水质	三类	三类
LD05	盘锦双台子河口邻近海域	海洋石油工程、船舶制造、石油化工、临港物流	农渔业区、河口海洋保护	矿产与能源开发、海洋石油开发	陆源输入、油气勘探和海水养殖是破坏海洋环境的主要原因	活性磷酸盐、无机氮、石油类、化学需氧量和重金属铅、镉	近岸满足二类水质，保护区核心区满足第一类海水水质标准	二类	二类
LD06	锦州湾海域	石油化工、有色金属加工	港口航运	工业与城镇建设、旅游区	生态系统处于不健康状态，重金属污染问题突出	无机氮、活性磷酸盐、石油类，锌、镉、铅等重金属	无机氮、活性磷酸盐、石油类满足三类水质，镉、锌、铅等重金属满足二类水质	三类	三类

分区编号	评价单元	临海产业状况	近岸海域环境功能区		海域污染现状	水质关键控制指标	水质要求	水质总体保护目标	
			主导功能	辅助功能				近期	远期
LD07	兴城和绥中海域	酒水酿造、针织服务、塑胶制品、金属冶炼、新能源与新材料等	旅游区、工业城镇建设区、农渔业区	保护区	部分海域活性磷酸盐为第三类海水水质，部分年份石油类、铅和锌有超标现象	活性磷酸盐、石油类、铅和锌	二类	二类	二类
LD08	秦皇岛张庄至汤河口海域	港口航运、旅游娱乐、临港工业建设	港口航运	旅游娱乐	主要污染物为无机氮和石油类	活性磷酸盐、石油类	三类	三类	二类
LD09	秦皇岛北戴河—昌黎近岸海域	滨海旅游、港口航运	滨海旅游、农渔业区	港口航运、自然保护区	大部分邻近海域水质和沉积物质量状况良好，污染较重区域集中在洋河、大蒲河和人造河口邻近海域	粪大肠菌群、活性磷酸盐和化学需氧量	二类	二类	二类
LD10	滦河口邻近海域	—	农渔业区	—	入海口处重金属污染严重	锌、汞、镉、砷和铅等重金属	二类	二类	二类
BH01	浪窝口海域	滨海旅游、油气勘采、港口航运	军事、渔业资源利用和养护	滨海旅游、油气勘采、港口航运	水质状况总体良好，2009年部分海域石油类为第三类海水水质；2010年部分海域活性磷酸盐为第三类海水水质	石油类、活性磷酸盐和无机氮	二类，港口区不低于三类水质	二类	二类
BH02	石臼坨附近海域	—	滨海旅游、海水养殖		该海域水质状况总体良好，2009年，部分站位石油类超三类海水水质标准；2011年，部分站位水体中无机氮为第二类海水水质	无机氮和石油类	一类	一类	一类

续表

分区编号	评价单元	临海产业状况	近岸海域环境功能区		海域污染现状	水质关键控制指标	水质要求	水质总体保护目标	
			主导功能	辅助功能				近期	远期
BH03	曹妃甸海域	能源运输、海洋化工、新材料等	港口航运	围海造地	海洋生态系统仍处于亚健康状态,海洋生物多样性指数偏低,南堡海域是重污染区域	石油类、活性磷酸盐和无机氮,铬和铜	石油类、活性磷酸盐和无机氮满足三类水质,铬和铜满足二类水质	三类	二类
BH04	大清河口至涧河口滩涂及潮上带海域	港口区、养殖区、盐场	养殖区、盐场	港口区	2006年和2007年,活性磷酸盐为第三类海水水质,2008年无机氮为第四类海水水质,近三年海水水质有所好转,基本满足第二类海水水质标准	活性磷酸盐和无机氮	二类	二类	二类
BH05	天津近岸海域	制造业、海洋化工、石油化工等化工产业,海港物流、海滨休闲旅游	滨海化工、海港物流区、工业城镇建设	海滨休闲旅游区、农渔业区等	污染状况为从南到北逐渐递减趋势,水体主要污染物为无机氮、活性磷酸盐,整体呈下降趋势。个别年份化学需氧量、石油类、DO和铅超标;沉积物受到DDT、PAHs、砷等污染	无机氮、活性磷酸盐、化学需氧量、石油类、滴滴涕、多氯联苯、砷、镉和铅	无机氮、活性磷酸盐、化学需氧量、石油类满足三类水质,DDT、PAHs、砷、镉和铅满足二类水质	三类	二类
BH06	沧州近岸海域	化工产业	生态保护、渔业养殖功能	港口航运和临港工业建设	主要污染物是无机氮和化学需氧量,部分年份无机氮为四类水质,贝类体内石油类和铅有超标现象	无机氮、化学需氧量和石油类、铬	二类	二类	二类
BH07	滨州近岸海域	港口运输、油盐化工	农渔业区	港口运输、自然保护区	严重污染海域面积很少,分布在入海河口,污染海域集中在河流入海口及邻近海域,海水中的主要污染物是无机氮和活性磷酸盐	无机氮和活性磷酸盐	二类	二类	二类

续表

分区编号	评价单元	临海产业状况	近岸海域环境功能区		海域污染现状	水质关键控制指标	水质要求	水质总体保护目标	
			主导功能	辅助功能				近期	远期
BH08	东营河口区近岸海域	石油化工及其衍生产品	保护区、农渔业区	油气区	水质状况良好	无机氮和石油类	二类	二类	
BH09	黄河三角洲海域	港口运输、精细化工、能源工业	农渔业区和保护区	港口运输	黄河监测断面三年水质均为四类，石油类是主要的污染物质，间或受到化学需氧量和汞的影响	无机氮、活性磷酸盐、石油类、悬浮物	满足二类水质，黄河三角洲国家级自然保护区（北部）核心区水质应符合第一类海水水质标准	二类	二类
LZ01	东营开发区近岸海域	电子信息、汽车及零部件、新能源、石油装备、新材料、有色金属等	港航区、工业和城镇建设区	农渔业区、海洋保护区	广利河入海排污口和小清河入海口是该海域主要的陆源排污源，该评价海域近岸海域污染严重，为四类或劣四类海水水质	无机氮、活性磷酸盐和石油类	近岸水质不劣于三类水质，外围海域满足二类水质	三类	二类
LZ02	潍坊近岸海域	船舶发动机和汽车制造、海洋化工	港航区、工业与城镇建设区、农渔业区	—	近年来近岸海域海水水质普遍为四类或劣四类	无机氮、活性磷酸盐和石油类	近岸水质不劣于三类水质，外围海域满足二类水质	三类	二类
LZ03	莱州和招远近岸海域	港口运输	农渔业区	莱州港航区、保护区	部分站位无机氮和石油类出现三类水质	无机氮和石油类	二类	二类	二类
LZ04	龙口港近岸海域	港口运输	工业和城镇建设区、港口航运区	农渔业区	近年来海水水质普遍以一类和二类为主，局部海域符合三类海水水质标准	石油类	三类	三类	二类
LZ05	庙岛群岛及邻近海域	—	农渔业区、保护区、港口航运区	—	近年来该评价海域水质良好，近岸海域水质以二类为主，外围农渔业区海域均符合第一类海水水质标准	石油类	二类	二类	二类

续表

分区编号	评价单元	临海产业状况	近岸海域环境功能区		海域污染现状	水质关键控制指标	水质要求	水质总体保护目标	
			主导功能	辅助功能				近期	远期
LD11 LD12 LD13 LZ06 BH10 BH11	渤海中部	—	—	—	海水水质普遍符合一类海水水质标准，与近岸评价单元邻接的部分海域水质质量较差	—	一类	一类	一类

18.4.1 近岸海域评价单元水质目标的确定

18.4.1.1 老铁山岬口至长兴岛海域（LD01）

《大连市城市总体规划（2009—2020）》（图18.2），将普湾新区定位为现代服务业集聚区和以装备制造、仪器仪表、精细化工为主的产业集聚区；将金州新区—保税区城区定位为海港区和国际空港区、临港生产服务业中心和物流业、高新技术产业、战略性新兴产业、先进制造业基地。2005年大连市开始开发长兴岛，用海面积33.91 km²，占用海岸线约45 km。2010年4月，经国务院批准，大连长兴岛临港工业区升级为国家级经济技术开发区。STX、万邦、中集、中石油等重大产业项目的入驻，形成了临港工业区的临港产业特点。

老铁山岬口至金州湾沿岸岸线主要为旅顺农渔业区和双岛湾港口航运区；金州湾和普兰店湾沿岸主要为滨海旅游区和城镇与工业建设区；长兴岛临港工业区开发建设主要围绕葫芦山湾的港区建设和船舶制造产业区进行。旅顺至金州沿岸外围海域为老铁山水道保留区；金州至长兴岛海域为斑海豹海洋保护区。

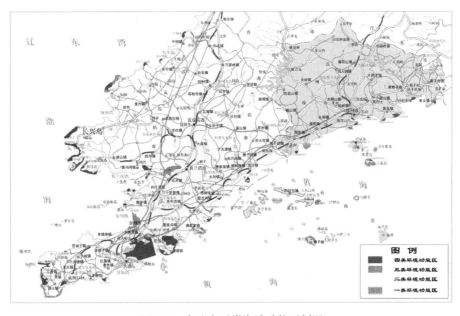

图18.2　大连市近岸海域功能区划图

根据2006—2011年《大连市海洋环境质量公报》，大连市渤海近岸污染海域主要集中在金州湾、普兰店湾和长兴岛局部海域，见表18.5。水体中主要污染物为无机氮、活性磷酸盐和石油类。2011年，双岛湾和金州湾近岸镉含量超第二类海洋沉积物质量标准。

　　普兰店湾纳污水体为鞍子河入海污染物排放。鞍子河排污量约为7×10^4t/d，污染物主要来源于上游城镇工业污染物排放。随着长兴岛工业区的开发，长兴岛海域自2008年污染有所加重。2011年10月份长兴岛邻近海域环境质量监测结果表明，海水水质受到无机氮和活性磷酸盐的污染，其中90%监测站位的无机氮含量超第二类海水水质标准，5%监测站位的活性磷酸盐含量超第二类海水水质标准；此外该海域镉为二类水质；沉积物总体质量良好，16.7%监测站位的铜含量超第一类海洋沉积物质量标准。近3年来，海域总体环境质量有所下降，随着船舶制造和石油化工等产业的发展，重金属的污染程度可能会有所增加。为协调社会经济和海洋环境保护的共同发展，在普兰店湾湾顶处设置一定面积的缓冲区，缓冲区内海水水质应不低于第四类海水水质标准。

表18.5　大连渤海海域海洋环境质量状况

年　份	污染海域	主要污染物类型
2006	普兰店湾近岸、双岛湾近岸和小礁屯近岸局部海域	无机氮、活性磷酸盐和石油类
2007	普兰店湾近岸局部海域	活性磷酸盐、无机氮和石油类
2008	长兴岛和复州湾近岸局部海域	无机氮和活性磷酸盐
2009	金州湾-普兰店湾近岸和葫芦山湾东部海域；长兴岛东部、复州湾东部、葫芦山湾东南部海域	无机氮和石油类
2010	营城子湾、金州湾、普兰店湾	无机氮、石油类和活性磷酸盐
2011	双岛湾、营城子、金州湾、普兰店湾、红沿河电厂、谢屯、复州湾	无机氮、石油类

注：数据源自《大连市海洋环境质量公报》。

　　至2011年底，长兴岛临港工业区区域建设用海规划（一期）的填海工程已经基本完成，主要围绕长兴岛西北部海域和葫芦山湾海域进行建设。一期用海规划的完成，会对海域环境质量造成一定的影响，尤其对于大连斑海豹自然保护区（图18.3），虽然它的核心区位于长兴岛北面和南面，葫芦山湾港区不属于保护区范围，但是仍要制定有效的保护措施，使工程建设对斑海豹的影响降到最低。

　　金州湾至长兴岛海域使用以城镇与工业建设区和港口航运为主，也是大连渤海沿岸的主要污染区域，水体中的主要污染物是无机氮、活性磷酸盐和石油类，沉积物中主要污染物是石油类。因此，金州湾、普兰店湾和长兴岛区域主要应控制氮磷输入，加强普兰店湾和长兴岛及邻近海域石油类污染控制。近岸岸线水质应控制满足第二类海水水质标准，斑海豹自然保护区缓冲区满足第二类海水水质标准，核心区控制满足第一类海水水质标准。

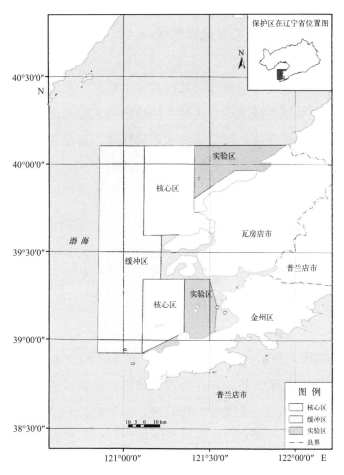

图18.3　辽宁大连斑海豹国家级自然保护区功能区划图

18.4.1.2　复州湾至瓦房店北部海域（LD02）

《瓦房店市城市总体规划（2009—2030）》将瓦房店市定义为以装备制造业为主导的产业区，将海岸线划分为生态养殖岸线、生态旅游岸线、生态居住岸线、城市设施岸线、工业岸线和港口岸线等六种功能类型；将瓦房店海域划分为渔业增养殖区和斑海豹自然保护区两大类功能区。沿岸海域主要功能区包括仙浴湾滨海旅游区、红沿河核电工业与城镇建设区、驼山旅游区、太平湾港口航运区、浮渡河口外农渔业区，外围衔接海豹自然保护区。

瓦房店市纳污河流为复州河，现有龙山污水处理厂排水排入回头河，回头河是复州河的一个支流，最终将汇入复州河。2005—2011年监测结果显示，该海域主要污染物是石油类，约50%站位石油类含量为三类水质；此外，部分年份复州湾海域部分站位无机氮含量为三类或四类水质，活性磷酸盐为三类水质。2010年监测结果显示，复州河的日平均入海径流总量为$7.397 \times 10^4 m^3$。复州河携带入海的污染物主要为COD_{Cr}、营养盐、石油类、重金属（铜、铅、锌、镉、汞）和砷等，其中COD_{Cr} 7.863 t/d，占总量的99.78%；营养盐0.005 t/d，占0.06%。化工行业、装备制造业、食品加工制造业为影响水环境的高度敏感行业，陆源汇流区内的居民组团也是影响水环境的主要因素之一。作为评价单元内陆源污染物的主要入海途径，复州河携带着城镇建设、市政生活等产生的污染物流入复州湾，湾内近岸海域水质受到显著影响。因此，在复州湾近岸湾顶处设置缓冲区，缓冲区内海水水质应不低于第四类海水水质标准。

综合河流排放、城镇建设和沿岸海洋功能区对海水水质的要求分布，该区域主要控制水质指标为石油类、无机氮和活性磷酸盐。主要关注敏感生态区为斑海豹自然保护区和渔业增养殖区。近岸岸线水质应控制在满足第二类海水水质标准，斑海豹自然保护区缓冲区满足第二类海水水质标准，核心区控制满足第一类海水水质标准。

18.4.1.3 营口鲅鱼圈海域（LD03）

2010年5月，国家海洋局关于《营口鲅鱼圈临港工业区区域建设用海一期规划的批复》要求，建设用海一期规划位于营口开发区北部。规划用海面积为864.6 hm²，用以填海造地，规划建设以杂货码头、修船工业、物流作业和综合服务为一体的临港工业区。该区域以滨海旅游和港口航运为主，包括白沙湾滨海旅游区、仙人岛港口航运区、月亮湾滨海旅游区、鲅鱼圈港口航运区。

《辽宁省海洋环境状况公报》（2009—2011年）显示，鲅鱼圈海域海水中主要污染因子是无机氮、化学需氧量和活性磷酸盐。2010年和2011年，无机氮超二类海水水质标准的站位分别为55%和100%，活性磷酸盐分别为62%和6.7%，个别站位石油类含量超第二类海水水质标准。2010年，沉积物中20%监测站位的石油类含量超过第一类海洋沉积物质量标准；2011年，73.3%监测站位的镉含量超第一类海洋沉积物质量标准，此外沉积物中铬和铜出现超第一类海洋沉积物质量标准现象。

鲅鱼圈海域以港口码头、修船工业和滨海旅游为主，修船工业的主要污染物是无机氮、含油废水和悬浮物。综合近年水质状况，鲅鱼圈海域应加强对无机氮、活性磷酸盐、石油类和悬浮物的控制，航运用海水质指标满足三类海水水质标准。此外还应关注重金属镉和铜污染，应控制满足第二类海水水质标准。

18.4.1.4 辽河口邻近海域（LD04）

营口沿海产业基地所在海域位于辽东湾底部，邻近双台子河口水禽自然保护区。营口沿海产业基地主要有化工、冶金、重装备等，沿海主要功能区包括营口工业与城镇建设区、辽滨工业与城镇建设区等。至2008年已经有2/3岸线成为人工岸线。开发活动对营口的湿地、岸线和环境质量产生影响。

营口海域入海河流有大清河和大辽河。大清河发源于大石桥市，河道大半在盖州市，沿途承载着盖州市排放的主要污染物；大辽河是辽宁省境内的一条河流，为浑河、太子河汇合形成，流经区域污染物的排放，使大辽河的水质较差。《2010年营口市环境质量状况公报》显示，2010年大辽河营口段水质为中度污染，主要污染物为无机氮。大清河水质总体为劣五类，各断面水质污染逐渐加重，主要污染因子为石油类。多年监测结果显示，该评价海域水体中无机氮和活性磷酸盐含量为四类或劣四类水质，石油类和化学需氧量含量为第三类海水水质，部分监测站位水体中铅含量超二类水质。主要污染来源为辽河口污染物输入及营口市排污口污染物排放。

2011年对营口市污水处理厂排污口进行了监测。营口市污水处理厂排污口为营口市工业重点排污口，其邻近海域功能区为排污区，水质标准要求不劣于第四类海水水质。调查结果显示：5月份水质中无机氮含量超第四类海水水质标准，8月份水质中无机氮、活性磷酸盐含量均超第四类海水水质标准，生态环境质量等级为差。

根据流域归并原则，将大辽河、大清河、营口市污水处理厂排污口以及区域内其他排污口等污染源进行归并，营口市主要入海途径归并为大辽河入海口和大清河入海口，并在大辽河口至大清河口之间设置缓冲区，缓冲区水质应不低于第四类海水水质标准。

营口沿岸用海类型以营口工业与城镇建设和港口建设为主。根据陆域河流污染物排放情况和海洋环境状况，营口市近岸海域主要控制指标应为无机氮、活性磷酸盐、化学需氧量和石油类，近岸水质要求为不低于第四类海水水质标准，近海保留区海域应不低于第三类海水水质标准。同时，应注意对重金属铅的控制。

18.4.1.5　盘锦双台子河口邻近海域（LD05）

盘锦沿海地区位于辽河口入海口处，为辽河下游冲积平原，以大辽河为东界，西界为大凌河。《盘锦辽滨沿海经济区总体规划（2009—2020）》将盘锦辽滨沿海经济区定位为重点发展海洋石油工程装备制造、船舶制造及配套产业、石油化工产业、新材料产业；以盘锦新港为依托的现代临港物流产业。2006年，辽宁省政府将盘锦辽滨沿海经济区纳入"五点一线"沿海重点开发区域，2007年辽宁省政府正式将其命名为"盘锦船舶工业基地"。目前已经建设使用的企业包括辽宁宏冠船业有限公司等。此外，辽河油田位于盘锦市兴隆台区。

盘锦近岸海域主要功能为海洋保护、渔业、矿产与能源开发。评价单元内主要功能区包括辽东湾农渔业区、双台子河口海洋保护区、双台子保留区、海南—仙鹤矿产与能源区、月东矿产与能源区和JZ93油田等。

双台子河、大凌河、小凌河是区域内入海的主要河流，受陆源污染物大量排放和自身水交换能力较弱的影响，河流入海口区域污染较重。《2011年辽宁省海洋环境质量公报》显示，渤海东北部海域的污染区域主要分布在双台子河口至辽河口，以及大、小凌河口邻近海域。

双台子河口海洋保护区位于盘锦市西南，双台子河口近岸为严重污染海域。多年监测结果显示，该评价单元主要污染物是无机氮、活性磷酸盐、石油类和铅。其中，近年约50%监测站位的无机氮含量、大部分监测站位的活性磷酸盐含量为四类水质或劣四类水质。此外，部分年份水体中的石油类、化学需氧量和重金属铅为三类水质，镉超第一类海水水质标准。污染主要来自双台子河携带入海的陆源污染物。

《2008年中国海洋环境质量公报》显示，双台子河口生态系统处于亚健康状态。夏季，全海域活性磷酸盐超第四类海水水质标准；铅和镉是影响本区海洋生物质量的主要因子。陆源污染输入、油气勘探和海水养殖等开发活动是破坏海洋生物栖息地生态健康的主要因素。近年近岸水域春季盐度波动较大，对海洋生态系统产生一定的影响。陆源污染物的大量排放和自身较弱的水交换能力是造成污染的主要原因。

双台子河、大凌河河口区域应重点加强海洋保护区建设与管理，维护滩涂湿地自然生态系统，改善近岸海域水质、底质和生物环境质量，养护修复翅碱蓬湿地生态系统。关键控制指标为活性磷酸盐、无机氮、石油类、化学需氧量和重金属铅、镉，应满足第二类海水水质标准，保护区核心区满足第一类海水水质标准。为保证确定的环境质量的有效性，确定该分区海域环境控制目标时，应在双台子河口、大凌河口、小凌河口设置缓冲区，缓冲区内水质应不低于第四类海水水质标准。

18.4.1.6　锦州湾海域（LD06）

锦州湾位于渤海辽东湾锦州小笔架山到葫芦岛柳条沟连线的西侧，包括锦州西海工业区和葫芦岛北港工业区的近海海域。西海工业区定位为建设汽车及零部件产业园、光伏产业园和精细化工产业园这三大主导产业园区。葫芦岛北港工业区产业定位为着力发展船舶制造及船用配套产业、石油化工和精细化工产业、有色金属精深加工产业、临港仓储物流业及以轻工产业为主的出口加工业。

锦州湾沿岸海洋功能区包括龙栖湾工业与城镇建设区、锦州旅游娱乐区、锦州湾城镇建设区、葫芦岛工业与城镇建设区；外侧海域为北港龙栖湾港口航运区、锦州港外保留区、锦州湾外港口航运区。

锦州湾是我国污染严重的海域之一，生态系统始终处于不健康状态，重金属污染是本区突出环境问题。多年监测结果显示，该海域部分监测站位无机氮超第四类海水水质标准，石油类、铅和锌超第二类海水水质标准，水体pH值偏低；沉积物环境质量差，主要表现为重金属含量超标，锦州湾部分海域沉积物中镉、砷、锌含量超第二类海洋沉积物质量标准；生物体内汞、镉、铅呈上升趋势，生物群落健康指数偏低、浮游动物和底栖生物栖息密度低。《2011年辽宁省海洋环境状况公报》显示，近3年来，锦州湾海域总体环境质量有所改善，但是个别站位增加了硫化物的污染。

由于锦州湾沿岸工业产业以石油化工和精细化工、有色金属精深加工产业为主，重金属污染是该海域的主要污染物。综合锦州湾的临海产业布局和污染现状，该区域的环境质量目标是优先控制无机氮、活性磷酸盐、石油类，应满足第三类海水水质标准；镉、锌、铅等重金属应满足第二类海水水质标准。

18.4.1.7　兴城和绥中海域（LD07）

兴城市西南依六股河与绥中县相邻。兴城临海产业区于2008年7月8日被正式纳入辽宁省

"五点一线"沿海经济带重点支持区域。多年来形成了以酒水酿造、针织服务、塑胶制品、金属冶炼为主的四大支柱产业。绥中县东隔六股河与兴城市相望，西接山海关。绥中滨海经济区共分四个功能区域：西部重点发展电子信息、新能源与新材料等高新技术产业；中部东戴河区重点发展文化、教育和商贸；东部高岭工业园区重点发展先进制造业；沿海地区重点发展滨海旅游业。

兴城和绥中沿岸海域主要功能区包括连山湾保留区、兴城滨海旅游区、菊花岛旅游区、曹庄工业与城镇建设区、六股河海洋保护区、绥中狗河口保护区、止锚湾滨海旅游区，外侧海域为兴城海域农渔业区和绥中海域农渔业区。

由于兴城和绥中两县污染海域主要分布在连山湾海域。2007年，该海域无机氮含量为劣四类水质，石油类超三类水质标准，其他年份上述两项要素满足二类水质标准；部分年份水体中活性磷酸盐超三类水质标准，铅超二类水质标准，2010年，个别站位水体中锌超第二类海水水质标准。

总体上绥中较兴城海域环境质量一般，2005年和2007年，该海域污染较重，近年逐渐好转。水体中主要污染物为活性磷酸盐，大部分海域活性磷酸盐为第三类海水水质。部分年份水体中铅和锌超二类水质标准。

由于该区海域使用主导功能为滨海旅游区、河口海洋保护区和农渔业区，应满足第二类海水水质标准。主要控制污染指标类型为活性磷酸盐、石油类、铅和锌。根据流域归并原则，该区域污染源归并至六股河入海口，并在其河口附近设立缓冲区，缓冲区水质应不低于第四类海水水质标准。

18.4.1.8　秦皇岛张庄至老虎石海域（LD08）

秦皇岛产业结构的特点是农业不发达、工业基础相对薄弱，而港口、仓储及旅游业在第三产业中占相对突出位置。本研究将秦皇岛海域划分为北部港口区和南部滨海旅游区。北部评价单元包括山海关区、海港区海域，海岸线长50.39 km，海域面积705.66 km^2，主要功能定位为港口航运、旅游景观娱乐和临港工业建设。重点保障秦皇岛港"西港东迁"建设、秦皇岛港山海关港区建设、近岸旅游设施建设和临港工业用海需求。保护与修复老龙头附近基岩海岸生态系统和石河口至沙河口、新开河口至旅游码头砂质海岸生态系统。

多年监测结果显示，该海域无机氮满足二类海水水质，部分站位活性磷酸盐超三类水质，石油类超二类水质，汞为二类水质。根据其港口和滨海景观区的海域使用情况，该评价单元的主要控制指标为活性磷酸盐和石油类，应满足第三类海水水质标准，同时应关注汞的变化趋势。

18.4.1.9　秦皇岛北戴河—昌黎近岸海域（LD09）

该评价单元包括北戴河区、抚宁县、昌黎县海域，海域面积1 099.61 km^2，海岸线长112.28 km。秦皇岛工业基础相对薄弱，港口、仓储等交通邮电业及旅游业在第三产业中占有突出位置。目前，秦皇岛地区主要形成了以玻璃、水泥、新型建材为主的建材工业，以钢材、铝材为主的金属压延工业，以汽车配件、铁路道岔钢梁钢结构、电子产品为主的机械制造和以葡萄酒、啤酒、粮食加工为主的粮油食品工业等四大支柱产业。

该评价单元的主要功能为旅游娱乐、自然保护和渔业养殖。据秦皇岛近岸海洋功能区划，秦皇岛近岸汤河口—昌黎新开口一带浅海海域主要为旅游娱乐区，其中，北戴河区总面积70 km^2，分布着众多的海滨浴场，是全国最大的休疗基地和健身康复中心；金山嘴和赤土山口各有一海洋保护区；北戴河西侧邻近海域除滦河口、七里海、黄金海岸海洋保护区外，其他海域主要以农渔业区为主。

秦皇岛近岸邻近海域水质良好，大部分监测海域符合第一类海水水质标准，污染较重的区域集中在洋河、大蒲河和人造河排污口邻近海域，其中洋河近岸海域主要污染物是化学需氧量，大蒲河近岸受化学需氧量和活性磷酸盐的影响较重。沉积物综合质量较好，大多数站位符合一类沉积物质量标准。沉积物综合质量为二类和劣三类的污染站位主要集中在汤河、新开河和石河入海口邻近海域。

近年秦皇岛海域受微微藻影响，在夏季水色呈现异常现象，但影响因素和发生机理尚未清楚。从满足海域使用功能的角度，应关注溶解氧和化学需氧量的变化情况，此外秦皇岛北戴河区以滨海旅游为主，夏季在高强度降雨后部分浴场水体中粪大肠菌群含量偏高，为满足浴场使用功能的发挥，应注意控制陆源生活污水的排放。

综合考虑该评价单元的滨海旅游、海水养殖和海洋保护区的使用功能，以及目前的海水水质状况，滨海旅游区夏季微微藻暴发、微生物超标频率和保护区面临的生境压力，该评价单元主要监控指标为粪大肠菌群、活性磷酸盐和化学需氧量，应满足第二类海水水质标准。北戴河和昌黎地区沿岸分布有大蒲河、人造河、洋河和戴河等河流，河流流域面积较小，基本位于秦皇岛境内，本研究中将该流域内河流和排污口的陆源污染源全部归并至洋河入海口，并在河口处设立缓冲区，缓冲区水质应不低于第四类海水水质标准。

18.4.1.10　滦河口邻近海域（LD10）

该评价单元主要包括秦皇岛南部海域和唐山北部部分海域。滦河下游流经迁西、迁安和滦县等工矿业集中的城市，大量的选矿和洗矿废水汇入，使河口成为各种污染物的汇集区，整个流域铜、镉、汞和铅均在靠近入海口处浓度最高。2006年滦河流域废污水排放量为4.10×10^8 t，其中城镇居民生活污水为0.83×10^8 t，工业和建筑业3.07×10^8 t，第三产业0.20×10^8 t，由此可见，工业废水是滦河入海的主要污染源。

图18.4是近5年滦河入海径流量、化学需氧量、氨氮和总磷的年入海量。结果表明，近年来滦河入海径流量急剧减小，氨氮年入海量与径流量变化一致，也逐年递减；除2009年总磷入海总量最大外，其他年度滦河总磷入海量随年际变化略有增加；化学需氧量年入海量则呈现先增加后降低的变化特征，高值出现在2010年。

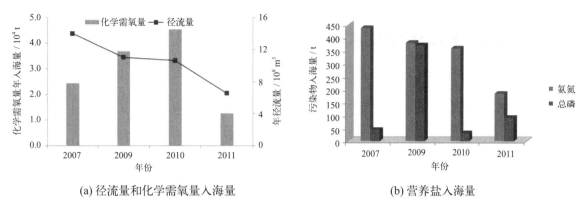

(a) 径流量和化学需氧量入海量   (b) 营养盐入海量

图18.4 2007—2011年滦河入海径流量和污染物入海总量

滦河口—秦皇岛生态监控区多年监测结果显示，该海域生态系统处于亚健康状态。水质质量良好，95%监测站位符合第一类海水水质标准。但滦河口及邻近海域表层沉积物中锌含量最高，个别站位超第一类海洋沉积物质量标准，滦河口西部海域沿岸以滦河口为中心出现沉积物中汞含量大于$0.1×10^{-6}$的高值区，并在滦河口近岸局部海域出现沉积物汞含量超第一类海洋沉积物质量标准。该海域部分生物体内镉、砷和铅残留水平超第一类海洋生物质量标准，出现主要生态问题是文昌鱼数量减少和生境改变。2008年文昌鱼生物量降至10年来最低，2009年文昌鱼数量降至最低。海水养殖污染物沉降导致沉积物组分变化，使适于文昌鱼栖息的沉积物类型生境区域缩小和破碎化。

根据滦河口及邻近海域多年监测结果，该海域的主要控制污染物类型应为锌、汞、镉、砷和铅等重金属，由于该海域北临秦皇岛滨海旅游区和海洋保护区，水质指标应满足第二类海水水质标准。作为华北地区第二大单独入海的河流，应在滦河河口区设置缓冲区，缓冲区水质应不低于第四类海水水质标准。

18.4.1.11 唐山浪窝口海域（BH01）

唐山市海域是全国海洋功能区划辽西—冀东海域的重要组成部分。《唐山市海洋功能区划（2011—2020年）》（图18.5），将唐山市海域划分为浪窝口海域、王滩海域、石臼坨附近海域、曹妃甸海域和大清河西海域5个重点海域。本研究将唐山市沿岸海域划分为4个评价单元，即浪窝口和王滩海域、石臼坨附近海域、曹妃甸海域、大清河西海域。

浪窝口海域范围为滦河口—湖林河口—大清河口海域。滦河口—湖林河口主要功能为军事、渔业资源利用和养护，湖林河口至大清河口主要功能为港口航运、滨海旅游、油气勘采。近年来，浪窝口海域水质状况总体良好。2009年部分海域石油类为第三类海水水质；2010年部分海域活性磷酸盐为第三类海水水质。

《唐山市海洋功能区划（2011—2020年）》要求该海域执行不低于二类海水水质标准，港口航运区海域执行不低于三类海水水质标准。综合海域使用情况和近年水质状况，该海域的主要污染类型控制指标应为石油类和活性磷酸盐。

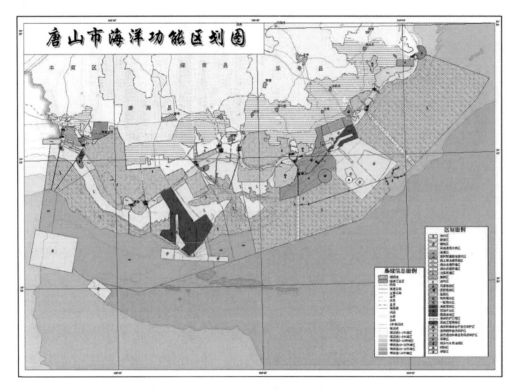

图18.5 唐山市海洋功能区划图（2011—2020）

18.4.1.12 唐山石臼坨附近海域（BH02）

该评级单元包括石臼坨、月坨等岛屿及周围海域，即石臼坨诸岛省级自然保护区范围，面积37.75 km²。石臼坨海域位于乐亭县西南部海域，岛上有多种乔、灌木及花草植物，植被覆盖率达98%，每年吸引着400余种鸟类来此栖息、繁衍。2002年初，被河北省政府批准为省级自然保护区，主要保护对象是海岛生态系统，主要功能为自然保护，兼容旅游功能。

《唐山市海洋功能区划（2011—2020年）》对该海域重点功能区调整与整治计划为：①清理保护区内滩涂养殖和定置网捕捞等生产经营性活动，建立健全保护区管护、监测制度，强化保护功能；②保护区内的旅游功能限定为海岛生态旅游。严格划定生态旅游区范围、规模、经营方式，旅游景区和路线建设不得涉及核心区，不得对自然资源和自然环境产生不利影响；③海域执行一类海水水质标准。

该海域水质状况总体良好。2009年，部分站位石油类超三类海水水质标准，2011年，部分站位水体中无机氮为第二类海水水质标准。该评价单元的主要控制指标为无机氮和石油类。

18.4.1.13 唐山曹妃甸近岸海域（BH03）

曹妃甸位于唐山南部，现辖曹妃甸工业区、南堡开发区、唐海县和唐山湾生态城，规划面积1 943 km²，陆域海岸线约80 km，常住人口约22万人。按照国务院批准的产业发展总体规划，曹妃甸工业区功能定位为能源、矿石等大宗货物的集疏港、新型工业化基地、商业性能源储备基地和国家级循环经济示范区；南堡开发区重点发展盐化工和海洋化工，拥有亚洲最大的南堡盐场和国家大型化工企业三友集团；唐海县主要发展农业生产和滨海旅游业；唐山湾生态城重点发展新能源、新材料、生物、航空航天等产业。

《2008年渤海海洋环境公报》显示，曹妃甸附近海域大面积海域丧失海洋自然属性，附近海域已无自然岸线。海岸形态和海底地形的大幅度变化对周边海域流场、沉积物冲积环境产生显著影响；规划的钢铁、化工等产业可能会加剧环境污染。《河北省环境状况公报（2006—2010年）》显示，曹妃甸附近海域海洋生态系统仍处于亚健康状态，海洋生物多样性指数偏低。南堡海域是重污染区域，多年监测结果显示，水体中主要污染物为石油类、活性磷酸盐和无机氮，其中石油类含量在2006年、2008年和2009年为第三类海水水质。《2011年全国海洋环境状况公报》显示，曹妃甸海域部分站位沉积物中铬和铜超第一类海洋沉积物质量标准。

最新的《唐山市海洋功能区划（2011—2020年）》将曹妃甸主要功能定位为港口航运、围海造地。海域执行不低于三类海水水质标准。本研究根据海洋功能区划和该区域面临的主要环境问题，确定的主要控制污染指标是石油类、活性磷酸盐和无机氮，应不低于第三类海水水质标准；铬和铜不应低于第二类海水水质标准。

18.4.1.14　唐山大清河西海域（BH04）

大清河口至涧河口滩涂及潮上带区域，面积1 150.36 km²。主要功能为海水资源利用、渔业资源利用和养护。《唐山市海洋功能区划（2011—2020年）》对该海域重点功能区调整与整治计划为：①保证大清河、南堡两大盐场建设用海需要，控制其他盐场发展；②保障嘴东、黑沿子、西河口等重点渔港建设用海需求，满足渔业发展需要；③柳赞、西河口、高尚堡、十里海、南堡部分池塘养殖区调整为苗种繁殖场所，形成5大苗种繁殖基地区；④海域执行不低于二类海水水质标准。

该评价单元的主导使用功能为海水养殖，主要污染物为无机氮和活性磷酸盐。2006年和2007年监测显示，活性磷酸盐为第三类海水水质，2008年无机氮为第四类海水水质，近3年海水水质有所好转，基本满足第二类海水水质标准。综合考虑海水养殖可能产生的污染物，该海域的关键控制指标为无机氮和活性磷酸盐。

18.4.1.15　天津近岸海域（BH05）

《天津市城市总体规划（2005—2020年）》（图18.6）将中心城区和滨海新区共同作为城市主要发展地区，明确以滨海新区核心区为中心，汉沽新城和大港新城为两翼的布局结构，依托京津塘高新技术产业带、天津港等，重点建设先进制造业产业区、滨海高新技术产业区、中心商务商业区、滨海化工、海港物流、临空产业区、海滨休闲旅游区等7个产业功能区。

汉沽新城是东部滨海发展带北部的重要节点，定位为建设成为环渤海地区的滨海旅游、休闲、度假基地，积极发展新兴海洋产业（包括现代海洋渔业）。汉沽也是我国重要的化学工业基地之一，已形成以海洋化工为主，多门类综合发展的工业体系，全区共有工业企业300余家，主要有制盐、化工、轻纺、服装、冶金、机械加工、电子、造纸、铸造等十多个工业门类。大港新城是东部滨海发展带南部的重要节点，国家级石化基地，重点发展石油化工产业，建设成为现代化石油化工基地和原油、成品油集散中心。

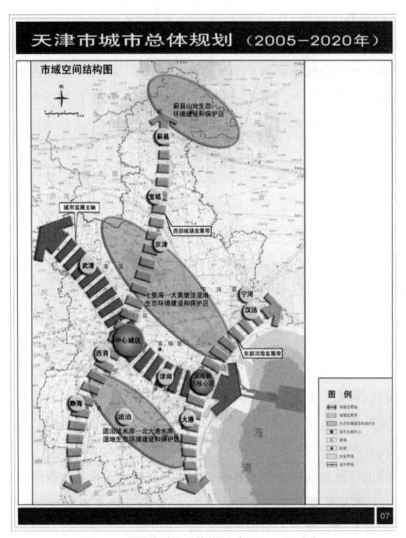

图18.6　天津市城市总体规划（2005—2020年）

　　天津位于"九河下梢"、"河海要冲"，湿地众多。流经天津市域的一级河道有19条，二级河道79条，总长度达到1 095.1 km和1 363.4 km。全市现状湿地总面积1 717.8 km²，其中河湖水面1 055.1 km²，近海湿地580.9 km²，共有湿地生物资源1 000多种。沿海有七里海古海岸与湿地自然保护区和北大港湿地自然保护区。根据《天津市海洋环境质量公报（2006—2010年）》，污染状况严重的海域主要集中在汉沽和塘沽附近海域，两个海域大部分属严重污染海域，大港附近大部分海域属轻度污染海域，三区相比较汉沽污染最为严重，塘沽次之，再次为大港，整个天津海域污染状况从北向南呈逐渐递减趋势。影响天津近岸海域水环境的主要污染物质为无机氮和活性磷酸盐，其中无机氮是天津近岸海域污染的主要因素，个别年份化学需氧量、石油类、重金属铅和溶解氧也存在超标的现象。2008年天津近岸海域海水环境污染状况较其他年份严重。整体而言，天津近岸海域无机氮和活性磷酸盐含量呈下降趋势，化学需氧量和石油类含量变化不大（表18.6）。

表18.6 2008—2010年天津近岸海域海水主要污染物含量统计表　　　　　　　　　单位：mg/L

时间	无机氮	活性磷酸盐	化学需氧量	石油类
2008年5月	0.612	0.004 27	1.35	0.034 6
2008年8月	0.663	0.011 6	1.67	0.029 9
2008年10月	0.752	0.046 9	1.37	0.028 8
2009年5月	0.417	0.003 18	1.29	0.053
2009年8月	0.469	0.006 87	1.74	0.046 9
2009年10月	0.392	0.020 1	1.6	0.040 8
2010年5月	0.549	0.010 1	1.30	0.035 2
2010年8月	0.474	0.015 5	1.52	0.034 2
2010年10月	0.476	0.015 7	1.92	0.035 8

2006—2010年，天津近岸海域沉积物环境主要受到滴滴涕、多氯联苯和砷的污染（表18.7）。对塘沽、汉沽、大港附近海域的经济贝类（四角蛤蜊）的监测表明，养殖生物主要受到砷、滴滴涕和石油烃的污染，部分站位铅、六六六含量较高。

表18.7 2006—2010年天津市海洋环境质量状况

年份	污染海域	主要污染物类型		
		水质	沉积物	生物体
2006	汉沽和塘沽	无机氮、活性磷酸盐和石油类	滴滴涕和多氯联苯	汞、镉、铅、砷和石油烃
2007	塘沽	无机氮和活性磷酸盐	滴滴涕和砷	滴滴涕、石油烃、镉
2008	汉沽—北塘—塘沽附近海域、大港部分海域及大沽锚地	无机氮和活性磷酸盐	未受到明显污染	镉
2009	汉沽—塘沽附近海域及大沽锚地	无机氮和活性磷酸盐	多氯联苯	镉、铅、砷、六六六、滴滴涕
2010	汉沽—塘沽附近海域及大沽锚地	无机氮和活性磷酸盐	多氯联苯滴滴涕	铅、砷、滴滴涕

注：数据源自《天津市海洋环境质量公报》。

2010年，天津市首次开展了重金属重点监控区的监测工作，监控区覆盖了天津大部分海域。结果表明，近岸海水中出现了重金属含量超标的情况，主要超标项目为铅、锌和汞，超标比较严重的区域出现在北塘口附近海域；海洋沉积物中各项监测指标全部符合海洋沉积物质量第一类标准，未出现重金属超标的现象；监控区3个生物站位的生物体内铅含量全部超过海洋生物质量第一类标准，北塘口附近站位的生物体内砷含量超过海洋生物质量第一类标准。

天津市重点入海排污口邻近海域水体中主要污染物为无机氮、活性磷酸盐和化学需氧量。大沽排污河口和北塘口排污口大量含有高浓度污染物质的污水排放入海，超出了海水自净能力，导致排污口邻近海域大型底栖生物种类和密度较低，大沽排污口邻近海域出现了无大型底栖生物区，生态环境质量状况较差。多年监测结果显示，天津市近岸海域水质环境已经受到了陆源排污的严重影响，海洋生态环境遭到破坏，已严重制约了排污口邻近海域海洋功能的正常发挥。

对渤海湾生态监控区多年的监测结果表明，渤海湾水体始终处于严重的富营养化和氮磷比失衡状态，水体污染影响了海洋生态系统平衡，生物群落结构差。持续大规模围填海工程使滨海湿地面积大幅减小，导致许多重要的经济生物的栖息地丧失，生物多样性降低，生态系统始终处于亚健康和不健康状态。

由于汉沽—塘沽以海洋化工为主导，石油化工、精细化工、轻工纺织、机械加工、工程塑料等综合发展的工业体系，因此该区域是天津沿海污染最为严重的区域，2010年大沽排污口邻近海域60%以上海域为劣四类水质，污染物组成也较为复杂，包括无机氮、活性磷酸盐、石油类、滴滴涕、多氯联苯和砷、镉、铅等重金属。大港区临海产业以石油化工为主，污染较汉沽—塘沽略轻。综合天津沿海产业布局以及污染现状，天津市沿海关键控制污染因子为无机氮、活性磷酸盐、石油类、滴滴涕、多氯联苯、砷、镉和铅。近岸海域无机氮、活性磷酸盐和石油类控制满足三类海水水质标准，并在天津近岸海域河流入海口设置缓冲区，缓冲区水质应不低于第四类海水水质标准；距岸线2 km以外主要为农渔业区域，无机氮、活性磷酸盐、石油类、滴滴涕、多氯联苯、砷、镉和铅等指标控制满足第二类海水水质标准。

18.4.1.16 沧州近岸海区域（BH06）

沧州市经济发达，产业结构以第二产业为主，工业门类比较齐全，是经原化学工业部批准重点建设的"化工城"，行业特色明显。化工、轻纺、机械、铸造、电缆、建材、管件、医药、食品、工艺美术是沧州市工业的骨干行业。沧州市化学工业产值占全省化学工业总产值的四分之一，是河北省重要的化工基地。主要产品有氮肥、烧碱、石油制品、农药、树脂、甲苯二异氰酸酯等。因此，形成了基本化工原料、化学肥料、农药、有机化工、日用化工、橡胶制品、塑料制品及化工机械等18个行业，并发展了以电线电缆、弯头管件、汽车配件等为龙头的一批优势产业。

沧州市海岸线长92.46 km，根据《河北省海洋功能区划（2011—2020年）》分为歧口至前徐家堡和前徐家堡至大口河口海域。歧口至前徐家堡海域主要包括沧州黄骅市部分海域，海域面积583.35 km²，海岸线长36.23 km。主要功能定位为：生态保护、渔业养殖功能；保障南排河工业与城镇建设和近岸养殖渔业用海需求；加强黄骅滨海湿地海洋特别保护区建设；实施主要入海河口及滩涂养殖区环境综合整治。

前徐家堡至大口河口海域包括沧州黄骅市部分海域和海兴县海域，海域面积372.25 km²，海岸线长56.23 km。主要功能定位为：港口航运和临港工业建设功能；重点保障黄骅港综合港区和渤海新区临港工业区建设用海需求，围填海总量控制在109 km²以内；实施入海河口、港口、工业区环境综合整治。

连续多年监测结果显示，沧州海域的主要污染物是无机氮和化学需氧量，部分年份无机氮为四类海水水质，沧州港贝类体内石油类有超标现象。2011年，沧州近岸无机氮为三类海水水质，沉积物中铬含量超第二类海洋沉积物质量标准。

该海域的主要控制污染物为无机氮、化学需氧量，此外应关注石油类和重金属铬的超标现象，应满足第二类海水水质标准。根据归并后的污染源分布，应在马颊河入海口设置缓冲区，缓冲区水质应不低于第四类海水水质标准。

18.4.1.17　滨州近岸海域（BH07）

滨州邻近海域主要为滨州贝壳堤岛与湿地系统国家级自然保护区、滨州港航区和农渔业区。北部近海为鱼类产卵场和索饵场，部分海域为对虾产卵场。

滨州贝壳堤岛与湿地系统国家级自然保护区位于滨州市无棣县北部，渤海西南岸，总面积8.05×10⁴ hm²，其中核心区2.85×10⁴ hm²，缓冲区2.67×10⁴ hm²，实验区2.52×10⁴ hm²，是东北亚内陆和环西太平洋鸟类迁徙的中转站和越冬、栖息、繁衍地。滨州港主要为临港产业服务，以散杂货运输为主，兼顾石油化工产品运输。

滨州近岸海域邻近滨州市无棣县和沾化县，2010年滨州市三大产业生产总值比率为10.06∶58.38∶31.56，第一产业比重较大，工业欠发达。根据《黄河三角洲高效生态经济区发展规划》，拟将滨州临港产业区建成国家级循环经济示范区、环渤海地区物流中心和油盐化工、船舶制造、清洁能源、生物制药等产业聚集区。

滨州地区西邻污染较重的渤海湾顶，区域内有漳卫新河、沙头河、套尔河、马颊河、潮河、湾湾沟等河流和排污口入海，对滨州近岸海域水质状况影响显著。根据2011年《滨州市海洋环境质量公报》发布结果，漳卫新河、沙头河、套尔河与潮河对邻近海域的影响较为显著，无机氮和活性磷酸盐是该海域的主要污染物。2011年监测结果显示，滨州近岸水体中无机氮主要为三类海水水质，部分站位为四类海水水质，活性磷酸盐基本满足第二类海水水质标准，个别站位为第三类海水水质，沉积物质量状况良好。

根据滨州海洋功能区划和海水环境现状，滨州近岸海洋水质的主要控制目标为无机氮和活性磷酸盐。滨州贝壳堤岛与湿地系统国家级自然保护区核心区应符合第一类海水水质标准，保护区缓冲区、实验区和邻近的农渔业区应符合第二类海水水质标准，邻近港口航运区和工业与城镇建设区水质管理目标可适量放宽，至少应符合第三类海水水质标准，不能对邻近海洋保护区水质造成影响。

18.4.1.18 东营河口区近岸海域（BH08）

东营河口区近岸海域主导功能为农渔业区和海洋保护区，该海域分布有东营河口浅海贝类海洋特别保护区、东营利津底栖鱼类生态海洋特别保护区和黄河三角洲国家级自然保护区（北部），在黄河旧道邻近海域分布有浅海埕北油气区，涵盖埕岛西A区块、埕岛油田、埕岛东部区块和渤中25-1油田等多个油田。黄河旧道与埕北油气区之间底部为底层鱼类的产卵场。

东营市是全国重要的石油化工基地，是黄河三角洲高效生态经济区的核心城市。石油、天然气地质储量分别为 40×10^8 t 和 1.84×10^{11} m^3，占整个黄河三角洲高效生态经济区总储量的80%。石油勘探开采及其衍生产品，是东营市的主要产业组成，第二产业中重工业超80%。

根据《黄河三角洲高效生态经济区发展规划》，东营河口经济开发区产业发展方向为重点发展纺织、机械制造和高新技术产业，积极发展水产品加工、盐及盐化工业。

东营河口区近岸海域，浅海、滩涂鱼、虾、贝类资源丰富，有经济鱼类10余种、贝类20多种，是毛虾、经济贝类、海蜇的主产地。沿岸浅海、滩涂对虾、贝类、鱼类增养殖面积达100 km^{2}以上。该海域邻接东营市市辖区，无明显的入海排污口和入海河流，陆源污染较轻，主要污染物是无机氮。由于该区域涵盖我国第二大油田胜利油田的埕北油气群，石油开采污染较重，需注意石油开采对该海域的影响。

根据该海域海水环境现状和海域使用状况，该评价单元主要控制指标为无机氮和石油类。黄河三角洲国家级自然保护区（北部）核心区水质应符合第一类海水水质标准，保护区缓冲区和实验区以及其他海域水质应符合增养殖区所要求的第二类海水水质标准，但需着重注意埕北油气群石油开采对邻近海域的影响，以实现海水养殖、自然保护区和油气勘探开采的统筹发展。

18.4.1.19 黄河三角洲海域（BH09）

黄河口三角洲海域主导功能区有东营港口航运区、河口—利津农渔业区和黄河三角洲海洋保护区三部分。其中，东营港是国家一类开放口岸，有两个3万吨级散杂货泊位、8个1 000—3 000吨级泊位，主要服务胜利油田、石化基地和东营临港产业区的开发建设。黄河三角洲国家级自然保护区面积 15.33×10^4 hm^2，其中核心区 5.8×10^4 hm^2，缓冲区 1.33×10^4 hm^2，实验区 8.2×10^4 hm^2，主要保护对象为黄河口原生湿地生态系统，有国家重点保护动物49种，植物1种，经济水产动物50余种。

根据《黄河三角洲高效生态经济区发展规划》，重点打造东营临港产业区，发展精细化工、能源工业，大力发展高技术产业、生态旅游业和高效生态农业，将其打造为全国重要的石油装备制造基地，建设区域物流中心和产品集散中心。

该评价单元主要受到黄河入海污染物的影响，2009—2011年对利津县黄河入海口污染物的监测结果表明，黄河监测断面3年水质均为四类，石油类是主要的污染物质，间或受到化学需氧量和汞的影响。黄河入海带入的泥沙，除在河口区沉积，形成黄河三角洲外，还会对位于黄河入海口北部的农渔业区产生显著影响，导致水体透明度降低。同时，该区域分布有部分油气开发区，石油勘探开采等活动对该海域的影响不容忽视。

根据该海域海水环境现状和海域使用状况，应在黄河入海口设置缓冲区，缓冲区水质应不低于第四类海水水质标准。此外，评价单元的水质北部应符合第二类海水水质标准，南部黄河三角洲国家级自然保护区核心区必须符合第一类海水水质标准，该保护区的缓冲区和实验区应满足第二类海水水质标准。该评价单元的主要污染物控制指标为无机氮、活性磷酸盐和石油类，并关注悬浮物、石油类对海洋农渔业区的影响。

18.4.1.20　东营开发区近岸海区域（LZ01）

该海域位于莱州湾西侧，接近莱州湾湾底，北接黄河三角洲海洋保护区，临靠国家级开发区——东营经济技术开发区和胜利工业园。主导产业为电子信息、汽车及零部件、新能源、石油装备、新材料、有色金属等六大高端产业以及高端服务业。近岸主导功能为港航区、工业和城镇建设区，外围为农渔业区和东营莱州湾蛏类生态海洋特别保护区。

广利河入海排污口和小清河入海排污口是该海域主要的陆源排污源。其中，小清河是山东省污染最重的一条河流，近二三十年来由于工业和生活废水的大量排入，使小清河的生态环境遭到严重破坏，大量污染物入海，对海洋环境影响严重。2009—2011年对小清河入海口监测断面的监测结果表明，近年来小清河断面水质均为劣五类，小清河的主要污染物质是化学需氧量，还受到石油类、氨氮、总磷的影响。根据《山东省海洋环境质量公报》，该海域近岸海域污染严重，近年来均表现为四类和劣四类海水水质，主要污染物为无机氮、活性磷酸盐和石油类。

根据该海域海水环境现状和海域使用状况，该海域的主要污染控制指标为无机氮、活性磷酸盐和石油类。小清河入海口应设置缓冲区，缓冲区水质应不低于第四类海水水质标准。此外，该评价海域近岸水质应满足第三类海水水质标准，但是需加强对东营广饶沙蚕类生态海洋特别功能区的特殊保护。外围海域应满足海水增养殖区要求的第二类海水水质标准。

18.4.1.21　潍坊近岸海域（LZ02）

该区域主要位于潍坊近岸及其邻近海域，近岸海域与人类社会发展密切相关，分布有矿产和能源区、旅游娱乐区、工业与城镇建设区和港口航运区等众多的功能区，外围以增养殖业为主，为莱州湾农渔业区。

根据《黄河三角洲高效生态经济区发展规划》，拟将潍坊北部临港产业区打造为船舶发动机和汽车制造、科技兴贸创新和全国最大的海洋化工基地。

胶莱河、弥河、蒲河、围滩河、潍河和虞河等多条河流注入该海域，在经济发展和人类活动作用下，这些河流已全部成为排污河，被国家海洋局纳入陆源入海排污口进行监测，陆源排污压力较重。该区域近岸海域位于莱州湾湾底，是莱州湾污染最为严重的海域，近年来近岸海域海水水质普遍为四类及劣四类。

根据该海域海洋环境现状和海域使用状况，该海域主要污染物控制指标为无机氮、活性磷酸盐和石油类。近岸海域位于莱州湾湾底，水动力循环较弱，受人类活动和陆源排污影响较重。近岸海域水质应符合第三类海水水质标准，外围农渔业区，应满足第二类海水水质标准。同时，密切关注位于该海域的潍坊港倾倒区，严控倾倒活动对周边农渔业区产生影响。

18.4.1.22 莱州和招远近岸海域（LZ03）

根据《黄河三角洲高效生态经济区发展规划》，拟积极发展莱州临港产业区现代物流，建成电力、冶金、精细化工、机械制造、滨海旅游、生物育种等产业聚集区。莱州港区重点发展油品、液体化工品中转储运，积极发展散杂货和集装箱运输。

该海域位于莱州市和招远市的邻近海域，莱州湾西侧。近岸海域主导功能为农渔业区和莱州港航区，在莱州市近岸海域还分布有莱州浅滩海洋特别保护区，近岸局部海域为矿产与能源区和旅游娱乐区。

该海域以农渔业区为主，航运业较为发达，太平湾港航区和莱州湾港航区横贯该海域。焦家金矿排污口、燕京啤酒莱州有限公司排污口和界河入海口是位于该海域的主要陆源排污源。根据《山东省海洋环境质量公报》，莱州市近岸海域污染程度重于招远市近岸海域，受到养殖污染、陆源排污和港口航运的三重污染。多年监测结果显示，该海域的主要污染物是无机氮和石油类，2011年，莱州近岸为劣四类海水水质，莱州和招远近岸石油类为三类海水水质。

根据该海域海洋环境现状和海域使用状况，该评价单元的主要污染物为无机氮和石油类，水质应符合第二类海水水质标准，应防止由港口航运活动产生的船舶溢油风险。港口航运活动不应对该海域农渔业区和保护区水质产生影响。

18.4.1.23 龙口港近岸海域（LZ04）

龙口港航区横贯该评价单元，港航区两侧均为龙口湾保留区。

龙口北河排污管路排污口和界河入海口是该海域的主要陆源排污源。该海域位于龙口市南侧，近年来海水水质普遍以一类和二类为主，局部海域符合三类海水水质标准。

根据该海域海洋功能区划，该评价单元除位于屺坶岛海洋特别保护区的水质应符合第一类海水水质标准外，近岸海域水质应满足第四类海水水质标准，港口区应满足第三类海水水质标准。界河作为流域归并后的入海污染源，应在河流入海口设置缓冲区，缓冲区水质应不低于第四类海水水质标准。

18.4.1.24　庙岛群岛及邻近海域（LZ05）

该评价单元主导功能为农渔业区和港口航运区，包括庙岛群岛海域海洋保护区。该评价海域旅游资源丰富，也是我国刺参、盘鲍、栉孔扇贝、紫海胆、魁蚶等多种海珍品的主要产地，增养殖业发达。其次，庙岛群岛共有鸟类247种，其中，国家一、二级保护鸟类49种，还拥有世界上12个国家的国鸟7种，每年约有12万只候鸟在此停息，属国家级鸟类自然保护区。国家二级野生保护动物斑海豹在山东省的主要栖息地也位于此海域。

泳汶河入海口、龙口造纸厂排污口、蓬莱中心渔港排污口和下朱潘村排污口是该海域主要的陆源排污来源。根据《山东省海洋环境质量公报》，近年来该评价海域水质良好，近岸海水水质以二类为主，外围农渔业区海域基本符合第一类海水水质标准，海水水质基本符合该评价单元的水质要求。该海域主要受到养殖自身污染、陆源排污和港口航运等3个方面的污染。

根据该海域海洋环境现状和海域使用状况，该评价单元水质基本可满足功能区的水质要求。但是，该评价海域港口航道区比重较大，应关注海水中的石油类含量，协调交通用海与渔业、旅游业和保护区用海，降低交通用海对其他活动水质的影响，关注船舶溢油等应急事件对该海域鱼类、鸟类和斑海豹的影响。

18.4.2　渤海中部评价单元水质目标的确定

渤海中部海域是我国重要的海洋矿产资源利用区域，主要功能为矿产与能源开发、渔业、港口航运。本研究以渤海海洋功能区划外缘线为界，将外缘线向海一侧海域定义为渤海中部海域，分为LD11、LD12、LD13、LZ06、BH10和BH11评价单元。

与近岸海域相比，渤海中部海域环流活动较强，表底层水体交换频繁，水动力循环显著高于近岸海域，水体的纳污能力较强。根据2005—2010年《中国海洋环境状况公报》，除靠近辽东湾、渤海湾湾底较近的LD12、BH09评价单元局部海域水质超第一类海水水质标准外，其他海域均符合第一类海水水质标准，水质状态良好。渤海中部海域未直接受到陆源排污口和入海江河的影响，陆源排污对其产生的环境压力较轻。2011年，由于发生蓬莱19-3油田溢油事故，对渤海中部水质产生严重影响。根据《2011年中国海洋环境状况公报》，19-3油田周边及其北部海域海水环境和沉积物受到污染。超一类海水水质面积约6 200 km^2，其中870 km^{2}海水受到污染，石油类劣于第四类海水水质标准。在本研究中，影响区域主要分布于渤海中部的LZ06评价单元。

斑海豹洄游通道及繁殖区基本分布于整个辽东湾（图18.7），涵盖渤海中部LD11—LD13评价单元，为保障斑海豹的正常繁殖和迁移，LD11—LD13评价单元应符合第一类海水水质标准。

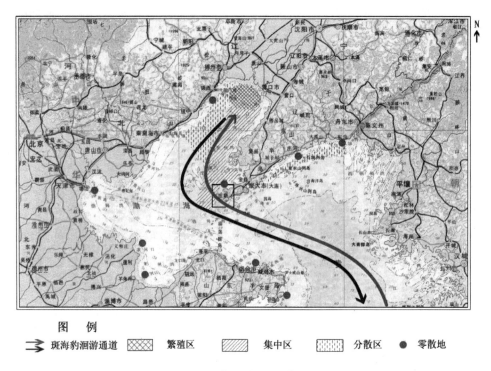

图 例

➤ 斑海豹洄游通道　⊠ 繁殖区　⧅ 集中区　▦ 分散区　● 零散地

图18.7　斑海豹洄游通道及繁殖区图

渤海油气区和倾倒区站位分布如图18.8和图18.9所示。渤海中部海域分布有较多的油气区，西南部、东北部海域是油气资源勘探开发的重点区域。根据《全国海洋功能区划（2011—2020年）》对海洋油气区的环境保护要求，油气区及邻近海域水质应不劣于现状水平；倾倒区主要分布在渤海近岸、渤海中部海域的LD11和BH10评价单元，结合斑海豹在渤海的洄游和繁殖区域，LD11评价单元水质应符合第一类海水水质标准，位于其区内的海洋倾倒区，不得对其邻近海域水质产生影响。

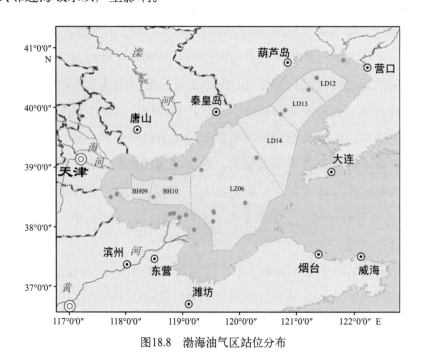

图18.8　渤海油气区站位分布

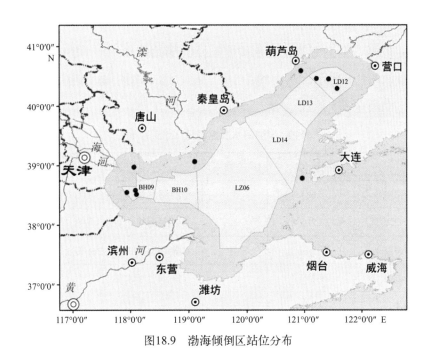

图18.9　渤海倾倒区站位分布

　　根据渤海中部的海洋环境现状和海域使用状况，渤海中部6个评价单元水质应符合第一类海水水质标准，与辽东湾和渤海湾湾底相邻接的LD12和BH09评价海域，邻接区域水质可略微放宽，但海域仍需以一类海水水质为主。渤海中部海域除2011年19-3油田导致LZ06评价单元石油类超标外，其他评价单元无主要的污染物质，应密切关注石油勘探开采、倾倒活动等对周边海域水质的影响。

19　海洋环境承载力监测评估技术研究

19.1　渤海水质控制性监测方案设计

19.1.1　水质控制站位设置原则

　　各海域评价单元内部并非均一水体、各评价单元之间通过海水运动也存在相互影响。通过设置控制性监测站位，可科学实现对渤海环境状况的及时把握，并通过比较监测结果与水质目标的差异，实现对渤海环境承载力的监测。

　　水质控制性监测站位的设置是一个复杂的过程，需考虑的因素较多。当前，结合业务化监测工作的现状，我们提出如下的设置原则：①不同水质目标区域之间的衔接：功能区、缓冲区、生态区等；②考虑评价单元水动力条件的空间差异：差异大，站位密；③近岸以外海域：在各评价单元顶角处设站，在各倾倒区和油气区设站；④根据渤海水质污染历史：长期重污染区站位密；⑤按断面设置控制性监测站位；⑥充分利用现有的业务化监测站位。

19.1.2 水质控制站位设置初步方案

根据上述确定原则，全渤海共设置水质控制性监测站位169个，其中使用业务化监测站位约30%，站位分布如图19.1所示。从表19.1可以看出，辽东湾共设控制性站位79个、渤海湾53个、莱州湾34个、渤海中部3个。

表19.1　渤海水质控制性站位信息表

站位名称	经度（E）	纬度（N）	控制目标	确定依据
B1	121.2746	38.6814	1	渤海海峡边界控制点
B2	121.2062	38.2978	1	渤海海峡边界控制点
B3	121.0723	37.7743	1	渤海海峡边界控制点
BH01-1	119.0841	39.1518	3	位于三类水质区
BH01-2	119.1651	39.0461	2	位于三类水质区
BH01-3	119.0019	39.0844	2	位于三类和二类水质区边界，水质管理目标为二类
BH02-1	118.8538	39.0057	2	位于二类水质区内部，水质管理目标为二类
BH02-2	118.7341	39.1003	3	位于四类和二类水质区边界，水质管理目标为三类
BH02-3	118.6832	39.0434	3	位于二类和三类水质区边界，水质管理目标为三类
BH03-1	118.6114	39.1379	4	位于溯河口，四类水质区
BH03-2	118.4959	39.0650	3	位于三类、四类水质区边界，水质管理目标为四类
BH03-3	118.6272	38.8841	2	位于三类水质区
BH04-1	118.1606	39.0522	2	位于四类和二类水质区边界，水质管理目标为二类
BH04-2	118.1743	38.9186	2	位于二类水质区，水质管理目标为二类
BH04-3	118.3274	38.8377	2	位于二类水质区，水质管理目标为二类
BH05-1	118.0468	39.1543	4	位于陡河河口区，水质管理目标为四类
BH05-10	117.8517	38.9412	4	位于海河河口区，缓冲区内
BH05-11	117.8195	38.9284	4	位于海河河口区，缓冲区内
BH05-12	117.7333	38.8667	4	位于海河河口区，缓冲区内
BH05-13	117.6610	38.7639	4	位于独流减河河口区，缓冲区内
BH05-14	117.6332	38.6373	3	位于子牙新河河口区，缓冲区边界
BH05-2	118.0179	39.1633	4	位于陡河河口区，水质管理目标设为四类

续表

站位名称	经度（E）	纬度（N）	控制目标	确定依据
BH05-3	117.9664	39.0852	2	业务化站位，位于北塘口缓冲区边界，水质管理目标为二类
BH05-4	117.9560	38.9391	3	位于北塘口缓冲区边界，水质管理目标为二类
BH05-5	118.0130	38.8607	2	位于二类水质区
BH05-6	117.8475	38.7607	2	位于北塘口缓冲区边界，水质管理目标为二类
BH05-7	117.8041	39.1038	4	位于永定新河河口区，缓冲区内
BH05-8	117.8049	39.0565	4	位于永定新河河口区，缓冲区内
BH05-9	117.8333	38.9833	4	位于海河河口区，缓冲区内
BH06-1	117.6370	38.6049	3	位于子牙新河河口区，缓冲区边界
BH06-2	117.7563	38.6117	2	位于一类、二类、四类水质区边界，水质管理目标为二类
BH06-3	117.6833	38.5167	3	位于南排水河河口区，水质管理目标为三类
BH06-4	117.7667	38.5167	2	位于二类水质区
BH06-5	117.7707	38.4418	2	位于漳卫新河缓冲区边界，水质管理目标为二类
BH06-6	117.9297	38.3748	3	位于三类水质区
BH06-7	117.8218	38.3455	4	位于漳卫新河缓冲区内，三类、四类水质区边界，水质管理目标为四类
BH06-8	117.9001	38.2965	4	
BH07-1	118.1300	38.4452	2	位于一类、二类水质区边界，水质管理目标为二类
BH07-2	118.0829	38.2696	2	位于一类、三类水质区边界，水质管理目标为二类
BH07-3	118.2294	38.2306	3	位于潮河河口区，水质管理目标设为三类
BH08-1	118.3143	38.2267	3	位于潮河河口区，水质管理目标设为三类
BH08-2	118.5750	38.3333	1	位于一类、二类水质区边界，水质管理目标为一类
BH08-3	118.6836	38.1849	2	位于一类、二类水质区边界，水质管理目标为二类
BH09-1	118.9475	38.1586	2	位于二类水质区
BH09-2	118.9826	38.0712	3	
BH09-3	119.2036	37.9536	2	位于一类和二类水质区边界，水质管理目标为二类
BH09-4	119.4719	37.8942	1	位于一类水质区

站位名称	经度（E）	纬度（N）	控制目标	确定依据
BH09-5	119.2456	37.8225	3	位于黄河口缓冲区，水质管理目标为三类
BH09-6	119.3232	37.7450	3	位于黄河口缓冲区，水质管理目标为三类
BH09-7	119.3203	37.6015	3	位于黄河口缓冲区，水质管理目标为三类
BH10-1	117.8880	38.6184	1	位于中部一类水质区顶角，水质管理目标为一类
BH11-1	118.4372	38.4551	1	业务化站位。位于中部一类水质区顶角、边界或内部，水质管理目标为一类
BH11-2	118.4743	38.7915	1	位于一类和三类水质区边界，水质管理目标为一类
BH11-3	118.6665	38.7699	1	位于一类和二类水质区边界，水质管理目标为一类
BH11-4	119.0149	38.8498	1	位于一类和三类水质区边界，水质管理目标为一类
BH11-4	118.7145	38.4504	1	业务化站位。位于中部一类水质区顶角、边界或内部，水质管理目标为一类
LD01-1	120.9515	38.7741	1	倾倒区站位，位于一类水质区
LD01-2	121.0830	38.6975	1	位于二类和一类水质区边界
LD01-3	121.1191	39.0377	1	位于二类和一类水质区边界
LD01-4	121.1191	39.2340	1	位于二类和一类水质区边界
LD01-5	121.6827	39.3441	3	位于普兰店湾缓冲区内，三类水质区
LD01-6	121.5872	39.3044	2	位于普兰店湾缓冲区内，邻近三类和二类水质区边界
LD01-7	121.3972	39.1366	2	位于二类水质区
LD01-8	121.3706	39.2515	1	位于二类和一类水质区边界
LD01-9	121.1666	39.3984	2	位于二、三类水质区边界
LD01-10	121.1320	39.4331	1	位于一类水质区，邻近一类和二类水质区边界
LD01-11	121.2486	39.4859	2	位于三类水质区
LD02-1	121.1807	39.6349	1	位于二类和一类水质区边界
LD02-2	121.3896	39.6711	2	位于复州湾缓冲区边界
LD02-3	121.2580	39.8278	1	位于一类水质区
LD02-4	121.4167	39.8482	2	邻近一类、二类、三类水质区交界处，水质管理目标为二类
LD02-5	121.7061	39.9920	2	位于二类水质区，邻近二类、三类水质区边界，水质管理目标为二类

续表

站位名称	经度（E）	纬度（N）	控制目标	确定依据
LD02-6	121.433 1	39.996 7	1	位于二类水质区，邻近一类、二类水质区边界，水质管理目标为一类
LD02-7	121.828 3	40.150 5	2	位于二类水质区
LD03-1	122.034 1	40.216 8	3	位于熊岳河河口区，三类水质区
LD03-2	122.060 2	40.262 5	3	位于熊岳河河口区，三类水质区
LD03-3	121.983 4	40.309 2	3	位于三类水质区
LD03-4	121.860 2	40.334 3	2	位于三类水质区，邻近三类和一类水质区边界，水质管理目标为二类
LD04-1	121.884 5	40.426 3	2	位于三类水质区，邻近三类和一类水质区边界，水质管理目标为二类
LD04-2	121.966 7	40.583 3	2	位于三类水质区，邻近三类和二类水质区边界，水质管理目标为二类
LD04-3	122.059 6	40.685 7	4	位于大辽河河口缓冲区内，四类水质区，水质管理目标为四类
LD04-4	122.083 8	40.615 2	4	位于大辽河河口缓冲区内，邻近河口区，水质管理目标为四类
LD04-5	122.125 9	40.595 4	4	位于大辽河河口缓冲区内，四类水质区，水质管理目标为四类
LD04-6	122.127 6	40.540 9	3	位于大辽河河口缓冲区内，邻近三类和四类水质区边界，水质管理目标设三类
LD04-7	122.195 3	40.500 6	3	位于大辽河河口缓冲区内，邻近三类和四类水质区边界，水质管理目标为三类
LD04-8	122.251 8	40.497 6	4	位于大辽河河口缓冲区内，邻近大清河口，四类水质区
LD04-9	122.232 8	40.461 4	4	位于大辽河河口缓冲区内，邻近大清河口，四类水质区
LD05-1	121.839 9	40.799 4	3	位于双台子河缓冲区内，邻近双台子河口
LD05-2	121.744 6	40.774 4	3	位于双台子河缓冲区内，邻近双台子河口
LD05-3	121.908 3	40.683 3	2	位于二类水质区
LD05-4	121.746 5	40.709 8	2	位于二类水质区
LD05-5	121.684 1	40.664 4	2	位于二类水质区，历史监测站位
LD05-6	121.721 2	40.581 9	1	位于二类水质区，邻近二类和一类水渠区，设置水质点为一类
LD05-7	121.551 6	40.807 7	2	位于大凌河河口缓冲区边界
LD06-1	121.513 7	40.815 3	2	

站位名称	经度（E）	纬度（N）	控制目标	确定依据
LD06-2	121.418 8	40.702 1	2	位于二类水质区
LD06-3	121.322 7	40.655 5	1	位于一类、二类水质区边界
LD06-4	121.320 1	40.795 7	2	位于二、三类水质区边界
LD07-1	121.247 3	40.808 5	3	位于小凌河河口区，三类水质区
LD07-2	121.040 8	40.787 7	3	位于三类水质区
LD07-3	121.132 4	40.666 8	3	位于三类水质区
LD07-4	121.196 7	40.596 4	2	位于一类、三类水质区边界，水质管理目标为二类
LD08-1	120.964 6	40.518 8	2	位于二类水质区
LD08-2	120.789 5	40.428 8	2	位于兴城河口区，二类水质区
LD08-3	120.798 8	40.301 3	1	位于一类、二类水质区边界
LD08-4	120.545 3	40.182 8	2	位于六股河口区，二类水质区
LD08-5	120.541 6	40.046 3	1	位于一类、二类水质区边界
LD08-6	120.017 4	39.927 5	2	位于二类水质区
LD09-1	119.821 6	39.891 7	2	位于石河口区，邻近二类、三类水质区边界
LD09-2	119.636 9	39.860 2	3	位于新开河口区，三类水质区
LD09-3	119.778 6	39.757 2	2	位于三类水质区，邻近二类、三类水质区边界
LD09-4	119.708 9	39.683 0	1	位于二类水质区，邻近一类、二类水质区边界
LD10-1	119.458 5	39.749 8	2	位于洋河口区，历史监测站位
LD10-2	119.559 6	39.698 0	2	位于二类水质区，邻近二类、三类水质区边界
LD10-3	119.446 2	39.576 4	1	位于一类水质区
LD10-4	119.531 8	39.513 1	1	位于二类水质区，邻近一类、二类水质区边界
LD11-1	119.308 8	39.413 6	3	位于缓冲区内
LD11-2	119.311 7	39.435 7	3	位于缓冲区内
LD11-3	119.320 6	39.357 6	2	位于二类水质区
LD11-4	119.334 1	39.498 2	2	位于滦河口缓冲区边界，历史监测站位
LD11-5	119.401 4	39.208 9	1	位于二类水质区，邻近一类、二类水质区边界
LD11-6	119.268 8	39.214 0	2	位于二类水质区，邻近二类、三类水质区边界
LD11-7	119.230 5	39.196 3	2	位于三类和二类水质区边界，水质管理目标为二类
LD12-1	121.495 0	40.431 7	1	位于中部一类水质区中部

站位名称	经度（E）	纬度（N）	控制目标	确定依据
LD12-2	121.1400	40.5157	1	位于一类、三类水质区边界
LD12-3	121.8263	40.3859	1	位于一类、三类水质区边界
LD12-4	121.5333	40.6214	1	位于一类、二类水质区边界
LD13-1	121.0283	40.0017	1	位于中部一类水质区中部
LD13-2	121.2933	40.2650	1	位于中部一类水质区中部
LD13-3	121.0833	40.4500	1	位于中部一类水质区顶角
LD13-4	121.7177	40.2718	1	位于中部一类水质区顶角
LD14-1	120.1019	39.7608	1	位于中部一类水质区顶角
LD14-2	120.4792	39.8941	1	位于中部一类水质区顶角
LD14-3	120.6545	38.8943	1	位于中部一类水质区顶角
LD14-4	120.7000	39.6617	1	位于中部一类水质区中部
LZ01-1	119.2052	37.6444	3	位于黄河口缓冲区，管理目标为三类
LZ01-2	119.1062	37.6520	3	位于黄河口缓冲区，管理目标为三类
LZ01-3	119.0817	37.5115	2	位于二类水质区
LZ01-4	119.0264	37.4324	2	位于小清河口缓冲区边界，水质管理目标为二类
LZ01-5	119.1145	37.3356	2	位于一类、二类水质区边界
LZ01-6	119.0099	37.4038	3	位于小清河口缓冲区内，水质管理目标为三类
LZ01-7	119.0516	37.3104	3	位于小清河口缓冲区内，水质管理目标为三类
LZ02-1	119.2779	37.1918	3	邻近二类、四类水质区边界，水质管理目标为三类
LZ02-2	119.4125	37.1840	3	邻近二类、四类水质区边界，水质管理目标为三类
LZ02-3	119.3635	37.2659	2	位于二类水质区
LZ02-4	119.2806	37.5117	2	位于二类水质区
LZ02-5	119.4018	37.5767	2	位于二类水质区
LZ03-1	119.7550	37.4109	2	位于一类、二类、三类水质区边界，水质管理目标为二类
LZ04-1	120.2150	37.5628	4	位于界河缓冲区内，水质管理目标为四类
LZ04-2	120.2372	37.5953	4	位于界河缓冲区内，水质管理目标为四类
LZ04-3	120.2678	37.6105	4	位于界河缓冲区内，水质管理目标为四类
LZ04-4	120.1118	37.5721	3	二类水质区
LZ04-5	120.1735	37.6610	3	三类水质区

站位名称	经度（E）	纬度（N）	控制目标	确定依据
LZ04-6	120.029 9	37.779 3	1	位于一类、三类水质区边界，水质管理目标为一类
LZ04-7	120.274 4	37.737 1	2	位于二类水质区
LZ04-8	120.273 2	37.804 4	1	位于二类水质区
LZ05-1	120.518 6	37.832 3	1	位于黄水河口区，水质管理目标为一类
LZ05-2	120.681 6	38.056 8	1	位于三类和二类水质区边界
LZ05-3	120.831 3	38.432 4	1	位于二类和一类水质区边界
LZ06-1	119.140 2	38.854 0	1	位于一类和二类水质区边界
LZ06-10	120.297 5	38.373 6	1	业务化站位，位于中部一类水质区边界或内部，水质管理目标为一类
LZ06-2	119.297 1	38.994 1	1	位于一类和三类水质区边界
LZ06-3	119.805 1	39.690 4	1	位于一类、二类、三类水质区边界
LZ06-4	119.026 0	38.359 4	1	位于水质区顶角，水质管理目标为一类
LZ06-5	119.547 7	37.635 8	1	业务化站位，中部一类水质区边界或内部，水质管理目标为一类
LZ06-6	119.264 9	38.215 4	1	业务化站位，中部一类水质区边界或内部，水质管理目标为一类
LZ06-7	119.482 8	38.420 4	1	业务化站位，中部一类水质区边界或内部，水质管理目标为一类
LZ06-8	120.005 0	39.009 4	1	业务化站位，中部一类水质区边界或内部，水质管理目标为一类
LZ06-9	120.000 4	38.015 6	1	业务化站位，中部一类水质区边界或内部，水质管理目标为一类

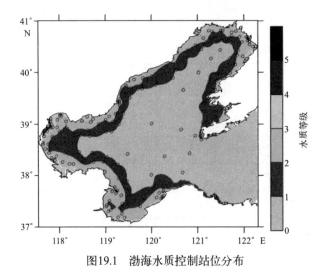

图19.1 渤海水质控制站位分布

19.1.3 沿岸汇水单元与海域评价单元的源汇响应关系

响应系数场定义为某个污染源在单位源强单独排放情况下所形成的浓度分布场。以 1×10^4 t/a 为单位源强,利用水质模型模拟环渤海24条河流单独排放条件下所形成的污染物浓度分布场,即各主要河流的响应系数场(图19.2、图19.3、图19.4)。可以看出,各河流的响应系数场均以河口为浓度中心呈扇形或舌状向周围海域逐渐递减。下面以渤海湾14条河流的污染物响应系数场为例逐一分析。

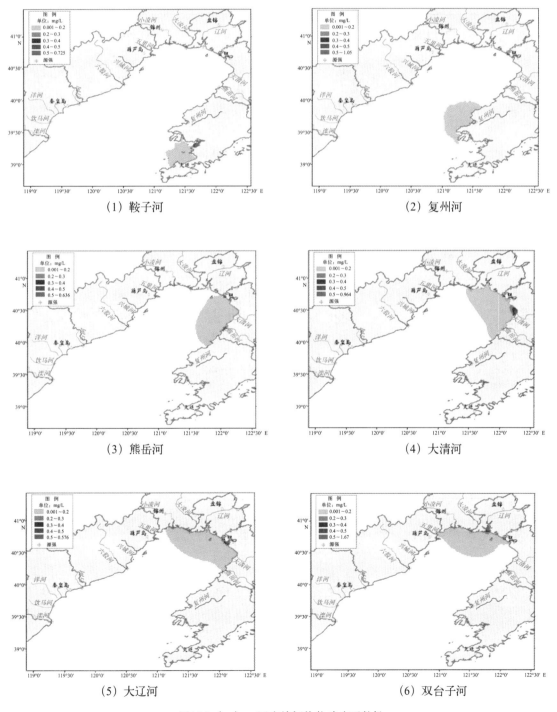

(1) 鞍子河   (2) 复州河

(3) 熊岳河   (4) 大清河

(5) 大辽河   (6) 双台子河

图19.2(一) 辽东湾污染物响应系数场

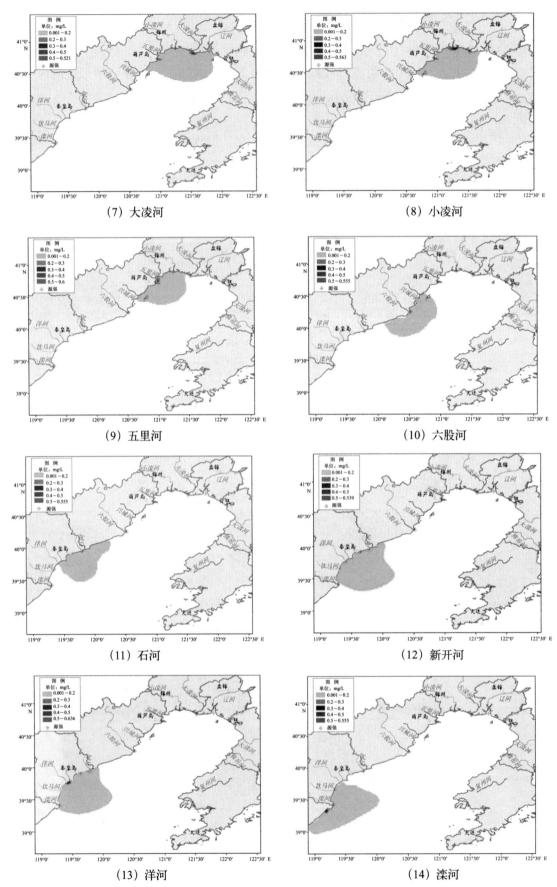

（7）大凌河　　　　　　　　　　　　　　　（8）小凌河

（9）五里河　　　　　　　　　　　　　　　（10）六股河

（11）石河　　　　　　　　　　　　　　　　（12）新开河

（13）洋河　　　　　　　　　　　　　　　　（14）滦河

图19.2（二）　辽东湾污染物响应系数场

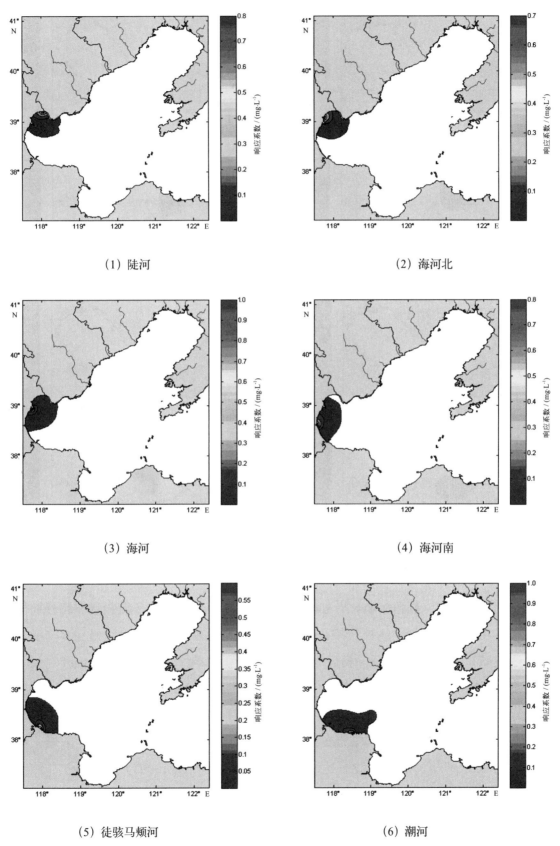

(1) 陡河

(2) 海河北

(3) 海河

(4) 海河南

(5) 徒骇马颊河

(6) 潮河

图19.3 渤海湾污染物响应系数场图

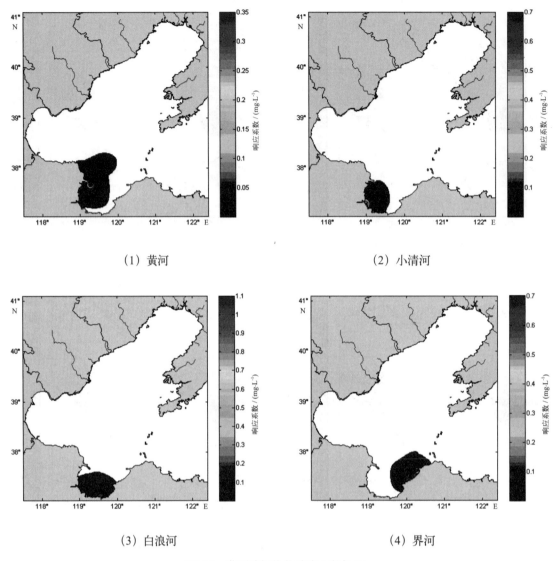

（1）黄河   （2）小清河

（3）白浪河   （4）界河

图19.4　莱州湾污染物响应系数场图

鞍子河、复州河、熊岳河和大清河位于辽东湾东岸。其中，鞍子河和复州河分别位于大连市的普兰店湾和复州湾。这两个海区岸线曲折，水域狭窄，海水流动缓慢且水交换能力较弱，易造成局部海域的严重污染。模拟结果显示，复州河口附近浓度达到1.05 mg/L，鞍子河口附近浓度达到0.725 mg/L。此外，熊岳河口和大清河口的浓度分别为0.636 mg/L和0.964 mg/L。

大辽河、双台子河、大凌河和小凌河位于辽东湾顶部，该处水深较浅，致使排放入海的污染物在点源附近滞留积聚，污染物高浓度区范围较大。比较这四个河口附近浓度，双台子河最高，达1.67 mg/L；大辽河次之，达0.576 mg/L；大凌河最低，约为0.521 mg/L。综上，双台子河口由于水深较浅且远离外海，所以水交换能力弱，污染物入海后易给邻近海域造成严重污染。

五里河、六股河、石河、新开河、洋河和滦河位于辽东湾西岸，此处岸线平直，水深流急，污染物进入水体之后会很快的在水动力的作用下被稀释输运，因此不会造成较大的高浓度区。比较河口附近浓度，洋河最高，达0.636 mg/L，五里河次之，约为0.6 mg/L，石河最低，约为0.347 mg/L。

综上所述，虽然每个点源源强都是相同的输入量（单位强度），但其响应系数场在量值和空间分布上却有较大差别，这种现象是由不同海域的不同物理自净能力导致的。

19.2 评价单元环境承载力等级评估

各海域的评价单元并非均一水体，且每个单元均受纳了不同的污染物，如何科学合理地利用实测、有限的监测资料来评估整个区域的承载力状况，是本节需要考虑的问题。基于上述原因，本节给出了基于站位超标率和基于评价单元面积超标率两种评估方法。

19.2.1 基于站位超标率的环境承载力等级评估方法

定义浓度超标率，来定量描述各评价单元环境承载力的超标情况。其计算公式为：

$$P_{ij} = \frac{C_{ij}^{O} - C_{ij}^{S}}{C_{ij}^{S}} \times 100\%$$

(19-1)

式中，P_{ij}为第j个站位第i种污染物的浓度超标率；C_{ij}^{O}为第j个站位第i种污染物的现状浓度，单位为mg/L；C_{ij}^{S}为第j个站位第i种污染物的水质控制目标浓度，单位为mg/L。

根据评价单元内水质超标站位的数量和超标站位污染物浓度超标率的大小，构建评价单元环境承载力分级评价体系，评价等级见表19.2。

表19.2 基于超标站位和超标率的评价单元环境承载力评价体系

评价等级		控制站位超标情况
未超载（Ⅰ级）		无水质超标站位且所有站位$P_{ij} \leq -10\%$
濒临超载（Ⅱ级）		无水质超标站位且至少有一个站位$-10\% < P_{ij} \leq 0$
超载	轻度超载（Ⅲ级）	出现一个水质超标站位且该站位$0 < P_{ij} \leq 10\%$
	中度超载（Ⅳ级）	出现一个水质超标站位且该站位$10\% < P_{ij} \leq 50\%$，或出现一个以上水质超标站位且所有站位$0 < P_{ij} \leq 10\%$
	重度超载（Ⅴ级）	出现一个水质超标站位且该站位$P_{ij} > 50\%$，或出现一个以上水质超标站位且至少有一个站位$P_{ij} > 10\%$

19.2.2 基于评价单元面积超标率的环境承载力等级评估方法

通过计算各评价单元的水质超标面积占整个评价单元的比例，构建基于水质超标面积的评价单元环境承载力分级评价体系，见表19.3。具体计算流程如下：

①将研究空间进行网格化处理，划分为$m \times n$个矩阵，并判断落入水点的矩阵；

②将水质监测站位的浓度空间插值到上述网格点上，差值方法推荐使用克里金差值；

③针对控制单元i（$i=1,2,\cdots,k$），判断位于其内的网格点；

④针对控制单元内各网格点，判断其所在位置处功能区水质控制目标，然后计算$C_o - C_s$值。式中，C_o为观测浓度，C_s为管理浓度。如$C_o - C_s > 0$，则该网格点所占面积处的水质超标，反之则达标；

⑤统计控制单元内的超标网格点所占面积，然后除以控制单元总面积，计算控制单元的超标面积比率；

⑥重复③—⑤，并依据表19.3完成全海域环境承载力评价。

表19.3　基于水质超标面积的评价单元环境承载力评价体系

评价等级		评价依据	生态环境意义
未超载（Ⅰ级）		无水质超标站位	水质清洁、无污染
濒临超载（Ⅱ级）		超标水域面积比例小于1%	水质清洁，但已需预警
超载	轻度超载（Ⅲ级）	超标水域面积比例大于或等于1%，小于10%	水质较为清洁，有少量污染
	中度超载（Ⅳ级）	超标水域面积比例大于或等于10%，小于30%	水质有一定污染
	重度超载（Ⅴ级）	超标水域面积比例大于或等于30%	水质污染严重

基于2011年的业务化监测数据，利用上述方法计算了全渤海无机氮、活性磷酸盐和化学需氧量的现状浓度、超标浓度，并评价了各评价单元的环境承载力，评估结果如图19.5至图19.13。

19.2.2.1　无机氮

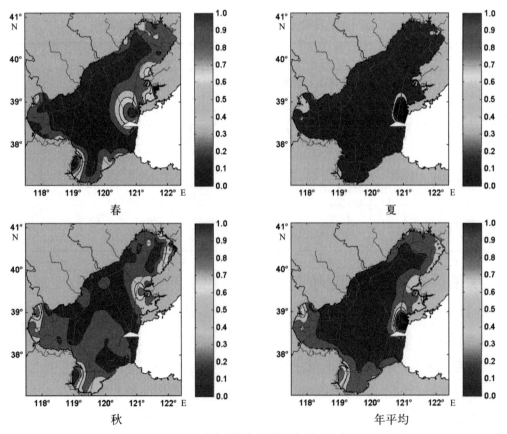

图19.5　渤海无机氮现状浓度（mg/L）

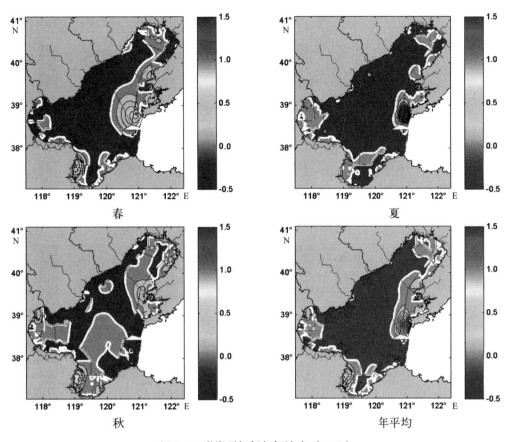

图19.6　渤海无机氮超标浓度（mg/L）

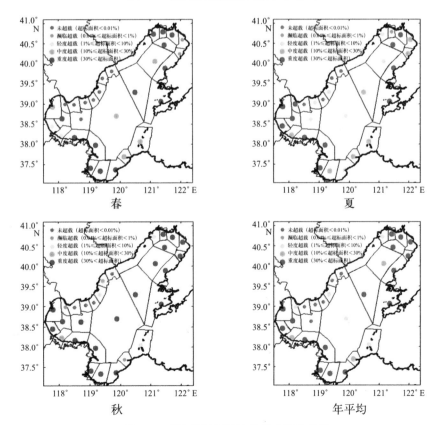

图19.7　渤海无机氮环境承载力评估结果

19.2.2.2　活性磷酸盐

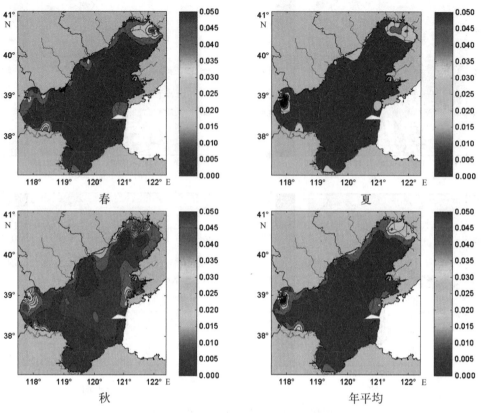

图19.8　渤海活性磷酸盐现状浓度（mg/L）

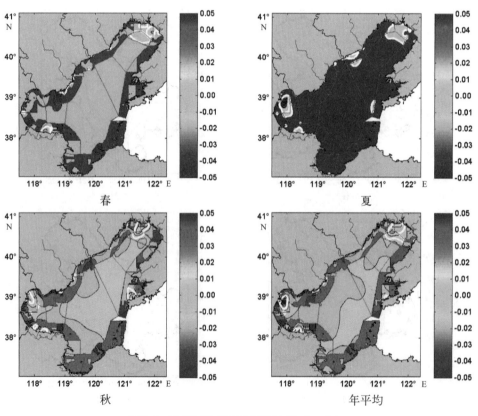

图19.9　渤海活性磷酸盐超标浓度（mg/L）

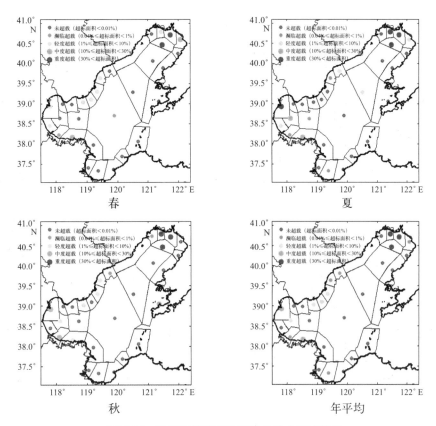

图19.10 渤海活性磷酸盐环境承载力评估结果

19.2.2.3 化学需氧量

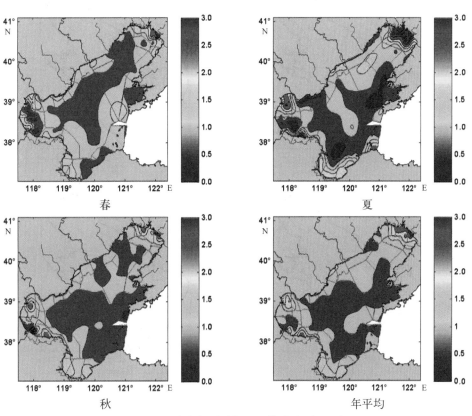

图19.11 渤海化学需氧量现状浓度（mg/L）

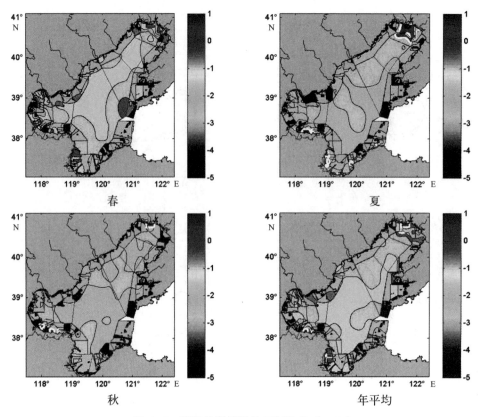

图19.12 渤海化学需氧量超标浓度（mg/L）

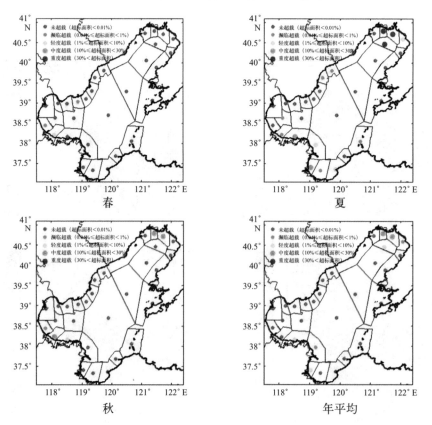

图9.13 渤海化学需氧量环境承载力评估结果

19.2.3　两种方法的比较研究

通过上述分析可以看出，基于站位超标率的评价方法计算过程简单，能基于现场实测资料快速获得评价结果，但缺点是控制站位的设置具有一定的主观性；基于面积超标率的评价方法不依赖于控制站位的人为设置，但缺点是污染物浓度空间差值的计算量较大，且评价结果一定意义上也依赖于差值方法的选取。

19.3　渤海沿岸汇水单元入海污染物负荷等级评估

本节从海洋环境承载力的概念出发，依据环境容量计算理论，给出了渤海沿岸汇水单元污染物允许排放量的计算方法，并进一步给出了入海污染物负荷等级的评估方法。

19.3.1　允许排污量计算

海洋环境容量是海洋水体在规定环境目标下所能容纳污染物的量。虽然辽东湾水体容积较大，具有很大的环境容量，但水体的环境容量只有当污染物输运和扩散到时才能被利用。辽东湾内污染物排放大都为近岸排放，海湾中部水体环境容量难以利用。因此，环境容量的计算问题转化为求解满足水质控制点达标情况下污染源的允许排放量问题。

本研究采用入海负荷最优化法计算辽东湾沿岸各汇水单元的污染物允许排放量。根据污染物排海总量控制的实际需求，一方面要求各水质控制点（i）海水满足一定等级国家海水水质标准要求；另一方面要求通过优化各个污染源（j）的入海负荷分配率使各污染源允许入海负荷之和达到最大；另外，在计算过程中，还需给定各污染源的最小入海负荷以防止其在分配过程中被"优化掉"。该方法的计算公式如下：

目标函数方程为：

$$Q^s = \max \sum_j Q_j^s \quad j = 1,\ 2,\ \cdots,\ n \tag{19-2}$$

约束条件为：

①水质标准约束：

$$\begin{pmatrix} C_1^0 \\ C_2^0 \\ \vdots \\ C_m^0 \end{pmatrix} + \begin{pmatrix} \alpha_{11} & \alpha_{12} & \cdots & \alpha_{1n} \\ \alpha_{21} & \alpha_{22} & \cdots & \alpha_{2n} \\ \vdots & \vdots & \ddots & \vdots \\ \alpha_{m1} & \alpha_{m2} & \cdots & \alpha_{mn} \end{pmatrix} \begin{pmatrix} Q_1^s \\ Q_2^s \\ \vdots \\ Q_m^s \end{pmatrix} \leqslant \begin{pmatrix} C_1^s \\ C_2^s \\ \vdots \\ C_m^s \end{pmatrix} \tag{19-3}$$

②入海负荷约束：

$$Q_j^s \geqslant Q_j' \tag{19-4}$$

式中，Q_j^s为待分配的第j个污染源入海负荷；n为污染源数目；m为水质控制点数目；C_i^0为水质控制点处污染物背景浓度；C_i^s为针对营养盐和化学需氧量污染物，控制点处由国家海水水质标准所界定的污染物标准浓度；针对重金属，该值为某类重金属污染物的毒性阈值，对于重金属铅和镉，此值为0.001 8 mg/L和0.001 4 mg/L；α_{ij}为第j个污染源单位排放量对第i个水质控制点处污染物浓度的响应系数；Q'_j为第j个污染源的最小入海负荷。

在本次试评估计算中，$n = 12$，$m = 55$；C^0_i根据辽东湾湾口中部海域历史监测数据分别取为无机氮 0.05 mg/L、活性磷酸盐 0.008 mg/L，化学需氧量 0.5 mg/L；C^s_i为第 17 章中确定的各控制点的水质控制目标。求解联立方程（19-2）、（19-3）和（19-4）所界定的线性规划问题，即可求出各河流的污染物允许排放量 F_j。

设$\Delta Q_j = Q^o_j - Q^s_j$，表示第$j$个污染源现状排放量和允许排放量之差，若$\Delta Q_j > 0$，应削减，削减量为$\Delta Q_j$，比值$\Delta Q_j / Q^o_j$则为削减率；若$\Delta Q_j < 0$，尚有余量；$\Delta Q_j = 0$，已无余量。在此基础上，针对各污染源所属行政区域或流域给出污染物总量控制对策建议。

19.3.2 入海负荷超标率计算及等级评估

定义入海负荷超标率，来定量描述各汇水单元入海负荷的超标情况，其计算公式为：

$$R_j = \frac{Q^o_j - Q^s_j}{Q^s_j} \times 100\% \tag{19-5}$$

式中，R_j为某种污染物第j个汇水单元的入海负荷超标率；Q^o_j为某种污染物第j个汇水单元的现状排放量，单位为t/a；Q^s_j为某种污染物第j个汇水单元的允许排放量，单位为t/a。

入海负荷等级评价体系见表19.4。

表19.4　入海负荷等级评价体系

入海负荷等级		入海负荷超标率
未超载（Ⅰ级）		$P_{ij} \leqslant -20\%$
濒临超载（Ⅱ级）		$-20\% < P_{ij} \leqslant 0$
超载	轻度超载（Ⅲ级）	$0 < P_{ij} \leqslant 30\%$
	中度超载（Ⅳ级）	$30\% < P_{ij} \leqslant 70\%$
	重度超载（Ⅴ级）	$P_{ij} > 70\%$

19.4　渤海环境承载力趋势性预警评价

2001—2011年各评价单元环境承载力的评价结果表明（表19.5），全海域水质普遍处于中度超载水平，超载参数以无机氮和活性磷酸盐为主。渤海湾湾顶、辽东湾湾顶、渤海东部沿岸、黄河入海口以及莱州湾湾顶是主要的重度超载区域，且水质普遍呈现持续恶化的变化特征。秦皇岛—曹妃甸沿岸、庙岛群岛沿岸以及渤海中部海域水质较为清洁，有少量污染区域存在。

表19.5　渤海海洋环境承载力评估

评价单元	无机氮	磷酸盐	化学需氧量	污染状况及预警
LD01	重度超载	中度超载	未超载	无机氮和活性磷酸盐 超载程度较重，近年来水质略有恶化
LD02	中度超载	重度超载	个别时段轻度超载	无机氮和活性磷酸盐 超载较重，水体中无机氮超载幅度持续升高，水质污染加重
LD03	重度超载	重度超载	濒临超载	无机氮和活性磷酸盐严重超载，近年来超载程度略有降低
LD04	重度超载	重度超载-中度超载	轻度超载	无机氮和活性磷酸盐 超载严重，近年来无机氮超载程度基本保持不变，活性磷酸盐 超载程度波动较大
LD05	重度超载	重度超载	重度超载	无机氮、活性磷酸盐和化学需氧量均严重超载，水质持续恶化
LD06	重度超载	重度超载	重度超载	无机氮、活性磷酸盐和化学需氧量均严重超载，活性磷酸盐和化学需氧量超载程度增加，水质持续恶化
LD07	轻度超载	中度超载	轻度超载	活性磷酸盐中度超载，近年来水质改善
LD08	轻度超载	中度超载	濒临超载	活性磷酸盐中度超载，近年来水质波动较大，存在一定的污染区域
LD09	濒临超载	轻度超载	濒临超载	水质较为清洁，存在少量污染区域
LD10	轻度超载	中度超载-轻度超载	轻度超载	近年来水质较为清洁，存在少量污染区域
LD11	个别时段轻度超载	个别时段中度超载	个别时段轻度超载	近年来水质较为清洁，存在少量污染区域
LD12	重度超载	重度超载	中度超载-重度超载	无机氮、活性磷酸盐和化学需氧量均重度超载，近年来水质超载程度普遍升高，水质持续恶化
LD13	轻度超载	中度超载	个别时段轻度超载	活性磷酸盐中度超载，近年来水质在轻度超载和中度超载中波动变化
LD14	个别时段中度超载	个别时段中度超载	个别时段中度超载	部分时段无机氮、活性磷酸盐和化学需氧量中度超载，近年来水质在轻度超载和中度超载中波动变化
BH01	未超载	个别时段轻度/中度超载	未超载	水质清洁，个别区域出现活性磷酸盐污染现象，需进一步关注水质变化
BH02	轻度超载	轻度超载	未超载	近年来水质较为清洁，存在少量污染区域
BH03	未超载	个别时段轻度/中度超载	未超载	近年来水质较为清洁，个别区域出现活性磷酸盐污染现象，需进一步关注水质变化
BH04	中度超载-重度超载	轻度超载	未超载	无机氮超载程度增大，水质污染状况加重
BH05	重度超载	中度超载-重度超载	轻度超载	无机氮重度超载，近年来水质无机氮超载程度基本不变，活性磷酸盐由中度超载向重度超载转变，近年来活性磷酸盐超载程度增加，水质呈现恶化趋势

续表

评价单元	无机氮	磷酸盐	化学需氧量	污染状况及预警
BH06	重度超载	中度超载	轻度超载	无机氮重度超载，活性磷酸盐和化学需氧量逐渐由轻度超载转变为中度超载，海域水质呈现恶化趋势
BH07	中度超载	中度超载	轻度超载	无机氮和活性磷酸盐 中度超载，近年来波动变化，水质受到一定污染
BH08	中度超载	中度超载	中度超载	无机氮、活性磷酸盐超载风险、超载程度加重，水质污染程度略有加重
BH09	重度超载	轻度超载	中度超载	无机氮重度超载，近年来超载程度逐渐降低，水质略有改善
BH10	重度超载	轻度超载-中度超载	轻度超载	无机氮中度超载，活性磷酸盐中度超载，海域无机氮和活性磷酸盐 超载程度增加，水质持续恶化
BH11	中度超载-轻度超载	濒临超载	轻度超载	无机氮水质由中度超载变为轻度超载，海域水质改善
LZ01	重度超载	重度超载-轻度超载	重度超载	无机氮、活性磷酸盐和化学需氧量中度超载，水质污染严重
LZ02	重度超载	轻度超载	轻度超载	无机氮重度超载，近年来无机氮超载程度略有降低，水质改善
LZ03	中度超载-重度超载	轻度超载-未超载	轻度超载	近年间水体中无机氮超载程度降低，水质改善
LZ04	重度超载-轻度超载	濒临超载	濒临超载	海域无机氮波动较大，可能受到无机氮的污染
LZ05	轻度超载	轻度超载	轻度超载	近年来水质较为清洁，存在少量污染区域
LZ06	轻度超载-轻度超载	未度超载	轻度超载	海域无机氮超载程度略轻，近年来水质整体改善

第五篇
社会经济活动环境影响压力机制研究

20 社会经济活动与环境污染关系研究

20.1 社会经济活动与海洋环境关系研究现状

20.1.1 经济增长与环境污染关系研究

（1）环境库兹涅茨曲线存在性的研究

自Crossman和Krueger提出EKC以来，为确定经济发展与环境污染间是否存在环境库兹涅茨曲线规律，国内外学者做了大量的验证研究。梳理不同空间尺度、不同地区、不同学者的研究成果，对于环境库兹涅茨曲线存在性的研究结论包括以下几方面：①在全球尺度上以各国的研究较为集中，且半数以上文献证明了环境库兹涅茨曲线的存在；②在以单个国家为研究对象的空间尺度上，对美国的研究得到了大致相同的结论，约70%的研究认为环境倒U形曲线是存在的，但对其他单个国家的研究中，结论并不统一，甚至出现相悖的结论；③对于中国环境库兹涅茨曲线的研究，全国和各个省市范围都有较多研究，目标多集中在对EKC适用性的验证。

国际上研究区域涉及美国、意大利、英国等30多个国家和地区，据统计，1991—2010年间，来源于国际期刊的有关EKC研究达260多篇。Shafik, Selden等利用发达国家跨国数据对废气指标与人均国内生产总值进行拟合，证明了EKC曲线的倒U形存在。De Bruyn等对单一国家的环境污染物（废水和废气）与人均收入进行EKC拟合，指出单一国家EKC曲线的存在性值得怀疑。特别是2000年以后，国内外对EKC的研究文献可谓层出不穷，形成了新一轮的研究热潮。

国内研究虽然起步较晚，但做了许多扎实的工作，相关研究达480多篇，研究空间尺度涵盖各个层级，且研究结论不一。研究得到的结论不完全统一，全国尺度上，60%以上的文献证实了环境库兹涅茨曲线倒U形关系的存在，但各省市的研究结论多样，没有有力的论据说明EKC在各省市的普遍存在性，且环境-经济关系曲线的形状表现为U形、倒U性、V形、倒V形、N形、倒N形、U+V形等多种形态，这些为研究我国经济增长与环境保护提供了大量的实证分析和研究素材。

（2）EKC曲线形成机理的理论与实践解释

国外学者对其形成机理的研究相对成熟和丰富。Crossman等发现了环境质量随着人均收入变化呈现倒U形曲线关系的同时，也从产业结构升级角度剖析了EKC形成的原因。Thampapillai .等研究认为，自然资源本身的稀缺性和"环境-资源"市场的逐渐形成，使得企业为了降低成本而减少对资源的消耗，该过程保护了环境污染，促使EKC曲线的出现。Manuelli , Lopez .等指出，各国（地区）成员的收入水平不同，对环境质量的需求也不同，Panayotou等也指出，随着人均收入的提高，当人们对环境质量的需求弹性大于1时，会为了环境质量的改善而舍弃经济利益，EKC曲线将会下降。O-sung等认为，个体成员的环境需求效用对物质消费的边际替代弹性大于1时，将会促使EKC曲线下降阶段的到来。Selden , Markus等研究认为，随着人均收入的增长、经济水平的提高、科技日益进步，对资源的利用效率得到改善，对环境的破坏也得到抑制，因此环境随着经济发展得到改善。

国内研究方面，一些研究是以国内具体区域的数据验证了国外学者的结论，也有学者对EKC曲线形成机制的解释进行了丰富，陈艳莹认为污染治理的规模收益递增导致了环境库兹涅茨曲线，但认为这并不意味着经济增长本身就是解决污染问题的最好药方，在没有外力干预的情况下，污染治理的规模收益递增特征决定了污染与收入之间存在倒U形关系。王学山则认为在不考虑自然因素的条件下，区域环境质量演化曲线取决于当地社会经济的发展状况，而不仅仅取决于经济增长状况。

总结分析发现，EKC形成机理可以从以下几方面来解释：①国家（地区）的经济水平、规模和产业结构变化是导致EKC倒U形产生的主要原因。随着经济水平提高、规模增大和产业结构高级化，环境质量会受到重视，环保投入将增加，产业结构也将倾向于环境友好的方向发展，最终使环境质量改善；②受到"环境与资源"供需市场机制形成及变化的影响。即认为环境和资源作为生产需要的"要素"，其稀缺性的特点致使生产成本不断提高，同时随着人均收入水平的提高，人们对环境的需求会增多，从而引起政府和企业重视提高资源利用效率和降低环境污染危害，从而使环境得到改善；③技术进步是影响因素之一。工业化中期后，以技术进步为主体推动的内涵式增长使得资源利用高效率，产业结构高级化，促使环境质量改善；④受到国际贸易和国际间产业转移的影响。这是发达国家和发展中国家处于EKC倒U形曲线不同阶段的主要原因之一，即发达国家将高污染、高耗能的产业转移到发展中国家生产，使得本国提前进入下降拐点，而推迟了发展中国家EKC拐点的到来；⑤国家政策的影响。伴随着工业化进程中日益破坏的环境和耗尽的资源，经济水平逐渐提高，国家开始重视环境问题，经济实力可以提供污染治理投资的保障，从而实现了后期环境质量的改善。

20.1.2 主要污染物的研究

20.1.2.1 关于化学需氧量污染的研究

Wang Cui等研究了福建7个海湾的污染来源，研究发现排入湄洲湾的化学需氧量量最多，海湾污染主要来源于陆域，而农业污染的贡献大于工业污染。朱梅和吴敬学对海河流域农业生产和生活的化学需氧量污染进行了系统研究，发现畜禽养殖污染已成为农业污染的主要方面。Amaya.等利用包含污染消减模块的污染负荷估算模型对菲律宾Biñan流域BOD的负荷量进行了估算，结果表明，居民生活的污染贡献为60%，畜禽养殖业占23%，工业和其他非点源污染占17%。赵宪伟等研究了河北化学需氧量排放趋势和减排措施，发现河北化学需氧量排放空间分布格局同当地的产业结构和经济发展水平关系密切。关于辽河流域化学需氧量和氨氮污染的研究多集中在辽河水体中化学需氧量污染物含量变化方面，常原飞等研究发现辽河流域污染的主要因子是化学需氧量、氨氮、石油和生化需氧量，而氨氮和化学需氧量占90%以上，说明水质污染属于有机好氧型污染，河流化学需氧量污染严重；马溪平等对辽河流域主要干流水质进行评价，并对辽河流域干流水体中主要污染物进行源解析，表明城市生活污水和工业废水是耗氧有机物污染物的主要来源。

20.1.2.2　关于氨氮污染的研究

XiaoMa等利用输出系数模型从农村生活垃圾、畜禽养殖场、肥料和土壤侵蚀四个方面估算了三峡库区氮的总污染负荷量，分析了氮污染状况与富营养化间的关系；马广文等，岳勇等对松花江流域的非点源氮磷负荷及其差异特征、非点源污染负荷估算与评价、农业面源污染特征等进行了研究。夏立忠，刘庄等估算了太湖流域的非点源污染负荷，并提出污染控制对策等。盛学良等根据太湖流域同类型污水中总氮、总磷的浓度和当前废水治理技术及接纳水体的环境质量等分析，确定了太湖流域三级保护区内各类排污单位总氮、总磷允许排放浓度。

从化学需氧量和氨氮的研究中可得出：①现有研究更多是侧重污染物自身特征的研究，缺少对社会经济因素的分析；②对主要污染物产生的社会经济原因给予了肯定，但缺乏各类社会经济活动在污染来源机制方面的系统分析；③在数据处理上同样很少考虑流域内社会经济分布与污染产生的空间关系。

20.1.2.3　重金属污染物的研究

国内外学者对工业重金属污染的研究多集中在污染现状的分析上。研究内容上，主要分析重金属污染的空间分布、空间变异和污染风险评价方面；研究思路上，多以实地样点监测数据为基础，通过适当的差值方法反演重金属污染的空间分布，进而采用潜在生态风险指数、地质累积指数法或健康风险评价模型对污染的风险进行评价；研究区域上，包括入海河口、海湾、工业企业遗址、工业用地、城市周边区域、农业用地等。

以上重金属研究的视角与本研究视角有所差别，现有研究更多是对已排放至环境中的重金属的自然属性进行分析，属于事后分析，对重金属污染的预警分析比较缺乏，不能防范潜在的风险事件，对污染源的判断比较粗泛，缺少从污染源的角度研究重金属污染的潜在风险及污染的空间分布等问题。本研究拟从重金属污染源头出发，在行业与企业层面研究工业重金属污染的风险评价，将风险评价由事后提前至事前，最大限度防止污染事件的发生。

20.1.3 产业角度的污染研究

20.1.3.1 工业污染

众多研究表明，工业发展不可避免会导致环境污染，是制造环境污染的重要力量。据我国环保部估计，工业污染占全国污染总量最高的时候达70%，其中包括70%的有机水体污染，72%的二氧化硫排放量，75%的烟尘。工业污染总体上符合EKC曲线理论，即随着人均收入的不断增长，工业污染也将逐渐减轻。根据Dasgupta等关于经济发展对印度尼西亚、菲律宾及孟加拉等国环境保护作用的研究结果，人均国民收入与环境法规的严格程度之间有一定的持续关系（图20.1）。图20.1反映出随着人均收入的增长，环境控制的程度逐渐加强，且这种关系呈现出一定的持续增长状况。

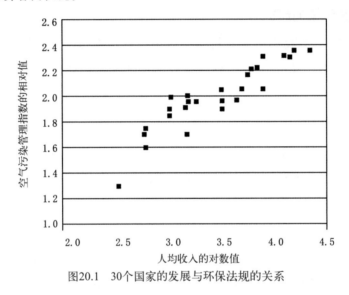

图20.1　30个国家的发展与环保法规的关系

根据世界银行对巴西、中国、芬兰、印度、印度尼西亚、韩国、墨西哥、泰国以及中国台湾等12个国家和地区的数据分析，人均收入每上升1个百分点，有机水污染的强度下降1个百分点，随着人均收入从500美元上升到20 000美元，污染程度下降了90%，且在达到中等收入水平之前，污染减少得最快，见图20.2。

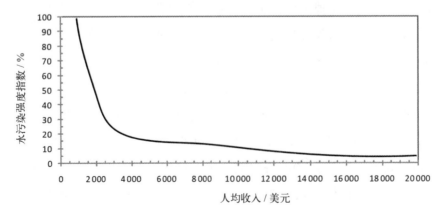

图20.2　人均收入和工业水污染强度的关系

除经济发展水平与工业污染关系研究以外，众多研究集中在工业发展本身对工业污染排放的影响，学者们对影响环境污染的工业因素主要概括为工业规模、工业结构和技术进步。为定量研究工业污染排放与工业规模和工业产业结构的关系，De Bruyn运用Divisia指数分解方法分析了1980—1990年荷兰与德国的二氧化硫排放情况，发现两国单位产出的二氧化硫排放减少主要归功于技术效应，结构变化所起的作用非常有限。Selden等运用迪氏指数分解法对美国1970—1990年6种污染物排放进行了考察。他们将污染分解为规模效应、结构效应、能源消耗强度、能源消耗结构以及其他技术效应。结果表明，结构效应可以减少污染，但作用不明显，污染下降主要是由于能源消耗强度降低和其他技术效应的作用。

有学者对中国1980—1997年的二氧化碳排放进行了分解，认为人均国内生产总值和人口是污染增加的主要因素；能源消耗强度的下降是污染减少的主要因素。刘星将工业污染排放的变化分解为工业规模效应和结构效应，工业规模的增大导致工业污染排放的增加，而工业产业结构的变化导致工业污染排放的减少，梅林海研究发现工业的发展对废水污染强度有双重影响，合理的工业结构，较为发达的工业发展水平，其废水排放总量反而更小。对工业污染研究总结发现：①工业规模、结构的演变对区域环境污染状况具有一定的解释能力，两者的相互联动效应在特定的时期具有同步的特征，尤其是在工业整体生产水平较低时，工业的规模与结构基本决定了污染的压力；②随着工业整体水平的提高这种相互对应关系弱化，甚至出现相反的影响关系，而技术进步的效应逐渐显现。

20.1.3.2　农业面源污染

造成农业面源污染的成因主要包括土壤侵蚀、农业化肥农药过量施用、畜禽养殖业排污、农村居民生活污染和大气干湿沉降。与点源污染相比，农业面源污染自身的特征使对其的研究以及监测、防治与管理工作更为困难。国外农业面源污染研究集中于农业面源污染的控制措施方面，主要的观点包括：①通过限定农场投入数量，对污染物课税，限定污染物数量；②推出限制过多施用化肥农药的政策，并利用税收补贴污染；③制定基于一个地区某一种污染物浓度的收费制度，称之为环境浓度费；④对生产中使用化肥、农药这些具有负外部性的投入征收统一的氮税、磷税等，对购买污染控制设备、施用有机肥等具有正外部性的投入实施补贴；⑤通过氮税、磷税等可以使一些作物退出生产或导致农民从种植氮肥、磷肥大量使用的作物转向少量使用的作物等。国外的研究以农业污染很强外部性为前提，努力将负外部性转化为经济主体的成本，从而缓解污染。

国内对农业面源污染多数是从技术与工程层面上对面源污染进行定量分析，从经济学与公共政策角度分析该问题的较少。Wen Qingchun等研究发现辽河流域农田径流污染占农业非点源污染比重较大，且主要集中在辽河干流区域。张秋玲等提出面源污染负荷定量化研究是流域污染治理的重要基础工作，利用面源污染模型估算与模拟面源污染负荷是研究其变化规律的基本方法。国内近年来在汉江流域、三峡库区、黄河流域、松花江流域等开展了一系列的大尺度流域非点源污染负荷定量研究，部分学者注意到农业面源污染影响因素与经济发展有关：社会经济因素主要通过社会经济活动，影响土地利用方式、农业生产方式及管理水平、产业结构、农村庭院养殖集中程度和规模、居民环境保护意识等。

对农业面源污染相关文献的总结发现，国内已有研究侧重于污染物形成的自然机理，多为基于农业面源污染物形成、传输和迁移、流失的自然过程，结合降水量因子、地表径流系数、土壤类型、土壤渗透系数、污染物自然降解率等指标，根据自然机理模型估算面源污染物负荷量。部分研究已经开始关注面源污染物产生的社会经济因素，但是从污染物来源角度，系统分析不同社会经济活动的压力机制和构成仍较为缺乏，而这正是从根源上发现和控制污染问题的必要条件。

20.2 相关基础理论

20.2.1 环境—经济协调发展理论

经济增长与环境保护之间存在冲突是长久以来人们的基本认识，Beckerman等认为促进经济增长本身就是保护环境资源的有效手段。世界经济发展的历程已经证明，要追求人类社会经济活动与自然环境协调发展，是地球资源协调发展的综合目标。环境—经济协调发展理论认为经济系统与环境系统并非完全独立不相关的两个子系统，虽然存在各自的构成、属性特征和运行机理，但经济系统与环境系统间相互促进并相互制约。自20世纪70年代开始，经济学家开始借助经济增长理论模型来探讨经济与环境协调发展问题。Beckerman认为，伴随着经济增长，人们对环境质量的需求会相应增加，这必然导致更为严格的环境保护措施，并且随着收入增长人们更倾向于服务性产品，而对资源消耗型和产生污染的产品需求会减少，从而环境质量会得以改善。Panayotou指出，经济发展本身就是改善环境质量的前提条件，尤其是对于发展中国家而言，促进经济增长是保护环境资源的有效手段。我国正处于工业化中期，经济增长很大程度上以资源的高消耗和环境的高污染为代价，资源衰竭和环境污染日益加重使得社会生产生活与资源环境之间的矛盾日益尖锐，因此，需要重视区域经济与环境间的协调发展，环境—经济协调发展理论为研究社会经济活动的环境污染机制问题提供了良好的理论基础。

20.2.2 环境库兹涅茨曲线理论

1955年，美国经济学家库兹涅茨选取了普鲁士（德国）国家1854—1875年、1875—1892年、1893—1913年这3个时间段（分别对应资本主义第二次经济周期的涨潮、落潮和第三次经济周期的涨潮时期）的时序数据，发现人均收入水平的差异随着经济水平的提高经历了扩大到缩小的过程，二者关系在笛卡尔平面直角坐标系中的拟合曲线近似"倒U形"，后人称此为库兹涅茨曲线（KC），经过大量现实经济数据的验证，得到众多学者的认可。

20世纪90年代初，美国经济学者格鲁斯曼（Gene M.Crossman）和克鲁格（Alan

B.Krueger）基于42个国家的数据研究环境-经济关系时发现，随着人均国内生产总值的增加，环境污染水平呈现先上升后下降的"倒U形"，这与KC曲线所描述的人均收入差距随人均国内生产总值的变化规律类似，1993年，哈佛大学学者潘那优拓（Panayotou）利用30个国家的数据验证了Crossman和Krueger的结论，并首次将其命名为"环境库兹涅茨曲线"，即EKC曲线（图20.3）。

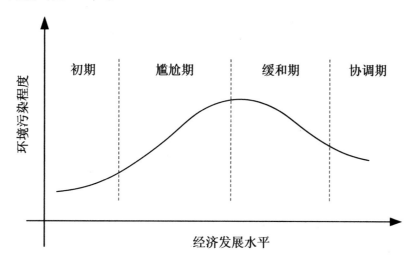

图20.3　环境库兹涅茨曲线示意图

环境库兹涅茨曲线理论认为环境与经济的关系是从不协调到协调的过程，即随着经济系统能值的上升，环境系统会出现一个先恶化后改善的过程。具体来说：经济发展水平较低时，社会生产和生活的规模较小，对环境的污染较轻；经济进入快速发展阶段，工业化出现，重污染工业迅猛增长，出现对资源的过度开发利用，人口逐渐增多，经济系统对环境输出的负效应增多，污染日益严重；当经济发展至成熟阶段，生产方式从粗放向集约转变，经济结构逐渐优化，重污染产业被调整或转移，经济积累开始为环境治理提供资金支持，人们对环境的诉求提高，环保意识增强，污染开始减少，环境质量得到改善，经济发展也逐渐进入高水平阶段，逐渐与环境协调，图20.3显示了该过程的演变。因此，依据EKC曲线理论，社会经济的发展基本遵循"先污染，后治理"的发展模式。

20.3　影响海洋环境的主要社会经济要素的甄选

20.3.1　指标选取的原则

（1）系统性

指标选取从影响渤海环境变化的各个社会经济层面出发，在分析单项指标的基础上构建影响渤海海洋环境的指标体系。指标体系间应具有一定的层次感，体系完整。

（2）代表性

严格意义上，环渤海地区陆域社会经济活动都或多或少的影响着渤海海洋环境，在研究过程中需要甄别具有代表性的经济活动，选择切实可以反映主要影响海洋环境的经济活动，对其他相关但相关性不强的经济活动进行必要的剔除，从整体上把握指标体系的代表性。

（3）有效性

选择的指标应具有良好的时间序列、量纲、通用性等共性，可以满足研究中对指标的处理、对比。如可以采用产量的指标尽量采用产量，避免产值因素中的价格波动影响。

（4）可操作性

指标体系应该具有可操作性强的特点，要尽可能简单实用，充分考虑数据获取、定量化、处理的可行性，尽可能保证数据的可靠性，力求简单清楚，不宜过多。

20.3.2 指标确定的方法

将污染物入海的途径分析（排污口、河流入海、海岸地表径流、沉降）和社会经济活动的产污排污分析结合起来，指标筛选需同时考虑排放强度和源强规模。指标确定的基本思路是：①总体指标类：参考现有研究成果进行筛选；②农业指标类：比较直观，采用排污系数筛选；③工业指标类：比较复杂，采用污染普查数据统计；④城镇生活类：比较固定，采用排污系数法筛选；⑤环境保护类：需依据研究对象而定。

（1）以分析海洋环境污染要素为基础，追根溯源

海洋污染物类型（化学需氧量、有机氮、活性磷酸盐、重金属、石油烃）；入海污染物途径分析（排污口、河流入海、海岸地表径流、沉降）；每种污染物的来源分析（图20.4）。

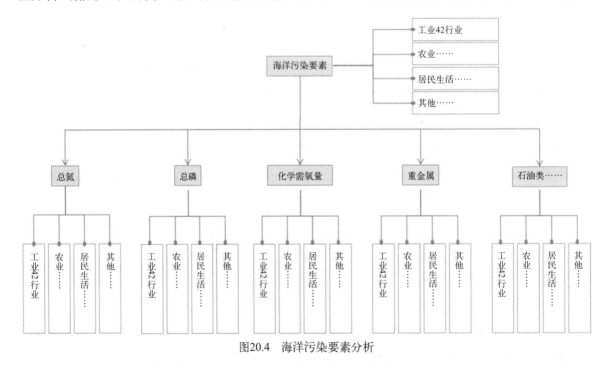

图20.4 海洋污染要素分析

（2）依据社会经济活动的分类提取不同层面指标

将社会经济活动污染以点源和面源污染特征分类，分别对工业、农业和城市生活进行分类（图20.5）。

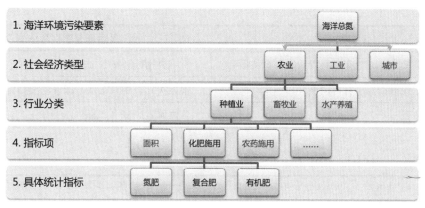

图20.5　社会经济活动污染分类

（3）利用规模比重和排污能力选择行业指标

依据工业行业规模、行业排污总量、排污入海总量和污染物构成特征，筛选主要影响指标项，如图20.6和表20.1。计算辽宁近10年各工业行业实际排放量（P），采用公式$P = \alpha \cdot s \cdot \beta$（排放系数×行业规模×废水处理率），将各行业每年$P$进行排序，选择比重累积达80%以上的所有工业行业作为指标。各类系数的来源具体参考表20.2。

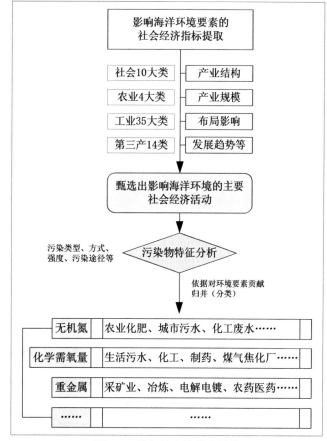

图20.6　指标选取的基本思路

表20.1　指标选取的基本步骤

步　　骤	指标来源或参考依据
1. 社会经济活动标准分类	参考统计年鉴分类方法
2. 依据含氮污染物的产排污系数提取具体行业	污染手册或国家、行业排放标准（类型、方式、严重程度）
3. 依据行业规模进行筛查并剔除	产值或主要产品产量
4. 选取操作性强，获取相对容易的产生类指标	产生类指标

步　骤	指标来源或参考依据
5.选取对污染物产生、分布影响较大的影响类指标	影响类指标
6.依据研究结论对指标进行再调整	根据实际，剔除冗余，选取主要指标项
7.确定指标体系	具体确定产值（产量）

表20.2　各行业产污排污系数来源

各类系数		来源/方法
产污系数	种植业	化肥、有机肥实际施用量
	畜牧业	排泄系数
	工业各行业	工业污染普查手册 工业各行业废水排放标准（GB）
	居民生活（城镇+农村）	城镇生活源产排污系数手册
排污系数	种植业	吸收率、流失率
	畜牧业	平均浓度估算法 排泄系数估算法
	工业各行业	工业污染普查手册 工业各行业废水排放标准（GB） 统计数据的反演
	居民生活（城镇+农村）	城镇生活源产排污系数手册
入河系数		文献资料；点源污染物（0.8—0.9）；面源污染物（0.02—0.2）

20.3.3　指标体系的构建

指标体系按社会经济分为五大类，包括：总体指标类、农业指标类、工业指标类、城镇生活类、环境保护类。表20.3为社会经济主要指标项。

表20.3　影响污染物排放的主要社会经济指标

类型层	行业层	指标层（变量层）		备注
总体指标	人口	非农人口		数量
		农业人口		数量
	经济发展水平	国内生产总值		数量
		一产国内生产总值		数量
		工业国内生产总值		数量
		三产国内生产总值		数量
	土地利用	建成区面积		数量
		工业用地面积		数量

续表

类型层	行业层	指标层（变量层）		备注
农业生产	种植业	化肥	氮	数量
			磷	数量
			钾	数量
			复合肥	数量
			有机肥	数量
		农药	主要农药种类	数量
		生产水平	耕地面积	数量
			灌溉面积	数量
			机械化水平	投入量
	畜牧业	种类	猪	数量（产量）
			牛	数量（产量）
			羊	数量（产量）
			鸡等	数量（产量）
		粪便	猪牛羊鸡等	数量×排污系数
	渔业	产量	产量（产值）	数量（产值）
		饵料	投入量	数量
		粪便	排污系数	数量×排污系数
工业生产	内陆工业（污水排放重点行业）	黑色金属矿采选业	生铁、钢	产量
		黑色金属冶炼及压延业	生铁、钢	产量
		石油和天然气开采业	原油	产量
		石油加工业	乙烯	产量
		化学原料及化学品制造业	化学纤维	产量
		塑料制品业	塑料	产量
		煤炭开采业	煤炭	产量
		装备制造业	产值	产值
		食品加工业	产值	产值
		医药制造业	产值	产值
		造纸及纸制品业	产值	产值
		纺织业	产值	产值
	临海产业	港口工业	吞吐量	数量
		造船工业	造船吨位	数量
		海水淡化产业	淡化水量	数量
		海水运输业	运输量	数量
		海水油气开发	产量（比重）	数量（比重）
城镇生活	居民生活及服务业	（三产）	产值	产值
	城市径流		径流数据	数量

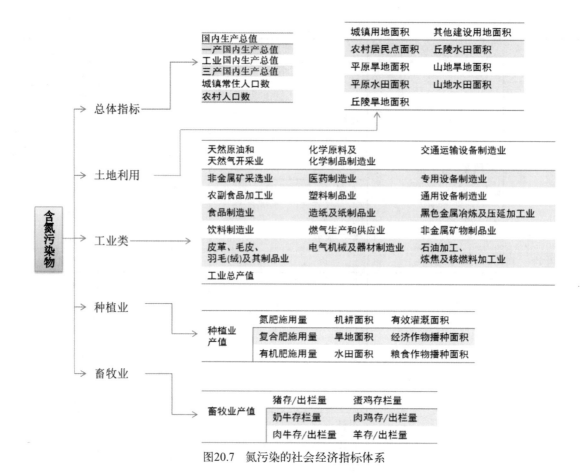

图20.7 氮污染的社会经济指标体系

20.4 构建社会经济影响海洋环境的评价指标体系

20.4.1 影响总氮/总磷排放的社会经济活动指标体系

将辽河流域社会经济活动划分为农业生产活动、工业生产活动和居民生活三大类，指标选取具体方法为：①依据氮污染特征，参考产排污系数，筛选出与氮排放有关的生产生活活动；②通过统计数据的分析筛选出规模大、强度大的社会经济活动；③在此基础上选择能很好反映该社会经济活动的操作性强、获取相对容易的统计指标；④参考已有文献研究对指标进行修正和补充。依据以上思路确定了影响流域氮污染的社会经济指标34个（表20.4），具体分为总体指标类、农业生产类（种植业和畜禽养殖业）、工业生产类和土地利用类等。利用此分类对环渤海地区社会经济活动氮排放分别估算（表20.5）。

总氮＝农业生产源＋居民生活源＋工业源

  ＝种植业＋畜牧业＋城镇生活＋农村生活＋39个工业行业

  ＝水田＋旱地＋园地＋各类畜禽＋各级城镇＋各地区农村生活＋39个工业行业

  ＝444个区县的（水田＋旱地＋……＋……＋39个工业行业）

另外，总磷的污染源类型与总氮具有高度的同源性，因此，总氮和总磷的污染源指标基本相同。

表20.4 影响辽河流域氮污染的主要社会经济指标

指标类		指标项	
1.总体指标		国内生产总值	三产国内生产总值
		一产国内生产总值	城镇常住人口数
		工业国内生产总值	农村人口数
2.农业指标	种植业	氮肥施用量	机耕面积
		复合肥施用量	旱地面积
		有机肥施用量	水田面积
	畜牧业	猪存/出栏量	蛋鸡存栏量
		奶牛存栏量	肉鸡存/出栏量
		肉牛存/出栏量	
3.工业指标（产值或产量）		化学原料及化学制品制造业	造纸及纸制品业
		石油加工、炼焦及核燃料加工业	黑色金属冶炼及压延加工业
		农副食品加工业	食品制造业
		饮料制造业	医药制造业
4.土地利用指标		城镇用地面积	丘陵旱地面积
		农村居民点面积	丘陵水田面积
		其他建设用地面积	山地旱地面积
		平原旱地面积	山地水田面积
		平原水田面积	

表20.5 社会经济活动氮污染排放估算项

序号	估算项	序号	估算项	序号	估算项
1	城镇_生活污水量	14	肉牛_总氮	27	烟草制品业_氨氮
2	城镇生活_总氮	15	蛋鸡_总氮	28	纺织业_氨氮
3	乡村_生活污水量	16	肉鸡_总氮	29	纺织服装鞋帽制造业_氨氮
4	乡村生活_总氮	17	猪_总磷	30	皮革毛皮羽毛（绒）及其制品业_氨氮
5	乡村生活_动植物油	18	煤炭开采和洗洗业_氨氮	31	木材加工及木竹藤草制品业_氨氮
6	乡村_生活垃圾量	19	石油和天然气开采开_氨氮	32	家具制造业_氨氮
7	水田_单季稻_总氮	20	黑色金属矿采选业_氨氮	33	造纸及纸制品业_氨氮
8	旱地_春玉米_总氮	21	有色金属矿采选业_氨氮	34	印刷业和记录媒介的复制_氨氮
9	旱地_大田一熟_总氮	22	非金属矿采选业_氨氮	35	文教体育用品制造业_氨氮
10	旱地_露地蔬菜_总氮	23	其他采矿业_氨氮	36	石油加工、炼焦及核燃料加工业_氨氮
11	旱地_园地_总氮	24	农副食品加工业_氨氮	37	化学原料及化学制品制造业_氨氮
12	猪_总氮	25	食品制造业_氨氮	38	医药制造业_氨氮
13	奶牛_总氮	26	饮料制造业_氨氮	39	化学纤维制造业_氨氮

序号	估算项	序号	估算项	序号	估算项
40	橡胶制品业_氨氮	46	通用设备制造业_氨氮	52	工艺品及其他制造业_氨氮
41	塑料制品业_氨氮	47	专用设备制造业_氨氮	53	废弃资源和废旧材料回收加工业_氨氮
42	非金属矿物制品业_氨氮	48	交通运输设备制造业_氨氮	54	电力、热力的生产和供应业_氨氮
43	黑色金属冶炼及压延加工业_氨氮	49	电气机械器材制造业_氨氮	55	燃气生产和供应业_氨氮
44	有色金属冶炼及压延加工业_氨氮	50	通信计算机及其他电子设备制造业_氨氮	56	水的生产和供应业_氨氮
45	金属制品业_氨氮	51	仪器仪表及文化办公制造业_氨氮		

20.4.2 影响化学需氧量排放的社会经济活动指标体系

从影响化学需氧量排放的众多社会经济活动中甄别其主要影响因素是研究的基础。将辽河流域社会经济活动依然划分为农业生产活动、工业生产活动和居民生活三大类，在指标选择过程中充分考虑了社会经济活动的类型、规模、强度以及化学需氧量产排系数。在各类社会经济活动产排污系数和统计数据分析基础之上，筛选确定了32个影响流域化学需氧量污染的社会经济指标，具体如表20.6所示。

表20.6 影响辽河流域化学需氧量污染的社会经济指标

指标类		指标项	
1.总体指标		国内生产总值	三产国内生产总值
		一产国内生产总值	城镇常住人口数
		工业国内生产总值	农村人口数
2.农业指标	种植业	有机肥施用量	旱地面积
		机耕面积	水田面积
	畜牧业	猪存/出栏量	蛋鸡存栏量
		奶牛存栏量	肉鸡存/出栏量
		肉牛存/出栏量	
3.工业指标（产值或产量）		造纸及纸制品业	饮料制造业
		化学原料及化学制品制造业	农副食品加工业
		黑色金属冶炼及压延加工业	医药制造业
		石油加工、炼焦及核燃料加工业	纺织服装、鞋、帽制造业
4.土地利用指标		城镇用地面积（建成区面积）	丘陵旱地面积
		农村居民点面积	丘陵水田面积
		其他建设用地面积	山地旱地面积
		平原旱地面积	山地水田面积
		平原水田面积	

指标体系构建是研究社会经济活动影响海洋环境变化机制的基本，之后的污染物排放量估算，以及污染治理重点对象的确定都需要以该指标体系为基础（图20.8）。

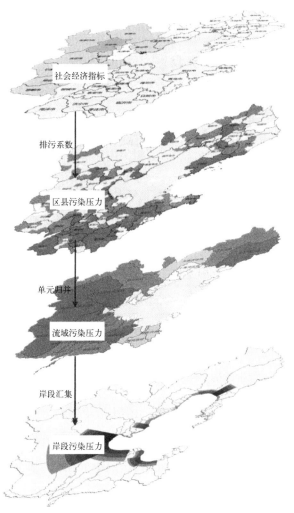

图20.8　社会经济活动污染排放估算结果分析逻辑示意图

21　社会经济要素的空间分析研究

21.1　社会经济要素空间分析研究现状

21.1.1　分区理论的研究进展

　　18世纪末到19世纪初是自然地域系统研究的初期阶段，已经产生了分区的思想，近代地理学奠基人，德国地理学家亚历山大·冯·洪堡研究了世界气候在纬度、海拔高度、距海距离、风向等综合因素影响下的分布特征，指出了植被的地带性分布规律，被认为是最早的自然区划研究。国内学者普遍认为1929年竺可桢发表的《中国气候区域论》标志着我国现代自然地域划分研究的开始。20世纪60—80年代部门自然区划成为了研究的热点，如气候区划、水文区划、经济区划、农业区划、植被区划、动物区划、能源区划、景观区划、地震区划等被广泛研究。

20世纪60年代以后，生态区划逐渐成为国外区划研究的重点，并广泛地应用于生态环境保护与区域管理。20世纪70年代以后，区划研究进入综合区划阶段，综合区划对区域自然、生态、环境要素及社会经济要素进行综合分析，目的是对区域功能类型进行定位，实现功能在空间上的合理分布。综合区划研究源自20世纪70年代兴起的土地利用规划，以实现区域合理利用，减少不同利用方式间的冲突最小化为目的。随着社会经济发展过程中人口资源环境问题的出现，在"协调发展观"的指导下，以功能区划为主题的研究成为20世纪90年代综合区划研究的重点内容。

我国现有海域环境分区的研究较少。林文生对厦门西海域沿岸带的污染环境进行了系统的区划。王茂军指出海洋污染是海岸带经济系统与海域环境系统相互耦合的产物，其防治必须海陆一体，将经济系统和环境系统有机结合起来进行。王金坑提出了海洋环境分类管理分级控制区划，根据社会经济发展需要和不同海域在环境质量现状、环境承载力和主导海洋功能上的差异，提出海洋环境分类管理分级控制区划方案。

21.1.2 分区方法的研究进展

早期的自然区划研究阶段，区划以自然地理要素为区划对象，主要依靠地面调查和专家经验，形成了经典的区划方法包括"自上而下"和"自下而上"的方法。"自上而下"的方法，以空间异质性为基础，按区域内差异最小，区域间差异最大的原则，以及区域共轭性划分最高级区划单元，再依此逐级向下划分。一般大范围的区划和区划高、中级单元的划分多采用这一方法。"自下而上"的方法，从划分最低等级区域单元开始，然后根据相对一致性原则和区域共轭性原则将它们依次合并为高级区域单元。

随着区划向综合化的方向发展，区划要素逐渐增多，数据量逐渐增大，区划要求的数据精度也不断提高，仅仅依靠专家经验难以满足区划要求。基于GIS的评价分区技术流程被广泛地应用于综合自然区划、生态区划和功能区划等研究中。各种数学模型及数学方法的定量分区方法被广泛地应用于自然地理及生态分区研究。丁裕国等学者提出统计聚类检验与旋转经验正交函数或旋转主分量分析（REOF/RPCA）用于气候聚类分型区划，并用仿真随机模拟资料和实例计算证实了这种方法的有效性及其优点。丛威青等学者总结出一套基于不确定性推理的斜坡类地质灾害危险性区划的方法体系。人工神经网络模型也是区划工作常用的数学方法。近年来很多区划研究使用自组织特征映射网络（SOFM）模型。

基于DEM的流域提取技术成为水文区划、生态区划及水环境功能区划等区划的空间单元划分的主要技术方法。随着GIS技术的广泛应用以及不同精度DEM数据的方便获取，从DEM数据中提取水系网络和流域边界两大地貌特征备受关注，成为GIS应用于水文及环境研究的重点。徐新良在1∶25万DEM的基础上利用ARC/INFO的地表水文分析模块，将全国流域划分为

14大流域片，并在每一流域片内分别提取流域。游松财等学者也基于SRTM30数字高程模型数据，通过ArcGIS Spatial Analyst工具，提取了中国的数字流域。张超等学者以北京市1∶1万地形图等高线数据为基础构建DEM，得到北京市大流域划分数据。

21.2　流域分区方法

应用Arc Hydro Tools结合高分辨率DEM数据，通过已知河网校正的流域提取方法能够提取到汇水面积很小的（1 km²）的汇水区。定义相邻流域边界和水陆分界线（岸线）构成的三角形区域为近岸分区单元，则研究区域被划分为汇水单元和近岸分区单元。近岸分区单元可以进一步细分为面积更小（汇水面积更小）的汇水单元和近岸分区单元。面积更小的汇水单元和近岸分区单元刻画了上一级近岸分区单元，即水陆交界区域污染输出的细节，可以更加准确的确定陆源水污染入海的位置。不断地重复这个过程可以形成多尺度的层级嵌套的分区体系。如行政单元分区体系，地级市行政单元可以被进一步细分为面积更小的区、县行政单元。同样的，近岸分区单元也可以通过更小的汇水面积阈值划分为更小的汇水单元和近岸分区单元。一个近岸分区单元面积在1 000 km²以上的大尺度分区单元，可以不断细分为汇水单元面积在几十平方千米，近岸分区单元面积在10 km²以内的小尺度分区单元。大尺度分区单元对其细分的小尺度分区单元具有嵌套性，即被细分的分区单元的边界与其内部所有分区单元合并后的边界一致（图21.1）。

图21.1　分区单元不断细分的过程

流域分区是先细化再概化的过程。细化的目的是对水陆交界区域陆源水污染的输出位置进行清晰的界定，是一个追求自然规律的过程。概化的目的一是数据分析的需要，二是实现管理的需要。

DEM数据采用来源于中国科学院计算机网络信息中心国际科学数据服务平台（http://datamirror.csdb.cn）的水平分辨率为30 m的ASTERGDEM DEM数据。环渤海三省两市的行政界线来自国家基础地理信息系统全国1∶400万地形图,河流数据分别来自国家基础地理信息系统全国1∶400万地形图,以及我国近海海洋综合调查与评价专项成果的1∶25万基础地理数据。

21.3 环渤海流域的划分结果

21.3.1 初始划分结果

以1∶400万地形图的1—5级河流为辅助信息,采用Arc Hydro Tools基于已知河网提取流域的流程(图21.2)提取了环渤海地区主要流域。结果显示:环渤海地区入渤海的主要河流47条,主要河流的流域单元覆盖了辽宁省面积的70%,京津冀地区面积的95%,山东省面积的48%,代表了陆源水污染最主要的输出范围,据此可以确定陆源水污染主要影响的海域位置。辽宁省内面积最大的是辽河流域,约40 110.2 km²,占辽宁省总面积的27.6%;其次是大辽河流域,约28 083.7 km²,占辽宁省总面积的19.3%;大凌河流域,约20 070.4 km²,占辽宁省面积的13.8%。这三大流域的入海位置均位于辽东湾顶部,加上排在第四位的小凌河流域,整个辽东湾顶部承载着辽宁省面积64.3%的陆源污染。京津冀地区入海河流众多,位于渤海湾北部流域面积最大的是滦河流域,面积约46 418.9 km²,占京津冀地区面积的21.6%。海河流域覆盖了京津冀大部分地区,约156 516.1 km²,约占京津冀地区面积的72.8%。海河流域分布有5大水系,由北向南分别是北三河(蓟运河、潮白河、北运河)、永定河、大清河、子牙河及南运河。北三河在渤海湾西北部入海,面积约33 545.5 km²,约占京津冀地区面积的15.6%。清河、永定河主要通过海河及独流减河在渤海湾西部入海,面积约57 368.7 km²,约占京津冀地区面积的26.7%。子牙河及南运河通过南北排水河及宣惠河在渤海湾西南部入海,面积约62 955.8 km²,约占京津冀地区面积的29.3%。渤海湾顶部承载了覆盖京津冀地区面积72.8%的陆源污染。山东省内面积最大的是黄河流域,面积约16 071.4 km²,占山东省面积的10.4%。其次是徒骇河流域,约11 230.3 km²,占山东省面积的7.3%,加上德惠新河、马颊河、秦口河及漳卫新河,山东省内影响渤海湾(南部)的流域面积约39 182.1 km²,占山东省面积的25.4%。山东省北部流域面积最大的是小清河流域,约10 725.2 km²,占山东省面积的7%;其次是潍河流域,约6 753.7 km²,占山东省面积的4.4%;胶莱河流域,约4 004.2 km²,占山东省面积的2.6%;山东省北部还有弥河、白浪河、淄脉沟河、泽河均在莱州湾顶部入渤海,莱州湾顶部约承载着占山东省面积的19.3%的陆源污染。

主要入海河流流域间存在大面积的近岸区域,共划分为37个近岸分区单元,近岸区域覆盖了沿海县级行政单元面积的34.2%,包括大面积的建设用地及耕地(表21.1),是社会经济活动的重要区域(图21.3)。辽宁省内最大的近岸分区单元面积约3 490.4 km²,占辽宁省面积的2.4%,京津冀地区最大的近岸分区单元面积约1 190.7 km²,山东省内最大的近岸分区单元面积约1 523.6 km²。大连市、瓦房店市、营口市、兴城市、秦皇岛市、昌黎县、乐亭县、莱州市等部分县市大面积处于近岸分区单元。近岸分区单元涵盖的岸线长度都在几十至上百千米，仅通过主要入海河流流域间的近岸分区单元无法确定近岸区域陆源污染物输出的重点位置及对应范围。

图21.2　汇水单元及近岸分区单元，汇水面积1 000 km²

近岸分区单元

汇水单元

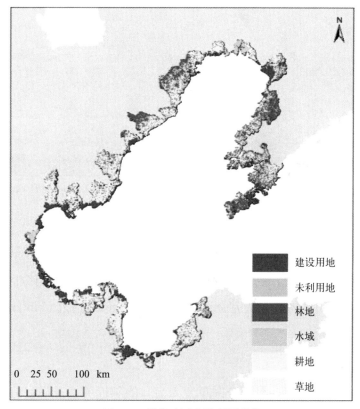

建设用地

未利用地

林地

水域

耕地

草地

图21.3　岸线分区土地利用现状

表21.1 岸线分区土地利用面积比例统计（%）

统计量	耕地	建设用地	林地	草地	水域	其他
最大值	76.01	86.29	46.75	16.16	100.00	9.69
平均值	34.24	34.67	7.06	3.04	20.39	0.59

以汇流面积100 km²为阈值对近岸区域进一步划分为46个近岸汇水单元和86个近岸分区单元，结果如图21.4（a）所示。近岸区域有56.5%的面积形成了汇水单元，新的划分出的汇水单元最大面积825.7 km²，平均面积267.5 km²，进一步细化了近岸区域污染物输出的重点位置。新的近岸分区单元最大面积666.1 km²（除辽东半岛），平均面积92.6 km²，岸线分区涵盖的岸线长度大部分在20 km以内（除辽东半岛）。以汇流面积10 km²为阈值对上一步得到的近岸分区单元进一步划分后，得到177个汇水单元和244个近岸分区单元，结果如图21.4（b）所示，近岸区域有57.3%的面积形成了新的汇水单元，新划分出的汇水单元最大面积96.6 km²，平均面积29.3 km²，更进一步细化了近岸区域污染物输出的重点位置。新的岸线分区涵盖的岸线长度大部分在10 km以内。新的近岸分区单元最大面积301.7 km²（位于曹妃甸的填海造地区域），平均面积15.8 km²。

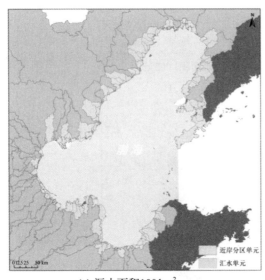

(a) 汇水面积100 km²

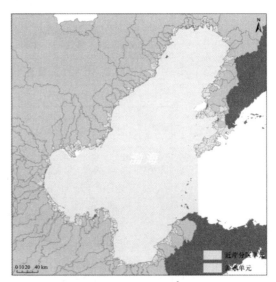

(b) 汇水面积10 km²

图21.4 近岸区域的汇水单元及近岸分区单元

辽东半岛区域在汇流面积100 km²为阈值提取后仍然是一个完整的区域单元，辽东半岛西岸濒临渤海，东岸濒临黄海，需要通过图21.4的流程才能划分出入渤海分区单元。图21.4(b)显示了汇流面积10 km²为阈值仍然无法完全区分入海位置，最终通过1 km²阈值提取汇水单元可以区分入渤海的分区单元。

21.3.2 合并后的结果

在细化分区的结果基础上，根据分区单元入海口的邻近关系及岸线分区面积大小，将邻近的两个汇水单元及其所夹的近岸分区单元进行合并，细化分区的结果被归并为119个分区单元（图21.5）。其中汇水面积1 000 km²以上的划分汇水单元27个，面积1 000 km²以下的为近岸分区单元共92个。面积前五，流域面积在30 000 km²以上的大型流域，占环渤海流域分区面积的55%以上，流域面积在10 000 km²以上，排在前6—12位的较大流域，占环渤海流域分区面积的30%以上。面积在4 000 km²以上的中型流域占环渤海流域分区面积的5%，近岸区域占环渤海流域分区面积的5%。本研究所关注的重点区域（如北戴河区域）保留了小面积的分区单元，呈现比较细致的分区特征。

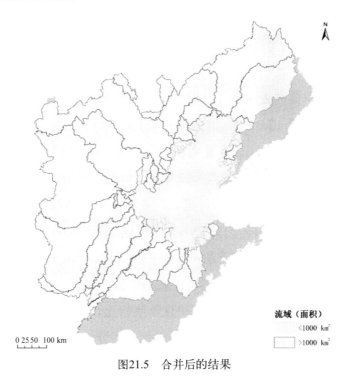

流域（面积）

◻ <1000 km²

◻ >1000 km²

0 25 50 100 km

图21.5 合并后的结果

21.4 社会经济不均匀分布的空间处理

21.4.1 用地面积权重法

用地面积权重法在空间分布模拟时，通过将统计数据的空间基础从行政单元替换为与之关联的土地利用类型单元（以下简称用地单元），实现行政单元内统计数据的不均匀分布。用地面积权重法需要在GIS环境下实现，环渤海三省两市土地利用数据量超过1 GB，多边形单元数量超过37万个。

其原理是：统计指标是对社会经济活动的定量表达，其发生的位置存在空间差异。土地利用类型是人类社会经济活动对地球表面综合作用的结果，以人类社会经济活动为纽带，建立统计指标与土地利用类型的关系，将统计指标分配到与之对应的用地单元上，只有与之相关的用地单元才被赋予统计指标值，其他位置不存在统计值。这种分配方法打破了统计指标值均匀分布的假设，实现了行政单元内统计数据的不均匀分布，通过赋权的方法表达统计指标在不同类型用地单元的不均匀分布。

21.4.2　环渤海实证分析结果的误差评价

选择应用最为广泛的人口、第一产业增加值、第二产业增加值、第三产业增加值4项指标进行简单面积权重法和用地面积权重法的比较。数据采用《中国区域统计年鉴》2005年地市级行政单元统计资料和县市级统计资料。以河北省、山东省、辽宁省地市级行政单元为源分区单元，以县市级行政单元为目标分区单元，用各地市的统计数据估计各县市的统计指标值。最后以县市统计资料为实际值，通过计算估计值y'相对于实际值y的误差的绝对值与实际值的百分比e，进行两种方法的比较。

$$e = \frac{|y'-y|}{y}$$

结果显示，简单面积权重法计算人口指标的平均误差为43.12%，最大误差为527.81%；第一产业增加值平均误差为47.03%，最大误差为1 194.11%；第二产业增加值平均误差为144.40%，最大误差为1 711.11%；第三产业增加值平均误差为135.56%，最大误差为2 101.10%。用地面积权重法计算人口指标的平均误差为22.06%，最大误差为115.98%；第一产业增加值平均误差为29.84%，最大误差为295.33%；第二产业增加值平均误差为52.18%，最大误差为460.54%；第三产业增加值平均误差为45.29%，最大误差为476.03%。图21.6显示了各指标误差升序排序后的统计图，简单面积权重法不论哪一种指标，均会造成很大的误差。用地面积权重法的平均误差和最大误差较简单面积权重法小很多，并且可以保证90%以上单元的误差控制在实际值的1倍以内。因此，与简单面积权重法相比，用地面积权重法能够有效控制误差，平均误差综合降低了52%，提供更高的统计数据空间分析准确度。

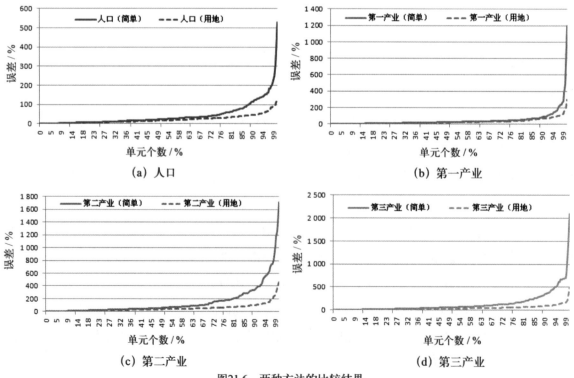

图21.6　两种方法的比较结果

21.4.3　环渤海社会经济要素不均匀空间化

　　从结果的地图渲染来看，面积权重内插法的结果通过行政单元进行地图渲染，人口密度在整个行政单元范围内是均匀分布的，无法显示人口分布的特征。用地面积权重法地图渲染的结果（图21.7）能够客观的显示人口分布特点。以辽宁省为例：首先，用地面积权重法呈现了地形对人口分布的影响。辽宁省西部和东部地势高的山区，人口密度低；辽宁省中部地势平缓的地区，人口密度高。其次，用地面积权重法呈现人口向海分布的特征。沿海岸带地区的人口密度整体较高。第三，用地面积权重法呈现了河湖水系对人口分布的影响。河流沿线人口密度较高。第四，用地面积权重法呈现了交通线路对人口分布的影响。铁路，国道沿线人口密度较高。采用用地面积权重法的空间分布模拟过程中并没有考虑距海岸线、河流、交通线距离以及地形等因素，但结果仍然能够客观的体现出这些自然因素和社会经济因素所影响的人口分布特征。

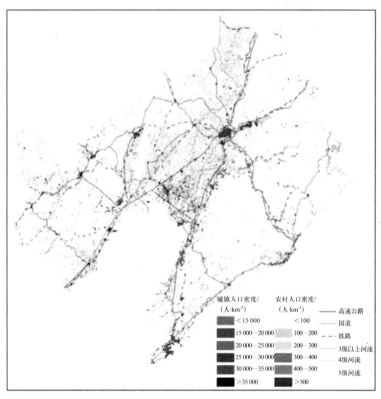

图21.7　用地面积权重法对人口数据的空间分析结果

21.4.4　用地面积权重法呈现更真实的区域差异

　　用地面积权重法较简单面积权重法不仅精度提高，还反映出了均匀分布掩盖的区域差异，这对分区转换有重要的意义。图21.8是辽宁省人口数据采用两种方法地图渲染的结果。简单面积权重法缺乏现实基础，导致其结果：①不能正确地反映城乡差异：图中1标注位置可以看出锦州、盘锦、大连地区城区所在分区的人口数少于乡村地区人口数。②不能反映面积相近区域的区域差异：图中2标注位置可以看出阜新、铁岭地区两个分区的面积相当，简单面积权重法没有表现出两区域差异。③不能很好地反映近岸特征：由于近岸区域流域分区面积大小相近，因此，简单面积权重法难以表达社会经济要素近岸空间分布特征。用地面积权重法在上述区域与简单面积权重法呈现了完全不同的结果，主要原因在于其进行空间分布模拟时基于土地利用数据，具有现实基础，因此，其结果能够呈现更真实的区域差异。

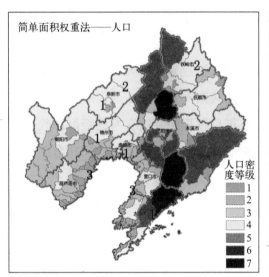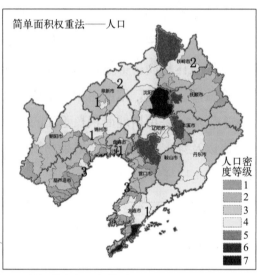

图21.8　用地面积权重法对人口数据的空间分析结果

22　陆海环境统筹分区研究

22.1　陆海统筹分区的研究现状

陆海统筹是我国学者提出的概念，国外相关研究并没有陆海统筹的直接表述，但始于20世纪70年代初期的海岸带综合管理的相关研究也含有陆海统筹管理的思想。如1972年美国颁布了《海岸带管理法》，1986年法国制定了《海岸带整治、保护与开发法》。到20世纪80年代末已有40多个国家开展了海岸带综合管理。1992年联合国环境与发展大会通过的《21世纪议程》系统地阐述了海岸带综合管理的目标、行动方案及实施条件以推广海岸带综合管理。

陆海统筹的由来可以追溯到20世纪90年代"海陆一体化"研究。"海陆一体化"是20世纪90年代初编制全国海洋开发保护规划时提出的一个原则。1996年《中国海洋21世纪议程》提出"要根据海陆一体化的战略，统筹沿海陆地区域和海洋区域的国土开发规划，坚持区域经济协调发展的方针"。之后很多学者展开海陆一体化的相关研究。栾维新（2004）提出发展临海产业是实现海陆经济一体化的有效途径；韩立民指出海陆一体化是沿海国家和地区统筹海陆关系的一种战略思维，同时也是依靠海洋优势实现区域经济发展的有效途径；王茂军、栾维新研究了近岸海域污染的海陆一体化调控模式；栾维新（2004）出版了我国第一部研究海陆一体化问题的专著《海陆一体化建设研究》。

环境陆海统筹的相关研究较少，海洋环境相关研究关注陆源污染入海对近海环境造成的影响，陆源水污染是近海环境污染的最主要原因。农业活动是非点源污染的最主要原因，城市地表径流次之。早期水污染主要是大城市的生活污水排放造成，产业革命后，工业废弃物成为水污染的主要来源。随着农业的发展，化肥和农药的施用量逐年增加，农业面源污染日渐严重。由于相比较于点源污染而言，农业面源污染更难于调控管理，因此其已经成为环境污染管理所面临的主要问题。

22.2　陆域环境分区研究

22.2.1　分区指标选取

指标选取的目的一是表达产生氮污染的社会经济活动的区域差异，二是估算氮污染的产生量。指标选取的依据主要参考水环境污染相关研究及区划相关研究。

表达产生氮污染的社会经济活动区域差异的指标包括：工业增加值、工业废水排放量、农业产值、牧业产值、农作物播种面积、化肥施用量、农业人口、城镇人口、国内生产总值。氮污染产生量估算用到的社会经济指标包括：工业（行业）产值、工业用水量、污水产生量、城镇人口数、城镇生活用水量、城镇用地面积、耕地面积、化肥施用量、农村人口数、畜禽养殖数。

从污染源类型的角度，将社会经济指标分为工业、农业（包含农村生活）、城镇3种类型，分析具体类型社会经济活动产生的氮污染。

22.2.2　空间单元

以流域分区单元作为一个完整的单元，不考虑内部分异，便于分析陆海人地关系。从管理的角度，可以根据陆源水污染输出机理结成一定范围的管理对象，作为一个相对完整的管理单元。然而行政区是我国行政管理的空间体系，管理的执行层需要以行政区为基础。县级行政区被广泛地用于省级主体功能区划，数据的可获得性和完整性较好，也是我国行政管理体系中重要的管理单元。以流域分区与县级行政区的空间交集为单元（以下简称交集单元），分区单元的边界可以与两种分区边界吻合，进而保证了跨区协调与行政单元的完整性。

22.2.3　工业要素的空间分布特征分析

以工业增加值作为衡量区域工业发展规模的主要指标。图22.1显示了陆源水污染分区单元工业增加值总量的空间分布状况。

从整体来看，整个陆源水污染分区的工业增加值占环渤海地区工业增加值总和的63%，高值的区域位于W5、W6、W4、W1、W12，其工业增加值总和超过了整个陆源水污染分区工业增加值的53%，环渤海地区工业增加值的1/3，其中最高值位于W5，达到4 844.92亿元。较高的区域包括W9、W10、W3、W8、W11、W18，其工业增加值总和占整个陆源水污染分区工业增加值的19%，环渤海地区工业增加值的12%。工业增加值高密度（单位面积工业增加值）区域位于主要城市及其周边地区，以及大连、营口、盘锦、唐山、天津、东营、潍坊市沿岸区域。

从区域来看，辽宁省内工业增加值高值区域位于W6，达到4 494.97亿元，约占辽宁省工业增加值的40%。辽东湾顶部是承载工业增加值的重点位置，该区域承载的工业增加值达到6 059.8亿元，超过了辽宁省工业增加值的53%，主要来自沈阳、营口、抚顺、鞍山、盘锦。京津冀地区工业增加值的高值区域位于W1、W5、W4，达到11 931.2亿元，其中该区域承载的工业增加值约占京津冀地区工业增加值的60%，主要来自北京和天津。山东省内工业增加值高值区位于W12、W9，达到4 692.7亿元，约占山东省工业增加值的19%，主要来自济南、淄博、泰安。

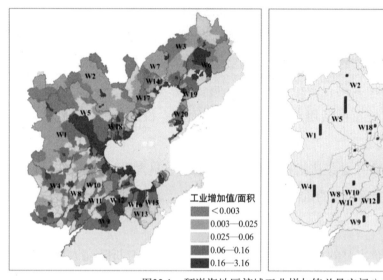
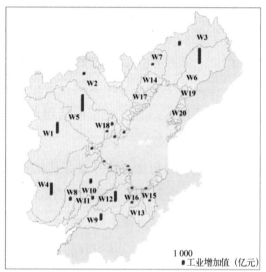

图22.1　环渤海地区流域工业增加值总量空间分布

图22.2显示了陆源水污染分区单元工业废水排放量的空间分布状况。从整体来看，整个陆源水污染分区的工业废水排放量占环渤海地区工业废水排放量总和的64%，高值的区域位于W1、W4、W12，其总和占整个陆源水污染分区工业废水排放量的1/3，环渤海地区工业废水排放量的1/5，其中最高值位于W4，达到3.90×10^8 t。较高的区域包括W5、W6、W8、W10、W11，其总和占整个陆源水污染分区工业废水排放量的31%，环渤海地区工业废水排放量的1/5。工业废水排放量高密度区域与工业增加值高密度区域不完全吻合，其空间分布更加集中，天津、河北、山东沿岸区域是工业废水排放量高密度区域，辽宁沿岸工业废水排放量高密度区域位于大连、营口、锦州。

从区域来看，辽宁省内工业废水排放量高值区域位于W6，达到19 808.44 t，约占辽宁省工业废水排放量的22%。辽东湾顶部仍然是承载工业废水排放量的重点位置，该区域承载的工业废水排放量达到29 839.05 t，占辽宁省工业废水排放量的1/3，主要来自沈阳、鞍山、抚顺、本溪、营口。京津冀地区工业废水排放量的高值区域位于W1、W4，达到73 362.38 t。其中该区域承载的工业废水排放量约占京津冀地区工业废水排放量的46%，主要来自河北。

山东省内工业废水排放量高值区位于W12，达到29 019.42 t，约占山东省工业废水排放量的12%，主要来自济南、淄博。

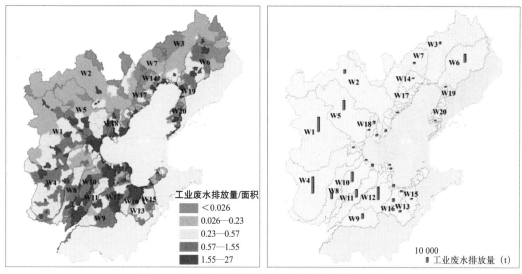

图22.2　环渤海地区流域工业废水排放量空间分布

综上所述，工业指标的空间分布特征表现为高强度区域呈离散分布，以高强度区域为中心向外围存在强度逐级递减的辐射特征，工业指标总量集中分布在大辽河、海河、小清河流域。

22.2.4　农业要素的空间分布特征分析

以农林牧渔业总产值作为农业经济活动规模的主要指标，图22.3显示了陆源水污染分区单元农业总产值的空间分布状况。

从整体来看，整个陆源水污染分区的农业总产值占环渤海地区农业总产值总和的67%，高值的区域位于W1、W4，其总和占整个陆源水污染分区农业总产值的28%，环渤海地区的1/5，其中最高值位于W4，达到890.24亿元。较高的区域包括W3、W5、W8、W9、W10、W11、W12，其总和占整个陆源水污染分区农业总产值的45%，环渤海地区农业总产值的30%。农业总产值密度空间分布整体上上呈现南高北低的特征，其高密度区域集中，高密度区位于唐山、廊坊、石家庄、邯郸、聊城、济南、潍坊等城市。

从区域来看，辽宁省内农业总产值高值区域位于W3，达到467.32亿元，约占辽宁省农业总产值的34%。辽东湾顶部仍然是农业总产值的重点位置，该区域承载的农业总产值达到837.71亿元，占辽宁省农业总产值的62%，主要来自沈阳、铁岭、盘锦、锦州、阜新。京津冀地区农业总产值的高值区域位于W1、W4，达到1 592.03亿元，该区域承载的农业总产值超过了京津冀地区农业总产值的51%，主要来自河北。山东省内农业总产值高值区位于W9、W11、W12，达到1 032.26亿元，占山东省农业总产值的25%，主要来自济南、聊城、德州、泰安、莱芜、滨州。

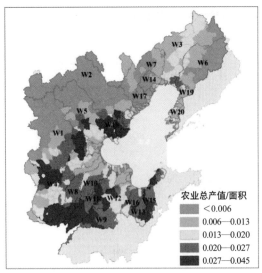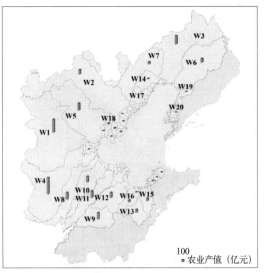

图22.3　环渤海地区流域农业总产值空间分布

从整体来看（图22.4）整个陆源水污染分区的牧业总产值占环渤海地区牧业总产值总和的72%，高值的区域位于W1、W3、W4，其总和占整个陆源水污染分区牧业总产值的37%，环渤海地区牧业总产值的26%，其中最高值位于W4，达到511.13亿元。较高的区域包括W2、W5、W6、W7、W8、W9、W10、W11、W12，其总和占整个陆源水污染分区牧业总产值的46%，环渤海地区牧业总产值的33%。牧业总产值高密度区域主要集中在沈阳及其周边地区、秦皇岛、唐山、廊坊、石家庄、邯郸、德州、潍坊。

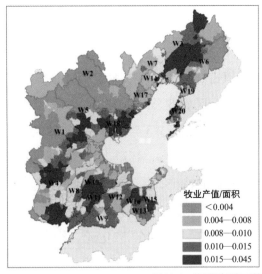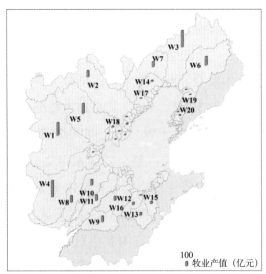

图22.4　环渤海地区流域牧业总产值空间分布

从区域来看，辽宁省内牧业总产值高值区域位于W3，达到50.91亿元，占辽宁省牧业总产值的35%。辽东湾顶部仍然是牧业总产值的重点位置，该区域承载的牧业总产值达到978.08亿元，占辽宁省牧业总产值的68%，主要来自沈阳及其周边地区，包括锦州、盘锦、辽阳、铁岭。京津冀地区牧业总产值的高值区域位于W1、W4，达到909.83亿元，该区域承载的牧业总产值超过了京津冀地区牧业总产值的54%，主要来自廊坊、石家庄、邯郸。山东省内牧业总产值高值区位于W9、W10、W11，达到526.34亿元，占山东省牧业总产值的27%，主要来自济南、德州、淄博、泰安、莱芜。

从整体来看(图22.5)，整个陆源水污染分区的农作物播种面积占环渤海地区农作物播种面积总和的69%，高值的区域位于W4，达到3 412.5 km²，其总和占整个陆源水污染分区农作物播种面积的18%，环渤海地区农作物播种面积的12%。较高的区域包括W1、W3、W8、W9、W10、W11，其总和占整个陆源水污染分区农作物播种面积的49%，环渤海地区农作物播种面积的34%。农作物播种面积密度分布整体上南高北低，高密度区域成面状分布在石家庄、衡水、邢台、德州、聊城。

从区域来看，辽宁省内农作物播种面积高值区域位于W3，达到18 876 km²，约占辽宁省农作物播种面积的40%。辽东湾顶部仍然是农作物播种面积的重点位置，该区域承载的农作物播种面积达到32 485 km²，占辽宁省农作物播种面积的69%，主要来自沈阳、铁岭、盘锦、锦州、阜新（图22.5）。京津冀地区农作物播种面积的高值区域位于W4，该区域承载的农作物播种面积约占京津冀地区农作物播种面积的33%，主要来自河北南部地区。山东省内农作物播种面积高值区域位于W10、W11，达到32 485 km²，占山东省农作物播种面积的20%，主要来自滨州、德州、聊城。

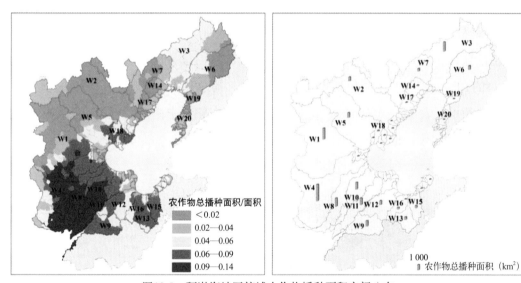

图22.5　环渤海地区流域农作物播种面积空间分布

从整体来看（图22.6），整个陆源水污染分区的化肥施用量占环渤海地区化肥施用量总和的66%，高值的区域位于W4，约129.9t，占整个陆源水污染分区化肥施用量的18%，环渤海地区化肥施用量的12%。较高的区域包括W1、W3、W5、W8、W10、W11，其总和占整个陆源水污染分区化肥施用量的46%，环渤海地区化肥施用量的30%。化肥施用量密度分布整体上南高北低，高密度区域主要位于唐山、廊坊、石家庄、邯郸、聊城、济南、潍坊。

从区域来看，辽宁省内化肥施用量高值区域位于W3，达到60.1 t，约占辽宁省化肥施用量的38%。辽东湾顶部仍然是化肥施用量的重点位置，该区域承载的化肥施用量达到101.5 t，占辽宁省化肥施用量的63%，高密度区域主要位于营口、盘锦、锦州、铁岭、鞍山（图22.6）。京津冀地区是环渤海地区化肥施用量最重的区域，主要位于W1、W4、W5、W8，占到京津冀地区化肥施用量总量的80%。山东省内化肥施用量整体处于中高水平，占山东省化肥施用量的40%，高密度区域位于济南、聊城、潍坊。

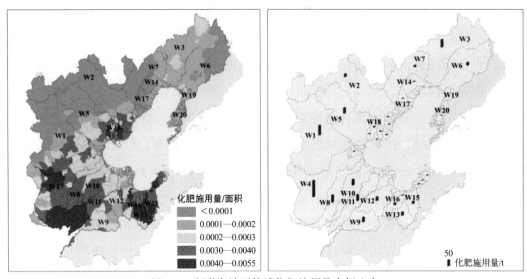

图22.6　环渤海地区流域化肥施用量空间分布

从整体来看（图22.7），整个陆源水污染分区的农业人口占环渤海地区农业人口总和的65%，高值的区域位于W4，约1 772万人，占整个陆源水污染分区农业人口的16%，环渤海地区农业人口的10%。较高的区域包括W1、W5、W8，其总和占整个陆源水污染分区农业人口的28%，环渤海地区农业人口的18%。农业人口密度分布整体上南高北低，高密度区域主要位于唐山、保定、石家庄、邯郸、聊城、济南、潍坊。

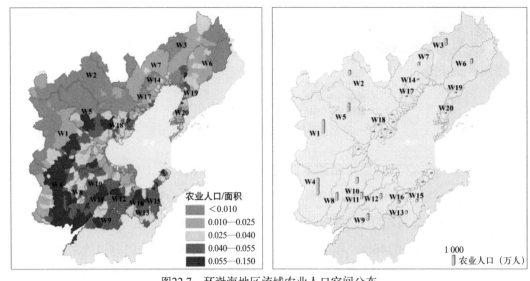

图22.7　环渤海地区流域农业人口空间分布

从区域来看，辽宁省内农业人口高值区域位于W3，达到654万人，约占辽宁省农业人口的27%（图22.7）。辽东湾顶部仍然是农业人口分布的重点位置，该区域承载的农业人口达到1 389万人，占辽宁省农业人口的58%，高密度区域主要位于营口、盘锦、锦州、铁岭、鞍山。京津冀地区是环渤海地区农业人口最重的区域，主要位于W1、W4、W5、W8，占到京津冀地区农业人口总量的77%。山东省内农业人口主要位于W9、W12，占山东省农业人口总量的15%，高密度区域位于济南、聊城、潍坊。

农业要素面源特征明显，受流域面积规模影响大。农业人口、农作物播种面积与化肥施用量存在明显的南北差异，农作物播种面积主要集中在河北南部及鲁西地区。牧业在各流域单元间的区域差异较小。

22.2.5 城镇要素的空间分布特征分析

以城镇人口、国内生产总值作为城镇规模的主要指标，图22.8显示了陆源水污染分区单元城镇人口的空间分布状况。

从整体来看，整个陆源水污染分区的城镇人口占环渤海地区城镇人口总和的68%，高值的区域位于W1、W4、W5、W6，其总和占整个陆源水污染分区城镇人口的58%，占环渤海地区城镇人口的39%，其中高值位于W5达到1 144.46万人。较高的区域包括W3、W9、W12，其总和占整个陆源水污染分区城镇人口的16%，环渤海地区城镇人口的11%。城镇人口都集中于城镇区域，高密度区域主要位于直辖市北京、天津和省会城市沈阳、石家庄、济南。

从区域来看，辽宁省内城镇人口高值区域位于W6，达到940.94万人，约占辽宁省城镇人口的37%。辽东湾顶部仍然是城镇人口的重点位置，该区域承载的城镇人口达到1 511.13万人，占辽宁省城镇人口的60%，主要来自沈阳、鞍山、本溪。京津冀地区城镇人口的高值区域位于W1、W4、W5，达到3 023.09万人，该区域承载的城镇人口超过了京津冀地区城镇人口的71%。山东省内城镇人口高值区位于W9、W12，达到780.59万人，占山东省城镇人口的23%，主要位于济南、淄博。

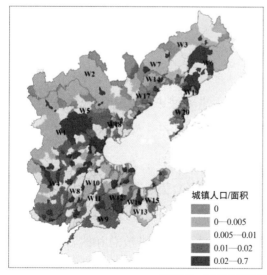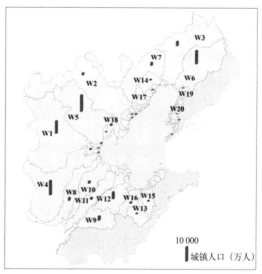

图22.8 环渤海地区流域城镇人口空间分布

从整体来看（图22.9），整个陆源水污染分区的国内生产总值占环渤海地区国内生产总值总和的64%，高值的区域位于W5，其总和占整个陆源水污染分区国内生产总值的21%，环渤海地区的14%，其中高值位于W5，达到17 179.62亿元。较高的区域包括W1、W4、W6、W12，其总和占整个陆源水污染分区国内生产总值的39%，环渤海地区国内生产总值的25%。国内生产总值高密度区域北部主要位于沈阳、盘锦、鞍山、营口、大连，中部集中在北京、天津、唐山，南部主要集中在济南、泰安、淄博、莱芜、潍坊。

从区域来看，辽宁省内国内生产总值高值区域位于W6，达到9 020.27亿元，约占辽宁省国内生产总值的37%（图22.9）。辽东湾顶部仍然是国内生产总值的重点位置，该区域承载的国内生产总值达到13 074.82亿元，占辽宁省国内生产总值的53%，主要来自沈阳、鞍山、本溪、营口、辽阳。京津冀地区国内生产总值的高值区域位于W1、W4、W5，达到33 605.02亿元，该区域承载的国内生产总值超过了京津冀地区国内生产总值的66%。山东省内国内生产总值高值区位于W9、W11、W12，达到12 485.37亿元，占山东省国内生产总值的24%，主要来自济南、泰安、淄博、莱芜。

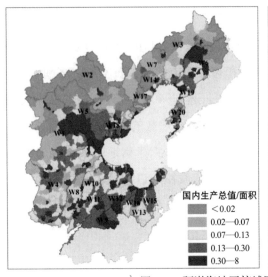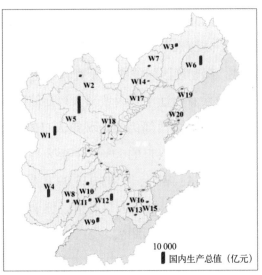

图22.9　环渤海地区流域国内生产总值空间分布图

综上所述，城镇要素空间分布特征以主要城市（直辖市、省会城市）为主导。表现在主要城市位置对于分区的经济、人口规模有决定性作用；主要城市对周边区域经济、人口规模呈现辐射特征，随着距主要城市所在分区的距离越远，区域经济、人口规模递减。

22.2.6 氮污染的空间分布特征分析

本研究中王辉博士参考相关研究对社会经济要素产生的氮污染进行了估算，康敏捷博士又在此基础上结合对社会经济要素分区结果进一步计算得出氮污染压力的分区结果（图22.10）。

从整体来看，整个陆源水污染分区的总氮占环渤海地区总氮排放总和的77%，高值的区域位于W4，达到128 631.11 t，其总和占整个陆源水污染分区总氮排放的14%，环渤海地区总氮排放的11%。较高的区域包括W1、W5、W6，其总和占整个陆源水污染分区总氮排放的

32%，环渤海地区总氮排放的25%。总氮高密度区域北部主要位于沈阳及其周边地区、营口与大连近岸地区，中部集中在北京、天津、保定及其周边地区、唐山，南部主要集中在济南、泰安、淄博、莱芜、潍坊。

从区域来看，辽宁省内总氮高值区域位于W6，达到84 688.12 t，约占辽宁省总氮的45%。辽东湾顶部仍然是总氮排放的重点位置，该区域承载的总氮达到153 025.73 t，占辽宁省总氮的81%，主要来自沈阳、鞍山、本溪、营口、辽阳。京津冀地区总氮排放的高值区域位于W1、W4、W5，达到440 239.09 t，该区域承载的总氮约占京津冀地区总氮的75%。山东省内总氮高值区位于W9、W11、W12，达到147 878.66 t，占山东省总氮的28%，主要来自济南、泰安、淄博、莱芜。

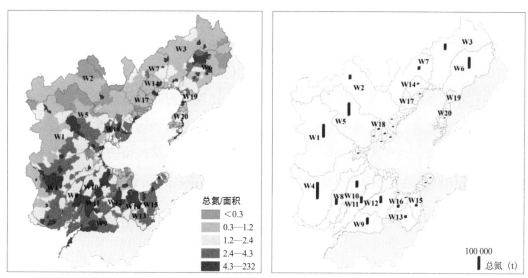

图22.10　环渤海地区流域总氮空间分布

综上所述，氮污染的空间分布特征是社会经济活动综合作用的结果，最终在空间上呈现出围绕主要城市及主要河流分布的特征。

22.3　海域环境分区研究

22.3.1　海域污染分区方法选择

基于流场的空间插值原理：假设流场是一个二维流场，即不考虑垂直方向的流体作用，只考虑海水的水平流动。对于水平尺度远大于垂直尺度的情况，可将三维流动的控制方程沿水深积分，并取水深平均，得到沿水深平均的二维浅水流动质量和动量守恒控制方程组，实现流场的平面二维表面数值模拟。渤海的水动力环境可以采用二维流场的模拟方法。

污染扩散可以描述为水质点携带污染物运动的过程。流场的水动力因子（流速、流向）对污染扩散有影响，影响水质点的运动过程，即污染物不是从圆心向外360°各个方向均匀地扩散运动。首先流速对污染扩散的影响表现在，流速大的区域，单位时间内水质点携带着污染物会运动到更远的位置，流向对污染扩散的影响表现在，流向与污染物扩散方向成一定角度时，流速对污染扩散的影响分解为顺运动方向的影响和垂直于运动方向的影响。

插值计算包括两个核心过程，一是距离计算，二是插值计算。GIS栅格数据空间分析中距离计算用于描述每个栅格点与源点的空间关系，包括距离、方向及配置，源点可以是一个点也可以是多个点，源点是多个点时，距离计算的结果是区域每个栅格点到最近源点的距离。栅格数据距离计算包括欧式距离、费用距离和路径距离3种方式。流场距离可以采用路径距离进行表达。路径距离表达距离关系时，可以考虑流场水平作用的影响，及污染扩散程度的区域差异，可以更好地表达待估位置与监测站位的距离关系。

22.3.2 海域氮污染响应分区的结果分析

基于流场插值方法得到的渤海氮污染响应分区结果如图22.11。渤海无机氮污染的总面积超过$3.6 \times 10^4 \, km^2$，占渤海近岸海域范围的10%，其中水质标准超过四类水质的严重污染区域面积约5 600 km^2，四类水质污染面积约3 220 km^2。渤海近岸海域，除辽东湾西侧沿岸海域受无机氮污染影响小外，其他近岸海域无机氮污染都比较严重。从总体空间分布特征看，污染主要分布在辽东湾顶部及其以东海域，包括营口、大连近海海域污染严重；渤海湾整个湾内污染严重，天津市北部近岸海域污染最为严重；莱州湾整个海域污染严重，东营、潍坊市交界海域污染最为严重。这些区域大面积水质为劣四类和四类。从污染的扩散范围来看，辽东湾达到距湾顶约100 km，两岸约50 km，渤海湾离岸约60 km，莱州湾离岸约60 km。

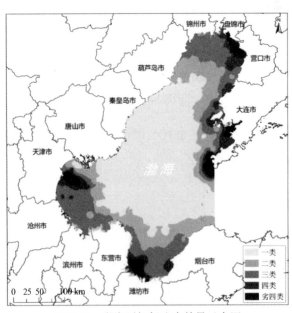

图22.11 渤海无机氮分布结果示意图

22.3.3 基于海域氮污染响应分区的管理矛盾研究

海域水质管理要求与海域污染的现实状况存在矛盾，表现为海域污染现状难以达到海域管理的水质目标。矛盾一方面反映了氮污染需要重点治理的问题区域，另一方面也反映出有些区域的水质管理要求脱离实际难以实现。

22.3.3.1　氮污染状况与水质管理要求矛盾分析思路

将渤海水质管理要求图与氮污染响应分区图进行叠加分析，可以确定矛盾存在的位置。氮污染响应分区图采用图22.11所示的结果。渤海水质管理要求图来自于渤海三省一市海洋功能区划。海洋功能区划分为11个大类，每个功能区类型都定义了水质管理要求。一类水质要求主要位于海洋保护区，二类水质要求主要位于旅游区、矿产与资源利用区，三类水质要求主要位于港口航运区、农渔业区、工业与城镇建设区，四类水质要求主要位于港口航运区、特殊利用区，水质要求为保持现状的区域都位于保留区。

分析时，剔除保持现状的区域，一类水质至劣四类水质分别用1—5的整数表示，通过叠加分析及属性值计算，定义海域水质管理要求减去海域污染程度的结果为海域污染程度与水质管理要求的符合度。结果的具体数值表示污染程度与管理要求相差的水质等级。结果为负整数表示污染程度高于海域水质管理要求，对海域开发利用造成不良影响，其绝对值越大表示影响的程度越大。结果为正整数表示污染程度低于海域水质管理要求，未对海域开发利用造成不良影响，其数值越大表示环境承载力越大。结果为0表示污染程度刚能达到海域水质管理要求。

22.3.3.2　氮污染状况与水质管理要求矛盾分析结果

符合度结果为−4到3区间中的8个整数值，分别统计各符合度海域面积，将符合度从大到小排序后，计算达到各符合度的累积面积。结果如图22.12所示，48%的海域污染状况低于水质管理要求。其中符合度为−4，水质氮污染状况与海域功能类型的水质要求严重不符，对海域开发利用活动能够造成严重影响的区域约占总面积的1%；符合度为−3，水质氮污染状况与海域功能类型的水质要求相差很大，对海域开发利用活动能够造成很大影响的区域约占总面积的6%；符合度为−2，水质氮污染状况与海域功能类型的水质要求相差较大，对海域开发利用活动能够造成较大影响的区域约占总面积的20%；符合度为−1，水质氮污染状况尚未达到海域功能类型的水质要求，但差距不大，对海域开发利用活动易产生不良影响的区域约占总面积的22%；符合度为0，水质氮污染状况刚达到海域功能类型的水质要求的区域约占总面积的23%。29%的区域符合度大于0，不受氮污染影响。

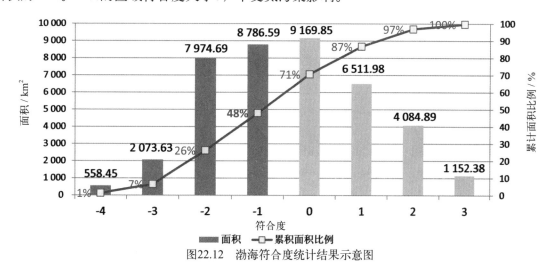

图22.12　渤海符合度统计结果示意图

分别统计各类功能区中各种符合度区域所占面积比重，结果如图22.12所示。各种类型功能区都存在符合度小于0，即水质氮污染状况达不到海域功能类型水质要求的情况。

从总的面积比重来看，符合度小于0所占面积比重大的功能类型主要是保护区与保留区，其中保护区有80%的区域氮污染状况不达标，保留区有74%的区域氮污染状况不达标；农渔业区44%，矿产与资源利用区37%，工业与城镇建设区32%，不达标的情况也比较严重；旅游区氮污染状况不达标的面积比重20%，港口航运区氮污染状况不达标的面积比重11%，比例相对较低；特殊利用区氮污染状况不达标的面积比重4%，受氮污染影响最少。

从具体各符合度值所占面积比重分析氮污染导致的各功能区水质不达标情况（图22.13）：保护区和农渔业区都存在面积比重为2%的区域符合度为−4，水质氮污染状况与海域功能类型的水质要求严重不符；符合度为−3，水质氮污染状况与海域功能类型的水质要求严重相差很大的情况也主要位于保护区、保留区，面积比重均占到12%，农渔业区及矿产与资源利用区均为3%，旅游区为2%；符合度为−2，水质氮污染状况与海域功能类型的水质要求相差较大的情况主要位于保护区、保留区、农渔业区、工业与城镇建设区，占保护区面积的35%，保留区面积的24%，农渔业区面积的21%，工业与城镇建设区面积的13%，矿产与资源利用区、旅游区均有6%；符合度为−1，水质氮污染状况与海域功能类型的水质要求相差不大的情况在除特殊利用区以外的其他功能类型区都有普遍存在，其中保留区37%，保护区31%，矿产与资源利用区27%，农渔业区18%，工业与城镇建设区有13%，旅游区12%，港口航运区有9%的区域属于此种情况。

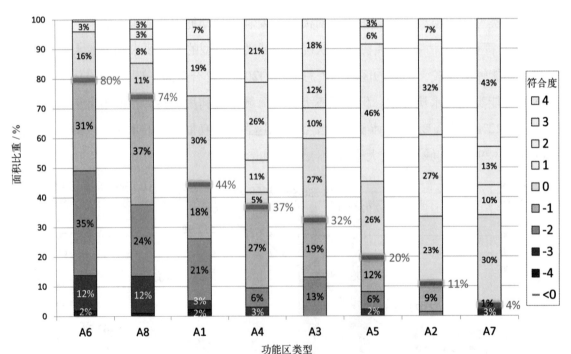

A1：农渔业区；A2：港口航运区；A3：工业与城镇建设区；A4：矿产与资源利用区；
A5：旅游区；A6：保护区；A7：特殊利用区；A8：保留区

图22.13　渤海功能区符合度统计结果示意图

从符合度的空间分布特征来看（图22.14），符合度低的区域在空间上分布相对集中，主要位于辽东湾东部，盘锦市、营口市及大连市海域，渤海湾北部天津海域，渤海湾南部滨州市、东营市海域，整个莱州湾海域。锦州市以西至唐山市沿岸海域符合度较好。符合度为-4、-3的区域主要位于辽东湾顶部的农渔业区和保留区、莱州湾的农渔业区及大连市的保护区，此外还有天津市及营口市海域的保护区。符合度为-2的区域主要位于大连海域的保护区与保留区，营口市的工业与城镇建设区和保留区，盘锦市的保护区，天津市的农渔业区、保护区、工业与城镇建设区，滨州市的保护区与农渔业区，东营市的保护区，潍坊市的农渔业区、旅游区，烟台市的农渔业区。

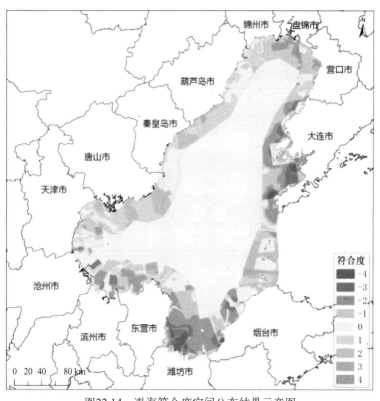

图22.14　渤海符合度空间分布结果示意图

综上所述，水质氮污染状况与海域水质管理中的矛盾主要表现在：①存在大面积符合度低，水质氮污染状况达不到海域功能水质管理要求的区域；②存在这种矛盾的区域位置相对集中；③不同功能类型区的矛盾特征突出，保护区和保留区总体上有大面积符合度低的区域，水质状况与水质管理要求严重不符的区域主要位于保护区和农渔业区。

22.4　陆海环境统筹分区研究

22.4.1　陆海氮污染统筹分区实证研究

22.4.1.1　陆源氮污染岸段压力分析

岸段压力是指单位岸线长度承载的污染物总量，每一个流域分区单元对应的岸线作为一个岸段，岸线压力等于分区内污染物总量除以岸段长度，单位为t/km。岸段压力消除了分区面积对污染物总量的影响，实现不同入海位置之间污染强度横向的比较。通过岸段压力可以识别出陆源污染输出的重点位置。

在陆域氮污染分区特征分析结果的基础上，进一步计算23个输出分区的岸段压力，结果如表22.1所示。

为岸段图层添加属性字段存储压力计算结果，以岸段压力为距离值创建缓冲区。对缓冲区的结果进行编辑修整后，岸段压力的地图可视化表达结果如图22.15所示。

表22.1　氮污染岸段压力计算结果　　　　　　　　　　　　　　　　　单位：t/km

序号	农村生活	农田	畜禽养殖	城镇生活	工业	总氮
1	2.73	0.36	1.00	9.24	4.57	17.90
2	7.45	1.18	0.65	8.78	0.83	18.89
3	8.83	0.83	0.96	4.72	0.31	15.64
4	28.76	4.45	12.12	41.24	7.14	93.71
5	243.40	66.73	136.60	1 109.21	744.15	2 300.08
6	175.62	79.63	208.39	167.26	46.94	677.84
7	155.21	44.61	223.42	227.73	16.39	667.36
8	38.69	10.30	30.05	93.75	20.02	192.81
9	8.13	1.54	5.77	26.40	0.21	42.06
10	49.56	8.51	28.05	6.23	0.00	92.36
11	9.26	2.67	0.57	3.64	0.08	16.21
12	3.87	3.14	8.57	76.77	0.88	93.23
13	34.21	18.30	40.80	25.70	4.67	123.68
14	204.90	83.77	312.39	129.38	35.45	765.88
15	21.58	11.80	48.60	25.98	4.09	112.04
16	550.62	203.24	347.47	1161.42	123.91	2 386.66
17	1 251.10	838.88	848.85	1283.52	480.92	4 703.28
18	331.00	80.86	874.79	206.81	128.03	1 621.48
19	1.26	0.47	0.22	3.17	4.91	10.03
20	177.81	64.05	265.56	253.92	29.36	790.70
21	288.37	145.43	283.07	498.99	173.67	1 389.53
22	166.52	140.27	296.35	258.14	63.64	924.92
23	13.03	8.15	19.23	27.46	1.65	69.51

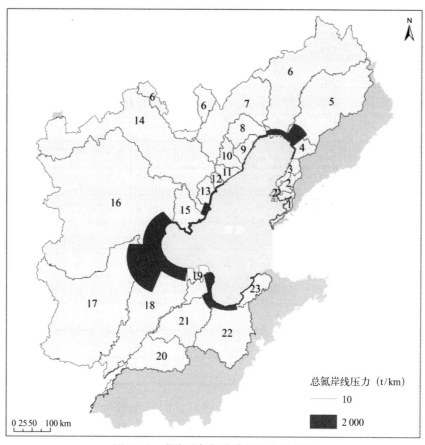

图22.15　渤海总氮污染岸段压力示意图

陆源氮污染岸段压力特征突出的表现为三大湾顶部是输出压力最大的位置。渤海湾是三大湾中氮污染输出压力最大的区域，渤海湾顶承载着整个海河流域的氮污染压力。海河中部水系集中作用于渤海湾顶部岸段，是压力最大的位置，达到4 703.28 t/km，其次，海河北部水系产生的压力达到2 386.66 t/km，海河南部水系产生的压力也达到1 621.48 t/km，整个渤海湾压力输出均属于高强度。辽东湾是环渤海地区氮污染输出压力第二大的区域，大辽河口位置压力达到2 300.08 t/km，辽河口位置压力为677.84 t/km，大凌河口位置压力为667.36 t/km，压力输出属于中等强度。莱州湾是环渤海地区氮污染输出压力第三大的区域，主要位于莱州湾西南部，小清河至白浪河河口岸段的压力为1 389.53 t/km，潍河至胶莱河口岸段的压力为924.92 t/km，黄河口岸段的压力为790.70 t/km。三大湾以外海域仅滦河口压力较高为765.88 t/km，其他岸段的压力均小于200 t/km，大连沿岸及北戴河沿岸的压力最小，均小于20 t/km。

22.4.1.2　海域氮污染岸段响应特征分析

海域氮污染岸段响应特征是根据海域氮污染响应分区结果，通过近岸不同污染程度范围的交界位置对岸线进行分段，对岸段赋以近岸污染程度值，从而在岸线上刻画出海域氮污染的位置及程度。

在海域氮污染响应分区结果的基础上，将岸线划分为23个岸段。结果如表22.2所示。

表22.2　氮污染岸段响应特征结果

序号	水质等级	长度/km	序号	水质等级	长度/km
1	4	34.03	13	1	239.77
2	4	66.21	14	2	124.27
3	4	73.76	15	4	48.71
4	3	52.24	16	3	192.73
5	4	12.57	17	2	36.01
6	4	52.21	18	3	48.17
7	3	26.84	19	4	93.27
8	4	16.75	20	3	34.05
9	4	20.94	21	4	31.40
10	4	34.88	22	3	66.32
11	3	118.86	23	2	28.39
12	2	60.40			

　　岸段水质等级作为属性字段并添加到岸段图层,以水质等级进行分类对氮污染的岸段响应特征进行地图可视化表达,结果如图22.16所示。

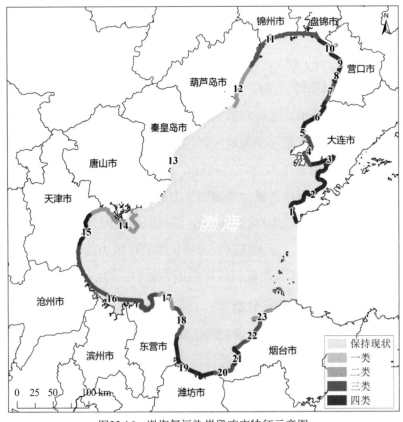

图22.16　渤海氮污染岸段响应特征示意图

以岸段的水质等级进行分类统计，结果显示，一类水质岸段只有1条，长度为240 km；二类水质岸段有4条，总长度249 km；三类水质岸段有7条，总长度539 km，四类水质岸段有11条，总长度484 km；其中劣四类水质岸段有6条，总长度283 km。从各类水质等级岸段的空间分布来看，只有位于渤海西部、辽东湾西岸、葫芦岛市南部至唐山市北部岸段是一类水质，属于清洁海域。葫芦岛市北部、唐山至天津交界处、东营市北部岸段以及烟台市北部岸段是二类水质，属于轻度污染。四类及劣四类水质岸段主要集中在辽东湾、渤海湾、莱州湾内以及大连市沿岸。氮污染岸段响应特征具有连续性，相邻水质等级的岸段交替出现。清洁水质岸段稀缺，所占比重仅15.8%，加上轻度污染水平的岸段所占比重也不到1/3。清洁及轻度污染水质岸段在空间分布集中，位于辽东湾西岸。污染严重的岸段主要位于各海湾内主要河口的位置，如辽东湾顶部盘锦及营口交界位置、渤海湾内天津海域、莱州湾内东营与潍坊交界位置、大连市普兰店湾。平直海岸只有大连市北部海域属于重度污染。

22.4.1.3 确定分区单元

陆海统筹管理分区在空间范围上覆盖了陆域和海域的空间范围。每个分区单元都包含陆域和海域部分。陆域部分以流域分区为基本单元，海域部分以功能区划外边界为管理边界进行划分。海域单元的划分以岸段压力分析和岸段响应特征分析结果为基础。首先，从流域分区对应的岸段两端点出发，离岸方向分割功能区划的外边界，形成流域分区对应的海域单元；然后，从污染岸段响应特征的端点出发，离岸方向分割功能区划的外边界，对海域单元进行进一步细分，二者共同构成海域分区单元（图22.17）。

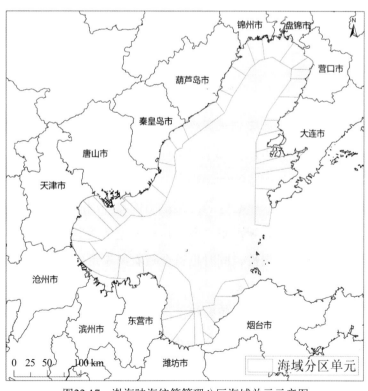

图22.17 渤海陆海统筹管理分区海域单元示意图

22.4.1.4　确定水质管理目标

制定水质管理目标需要综合考虑自然条件（水交换）、污染现状、陆域排污需求和海域使用现状及需求。流速能够反映海域水交换条件，海域污染响应分区结果能够反映污染现状，陆源氮污染岸段压力能够反映陆域排污需求，海洋功能区划能够综合反应海域使用现状及需求。水质管理目标的制定本质上是将水质管理目标的空间化，并强调水质管理目标空间上的连续性。水质目标结果如图 22.18 所示。

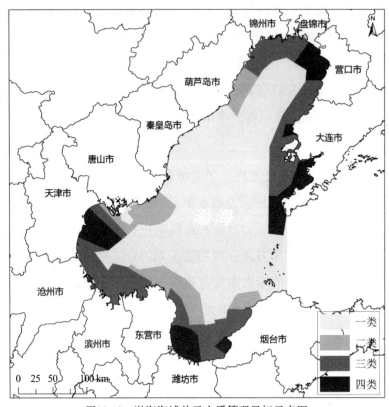

图22.18　渤海海域单元水质管理目标示意图

统筹分区水质管理目标与功能区划水质管理目标相比，不再是空间上杂乱破碎的单元，在垂直于岸线方向和平行于岸线方向上都呈现出连续性。平行于岸线方向，水质管理目标的连续性与海域岸段污染响应特征的连续性相吻合，符合客观实际；垂直于岸线方向，以污染现状为基础划分核心区与缓冲区。核心区是污染输出位置外围污染严重的区域，该区域常年处于重度污染，是陆源污染输出客观需求导致，短期内无法明显改善。缓冲区划分的主要目的是为了实现水质管理目标的连续性，同时也符合随着离岸距离增大，水深加深，海洋环境容量增大，污染物浓度降低的客观规律。

统筹分区水质管理目标提高了与水质管理需求的符合度，但污染现状的海域功能定位的矛盾仍需协调。图22.19显示了水质管理目标与水质状况的符合度，与以往研究相比可以直观地看出通过水质管理目标的调整，符合度得到明显改善。但水质污染现状与海域功能定位的矛盾仍然没有解决。协调的途径一是控制减少陆源氮污染输出，二是调整海域功能定位。

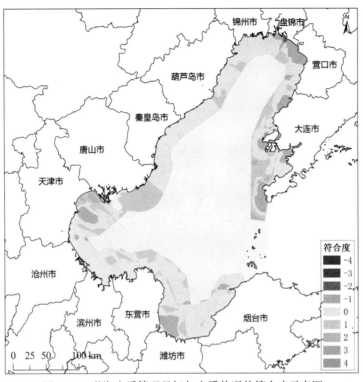

图22.19　渤海水质管理目标与水质状况的符合度示意图

22.4.1.5　归并分区单元

归并分区单元是将空间位置邻接，氮污染"压力—响应"特征相似的空间单元进行归并，形成可以制定有针对性管理政策的连片区。归并的过程首先将水质管理目标相同的海域单元与其空间位置上邻接陆域单元进行归并，这一过程也将陆源氮污染输出的影响位置，从岸线进一步延伸到了海域；然后，对相邻接的陆海特征相似的单元进一步归并。归并的结果如图22.20所示，环渤海地区最终归并为23个氮污染的陆海统筹管理分区。

归并结果将陆域流域划分结果归并为23个分区如表22.3，可以分为三类，第一类是大型流域，面积均在$4 \times 10^4\,km^2$以上，包括LS-6、LS-14、LS-16、LS-17，其中LS-16面积最大约93 859.78 km²；第二类是中型流域，面积在2×10^4—$3 \times 10^4\,km^2$，包括LS-5、LS-7、LS-18；第三类是中小型流域，面积在1×10^4—$2 \times 10^4\,km^2$，包括LS-20、LS-21、LS-22，LS-20即黄河流域，黄河流域在山东省内流域面积仅相当于中小型流域，但其在三省两市以外的流域面积大于整个三省两市的面积。第四类是余下的分区，面积在1 000—6 000 km²，属于近岸小流域。从对海域部分的划分来看，将渤海近岸海域划分为23个部分，辽东湾东部沿岸、大连—营口近岸海域划分为三片海域，包括LS-1、LS-2、LS-3；辽东湾顶部近岸海域被分为5部分，LS-4至LS-8，海域单元面积小于1 000 km²；辽东湾西部沿岸，被分为5部分，包括LS-9至LS-13，其中LS-9面积约1 831 km²，其余海域单元面积小于1 000 km²；滦河三角洲海域被分为2部分，LS-14面积约1 134 km²，LS-15面积约2 475 km²；渤海湾近岸海域被分为3部分，包括LS-16约3 000 km²，LS-17约737 km²，LS-18约1 400 km²；渤海湾与莱州湾之间，老黄河口外海域属于LS-19约2 185 km²；莱州湾海域被分为4部分，包括LS-20至LS-23，位于东西两侧的LS-20与LS-23面积均大于2 800 km²，位于湾顶的LS-21与LS-22面积较小，LS-21约983 km²，LS-22约1538 km²。

图22.20　渤海氮污染的陆海统筹管理分区示意图

表22.3　统筹管理分区面积及岸线长度

单元编号	总面积/km²	陆域面积/km²	海域面积/km²	岸线长度/km
LS-1	6 279.26	2 022.12	4 257.14	190.15
LS-2	2 617.40	1 926.81	690.59	31.65
LS-3	4 146.50	1 900.12	2 246.39	98.05
LS-4	3 261.99	2 554.63	707.35	36.75
LS-5	29 109.91	28 270.59	839.32	34.24
LS-6	45 603.34	44 870.89	732.45	31.02
LS-7	20 753.06	20 270.65	482.41	21.01
LS-8	6 145.00	5 479.51	665.49	24.54
LS-9	4 242.04	2 410.61	1 831.43	81.49
LS-10	3 757.83	3 296.87	460.96	20.02
LS-11	3 351.97	1 865.53	1 486.44	62.29
LS-12	1 590.08	970.86	619.22	34.83

单元编号	总面积/km²	陆域面积/km²	海域面积/km²	岸线长度/km
LS-13	3 298.12	2 560.56	737.57	42.48
LS-14	49 570.35	48 435.91	1 134.44	42.01
LS-15	8 513.91	6 038.66	2 475.25	165.81
LS-16	96 925.58	93 859.78	3 065.76	86.91
LS-17	60 629.48	59 891.69	737.79	36.96
LS-18	29 665.58	28 265.24	1 400.34	59.75
LS-19	3 894.53	1 709.15	2 185.38	110.53
LS-20	19 374.42	16 544.99	2 829 344	63.47
LS-21	14 088.08	13 104.78	983.31	37.61
LS-22	19 423.48	17 885.39	1 538.09	58.97
LS-23	6 397.28	3 535.61	2 861.67	142.27

22.4.1.6　统筹分区向行政单元分区的转换

环境管理的任务最终还需要落实到各级行政主管部门，我国的行政管理体系以行政单元分区系统为空间基础，统筹分区管理需要转换到行政单元分区。GIS通过空间分析能够清楚地确定统筹分区与行政单元分区的空间关系：从统筹分区的角度可以回答统筹分区与哪些行政单元相关（相交），各行政单元对统筹分区氮污染的贡献有多大，其承担的管理调控的责任就有多大。从行政单元的角度可以回答行政单元涉及哪些统筹分区的管理工作，哪些区域分别属于哪个统筹分区，不同区域管理调控的重点是什么。

22.4.2　陆海统筹管理分区的管理实施路径

陆海统筹管理分区的管理实施路径是以陆海统筹管理分区为基础，以海域污染重点区域为出发点，回溯氮污染形成的自然过程，从陆域社会经济活动入手进行氮污染管理调控的"倒逼机制"（图22.21）。整个管理实施路径的空间范围从海域转向陆域，分区范围从海域分区转向流域分区再转向行政分区，具体过程包括三大步。

第一，从海域污染分区出发，确定海域污染调控目标，确定重点调控的海域。海域污染调控目标相对水质管理目标，阶段性特征更强，与具体的规划与阶段性管理目标衔接。

第二，依据海域调控目标确定流域减排目标。海域管理的重点区域及目标确定后，工作重点转向陆域。海域调控目标是一个污染浓度指标，陆域减排目标是一个污染物总量指标，结合河口、排污口的监测数据确定具体河口、排污口两个目标间转换的关系，实现海域适应性管理与陆域适应性管理的融合。

第三，流域关联的各行政分区开展社会经济活动的管理调控。作为整个流域的减排目标本质上是一个区域协作的目标，整体目标的实现既需要区域间协作，也需要合理分配。这一步工作重点从流域分区转向行政分区。明确了流域减排目标后，进一步回溯氮污染产生的过程，根据各行政分区氮污染产生量，将流域减排目标分解为各行政单元减排目标。

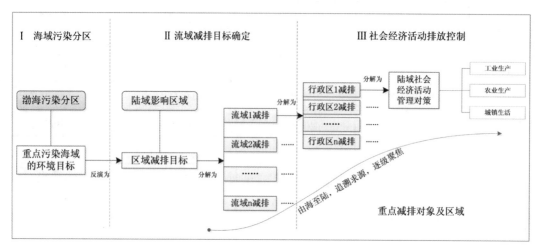

图22.21　渤海氮污染的陆海统筹管理实施路径

以辽东湾为例说明陆海统筹管理分区在海洋环境管理中的作用。综合以上研究，辽东湾海域被划分为14个海域管理分区，分别对应14个陆域管理单元，其中LS-5对应的海域单元环境较差，污染状况较为典型，此处选取LS-5单元作为陆海统筹管理分区管理具体实施路径的示范区。依据以往研究思路与成果，具体实施路径采用由海至陆的"倒逼"思路，从辽东湾海洋环境目标制定、陆域影响区域划定、流域空间确定、行政区范围界定，到主要社会经济活动的筛选与空间分布状况等方面系统梳理分区管理的实施路径。具体的实施路径如图22.22。

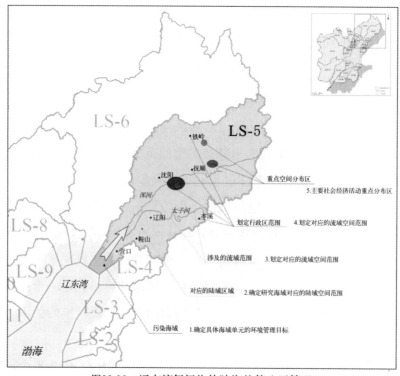

图22.22　辽东湾氮污染的陆海统筹分区管理

（1）制定辽东湾重点污染海域环境目标

确定辽东湾典型污染海区的海洋环境目标是陆海统筹管理分区参与海洋环境管理的切入点，是整个实施路径的起点。LS-5海域单元位于辽东湾顶部偏东，海域面积约839 km²，是辽东湾典型的重污染海区，水质管理目标为四类水质，由于陆源污染输入量大，该海域水质常达到劣四类，也间接成为影响周边海域环境的污染源，被列为辽东湾海洋环境治理的重点区域。依据海洋功能区划的环境要求和作为环境缓冲区的需求，LS-5对应的海域单元水质目标应维持在三到四类。

（2）划定陆域影响空间范围

由图22.22可以看出，LS-5单元对应的陆域区域位于辽河平原南部，区域面积约2.8×10⁴ km²，该区域人类社会经济活动强度大，工农业发达，城镇分布密集，总氮污染压力较高。为保障海域单元环境目标的实现，无论区域内污染排放的空间分布与排放结构如何，都应在全区域实行严格的污染物总量控制制度，以确保入海污染物总量不超出海域污染承载能力。因此，该层级的主要管理措施是制定严格的污染物入海总量控制。

（3）确定具体影响流域范围

LS-5陆域区域是由若干个流域范围共同组成，污染物总量控制的指标分解也应该逐级向上分配到每个相关流域，该部分的主要内容是确定影响海域单元环境的具体流域范围，将陆域影响区域流域化。该区包含浑河、太子河及近岸部分小流域，其中浑河与太子河流域面积较大，陆源污染也主要由以上两个流域汇入辽东湾，因此，浑河与太子河流域是治理的重点流域，依据管理的细化程度，可对两个流域进一步细化，进而确定满足管理需求的流域单元。该层级的主要管理内容是流域范围的界定与污染物总量控制指标的流域分配。

（4）界定对应的行政区范围

流域范围的界定是在自然分区基础上进行的空间划分，并不具有管理的可操作性，不适用于污染管理的分区要求，因此，在流域范围界定的基础上，应进一步界定流域内合理的行政分区，尤其是确定好被流域边界分割的行政区范围。浑河流域涉及营口、沈阳、抚顺和铁岭，太子河流域涉及鞍山、辽阳和本溪，依据流域边界的汇水单元对各个行政区边界进行划定，剔除流域外行政区范围，重新计算流域内行政区范围的土地利用指标和社会经济统计指标值，为各流域污染物排放总量的分配提供依据。因此，该层级的主要管理内容是确定流域边界内行政区范围，并重新计算行政区范围内各类社会经济指标值。

（5）主要社会经济活动的筛选与重点分布区域划定

在确定流域范围与行政区具体范围基础上，重点分析行政区内各类社会经济活动的规模、强度、排放特征，筛选出氮污染物排放量大的社会经济活动类型作为重点调控对象。LS-5陆域单元内居民生活和畜禽养殖业排放是辽河流域氮污染的主要来源，总氮排放量中居民生活排放约占49%，畜禽业排放约占38%。控制总氮污染排放应将居民生活排放与农业畜禽养殖两类活动作为重点控制对象。虽然工业生产氮排放相对其他区域较高,但占总排放量的比例约10%,因此,工业氮排放的控制对于整个区域的氮污染压力而言效果并不显著,城镇居民生活污染和农业畜禽养殖面源污染是决定该区域总氮污染压力的重要污染源,调控重点应聚焦以上两类社会经济活动。此外,社会经济活动重点分布区域的划定是陆海管理分区实施的重要步骤。具体到LS-5区域,居民生活污染源与城市人口规模呈线性关系,沈阳、鞍山、抚顺、本溪污染排放压力相对较大,而畜禽养殖业相对集中的区域是沈阳周边县、辽阳县和海城市。通过社会经济统计指标的分析,结合汇水单元空间定位,可进一步将社会经济活动的空间范围细化至区县,为管理调控提供切实可行的,具有可操作性的调控对象与调控内容。因此,该层级的主要实施内容是识别氮污染排放贡献大的社会经济活动,并确定其空间分布特征。

(6)各类型社会经济活动调控重点

通过以上5个步骤,已将海洋环境管理目标逐一落实到陆域各区域的主要社会经济活动调控上来,针对不同类型的社会经济活动特征,结合污染总量控制要求,实施针对性的调控对策。①城镇居民生活氮污染控制的关键在污水处理环节。辽宁城市生活污水中总氮的去除率为50%—60%,而且部分县市根本没有污水处理厂,生活废水经化粪池沉淀后通过管道集中收集直接排入环境水体,化粪池对氮的平均削减率约为15%。因此,污染物去除率低、入河系数较高是导致城市污水污染重的主要原因。提高污染物去除率,加大排放环节的治理是缓解城镇居民生活污染的高效措施,发达地区应加大投资增强污水处理能力,提高处理水平;欠发达地区与农村地区,普及化粪池建设,避免污水直接排入雨水管道以及河流、湖泊、水库等环境水体。②农业畜禽养殖污染治理。采取面源污染点源化的治理思路,畜禽养殖业集中区可尝试建设畜禽养殖小区,将多家养殖户的畜禽集中饲养,污染物集中处理,避免粪便的露天堆放,加快粪便进沼气池,粪便有机肥转化工作。③工业污染治理。采取重点行业重点地区重点监管和调控,工业氮污染总量相对较小,但部分行业和地区工业排放量较大,化工、饮料、制药、石油加工、食品加工等行业,坚决实施达标排放,必要时可选择合适的时间窗口进行规划排放,尤其做好污染企业集中布局河段的排污控制,避免因工业集中排污造成河段水体的严重污染。

本研究为海洋环境管理在空间上的陆海统筹提供了一套较为系统的实施途径,初步实现了海域污染的陆域化调控。

22.4.3 陆海统筹管理分区的管理重点及对策建议

22.4.3.1 陆海统筹管理分区的特征及管理重点

(1)陆海统筹管理分区的主要特征

陆海统筹管理分区体现了氮污染的陆海压力响应空间关系,如图22.23所示。渤海三大海湾内水交换能力弱,自净能力弱,湾顶位置对应大型流域,陆源氮污染输出压力大,三大湾海域水质均在四类水质以下。工业氮污染压力最大的大辽河流域LS-5，城镇氮污染压力最大的海河北部流域（LS-16），海域均处于四类、劣四类水质。近岸城镇生活及工业压力大且海域水交换能力相对弱的小海湾位置也呈现四类及劣四类水质，如大连市普兰店湾、金州湾（LS-1）；莱州市刁龙嘴（LS-23）。岸线平直、水交换条件好、对应陆域污染压力小的区域水质条件好，如辽东湾西岸绥中至唐海近岸海域。

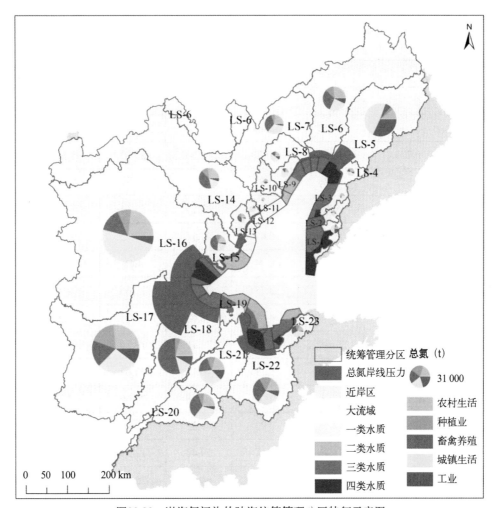

图22.23　渤海氮污染的陆海统筹管理分区特征示意图

　　氮污染陆域的产生量主要对应于三大湾顶部位置如表22.4。位于渤海湾顶部的LS-16、LS-17、LS-18，总量占全区的53.84%，其中LS-16占全区的23.36%，是氮污染产生量最大的分区，主要污染来源是城镇和农业，其中城镇污染源比重是大型流域中最高的；位于辽东湾顶部的LS-5、LS-6，总量占全区的14.34%，LS-5工业污染特征突出，工业污染源比重达到32.35%；位于莱州湾顶部的LS-20、LS-21、LS-22，总量占全区的17.68%，该区域农业污染特征突出，3个分区的农业污染比重均大于50%。位于近岸的LS-1、LS-12的城镇污染特征突出，两个分区城镇污染比重均在50%以上，LS-19与LS-1工业污染特征突出，LS-19接近50%，LS-1也在25%以上。

表22.4　各统筹分区氮污染产生量结果（%）

单元编号	总氮产生量占全区比重	氮污染源构成					
		城镇	工业	农业	农村生活	种植业	畜禽养殖
LS-1	0.64	51.64	25.55	22.81	15.23	2.00	5.58
LS-2	0.24	45.48	4.40	49.13	39.41	6.26	3.45
LS-3	0.22	30.17	1.95	67.88	56.45	5.29	6.14
LS-4	0.44	44.01	7.62	48.37	30.70	4.75	12.93
LS-5	9.63	48.22	32.35	19.42	10.58	2.90	5.94
LS-6	4.71	24.68	6.92	68.40	25.91	11.75	30.74
LS-7	3.04	34.12	2.46	63.42	23.26	6.69	33.48
LS-8	0.77	48.62	10.38	41.00	20.07	5.34	15.59
LS-9	0.55	62.76	0.51	36.73	19.34	3.66	13.73
LS-10	0.21	6.75	0.00	93.25	53.66	9.21	30.38
LS-11	0.12	22.42	0.47	77.11	57.15	16.45	3.51
LS-12	0.37	82.34	0.94	16.72	4.16	3.37	9.19
LS-13	0.59	20.78	3.78	75.44	27.66	14.79	32.99
LS-14	3.62	16.89	4.63	78.48	36.75	10.94	40.79
LS-15	2.09	23.19	3.65	73.16	19.26	10.53	43.38
LS-16	23.36	48.66	5.19	46.15	23.07	8.52	14.56
LS-17	19.58	27.29	10.23	62.48	26.60	17.84	18.05
LS-18	10.91	12.75	7.90	79.35	20.41	4.99	53.95
LS-19	0.12	31.64	48.93	19.42	12.59	4.67	2.16
LS-20	5.65	32.11	3.71	64.17	22.49	8.10	33.59
LS-21	5.88	35.91	12.50	51.59	20.75	10.47	20.37
LS-22	6.14	27.91	6.88	65.21	18.00	15.17	32.04
LS-23	1.11	39.50	2.37	58.13	18.75	11.72	27.66

　　氮污染的陆海矛盾集中在几个主要分区，需要通过统筹分区管理调控进行协调。各统筹分区氮污染状况与水质管理要求的符合度的统计结果（表22.5）显示出水质污染情况严重的区域主要集中在辽东湾顶部的LS-4、LS-5、LS-6，渤海湾的LS-16，莱州湾的LS-21，以及大连近岸海域的LS-1。氮污染状况与水质管理要求矛盾大的区域主要集中在辽东湾顶部的LS-4、LS-5、LS-6、LS-7，渤海湾的LS-16、LS-17、LS-18，莱州湾的LS-20、LS-21、LS-22，以及大连近岸的LS-1、LS-2、LS-3。

表22.5　各统筹分区内氮污染水质状况与水质符合度（%）

单元编号	水质面积比重						水质符合度面积比重				
	四类以下	劣四类	四类	三类	二类	一类	<0	-4	-3	-2	-1
LS-1	49.2	22.3	26.9	25.8	23.6	1.5	87.3	4.8	17.9	45.7	19.0
LS-2	27.0	0.0	27.0	70.0	3.0	0.0	78.3	0.0	46.7	29.1	2.5
LS-3	24.7	0.0	24.7	51.4	23.8	0.0	65.7	0.1	19.7	16.5	29.4
LS-4	100.0	35.5	64.5	0.0	0.0	0.0	73.2	0.0	0.5	16.2	56.5
LS-5	71.9	51.0	20.9	28.1	0.0	0.0	55.9	0.0	0.0	2.9	52.9
LS-6	39.4	10.9	28.5	60.6	0.0	0.0	26.8	0.0	0.0	14.8	12.0
LS-7	0.0	0.0	0.0	100.0	0.0	0.0	46.0	0.0	0.0	15.0	30.9
LS-8	0.0	0.0	0.0	100.0	0.0	0.0	0.5	0.0	0.0	0.0	0.5
LS-9	0.0	0.0	0.0	39.7	59.8	0.5	0.4	0.0	0.0	0.3	0.1
LS-10	0.0	0.0	0.0	0.0	35.6	64.4	2.3	0.0	0.0	0.0	2.3
LS-11	0.0	0.0	0.0	0.0	0.0	100.0	0.0	0.0	0.0	0.0	0.0
LS-12	0.0	0.0	0.0	0.0	0.0	100.0	0.0	0.0	0.0	0.0	0.0
LS-13	0.0	0.0	0.0	0.0	0.0	100.0	0.0	0.0	0.0	0.0	0.0
LS-14	0.0	0.0	0.0	0.0	0.0	100.0	1.3	0.0	0.0	0.0	1.3
LS-15	0.0	0.0	0.0	0.0	13.7	86.3	0.0	0.0	0.0	0.0	0.0
LS-16	46.5	17.3	29.3	36.6	12.5	4.3	38.3	0.0	0.0	5.3	33.0
LS-17	9.9	0.0	9.9	90.1	0.0	0.0	27.9	0.0	3.9	10.8	13.2
LS-18	0.0	0.0	0.0	89.0	11.0	0.0	59.6	0.0	0.0	19.8	39.8
LS-19	0.0	0.0	38.9	42.3	18.7		61.9	0.0	0.0	29.0	32.8
LS-20	3.1	0.0	3.1	34.0	58.6	4.4	70.8	0.0	3.0	28.5	39.4
LS-21	85.9	58.3	27.6	14.1	0.0	0.0	100.0	26.5	32.6	38.6	2.3
LS-22	25.1	11.1	14.0	74.9	0.0	0.0	94.9	5.8	10.7	71.7	6.7
LS-23	10.6	0.0	10.6	61.5	27.8	0.0	59.2	0.0	5.0	33.9	20.2

（2）各分区特征及管理重点

LS-1位于辽东湾东岸，由近岸流域归并而成，水质管理目标核心区为四类水质，缓冲区为三类水质。该区域最大的特征是氮污染输出压力小，但海域氮污染较重。从区域氮污染产生量的组成来看，城镇氮污染和工业氮污染占主导。工业氮污染产生量非常突出，与LS-14整个滦河流域工业氮污染产生量相当，远远大于其他近岸区域的工业氮污染产生量。但由于该区域是由近岸流域归并而成，面积约占LS-14的4%，但岸线蜿蜒曲折，岸线长度是LS-14的5

倍，导致单位岸线氮污染压力计算结果较小，掩盖了工业点源污染输出特征，但通过区域氮污染产生量的分析，该区域应以城镇氮污染和工业氮污染的管理调控为重点。

LS-2位于辽东湾东岸，对应复州河流域，水质管理目标为三类水质。该区域最大的特征是氮污染输出压力小，区域氮污染产生量小，但海域氮污染较重。该海域水交换能力弱，加上围填海活动密集，受海域氮污染影响大。从区域氮污染产生量的组成来看，以城镇氮污染和农业氮污染占主导，其中农业氮污染主要来自农村生活污染源。该区域城镇氮污染是管理调控的重点。

LS-3位于辽东湾东岸，由近岸流域归并而成，水质管理目标核心区为四类水质，缓冲区为三类水质。该区域最大的特征是氮污染输出压力小，但海域氮污染较重。从区域氮污染产生量的组成来看，以农业污染为主。该区域应以农业氮污染的管理调控为重点。

LS-4位于辽东湾顶部偏东位置，大清河流域及近岸流域归并而成，水质管理目标为四类水质。该区域最大的特征是氮污染输出压力较小，域氮污染严重。从区域氮污染产生量的组成来看，城镇与工业氮污染为主。比邻大辽河口，海域污染在一定程度上受其污染扩散导致。该区域近岸发展临海工业园区及城镇建设区，预计未来工业与城镇氮污染产生量还会升高，该区域应以城镇和和工业氮污染的管理调控为重点。

LS-5位于辽东湾顶部偏东位置，包含大辽河流域及近岸流域归并而成，水质管理目标为四类水质。该区域总氮污染压力强度很高，城镇氮污染压力与工业氮污染压力都很大，其中工业氮污染压力是环渤海地区工业氮污染压力输出最高的位置。城镇氮污染和工业氮污染应作为该区域管理调控的重点，该区域可作为整个环渤海地区工业调控的重点区域。

LS-6位于辽东湾顶部及偏西位置，对应辽河流域。水质管理目标为三类水质。位于辽东湾顶部的辽河流域氮污染压力处于中高水平。该区域氮污染压力最突出的特征是农业氮污染，比重超过68%。农业氮污染应作为该区域管理调控的重点。

LS-7位于辽东湾顶部及偏西位置，对应大凌河流域。水质管理目标为三类水质。氮污染压力处于中高水平。该区域氮污染压力最突出的特征是农业氮污染，比重超过63%。农业氮污染应作为该区域管理调控的重点。

LS-8位于辽东湾顶部及偏西位置，对应小凌河流域。水质管理目标为三类水质。该区域总氮压力较高，城镇和农业氮污染比重较高。城镇和农业氮污染应作为该区域管理调控的重点。

LS-9位于辽东湾西侧葫芦岛市西南—兴城市近岸区域，该区由近岸流域归并而成，水质管理目标为二类水质。该区域属于近岸区域，由于岸线长，单位岸线总氮压力虽然较小，但氮污染的强度较高，该区域氮污染的突出特征是城镇氮污染比重高，超过60%。该区域应以城镇氮污染作为管理调控的重点。

LS-10位于辽东湾西侧葫芦岛市西南，对应六股河流域，水质管理目标为二类水质。该区域总氮压力属中低水平，农业氮污染比重高，超过90%，农业氮污染比重在所有分区中最高，主要来自农村生活和畜禽养殖。该区域可以作为近岸小流域农业管理调控的典型区域。

该区域应以农业氮污染作为管理调控的重点。

LS-11位于辽东湾西侧绥中县，该区由近岸流域归并而成，水质管理目标为一类水质。该区域氮污染产生量在所有分区中最小，农业氮污染比重高。由于处于近岸区域，农业氮污染难以形成规模，应做好城镇和工业氮污染管理。

LS-12位于辽东湾秦皇岛市山海关区近岸区域，该区由近岸流域归并而成，水质管理目标为一类水质。该区域城镇氮污染比重在所有分区中最高，超过80%，可作为近岸城镇氮污染管理调控的典型区，应以城镇氮污染作为管理调控的重点。

LS-13位于辽东湾秦皇岛市北戴河区、抚宁县、昌黎县近岸区域，该区由近岸流域归并而成，水质管理目标为一类水质。农业氮污染比重高。由于处于近岸区域，农业氮污染难以形成规模，且该区域作为国家重点滨海旅游区，应做好城镇氮污染管理。

LS-14位于辽东湾与渤海湾交界位置，陆域部分属滦河流域，水质管理目标为一类水质。滦河流域虽然氮污染压力属中高水平，但该区域水交换条件良好，近岸除滦河口外有小面积区域属二类水质，大部分区域属于一类水质。该区域氮污染压力的突出特征是农业氮污染比重非常高，约78%，是农业氮污染比重最高的统筹分区。该区域应以农业氮污染作为管理调控的重点。

LS-15位于渤海湾北部位置唐山市近岸海域，该区由近岸流域归并而成，水质管理目标为二类水质。该区域包括我国目前最大的围填海区，虽然目前农业氮污染比重很高，约占73%，但未来的发展方向重点是工业与城镇建设，预计氮污染产生量也会大大提高，类型以工业与城镇生活为主导。虽然目前北部海域水质状况属一类水质，但综合考虑陆域经济发展及排污需求和海域开发利用现状，制定水质管理目标为二类水质。该区域应以工业与城镇氮污染作为管理调控的重点。

LS-16位于渤海湾顶部偏北位置，包括海河北部水系流域，水质管理目标核心区为四类水质，两侧缓冲区为三类水质。该区域总氮污染压力非常高，氮污染压力主要来自城镇生活污染和农业污染，其城镇氮污染产生量在环渤海地区最高。该区域应以城镇氮污染和农业氮污染作为管理调控的重点。该区域可作为整个环渤海地区城镇污染调控的重点区域。

LS-17位于渤海湾顶部位置，对应海河中部水系流域，水质管理目标为三类水质。该区域农业氮污染产生量在环渤海地区最高。海河中部水系流域区域是环渤海地区氮污染压力最高的位置，其氮污染压力主要来自农业和城镇生活污染，农业污染比重超过60%。该区域应以农业和城镇氮污染作为管理调控的重点。

LS-18位于渤海湾顶部及南部位置，对应海河南部水系流域，水质管理目标为三类水质。海河南部水系流域总氮污染压力较大，氮污染压力主要来自农业，农业污染比重接近80%，在大流域中农业污染比重最高，其中畜禽养殖比重大于50%，在环渤海地区最高，可以作为大流域农业氮污染管理调控的典型区。该区域应以农业氮污染作为管理调控的重点。

LS-19位于渤海湾与莱州湾交界处，老黄河口位置，属于老黄河三角洲的近岸区域，水质管理目标为二类水质。该区域面积小，总氮污染压力非常小，氮污染压力主要来自工业及城镇生活污染，该区域氮污染的突出特征是工业氮污染比重非常高。该区域应以工业氮污染作为管理调控的重点。

LS-20位于莱州湾西北部，黄河口位置，属于黄河流域，水质管理目标近岸核心区为三类水质，较远海域为二类水质。该区域总氮污染压力属于中高水平，氮污染主要来自农业与城镇，应以农业及城镇氮污染作为管理调控的重点。

LS-21位于莱州湾顶部，对应小清河流域，水质管理目标核心区为四类水质，缓冲区为三类水质。该区域总氮污染压力较高，污染主要来自农业污染和城镇污染，但该区域工业氮污染总量较高。该区域应以农业、城镇及工业氮污染的综合管理调控为重点。

LS-22位于莱州湾顶部，包括弥河、白浪河、潍河、胶莱河流域，水质管理目标核心区为四类水质，缓冲区为三类水质。该区域总氮污染压力较高，污染主要来自农业污染和城镇污染。考虑到该区域由几个中型流域构成，应加强海域污染缓冲区的水质监测。该区域应以农业、城镇污染的管理调控为重点。

LS-23位于莱州湾东部，莱州市、招远市及龙口市近岸区域，该区由近岸流域归并而成，水质管理目标核心区为四类水质，缓冲区为三类水质及二类水质。该区总氮污染压力较低，污染主要来自农业污染和城镇污染。但由于海岸岬角地貌特征影响，近岸局部海域水交换条件差，莱州市近岸海域污染严重。该区域应以农业与城镇氮污染作为管理调控的重点，其中莱州市应重点加强城镇氮污染的管理调控。

22.4.3.2 陆海统筹管理分区管理的对策建议

（1）关于陆源水污染分区管理调控的对策建议

大型流域分区实施工业、农业与城镇氮污染综合管理。大型流域分区覆盖范围广，汇聚分散的污染源后集中作用于河口位置对海域造成很大的污染压力。针对上述特点需要对工业、农业与城镇氮污染实施全面的流域综合管理。

工业指标的空间分布特征表现为高强度区域呈离散分布，以高强度区域为中心向外围存在强度逐级递减的辐射特征。从高强度中心入手，淘汰落后产能，遏制辐射特征。构建流域为范围的区域工业交流合作平台，流域范围内积极推进清洁生产，形成流域内的绿色产业链。

农业污染属于面状污染，难以管理。大型流域的农业污染管理难度更大，难以实现既有效又全面地治理。现有非点源研究已经在一些小流域开展了许多积极的管理实践，积累一些成功经验。流域是层级嵌套的分区系统，结合农业指标高强度区域具有连片的特征，可以选择高强度区域所在小流域为典型区域开展试验（如在化肥施用高强度区域开展提高化肥利用率，缓释肥减少氮污染的管理试验），以小流域为单位重点治理，并积极推广成功经验。

城镇污染与人口规模密切相关，海河北部流域及大辽河流域对应环渤海地区的大都市圈，应作为管理调控的重点区域。城镇污染治理的关键还是提高污水处理能力，重点是加大污水治理的投入，优化排水管网，合理布局污水处理厂。

近岸区域加强工业及城镇氮污染管理。近岸区域污染输出的特征一是直接入海，不存在远距离输移导致的衰减，对海域环境产生的影响大；二是沿岸分散分布，会产生带状影响，影响海域范围广。

近年来重化工业向沿海布局的趋势明显，沿海县市积极开展临海工业园区及滨海城市建设，围填海活动如火如荼。工业指标及城镇指标在近岸地区都呈现高强度分布。虽然污染物总量与大流域相距甚远，但产生影响丝毫不逊于大流域，大连沿岸氮污染问题已经非常严重。

近岸区域农业面源污染不成规模，工业及城镇污染是管理的重点。应做好优化布局，集中布局，集中管理，避免产生带状影响。加强基础设施投入，优化排水管网，合理布局污水处理厂，严格控制排放。提高园区环境准入制度，加强重点企业管理。积极发展生态工业园的新型工业园区发展模式，按照生物链的关系链接起来，形成工业生态系统，既提高了经济效益又从根本上改善了生态环境。滨海城镇建设应在集约节约利用土地基础上，转变传统粗放的城镇化发展模式，从发展生态社区入手，建设生态型滨海城镇，降低近岸区污染产生量。

陆海统筹管理分区与现有陆域水环境管理衔接。加强陆海相关部门的沟通，陆域已经开展了水环境功能区划、重点流域污染防治等工作，海域氮污染的陆海统筹管理应做好与陆域现有水环境管理工作的衔接，陆海统筹管理分区以流域分区为基础，分区边界与现有陆域水环境管理工作的边界兼容，可以通过陆海统筹管理分区衔接现有陆域水环境管理工作，提出海域环境管理的需求。

（2）关于海洋功能区划调整的建议

海洋功能区划水质管理要求需要陆海统筹的调整。海洋功能区划的水质管理要求以功能区为单元，其根本出发点是为保障海域功能服务的，不是为海域环境管理服务。以功能区为单元提出水质管理要求缺乏可操作性：首先，各功能区是根据功能类型不同人为划定的区域，是离散的块状区域。划定功能区的过程中，主要协调海域使用活动间的矛盾，缺少对各种功能类型水质管理要求间矛盾的考虑。存在相邻功能区水质管理要求相差很大，邻接功能区之间水质管理要求缺乏连续性和缓冲带的问题；其次，海洋具有流动性，污染物的扩散并不受功能区边界的约束，低水质要求区水质达标的情况下，邻接的高水质要求区的水质管理目标很难达标。若是高水质要求区被低水质要求区包围，其水质管理目标就形同虚设。功能区水质管理要求的制定不能脱离实际，需要分析现实污染状况、海域污染扩散客观规律，注重管理目标的连续性。

短期水质管理目标达不到功能水质要求的功能区需要调整。功能类型的定位要以水质管理目标为重要的参考依据。短期内水质管理目标难以满足功能要求的情况下，先从加强近岸点源污染调控入手，若短期难以改变，只能调整功能类型。大连近岸海域及莱州湾东部近岸海域是需要作出调整的重点区域。

第六篇
环渤海地区重要污染物压力研究

23 总氮污染排放的社会经济来源与结构研究

23.1 影响氮污染排放的社会经济指标选择

环渤海地区社会经济活动可以划分为农业生产活动、工业生产活动和居民生活三大类，指标选取具体方法为：①依据氮污染特征，参考产排污系数，筛选出与氮排放有关的生产生活活动；②通过统计数据的分析，筛选出规模大、强度大的社会经济活动；③在此基础上选择能很好反映该社会经济活动的操作性强、获取相对容易的统计指标；④参考已有文献研究对指标进行修正和补充。依据以上思路确定了影响流域氮污染的社会经济指标34个（表23.1），具体分为总体指标类、农业生产类（种植业和畜禽养殖业）、工业生产类和土地利用类等。

表23.1 影响环渤海地区氮污染的主要社会经济指标

指标类		指标项	
1. 总体指标		国内生产总值	三产国内生产总值
		一产国内生产总值	城镇常住人口数
		工业国内生产总值	农村人口数
2. 农业指标	种植业	氮肥施用量	机耕面积
		复合肥施用量	旱地面积
		有机肥施用量	水田面积
	畜牧业	猪存/出栏量	蛋鸡存栏量
		奶牛存栏量	肉鸡存/出栏量
		肉牛存/出栏量	
3. 工业指标（产值或产量）		化学原料及化学制品制造业	造纸及纸制品业
		石油加工、炼焦及核燃料加工业	黑色金属冶炼及压延加工业
		农副食品加工业	食品制造业
		饮料制造业	医药制造业

指标类	指标项	
4.土地利用指标	城镇用地面积	丘陵旱地面积
	农村居民点面积	丘陵水田面积
	其他建设用地面积	山地旱地面积
	平原旱地面积	山地水田面积
	平原水田面积	

23.2 总氮污染的估算方法

结合影响流域氮污染的社会经济指标和污染源特征，将环渤海地区的总氮污染源分为农业生产污染（包括种植业和畜禽养殖）、农村生活污染、城镇生活污染和工业污染，根据不同污染源类型选择不同的污染估算方法。采用排污系数法估算农业面源污染和居民生活污染，通过修正污染源普查资料估算工业污染，具体如下。

23.2.1 农业生产和居民生活氮排放估算方法

农业生产污染包括种植业农田径流和畜禽养殖污染，居民生活污染包括城镇居民和农村居民生活排放，这几类污染源的氮污染负荷估算采用排污系数法，该方法也称为源强估算法，是一种基于各种非点源污染源的数量及其排污系数的估算方法。总氮排放量的估算公式如下：

$$P_{\text{TN}} = \sum_{i=1}^{n}(Q_{(\text{TN})i} \times \beta_{(\text{TN})i} \times T)$$

式中，P_{TN}代表污染物中总氮TN的年排放总量；$Q_{(\text{TN})i}$代表产生总氮污染的第i类禽畜或人口的数量；$\beta_{(\text{TN})i}$代表第i类禽畜或人口的总氮排污系数；n为类别总数；T为估算周期。化肥流失率、畜牧业产排污、居民生活废水排放等相关系数在参考第一次全国污染源普查各类社会经济活动产排污系数手册的同时，依据研究区域的具体情况进行了必要调整。

（1）农田总氮径流流失系数

根据种植作物类型将农田划分为旱地大田、水田、菜地和园地，各类型用地总氮径流流失率（包括基础流失和本年流失）系数来源于《第一次全国污染源普查农业污染源肥料流失系数手册》。

（2）畜禽养殖氮排放系数

根据不同养殖规模，总氮系数计算分3种类型，即养殖专业户、养殖场和养殖小区，其中养殖专业户的规模介于另外两者之间，数量较多，具有一定的代表性。本文采用养殖专业户排放系数作为各类畜禽污染排放系数。在具体系数确定中，猪采取保育期系数和育成期的均值、奶牛为育成期和产奶期均值、肉牛为育肥期系数、蛋鸡为育雏育成期和产蛋期均值、肉鸡为商品肉鸡期。以上各类型在总氮排污系数确定中采用干清粪和水冲清粪排污系数的均值。具体系数见表23.2。

表23.2　畜禽养殖总氮排污系数

单位：g/(d·只)或g/(d·头)

系数	畜禽				
	猪	奶牛	肉牛	蛋鸡	肉鸡
总氮系数	14.60	125.60	24.50	0.36	0.91
氨氮系数	2.7	3.5	6.6	0.08	0.02

参考资料：《第一次全国污染源普查畜禽养殖业源产排污系数手册》。

居民生活氮排放系数　根据《第一次全国污染源普查城镇生活源产排污系数手册》确定各城市的类别后，确定其居民生活污染物产生排放系数，具体系数见表23.3。相对于城镇居民，农村居民生活污水和废水排放量均较少，占城镇居民的40%—65%，根据具体情况农村居民生活用水及污水排放取相应城镇系数的50%。

表23.3　城镇居民生活源污染物排放系数

地区	生活污水系数/ (L·(人·d)⁻¹)	氨氮系数/ (g·(人·d)⁻¹)	总氮系数/ (g·(人·d)⁻¹)
一类城市	—	—	—
二类城市	135.00	8.60	11.50
三类城市	125.00	8.00	9.90
四类城市	115.00	7.50	9.40

参考资料：《第一次全国污染源普查城镇生活源产排污系数手册》。

23.2.2　工业氮排放估算方法

工业行业众多，生产工艺多样，排污特征千差万别，对各行业排污的普查是比较准确的估算方法。2008年全国第一次污染源普查获取了大量的工业排污数据，其中累计氮排放超过总量80%的行业依次为：化学原料及化学制品制造业、石油加工炼焦及核燃料加工业、农副食品加工业、饮料制造业、造纸及纸制品业、黑色金属冶炼及压延加工业、食品制造业、医药制造业。以2008年环渤海地区8个行业污染普查数据为基准，污染治理投资增长水平在2008至2010年间保持基本稳定，以各地区8个主要氮排放行业2008年的万元增加值氮排放强度和2010年各行业增加值为基础，利用行业分类计算法估算2010年区域内工业的氮排污量，具体公式如下：

$$TN_{ind} = \sum_{i=1}^{n} \left(X_i \times \delta_i \times (1-\rho)^2 \right)$$

式中，TN_{ind}为2010年研究区工业总的氮排放量（t）；X_i为第i个行业2010年产值（亿元）；δ_i为第i个行业的排放强度（t/亿元）；ρ为工业废水排放强度平均递减率，由2000—2009年辽宁工业增加值与废水排放量统计数值估算。

23.3 氮污染排放总量与结构分析

依照以上估算方法，以县区为单位，对研究区444个县区单元的乡村生活总氮排放、农田总氮径流、畜禽养殖业总氮排放、城镇生活总氮排放和工业生产中的氨氮排放分别估算（表23.4），进而将444个区县数据归并为44个地市级数据，经再汇总最终得出环渤海地区各类社会经济活动的总氮污染排放总量约89×10^4 t，各类社会经济活动的总氮污染排放见图23.1。

总氮＝农业生产源＋居民生活源＋工业源

　　＝种植业＋畜牧业＋城镇生活＋农村生活＋39个工业行业

　　＝水田＋旱地＋园地＋各类畜禽＋各级城镇＋各地区农村生活＋39个工业行业

　　＝444个区县的（水田＋旱地＋……＋……＋39个工业行业）

表23.4　社会经济活动氮污染排放估算项

序号	估算项	序号	估算项	序号	估算项
1	城镇生活污水量	19	非金属矿采选业	37	橡胶制品业
2	乡村生活污水量	20	其他采矿业	38	塑料制品业
3	乡村生活动植物油	21	农副食品加工业	39	非金属矿物制品业
4	乡村生活垃圾量	22	食品制造业	40	黑色金属冶炼及压延加工业
5	水田单季稻	23	饮料制造业	41	有色金属冶炼及压延加工业
6	旱地春玉米	24	烟草制品业	42	金属制品业
7	旱地大田一熟	25	纺织业	43	通用设备制造业
8	旱地露地蔬菜	26	纺织服装鞋帽制造业	44	专用设备制造业
9	旱地园地	27	皮革毛皮羽毛(绒)及其制品业	45	交通运输设备制造业
10	猪养殖数量	28	木材加工及木竹藤草制品业	46	电气机械及器材制造业
11	奶牛养殖数量	29	家具制造业	47	通信计算机及其他电子设备制造业
12	肉牛养殖数量	30	造纸及纸制品业	48	仪器仪表及文化办公制造业
13	蛋鸡养殖数量	31	印刷业和记录媒介复制	49	工艺品及其他制造业
14	肉鸡养殖数量	32	文教体育用品制造业	50	废弃资源和废旧材料回收加工业
15	煤炭开采和洗选业	33	石油加工、炼焦及核燃料加工业	51	电力、热力的生产和供应业
16	石油和天然气开采业	34	化学原料及化学制品制造业	52	燃气生产和供应业
17	黑色金属矿采选业	35	医药制造业	53	水的生产和供应业
18	有色金属矿采选业	36	化学纤维制造业		

以环渤海地区为分析单元，各类社会经济活动氮排放中，居民生活和畜禽养殖业排放占到总氮排放总量的80%，成为整个环渤海地区氮污染的主要贡献源，工业生产和农田生产氮排放分别约占10%的比重，从排放量上并不是区域氮污染的主要贡献源，具体比重见图23.2。

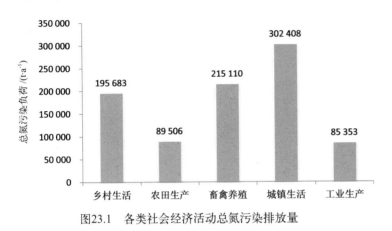

图23.1　各类社会经济活动总氮污染排放量

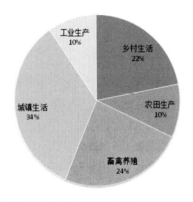

图23.2　总氮污染排放结构

　　如表23.5，从行政区总氮污染排放量来看，河北以31×10^4t位列首位，天津排放量最少，约2.8×10^4t，山东25×10^4t、辽宁18×10^4t、北京7×10^4t。各行政区总氮污染排放结构各有特点，北京和天津两个大都市总氮污染主要来源于城镇生活排放，占总氮排放总量的70%左右，河北与山东的总氮污染源主要由城镇生活、乡村生活与畜禽养殖业排放构成，相比其他省市，工业总氮排放量不及总排量的10%，辽宁省的工业总氮污染排放较为突出，占总排放量的18.9%，工业结构偏重且规模较大是导致辽宁工业总氮排放突出的主要原因。

表23.5　2010年环渤海地区总氮污染负荷的构成情况　　　　　　　　单位：t

项目	工业生产	城镇生活	乡村生活	畜禽养殖	农田生产	合计
北京	1 037.26	53 272.15	11 046.35	4 553.77	314.22	70 223.75
天津	1 308.35	15 464.96	5 580.81	3 971.61	2 069.29	28 395.02
辽宁	33 084.67	72 371.72	31 221.14	29 524.33	9 842.21	176 044.07
河北	27 858.94	81 439.22	85 288.59	67 359.95	52 732.65	314 679.35
山东	19 632.14	64 870.70	50 065.70	96 066.88	19 305.77	249 941.19

　　从社会经济活动类型来看，总氮排放污染主要来源于人和动物的生物体代谢，占总排放量的75%以上，相比居民生活和畜禽养殖而言，工业生产和农田径流总氮污染排放所占比重较小，各省市的比例从2%至25%，北京最小2%，河北和辽宁比例约25%。各省市具体的情况如下：

　　北京市：城镇生活＞乡村生活＞畜禽养殖＞工业生产＞农田生产

　　天津市：城镇生活＞乡村生活＞畜禽养殖＞农田生产＞工业生产

　　辽宁省：城镇生活＞工业生产＞乡村生活＞畜禽养殖＞农田生产

河北省：乡村生活 > 城镇生活 > 畜禽养殖 > 农田生产 > 工业生产

山东省：畜禽养殖 > 城镇生活 > 乡村生活 > 工业生产 > 农田生产

23.4 氮污染排放的空间特征分析

依照污染估算的流程，氮污染的空间分布特征分析也分别从县区、地市和流域3个层级进行。项目研究中对污染物排放量估算的基本单元为县区级，地市单元和流域单元的污染物分布均是县区单元合并得出的，因此，县区单元分析是总氮污染空间分布的基础。

图23.3给出了社会经济活动污染排放估算结果分析的逻辑示意图，即从社会经济指标出发，以污染排放系数为参数，以县级单位为估算单元，分别估算各个单元的污染排放量，进一步汇总后，得出地市级单元的污染排放量，再进一步汇总得出23个汇水单元的污染物排放量，并依据每个汇水单元所占的岸线长度计算23个单元的岸线污染压力。

下面将依照县区、地市级、汇水单元以及岸线压力4个方面分别进行污染排放空间特征分析。

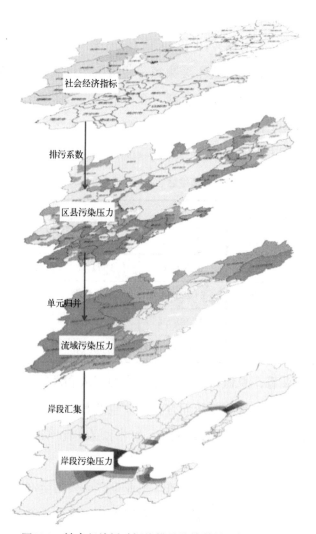

图23.3 社会经济活动污染排放估算结果分析逻辑示意图

23.4.1　县区氮污染压力空间分析

图23.4反映出环渤海地区各县区氮污染负荷的空间分布情况，从中可以看出，总氮污染负荷比较大的县区（单个县区的总氮污染负荷超过6 000 t/a）有13个，主要分布在河北东南部、山东西北部，其他地区属零星分布。除此以外，北京、天津、河北、辽宁的绝大多数县区的总氮污染负荷在1 000—3 000 t/a。从整个地区看，山东省单个县区的平均面积较大，总氮污染负荷量也相对较大，但县区数相对较少，因此，县区污染负荷并不能客观反映污染空间分布的宏观特征，需要在更大空间上分析污染的分布特征。

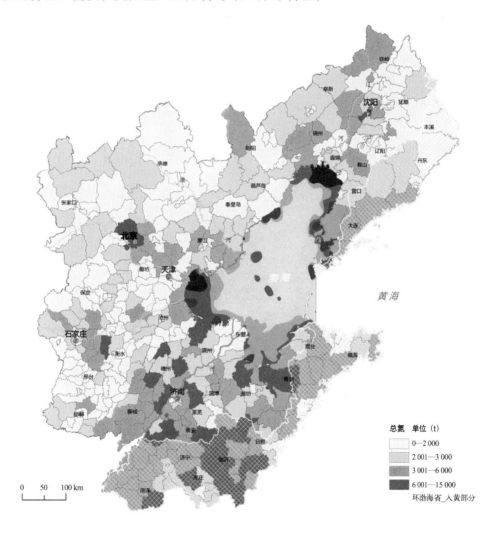

图23.4　环渤海地区总氮污染排放空间分布（县区单元）

23.4.2　地市氮污染压力空间分析

将县区单元污染负荷进一步合并汇总得出地市级的总氮污染负荷量，图23.5给出了环渤海地区各个地级市总氮污染负荷排放量的空间分布情况，从图中可以看出，环渤海地区总氮污染重点分布在河北和山东，辽宁除沈阳外其他城市的总氮污染量相对较小。具体而言，除承德、秦皇岛、廊坊、莱芜、滨州、东营等少数几个城市总氮污染排放负荷少于10 000 t/a外，天津、河北与山东多数地级市的总氮污染负荷量集中分布在25 000—45 000 t/a，成为环渤海地区总氮污染的重点区域。总氮污染排放负荷量超过45 000 t/a的城市有5个，分别是沈阳、北京、石家庄、德州和潍坊。

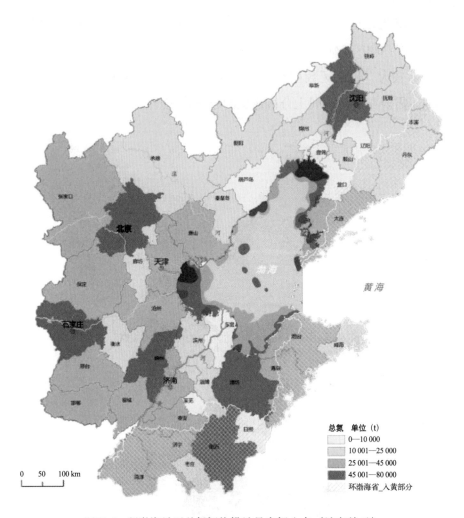

图23.5 环渤海地区总氮污染排放量空间分布（地市单元）

23.4.3 汇水区单元氮污染压力空间分析

依据河网分布特征，将环渤海地区陆域划分为23个汇水区单元，每个汇水区单元包含的行政区面积不同，大小差别较大，但均有各自对应的入海岸线。图23.6是23个汇水单元内总氮污染负荷分布情况，从图中可以看出，总氮污染负荷集中分布在海河流域的三个汇水单元（海河北部、中部、南部水系流域），每个汇水单元总氮排放负荷均超过90 000 t/a。相比海河流域，大辽河、小清河、弥河潍河等流域汇水单元的总氮污染负荷较小，但2010年的污染负荷也超过50 000 t。辽宁西部、河北北部各汇水单元的污染负荷量均小于50 000 t/a，辽东湾和莱州湾近岸汇水单元的污染负荷均小于20 000 t/a。因此，从汇水单元的污染分布来看，环渤海地区总氮污染主要分布在海河流域，辽宁西北地区及渤海近岸的汇水单元总氮污染贡献有限。

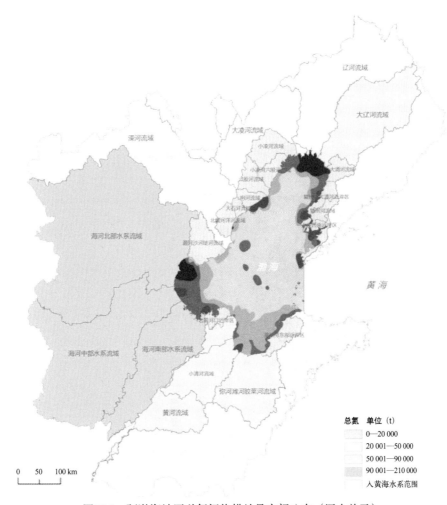

总氮　单位（t）
0—20 000
20 001—50 000
50 001—90 000
90 001—210 000
入黄海水系范围

图23.6　环渤海地区总氮污染排放量空间分布（汇水单元）

23.4.4　岸线氮污染压力空间分析

岸线污染压力是指单位岸线上承载对应陆源污染排放负荷量的大小，反映单位长度海岸线上承载的陆源污染排放压力的强度，具体是用汇水单元的年总氮污染负荷量除以汇水单元对应岸段的长度，单位为t/(km·a)。

项目将研究区陆域范围划分为23个汇水单元，并确定了每个汇水单元对应的岸线长度，区域总氮污染排放反映到渤海23个岸段上的潜在排海压力可以从图23.7中看出，大辽河流域、海河流域和山东的小清河流域所对应的岸段成为环渤海地区总氮污染排放压力较大的主要岸段。其中，海河中部水系对应的岸段压力约为4 700 t/(km·a)，海河北部水系对应的岸段压力约为2 000 t/(km·a)，大辽河流域对应岸段压力约为2 300 t/(km·a)，小清河流域对应岸段压力约为1 300 t/(km·a)，其他岸段的潜在污染压力相对较小，且强度不一，10—1 000 t/(km·a)均有分布。

总体而言，尽管渤海3个海湾对应岸线承载的陆源总氮污染排放压力差别较大，但环渤海地区陆源总氮排海压力仍集中在三大湾周边，且岸线压力以渤海湾为最强，莱州湾相对较小。

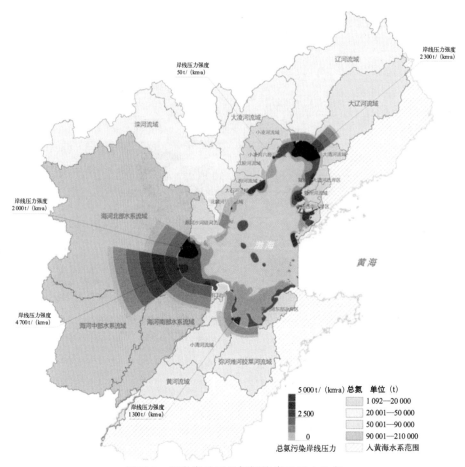

图23.7　环渤海地区总氮污染岸线压力分布

23.5　氮污染排放源的诊断

（1）居民生活（农村居民和城镇居民）总氮排放占总量的56%，成为环渤海地区总氮污染的最大污染源

生活污水总氮含量一般为20—40 mg/L，有些甚至更高，目前每天污水处理量占县级以上城市工业和生活污水总量的70%以上，总氮去除率约70%—80%，计算得出城市生活污水中总氮仅有50%—60%的去除率，而且部分县市根本没有污水处理厂，生活废水经化粪池沉淀后通过管道直接排入环境水体，化粪池对氮的平均削减率约为15%，入河系数较高。生活污水排量大、处理水平低、入河系数高是导致城市污水污染重的重要原因。

（2）环渤海地区畜禽养殖的总氮排放量占总量的24%，是氮污染的第二大源头

环渤海地区畜禽业发展速度快，规模大，畜牧业发展规模增长速度较快。1978年至2012年间，畜牧业产值由32亿元增长至5 914亿元，畜牧业产值占农业总产值的比重也由13%增加到34%。畜牧养殖的主要品种为猪、肉鸡、奶牛等，猪的存栏量由4 771头增长至6 678万头，1992年到2011年10年间鸡的出栏量由5.97亿只增长至31.6亿只，牲畜存栏量由1 173万头增长至1 589万头。产业化发展的畜牧业使肉、蛋、奶等畜产品产量的增长更为迅猛，禽蛋

由41.8×10⁴t增长至1 058.4×10⁴t，奶类产量由22.43×10⁴t增长至1 036.6×10⁴t，肉类产量由
152.96×10⁴t增长至1 714.8×10⁴t。畜牧养殖70%以养殖专业户为主，打破了以往畜—肥—粮的
良性循环。规模饲养场畜禽排污集中、浓度大、规模大，畜禽养殖排污系数相对较高，处理
效率低，污染物在处理之前和处理过程中流失较多，且多分布于村庄、道边、河畔，畜禽粪
便收集并堆积在养殖场周围空地比较普遍，在雨水冲刷下很容易进入附近水体，或者直接排
入河流中，最终汇入海洋。

（3）工业生产与农田径流的氮排放分别占总量的10%

流域内工业生产排放的氨氮量为8×10⁴t，占总氮排放量的10%，可见工业生产并不是环
渤海地区氮污染的主要影响因素。根据全国污染普查提取的工业污染物排放特点和排污系数
分析，环渤海地区的黑色金属矿采选业、黑色金属冶炼及压延业、石油和天然气开采业、石
油加工业、化学原料及化学品制造业、煤炭开采业、造纸业、装备制造业等12个工业部门是
比较典型的生产规模较大、污染物排放量也较大的工业污染源，约占工业废水排放总量的
65%以上。工业生产过程中产生氨氮的绝对量大，但工业内部废水回用率高，氨氮回收利用
和削减率较高，废水排放系数低，产生的工业废水真正排放到环境中的量较小，对环境造成
的氮污染有限。

从表23.6中可以看出23个汇水单元中由于每个汇水单元内部社会经济活动的结构、规
模、发展程度等存在差别，因此，各类污染源的贡献大小差别很大，但总体而言，城镇居
民生活排放和畜禽养殖业排放的贡献相对较多，成为环渤海地区总氮污染的主要污染源
（图23.8）。

表23.6　渤海23个岸段各社会经济活动氮污染排放压力情况　　　　单位：t/(km·a)

岸段编号	乡村生活源	农田径流源	畜禽养殖源	城镇生活源	工业生产源	总氮合计
1	2.73	0.36	1.00	9.24	4.57	17.90
2	24.97	3.97	2.18	29.44	2.79	63.35
3	8.83	0.83	0.96	4.72	0.31	15.65
4	28.76	4.45	12.12	41.24	7.14	93.71
5	243.40	66.73	136.60	1109.21	744.15	2 300.09
6	175.62	79.63	208.39	167.26	46.94	677.84
7	155.21	44.61	223.42	227.73	16.39	667.36
8	38.69	10.30	30.05	93.75	20.02	192.81
9	8.13	1.54	5.77	26.40	0.21	42.06
10	49.56	8.51	28.05	6.23	—	92.36
11	9.26	2.67	0.57	3.64	0.08	16.21

续表

岸段编号	乡村生活源	农田径流源	畜禽养殖源	城镇生活源	工业生产源	总氮合计
12	3.87	3.14	8.57	76.77	0.88	93.23
13	34.21	18.30	40.80	25.70	4.67	123.68
14	204.90	83.77	312.39	129.38	35.45	765.88
15	21.58	11.80	48.60	25.98	4.09	112.04
16	550.62	203.24	347.47	1 161.42	123.91	2 386.66
17	1 251.10	838.88	848.85	1 283.52	480.92	4 703.28
18	331.00	80.86	874.79	206.81	128.03	1621.48
19	1.26	0.47	0.22	3.17	4.91	10.03
20	177.81	64.05	265.56	253.92	29.36	790.70
21	288.37	145.43	283.07	498.99	173.67	1 389.53
22	166.52	140.27	296.35	258.14	63.64	924.92
23	13.03	8.15	19.23	27.46	1.65	69.52

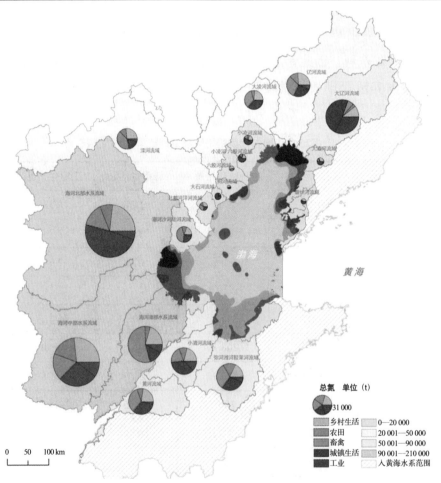

图23.8　环渤海地区总氮污染源结构图

总氮污染排放分析小结：

（1）居民生活和畜禽养殖业排放是环渤海地区氮污染的主要来源

2010年流域内社会经济活动排放的总氮污染负荷总量为$89 \times 10^4 t$。总氮排放量中居民生活排放占56%，畜禽业排放占24%，居民生活与畜禽养殖产生的氮污染已成为环境氮污染最重要的两个来源。

（2）工业废水排放对环境氮污染影响有限

工业生产主要产生和排放含氨氮的废水，单从产生量上看，工业是氨氮废水的主要产生者，但工业废水排放量较低，产排比为6.2∶1，工业产生的氨氮大约有16%排入环境中。流域内工业氨氮排放仅占总氮排量的9.6%，绝大多数并未形成排放量。因此，与居民生活和畜禽养殖业相比，工业的氨氮排放量几乎可以忽略，但对于工业企业集中布局的河段，对工业废水排放应给予重点关注。

（3）短期内氮污染的压力依然严峻

农村生活和畜禽养殖排放粗放，城市居民生活的氮污染削减量不足，而且目前工业污染的产排比已经比较高，大幅提高的空间有限，需通过提高城市污水处理率和处理程度、改变农村居民生活习惯、改善畜禽养殖业废水排放方式、完善乡村污水排放管网来削减氮污染，但这些措施都需要较高的投资和较长时期的引导，因此，短期内渤海周边陆域氮污染的压力依然严峻。

24 化学需氧量排放的社会经济来源与结构研究

24.1 影响化学需氧量污染排放的社会经济指标选择

从影响化学需氧量排放的众多社会经济活动中甄别其主要影响因素是研究的基础。将环渤海地区社会经济活动依然划分为农业生产活动、工业生产活动和居民生活三大类，在指标选择过程中充分考虑了社会经济活动的类型、规模、强度以及化学需氧量产排系数。在各类社会经济活动产排污系数和统计数据分析基础之上，筛选确定了32个影响流域化学需氧量污染的社会经济指标，具体如表24.1所示：

表24.1 影响环渤海地区化学需氧量污染的社会经济指标

指标类	指标项	
总体指标	国内生产总值	三产国内生产总值
	一产国内生产总值	城镇常住人口数
	工业国内生产总值	农村人口数

指标类		指标项	
农业指标	种植业	有机肥施用量	旱地面积
		机耕面积	水田面积
	畜牧业	猪存/出栏量	蛋鸡存栏量
		奶牛存栏量	肉鸡存/出栏量
		肉牛存/出栏量	
工业指标 (产值或产量)		造纸及纸制品业	饮料制造业
		化学原料及化学制品制造业	农副食品加工业
		黑色金属冶炼及压延加工业	医药制造业
		石油加工、炼焦及核燃料加工业	纺织服装、鞋、帽制造业
土地利用指标		城镇用地面积(建成区面积)	丘陵旱地面积
		农村居民点面积	丘陵水田面积
		其他建设用地面积	山地旱地面积
		平原旱地面积	山地水田面积
		平原水田面积	

24.2 化学需氧量污染的估算方法

依据以上指标类型，将社会经济活动的污染源分为农业面源污染（农田径流、畜禽养殖、农村居民生活污染）、城市径流污染、城市居民生活污染、工业污染。采用排污系数法估算农业面源污染和城市居民生活污染，方法如下。

24.2.1 农业生产和居民生活化学需氧量排放估算方法

农业污染包括农田径流和畜禽养殖污染，居民生活包括城镇居民和农村居民。化学需氧量排放量的估算采用排污系数法，该方法也称为源强估算法，是基于各种非点源污染源的数量及其排污系数的估算方法。总化学需氧量排放量估算公式如下：

$$P_{COD} = \sum_{i=1}^{n}(Q_{(COD)i} \times \beta_{(COD)i} \times T)$$

式中，P_{COD}代表污染物中化学需氧量的年排放总量；$Q_{(COD)i}$代表产生化学需氧量污染的第i类禽畜或人口的数量；$\beta_{(COD)i}$代表第i类禽畜或人口的化学需氧量排污系数；n为类别总数；T为估算周期。公式中涉及的农田流失率、畜牧业产排污系数、居民生活排放系数等参考第一次全国污染源普查各类社会经济活动产排污系数手册，并依据研究区域的具体情况进行了适当调整。

（1）农田化学需氧量径流流失

来自农田的化学需氧量污染主要源于作物秸秆流失。但该地区秸秆流失量不大，以辽宁为例，辽河流域种植业60%—80%秸秆被焚烧，10%—30%用于做饲料，剩下小部分被丢弃或还田，秸秆随降雨径流的数量有限。张桂英和汪祖强的研究表明苏南农业种植农田排水中有机物质对水系水质污染很小，全国第一次污染源普查也得出种植业化学需氧量排放量不足农业源化学需氧量总排放量的5%，因此，农田化学需氧量排放量相对较小，不列入本次估算。

（2）畜禽养殖化学需氧量排放系数

根据不同养殖规模，化学需氧量系数的确定分3种类型，即养殖专业户、养殖场和养殖小区，其中养殖专业户的数量较多，具有一定的代表性，本文采用养殖专业户的系数标准估算污染量。具体系数确定中，猪采取保育期系数和育成期的均值、奶牛为育成期和产奶期均值、肉牛为育肥期系数、蛋鸡为育雏育成期和产蛋期均值、肉鸡为商品肉鸡期。考虑到辽宁地区清粪方式以干清粪为主，在化学需氧量排污系数确定中采用干清粪排放系数的75%和水冲清粪排污系数的25%加和，各地区的排放系数稍有不同，这里以辽宁为例说明排放系数具体数值，见表24.2，其他地区不再列出具体系数值。

表24.2　畜禽养殖化学需氧量产排污系数（辽宁）　　　　　单位：g/(d·只)

系数	畜禽				
	猪	奶牛	肉牛	蛋鸡	肉鸡
产污系数	299	4 675.6	3 086.4	17.3	34.15
排污系数	90	1 615	270	1.3	7.05

参考资料：《第一次全国污染源普查畜禽养殖业源产排污系数手册》。

（3）居民生活化学需氧量排放系数

依据《第一次全国污染源普查城镇生活源产排污系数手册》标准，确定每个城市属于哪个大区域，并属于哪个城市类别，依据城市的类别，确定各城市居民生活污染物产生排放系数，具体数值如表24.3。相对于城镇居民，农村居民生活污水和废水排放量均较少，占城镇居民的40%—65%，根据具体情况农村居民生活用水及污水排放取相应城镇系数的50%。

表24.3　城镇居民生活源污染物排放系数

项目	1_1_Z	1_1_H	1_2_Z	1_2_H	1_3_Z	1_3_H	1_4_Z	1_4_H	1_5_Z	1_5_H
生活污水量/(L·(人·d)$^{-1}$)	145		135		125		115		105	
化学需氧量/(g·(人·d)$^{-1}$)	77	61	69	56	66	54	63	52	60	51
项目	2_1_Z	2_1_H	2_2_Z	2_2_H	2_3_Z	2_3_H	2_4_Z	2_4_H	2_5_Z	2_5_H
生活污水量/(L·(人·d)$^{-1}$)	185		175		164		153		145	
化学需氧量/(g·(人·d)$^{-1}$)	79	63	73	58	69	57	64	53	58	49
项目	3_1_Z	3_1_H	3_2_Z	3_2_H	3_3_Z	3_3_H	3_4_Z	3_4_H	3_5_Z	3_5_H
生活污水量/(L·(人·d)$^{-1}$)	180		170		160		150		140	
化学需氧量/(g·(人·d)$^{-1}$)	81	65	74	59	67	55	64	53	59	50

参考资料：《第一次全国污染源普查城镇生活源产排污系数手册》。其中1_1_Z表示一区第一类城市直排系数；1_1_H表示一区第一类城市有化粪池的排放系数。

24.2.2 工业化学需氧量排放估算方法

工业化学需氧量累计排放超过总量80%的行业依次为：造纸及纸制品业、饮料制造业、农副食品加工业、化学原料及化学制品制造业、石油加工炼焦及核燃料加工业、医药制造业、服装鞋帽制造、黑色金属冶炼及压延业。以2008年环渤海地区三省两市的8个行业污染普查数据为基准，假定污染治理水平在2008至2010年间保持基本稳定，以各地区8个行业2008年的万元增加值化学需氧量排放强度和2010年各行业增加值，利用行业分类计算法估算2010年流域内工业的化学需氧量排污量，公式如下：

$$COD_{ind} = \sum_{i=1}^{n}\left(X_i \times \delta_i \times (1-\rho)^2 \right)$$

式中，COD_{ind}为2010年流域内工业总的化学需氧量排放量（t）；X_i为第i个行业2010年产值（亿元）；δ_i为第i个行业的排放强度（t/亿元），由2008年污染普查数据确定；ρ为工业废水排放强度平均递减率，由2000—2009年每个省市工业增加值与废水排放量统计数值估算。

24.3 化学需氧量污染排放总量与结构分析

依照以上估算方法，以县区为单位，对研究区444个县区单元的乡村生活总化学需氧量排放、农田总化学需氧量径流、畜禽养殖业总化学需氧量排放、城镇生活总化学需氧量排放和工业生产中的总化学需氧量排放分别估算，进而将444个区县数据归并为44个地市级数据，经再汇总最终得出环渤海地区各类社会经济活动的总化学需氧量污染负荷总量约645×10^4t，各类社会经济活动的总化学需氧量污染排放见图24.1。

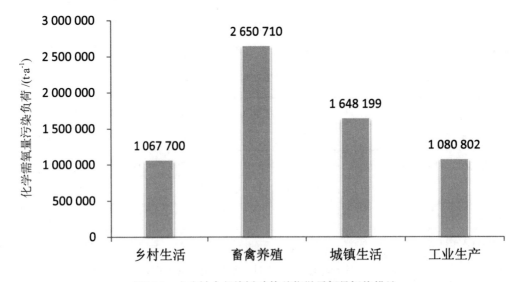

图24.1 各类社会经济活动的总化学需氧量污染排放

以环渤海地区为分析单元，各类社会经济活动化学需氧量排放中，居民生活排放占到总化学需氧量排放总量的42%（其中农村居民生活排放占16.6%，城镇居民生活排放占

25.6%)，畜禽养殖业排放占到总化学需氧量排放总量的41%，居民生活排放和畜禽养殖业排放成为整个地区化学需氧量污染的主要贡献源。工业生产化学需氧量排放约占17%的比重，从排放量上并不是区域化学需氧量污染的主要贡献源，具体比重见图24.2。

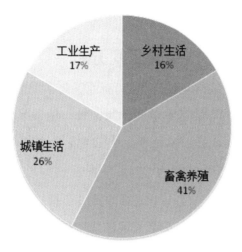

图24.2　化学需氧量污染排放构成

从行政区总化学需氧量污染排放量来看，河北以226.78×10⁴t位列首位，天津排放量最少，约20.48×10⁴t，山东约194.84×10⁴t，辽宁约148.30×10⁴t，北京44.94×10⁴t。各行政区总化学需氧量污染排放结构各有特点，北京和天津两个大都市总化学需氧量污染主要来源于城镇生活排放，两市城镇生活排放分别占总化学需氧量排放总量的65%和42%，河北与山东的总化学需氧量污染源主要由畜禽养殖业、城镇生活与乡村生活排放构成，相比其他省市工业总化学需氧量排放量不及总排量的10%，辽宁省的工业总化学需氧量污染排放较为突出，占总排放量的13%，工业结构偏重且规模较大是导致辽宁工业排放突出的主要原因。

表24.4　2010年环渤海地区化学需氧量污染负荷的构成情况　　　　　　　　　　单位：t

项目	城镇生活	乡村生活	工业生产	畜禽养殖	化学需氧量合计
北京	288 707.63	58 435.68	21 655.33	80 605.62	449 404.26
天津	83 437.98	29 483.58	16 414.84	75 433.78	204 770.18
辽宁	388 901.05	168 858.04	576 669.26	348 553.29	1 482 981.64
河北	445 559.77	466 962.94	449 439.03	905 834.00	2 267 795.74
山东	360 344.27	276 092.63	255 009.29	1 056 956.02	1 948 402.21

从社会经济活动类型来看，总化学需氧量排放污染主要来源于人和动物的生物体代谢，占总排放量的75%以上，相比居民生活和畜禽养殖而言，工业生产和农田径流污染排放所占比重较小，各省市的比例从5%至20%，北京最小5%，河北和辽宁比例约20%。各省市具体的情况如下：

北京市：城镇生活 > 畜禽养殖 > 乡村生活 > 工业生产

天津市：城镇生活 > 畜禽养殖 > 乡村生活 > 工业生产

辽宁省：工业生产 > 城镇生活 > 畜禽养殖 > 乡村生活

河北省：畜禽养殖 > 乡村生活 > 工业生产 > 城镇生活

山东省：畜禽养殖 > 城镇生活 > 乡村生活 > 工业生产

24.4 化学需氧量污染排放量的空间分析

本项目从县区、地市和流域3个层级对环渤海地区化学需氧量污染的空间特征进行分析。项目研究中对污染物排放量估算的基本单元为县区级。地市单元和流域单元的污染物分布均是县区单元合并得出的，因此，县区单元分析是化学需氧量污染空间分布的基础。

24.4.1 县区化学需氧量污染压力空间分析

图24.3反映出环渤海地区各县区化学需氧量污染负荷的空间分布情况，从中可以看出，化学需氧量污染负荷比较大的县区（单个县区的化学需氧量污染负荷超过$8×10^4$t/a）主要分布在辽宁和山东，区域内绝大多数县区的化学需氧量污染排放量为$1×10^4$—$4×10^4$t/a。从整个地区看，山东省县区的化学需氧量污染负荷量相对较大，超过$4×10^4$t/a的县区占多数。

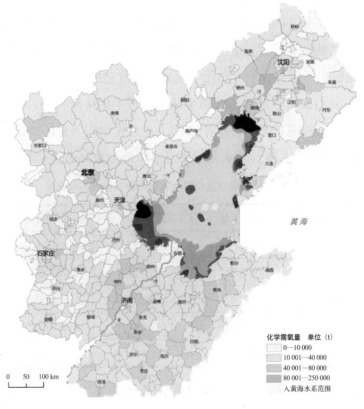

图24.3 环渤海地区化学需氧量污染排放空间分布（县区单元）

24.4.2 地市化学需氧量污染压力空间分析

将县区单元污染负荷进一步合并汇总得出地市级的化学需氧量污染负荷量，图24.4（a）

给出了环渤海地区各个地级市化学需氧量污染负荷排放量的空间分布情况，从图中可以看出，环渤海地区化学需氧量污染在地市级单元内的差别上，辽宁地区间差别较大，河北、山东地区间差别相对较小，化学需氧量污染重点分布在河北和山东，辽宁除沈阳外其他城市的污染量相对较小。具体而言，除承德、秦皇岛、莱芜、东营等少数几个城市化学需氧量污染排放负荷少于 10×10^4 t/a外，天津、河北与山东多数地级市的化学需氧量污染负荷量集中分布在 10×10^4 — 40×10^4 t/a，成为环渤海地区化学需氧量污染的重点区域，化学需氧量污染排放负荷量超过45000 t/a的城市有4个，分别是沈阳、北京、石家庄和德州。

24.4.3　汇水单元化学需氧量污染压力空间分析

图24.4（b）是23个汇水单元内化学需氧量污染负荷分布情况，从图中可以看出，化学需氧量污染负荷集中分布在海河流域的3个汇水单元（海河北部、中部、南部水系流域），每个汇水单元化学需氧量排放负荷均超过 80×10^4 t/a，此外，辽河、大辽河、小清河、弥河潍河等流域汇水单元的化学需氧量污染负荷也都超过 30×10^4 t/a。辽宁西部、河北北部各汇水单元的污染负荷量均小于 10×10^4 t/a，辽东湾和莱州湾近岸汇水单元的污染负荷均小于 3×10^4 t/a。因此，在从汇水单元的污染分布来看，环渤海地区化学需氧量污染主要分布在海河及辽河流域，辽宁西北地区及渤海近岸的汇水单元的污染贡献有限。

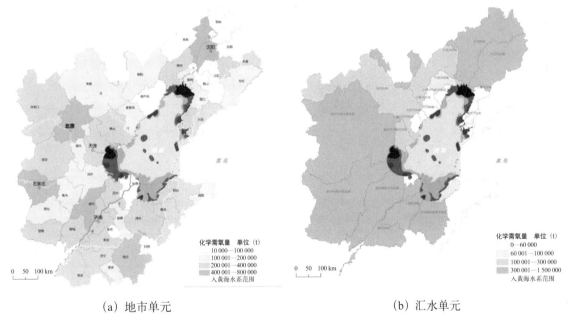

（a）地市单元　　　　　　　　　　　（b）汇水单元

图24.4　环渤海地区化学需氧量污染排放空间分布

24.4.4　岸线污染压力空间分析

化学需氧量污染排放的岸线压力总体上的特征与化学需氧量污染岸线压力基本一致，压力主要集中在辽东湾、渤海湾和莱州湾周边岸线上，岸线压力实际情况与渤海污染状况在空间上基本耦合。

区域化学需氧量污染排放反映到渤海23个岸段上的潜在排海压力可以从图24.5中看出，大辽河流域、海河流域和山东的小清河流域所对应的岸段是环渤海地区化学需氧量污染排放压力较大的岸段。其中，海河中部水系对应的岸段压力约3×10^4 t/(km·a)，海河北部水系对应的岸段压力约1.7×10^4 t/(km·a)，大辽河流域对应岸段压力约1.4×10^4 t/(km·a)，小清河流域对应岸段压力约0.9×10^4 t/(km·a)，其他岸段的潜在污染压力相对较小，且强度不一，从0.01×10^4—0.6×10^4 t/(km·a)均有分布。

总体而言，尽管渤海3个海湾对应岸线承载的陆源化学需氧量污染排放压力差别较大，但环渤海地区陆源化学需氧量排海压力仍集中在三大湾周边，且岸线压力以渤海湾为最强，莱州湾相对较小。

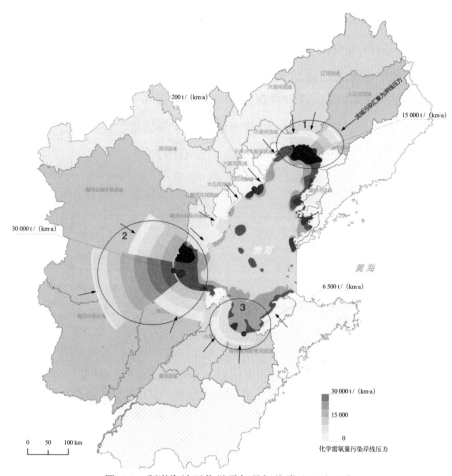

图24.5　环渤海地区化学需氧量污染岸线压力分布

24.5　化学需氧量污染排放源诊断

（1）居民生活（农村居民和城镇居民）化学需氧量排放占总量的42%，成为环渤海地区化学需氧量污染的最大污染源

目前，环渤海地区每天污水处理量占县级以上城市工业和生活污水总量的70%以上，化学需氧量去除率40%—50%，计算得出城市生活污水中化学需氧量仅有40%的消减率，而且部

分县市根本没有污水处理厂，生活废水经化粪池沉淀后通过管道直接排入环境水体，入河系数较高。生活污水排量大，处理水平低，入河系数高是导致城市污水重要原因。

（2）畜禽养殖的化学需氧量排放量占总量的41%，是环渤海地区化学需氧量污染的第二大源头

畜牧养殖70%以养殖专业户为主，打破了以往畜—肥—粮的良性循环。规模饲养场畜禽排污集中、浓度大、规模大，畜禽养殖排污系数相对较高，处理效率低，污染物在处理之前和处理过程中流失较多，且养殖场多分布于村庄、道边、河畔，畜禽粪便收集并堆积在养殖场周围空地比较普遍，在雨水冲刷下很容易进入附近水体，或者直接排入河流中，最终汇入海洋。

（3）工业生产化学需氧量排放占总量的17%

流域内工业生产排放的化学需氧量量为106×10^4t，占化学需氧量排放量的17%，可见工业生产并不是环渤海地区化学需氧量污染的主要影响因素。根据全国污染普查提取的工业污染物排放特点和排污系数分析，环渤海地区的造纸业、饮料制品业、农副产品加工业、食品制造业、石油加工业、化学原料及化学品制造业等10个工业部门是比较典型的生产规模较大、污染物排放量也较大的工业污染源。工业生产过程中产生化学需氧量的绝对量大，但工业内部废水回用率高，化学需氧量回收利用和削减率较高，废水排放系数低，产生的工业废水真正排放到环境中的量较小，对环境造成的化学需氧量污染有限。

如表24.5，城市居民生活的化学需氧量污染产生量大，处理率不高，是影响化学需氧量水平的重要原因。大量的生活污水未经处理直接排入河道，生活污水化学需氧量含量一般为200—350 mg/L，有些甚至更高，是导致流域水体污染的主要原因之一。近些年虽处理水平有所提高，但整体水平仍偏低，部分县市没有污水处理厂，生活废水直接排入河道。目前地区污水处理量占县级以上城市产生的工业和生活污水总量的70%以上，监测数据显示，高浓度城市污水经过处理后，化学需氧量平均去除率为76.7%，即城市生活污水中的化学需氧量仅有54%的消减率，较低的生活污水处理水平成为影响环境水体化学需氧量水平的基本因素。

相对城镇居民，农村居民生活废水排放量虽然较少，但缺乏污水排放管网等设施，仍对化学需氧量污染的增加起到推波助澜作用。辽宁农村并没有污水排放管网，房前屋后和附近农田成为居民废水排放的主要场所。农村居民厕所主要为浅坑旱厕，进行不定期的清掏，绝大部分粪便被作为有机肥还田，这部分对水体造成污染的途径主要集中在降雨产生的农田径流和乡村径流。根据文毅等人的研究，取0.128作为辽河流域乡村径流入河系数，则2010年农村居民生活污水中有13×10^4t的化学需氧量进入流域水体。

工业化学需氧量排放浓度高、排放直接、排放集中、入河量大，是造成局部水体重度污染的主要原因。仅就化学需氧量产排的总量而言，流域的化学需氧量污染负荷中农业生产活动是最主要贡献者，农村生活污染源与畜禽养殖业的化学需氧量污染负荷占流域总负荷量的57%，其中畜禽养殖污染贡献突出。而工业源化学需氧量污染负荷仅占总量的17%，相比之

下工业排污量远小于农业排污量，单从这点我们可以认为工业生产对水体影响不大，但造成河流局部水体化学需氧量严重污染的往往是工业排放。原因在于农业生产污染物常伴随着大范围降雨径流才能进入河流水体，这一过程中地表径流既是污染物的携带者，又是污染物的稀释者，降雨带走大量污染物入河的同时也降低了污染物的浓度，这往往是汛期河流水体污染物浓度增高的主要原因，但并不是引起水体严重污染的根本原因。而部分工业入河废水常具有高浓度、集中排放、入河量大的特点，尤其是造纸废水，化学需氧量浓度高达1 500—2 500 mg/L，这样的工业废水入河将直接导致部分河段水体的严重污染，因此，工业废水是造成局部水体重度污染的主要原因。城镇源污水的特点是每天持续不断排放，部分经过污水处理厂排放，部分直接排入河道，化学需氧量浓度相对工业废水低很多，是水体化学需氧量含量的基本来源，加强污水处理的规模和水平是缓解城镇居民生活污染的最有效措施。

表24.5　渤海23个岸段各社会经济活动的化学需氧量污染排放压力　　　　　　单位：t/(km·a)

岸段编号	乡村生活	畜禽养殖	城镇生活	工业生产	化学需氧量总污染负荷
1	4 559.17	8 686.81	15 458.36	5 971.86	34 676.20
2	4 446.31	4 281.80	5 242.78	416.86	14 387.75
3	5 885.79	4 871.85	3 216.64	1 073.30	15 047.59
4	6 660.42	6 156.85	9 569.91	8 029.51	30 416.69
5	48 539.47	92 018.92	220 462.67	163 006.42	52 4027.48
6	58 521.47	135 632.68	55 479.89	83 929.17	333 563.20
7	34 319.65	85 351.48	50 533.87	2 1467.77	191 672.78
8	7 384.54	17 975.39	17 536.24	13 601.91	56 498.07
9	5 176.22	6 606.35	16 828.40	10 436.29	39 047.26
10	5 503.27	4 964.31	692.11	12.00	11 159.68
11	3 404.27	4 734.47	1 335.74	176.74	9 651.22
12	753.28	4 443.94	14 925.15	1 104.26	21 226.64
13	7 925.31	24 992.81	5 954.90	10 830.33	49 703.35
14	47 027.80	150 233.34	29 778.65	56 979.56	284 019.35
15	18 902.14	76 214.45	22 758.84	33 793.51	151 668.94
16	258 749.12	521 866.51	548 141.61	170 006.68	1 498 763.93
17	253 608.45	374 865.43	259 881.28	236 835.01	1 125 190.17
18	108 717.12	578 285.90	68 334.45	84 275.62	839 613.09
19	740.41	305.18	1 849.61	2 103.17	4 998.37

岸段编号	乡村生活	畜禽养殖	城镇生活	工业生产	化学需氧量总污染负荷
20	63 126.87	204 709.38	90 803.46	25 110.76	383 750.47
21	58 583.39	128 320.05	101 485.04	75 714.15	364 102.62
22	55 390.82	187 598.19	87 331.23	67 163.52	397 483.75
23	9 774.95	27 594.08	20 597.68	8 775.89	66 742.60

化学需氧量污染排放分析小结：

（1）城镇居民生活和畜禽养殖排放是流域化学需氧量污染的主要源头

2010年流域内城镇居民生活的化学需氧量污染负荷为165×10^4 t，畜禽养殖的化学需氧量负荷265×10^4 t，两者占流域化学需氧量污染总负荷的67%。由于城镇居民生活废水经管道排放，容易排入河道，入河系数高，污水处理规模和程度较低，导致城镇居民生活产生的化学需氧量入河量较大。流域内畜禽养殖比较分散，畜禽粪便露天堆积加之处理程度低，随降雨径流流失较大，成为流域化学需氧量污染的另一污染源。

（2）研究区非点源污染突出，化学需氧量污染压力短期内依然严峻

当点源污染控制到一定程度后，非点源污染势必成为水环境污染的主要来源。2008年至今，各省市针对水体污染进行了专门的治理工作，如辽宁省针对辽河流域化学需氧量污染进行了专项治理工作，对流域内417家造纸厂进行了关闭或整改，消除了一大批重要的点源污染源，污染治理效果显著，截止2009年，辽河流域水质恶化的趋势已经基本得到遏制，但监测的41条支流当中，水体污染现象依然存在，部分河段污染突出。2010年辽河流域社会经济活动的化学需氧量污染的总负荷约101.46×10^4 t，粗略估计化学需氧量入河量约29.2×10^4 t，其中畜禽养殖、农村居民生活和城市径流的非点源污染量高于城镇居民生活和工业点源污染量的85%，非点源污染源广泛，入河途径复杂，短期内难以控制，辽河流域的化学需氧量污染压力短期内依然严峻。海河流域、小清河流域对应陆域面积大，流域内城市聚集，人口众多，工业发达，畜禽养殖规模大，点源面源污染更为突出，生产方式的转变、污染处理设施的建设、生活习惯的养成等都需要一个较为长期的过程，因此，短期内化学需氧量污染的压力仍将持续。

（3）加强和改善排放方式是缓解化学需氧量污染最有效的措施

居民生活和畜禽养殖产生化学需氧量是生命体维持正常代谢过程产生的废弃物，因此，化学需氧量的产生量与人口数量和畜禽养殖规模有着稳定的线性关系，通过控制人口数量和减少畜禽养殖量来减少其产生量缺少现实性，控制该污染的工作重点应放在排放环节。应做好以下工作：提高城镇生活污水集中处理率，避免污水直接排入雨水管道以及河流、湖泊、水库等环境水体；加强畜禽养殖的粪便处理，尤其要避免粪便的露天堆放，推

进集中饲养，粪便集中处理，加快粪便进入沼气池，粪便有机肥转化工作；另外，控制工业排放，尤其是造纸、化工、饮料、制药、石油加工、食品加工等行业，坚决实施达标排放，必要时可选择合适的时间窗口进行规划排放，尤其做好污染企业集中布局河段的排污控制，避免因工业集中排污造成河段水体的严重污染。

25　磷排放的社会经济来源与结构研究

25.1　影响磷污染排放的社会经济指标选择

环渤海地区社会经济活动可以划分为农业生产活动、工业生产活动和居民生活三大类，指标选取具体方法为：①依据总磷污染特征，参考产排污系数，筛选出与磷排放有关的生产生活活动；②通过统计数据的分析筛选出规模大、强度大的社会经济活动；③在此基础上选择能很好反映该社会经济活动的操作性强、获取相对容易的统计指标；④参考已有文献研究对指标进行修正和补充。依据以上思路确定了影响流域总磷污染的社会经济指标26个（表25.1），具体分为总体指标类、农业生产类（种植业和畜禽养殖业）、居民生活类、城市发展类和土地利用类，工业生产过程中磷排放相对较少，磷污染的统计数据也不多，因此，工业生产的磷排放并未纳入该估算中。

表25.1　影响环渤海地区总磷污染的主要社会经济指标

指标类		指标项	
1. 总体指标		国内生产总值	三产国内生产总值
		一产国内生产总值	城镇常住人口数
		工业国内生产总值	农村人口数
2. 农业指标	种植业	磷肥施用量	机耕面积
		复合肥施用量	旱地面积
		有机肥施用量	水田面积
	畜牧业	猪存/出栏量	蛋鸡存栏量
		奶牛存栏量	肉鸡存/出栏量
		肉牛存/出栏量	
3. 土地利用指标		城镇用地面积	丘陵旱地面积
		农村居民点面积	丘陵水田面积
		其他建设用地面积	山地旱地面积
		平原旱地面积	山地水田面积
		平原水田面积	

25.2　磷污染的估算方法

从污染排放角度，相关研究表明磷排放与氮排放具有高度的同源性，因此，磷污染的估算方法与氮污染估算的方法相同，只是各社会经济活动的排放系数不同，因此，磷污染排放量估算的具体方法此处不再赘述，具体可参考氮污染估算的具体方法。

25.3　磷污染排放总量与结构分析

依照以上估算方法，以县区为单位，对研究区444个县区单元的乡村生活总磷排放、农田总磷径流、畜禽养殖业总磷排放和城镇生活总磷排放分别估算，进而将444个区县数据归并为44个地市级数据，经再汇总后得出环渤海地区每年各类社会经济活动的总磷污染排放总量约1.5×10^5 t，各类社会经济活动的总磷污染排放见图25.1。

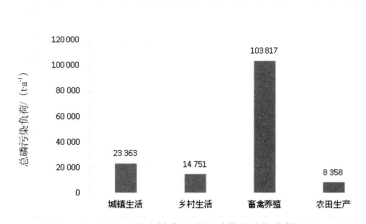

图25.1　各类社会经济活动的总磷污染排放

以环渤海地区为分析单元，各类社会经济活动磷排放中，居民生活和畜禽养殖业排放占到总磷排放总量的94.4%，其中畜禽养殖业成为整个地区磷污染的主要贡献源，占总排放量的69%，农田生产的磷排放并不多，约0.84×10^4 t，占整个地区磷污染物排放量的5.56%，从排放量上看并不是区域磷污染的主要贡献源，具体比重见图25.2。

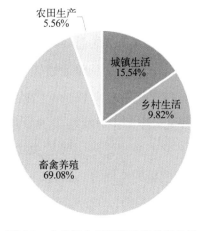

图25.2　各类社会经济活动磷排放比重

如表25.2所示，行政区总磷污染排放量山东以7.37×10^4 t位列首位，天津排放量最少，约0.34×10^4 t，河北约4.04×10^4 t、辽宁约2.67×10^4 t、北京0.61×10^4 t。

表25.2　2010年环渤海地区总磷污染负荷的构成情况　　　　　　　　　　　单位：t

项目	城镇生活	乡村生活	畜禽养殖	农田生产	总磷合计
北京市	4 014.35	848.74	1 132.90	67.94	6 063.93
天津市	1 621.54	479.29	1 072.32	195.52	3 368.67
辽宁省	5 774.45	2 394.08	17 210.25	1 352.61	26 731.39
河北省	5 988.16	6 343.32	23 180.34	4 921.41	40 433.23
山东省	5 964.98	4 685.85	61 221.55	1 820.72	73 693.11

从社会经济活动类型来看，总磷排放污染主要来源于人和动物的生物体代谢，占总排放量的94%以上，相比居民生活和畜禽养殖而言，农田径流污染排放所占比重较小，各省市的比例均低于3%。各省市具体的情况如下：

北京市：城镇生活>畜禽养殖>乡村生活>农田生产

天津市：城镇生活>畜禽养殖>乡村生活>农田生产

辽宁省：畜禽养殖>城镇生活>乡村生活>农田生产

河北省：畜禽养殖>乡村生活>城镇生活>农田生产

山东省：畜禽养殖>城镇生活>乡村生活>农田生产

25.4　磷污染排放量的空间分析

本研究从县区、地市和流域三个层级对环渤海地区磷污染的空间特征进行分析。项目研究中对污染物排放量估算的基本单元为县区级，地市单元和流域单元的污染物分布均是县区单元合并得出的，因此，县区单元分析是总磷污染空间分布的基础。图25.3反映出环渤海地区各县区磷污染负荷的空间分布情况，从中可以看出，总磷污染负荷比较大的县区（单个县区的总磷污染负荷超过2 000 t/a）主要分布在辽宁沿海地区、山东西南部分地区，其他地区属零星分布，北京、天津、河北、辽宁部分县区的总磷污染负荷在500—2 000 t/a，除此以外，大部分县区年总磷污染负荷量都在500 t以下。从整个地区看，山东省单个县区的平均面积较大，总磷污染负荷量也相对较大，但县区数相对较少，因此，县区污染负荷并不能客观反映污染空间分布的宏观特征，需要在更大空间上分析污染的分布特征。

将县区单元污染负荷进一步合并汇总得出地市级的总磷污染负荷量，图25.4给出了环渤海地区各个地级市总磷污染负荷排放量的空间分布情况，从图中可以看出，环渤海地区总磷污染重点城市有北京、保定、聊城、德州等，年污染负荷量约5 000—20 000 t。其他城市的年污染负荷量大多数在5 000 t以下。

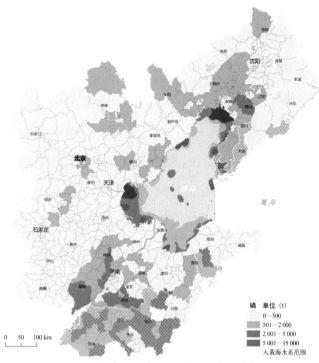

图25.3 环渤海地区各县区磷污染负荷空间分布

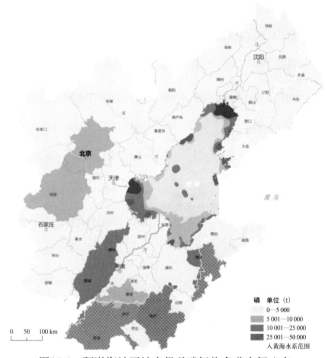

图25.4 环渤海地区地市级总磷污染负荷空间分布

依据河网分布特征，将环渤海地区陆域划分为23个汇水区单元，每个汇水区单元包含的行政区面积不同，大小差别较大，但均有各自对应的入海岸线。图25.5是23个汇水单元内总磷污染负荷分布情况，从图中可以看出，总磷污染负荷集中分布在海河流域的三个汇水单元，海河北部水系对应流域的总磷污染负荷约2.0×10^4 t，海河中部水系对应流域约1.7×10^4 t、海河南部水系对应流域约2.4×10^4 t，相比海河流域，大辽河、小清河、弥河潍河等流域汇水单元的总磷污染负荷较小，其数值大多在1 000—10 000 t之间，辽宁西部、河北北部各汇水单元的污染负荷量均小于5 000 t/a，辽东湾和莱州湾近岸汇水单元的污染负荷均小于1 000 t/a。因此，在从汇水单元的污染分布来看，环渤海地区总磷污染主要分布在海河流域，辽宁西北地区及渤海近岸的汇水单元总的污染贡献有限。

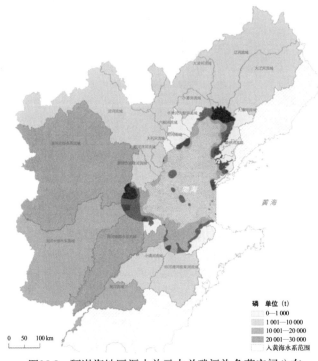

图25.5　环渤海地区汇水单元内总磷污染负荷空间分布

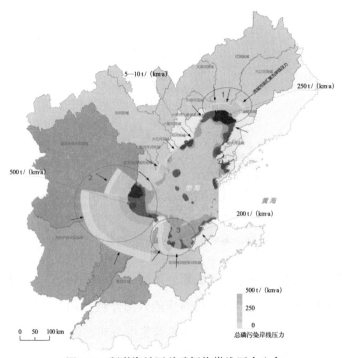

图25.6　环渤海地区总磷污染岸线压力分布

25.5 磷污染源的诊断

图25.7、表25.3为环渤海地区各类社会经济活动总磷排放构成。从中看出居民生活总磷排放约占总磷总排放量的四分之一，生活污水总磷含量一般为4—15 mg/L，有些甚至更高，目前每天污水处理量占县级以上城市工业和生活污水总量的70%以上，总磷去除率约70%—80%，计算得出城市生活污水中总磷仅有50%—60%的去除率，而且部分县市根本没有污水处理厂，生活废水经化粪池沉淀后通过管道直接排入环境水体，入河系数较高。生活污水排量大，处理水平低，入河系数高是导致城市污水重要原因。

流域内畜禽养殖的总磷排放量占总量的69%，是磷污染的第一大源头。环渤海地区畜禽业发展速度快，规模大，畜牧业发展规模增长速度较快。畜禽养殖业的总磷排放强度约为总氮排放的1.5倍，因此，畜禽养殖业总磷排放对流域总磷贡献突出，成为磷污染的最大贡献源。加之养殖户规模小，数量多，规模饲养场畜禽排污集中、浓度大、排污系数相对较高，处理效率低，污染物在处理之前和处理过程中流失较多，且多分布于村庄、道边、河畔，畜禽粪便收集并堆积在养殖场周围空地比较普遍，在雨水冲刷下很容易进入附近水体，或者直接排入河流中，最终汇入海洋。因此，提高养殖单位的平均规模，将面源污染点源化，减少污染物的地表冲刷和径流，同时，规范畜禽排放物的统一收集处理，适当试点和推行农业循环经济生产模式，将传统污染物资源化，减少养殖业的总磷污染。

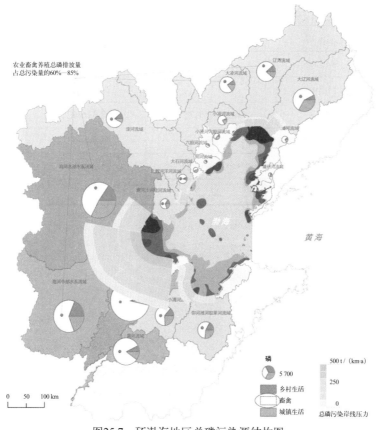

图25.7 环渤海地区总磷污染源结构图

表25.3　环渤海地区各类社会经济活动总磷负荷　　　　　　　　　　单位：t/a

岸段编号	乡村生活	畜禽养殖	城镇生活	总磷污染总负荷
1	60.54	342.48	205.27	608.28
2	59.04	147.26	69.62	275.92
3	75.97	288.61	40.21	404.80
4	83.70	559.78	119.62	763.11
5	660.48	5 418.55	3 017.00	9 096.02
6	773.38	5 383.33	740.85	6 897.56
7	441.59	3 452.68	643.52	4 537.79
8	98.63	1 169.79	243.11	1 511.53
9	69.16	384.80	224.38	678.35
10	73.38	190.91	9.23	273.51
11	45.39	135.83	17.81	199.03
12	10.04	243.36	199.00	452.41
13	105.67	1 269.35	79.40	1 454.42
14	608.61	4 289.44	382.35	5 280.39
15	263.28	1 135.82	317.00	1 716.10
16	3 421.51	11 577.50	7 208.02	22 207.03
17	3 318.49	10 957.40	3 409.34	17 685.23
18	1 546.40	25 808.99	975.49	28 330.88
19	11.30	3.54	28.38	43.22
20	921.53	10 751.71	1 316.42	12 989.66
21	885.78	3 989.03	1 540.63	6 415.44
22	806.22	2 646.25	1 246.15	4 698.61
23	149.99	293.22	316.07	759.28

第七篇
辽东湾环境承载力监测与工业污染调控研究

辽东湾是我国纬度最高的海湾，渤海三大海湾之一，西起辽宁省西部六股河口，东到辽东半岛西侧长兴岛的整个海域，面积$2.46 \times 10^4 \, \text{km}^2$。改革开放以来，辽东湾地区同渤海的其他沿海陆域一样，经济得到快速发展，城市化进程加快，生产要素集中度、经济开发强度和国土资源的利用程度均远高于全国平均水平。剔除入黄海流域的陆域面积后，辽东湾地区的陆域面积为$11.93 \times 10^4 \, \text{km}^2$，占辽宁全省土地面积的81.77%。2011年，本区总人口3 645.2万人，约占全省总人口的83.17%；国内生产总值总量17 340.87亿元，约占全省国内生产总值总量的78%。1978—2011年间，国内生产总值年均增长率达14.71%。本区的人口密度相当于全国平均人口密度的2.18倍；经济密度为全国的2.95倍；本区城市化率水平达到66.51%，高于全国平均水平大约15个百分点。

伴随着快速的经济增长，近30年辽东湾海域环境问题也日益凸显，海洋环境恶化趋势明显。据《中国海洋环境统计公报》统计，1980年以前渤海基本为清洁海域；1990年渤海各海域海水质量总体处于较好的水平，仅在辽东湾等海域局部有二类水质海域的分布；至2012年除渤海中部仍保持一类水质外，多数沿海海域及各大海湾的海水质量均为四类或劣四类水质，其中辽东湾是劣于第四类海水水质标准的主要分布区域，达到3 230 km²，主要超标污染物为化学需氧量、活性磷酸盐、无机氮和石油类。

辽东湾海域环境变化是气候、水文、水动力等自然条件和沿岸地区社会经济活动长期综合作用的结果。但是，在过去20—30年的时间尺度内发生这样急剧的变化，与沿岸社会经济快速发展、人口高度集中、工业等社会经济活动强度不断加大有密切的关系。辽东湾沿岸主要入海河流约6条，包括连山河、六股河、小凌河、大凌河、双台子河和大辽河，涵盖4个水系，包括辽东半岛诸河水系、辽河水系、辽西沿海诸河水系、滦河水系。陆域经济活动产生的废水通过排污口、地表径流、河流排入海中，其中通过河流入海的污染物量又占入海污染物总量的80%以上。随着辽东湾沿岸社会经济快速发展，大量的陆源污染物不断排入，海洋环境不足以容纳和净化这些陆域污染，导致海洋生态环境的日益恶化。

辽宁省三面环绕辽东湾海域，长期以来形成了以煤炭、石油、钢铁、化工、冶金等重化工业为主的工业结构，污染排放强度高，工业废水排放量约占废水总量的1/3，矿物加工和冶炼、电镀、塑料、电池、化工等行业是排放重金属的主要工业源。工业的快速增长严重影响了辽东湾海洋环境，然而得益于辽宁省近年来对工业污染的大力治理，工业生产的常规污染物排放量已经大大降低，但是不容忽视的是许多新型污染物（如部分重金属等）的排放量仍居高不下，且一般都具有毒性强、累积效应大和难治理的特点，未来一段时期内控制和治理辽东湾地区工业含有新型污染物的废水污染是产业调控的重要目标之一。

本研究在辽东湾海洋环境承载力评估的基础上，结合沿岸社会经济特点，以工业污染源为研究重点，明确辽东湾地区工业发展影响海洋环境的压力机制，提出针对性较强的入海污染物减排等"污染调控目标"，通过转变沿岸地区发展方式、调整工业结构、节能减排等调控措施遏制辽东湾海洋环境恶化的趋势。

26 概述

26.1 研究范围

本研究的范围对象包括两个部分，一部分是辽东湾海域，另一部分是入辽东湾河流的流域（即对应的陆域区域）。其中辽东湾海域范围的确定比较明确，即西起中国辽宁省西部六股河口，东到辽东半岛西侧长兴岛的整个海域，面积$2.46 \times 10^4 km^2$，其中辽东半岛诸河水系、辽西沿海诸河水系、滦河水系为辽宁省内水系，辽河水系为跨省水系，参见图26.1。相比海域的研究范围，陆域研究范围的确定相对复杂，宏观层面上汇入渤海的所有河流所流经的流域范围都应列在陆域研究范围之内，这种思路在逻辑上是客观和严谨的，但在操作层面上无法确定研究重点，并且可行性欠佳。对于研究而言，应确定比较明确的研究区域，以使研究区域具有典型性、数据具有可获取性。因此，在确定陆域研究范围过程中我们综合考虑了研究范围的典型性、流域范围的客观性、研究数据的可获取性等因素。具体思路是首先确定大的行政区划范围，在此基础上根据流域范围确定入辽东湾的陆域范围。

面源污染除几大河流汇入辽东湾之外，辽东湾沿岸的陆域区域也是面源污染的主要组成部分。点源污染对辽东湾影响的主要区域也集中在辽东湾沿岸和近岸地区，距离较远的点源污染随着地表径流、河流等途径的输送，其污染浓度和强度衰减较大，对辽东湾环境的影响有限，因此，本研究确定了以辽东湾沿岸及流域范围内的各市为陆域研

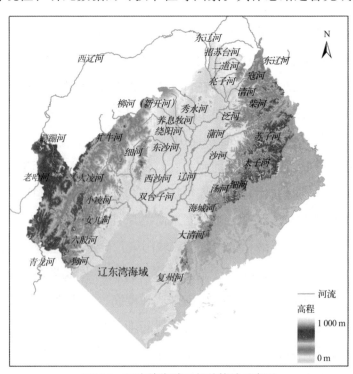

图26.1　辽东湾海域及相关流域示意图

究的主要范围，即沈阳、大连、鞍山、抚顺、辽阳、本溪、锦州、丹东、营口、铁岭、盘锦、葫芦岛、阜新、朝阳，即基本确定辽宁省的14个地级市作为本研究的陆域研究范围。

下面进一步具体划分该范围，在这里将"研究范围"的确定作为一个问题独立出来是基于海洋环境角度的"辽东湾地区"与辽东湾之间的特殊关系，降雨及陆域活动造成的废水经地表径流汇入河流，最终流入辽东湾，其中辽宁省同时拥有渤海岸线和黄海岸线，相应地，辽宁省的河流最终汇入两个海域，而不只是辽东湾，所以在严格意义上，辽东湾并不是14市废水排放入海的唯一海域。因此，在研究中应将汇入黄海的河流相对应的陆域区域剔除在研究范围之外，尽可能地保持研究的客观性和严谨性。

以辽宁省等高线图结合河流来确定其汇入黄海的流域范围，采用50 m、100 m、150 m、…、大于1 000 m等高线作为确定流域范围的基础数据，绘制等高线图，分别划定了辽宁省的入黄海流域范围图，并计算了各自的入黄海流域范围大小，辽宁入黄海流域面积为2.66×10^4 km^2，占全省面积的18.23%，则辽宁省入渤海流域面积为11.93×10^4 km^2，占全省面积的81.77%。

基于以上分析，本研究报告此后出现的所有"辽东湾地区"均指剔除入黄海流域后的陆域面积，即11.93×10^4 km^2，占全省土地面积的81.77%（图26.2）。

图26.2　剔除入黄海流域后辽东湾地区的陆域范围

26.2　辽东湾海洋环境特征

近年来，辽东湾陆域排入近海的污染物迅速增加，加上船舶排泄、海岸工程、海水养殖等排放物的不断增加，辽东湾海域的生态系统已受到严重的威胁。据《中国海洋环境统计公报》统计，1980年以前渤海基本为清洁海域；1990年渤海各海域海水质量总体处于较好的水平，仅在辽东湾等海域局部有二类水质海域的分布；至2012年除渤海中部仍保持一类水质外，多数沿海海域及各大海湾的海水质量均为四类或劣四类水质，其中辽东湾是劣于第四类海水水质标准的主要分布区域，达到3 230 km²。

2010年，辽宁省共监测226个站位，其中劣四类水质站位95个，占站位总数的42.04%，主要超标污染物为化学需氧量、活性磷酸盐、无机氮和石油类，其他地区监测站位也显示渤海水体中的无机盐、活性磷酸盐、铜、化学需氧量、石油、锌等全部超标，一种或多种污染物超过一类水质标准的面积已占到总面积的56%，个别海域沉积物中重金属竟超过国家标准的2 000倍。污染和过度捕捞已经造成辽东湾渔业资源衰退，生物多样性锐减。辽东湾物种至少减少了30种以上，多种过去盛产的经济鱼类相继断档或濒临绝迹，辽东湾沿海湿地大面积丧失，辽河口湿地20年间退化了60%—70%。辽东湾的环境污染已到了临界点，如果不采取遏制措施，辽东湾环境变化趋势令人担忧。

26.3　沿岸水系特征

辽东湾的入海河流主要分布在湾顶，即辽东湾北部，主要包括辽河、大辽河、大凌河、小凌河这4条河流。据《中国海湾志》，辽东湾北部入海水沙量约占该湾的96%。辽河是中国七大江河之一，流经开原、铁岭、新民、辽中、台安县，在六间房进入盘锦境内，东北至西南流向，顺双台子河由盘山湾入辽东湾，全长1 390 km，总流域面积为 $21.96 \times 10^4 \text{ km}^2$。大辽河位居辽宁南部，与浑河、太子河构成一个独立水系，河道全长94 km，流域面积 1 926 km²。上游太子河流域面积$1.39 \times 10^4 \text{ km}^2$，浑河流域面积为$1.15 \times 10^4 \text{ km}^2$，两河于三岔河汇流入大辽河，经古城子、东风、西安、平安、高家、荣兴、辽滨边界入辽东湾。大凌河是辽宁西部最大一条河流，总河长397 km，流域面积23 549 km²，经朝阳、北票、义县，于锦县南圈河与盘山县东郭镇南井子之间入辽东湾。小凌河发源于朝阳市西南110 km处的助安格喇山，流经朝阳、锦西、锦州、凌海4市后南下进入辽东湾，干流长206 km，流域面积为5 475 km²。辽东湾周边的城市为辽宁省的大连市、营口市、盘锦市、锦州市、葫芦岛市。其区域范围和水系如图26.3所示。

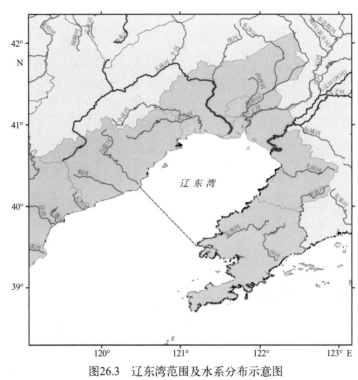

图26.3　辽东湾范围及水系分布示意图

26.4　主要环境问题

近年来，随着辽东湾地区工农业、海运事业的发展以及石油的开采，大量工业废水和生活污水排泄入海，近海海域遭到越来越严重的污染，使海域环境质量明显下降，生态环境日趋恶化，并对生物资源和人体健康产生有害影响。主要环境问题有以下几个方面。

26.4.1　近岸海域污染日趋严重

由于陆源污染物的不断增加，辽东湾近岸海域的污染日趋严重。污染物排放量较大的企业有绥中"36-1"原油处理厂、葫芦岛有色金属（集团）有限责任公司、营口港务局以及渤海船舶重工有限责任公司等。多年监测结果也表明，辽东湾，特别是北部区域近岸海域水质较差，超劣四类水质现象十分普遍，超标的污染物主要为无机氮、活性磷酸盐等营养盐类以及化学需氧量和石油类。由于各类别功能的海域多数不能达到相应的海水水质标准，从而严重地影响了海域的相应使用功能，特别影响了海水养殖、海洋渔业、工业用水和滨海旅游业，制约了辽东湾海域海洋经济的发展。

26.4.2　赤潮频发

辽宁渤海、黄海海域在二十世纪六七十年代以前很少发生赤潮，20世纪90年代后，随着工业、城市建设、旅游、水产养殖、种植业的迅速发展和人口的增加，工业废水和生活废水及其所含的大量污染物，特别是有机污染物和氮、磷的增加，使海域的富营养化程度不断加重，辽东湾海域发生赤潮的频率不断增加，面积不断扩大，给海洋渔业和旅游业带来严重危害，赤潮已成为辽东湾海域环境的突出问题。

26.4.3　海洋生态环境恶化，海洋生物种类减少，渔业资源衰退

近40年的资源开发和环境变化已使得辽东湾海域渔业生态系统出现明显的结构变化和功能退化。目前该海域的底层鱼类资源只及20世纪50年代的1/10，传统的捕捞对象如带鱼、真鲷等资源，已枯竭或严重衰退。带鱼过去曾在渤海形成较大规模的渔汛，1956—1963年间的年渔获量达10 000—24 000 t，现已基本灭绝。小黄鱼1956—1961年间产量在万吨以上，1959年达 9×10^4 t，现已下降到只有百吨左右。从资源结构来看，渤海鱼类种群结构逐渐小型化、低龄化。优势种群由过去的大型优质鱼类（小黄鱼、带鱼、真鲷、牙鲆等）被现在的低质小型鱼类（如黄鲫、黄鳞鱼）所代替。该海域出现的鱼种由二十世纪五六十年代的119种降到90年代的93种。

辽东湾海域渔业生态系统结构在近40年间的退变有两个主要原因：不合理的资源开发和环境污染。过度捕捞问题早已引起各界的关注，从20世纪80年代初期开始通过采取法律和行政手段等（如设立禁渔期、禁渔场等）逐步得以缓解，并取得了明显的效果。渤海环境污染日趋严重，治理任务十分艰巨。传统的鱼类产卵场和育幼场的水质污染严重，富营养化水平高，赤潮频发，严重威胁了鱼类的繁衍与生长。另一方面，辽东湾海域是渤海中受重金属（铜、汞、锡）污染较重的一个海域，以底质污染为最重，污染面积也大，栖息湾内的不同生态类群的生物对底质污染、水质污染都有程度不等的反应。20世纪80年代调查时，潮间带和潮下带底栖动

物共采到150种，20世纪90年代种类有明显减少。特别是湾的南滩软泥潮间带处于排污口范围，底质呈黑色，总汞含量比无污染源的老河口泥沙质的北滩潮间带高，栖息的动物只有8种。

27　辽东湾海洋环境承载力评价研究

27.1　陆源排污响应关系

响应系数场定义为某个污染源在单位源强单独排放情况下所形成的浓度分布场。以 1×10^4 t/a 为单位源强，利用水质模型模拟辽东湾12条河流单独排放条件下所形成的污染物浓度分布场，即各主要河流的响应系数场。可以看出，各河流的响应系数场均以河口为浓度中心呈扇形或舌状向周围海域逐渐递减。

复州河和鞍子河分别位于辽东湾东岸的复州湾和普兰店湾。这两个海区岸线曲折，水域狭窄，海水流动缓慢且水交换能力较弱，易造成局部海域的严重污染。相关检测表明，复州河口附近无机氮浓度达到1.05 mg/L，鞍子河口附近无机氮浓度达到0.725 mg/L。

熊岳河、大辽河、双台子河、大凌河、小凌河和五里河位于辽东湾顶部，该处水深较浅，致使排放入海的污染物在点源附近滞留积聚，污染物高浓度区范围较大。比较这6个河口附近的无机氮浓度，双台子河最高，达1.67 mg/L；五里河次之，达0.708 mg/L；大凌河最低，约为0.521 mg/L。以无机氮超一类水质范围为例进行比较，双台子河最大，大辽河次之。综上，双台子河口由于水深较浅且远离外海，所以水交换能力弱，污染物入海后易给邻近海域造成严重污染。

六股河、石河、大蒲河和滦河位于辽东湾西岸，此处岸线平直，水深流急，污染物进入水体之后会很快地在水动力的作用下被稀释输运，因此不会造成较大的高浓度区。比较河口附近无机氮浓度，滦河最高，达0.625 mg/L，六股河次之，约为0.555 mg/L，石河最低，约为0.347 mg/L。

综上所述，虽然每个点源源强都是相同的输入量（单位强度），但其响应系数场在量值和空间分布上却有较大差别，这种现象是由不同海域的不同物理自净能力导致的。

27.2　陆源入海污染负荷与环境承载力评估

将2006—2010年辽东湾表层污染物浓度观测数据按春季、夏季、秋季和全年进行平均，再将各站位数据插值到整个辽东湾海域，得到各水质控制点处春季、夏季、秋季和年平均的浓度值。利用各水质控制点的现状浓度和水质控制目标浓度，计算浓度超标率，再根据各个评价单元中控制站位的超标情况，进行评价单元环境承载力等级评价。

以2006—2010年年平均的源强监测数据作为各污染源现状排放量，根据最优化法计算得到辽东湾各河流无机氮、无机磷、化学需氧量、铅和镉的允许排放量，计算削减量和入海负荷超标率，并进行汇水单元入海符合等级评价。

27.2.1　无机氮污染负荷与承载力评估

2006—2010年年平均结果显示，辽东湾无机氮的评价单元环境承载力超载海域主要分布在湾顶和东岸，其中大辽河口和双台子河口邻近海域为重度污染（图27.1）。春季，重度超载海域分布在复州湾至瓦房店北部海域、双台子河口邻近海域和内海北部海域；中度超载海域分布在大辽河口邻近海域；轻度超载海域分布在老铁山岬口至长兴岛海域和内海中部海域；其他海域未超载。夏季，重度超载海域位于老铁山岬口至长兴岛海域、大辽河口、双台子河口和大凌河口邻近海域以及内海北部海域；其他海域未超载。秋季，重度超载海域位于大辽河口和双台子河口邻近海域以及内海北部海域；中度超载海域位于复州湾至瓦房店北部海域；轻度超载海域位于老铁山岬口至长兴岛海域和营口鲅鱼圈海域；濒临超载海域是内海中部海域；其他海域未超载。

如图27.2所示，辽东湾无机氮现状排放量总计为155 412.8 t/a，沿岸河流中大辽河现状排放量最大，达到46 220 t/a，鞍子河次之，为30 119.7 t/a，石河最小，仅为1 766.6 t/a。辽东湾无机氮允许排放量总计为350 693.5 t/a，石河允许排放量最大，达到63 639.3 t/a，六股河次之，大凌河最小，仅为6 564.8 t/a。评估结果显示，整个辽东湾无机氮入海负荷仍有余量195 280.7 t/a，超标率为−55.7%，处于未超载等级。但是，辽东湾东部的鞍子河、顶部的大辽河的超标率分别为5.3%、21.1%，属轻度超载等级，顶部的双台子河和大凌河的超标率分别达到79%和96.2%，属重度超载等级。以上辽东湾无机氮入海负荷等级评估结果与现状调查得到的浓度超标海域集中在湾顶河口区的分布结果基本吻合，见表27.1。

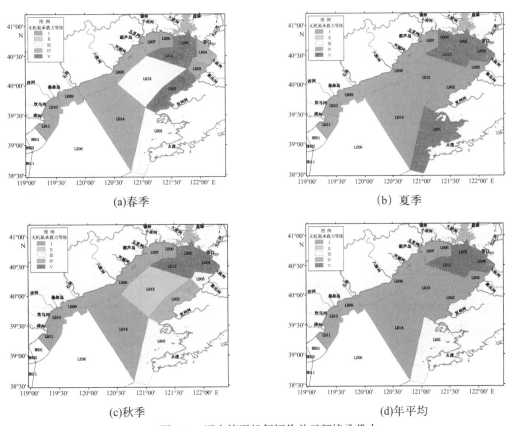

(a)春季　　　　　　　　　　　　　　(b)夏季

(c)秋季　　　　　　　　　　　　　　(d)年平均

图27.1　辽东湾无机氮评价单元环境承载力

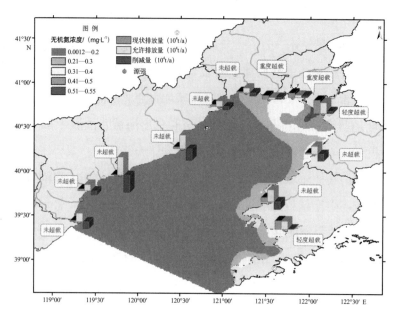

图27.2 2006—2010年辽东湾无机氮现状浓度及入海负荷评价结果

表27.1 辽东湾无机氮环境容量及入海负荷评价结果

河流	现状排放量 / (t·a⁻¹)	允许排放量 / (t·a⁻¹)	削减量（负值为余量） / (t·a⁻¹)	超标率 /%	入海负荷等级
鞍子河	30 119.7	28 599.9	1 519.8	5.3	轻度超载
复州河	14 171.6	40 830.3	−26 658.7	−65.3	未超载
熊岳河	4 398.7	28 112.5	−23 713.7	−84.4	未超载
大辽河	46 222.0	38 157.3	8 064.7	21.1	轻度超载
双台子河	15 258.4	8 524.7	6 733.7	79.0	重度超载
大凌河	12 881.2	6 564.8	6 316.4	96.2	重度超载
小凌河	4 246.4	16 117.9	−11 871.5	−73.7	未超载
五里河	7 861.3	20 168.4	−12 307.1	−61.0	未超载
六股河	7 633.1	48 237.1	−40 604.1	−84.2	未超载
石河	1 766.6	63 639.3	−61 872.7	−97.2	未超载
大蒲河	6 732.9	22 112.1	−15 379.2	−69.6	未超载
滦河	4 121.1	29 629.3	−25 508.2	−86.1	未超载
合计	155 412.8	350 693.5	−195 280.7	−55.7	未超载

27.2.2 无机磷污染负荷与承载力评估

2006—2010年年平均结果显示，辽东湾无机磷的评价单元环境承载力超载海域主要分布在湾顶和东岸（图27.3）。春季，重度超载海域位于老铁山岬口至长兴岛海域、大辽河口和双台子河口邻近海域及内海北部海域；中度超载海域位于大凌河口和小凌河口附近海域；轻度超载海域位于复州湾至瓦房店北部海域和秦皇岛张庄至汤河口海域；濒临超载海域为内海中部海域；其他海域未超载。夏季，重度超载海域位于大辽河口和双台子河口邻近海域及内海北部海域；中度超载海域位于复州湾至瓦房店北部海域、熊岳河口邻近海域以及大凌河口和小凌河口附近海域；轻度超载海域是老铁山岬口至长兴岛海域；濒临超载海域是锦州湾海域；其他海域未超载。秋季，重度超载海域分布在老铁山岬口至长兴岛海域，复州湾至瓦房店北部海域，熊岳河口、大辽河口和双台子河口邻近海域以及内海北部海域；中度超载海域为内海中部海域；轻度超载海域是内海北部海域；濒临超载海域位于大凌河口和小凌河口附近海域；其他海域未超载。

如图27.4显示，辽东湾无机磷现状排放量总计为8 814.4 t/a，沿岸河流中大辽河现状排放量最大，达到3 318.1 t/a，复州河次之，为1 426.9 t/a，石河最小，仅为59.9 t/a。辽东湾无机磷允许排放量总计为32 544.5 t/a，石河允许排放量最大，达到6 317.6 t/a，六股河次之，双台子河最小，仅为623.9 t/a。评估结果显示，整个辽东湾无机磷入海负荷仍有余量23 730.1 t/a，超标率为－72.9%，处于未超载等级。但是，湾顶大辽河、双台子河和小凌河的超标率分别为16.6%、23.0%和28.8%，处于轻度超载状态（表27.2）。

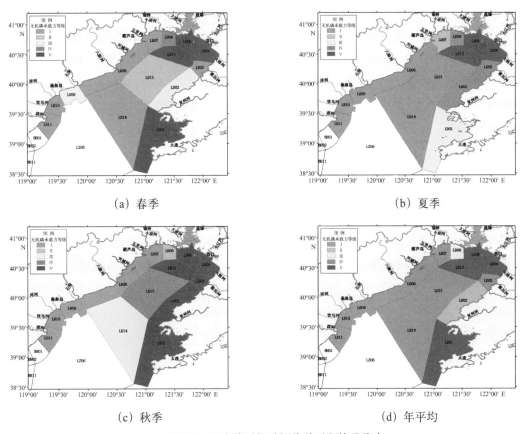

(a) 春季　　　　　　　　　　　　　　(b) 夏季

(c) 秋季　　　　　　　　　　　　　　(d) 年平均

图27.3　辽东湾无机磷评价单元环境承载力

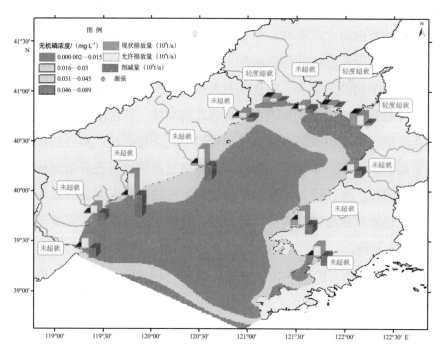

图27.4　2006—2010年辽东湾无机磷现状浓度及入海负荷评价结果

表27.2　辽东湾无机磷环境容量及入海负荷评价结果

河流	现状排放量 / (t·a⁻¹)	允许排放量 / (t·a⁻¹)	削减量（负值为余量） / (t·a⁻¹)	超标率 /%	入海负荷等级
鞍子河	110.0	2 860.0	−2 750.0	−96.2	未超载
复州河	1 426.9	4 083.0	−2 656.1	−65.1	未超载
熊岳河	204.9	2 090.5	−1 885.6	−90.2	未超载
大辽河	3 318.1	2 844.8	473.3	16.6	轻度超载
双台子河	767.2	623.9	143.3	23.0	轻度超载
大凌河	107.7	1 192.8	−1 085.1	−91.0	未超载
小凌河	1 398.4	1 085.8	312.6	28.8	轻度超载
五里河	376.6	1 454.1	−1 077.5	−74.1	未超载
六股河	676.1	4 823.7	−4 147.6	−86.0	未超载
石河	59.9	6 317.6	−6 257.7	−99.1	未超载
大蒲河	75.1	2 212.7	−2 137.5	−96.6	未超载
滦河	293.5	2 955.6	−2 662.1	−90.1	未超载
合计	8 814.4	32 544.5	−23 730.1	−72.9	未超载

27.2.3　化学需氧量污染负荷与承载力评估

2006—2010年年平均结果显示，辽东湾化学需氧量的评价单元环境承载力超载海域主要分布在湾顶（图27.5）。与无机氮和无机磷相比，化学需氧量污染状况较轻。春季，中度超载海域位于内海北部海域；轻度超载海域位于双台子河口邻近海域；其他海域未超载。夏季，中度超载海域位于内海北部海域；轻度超载海域位于老铁山岬口至长兴岛海域；濒临超载海域位于双台子河口邻近海域；其他海域未超载。秋季，中度超载海域位于内海北部海域，濒临超载海域位于老铁山岬口至长兴岛海域；其他海域未超载。

如图27.6所示，辽东湾化学需氧量现状排放量总计为1 153 860.1 t/a，沿岸河流中人辽河的现状排放最大，达到240 340.2 t/a，石河次之，六股河最小，仅为14 757.7 t/a。辽东湾化学需氧量允许排放量总计为3 506 935.3 t/a，其中石河最大，达到636 393.0 t/a，六股河次之，大凌河最小，仅为65 647.8 t/a。评估结果显示，整个辽东湾化学需氧量入海负荷仍有余量2 353 075.0 t/a，超标率为−67.1%，整体处于未超载状态（表27.3）。

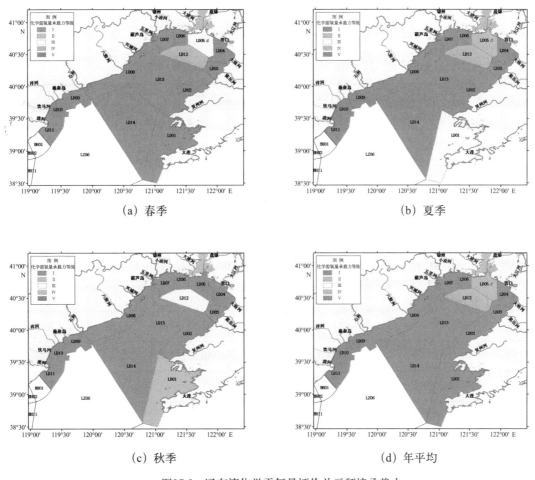

(a) 春季　　　　　　　　　　　　　(b) 夏季

(c) 秋季　　　　　　　　　　　　　(d) 年平均

图27.5　辽东湾化学需氧量评价单元环境承载力

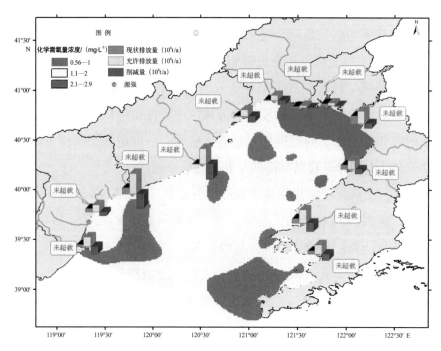

图27.6 2006—2010年辽东湾化学需氧量现状浓度及入海负荷评价结果

表27.3 辽东湾化学需氧量环境容量及入海负荷评价结果

河流	现状排放量 / (t·a⁻¹)	允许排放量 / (t·a⁻¹)	削减量（负值为余量） / (t·a⁻¹)	超标率 /%	入海负荷等级
鞍子河	97 513.7	285 998.8	−188 485.1	−65.9	未超载
复州河	146 434.7	408 303.3	−261 868.6	−64.1	未超载
熊岳河	146 275.3	281 124.6	−134 849.3	−48.0	未超载
大辽河	240 340.2	381 572.7	−141 232.6	−37.0	未超载
双台子河	61 417.0	85 246.5	−23 829.5	−28.0	未超载
大凌河	38 116.2	65 647.8	−27 531.5	−41.9	未超载
小凌河	27 186.3	161 178.8	−133 992.5	−83.1	未超载
五里河	21 327.5	201 684.0	−180 356.5	−89.4	未超载
六股河	14 757.7	482 371.4	−467 613.7	−96.9	未超载
石河	187 432.3	636 393.0	−448 960.6	−70.5	未超载
大蒲河	100 539.2	221 121.3	−120 582.1	−54.5	未超载
滦河	72 520.0	296 293.1	−223 773.1	−75.5	未超载
合计	1 153 860.1	3 506 935.1	−2 353 075.0	−67.1	未超载

27.2.4　铅污染负荷与承载力评估

如图 27.7 所示，辽东湾铅现状排放量总计为 1 155.218 t/a，沿岸河流中大辽河的现状排放量最大，达到 230.785 t/a，石河次之，复州河最小，仅为 24.699 t/a。辽东湾铅允许排放量总计为 1 791.237 t/a，其中石河最大，达到 388.4 t/a，复州河次之，双台子河最小，仅为 29.2 t/a。评估结果显示（表 27.4），整个辽东湾铅入海负荷仍有余量 636.019 t/a，超标率为 − 35.5%，整体处于未超载状态。但湾顶的大辽河、双台子河、大凌河和小凌河的超标率分别达到 74.2%、182.9%、71.5%，161%，均处于重度超载状态，湾西部五里河的超标率为 16.1%，属于轻度超载状态。

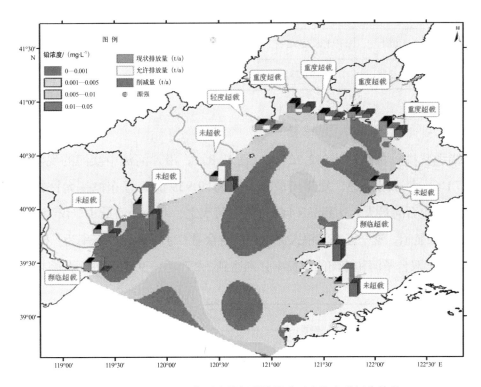

图27.7　2006—2010年辽东湾铅现状浓度及入海负荷评价结果

表27.4　辽东湾铅环境容量及入海负荷评价结果

河流	现状排放量/ (t·a⁻¹)	允许排放量/ (t·a⁻¹)	削减量（负值为余量）/ (t·a⁻¹)	超标率/%	入海负荷等级
鞍子河	30.423	220.294 73	− 189.9	− 86.2	未超载
复州河	24.699	260.530 86	− 11.8	− 4.5	未超载
熊岳河	81.102	108.291 23	− 27.2	− 25.1	未超载
大辽河	230.785	132.498 8	98.3	74.2	重度超载
双台子河	82.659	29.216 26	53.4	182.9	重度超载

续表

河流	现状排放量 / (t·a⁻¹)	允许排放量 / (t·a⁻¹)	削减量（负值为余量）/ (t·a⁻¹)	超标率 /%	入海负荷等级
大凌河	95.459	55.660 078	39.8	71.5	重度超载
小凌河	132.262	50.668 38	81.6	161.0	重度超载
五里河	78.751	67.858 455	10.9	16.1	轻度超载
六股河	75.984	225.106 65	−149.1	−66.2	未超载
石河	145.057	388.411 31	−243.4	−62.7	未超载
大蒲河	56.957	114.594 16	−57.6	−50.3	未超载
滦河	121.081	138.106 27	−17.0	−12.3	濒临超载
合计	1 155.218	1 791.237	−636.019	−35.5	未超载

27.2.5　镉污染负荷与承载力评估

辽东湾镉现状排放量总计为542.023t/a（图27.8），沿岸河流中滦河的现状排放最大，达到124.987 t/a，大辽河次之，复州河最小，仅为19.939 t/a。辽东湾镉允许排放量总计为1 791.237 t/a，其中石河最大，达到388.4 t/a，复州河次之，双台子河最小，仅为29.2 t/a。见表27.5，其评估结果显示，整个辽东湾镉入海负荷仍有余量1 249.2 t/a，超标率为−69.7%，整体处于未超载状态。但双台子河和滦河的超标率分别达到−2.7%和−9.5%，处于濒临超载等级。

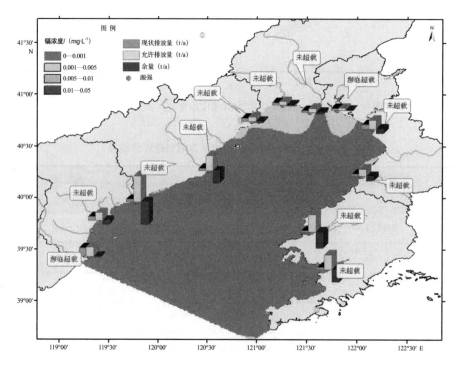

图27.8　2006—2010年辽东湾镉现状浓度及入海负荷评价结果

表27.5 辽东湾镉环境容量及入海负荷评价结果

河流	现状排放量 / (t·a⁻¹)	允许排放量 / (t·a⁻¹)	削减量（负值为余量） / (t·a⁻¹)	超标率 /%	入海负荷等级
鞍子河	31.970	220.3	−188.3	−85.5	未超载
复州河	19.939	260.5	−240.6	−92.3	未超载
熊岳河	35.483	108.3	−72.8	−67.2	未超载
大辽河	64.201	132.5	−68.3	−51.5	未超载
双台子河	28.431	29.2	−0.8	−2.7	濒临超载
大凌河	24.450	55.7	−31.2	−56.1	未超载
小凌河	34.927	50.7	−15.7	−31.1	未超载
五里河	49.135	67.9	−18.7	−27.6	未超载
六股河	36.181	225.1	−188.9	−83.9	未超载
石河	37.271	388.4	−351.1	−90.4	未超载
大蒲河	55.049	114.6	−59.5	−52.0	未超载
滦河	124.987	138.1	−13.1	−9.5	濒临超载
合计	542.023	1 791.237	−1 249.214	−69.7	未超载

27.2.6 小结

通过对辽东湾4个航次的补充调查，得出如下初步结论：①辽东湾水温和盐度均表现为湾顶高于湾外的水平分布特征；②化学需氧量表层分布也主要表现为湾北部较高的特征，辽东湾石油类污染较轻，只在部分区域存在超标现象；③辽东湾氮、磷的分布受河流输入的强烈影响，辽东湾北部河口区域氮、磷的含量明显高于湾中部，而大量营养物质的输入也导致辽东湾水体富营养化程度较高，且氮磷比普遍较高，河口区域氮磷比最高可达到3 000以上；④辽东湾重金属分布的规律性不甚明显，而铅的超标情况较其他元素相对严重。

辽东湾海域无机氮、无机磷、化学需氧量、铅和镉的入海负荷总体均处于未超载等级，但辽东湾顶部海域特别是大辽河和双台子河口区的氮、磷、铅污染较为严重。因此，需针对鞍子河、大辽河、双台子河和大凌河污染源分别削减1 519.8 t/a、8 064.7 t/a、6 733.7 t/a和6 316.4 t/a的无机氮入海负荷，需针对大辽河、双台子河和小凌河污染源分别削减473.3 t/a、143.3 t/a和312.6 t/a的无机磷入海负荷，需针对大辽河、双台子河、大凌河、小凌河和五里河分别削减98.3 t/a、53.4 t/a，39.8 t/a、81.6 t/a和10.9 t/a的铅入海负荷。

28 辽东湾沿岸社会经济活动的基本特征

28.1 社会经济资料的统计处理

由于辽东湾地区流域边界与行政区划边界并不重叠，流域边界往往将行政区范围割裂为多个部分，位于流域边界之外的部分并不属于研究区范围，为提高研究精度，该部分数据应予剔除。具体思路为：依据边界外各土地利用面积比例确定各类型数据的剔除比例，以化肥施用量数据的确定为例，承载化肥投入的主要土地类型是耕地，包括各类旱地和水田，以GIS为平台计算流域范围外该行政区的各类旱地和水田面积，确定该面积占该行政区旱地和水田总面积的比例，行政区化肥施用总量乘以该比例即为该行政区落在流域外的施用量数据，应从总量中予以剔除，见表28.1。

表28.1 辽东湾地区相关社会经济数据的剔除比例（%）

地区	国内生产总值	工业	农业	城市人口	农村人口
丹东	100	100	100	100	100
大连	60	60	60	70	55
抚顺	3	5	15	5	11
本溪	10	10	50	5	30
营口	4	4	12	0	11
鞍山	5	5	20	4	11

28.2 辽东湾沿岸社会经济强度分析

辽东湾地处北温带，气候、海域条件优越，海洋生物资源、能源及矿产资源丰富，环境类型多样、岛屿景观奇特，浅海、滩涂广阔，开发利用的价值极高，发展海洋水产、海盐和盐化工、海洋石油化工、矿产开发、海水利用、海洋能源利用等海洋经济以及开发港口和海运、海洋旅游事业的自然条件非常优越。改革开放以来，辽东湾地区同渤海的其他沿海陆域一样，经济得到快速发展，城市化进程加快。2011年，辽东湾地区总人口3 645.2万人，约占全省的83.17%；国内生产总值总量17 340.87亿元，约占全省的78%，1978—2011年间，国内生产总值年均增长率达14.71%。沿海地区遍布钢铁、机械制造、造船、石油化工、冶金、纺织、医药、食品等行业，是我国重要的石油、天然气能源生产基地。1978—2011年的30多年间，辽东湾地区农林牧渔业总产值增长了83倍，年均增长14.35%，明显高于全国13.11%的增长速度。同时，辽东湾地区已经构建现代综合交通体系，海陆空交通发达便捷，形成了以港口为中心、陆海空为一体的立体交通网络，成为沟通东北、西北、华北和进入国际市场的重要通道。随着振兴东北老工业基地等战略的实施，辽东湾地区的资源优势和重化工优势逐渐显现。依托原有的工业基础，辽东湾地区不仅保持了钢铁、原油、原盐等资源依托型优势，同时新兴的电子信息、生物制药、新材料等高新技术产业也发展迅猛。

28.2.1 辽东湾地区经济规模增长快速

依托于东北老工业基地的振兴和环渤海地区的迅速崛起，辽东湾地区的经济实现了飞跃发展。如图28.1所示，从1978年到2011年的34年间，辽东湾地区的国内生产总值由186.98亿元增长到17 340.87亿元，增长到接近93倍，其年均增长率达到了14.71%。从图28.1中可以看出辽东湾地区经济规模快速增长的态势，其经济规模的扩张过程可以分为3个阶段：改革开放到1997年间保持了平均16.47%高的国内生产总值增长率；1998—2004年的9年间经济增长放缓，国内生产总值增长率不足10%，只有8.64%；2005年至今辽东湾地区经济重新飞速发展，国内生产总值增长率达到了年均16.26%的高水平。

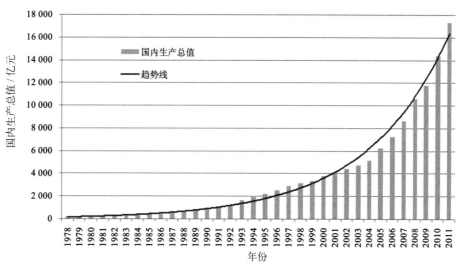

图28.1 辽东湾地区国内生产总值变化历程

28.2.2 产业结构呈现"逆向"演变特征

辽宁省作为老工业基地，第二产业发展较早，工业基础良好、实力雄厚，一直位居主导产业的位置，辽东湾的产业结构与辽宁省的产业结构保持了同步性，即"二、三、一"的产业结构。改革开放以来，辽东湾地区的产业结构演变趋势如图28.2所示，1978—2011年，第一产业产值比重在小幅波动中稳步下降，2011年其比重达到8.58%；第二产业和第三产业产值比重变化则可以分为两个明显的阶段。1978年到2004年，由于改革开放、国企改革、市场经济推行、工业结构调整、大力发展服务业和工业化进程不断的推进，第二产业比重逐步下降，从1978年的78.56%降至2004年的46%；第三产业比重从16.06%快速上升至49.75%，2004年产业结构首次转变为"三、二、一"。2004年之后，国家提出振兴东北老工业基地的规划，辽东湾地区的第二产业迎来了新一轮的发展，其占国内生产总值比重开始由降变升，产业结构重新回归"二、三、一"的格局，呈现出与产业结构演变的一般规律"相悖离"的趋势，即

"逆向"演化特征。"十一五"规划期间，辽宁省确立的支柱产业有石化、冶金、建材、电子信息和生物制药，都为第二产业，大部分产业位于辽东湾地区。2011年辽东湾地区三产比例为8.58：55.26：34.52，第二产业的比重呈现增加的趋势。

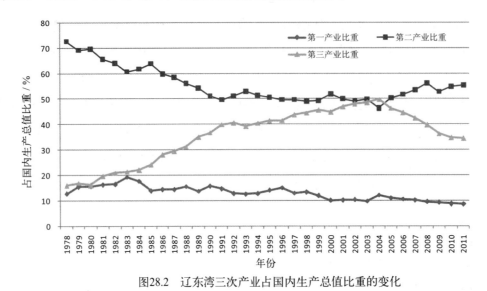

图28.2　辽东湾三次产业占国内生产总值比重的变化

28.2.3　经济密度远高于全国平均水平

从图28.3可以很清晰地反映出，辽东湾地区的经济密度远远大于全国平均水平，国内生产总值的经济密度是全国的2.95倍。从三次产业上来看，由于辽东湾地区工业的主导地位，第二产业增加值和工业增加值的密度更高，为全国的3.5倍，第一产业和第三产业发展略逊于第二产业，经济密度为全国的2.52倍和2.35倍。但总体反映出辽东湾地区生产要素集中度、经济开发强度和国土资源的利用程度远高于全国平均水平。伴随着如此高强度的经济开发，污染物的产生量也是巨大的，正如前面我们提到的，辽东湾作为该经济区废水的最终容纳地正在承受着巨大的环境压力。随着经济不断的发展，内陆产业不断向沿海聚集的同时，沿海本身的开发力度加大，双重的开发活动将继续加剧辽东湾的这种环境压力。

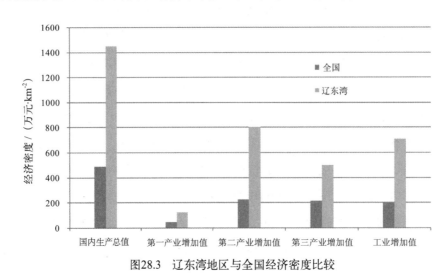

图28.3　辽东湾地区与全国经济密度比较

28.3　辽东湾沿岸农业特点及对环境影响

近年来，农业生产活动对环境尤其是海洋环境的影响逐渐引起了人们的注意，不少学者开展研究，认为农业面源污染是海洋环境陆源污染压力的主要来源。从辽东湾地区来看，以流域单元为基础，现代农业的高物质能量投入使得种植业化肥、农药使用过度，重点推进畜牧业发展造成了牲畜粪便的随意堆放，新农村尚处转型阶段，农村生活污水及垃圾进行集中排放却不经处理，这些污染源通过地表径流、地下渗漏等途径进入辽河、大凌河、小凌河、五里河等河流，最终汇入辽东湾海域。在对污染不加控制、不予治理的情况下，辽东湾地区农业越快速、规模化的发展，对辽东湾海域水质的污染就越严重，造成的海洋环境压力就越大。

28.3.1　种植和畜牧业为主的农业结构

辽东湾地区以辽河、大凌河、双台子河等冲积形成北高南低的平原地形为主，土壤有机质含量丰富，南临渤海，气候温润，日照充足，为辽东湾地区农业多样化发展提供了有利条件。1978年辽东湾地区农林牧渔总产值34.4亿元，2011年增长至2 867.4亿元，30多年，农林牧渔业总产值增长了83倍，年均增长14.35%，高于全国年均水平（增速为13.11%），辽东湾农业进入了快速发展的阶段（图28.4）。

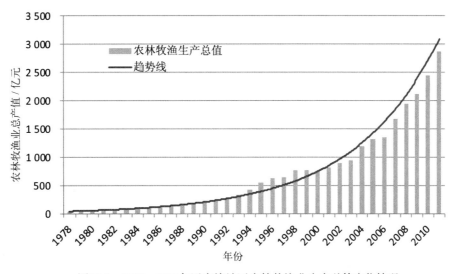

图28.4　1978—2011年辽东湾地区农林牧渔业生产总值变化情况

辽东湾地区的农业、林业、牧业、渔业齐头并进，都取得了长足发展（图28.5）。发展最为迅猛的当属畜牧业，从1978年仅4.7亿元，到2011年增长275倍，达到1 294.4亿元，超越种植业成为辽东湾地区农业的"领头羊"。种植业虽然2007年被畜牧业赶超，但总产值依然保持较高水平，2011年总产值达到1 073.5亿元，依旧在辽东湾地区农业总产值中占有重要地位。渔业以总产值增长391倍（1978—2011年）成为农业中增长速度最快的产业，2011年总产值达到320.5亿元。林业虽然总产值在农业中所占比重不大，但是1978到2011年增长107倍，达到总产值80.6亿元，同样取得了飞速发展的成绩。

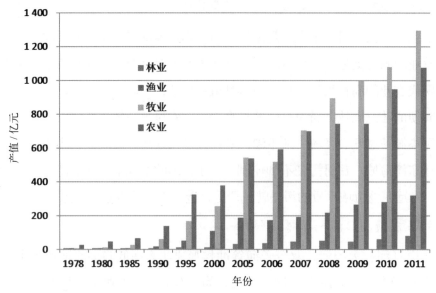

图28.5　1987—2011年辽东湾地区农业、林业、牧业、渔业产值变化情况

　　从图28.6可以看出，辽东湾地区农业结构以种植业与畜牧业为主。种植业与畜牧业总产值占到86%以上，相对而言，渔业与林业在辽东湾农业结构中所占比重则比较小，且增长变化不大。2007年之后，种植业的主导地位被畜牧业取代，2008年至2011年畜牧业分别以高出种植业总产值20.2%、34.5%、14.2%和20.6%的比例领跑辽东湾地区农业发展。辽东湾地区畜牧业的快速发展得益于辽宁省对现代畜牧业的大力推进，优化畜牧产业结构布局，建立高水平的畜禽原种基地，形成优势畜产品生产基地，推进畜牧业生产方式和增长方式的转变，大力提高畜牧业产业化经营水平，重点发展现代畜牧业。同时，辽宁省以改造中低产田、建设高标准农田、改善农业生产条件、推进产业化经营等措施保证种植业的发展。

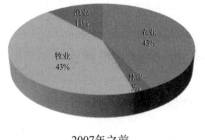

2007年之前

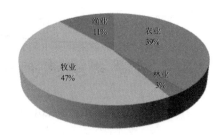

2007年之后

图28.6　辽东湾地区农业结构

　　畜牧业的快速发展以及产业化经营给环境带来了一系列的问题：畜禽排泄物不加处理的任意排放，造成水、空气和土壤的污染，水中的氮、磷、钾等营养物质富集，造成水体富营养化；产业化集约经营的畜禽生产基地不经处理排放的禽畜排泄物，更加重了环境污染；现代农业发展以高物质能量投入为手段，化肥、农药残留物随着降雨、径流进入水体、土壤形成大规模的面源污染，造成广泛的、持续的、严重的环境问题。

28.3.2　化肥施用量居高不下

化肥、农药等农业物质能源投入是现代农业发展的重要支撑。自1980年至2011年，辽东湾地区农业取得长足发展的同时，化肥施用量之大及其增长速度之快也令人吃惊。30年间，辽东湾地区化肥施用量增长了1.5倍。国际公认的化肥施用安全上限为225 kg/hm^2，目前辽东湾地区化肥施用量为351.74 kg/hm^2，是安全上限的1.56倍，且早在1991年，辽东湾地区就已经超越了化肥使用安全上限，也就是说辽东湾地区的土地已经超负荷接受化肥施用20多年之久（图28.7）。有关研究表明，化肥的利用率仅为40%左右，超负荷的部分则通过各种循环方式渗透到土壤、水体、空气等各个圈层，造成不同程度的污染。

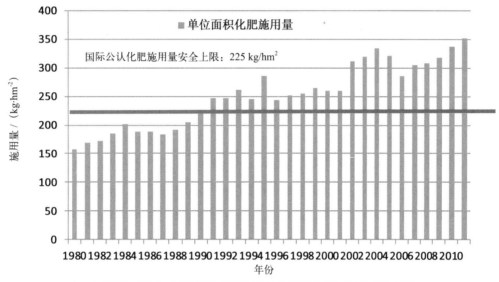

图28.7　1980—2011年辽东湾地区单位面积化肥使用量变化情况

农业各类化肥施用量的不同，直接影响各污染要素含量的变化。从图28.8中可以看出，过去的30多年，辽东湾地区氮肥施用量由35.7×10^4 t上升至60.4×10^4 t，一直保持高水平投入且处于继续增长的趋势；磷肥施用量相对比较稳定，增长幅度不大，近些年维持在10×10^4 t左右；钾肥施用量虽总体水平不高，但是从1980年的0.246×10^4 t到2011年10.4×10^4 t增长趋势明显；复合肥基本从无到有，增长速度最为迅速，30年间增长66倍，2011年达到43.3×10^4 t。投入巨大的化肥施用量促进了农业发展，利用不了的化肥通过各种途径汇入渤海，加重了渤海化学污染的程度，使农业逐渐成为渤海污染的重要污染源产业。

根据相关研究以及考虑到辽东湾地区河流流域广大，存在一定量的陆域河流分解和渗漏消耗，以地表径流造成的氮或磷的流失系数0.05%—0.5%作为农田化肥入海系数。如此，2011年辽东湾地区化肥总施用量为124.8×10^4 t，则将有623.8—6 238.2 t化肥汇入辽东湾海域。对24 593 km^{2}的辽东湾来说，相当于每平方千米海域容纳了25.4—253.7 kg的纯量农业化肥，如果累计1980—2011年30多年的化肥总施用量，则辽东湾海域每平方千米海域累计容纳的纯量化肥规模为538—5 380 kg。

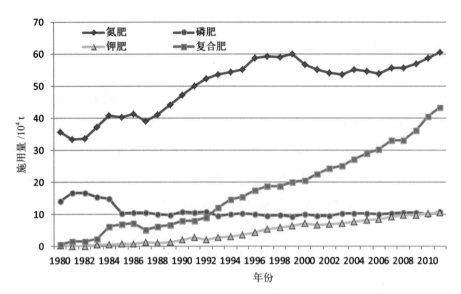

图28.8 1980—2011年辽东湾地区各类化肥施用量变化情况

辽东湾地区农药使用量同样保持了高速增长，加重了辽东湾的海域环境压力。如图28.9所示，2011年辽东湾地区农药使用量$5.66×10^4$t，且以年均5.16%的比率增长，高于全国年均增长水平（4.13%），平均单位面积使用农药15.95 kg/hm²，较1990年增长3倍。大量的农药化肥用于经济作物的生产，蔬菜瓜果的种植面积和增产幅度相比粮食作物更为迅猛，蔬菜产量由1978年的$533.1×10^4$t增加到2011年$2 504.8×10^4$t，增长了4.7倍。依赖高物质投入（化肥、农药）的现代种植业快速发展，使得化肥农药的使用量居高不下，通过河流等途径进入海洋，造成海域环境质量不断下降。

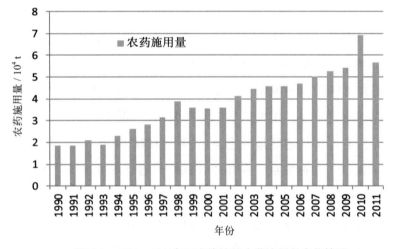

图28.9 1990—2011年辽东湾地区农药施用量变化情况

28.3.3 畜牧业规模还在扩张

辽宁省将大力发展畜牧业作为农业结构优化升级、增加农民收入的重要举措加以促进，自"九五"时期，辽宁省开始扶持畜牧业生产，"十五"加快畜牧业现代化进程，

"十一五"推进畜牧业增长方式转变，现已取得良好成果。畜牧业逐渐成为辽东湾地区现代农业的重要主导产业之一，发展呈现强劲势头（图28.10）。

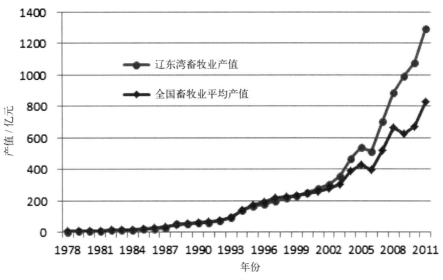

图28.10 1978—2011年辽东湾地区及全国畜牧业产值变化情况

辽东湾地区畜牧业生产远高于全国平均水平。在辽东湾地区农业结构中，畜牧业比重由1978年的13.7%增长到2011年的45.1%，远高于31.6%的全国平均水平。进入21世纪以来，辽东湾畜牧业增长速度持续加快，2011年辽东湾地区畜牧业产值达到1 294亿元，比全国畜牧业平均产值高55.7%。2011年，辽东湾地区牛、马、骡等大牲畜年末头数4.77×10^6头，肉猪存栏数1.31×10^7头，羊存栏数595.8×10^4只，肉类产量3.14×10^6t，奶类产量1.19×10^6t，禽蛋2.31×10^6t。由图28.11可见，辽东湾地区大牲畜头数、畜产品（除奶类）均高于全国平均水平，尤其禽蛋产量高出全国平均水平2.6倍，这也显现了肉鸡产业作为辽东湾地区家禽支柱产业的地位。

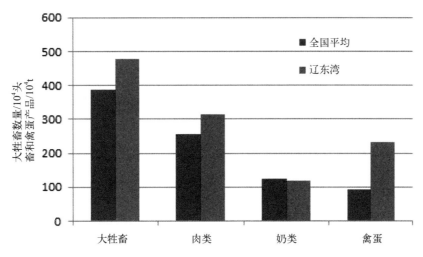

图28.11 2011年辽东湾地区与全国平均大牲畜头数及畜和禽蛋产品产量

辽东湾地区畜牧业的发展方式，对海洋环境的污染不减反增。辽东湾地区以建设和发展标准化畜牧小区和规模饲养户为畜牧业发展的重要方式，2011年辽东湾地区肉鸡养殖户已达13.2万户，标准化、规模化、产业化的发展模式促进了畜牧业的快速增长，但同时也带来了一系列环境问题。畜牧业专业化发展，使其与种植业彼此孤立开来，打破了以往畜—肥—粮的良性循环。规模饲养场畜禽排污集中、浓度大、规模大，不加以处理直接堆放在饲养场周围经过雨水冲刷进入水体，或者直接排入河流中，最终汇入海洋，增加了海洋环境压力。

对于2011年辽东湾地区畜牧业排放的污染物总量，采用排污系数法进行测算，结果见表28.2。依据《中国环境经济核算技术指南》，辽东湾地区畜牧业总氮和化学需氧量污染物的排放入河系数取0.2。辽东湾地区畜牧业养殖以猪、奶牛、肉牛、肉鸡为主，基于以上4种畜禽估算流域内畜牧业化学需氧量污染，计算过程中猪依照5个月出栏，肉鸡50d出栏，其他不出栏畜禽按1年计算，最终估算2011年辽东湾地区畜牧养殖化学需氧量总污染负荷值为531.23×10^4t，总氮排放量为39.45×10^4t。

表28.2　2011年辽东湾地区畜牧业化学需氧量与总氮污染物排放量　　　单位：10^4 t/a

污染物	猪	奶牛	肉牛	肉鸡	排放总量
化学需氧量	107.98	16.45	88.70	318.09	531.23
总氮	17.31	1.21	6.44	14.49	39.45

由表28.2中数据可见，辽东湾地区主要畜禽种类中化学需氧量排放量以肉鸡的贡献率最高，比猪、奶牛、肉牛的总和还多；总氮排放量以猪、肉鸡的贡献率最突出。由此看来，辽东湾地区主要污染物排放量与畜牧业的发展具有明显相关性，畜牧业规模进一步扩张，将势必带来更严重的环境问题。

28.4　辽东湾沿岸城市化及污染压力

城市化水平是衡量一个区域城市化发展程度的重要指标，也是反映一个区域经济社会发展的重要指标。城市化是指随着工业化水平的不断提高和第三产业的不断发展，人力资源由第一产业向第二、三产业配置，导致人口逐渐向城镇集中，受此影响，农村生活方式也逐渐城市化。衡量城市化水平高低的主要指标包括人口城镇化率（城镇人口占总人口的比重）和建设用地面积（指市行政区范围内经过征用的土地和实际建设发展起来的非农业生产建设地段）。

28.4.1　人口城镇化水平较高

辽宁省作为老工业基地，第二产业发展较早，工业化水平在全国一直排在前列。因此，辽宁的城镇化水平在国内各省、市、自治区中一直名列前茅，并大大高于全国平均水平，而辽东湾地区的城镇化水平又高于辽宁省整体水平。从图28.12和表28.3可以看出辽东湾地区的城镇化水平在不断提高：城镇总人口数由1978年的914万上升到2011年的2 424万，增加了1 500多万；城镇化率由1978年的35.71%上升到2011年的66.51%，增长了30多个百分点，增幅近1倍。从全国和辽东湾地区城镇人口比重来看，辽东湾地区的城镇人口比重远高于全国的平均水平大约15个百分点，说明该地区人口城市化水平相对较高。由此可知，随着辽东湾地区社会和经济的不断发展，农村向城镇不断演进，驱动了农村人口向城市的转移，第一产业就业人口逐步流入到第二产业和第三产业，该地区城镇化水平不断提高。

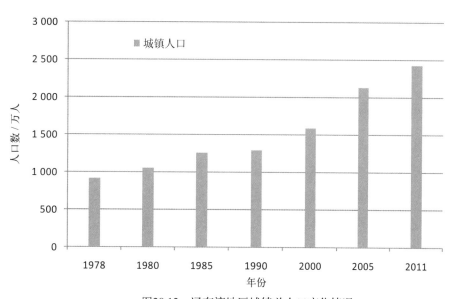

图28.12　辽东湾地区城镇总人口变化情况

表28.3　全国和辽东湾地区城镇人口比重比较（%）

项目	1980年	1985年	1990年	1995年	2000年	2005年	2011年
全国	19.39	23.71	26.41	29.04	36.22	42.99	51.27
辽东湾	35.71	40.51	43.16	46.72	49.92	60.22	66.51
二者之差	16.32	16.8	16.75	17.68	13.7	17.23	15.24

28.4.2　建成区面积不断扩大

衡量城市化进程的另一个重要指标就是该城市建成区面积的变化情况。建成区面积指市行政区范围内经过征用的土地和实际建设发展起来的非农业生产建设地段，它包括市区集中连片的部分以及分散在近郊区与城市有着密切联系，具有基本完善的市政公用设施的城市建设用地。如图28.13所示，从辽东湾地区1993年到2011年18年间数据来看其建成区面积稳步增长，2011年比1993年增长了近8成，增长了847 km²，相当于13年增加了2个2011年的沈阳市区面积。而13个地级市的建成区面积的变化以沈阳市和大连的扩张面积最大的，分别增加了1.6倍和2倍，其他城市都有不同程度的涨幅。

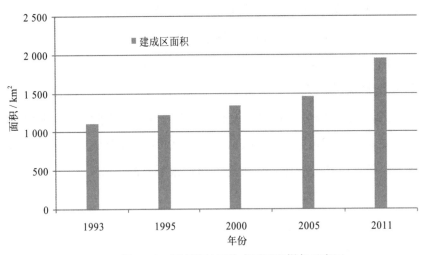

图28.13　辽东湾地区建成区面积增长示意图

28.4.3　城镇化加剧环境压力

由于城镇居民生活废水经管道排放，容易排入河道，入河系数高，污水处理规模和程度较低，导致城镇居民生活产生的废水入河量较大。随着城镇化率的大幅提高，城市规模将不断扩大，城市地表径流污染量也逐渐增加，城镇化将成为加剧渤海环境压力的重要因素。近30年，辽宁的城镇建成区面积和城镇人口数量分别增长了2.8和2.1倍，辽宁快速城镇化带动了生活废水排放量的稳步增长，并在短期内仍维持增长势头。"十二五"期间，辽东湾地区提出的城市化目标是70%，远远高于全国平均水平。以沈阳为核心的"五带十群"发展规划指出，至2015年城镇化率要达到80%以上，这些因素将使辽东湾地区城镇化在"十二五"进入加速发展期。随着辽东湾地区城市化进程加快，城市人口迅速增长导致生活污水排放量不断增加，对辽东湾水环境质量造成更多的影响。同时，在强大的经济发展驱动下，辽东湾地区未来的建设，尤其是沿海地区的建设力度不断加大，城市的扩张，各大工业园区、临海产业园区的建设如火如荼，陆域的建设和开发或多或少、或直接或间接都会与辽东湾的海洋环境发生着关系，可以说每增加1平方千米的建成区，辽东湾的海洋环境压力就增大一分。

29　辽东湾沿岸传统污染物压力特点研究

辽东湾海洋环境在过去20—30年的时间尺度内发生如此急剧的变化，沿海社会经济活动强度不断加大是其根本原因，根据国家海洋局监测资料统计，海上活动及临岸活动的污染贡献约20%，而陆域社会经济活动对海洋环境影响的贡献占80%，工业生产、农业生产和居民生活是陆源污染的三大来源。陆域经济活动产生的废水通过排污口、地表径流、河流排入海中，而通过河流入海的污染物量又占入海污染物总量的80%以上，其中携带大量的化学需氧量、氨氮、总磷、石油类、重金属等污染物。辽东湾主要入海河流径流量污染情况见表29.1，辽东湾周边各流域监测结果显示：辽宁省水域流入辽东湾的大小河流几乎没有一条河是清洁的,几近"无河不污"的程度,水面大多呈灰白、黑绿、褐等浑浊色,河流携带入海的污染物居高不下。辽河、双台子河、五里河、大凌河及小凌河等河流在主要城市河段的水质都处于劣IV类,几个主要流域入海口的海域水质也均为劣四类标准,氨氮比例失衡,石油类污染严重。此外,辽宁在辽东湾海区有各类型陆源排污口34个,化学需氧量年入海量为4.9×10^4 t,氨氮年入海量0.3×10^4 t,总磷年入海量1.1×10^4 t。可以认为辽东湾已成为周边陆域废水的最终排放场,虽然辽东湾环境具有一定的容纳和稀释入海污染物的能力,但这种自净能力有限,在周边社会经济快速发展,产生的大量污染物不断涌入辽东湾的状态下,海洋环境不足以容纳和净化这些陆域污染,就会导致海洋生态环境的失衡,甚至会导致严重的地区生态环境灾害。

表29.1　辽东湾地区主要入海河流污染情况

河流	流经地区	污染主要来源	污染情况
辽河	铁岭、沈阳和盘锦	工业废水、生活污水	劣IV类水质
大辽河	本溪、辽阳、鞍山、抚顺、沈阳、营口	生产、生活污水	劣IV类水质
大凌河	朝阳和锦州的义县、凌海	生产、生活污水	劣IV类水质
小凌河	朝阳、葫芦岛、锦州	工业废水和生活污水	劣IV类水质
五里河	葫芦岛	工业废水和生活污水	劣IV类水质

29.1　辽东湾沿岸氮污染压力分析

29.1.1　辽东湾沿岸氮污染总量及构成

辽宁省全省总氮污染物产生量约18.8×10^4 t(表29.2),其中入渤海流域范围内总氮污染物产生量约18.26×10^4 t,占全省97.2%。总氮污染物主要集中在大辽河流域、辽河流域及大凌河流域。大辽河流域总氮产生量最大约8.55×10^4 t,占全省总量的45.5%;辽河流域总氮产生量约4.18×10^4 t,约占全省总量的22.2%;大凌河流域总氮产生量约2.70×10^4 t,约占全省总量的14.3%。辽东湾顶部对应流域范围(包括大辽河、辽河、大凌河、小凌河、大清河)的总氮污染物产生量占全省的87.8%。

表29.2　辽东湾沿岸流域总氮污染物产生量

单元	总氮/t	占全省比重/%
大辽河流域	85 534	45.5
辽河流域	41 788	22.2
大凌河流域	26 968	14.3
小凌河流域	6 813	3.6
大连市近岸区	5 644	3.0

单元	总氮/t	占全省比重/%
葫芦岛兴城近岸区	4 916	2.6
大清河流域	3 931	2.1
复州河流域	2 127	1.1
瓦房店盖州近岸区	1 927	1.0
六股河流域	1 880	1.0
绥中南部近岸区	1 092	0.6

辽东湾沿岸流域总氮污染物主要产生于工业、农业及城镇社会经济活动,具体见图29.1与表29.3,其中工业占18.5%,农业占41.1%,城镇占40.4%。各流域单元总氮污染源构成差异较大。大辽河流域总氮污染物主要来自城镇和工业,其中城镇占48.2%,工业占32.4%,是工业污染源比重最高的区域。辽河流域、大凌河流域及瓦房店盖州近岸区总氮污染物主要来自农业和城镇,农业所占比重超过60%,辽河流域农业占68.4%,城镇占24.7%,大凌河流域农业占63.4%,城镇占34.1%。小凌河流域、大清河流域、复州河流域总氮污染物也主要来自农业和城镇,农业与城镇所占比重相近,均超过40%。六股河流域和绥中南部近岸区总氮污染物都主要来自农业。葫芦岛兴城近岸区总氮污染物主要来自城镇和农业,城镇所占比重超过60%。大连近岸区总氮污染物主要来自城镇,超过50%,但工业污染源所占比重也很大超过25%。

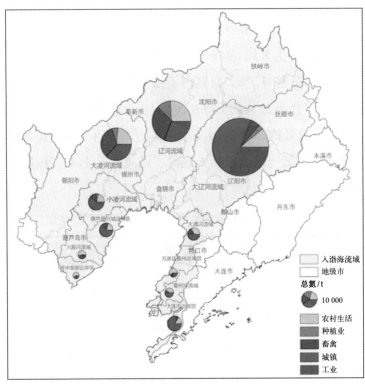

图29.1 辽东湾沿岸流域总氮污染物总量及构成图

表29.3 辽东湾沿岸流域总氮污染物构成（%）

单元	城镇	工业	农业	农村生活	种植业	畜禽
大连市近岸区	51.6	25.6	22.8	66.7	8.8	24.5
复州河流域	46.5	4.4	49.1	80.2	12.8	7.0
瓦房店盖州近岸区	30.2	2.0	67.8	83.2	7.8	9.0
大清河流域	44.0	7.6	48.4	63.5	9.8	26.7
大辽河流域	48.2	32.4	19.4	54.5	14.9	30.6
辽河流域	24.7	6.9	68.4	37.9	17.2	44.9
大凌河流域	34.1	2.5	63.4	36.7	10.5	52.8
小凌河流域	48.6	10.4	41.0	48.9	13.1	38.0
葫芦岛兴城近岸区	62.8	0.5	36.7	52.6	10.0	37.4
六股河流域	6.7	0.0	93.3	57.5	9.9	32.6
绥中南部近岸区	22.4	0.5	77.1	74.1	21.3	4.6

29.1.2 辽东湾沿岸氮污染空间分布特征分析

辽东湾沿岸氮污染空间分布总体上呈现围绕主要城镇及沿岸分布的特征，见图29.2，即单位面积总氮产生量大的高密度区域主要集中在主要城镇，并向外具有一定扩散特征，沿岸氮污染密度相对内陆较高。大辽河流域氮污染高密度区域主要位于沈阳市、鞍山市、本溪市、抚顺市、营口市，且围绕沈阳市周边地区密度相对较高，沿岸的营口市及其周边地区也相对较高。辽河流域氮污染高密度区域主要位于盘锦市、调兵山市、铁岭市，位于沈阳周边的辽中县以及沿岸的盘山县和大洼县氮污染密度也相对较高。大凌河流域氮污染高密度区域主要位于阜新市，义县及朝阳市氮污染密度相对较高。小凌河流域氮污染高密度区域主要位于锦州市及其周

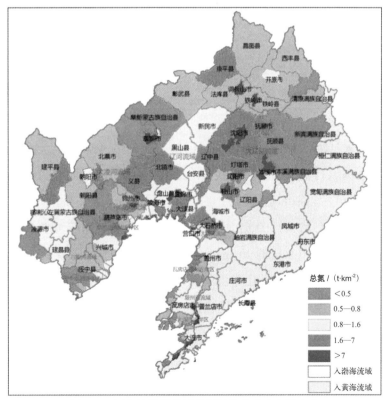

图29.2 辽东湾沿岸流域总氮污染物密度空间分布

边区域，沿岸区域氮污染密度相对较高。大连近岸区及葫芦岛兴城近岸区沿岸的市区氮污染密度高，其周边区域氮污染密度也相对较高。六股河流域及绥中南部近岸区只有沿岸区域氮污染密度相对较高。

29.1.3 辽东湾沿岸氮污染重点控制区域及方向选择

如图29.3所示，辽东湾沿岸氮污染压力（单位岸线长度承载的总氮污染物总量）主要位于辽东湾顶部，对应的大辽河流域、辽河流域、大凌河流域是氮污染重点控制流域。

图29.3 辽东湾沿岸流域总氮污染压力图

大辽河流域涉及的行政区包括：沈阳市（沈阳市、新民市）、抚顺市（抚顺市、抚顺县、清原满族自治县、新宾满族自治县）、辽阳市（辽阳市、辽中县、灯塔市）、鞍山市（鞍山市、海城市）、盘锦市（大洼县）、营口市（营口市、大石桥市）、铁岭市（铁岭县）、本溪市（本溪市、本溪满族自治县）。大辽河流域总氮污染物主要来自城镇和工业。大辽河流域内城镇人口主要集中在沈阳市、抚顺市、辽阳市、鞍山市、本溪市及营口市。大辽河流域工业产值及废水排放主要在沈阳市、鞍山市、本溪市、抚顺市、营口市。

辽河流域涉及的行政区包括：沈阳市（新民市、法库县、康平县）、辽阳市（辽中县）、鞍山市（鞍山市、台安县）、盘锦市（盘锦市、盘山县、大洼县）、锦州市（锦州市、北镇市、黑山县）、阜新市（阜新市、阜新蒙古族自治县、彰武县）、铁岭市（铁岭市、铁岭县、调兵山市、开原市、昌图县、西丰县）、朝阳市（建平县）。辽河流域总氮污染物主要来自农业和城镇。辽河流域城镇人口主要集中在盘锦市、调兵山市、铁岭市，位于沈阳周边的辽中县以及沿岸的盘山县和大洼县城镇人口密度也相对较高。辽河流域农业污染主要来自畜禽养殖及农村生活，牧业产值高密度区主要位于辽河两岸的县市及近岸区域，盘锦市、大洼县、盘山县、台安县、黑山县、法库县、昌图县，位于辽河两侧区域牧业产值密度也相对较高。农村人口高密度区主要位于台安县、海城市，北镇市、昌图县农村人口密度也相对较高。

大凌河流域涉及的行政区包括：锦州市（锦州市、凌海市、义县）、朝阳市（朝阳市、朝阳县、北票市、建平县、凌源市、喀喇沁左翼蒙古族自治县）、葫芦岛市（建昌县）、盘锦市（盘山县）、阜新市（阜新市、阜新蒙古族自治县）。大凌河流域总氮污染物主要来自农业和城镇，其中农业污染主要来自畜禽养殖及农村生活。牧业产值高密度区主要位于凌海市、朝阳市、阜新市，农村人口分布高密度区域主要位于朝阳市。

29.2　辽东湾沿岸磷污染压力分析

29.2.1　辽东湾沿岸磷污染总量及构成

辽宁省全省总磷污染物产生量约30 478 t，其中入渤海流域范围内总磷污染物产生量约25 246 t，占全省82.8%。总磷污染物主要集中在大辽河流域、辽河流域及大凌河流域。大辽河流域总磷产生量最大约9 096 t，占全省总量的29.8%；辽河流域总磷产生量约6 898 t，约占全省总量的22.6%；大凌河流域总磷产生量约4 538 t，约占全省总量的14.9%。辽东湾顶部对应流域范围（包括大辽河、辽河、大凌河、小凌河、大清河）的总磷污染物产生量占全省总量的74.8%，具体数据见表29.4。

表29.4　辽东湾沿岸流域总磷污染物产生量

单元	总磷/t	占全省比重/%
大辽河流域	9 096	29.8
辽河流域	6 898	22.6
大凌河流域	4 538	14.9
小凌河流域	1 512	5.0
大清河流域	763	2.5
葫芦岛兴城近岸区	678	2.2
大连市近岸区	608	2.0
瓦房店盖州近岸区	405	1.3
复州河流域	276	0.9
六股河流域	274	0.9
绥中南部近岸区	199	0.7

辽东湾沿岸流域总磷污染物主要产生于农业及城镇社会经济活动（图29.4），农业占78.9%，城镇占21.1%。总体上磷污染物主要来自农业，各流域单元总磷污染源构成差异较

大。大辽河流域、大连市近岸区及葫芦岛兴城近岸区城镇污染源比重较高，约占1/3，复州河流域约占1/4。其他流域城镇污染源比重均小于17%。农业污染源中，磷污染物均主要来自畜禽养殖活动。

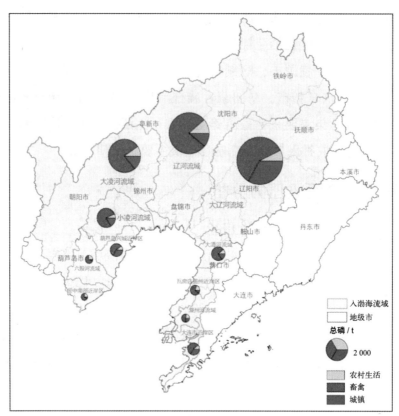

图29.4　辽东湾沿岸流域总磷污染物总量及构成图

表29.5　辽东湾沿岸流域总磷污染物构成（%）

单元	城镇	农业	农村生活	畜禽
大连市近岸区	33.7	66.3	15.0	85.0
复州河流域	25.2	74.8	28.6	71.4
瓦房店盖州近岸区	9.9	90.1	20.8	79.2
大清河流域	15.7	84.3	13.0	87.0
大辽河流域	33.2	66.8	10.9	89.1
辽河流域	10.7	89.3	12.6	87.4
大凌河流域	14.2	85.8	11.3	88.7
小凌河流域	16.1	83.9	7.8	92.2
葫芦岛兴城近岸区	33.1	66.9	15.2	84.8
六股河流域	3.4	96.6	27.8	72.2
绥中南部近岸区	8.9	91.1	25.0	75.0

29.2.2　辽东湾沿岸磷污染空间分布特征分析

辽东湾沿岸磷污染空间分布总体上呈现围绕主要城镇、辽河平原中部及沿岸分布的特征，即单位面积总磷产生量大的高密度区域主要集中在主要城镇、辽河平原中部，沿岸磷污染密度相对内陆较高。如表29.5所示，大辽河流域磷污染高密度区域主要位于沈阳市、鞍山市、海城市、抚顺市、营口市，且围绕沈阳市周边地区密度相对较高，沿岸的营口市及其周边地区也相对较高，海城市及周边区域高密度特征明显。辽河流域磷污染高密度区域主要位于盘锦市、盘山县、铁岭市，位于辽河平原中部的新民市、辽中县、黑山县、北镇市、台安县磷污染密度也相对较高。大凌河流域磷污染高密度区域主要位于朝阳市，沿岸的凌海市磷污染密度相对较高。小凌河流域磷污染高密度区域主要位于锦州市。大连近岸区及葫芦岛兴城近岸区沿岸的市区磷污染密度高，其周边区域磷污染密度也相对较高。六股河流域及绥中南部近岸区只有沿岸区域磷污染密度相对较高。

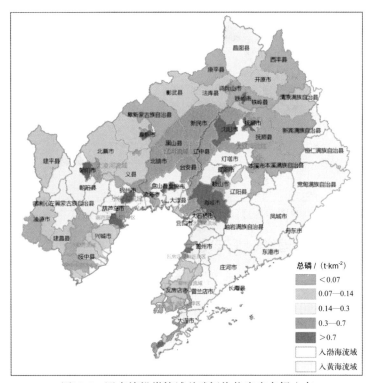

图29.5　辽东湾沿岸流域总磷污染物密度空间分布

29.2.3　辽东湾沿岸磷污染重点控制区域及方向选择

磷污染压力主要位于辽东湾顶部，对应的大辽河流域、辽河流域、大凌河流域是磷污染重点控制流域（图29.5）。

大辽河流域总磷污染物主要来自农业和城镇，其中农业磷污染主要来自畜禽养殖。大辽河流域内城镇人口主要集中在沈阳市、抚顺市、辽阳市、鞍山市、本溪市及营口市。大辽河流域牧业产值高密度区域主要位于靠近辽河的辽中县及近岸的营口市、大石桥市，沈阳市、灯塔市、海城市密度相对较高。辽河流域总磷污染物主要来自农业中的畜禽养殖。辽河流域牧业产值高密度区域主要位于辽河两岸的县市及近岸区域，盘锦市、大洼县、盘山县、台安县、黑山县、法库县、昌图县，位于辽河两侧区域牧业产值密度也相对较高。大凌河流域总磷污染物主要来自农业中的畜禽养殖，牧业产值高密度区主要位于凌海市、朝阳市、阜新市（图29.6）。

图29.6　辽东湾沿岸流域总磷污染压力图

29.3　辽东湾沿岸化学需氧量污染压力分析

29.3.1　辽东湾沿岸化学需氧量污染总量及构成

辽宁省全省化学需氧量污染物产生量约2.52×10^6t，其中入渤海流域范围内化学需氧量污染物产生量约2.15×10^6t，占全省85.3%。化学需氧量污染物主要集中在大辽河流域、辽河流域及大凌河流域。大辽河流域化学需氧量产生量最大约101.30×10^4t，占全省总量的40.2%；辽河流域化学需氧量产生量约58.53×10^4t，约占全省总量的23.2%；大凌河流域化学需氧量产生量约25.61×10^4t，约占全省总量的10.2%。辽东湾顶部对应流域范围（包括大辽河、辽河、大凌河、小凌河、大清河）的化学需氧量污染物产生量占全省总量的79.5%，具体数据见表29.6。

表29.6　辽东湾沿岸流域化学需氧量污染物产生量

单元	化学需氧量/10^4t	占全省比重/%
大辽河流域	101.30	40.2
辽河流域	58.53	23.2
大凌河流域	25.61	10.2

单元	化学需氧量/10^4 t	占全省比重/%
小凌河流域	9.73	3.9
大清河流域	5.45	2.2
大连市近岸区	5.26	2.1
葫芦岛兴城近岸区	3.90	1.5
瓦房店盖州近岸区	1.83	0.7
复州河流域	1.56	0.6
六股河流域	1.12	0.4
绥中南部近岸区	0.97	0.4

　　辽东湾沿岸流域化学需氧量污染物主要产生于工业、农业及城镇社会经济活动（图29.7，表29.7），其中工业占55.8%，农业占25.8%，城镇占18.4%。各流域单元化学需氧量污染源构成差异较大。大辽河、辽河、大清河及小凌河流域工业污染源比重均超过55%，其中大辽河流域工业源比重最大64.4%。辽河流域城镇污染源比重较小仅占9.5%，农业污染源比重约占1/3；大清河、小凌河流域城镇污染源比重都约占18%，农业污染源分别占23.5%和26.1%。大凌河流域和瓦房店盖州近岸区农业污染源比重相对较高，工业污染源略高于城镇污染源。复州河流域以农业和城镇污染源为主，农业占55.8%，城镇占33.5%。大连近岸区及葫芦岛兴城近岸区均工业、农业及城镇污染源所占比重接近，大连近岸区工业源所占比重略高，葫芦岛兴城近岸区城镇源略高。六股河流域及绥中南部近岸区农业源所占比重突出。

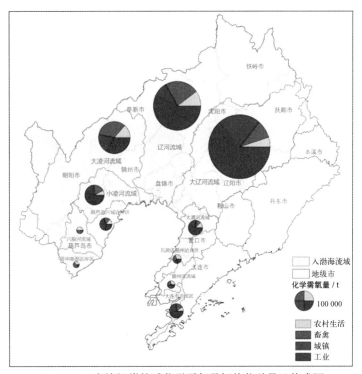

图29.7　辽东湾沿岸流域化学需氧量污染物总量及构成图

表29.7　辽东湾沿岸流域化学需氧量污染物构成（%）

单元	城镇	工业	农业	农村生活	畜禽
大连市近岸区	29.4	45.4	25.2	34.4	65.6
复州河流域	33.5	10.7	55.8	50.9	49.1
瓦房店盖州近岸区	17.6	23.5	58.9	54.7	45.3
大清河流域	17.6	58.9	23.5	52.0	48.0
大辽河流域	21.8	64.4	13.8	34.5	65.5
辽河流域	9.5	57.3	33.2	30.1	69.9
大凌河流域	19.7	33.6	46.7	28.7	71.3
小凌河流域	18.0	55.9	26.1	29.1	70.9
葫芦岛兴城近岸区	43.1	26.7	30.2	43.9	56.1
六股河流域	6.2	0.0	93.8	52.6	47.4
绥中南部近岸区	13.8	1.9	84.3	41.8	58.2

29.3.2　辽东湾沿岸化学需氧量污染空间分布特征分析

辽东湾沿岸化学需氧量污染空间分布总体上呈现围绕主要城镇及沿岸分布的特征，即单位面积化学需氧量产生量大的高密度区域主要集中在主要城镇，并向外具有一定扩散特征，沿岸化学需氧量污染密度相对内陆较高。大辽河流域化学需氧量污染高密度区域主要位于沈阳市、鞍山市、本溪市、抚顺市、辽阳市、辽中县、营口市，且围绕沈阳市周边地区密度相对较高，沿岸的营口市及其周边地区也相对较高。辽河流域化学需氧量污染高密度区域主要位于盘锦市、法库县，位于沈阳周边的辽中县以及沿岸的盘山县和大洼县化学需氧量污染密度也相对较高。大凌河流域化学需氧量污染高密度区域主要位于阜新市、朝阳市、凌海市。小凌河流域化学需氧量污染高密度区域主要位于锦州市及其周边区域。大连近岸区市区及周边区域的化学需氧量污染密度

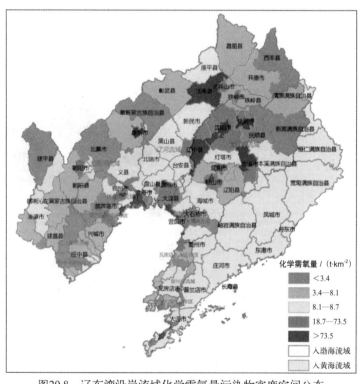

图29.8　辽东湾沿岸流域化学需氧量污染物密度空间分布

高。葫芦岛兴城近岸区及绥中南部近岸区的化学需氧量污染密度也相对较高，如图29.8所示。

29.3.3　辽东湾沿岸化学需氧量污染重点控制区域及方向选择

化学需氧量污染压力主要位于辽东湾顶部，对应的大辽河流域、辽河流域、大凌河流域是化学需氧量污染重点控制流域，如图29.9所示。

大辽河流域化学需氧量污染物主要来自工业和城镇。大辽河流域工业生产主要在沈阳市、鞍山市、本溪市、抚顺市、营口市。大辽河流域内城镇人口主要集中在沈阳市、抚顺市、辽阳市、鞍山市、本溪市及营口市。辽河流域化学需氧量污染物主要来自工业和农业。辽河流域工业活动主要集中在盘锦市、调兵山市、铁岭市，位于沈阳周边的辽中县以及沿岸的盘山县和大洼县工业增加值密度也相对较高。辽河流域牧业产值高密度区域主要位于辽河两岸的县市及近岸区域，盘锦市、大洼县、盘山县、台安县、黑山县、法库县、昌图县，位于辽河两侧区域牧业产值密度也相对较高。大凌河流域化学需氧量污染物主要来自农业中的畜禽养殖及工业，工业增加值及牧业产值高密度区都主要位于凌海市、朝阳市、阜新市。

图29.9　辽东湾沿岸流域化学需氧量污染压力图

30　辽东湾沿岸工业污染调控研究

30.1　辽东湾沿岸工业经济的基本特点

辽东湾地区工业基础雄厚，金属冶炼、矿石开采、石油化工、装备制造及食品加工等工业门类齐全。2011年辽东湾地区工业增加值高达8 448.98亿元，约占该地区国内生产总值的48.79%。辽东湾地区工业快速增长的良好势头一直从改革开放以来持续至今。然而，工业生产在带来经济效益，改善人民生活质量，提高人民生活水平的同时，也带了较为严重的污染问题。工业生产过程中会产生大量的含有各种污染物的工业废水。这些废水会对河流、地下水和海洋环境带来不同程度的污染。一般来说，工业生产规模越大，技术含量越低，其所产生的废水量就越大，造成的污染就越重。辽东湾地区快速的工业发展是造成辽东湾海域水质质量下降和环境质量变差的重要原因。因此，分析辽东湾地区工业发展状况对于了解辽东湾海域海洋环境变化尤为重要。

30.1.1 总体规模迅速增长

改革开放以来，辽东湾地区工业一直保持着快速增长的良好势头。2011年的辽东湾地区工业增加值达8 448.98亿元，是1978年的65倍，是1990年的21倍，是2000年的5倍。30多年来辽东湾地区工业年平均增长率为12.25%，表现出强劲的发展势头，特别是近五年，在国家制定的东北地区等老工业基地振兴战略的作用下，辽东湾地区工业增长速度有了明显提高，年均增长率达到20.36%。1978—2011年辽东湾地区工业增加值如图30.1所示。

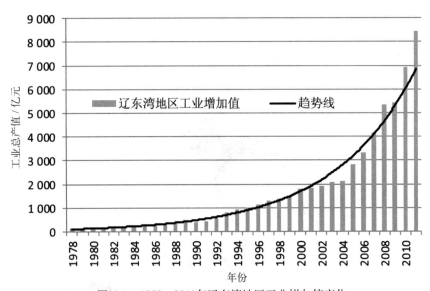

图30.1　1978—2011年辽东湾地区工业增加值变化

表30.1中所示的辽东湾地区和全国各时期工业总产值经济密度比较可以反映出辽东湾地区工业发展的强度。辽东湾地区1980年的工业总产值经济密度为30.66万元/km²，1990年增长到90.16万元/km²，2011年达到2 954.91万元/km²，远远高于全国876.10万元/km²的平均水平。相比于全国的工业总产值密度而言，辽东湾地区具有绝对优势，2011年的工业总产值密度为全国的3.37倍，反映出辽东湾地区工业发展的相对水平和集聚的程度。工业高速发展的同时，伴随着高污染物排放，各种工业废水随工业经济发展而产生并排放到周边区域，有相当部分最终汇集到辽东湾海域，造成辽东湾环境质量的下降。

表30.1　辽东湾地区和全国各时期工业总产值经济密度比较

年份	工业总产值/亿元		工业总产值经济密度		
	辽东湾	全国	辽东湾/（万元·km⁻²）	全国/（万元·km⁻²）	辽东湾:全国/倍
1980	365.83	5154.26	30.66	5.34	5.74
1985	589.87	9 716.47	49.44	10.06	4.91
1990	1 075.56	23 924.36	90.16	24.77	3.64
1995	2 243.45	82 301.72	188.05	85.20	2.21
2000	3 419.60	85 766.99	286.64	88.79	3.23
2005	8 887.50	251 535.32	744.97	260.39	2.86
2010	30 288.04	698 591.00	2 538.81	723.28	3.51
2011	35 252.11	846 189.22	2 954.91	876.10	3.37

辽东湾地区用仅占全国国土面积1.24%的地域创造了占全国4.17%的工业总产值,工业生产强度高,物质能量投入大,伴随工业生产过程会产生大量废水排放。一般而言,伴随着生产力水平的不断进步和科学的不断发展,平均每万元工业总产值所排放的废水量应该呈现逐渐下降的趋势。因此,辽东湾地区工业废水排放量自1987年达到最高值以后,之后整体呈现逐年下降的趋势,2011年辽东湾地区的工业废水排放量为6.48×10^8 t。

新中国成立以来,辽宁省一直是我国的工业强省,工业在辽宁省经济中始终占有重要地位,工业增加值始终占到辽宁省国内生产总值的一半左右。辽宁省在经济发展过程中一直高度重视工业污染的治理问题,并取得了较好的成效。辽东湾的工业废水排放治理情况大体同辽宁省相同,如图30.2所示。辽东湾地区的废水排放达标率,由1981年的30%一直提高到2005年的95.09%,2011年为91.14%。由于工业废水排放得到了较为良好的治理,辽东湾地区直接排放入海的工业废水量连年减少。从能得到的统计数据上来看,辽东湾地区直接排放入海的工业废水量由2003年的3.03×10^8 t,递减到2011年的2.54×10^8 t。

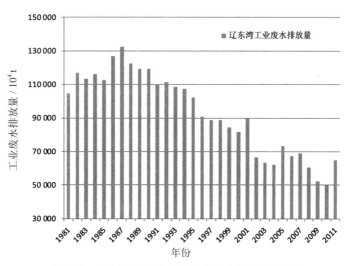

图30.2　辽东湾地区各年份工业废水排放量示意图

辽东湾地区排放的大部分工业废水随着城市污水排放管道、河流、排污口的输送，最终归属地是辽东湾海域。随着辽宁沿海经济带、东北振兴"十二五"等区域发展规划的实施，现阶段辽东湾地区正成为全国未来经济发展的热点区域，新一轮的产业调整与布局正在进行，随着未来辽东湾地区工业进一步发展，其工业废水排放量可能会有所增加，辽东湾海域环境的压力将会进一步加大。

30.1.2 重化工业突出的产业结构

辽东湾地区的工业基础雄厚，工业规模庞大，门类齐全，工业基础坚实，是我国石油、钢铁、化工、重型机械、造船、煤炭等产业的重要生产基地。依据2012年国家统计年鉴中对工业行业的分类标准，计算得出辽东湾地区工业中排名前10的工业行业产值及在地区工业产值中的比重，如表30.2所示。辽东湾地区工业总产值所占比重由大到小排在前15位的行业是黑色金属冶炼及压延加工业、通用设备制造业、石油加工炼焦及核燃料加工业、农副食品加工业、交通运输设备制造业、非金属矿物制品业、化学原料及化学制品制造业、电气机械及器材制造业、专用设备制造业、电力及热力的生产和供应业、金属制品业、橡胶塑料制品业、黑色金属矿采选业和有色金属冶炼及压延加工业通信设备及电子设备制造业，这15个行业的总产值占到辽东湾地区工业总产值的84.90%。

表30.2 辽东湾地区各工业行业产值及在地区工业产值中的比重

工业行业	排名	产值/万元	占工业总产值比重/%	工业行业	排名	产值/万元	占工业总产值比重/%
黑色金属冶炼及压延加工业	1	4 015.5	11.40	食品制造业	19	461.6	1.31
通用设备制造业	2	3 439.5	9.76	医药制造业	20	452	1.28
石油加工、炼焦及燃料加工业	3	3 080.1	8.74	纺织服装、鞋、帽制造业	21	404	1.15
农副食品加工业	4	2 767.6	7.86	饮料制造业	22	381.2	1.08
交通运输设备制造业	5	2 538.2	7.21	纺织业	23	317.4	0.90
非金属矿物制品业	6	2 481.6	7.04	造纸及纸制品业	24	283.5	0.80
化学原料及化学制品制造业	7	2 004.4	5.69	非金属矿采选业	25	281.6	0.80
电气机械及器材制造业	8	1 565.7	4.44	家具制造业	26	210	0.60
专用设备制造业	9	1 526	4.33	有色金属矿采选业	27	187.1	0.53

续表

工业行业	排名	产值/万元	占工业总产值比重/%	工业行业	排名	产值/万元	占工业总产值比重/%
电力、热力的生产和供应业	10	1 383.6	3.93	仪器仪表及办公机械制造业	28	147.4	0.42
金属制品业	11	1 241.5	3.52	工艺品及其他制造业	29	127.6	0.36
橡胶制品业(含塑料制品业)	12	1 153.2	3.27	皮革、毛皮、羽毛及其制品业	30	125.5	0.36
黑色金属矿采选业	13	1 088.4	3.09	印刷业和记录媒介的复制	31	100.7	0.29
有色金属冶炼及压延加工业	14	1 028.5	2.92	烟草制品业	32	54.1	0.15
通信设备及电子设备制造业	15	596.1	1.69	水的生产和供应业	33	42.9	0.12
煤炭开采和洗选业	16	498	1.41	燃气生产和供应业	34	38.8	0.11
木材及竹、藤、棕、草制品业	17	472.2	1.34	化学纤维制造业	35	18.2	0.05
石油和天然气开采业	18	467.7	1.33				

从增长趋势上来看，在辽东湾地区39个工业行业大类中，38个行业增加值保持增长，21个行业增加值增速超过辽宁省全省的平均水平。全年装备制造业增加值比上年增长18.9%，主营业务收入增长30.2%，占规模以上工业增加值的比重为31.8%，其中，通用设备制造业增加值增长21.6%，专用设备制造业增加值增长18%，交通运输设备制造业增加值增长14.6%，电气机械及器材制造业增加值增长13.3%，通信设备、计算机及其他电子设备制造业增加值增长15.7%，金属制品业增加值增长23.4%，仪器、仪表及文化、办公用机械制造业增加值增长20.9%。农产品加工业增加值比上年增长17.3%，占规模以上工业增加值的比重为19.3%，其中，农副食品加工业增加值增长14.2%，烟草制品业增加值增长8.5%，饮料制造业增加值增长18.6%。冶金工业增加值比上年增长10.8%，占规模以上工业增加值的比重为17.6%。石化工业增加值比上年增长8.1%，占规模以上工业增加值的比重为18%。

结合上述对辽东湾地区各工业行业产值的分析，可以确定辽东湾地区主要的支柱产业是黑色金属冶炼及压延加工业、通用设备制造业、石油加工炼焦及核燃料加工业、农副食品加工业、交通运输设备制造业、非金属矿物制品业、专用设备制造业、橡胶塑料制品业和黑色金属矿采选业等9个产业。在辽东湾地区工业构成中重化工业占较大比例的特征十分明显。重化工业在辽东湾地区经济发展过程中扮演了重要角色，重化工业不但是过去近35年来辽东湾地区工业经济发展的重要组成部分，在未来一段时期内还将会是辽东湾地区重点培育和发展的优势工业行业。

30.1.3 工业结构调整趋势不利于环境改善

30.1.3.1 重化工业向沿海集聚，污染排放强度增大

辽东湾地区从新中国成立初期开始即以重化工业为经济结构的主体。重化工业所占比重由1952年的57.8%，上升到现在的80%以上，呈现结构刚性特征。从2003年东北老工业基地振兴战略实施以来，重化工业投资力度持续加大，重化工业所占比重各年均在80%以上，比全国平均水平高20个百分点以上。目前东北振兴"十二五"规划和辽宁沿海经济带的建设已提升为国家战略，辽东湾沿岸地区是需要开发的重点区域。同时，从东北振兴"十二五"、辽宁沿海经济带、辽宁"十二五"等区域规划来看，石化、钢铁、装备制造业等重化工业仍然是辽东湾地区未来规划的重点方向，辽东湾地区重要发展规划见表30.3。辽东湾地区工业结构呈现重型化发展趋势，且重化工业将进一步在辽东湾沿岸聚集，甚至延伸到辽东湾海洋之中进行人工填海造地作为开发对象，高污染高强度的重化工业布局将加大辽东湾地区工业污染的治理难度。辽东湾地区已经凸显出其经济迅猛发展的趋势，未来一段时间该地区将成为经济发展的热点区域，开发力度和强度都会随之加大，辽东湾海域在为未来经济发展提供港口航运、发展空间的同时，也成为环境影响的重点区域，其海洋环境在这种高开发强度背景下必将承受更大的压力，由于水交换能力弱，面临的环境问题会愈加严峻。

表30.3 辽东湾地区重要发展规划资料整理

规划	时间	规划期	规划产业
辽宁沿海经济带	2009年	2009—2020年	长兴岛临港工业区：船舶制造及配套产业、大型装备制造业、能源产业和化工产业 营口沿海产业基地：化工、冶金、重装备等 锦州湾沿海经济区：石油化工和金属冶炼等
东北振兴"十二五"规划	2012年	2011—2015年	盘锦市：稳定油气采掘业，依托港口优势提升石化及精细化工、石油装备制造产业 抚顺市：推进精细化工产业发展，先进装备制造业基地和原材料基地 沈阳市：先进装备制造业基地 大连市：大型石化产业基地、先进装备制造业基地 抚顺市：大型石化产业基地 葫芦岛：船舶和海洋工程产业基地 辽阳市：大型石化产业基地 辽西北地区：新型煤化工产业基地

续表

规划	时间	规划期	规划产业
辽宁省"十二五"规划	2010年	2011—2015年	沈阳：建设国家中心城市、先进装备制造业基地 大连：装备制造、石化、造船千亿级产业集群和世界级产业基地 鞍山：世界级精特钢和钢铁深加工基地、世界级菱镁新材料产业基地 抚顺：煤矿安全装备、工程机械装备、石化及输变电装备、新型汽车配套装备四大产业集群 本溪：培育发展生物医药、钢铁深加工产业集群 锦州：建设锦州港，光伏、石化轻纺"双千亿"产业基地 营口：钢铁、镁产品、石化、电机等"四大千亿"产业集群 阜新：煤制天然气等重大项目，推进液压、皮革等六大产业集群 辽阳：芳烃和精细化工、工业铝材、高压共轨、日用化工、钢铁精深加工、装备制造6个工业产业集群 盘锦：石油化工、石油装备、海洋工程、高新技术4个产业园和大洼临港工业区 朝阳：冶金、装备制造、农产品加工、新能源电器等
沈阳经济区"十二五"发展总体规划	2010年	2011—2015年	沈阳：机床、电气、汽车零部件、光电信息、农产品深加工、生物制药、航空制造业等先进装备制造业 鞍山：加速以钢铁为主的产业集群建设 抚顺：重点发展先进装备制造产业，石化产品深加工、精细化工和新材料产业，打造先进制造、新材料及精细化工产业集群 本溪：做大做强冶金支柱产业，大力发展生物医药、钢铁深加工制品 营口：大力发展临港经济，重点发展石化精深加工、船舶制造和精品钢材产业 阜新：重点发展煤基化工、风力发电、液压和铸造为重点的装备制造配套产业、氟化工，做大林产品、皮革深加工 辽阳：大力发展化工化纤塑料业、钢铁和有色金属加工业、装备制造及配套业、农副产品深加工和矿产建材业 铁岭：发展农副产品深加工业、装备制造产业、培育壮大化工医药、新型建材、食品加工和高新技术产业

30.1.3.2　高新技术产业污染治理难度大，相关技术不成熟

辽东湾地区把高新技术产业作为未来发展规划中招商引资的重点，将不断加大科研投入，鼓励科研成果向产品转化，引导高新技术产业成为未来拉动经济增长的重要力量。与传统产业相比，高新技术产业的污染扩散快、类型多，污染物回收难，隐蔽性强、潜伏时间长，治理起来在技术、资金上难度极大。所以，虽然高新技术产业污染物排放量相对于传统产业少，但是它所产生的污染物种类更多、组合类型更复杂，而相关的污染处理能力则相对滞后。基于丰富的石油资源与雄厚的工业基础，辽东湾地区着重发展精细石油化工、新材料、电子产品、装备制造业、生物制药业等高新技术产业，这些产业并不比传统产业清洁，污染物处理不当反而会带来严重的重金属、生化污染，对生态环境的危害十分严重。

30.2 辽东湾工业污染压力研究

30.2.1 辽东湾沿岸工业污染的特征

改革开放以来，辽东湾地区工业发展十分迅速，目前的工业产品产量水平同改革开放初期相比已经有了数十倍甚至上百倍的提升。如此庞大的产出，必然要消耗大量的物质资源，同时也必然产生包括废水在内的大量污染物。总体上来看，辽东湾沿岸工业污染呈现出以下特征。

（1）工业的快速增长严重影响了渤海海洋环境

改革开放以前，辽东湾地区工业产品产量较低，废水排放总量较小，粗放的工业生产排放的工业废水成分相对简单，而且渤海本身具备一定的自净能力，因此工业发展对辽东湾海域的海洋环境影响较小。20世纪80年代几乎全部辽东湾海域均为一类水质。改革开放后，辽东湾地区工业取得了迅猛的发展，工业总产值增长了近70倍，工业总产值密度从1980年至2011年一直为全国平均密度的近4倍。自20世纪80年代以来，辽东湾海域及近岸水质经历了从一类到二类、三类、四类、劣四类的变化过程，这一变化历时30年，尤其集中在近20年。而这20年正是辽东湾地区工业快速发展的时期，大量的工业废水通过各种途径汇入辽东湾海域，致使辽东湾海域的环境发生快速恶化。今天的辽东湾地区正酝酿着新一轮的经济腾飞，化工、钢铁、装备制造业等环境影响大的行业仍呈现出快速发展势头，在辽东湾周边填海造地建设新的工业园区更进一步加剧了辽东湾海域的环境压力，未来辽东湾海域环境面临的挑战令人堪忧。

（2）不同行业生产工艺和生产方式的不同决定了污染物特征

辽东湾地区的工业生产不断排放各类工业废水，不同工业行业产生的废水其水质和水量因各自生产工艺和生产方式的不同而有很大的差别。如电力、矿山等部门的废水主要含无机污染物，而造纸和食品等工业部门的废水，有机物含量很高。工业废水的另一特点是：除间接冷却水外，都含有多种同原材料有关的物质，而且在废水中的存在形态往往各不相同。含无机污染物为主的无机废水、含有机污染物为主的有机废水、兼含有机物和无机物的混合废水、重金属废水、含放射性物质的废水和仅受热污染的冷却水。工业废水的水量取决于用水情况。冶金、造纸、石油化工、电力等工业用水量大，废水量也大，如有的炼钢厂炼1 t钢排放废水200—250 t。但各工厂的实际外排废水量还同水的循环使用率有关。例如循环使用率高的钢铁厂，炼1 t钢外排废水量只有2 t左右。

（3）辽东湾地区常规工业污染物排放量下降，新型污染物增加

得益于辽宁省近年来对工业污染的大力治理，辽东湾地区工业生产的常规污染物排放量已经大大降低，从而辽东湾地区的工业对辽东湾海域中氨氮及化学需氧量等常规污染的贡献已经显著低于农业生产和城镇生活。但是许多新型污染物（如部分重金属等）的含量却仍居高不下，这些新型污染物一般都具有毒性强、累积效应大和难治理的特点，因此，未来一段时期内

控制和治理辽东湾地区工业含有新型污染物的废水污染是产业调控的重要目标之一。

可见，辽东湾未来环境的保护和改善，除加大工业废水治理投资外，工业生产方式的转变至关重要，循环型、资源节约型、高效型的工业生产方式应该得到推广，对于粗放的生产方式应予取缔或控制。同时，要加强对新型污染物排放的监测和治理技术的研发。

30.2.2　辽东湾沿岸工业要素空间分布分析

辽宁省全省工业增加值9 413亿元，其中入渤海流域范围工业增加值约9 024亿元，占全省95.9%。工业主要集中在大辽河流域、大凌河流域及辽河流域。大辽河流域工业增加值最大约3 915亿元，占全省总量的41.6%；大凌河流域工业增加值约1 733亿元，约占全省总量的18.4%；辽河流域工业增加值约1 345亿元，约占全省总量的14.3%。辽东湾顶部对应流域范围（包括大辽河、辽河、大凌河、小凌河、大清河）的工业增加值占全省总量的82.1%。

表30.4　辽东湾沿岸流域工业增加值

单元	工业增加值/亿元	占全省比重/%
大辽河流域	3 915	41.6
大凌河流域	1 733	18.4
辽河流域	1 345	14.3
大连市近岸区	594	6.3
大清河流域	515	5.5
瓦房店盖州近岸区	365	3.9
小凌河流域	218	2.3
复州河流域	181	1.9
葫芦岛兴城近岸区	105	1.1
绥中南部近岸区	30	0.3
六股河流域	25	0.3

辽东湾沿岸工业增加值密度（单位面积工业增加值）高的区域集中分布在几个主要城市（表30.4），围绕沈阳市和大连市连成的轴线及两侧工业增加值密度相对较高。大辽河流域工业增加值高密度区域主要位于沈阳市、鞍山市、本溪市、抚顺市、营口市，且围绕沈阳市周边地区密度相对较高，沿岸的营口市及其周边地区也相对较高。辽河流域工业增加值高密度区域主要位于盘锦市、调兵山市、铁岭市，位于沈阳周边的辽中县以及沿岸的盘山县和大洼县工业增加值密度也相对较高。大凌河流域工业增加值高密度区域主要位于阜新市，义县及朝阳市工业增加值密度相对较高。小凌河流域工业增加值高密度区域主要位于锦州市及其周边区域，沿岸区域工业增加值密度相对较高。大连近岸区及葫芦岛兴城近岸区沿岸的市区工业增加值密度高，其周边区域工业增加值密度也相对较高。六股河流域及绥中南部近岸区

只有沿岸区域工业增加值密度相对较高，具体空间分布如图30.3所示。

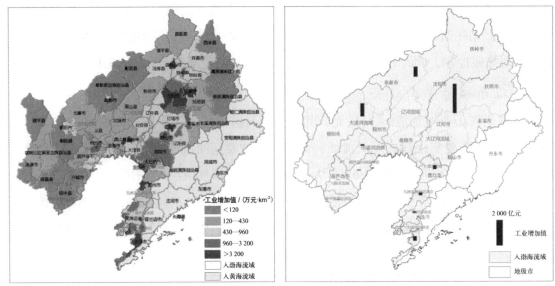

图30.3　辽东湾沿岸流域工业增加值空间分布

辽宁省全省工业废水排放量67 396.4 t（表30.5），其中入渤海流域范围工业废水排放量约47 457.3 t，占全省70.4%。工业主要集中在大辽河流域、大连市近岸、辽河流域。大辽河流域工业废水排放量最大约20 043.6 t，占全省总量的29.7%；大连市近岸工业废水排放量约8 092.8 t，约占全省总量的12%；辽河流域工业废水排放量约5 140.3 t，约占全省总量的7.6%。辽东湾顶部对应流域范围（包括大辽河、辽河、大凌河、小凌河、大清河）的工业废水排放量占全省总量的51.4%。

表30.5　辽东湾沿岸流域工业废水排放量

单元	工业废水排放量/t	占全省比重/%
大辽河流域	20 043.6	29.7
大连市近岸区	8 092.8	12.0
辽河流域	5 140.3	7.6
大凌河流域	4 149.5	6.2
大清河流域	2 782.9	4.1
小凌河流域	2 503.6	3.7
葫芦岛兴城近岸区	1 953.5	2.9
复州河流域	1 530.9	2.3
瓦房店盖州近岸区	476.1	0.7
六股河流域	406.3	0.6
绥中南部近岸区	377.8	0.6

辽东湾沿岸工业废水排放量密度（单位面积工业废水排放量）高的区域集中分布在几个主要城市及近岸区域，如图30.4所示。大辽河流域工业废水排放量高密度区域主要位于鞍山市、抚顺市、辽阳市、营口市，从近岸沿大辽河至沈阳市密度相对较高。辽河流域工业废水排放量高密度区域主要位于盘锦市，调兵山市工业废水排放量密度也相对较高。大凌河流域工业废水排放量高密度区域主要位于凌海市，朝阳市工业废水排放量密度相对较高。小凌河流域工业废水排放量高密度区域主要位于锦州市及其周边区域及沿岸区域。大连近岸区及葫芦岛兴城近岸区沿岸的市区工业废水排放量密度高，其周边区域工业废水排放量密度也相对较高。六股河流域及绥中南部近岸区只有沿岸区域工业废水排放量密度相对较高。

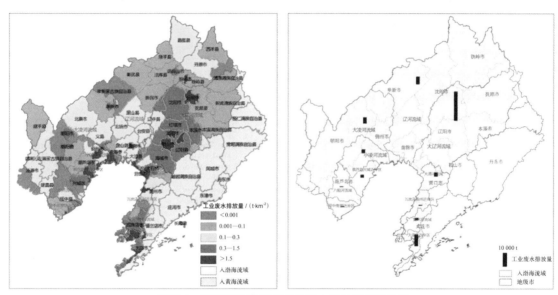

图30.4　辽东湾沿岸流域工业废水排放量空间分布

30.2.3　辽东湾沿岸工业氮污染压力分析

根据辽东湾地区总氮污染物环境压力的研究结果，2010年辽东湾地区主要工业部门产生的总氮污染物的环境压力为3.38×10^4 t。其中主要集中于大辽河流域，单位海岸线的工业总氮压力为744.15 t/(km·a)，其次为辽河水系，单位海岸线压力为46.94 t/(km·a)，其他流域的工业总氮压力仅为0—20 t/(km·a)，工业生产总氮压力最大岸线和压力较小岸线相差百倍以上。

30.2.4　辽东湾沿岸工业化学需氧量污染压力分析

根据辽东湾工业部门化学需氧量污染压力估算及流域、岸线划分结果（图30.5），可以看出工业部门产生化学需氧量污染物的环境压力为30.81×10^4 t，主要集中分布于辽河、大辽河水系，单位海岸线压力分别为1 361.39 t/(km·a)和4 383.39 t/(km·a)；其次为大凌河、小凌河及大清河流域，单位海岸线压力分别为531.24 t/(km·a)和384.96 t/(km·a)、191.4 t/(km·a)；复州河流域的岸线压力不足20 t/(km·a)、狗河流域的单位岸线工业化学需氧量污染强度仅为2.62 t/(km·a)。

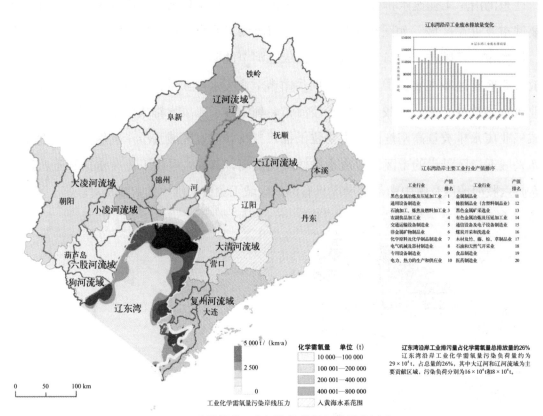

图30.5 辽东湾沿岸工业污染化学需氧量岸线压力

30.3 辽东湾沿岸工业的重金属污染风险研究

30.3.1 重点行业的环境影响分析

辽宁省是我国东北唯一的沿海省份，也是新中国工业崛起的摇篮，被誉为"东方鲁尔"。辽宁省工业发展水平之高，在国民经济中所占比例之重由此可见一斑。根据辽东湾地区工业各行业的发展规模及各行业自身的生产排污特点，选取了黑色金属冶炼及压延加工业、通用设备制造业、石油加工炼焦及核燃料加工业、农副食品加工业、交通运输设备制造业、非金属矿物制品业、专用设备制造业、橡胶塑料制品业和黑色金属矿采选业等几个典型环境影响产业作为重点研究对象，从各行业发展演变及未来发展趋势上分析对辽东湾海域环境的影响。

30.3.1.1 黑色金属冶炼业

黑色金属矿采选业和黑色金属冶炼及压延加工业两个行业生产过程中的废水排放具有相似的特点，每万元工业总产值产生的废水排放量相差不大，所排放的废水中污染物种类和含量也基本一致。黑色金属矿采选业的产品是黑色金属冶炼及压延加工业的主要原料，可以将生铁、粗钢、钢材等产品视为黑色金属矿采选业和黑色金属冶炼及压延加工业共同产生的最终产品。在进行分析和计算的过程中两行业各自的产品产量难以剥离，而且两行业生产过程中所产生的废水排放量也同样难以区分清楚。因此将黑色金属矿采选业和黑色金属冶炼及压延加工业统一起来进行分析是比较合理的。

1. 产值

1985年、1995年、2005年和2011年辽东湾地区黑色金属冶炼业的工业总产值如表30.6所示，2011年的产值是5 892.98亿元，是1985年的近72倍，可以看出黑色金属冶炼业规模的扩大是该行业迅速增长的主要表现方式。

表30.6 辽东湾地区主要年份黑色金属冶炼业总产值情况

产值	年份				产值增长倍数		
	1985	1995	2005	2011	2011/1985	2011/1995	2011/2005
总产值/亿元	82.37	532	1 820.34	5 892.98	72	11	3

2. 产量

黑色金属矿采选业和黑色金属冶炼及压延加工业两个行业的发展反映到具体产品上是生铁和粗钢的生产量的变化。从图30.6中可以看出，可发现辽东湾地区生铁和粗钢产量自改革开放以来直到20世纪末，一直处于较缓慢的增长状态；进入新世纪以来辽东湾地区生铁和粗钢产量增长速度较前一时期有大幅提高，进入飞速发展时期。2011年辽东湾地区生铁产量高达5 110.66×10⁴ t，粗钢产量高达5 424.82×10⁴ t。2011年辽东湾地区生铁产量是1978年生铁产量的5.62倍，是1990年的4.79倍，是2000年的3.51倍；2011年辽东湾地区粗钢产量是1978年粗钢产量的6.72倍，是1990年的4.72倍，是2000年的3.71倍。辽东湾地区生铁和粗钢产量发生巨大增幅的时期是2000年至今，近60%的产量是在这个时期形成的。目前辽东湾地区的生铁与钢产量均约占全国总量的8%。

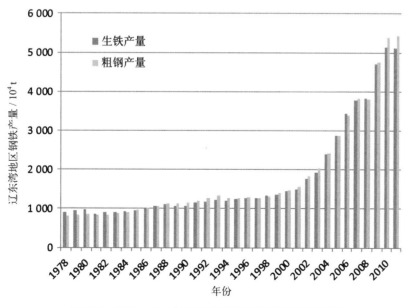

图30.6 1978—2011年辽东湾地区的生铁和粗钢产量图

3. 废水特征

黑色金属矿采选业和黑色金属冶炼及压延加工业生产过程中，主要产生的废水有选矿废水、冶金废水、重金属废水、酸碱废水等，占全国近1/10的钢铁工业所产生的废水都是在辽东湾地区处理和排放的，黑色金属矿采选业和黑色金属冶炼及压延加工业这两个行业在过去30年间产生的各种废水直接或间接的都会对辽东湾海域环境造成较为严重的影响，几十年的累积排放，黑色金属矿采选业和黑色金属冶炼及压延加工业对造成辽东湾海域重金属污染方面的贡献不可忽视。

4. 发展趋势

国际上钢铁行业发展趋势是集聚，中国目前钢铁相关行业也正在进行整合与重组，随着鞍山钢铁集团公司与本溪钢铁集团公司的重组与合并，钢铁行业进一步聚集。由于我国进入工业化后期，钢铁需求已接近峰值，未来一段时间我国的钢铁需求不会再有较大幅度的增长，而目前我国钢铁行业产能总体过剩约20%。因此辽东湾地区的钢铁行业虽然仍会在辽东湾工业经济未来发展中占有重要的地位，但其本身不会再有大规模的扩张和增长。此外值得注意的是，鞍钢成立鲅鱼圈钢铁分公司标志着辽东湾地区钢铁产业开始出现临海布局，该行业所产生的部分生产废水将可能直接排入渤海，会进一步加重辽东湾海域的环境压力。

30.3.1.2 石油开采和加工业

与黑色金属矿采选业和黑色金属冶炼及压延加工业类似，石油与天然气开采业和石油加工业也是废水排放特点相似，最终产品相同。因此石油与天然气开采业和石油加工业也可以合并一起进行研究和分析，石油与天然气开采业和石油加工业典型的产品为原油产量和乙烯产量。

1. 产值

1985年、1995年、2005年和2011年辽东湾地区石油开采和加工业的工业总产值如表30.7所示，2011年工业产值为4 371.41亿元，是1985年的63.90倍，反映出该行业的快速发展趋势。

表30.7　辽东湾主要年份石油开采和加工业总产值情况

产值	年份				产值增长倍数		
	1985	1995	2005	2011	2011/1985	2011/1995	2011/2005
总产值/亿元	68.41	518.5	2 051.95	4 371.41	64	8	2

2. 产量

辽东湾地区原油和乙烯的产量变化反映了该地区石油与天然气开采业和石油加工业的发展历程，如图30.7所示。乙烯的生产自1978年至今走过了从无到有的过程，1978年辽东湾地区乙烯产量不足$0.2 \times 10^4 t$，而2011年乙烯产量高达$106.13 \times 10^4 t$。进入21世纪以来，辽东湾地区的原油产量一直在缓慢下降，2000年辽东湾地区原油产量为$1401.1 \times 10^4 t$，2011年辽东湾地区原油产量降为$1\,000 \times 10^4 t$。

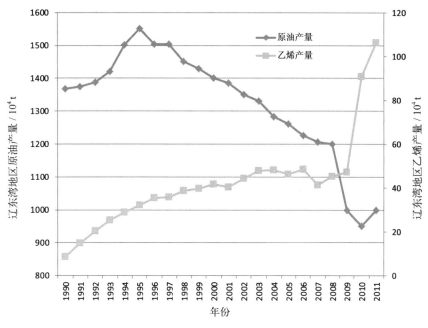

图30.7　1990—2011年辽东湾地区原油和乙烯产量图

3. 废水特征

石油开采和加工是一个高耗水、高污染的行业，炼油厂排出的废水主要是含油废水、含硫废水和含碱废水。含油废水是炼油厂排放量最大的一种废水，主要含石油，并含有一定量的酚、丙酮、芳烃等；含硫废水具有强烈的恶臭，具有腐蚀性；含碱废水主要含氢氧化钠，并常夹带大量油和相当量的酚和硫，pH可达11—14。石油化工废水是用炼油生产的副产气体以及石脑油等轻油或重油为原料进行热裂解生产乙烯、丙烯、丁烯等化工原料，进一步反应合成各种有机化学产品，构成石油化工联合企业排出的废水。

4. 发展趋势

现阶段全国沿海各省份均积极建立各自的石化工业项目，在建的和规划的石化项目在沿海地区有遍地开花的趋势，辽东湾地区一直以来都是我国石化产业的重点发展区域，石化工业在其工业中占有很大的比重，随着新一轮的产业调整和石化产品需求的加大，该地区的石化工业仍有很大的发展动力，产量的进一步提高也是必然的。

30.3.1.3　基础化工及化工化纤业

本项目中的基础化工及化工化纤业包括了化学原料及化学品制造业、化学纤维制造业、橡胶制品业和塑料制品业等行业。基础化工及化工化纤业在我国的国民经济中占有重要地位，是许多地区的基础产业和支柱产业。基础化工及化工化纤业的发展速度和规模对社会经济的各个部门有着直接影响。由于基础化工及化工化纤业门类繁多、工艺复杂、产品多样，生产中排放的污染物种类多、数量大、毒性高，因此，基础化工及化工化纤业是污染大户。同时，基础化工及化工化纤业的产品在加工、贮存、使用和废弃物处理等各个环节都有可能产生大量有毒物质而影响生态环境、危及人类健康。研究基础化工及化工化纤业的废水排放特点及减少基础化工及化工化纤业废水排放的途径，对于人类经济和社会的发展都具有重要的现实意义。

1. 产值

1985年、1995年、2005年和2011年辽东湾地区基础化工及化工化纤业的工业总产值如表30.8所示，2011年产值达到3 613.64亿元，是1985年的46倍，反映出20多年的时间里该行业取得了大幅度增长。

表30.8　辽东湾主要年份基础化工及化工化纤业总产值情况

产值	年份				产值增长倍数		
	1985	1995	2005	2011	2011/1985	2011/1995	2011/2005
总产值/亿元	78.86	354.1	867.11	3 613.64	46	10	4

2. 产量

辽东湾地区的化学纤维、化学农药和农用化肥等3种主要基础化工产品在1980年以来产量始终处于较低水平，经历30年的发展，2011年3种产品产量分别为2.17×10^4 t、15.84×10^4 t和67.50×10^4 t，均未出现较大幅度的增长（图30.8）。辽东湾地区塑料的生产能力虽在1980年时处于低水平，但在改革开放以来的近35年里取得了突飞猛进的发展。2011年辽东湾地区塑料产品的产量达到179.83 t，是1980年塑料产量的24.98倍。辽东湾地区塑料行业的快速发展期集中在1990年之后，而辽东湾海域环境也是在20世纪90年代之后逐步发生较大变化，这些说明快速的塑料行业发展与辽东湾海域环境的变化有着直接的关系。

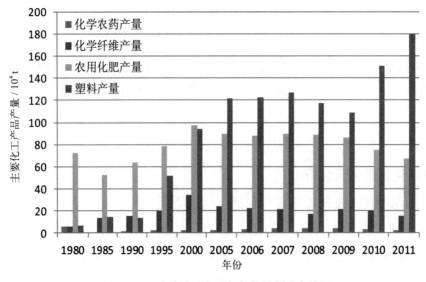

图30.8　辽东湾地区主要年份化学制品产量图

3. 废水特征

基础化工及化工化纤业的产品多种多样，成分复杂，排出的废水也多种多样，多数有剧毒，不易净化，在生物体内有一定的积累作用，在水体中具有明显的耗氧性质，易使水质恶化。无机化工废水包括从无机矿物中制取酸、碱、盐类基本化工原料等过程中排放的废水，这类生产中主要是冷却用水，排出的废水中含酸、碱、大量的盐类和悬浮物，有时还含硫化物和有毒物质。有机化工废水则成分多样，包括合成橡胶、合成塑料、人造纤维、合成染料、油漆涂料、制药等过程中排放的废水，具有强烈耗氧的性质，毒性较强，且由于多数是人工合成的有机化合物，因此污染性很强，不易分解。

4. 发展趋势

2011年辽东湾地区几种典型化工产品产量总计约265.34×10^4 t，在生产这些最终产品的过程中各个环节上产生的废水量可想而知。这些废水中有的在经过处理后被排入工厂附近的水体，最终汇入辽东湾海域，有的甚至被直接排放入辽东湾海域。辽东湾地区基础化工及化工化纤业的发展给辽东湾海域环境造成的影响是巨大的。辽东湾地区现阶段各类工业开发区规划数量多，其中不乏引进基础化工及化工化纤业行业的高新技术开发区。这些开发区大多都布局在辽东湾沿岸，未来的辽东湾地区基础化工及化工化纤业发展对辽东湾海域环境的影响还将持续，生产废水如果处理不当则加剧对辽东湾海域环境的破坏。

30.3.1.4　煤炭开采及加工业

煤炭开采及加工业一直是辽东湾地区工业的重要组成部分。自新中国成立至今，辽东湾煤炭开采和煤炭加工的产值在煤炭开采及加工业总产值中的比值一直在发生变化，煤炭开采的比重在逐步下降，而煤炭加工的比重在逐步增强。煤炭开采及加工业产生的工业废水主要是无机废水。

1. 产值

1985年、1995年、2005年和2011年辽东湾地区煤炭开采及加工业的工业总产值如表30.9所示，2011年起产值达到了533.2亿元，是1985年的45倍，反映出该行业快速发展的趋势。

表30.9　辽东湾地区主要年份煤炭开采及加工业总产值情况

产值	年份				产值增长倍数		
	1985	1995	2005	2011	2011/1985	2011/1995	2011/2005
总产值/亿元	11.88	67.30	183.32	533.20	45	8	3

2. 产量

原煤是该行业典型的产品形式，1978—2011年辽东湾地区原煤产量如图30.9所示。从图中可以看出，辽东湾地区原煤产量在过去的35年中有较大波动。辽东湾地区的主要煤矿经过长时期的开采，资源已经相对匮乏，辽东湾地区煤炭开采及加工业产值的增加不再依靠原煤产量的增加，主要依靠炼焦等煤炭加工业。

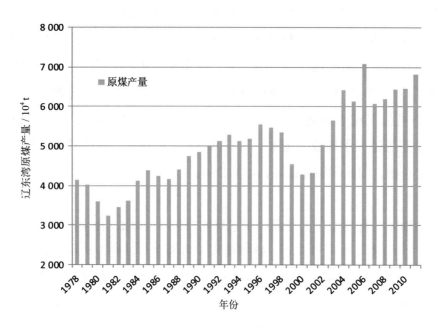

图30.9　1978—2011年辽东湾地区原煤产量示意图

3. 污染特征

改革开放以来辽东湾地区共产原煤约15.1×10^8 t，煤炭开采和选煤过程中产生的废水量，包括采煤废水和选煤废水更是无法估量。其中采煤废水是煤炭开采过程中，排放到环境水体的煤矿矿井水或露天煤矿疏干水；酸性采煤废水是在未经处理之前，pH值小于6.0或者总铁浓度大于或等于10.0 mg/L的采煤废水；高矿化度采煤废水是矿化度（无机盐总含量）大于1 000 mg/L的采煤废水。煤炭工业废水有毒污染物包括总汞、总镉、总铬、六价铬、总铅、总砷、总锌、氟化物、总α放射性、总β放射性、总悬浮物、化学需氧、石油类、总铁、总锰。辽东湾地区煤炭工业对辽东湾海域环境的影响除部分粉尘沉降外，主要就是废水的排放影响。

4. 发展趋势

近10年来辽东湾地区的煤炭资源和开采速度相对稳定，伴随着抚顺和阜新等辽东湾地区重要产煤区资源的逐步耗尽，辽东湾地区原煤产量不会再有大规模的提高，但辽东湾地区大连港和营口港等港口煤炭专业码头的煤炭运输量很大，煤炭专业码头的粉尘沉降引起的渤海辽东湾海域的环境变化也不容忽视，有专家提出按煤炭装载1/1 000的损失量计算粉尘量，那么沉降入渤海的煤炭粉尘将是一个巨大的数字，以1×10^8 t的运输量计算，则粉尘量为10×10^4 t，大约相当于40列列车（1列=40节×60 t/节）的运输量。因此，辽东湾地区煤炭专业码头的建设将加剧辽东湾海域煤炭粉尘量沉降污染。除此之外，辽东湾地区钢铁工业相对发达，对焦炭等燃料需求量较大，会带动炼焦等煤炭加工业快速发展，会继续给辽东湾海域带来一定程度的污染。

30.3.1.5　设备制造业

通用设备制造业、电子、电气、仪表、信息类制造业污染强度较小，对环境影响相对较弱，所以本书中的设备制造业仅包括专用设备制造业和交通运输制造业。

1. 产值

1985年、1995年、2005年和2011年辽东湾地区设备制造业的工业总产值如表30.10所示，2011年的工业总产值分别为5 090.82亿元，是1985年的83倍，反映出该行业的发展规模不断壮大。

表30.10　辽东湾地区主要年份设备制造业总产值情况

产值	年份				产值增长倍数		
	1985	1995	2005	2011	2011/1985	2011/1995	2011/2005
总产值/亿元	60.97	299.70	1 068.67	5 090.82	83	17	5

2. 产量

专用装备制造业的产品种类繁多，要统计其每年的产量难度很大，所以可以使用汽车产量作为设备制造业的代表产品进行分析。1978—2011年辽东湾地区汽车产量如图30.10所示，一直呈现持续增长的态势，2011年辽东湾地区汽车产量达到75.54×10^4辆，而全国汽车产量为$1 841.9 \times 10^4$辆，辽东湾地区汽车产量占全国汽车产量的1/25。

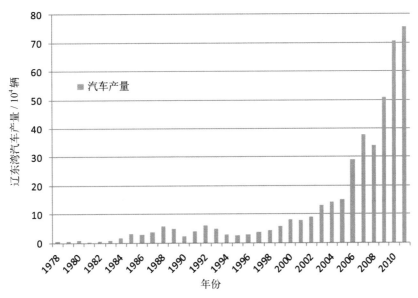

图30.10　1978—2011年辽东湾地区汽车产量示意图

3. 废水污染特征

制造业的废水类型包括含油废水、重金属废水、酸碱废水等，辽宁省以其原有工业为基础全力打造新型装备制造业基地，新规划的发展区域大多数布局在环渤海沿岸，这些行业的发展对渤海环境一定会产生影响。

4. 发展趋势

辽宁在"十二五"时期，一是培育发展汽车工业，要以整车产能的扩大带动汽车零部件和相关服务业的发展；二是培育发展造船工业，要打造辽东湾世界级船舶制造基地，把辽宁的造船能力提高到1 500万载重吨，造船量达到1 000万载重吨，船用设备配套率达到50%；三是全面发展基础制造装备，要发展清洁高效铸造设备、新型焊接设备、自动化生产设备、大型清洁热处理与表面处理设备等的研究与制造等。在未来一段时间内，设备制造业将成为拉动辽宁工业经济发展的重要主导和支柱产业，产值应该会有较大幅度的提升。在设备制造业发展的同时，提高对该行业的科技投入和环保要求，力求使该行业走上绿色节能环保的健康发展道路，是该行业发展的重要目标。

30.3.1.6　农副产品加工业

2012年《中国环境统计年鉴》显示，2011年全国工业分行业废水排放量中，农副产品加工业位列第六。辽东湾地区农副产品加工业在工业总产值中所占比例达到7.86%，在所有工业行业中位列第四。不管从废水排放量还是从工业总产值上来看，农副产品加工业都是辽东湾地区重要的工业行业之一。近年来，农副产品加工业得到了迅速发展，如植物油加工、肉类加工，对促进经济增长和人民生活水平的提高起着十分重要的作用，但是农副产品加工业不仅是用水大户，而且也是废水排放大户，其产生的污水如果不经过处理任意排放会对环境造成严重污染。

1. 产值

1985年、1995年、2005年和2011年辽东湾地区农副产品加工业的工业总产值如表30.11所示，2011年该行业的工业总产值为3 418.3亿元，是1985年的84倍，反映出农副产品加工业的发展规模不断壮大。

表30.11　辽东湾主要年份农副产品加工业总产值情况

产值	年份				产值增长倍数		
	1985	1995	2005	2011	2011/1985	2011/1995	2011/2005
总产值/亿元	40.78	121.8	524.07	3 418.3	84	28	7

2. 废水污染特征

农副产品加工业废水主要来源于生产过程中原料清洗工段、生产工段和成形工段，具有如下特性：①废水量大小不一。农副产品加工企业的规模有家庭作业式的小规模，也有各种大型工厂，产品品种繁多，其原料、工艺、规模等差别很大，废水量从数立方米每天到数万立方米每天不等。②生产随季节变化，废水水质水量也随季节变化。例如，因季节关系，农产品和水产品的加工在某个时期有加工集中情况。③农副产品加工业废水中可生物降解成分多。由于农副产品加工行业的原料均来源于自然界有机物质，其废水中的成分也以自然有机物质为主（如蛋白质、脂肪、糖、淀粉），不含有毒物质，故生物降解性好，其BOD_5/化学需氧量比例高达0.84。④废水中含各种微生物，包括致病微生物，废水易腐败发臭。⑤高浓度废水多。近年来，从节约水资源和降低成本的观点出发，推行水利用合理化，在有机物质不变而水量减少，和增加有机物质而水量不增加的情况下，这些都导致废水浓度增高。⑥废水中氮、磷含量高的情况多，例如在肉类、豆类和动物胶加工时，从蛋白质中产生氮，在水产品加工时、火腿和腊肠制作时，都使废水中的氮和磷增高。总体上来说，农副产品加工业废水特点是本身无毒性，而且含有大量可降解的有机物质。

3. 发展趋势

辽东湾南部地区，依托丰富的水产、水果资源优势，成长壮大了一批农副产品加工企业，这些企业均具有良好的发展基础，已成为各行业的龙头骨干企业和有相当带动作用的产业化龙头企业。如大连棒棰岛海产有限公司、大连天宝绿色食品股份有限公司、大连华农集团有限公司等企业。在中部地区，依托地域优势和市场中枢位置，形成具有地域优势的农产品加工企业。像富虹集团有限公司、鞍山味邦集团有限公司也已经壮大起来，并且以食品加工为主要产业，开始涉猎更为广泛的经营领域，成为多领域发展的集团企业。围绕中心消费市场发展的沈阳隆迪食品有限公司，更发展成为多品种深加工粮油精细产品的大型加工企业。西北地区，主要依托玉米和杂粮，发展农副产品加工业。如铁岭万顺达淀粉有限公司、阜新双汇食品有限公司、美中鹅业有限公司等粮食深加工、肉禽加工企业，都为当地的农村发展农业、养殖业起到了带动性的作用。

30.3.2 重金属污染的来源与风险评价

随着我国城市化和工业化进程的推进，重金属污染成为环境污染的重要方面，国土资源部曾公开表示，我国受铬等重金属污染的耕地面积近$2\,000 \times 10^4\ \mathrm{hm}^2$，约占耕地总面积的20%。现阶段我国正处于高速的城市化和工业化进程中，重金属污染问题已成为社会关注的焦点。

辽宁省长期以来形成了以煤炭、石油、钢铁、化工、冶金等重化工业为主的工业结构，污染排放强度高，工业废水排放量约占废水总量的1/3，矿物加工和冶炼、电镀、塑料、电池、化工等行业是排放重金属的主要工业源。辽东湾地区以辽宁省行政区划为主要基础，辽东湾地区工业增加值占辽宁省工业增加值约80%，总产值占全省84%，可以说其工业发展和污水排放特征与辽宁省基本一致。本研究以辽宁省作为研究的空间范围代替辽东湾，以工业源为研究对象，对重金属污染源特征进行分析，在系统分析重金属排放行业的规模、空间布局、排放强度特征基础上，结合辽宁水系分布，划分辽宁省工业重金属污染的风险等级及其空间分布特征。

以辽宁7个重点重金属污染行业的企业数据为基础，利用GIS软件将企业数据空间化，研究各类企业空间分布基础上总结各个行业的空间分布特征，结合企业规模信息，划定重点污染行业分布的空间聚集区域；以各工业行业重金属产排强度为基础，以企业为单元估算各类重金属的产排污量，并采用等标污染负荷法将各个行业产生和排放的各类重金属污染物量转换为等标污染负荷量；在等标污染负荷的统一平台上对比辽宁省各类重金属污染的程度，重点分析各行业重金属污染物产生量的空间分布特征，依据产生量大小划分污染风险等级及重点区域，进一步确定污染等级较高区域的防控重点行业与污染类型。

30.3.2.1 研究思路与方法

1. 行业及重金属类型的确定

重金属类型的界定：现阶段对人类和环境造成危害的重金属主要有砷、铬、铅、镉和汞5种，国家也重点监测这5种重金属污染数据，众多学者关于重金属的研究也主要集中在这5种污染要素上，因此，本研究选择以上5种重金属类型作为研究辽宁省工业重金属污染的对象。

重金属污染工业行业类型的界定：目前我国39类工业行业中并不是每类行业都产生重金属污染，通过对第一次全国污染源普查数据的分析，辽宁省重金属产生与排放的重点行业为：有色金属冶炼及压延加工业、有色金属矿采选业、化学原料及化学制品制造业、金属制品业、黑色金属冶炼及压延加工业、交通运输设备制造业、通信设备计算机及其他电子设备制造业和皮革毛皮羽毛（绒）及其制品业8个行业，以上各行业的重金属产排量占重金属总产排放量的85%—99%，可以认为这8个行业代表辽宁省重金属排放的重点工业行业。由于未能获取皮革毛皮羽毛（绒）及其制品业的企业数据，因此选择前7个工业行业作为研究辽宁省工业重金属污染的重点行业，总计整理企业个数6 905个，具体数据见表30.12。

表30.12　重金属排放行业及企业个数

行　　业	化学原料及化学制品制造业	黑色金属冶炼及压延加工业	有色金属冶炼及压延加工业	有色金属矿采选业	金属制品业	交通运输设备制造业	通信设备、计算机及其他电子设备制造业
行业简称*	化学制品业	黑色金属业	有色金属加工业	有色矿开采业	金属制品业	交通设备业	通信电子业
企业数/个	1 240	1 235	622	423	1 521	1 323	541

注：*以下出现行业名称时使用行业简称。

2. 各行业重金属污染产排强度的确定

通过污染普查数据的整理和分析，按照每类行业每类重金属的污染进行统计，并依据以下方法计算每个行业的每类重金属污染的产生和排放强度：

$$S_{ij} = \frac{\sum P_{ij}}{\sum V_i}$$

式中，S_{ij}表示第i类行业产生或排放第j种重金属污染物的强度；P_{ij}为某年内第i类行业产生或排放的j种重金属污染物的量；V_i为该年第i类行业的年产值；S_{ij}的单位为g/10⁴元。

表30.13列出了辽宁七大重金属排放行业的各类重金属产排强度，其中化学原料及化学制

品制造业、有色金属冶炼及压延加工业和有色金属矿采选业在生产过程中5种重金属均有产排。从表30.13中可以看出，不同行业的重金属污染从污染类型或污染强度上均有较大差别，有色金属相关产业和化学原料及化学制品制造业的重金属污染类型多样，且污染强度较大，其他行业污染类型相对单一，污染强度较弱。

表30.13 辽宁重点工业行业的重金属产排强度 单位：g/万元

项目	砷		铬		铅		镉		汞	
	产污强度	排污强度	产污强度	排污强度	产污强度	排污强度	产污强度	排污强度	产污强度	排污强度
化学原料及化学制品制造业	8.562 1	0.025 8	0.028 3	0.001 7	0.013 2	0.001 7	0.000 1	0.000 1	0.016 3	0.011 8
黑色金属冶炼及压延加工业	—	—	0.241 0	—	0.000 3	0.000 3	—	—	—	—
有色金属冶炼及压延加工业	17.012	0.028 0	0.008 0	0.001 8	14.184	0.054 2	16.451	0.007 9	0.014 3	0.001 0
有色金属矿采选业	1.982 9	0.770 2	0.010 9	0.002 9	1.128 8	0.372 7	0.052 7	0.016 7	0.033 4	0.012 7
金属制品业	—	—	6.391 5	0.210 8	0.001 7	0.000 1	—	—	—	—
交通运输设备制造业	—	—	0.290 9	0.004 2	0.008 7	0.008 1	0.001 3	0.000 3	—	—
通信设备、计算机及其他电子设备制造业	—	—	0.031 5	0.008 4	0.010 1	0.002 1	—	—	—	—

注："—"表示小数点后4位为零的数据或该项没有产排。

3. 重金属污染负荷的估算方法

企业的生产规模、生产水平、技术工艺、治污投资等都是影响企业重金属产生和排放的因素，每个企业的各种影响因素各有差别，很难在考虑各个具体因素的前提下估算污染负荷，但在一定的技术水平下，企业的生产规模基本决定了企业产生和排放重金属污染物的数量，正是基于该假设，以各个企业的生产规模估算各企业产生和排放重金属量，公式如下：

$$q_{ik} = V_i \times S_{ik}$$

式中，q_{ik}为行业i全年产生或排放的污染物k的总量；V_i为企业年产值；S_{ik}为行业i产生或排放污染物k的强度，单位为$g/10^4$元，该值由2007年全国第一次污染源普查中的工业污染普查数据计算得出。

工业门类多、工序多、原材料种类多的生产特点决定了工业重金属污染的复杂性，一种污染物可以由多个行业产生，而一个行业也可以同时产生多种污染物，不同污染物对环境造成的污染程度不同，所以，对不同行业重金属污染的评价需采用一个标准的评价方法。在一个研究区内确定主要污染源和主要污染物时，通常采用等标污染负荷法作为统一比较的尺度，可对各污染源和各污染物的环境影响大小进行比较，因此，本研究采用等标污染负荷法对多个污染源及其排放的多种污染物进行评价。等标污染负荷和单位产值等标污染负荷的计算公式分别为：

$$P_{ijk} = \frac{Q_{ijk} \times C_{ijk}}{C_{0ik}} = \frac{q_{ijk}}{C_{0ik}}$$

式中，P_{ijk}为分区j中行业i排放的污染物k的等标污染负荷；C_{ijk}、C_{0ik}分别为分区j中行业i排放的污染物k的平均浓度和排放标准；Q_{ijk}为分区j中行业i的废水排放量；q_{ijk}为分区j中行业i全年排放的污染物k的总量，本研究以企业为基本研究单元，因此在计算等标污染负荷时也以企业污染物排放量为基本单元，行业和行政区相关指标值也来源于企业数据的汇总；q_{ijk}单位为kg/a，C_{0ik}单位为mg/L。评价标准采用国标《污水综合排放标准》(GB 8978—1996)中第一类污染物最高允许排放浓度：汞0.05 mg/L，砷0.5 mg/L，总铬1.5 mg/L，铬0.5 mg/L，铅1.0 mg/L，镉0.1 mg/L。

30.3.2.2 重金属污染行业分布及污染特征

辽宁工业结构中重工业比重突出，形成了多个典型重工业城市，但由于资源禀赋、交通条件、政策引导等因素的不同，沈阳、鞍山、大连、抚顺、本溪等城市各有优势行业，因此，各重金属污染行业的空间分布也各具特点。

1. 有色金属矿采业

图30.11显示了辽宁有色金属矿采选业的空间分布情况，矿产的自然分布决定了该行业的分布，辽宁有色金属矿采选业集中布局在抚顺的新宾县和清原县、鞍山市岫岩县、葫芦岛市和丹东的宽甸县，其中，抚顺矿产企业规模大，企业数量较少，而岫岩和葫芦岛的矿采企业平均规模较小，但数量众多。我国有色金属矿共生与伴生的有用组分较多、选矿工艺流程较复杂，由于各地原矿石成分的差异以及采选工艺的多样性，在洗矿和精选工序中会产生和排放复杂的污染物，包括重金属。虽然与其他采掘业相比，有色金属矿的废水处理费用、投资系数和环保投资比例都是最高的，但这也说明企业会更关注核算环保投资对利润的影响，容易出现为追求利润而人为缩减环保投资的现象。

2. 有色金属加工业

有色金属加工业分布受有色矿采选业分布的影响，图30.12显示了有色金属加工业的空间分布，可以看出，葫芦岛、沈阳、辽阳、锦州为该产业聚集地区，约占全省该行业总产值的70%，葫芦岛有色工业的规模为全省的1/3。有色金属冶炼产生的废水成分复杂，废水处理难度也大，废水处理运行单价和治理投资系数都高于采选，也高于平均水平，从有色金属工业污染物平均排放浓度来看，重金属排放浓度基本全部超过最高允许排放标准。有色金属加工业生产过程中会排放汞、镉、铅、砷、铬等多种重金属污染物，是重金属污染的重要来源行业之一。

图30.11　辽宁有色金属矿采选业空间分布

图30.12　辽宁有色金属加工业空间分布

3. 金属制品业

金属制品业包括结构性金属制品制造、金属工具制造、集装箱及金属包装容器制造、不锈钢及类似日用金属制品制造等，图30.13反映了金属制品业的空间分布情况，全行业约90%的产值集中分布在沈阳、鞍山、大连和营口。金属制品业的重金属污染物主要是铬和铅。铬主要用于金属加工、电镀、制革等行业。

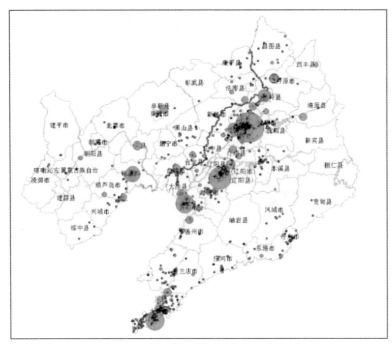

图30.13 辽宁金属制品业空间分布

4. 黑色金属冶炼及压延业

辽宁省黑色金属冶炼及压延业主要分布在鞍山和本溪，主要代表企业为鞍钢和本钢两大钢铁集团，两市该行业产值占全省的76%以上，沈阳、抚顺、大连和锦州分布的企业数量较多，但规模较小，如图30.14所示。黑色金属工业主要产生污染物铬与铅，其他污染物产生量较小。

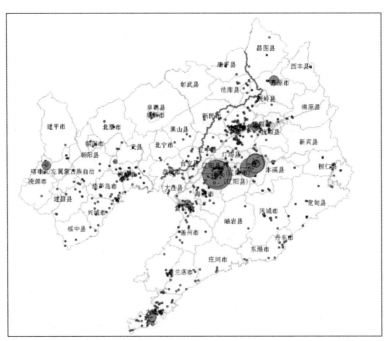

图30.14 辽宁黑色金属冶炼及延压业空间分布

5. 交通运输设备制造业和通讯电子设备制造业

交通运输设备制造业和通讯电子设备制造业属科技含量较高的制造业，两个行业集中分布在沈阳和大连，沈阳的交通运输制造产值占全省的50%以上，大连占25%左右；大连的通讯与电子设备制造业产值占全省的80%，沈阳占15%左右，鞍山、营口和锦州的两个行业规模不大，其他地区分布零散且规模很小。两行业均产生铬、铅和镉的污染，虽然两个行业排放达标率较高，但电子设备制造业的重金属、挥发酚和氰化物的平均排放浓度高，而专用设备制造业的汞和镉的排放浓度居首位。图30.15和图30.16显示了以上两个行业的分布情况。

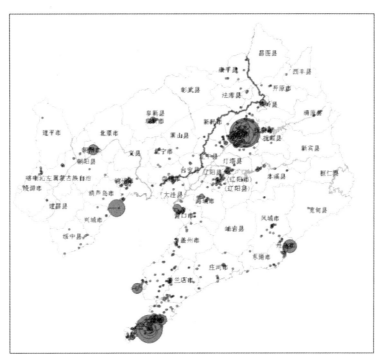

图30.15　辽宁交通运输设备制造业空间分布

图30.16　辽宁通讯与电子设备制造业空间分布

6. 化学制品业

化学制品业取决于资源禀赋和港口条件，辽宁化学制品业主要分布在大连、辽阳、盘锦、抚顺、葫芦岛（图30.17），随着"十二五"期间大连石化的炼油、辽阳石化的对苯二甲酸、本溪的大尿素、抚顺石化炼油、华锦集团的乙烯和炼油项目的进一步落实，着力打造大连石化基地、抚顺石化基地、辽阳芳烃和化纤原料基地的同时，发展沈阳的橡胶和精细化工、鞍山和本溪的煤焦化工业，可以明确辽宁石化规模将大幅增加。化工业由于其原料、产品复杂多样，生产工艺千差万别，所排放的废水中包含各种污染物，其中重金属污染物类型有砷、铬、汞、铅、镉。

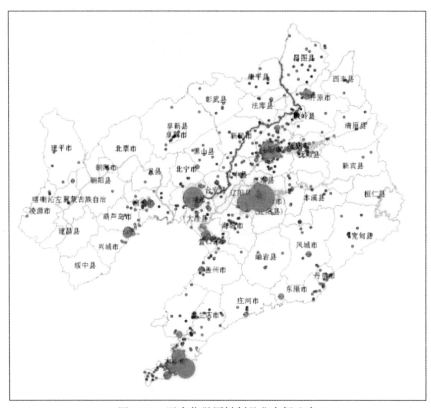

图30.17　辽宁化学原料制品业空间分布

辽宁省重金属污染行业（有色金属矿采选业除外）总体呈现"两点一线"的空间分布。可通过图30.18看出7个重金属污染重点行业空间分布的叠加情况，除有色金属矿采选业外，其他6个行业的分布基本遵循了"两点一线"的分布格局，"一线"即依"抚顺—沈阳—鞍山—营口"自东北至西南呈线性布局，"两点"为"大连和锦州—葫芦岛"两个重点布局地区。其中大连、葫芦岛和营口均为沿海城市，众多企业布局在沿海地区，污染物易于排入海中造成海洋环境污染；布局在"一线"地区的企业在空间上与辽河、浑河、太子河流域重叠，部分沿河或近河布局的企业也容易将污染物排放至河中引起河流污染。因此，从7个行业的整体布局来看，沿海沿河布局比重高，污染物输移相对容易，引起的环境污染和扩散风险较高。

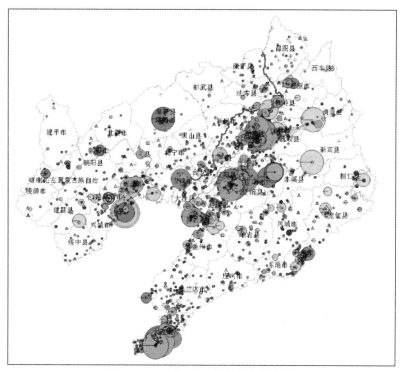

图30.18　辽宁7个工业行业空间分布

30.3.2.3　工业重金属排放量估算及风险分析

1.重金属排放总量及各行业排放量估算

参考第一次污染普查数据，以各行业重金属污染特征为基础，以企业为单元估算了每个企业的重金属产排量，通过行业汇总得到2010年辽宁省7个主要重金属污染行业重金属总产生与排放量（表30.14）。2010年辽宁省7个行业的重金属总排放量约6 545 kg，其中有色金属矿采选业排放量最多，达2 517 kg，其他依次为金属制品业、有色金属冶炼及压延加工业、化学工业、交通运输设备制造、通讯电子工业和黑色金属冶炼及压延业。从各污染物类型上看，5种重金属污染物的排放量差别较大，排放量较大的砷和铬排放量均在2 300 kg左右，几乎分别为汞和镉排放量的10倍和20倍，镉的排放量为119 kg，为5种污染物中最小，重金属铅的排放量居中。依据污染物绝对排放量从大至小的排序为：砷＞铬＞铅＞汞＞镉。

表30.14　2010年主要行业各类重金属产生及排放量　　　　　　　　　　单位：kg

项　目	砷		铬		铅		镉		汞	
	产生量	排放量	产生量	排放量	产生量	排放量	产生量	排放量	产生量	排放量
化学原料及化学制品制造业	133 011	400	439	26	204	26	1	1	252	183
黑色金属冶炼及压延加工业	—	—	12 646	—	16	16	—	—	—	—
有色金属冶炼及压延加工业	157 845	220	74	17	131 608	503	152 640	73	132	10

续表

项 目	砷		铬		铅		镉		汞	
	产生量	排放量	产生量	排放量	产生量	排放量	产生量	排放量	产生量	排放量
有色金属矿采选业	4 418	1 616	24	6	2 515	830	118	37	74	28
金属制品业	—	—	63 714	2 201	17	1	—	—	—	—
交通运输设备制造业	—	—	6 481	104	195	180	30	7	—	—
通信设备、计算机及其他电子设备制造业	—	—	181	48	58	12	—	—	—	—
合计	295 274	2 236	83 559	2 402	134 612	1 568	152 788	118	458	221

2. 基于等标污染负荷法的污染强度分析

不同类型的重金属对环境的影响程度不同，因此，对比两种不同重金属的环境污染不能仅比较数量上的多少，更要参考环境对污染物的敏感度，等标污染负荷方法为对比行业内、行业间和不同类型的重金属污染对环境的影响程度提供了统一的平台，表30.15是依据等标污染负荷法对表30.14中的数据进行了转换。等标污染转换后镉和汞的等标污染排放量明显扩大，全省的砷、铬和汞的等标污染排放量都约为4 500 kg，铅为1 567 kg，镉为1 189 kg，可以认为辽宁工业污染中砷、铬和汞为重金属主要污染类型，且污染强度相当，铅污染次之，镉的污染相对较轻。砷和铬之所以成为辽宁工业重金属污染的主要类型是因为两种重金属排放的绝对数量较大，而汞在排放量并不大的情况下也成为主要污染类型的原因在于汞对环境的影响程度较大，1 kg汞对环境的影响相当于10 kg的砷或六价铬。

表30.15　2010年辽宁各类重金属产生及排放的等标污染负荷量　　　　　　单位：kg

项 目	砷		铬		铅		镉		汞	
	产生量	排放量	产生量	排放量	产生量	排放量	产生量	排放量	产生量	排放量
化学原料及化学制品制造业	266 022	800	878	52	204	26	8	8	5 049	3 651
黑色金属冶炼及压延加工业	—	—	25 292	—	16	16				
有色金属冶炼及压延加工业	315 690	440	148	34	131 608	503	1 526 399	734	2 646	194
有色金属矿采选业	8 836	3 232	48	12	2 515	830	1 175	373	1 488	564
金属制品业			127 428	4 402	17	1				

续表

项　目	砷		铬		铅		镉		汞	
	产生量	排放量	产生量	排放量	产生量	排放量	产生量	排放量	产生量	排放量
交通运输设备制造业	—	—	12 962	208	195	180	297	74	—	—
通信设备、计算机及其他电子设备制造业	—	—	362	96	58	12	—	—	—	—
合计	590 548	4 472	167 118	4 806	134 612	1 567	1 527 879	1 189	9 183	4 409

3. 重金属污染负荷的空间分布

对辽宁重点重金属污染行业的空间分布进行分析，就某个行业而言，其重金属污染的空间分布与行业分布具有绝对的相关性，但由于不同行业会产生同一类重金属污染物，所以，重金属污染总的分布状况取决于多个行业空间分布的叠加，为了能更好地反映行业间和地区间重金属污染具体状况，在绘制重金属排放量的空间分布时将各企业的重金属排污量和各市县区的重金属排污合计量分别制图，并分别绘制了砷、铬、铅、镉、汞5种重金属类型的空间分布图。

（1）砷的空间分布

图30.19显示了砷污染负荷的空间分布状况，可以看出，营口、葫芦岛和新宾县砷负荷相对集中，砷污染主要源自于矿采业的排放，3个地区有色矿采选业规模大。另外，化学工业也是砷污染的主要来源，辽阳、大连和沈阳化工规模较大，也成为砷污染负荷相对较高的地区。

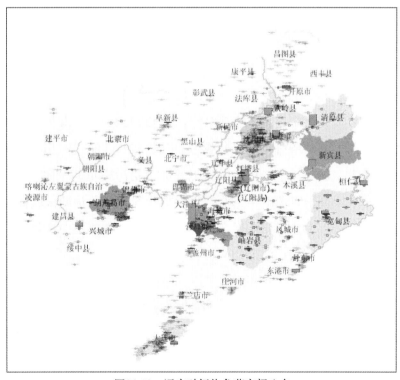

图30.19　辽宁砷污染负荷空间分布

（2）铬的空间分布

图30.20表明了辽宁省铬污染负荷的空间分布状况，沈阳、大连、鞍山、营口、锦州是铬污染集中分布地区，占全省的72%以上，铁岭市区和开原分布也较大。金属制品业是铬排放的主要行业，全省90%以上的金属制品业产值分布在沈阳、大连、鞍山和营口。沈阳地区河流灌渠沿岸农田表层部分地区受到铬污染，部分受到严重污染，沈阳地区农田表层土壤铬具有块状和连续分布特点，铬、铜元素有南高北低的特点。沈阳河水铬平均浓度最高是在细河，污染来源主要是污水排放和固体废弃物、施用磷肥或粪肥和冶金、电镀、不锈钢产业的排放。

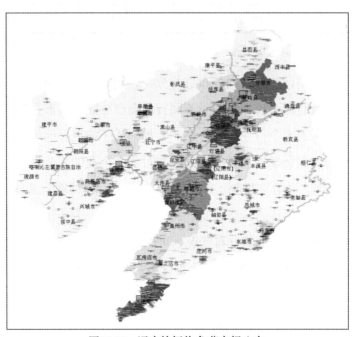

图30.20　辽宁铬污染负荷空间分布

（3）铅的空间分布

图30.21显示了铅污染负荷在空间上的分布，从图上可以看出，营口、葫芦岛、沈阳及抚顺的新宾县是铅污染负荷较集中地区，占全省铅污染负荷约55%。有色金属矿采选业和加工业是铅污染来源的主要行业，所排放的铅数量占总量的85%。沈阳和葫芦岛有色金属加工企业众多，整体规模较大，成为产生铅污染的重点地区，铅污染负荷量占全省的25%，另外，葫芦岛和营口还有一定规模的有色矿采选业，铅污染状况相比其他地区较高。铅污染最直接的行业是铅酸蓄电池制造业，该行业在辽宁总体规模不大，主要集中在沈阳和大连，该行业不可避免地增加了这两个地区铅污染负荷。

（4）镉的空间分布

镉和铅都来源于有色金属工业的排放，所以在空间分布上两者基本相同，图30.22显示了镉污染负荷的空间分布，可以看出镉和铅的空间分布基本一致，都是以葫芦岛、沈阳和营口为主要分布区域，3个地区的镉排放量占全省总排放量的50%以上，其中葫芦岛的排放量占全省的1/5。已有相关的文献研究表明，沈阳周边农田和土壤，以及周边的河流中都发现了铅和镉的分布，部分地区分布呈条状，部分地区分布呈连续状。另外，在沈阳经济技术开发区铸锻工业园、郊区蔬菜基地、西郊污灌区农田、细河沿岸土壤中发现了镉污染的超标，部分地区污染严重。

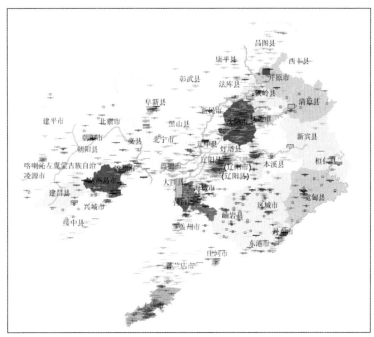

图30.21　辽宁铅污染负荷空间分布

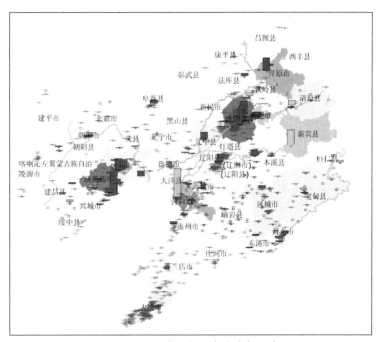

图30.22　辽宁镉污染负荷空间分布

（5）汞的空间分布

辽宁省汞污染主要来源于化学工业和有色金属工业，大连、沈阳、盘锦、葫芦岛、营口为排放负荷较大的地区，从估算数值来看，化学工业汞排放占主要部分，如图30.23所示。已有关于辽宁汞污染的研究区域主要集中在葫芦岛和沈阳地区，葫芦岛炼锌业规模大，汞的排放量占全省比例较大，代表企业为葫芦岛锌业股份有限公司，薛力群对该公司的汞污染现状进行了调研，研究表明企业周边的河流水质、底质、土壤、植物都不同程度地存在汞污染情况。

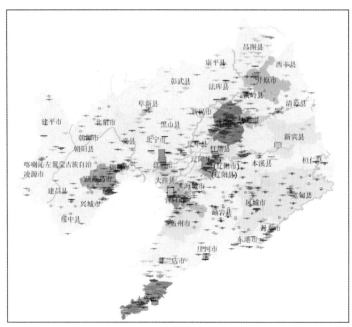

图30.23 辽宁汞污染负荷空间分布

（6）小结

如图30.24所示，依据重金属污染负荷的估算，辽宁重金属污染集中分布在沈阳、葫芦岛、营口和大连，这几个城市是有色金属、金属制品和化学工业集中分布的地区，重金属污染与污染源的分布紧密相关，砷污染分布集中在有色矿采选地，葫芦岛的有色金属和金属制品业规模较大，所以，铬、镉、铅、汞的污染压力较其他地区更大。沈阳是各工业行业密集分布地区，行业门类全，企业数量多，成为各类重金属污染的集中地区。

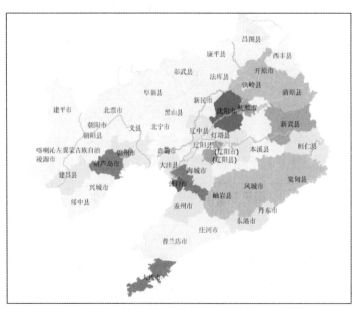

图3.24 辽宁重金属总污染负荷空间分布

30.3.2.4　重金属污染风险分析

1. 重金属污染风险的行业构成分析

有色金属工业、金属制品业和化学工业是重金属污染的主要来源，其产生重金属污染物量大，但在国家严格的污染物排放标准下，相对其他工业行业，这些行业的废水处理率高，污染物去除率高，尤其重视重金属污染物的去除，因此，在重金属污染物大量产生的同时，总的排放量并不高。这种产生量大、排放量小的现象最大限度地保护了环境，但近些年发生的重金属污染事件又提醒人们重金属污染风险时刻存在。虽然生产过程中产生的重金属污染物绝大多数未排放至环境中，但其本身就是潜在的风险，一旦泄漏将造成严重的污染事件。

2. 各类型重金属污染物风险的空间分布

本研究依据各行业重金属产生强度估算了各行业及各地区重金属污染物的产生量，并将其转化为等标污染负荷量，进而将全省各地区的各类重金属污染负荷量依据等量间隔法划分为五个等级，从一级到五级表示产生的污染负荷越来越小，在此基础上分析了各类污染物的空间分布特征，具体情况如下。

（1）砷污染潜在风险

葫芦岛、沈阳、大连、辽阳和盘锦地区砷潜在污染风险较大，总负荷量占全省60%以上，如图30.25所示。有色金属加工和化学工业产生的砷污染较大，根据污染普查资料计算得出，辽宁地区有色金属加工业砷污染的产排比约为600：1，即产生600个单位的砷污染物会排放1个单位，而有色金属矿采选业的产排比高达2.5：1，是有色金属加工业产排比的240倍，但有色金属加工业砷污染产生量是有色金属矿采选业的36倍，所以在控制砷污染风险的思路上，对有色金属加工业应重点将其产排比维持在更低水平，而对有色金属矿采选业在努力降低产排比的同时，应谨慎扩大生产规模。化学工业砷污染产排比为330：1，也是绝大多数污染物未排入环境中，没有排出的污染物成为潜在的污染风险。有色金属工业的污染风险在于固体废弃物违规堆放和废水偷排，化学工业除以上两种风险外，火灾、爆炸等意外事件也是引起污染的方式。

（2）铬污染潜在风险

图30.26显示了辽宁省铬产生负荷分布状况，沈阳、大连、鞍山、本溪与营口铬的产生量较大，估算结果显示以上几个地区铬的产生负荷量占全省的70%以上，而沈阳、大连与鞍山占全省比重达60%。金属制品业和黑色金属冶炼及压延工业是铬污染的最重要产生源，占全工业铬污染产生量的90%以上，其中金属制品业占76%，粗略估计金属制品业铬污染物的产排比为30:1，而黑色金属冶炼及压延工业产生的铬几乎不排出，可以说铬的污染风险分布基本上与金属制品业的分布一致。沈阳、大连、鞍山、本溪和营口的金属制品业产生铬数量的比例约为8：4：2.5：1.4：1。沈阳金属制品业规模最大，铬污染的风险相对也较大。

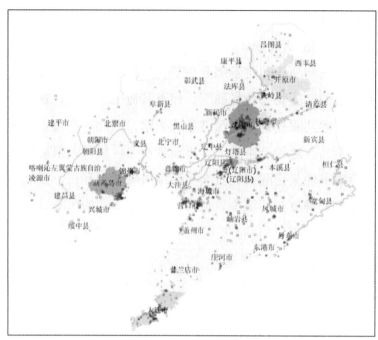

图30.25　辽宁砷污染潜在风险空间分布

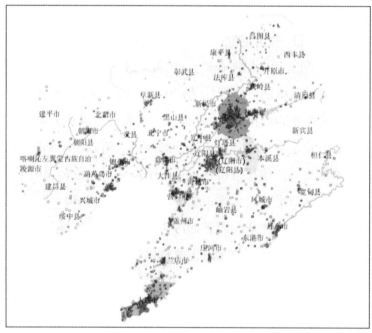

图30.26　辽宁铬污染潜在风险空间分布

（3）铅与镉污染潜在风险

重金属铅和镉的污染来源基本相同，在污染产生过程中具有高度的相关性，因此，将两种重金属的潜在风险放在一起分析。重金属铅的来源行业众多，几乎所有重化工业都会造成不同程度的铅污染，但有色金属工业是铅污染的最主要来源，也是镉污染的最主要来源。从全省铅和镉污染产生量来看，有色金属工业的铅污染产生量占整个工业铅污染产生量的95%以上，其中有色金属加工业占93%以上，有色金属矿采选业仅占2%，但有色金属矿采选业的铅污染产排比为3∶1，而加工业产排比为250∶1，换算后发现，有色金属矿采选业所造成的实际污染却超出了有色金属加工业。镉的情况与上述铅的情况基本一致。因此，在生产规模基本稳定的前提下，重金属污染的风险大小可以用产排比的大小来描述，产排比越大说明风险越低，产排比越小说明风险越高。辽宁铅污染主要产生源是有色金属工业，但有色金属铅污染的产排比高达250∶1，即产生多排放少，远高于其他工业行业，交通运输设备制造业铅污染的产排比近乎为1∶1，即产生多少排放多少，单位产值的铅污染远小于其他行业。图30.27可以看出，葫芦岛、沈阳、开原、锦州、抚顺为铅污染产生的主要地区，与有色金属加工业和有色金属矿采选业的分布基本一致，其中葫芦岛和沈阳的铅污染产生量占全省近50%（镉为43%），两个地区的有色金属加工业企业多、规模大，沈阳布局有相当规模的交通运输设备企业，所以属铅和镉污染产生的重点地区。图30.28显示开原有色金属矿采选业具有一定规模，铅和镉污染物排放率高使开原成为污染高风险区。

（4）汞污染潜在风险分析

图30.29显示了汞污染产生负荷在辽宁各地区的分布情况，估算结果显示葫芦岛汞污染的潜在风险最高，沈阳和大连市风险较高，营口、辽阳、开原及新宾县也存在一定的风险。汞污染主要来源于化学工业和有色金属工业，相对于其他重金属类型，污染物汞的绝对产生量小，尽管国家对汞的排放要求非常严格，依照等标污染负荷换算后的汞的污染物产生负荷量仍比其他类型重金属污染产生负荷量少1个数量级。但相对其他类型重金属，汞污染的产排比不大，也就是说产生的汞污染有相当一部分被排放至环境中，造成实际污染。汞污染的另一特性是污染集中，扩散性相对较差，在河段内的污染范围为2—3 km，因此，汞污染一般以企业所在区域为污染重点范围呈点状分布。由于汞污染物的绝对产生量不大，全省每年不超过400 kg，典型排放企业数量有限，目前工业生产中的汞污染都是由于生产、泄漏、消耗产品的处理或焚化过程中释出来的，因此，监测汞排放企业是控制汞风险最有效的措施。

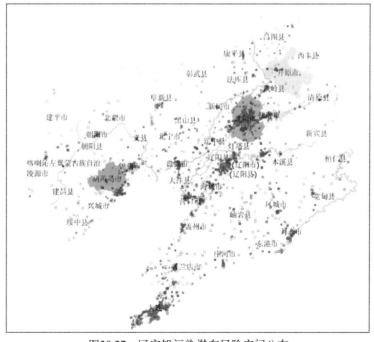

图30.27　辽宁铅污染潜在风险空间分布

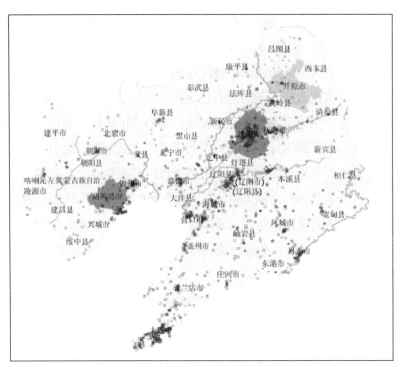

图30.28 辽宁镉污染潜在风险空间分布

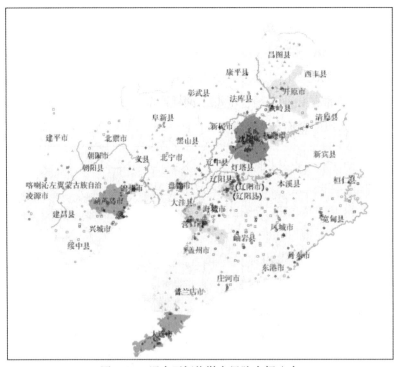

图30.29 辽宁汞污染潜在风险空间分布

3. 重金属及新型污染物的风险评价

（1）关注新型污染物的监测和控制

辽东湾地区的工业对渤海辽东湾海域中氨氮及化学需氧量等常规污染的贡献已经显著低于农业生产和城镇生活。但是许多新型污染物（如部分重金属等）的含量却仍是居高不下，辽东湾未来环境的保护和改善，除加大工业废水治理投资外，工业生产方式的转变至关重要，循环型、资源节约型、高效型的工业生产方式应该得到推广，对于粗放的生产方式应予取缔或控制。同时，要加强对新型污染物排放的监测和治理技术的研发。

（2）重金属污染的风险分布

对辽宁省工业排放各类重金属污染的风险分析结果表明：①辽宁省工业污染源排放的5种重金属中，六价铬的等标污染负荷最大，其次为砷、汞、铅和镉；②重金属污染主要分布在沈阳、辽阳、葫芦岛、大连、营口等地区，新宾县、开原、凤城等地区因有色金属矿采业的分布，重金属污染也相对较强；③重金属污染的潜在风险来源于生产过程中产生的但未被排放和利用的重金属废料或废水，产生能力越大，污染风险越大。辽宁各地区重金属污染的风险从高到低依次为：葫芦岛、沈阳、开原、锦州、辽阳、抚顺、大连、营口；④重金属污染风险与行业产污能力直接相关，与排污水平直接相关，产污能力越强，污染的风险越大，排污率越低，风险越小。

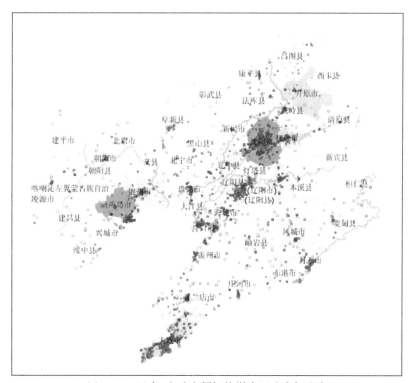

图30.30　辽宁5类重金属污染潜在风险空间分布

30.4　辽东湾工业污染的调控对策建议

30.4.1　基本思路与情景设计

本研究以辽宁省投入产出模型为基础，分析了典型重工业的发展对其他工业部门的波及效应，并结合工业能源消耗量、废水排放量和废气排放量，设计3种发展情景进行节能减排效应的模拟，在此基础上，提出辽东湾地区工业结构调整的对策建议。

情景设计：本研究按照产值增加（减少）比例，设计了3种情景进行波及效应的模拟——产值增加或减少5%，反映产业规模的增长与缩减产值不同情况下的波及效应，进而模拟不同的产业调控政策，在产业波及的影响下最终的能源消耗、废水排放等指标的变化情况。

相关说明：①本研究选取投入产出分析法研究辽东湾地区的工业结构调控效应，由于投入产出表以省区为编制单元，考虑到辽东湾地区与辽宁省工业结构及各部门投入产出关系具有较强的一致性，基于统计数据的可获得性，因此本部分所用到的数据中主要工业部门的产值数据的统计口径是剔除入黄海海域的辽东湾地区，而投入产出表、能源消耗强度、废水排放强度均为辽宁省数据；②本研究使用的投入产出表为国家统计局委托编制的2007年《辽宁省投入产出表》。投入产出表延后发布的客观特点使相关研究不可避免地存在滞后性。尽管数据的时效性不甚理想，但是投入产出表所揭示的产业部门间的物质相关关系，对现在的产业波及效应分析仍有重要的指导意义和参考价值。

30.4.2 典型工业部门调控的产业关联效应

30.4.2.1 辽东湾石化产业波及效果与情景模拟分析

1. 产业波及效果分析

通过对辽宁省投入产出表计算可得出21个工业部门的列昂惕夫逆矩阵（表30.16）。当石化产业增加一单位时，该产业除了自身增加一个单位的产出外，受其他产业增加中间投入的波及影响，还要多生产0.5735个单位产出，同时，钢铁产业由于石化产业增加了一个单位的产出而增加的中间投入的波及效果是0.11564个单位产出，即钢铁产业必须增加0.11564个单位产出才能满足石化产业增产一个单位的要求。同理可以推导出辽东湾石化产业对其他产业的波及效果。

表30.16　辽东湾石化产业列昂惕夫逆矩阵表

部门		部门	
石化产业	1.573 500	通信设备、计算机及其他电子设备制造业	0.014 410
石油和天然气开采业	0.458 260	非金属矿物制品业	0.012 450
电力、热力的生产和供应业	0.126 680	仪器仪表及文化、办公用机械制造业	0.010 936
钢铁产业	0.115 640	纺织业	0.009 677
装备制造业	0.099 908	非金属矿及其他矿采选业	0.007 052
煤炭开采和洗选业	0.047 028	木材加工及家具制造业	0.006 478
金属矿采选业	0.031 495	纺织服装、鞋帽、皮革、羽绒制品业	0.006 233
电气机械及器材制造业	0.025 362	燃气生产和供应业	0.004 727
造纸印刷文教体育用品制造业	0.023 089	水的生产和供应业	0.002 559
金属制品业	0.022 536	工艺品及其他制造业	0.001 437
食品制造及烟草加工业	0.017 121		

2.3种产业发展情境下波及效果的分析

（1）产值增长5%

在技术条件不变的前提下，辽东湾石化产业产值规模增长5%，通过产业间的波及作用，最终导致石化产业本身还会有2.86%的增长。同时，其他工业部门的生产也会有不同程度的增长，如图30.31所示。其中受波及增长幅度最大的产业是石油和天然气开采业，将增产5.88%。增幅在1%—3%之间的工业部门有煤炭开采和洗选业、仪器仪表及文化办公用机械制造业、能源部门的生产和制造业。石油和天然气开采业以及水的生产和供应业都是与石化工业直接相关联的产业，所以它们的增幅都较大。其他与石化工业关联程度较低的产业部门的增产幅度均低于0.5%。可以看到，受辽东湾石化产业产值增长波及效果较大的产业主要集中在重工业，尤其对上游产业石油和天然气开采业的波及效果明显。

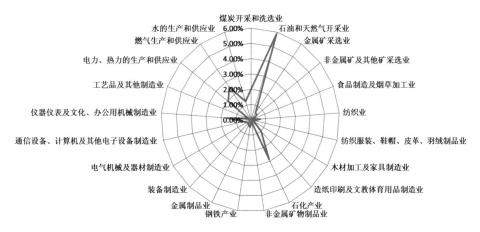

图30.31　辽东湾石化产业波及效果图（产值增长5%）

（2）产值减少5%

如图30.32所示，在技术条件不变的前提下，辽东湾石化产业产值规模减少5%，通过产业间的波及作用，最终导致石化产业本身还会有2.86%的减少。其他各工业部门减产幅度与产值增加时波及效果一致。

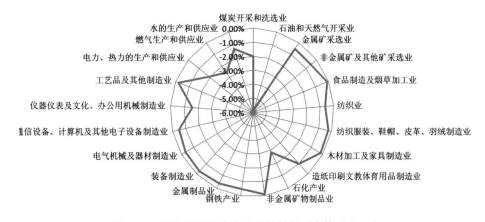

图30.32　辽东湾石化产业波及效果图（产值减少5%）

30.4.2.2 辽东湾钢铁产业波及效果与情景模拟分析

1. 产业波及效果分析

为了得出某产业变化对其他产业带来的直接和间接地影响总和，利用投入产出表计算辽东湾钢铁产业的列昂惕夫逆矩阵，见表30.17。

表30.17 辽东湾钢铁产业列昂惕夫逆矩阵表

部门		部门	
钢铁产业	1.602 700	通信设备计算机及其他电子设备制造业	0.012 655
金属矿采选业	0.389 940	食品制造及烟草加工业	0.010 784
石化产业	0.258 010	仪器仪表及文化、办公用机械制造业	0.009 070
电力、热力的生产和供应业	0.171 520	非金属矿及其他矿采选业	0.008 418
装备制造业	0.134 270	木材加工及家具制造业	0.007 748
石油和天然气开采业	0.076 261	纺织业	0.006 293
煤炭开采和洗选业	0.071 882	纺织服装、鞋帽、皮革、羽绒制品业	0.005 491
金属制品业	0.049 307	工艺品及其他制造业	0.004 164
电气机械及器材制造业	0.031 743	燃气生产和供应业	0.003 950
非金属矿物制品业	0.027 222	水的生产和供应业	0.002 192
造纸印刷文教体育用品制造业	0.016 200		

从表30.17可知，当钢铁产业增加一单位时，该产业除了自身增加一个单位的产出外，受其他产业增加中间投入的波及影响，还要多生产0.6027个单位产出，同时，石化产业由于钢铁产业增加了一个单位的产出而增加的中间投入的波及效果是0.25801个单位产出，即石化产业必须增加0.25801个单位产出才能满足钢铁产业增产一个单位的要求。同理可以推导出辽东湾钢铁产业对其他产业的波及效果。

2. 3种产业发展情境下波及效果的分析

（1）产值增长5%

在技术条件不变的前提下，辽东湾钢铁产业产值规模增长5%，通过产业间的波及作用，最终导致钢铁产业本身还会有3.01%的增长。同时，其他工业部门的生产也会有不同程度的增长，通过归类总结如图30.33所示。其中受波及增长幅度最大的是金属矿采选业，增幅达到4.81%；大部分相关工业部门增幅在1%—3%之间，分别是煤炭开采和洗选业、石油和天然气开采业、电力、燃气两大资源部门。其他工业部门如石化产业增长0.6%，电气机械及器材制造业增长0.31%，造纸印刷文教体育用品制造业增长0.51%，装备制造业增长0.28%等。只有食品制造及烟草加工业、纺织服装、鞋帽皮革制品业、木材加工及家具制造业和非矿物制品业4个产业的增长幅度小于0.2%。可以看到，受辽东湾钢铁产业波及效果较大的产业主要集中在重工业，尤其对上游产业金属矿采选及煤炭开采和洗选业的波及效果明显，这点与辽东湾石化产业的波及状况基本相同。

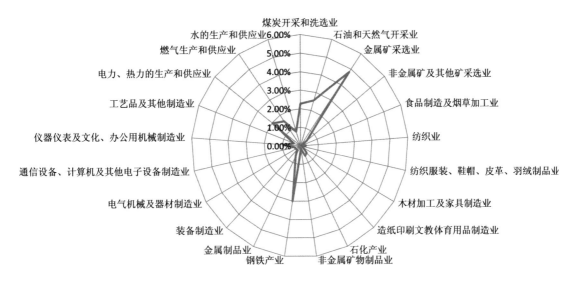

图30.33 辽东湾钢铁产业波及效果图（产值增长5%）

（2）产值减少5%

如图30.34所示，在技术条件不变的前提下，辽东湾钢铁产业产值规模减少5%，通过产业间的波及作用，最终导致钢铁产业本身还会有3.01%的减产。同理，其他工业部门受产业波及效应影响，也会有相应程度的减产。

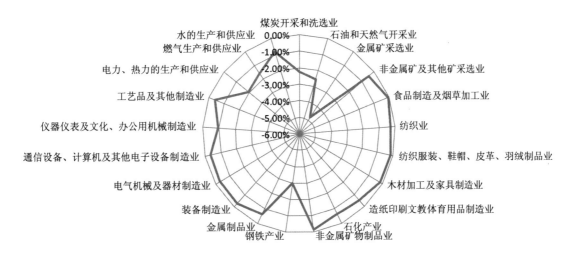

图30.34 辽东湾钢铁产业波及效果图（产值减少5%）

30.4.2.3 辽东湾装备制造业波及效果与情景模拟分析

1.产业波及效果分析

通过计算辽东湾装备制造业的列昂惕夫逆矩阵得出其产业变化对其他产业带来的直接和

间接影响总和，见表30.18。

表30.18 辽东湾装备制造业列昂惕夫逆矩阵表

部门		部门	
装备制造业	1.466 200	非金属矿物制品业	0.016 027
钢铁产业	0.460 340	仪器仪表及文化、办公用机械制造业	0.013 993
石化产业	0.212 700	食品制造及烟草加工业	0.012 902
金属矿采选业	0.117 000	纺织服装、鞋帽、皮革、羽绒制品业	0.011 995
电力、热力的生产和供应业	0.105 380	木材加工及家具制造业	0.010 533
金属制品业	0.076 301	纺织业	0.009 973
电气机械及器材制造业	0.075 779	非金属矿及其他矿采选业	0.005 386
石油和天然气开采业	0.062 761	工艺品及其他制造业	0.004 501
通信设备、计算机及其他电子设备制造业	0.050 264	燃气生产和供应业	0.002 895
煤炭开采和洗选业	0.036 407	水的生产和供应业	0.001 957
造纸印刷文教体育用品制造业	0.019 999		

从表30.18可知，当装备制造业增加一个单位时，该产业除了自身增加一个单位的产出外，受其他产业增加中间投入的波及影响，还要多生产0.466 2个单位产出，同时，钢铁产业由于装备制造业增加了一个单位的产出而增加的中间投入的波及效果是0.460 3个单位产出，即钢铁产业必须增加0.460 3个单位产出才能满足装备制造业增产一个单位的要求。同理可以推导出辽东湾装备制造业对其他产业的波及效果。

2. 3种产业发展情境下波及效果的分析

（1）产值增长5%

在技术条件不变的前提下，辽东湾装备制造业产值规模增长5%，通过产业间的波及作用，最终导致装备制造业本身还会有2.31%的增长（图30.35）。同时，其他工业部门的生产也会有不同程度的增长。金属矿采选业和金属制品业分别将增产2.34%和1.57%；煤炭开采和洗选业、石油和天然气开采业、钢铁产业三大能源产业分别将增产1.87%、3.43%、2.33%。另外，装备制造业还波及通信设备、计算机用其他电子设备制造业（2.15%）、电气机械及器材制造业（1.23%）仪器仪表及文化、办公用机械制造业（2.42%）、造纸印刷文教体育用品制造业（1.02%）等产业。可以看到，辽东湾装备制造业的波及效果作用较大的产业同样主要集中在重工业，尤其对上游产业金属矿采选、冶炼及制造波及明显，金属矿采选业及金属制品业还有一定程度的发展空间。

（2）产值减少5%

在技术条件不变的前提下，辽东湾装备制造业产值规模减少5%，通过产业间的波及作用，最终导致装备制造业本身还会有2.31%的减产。其他工业部门相应的减产幅度与产值增长的波动幅度一致（图30.36）。

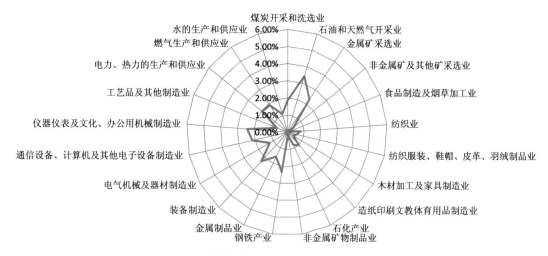

图30.35　辽东湾装备制造业波及效果图（产值增长5%）

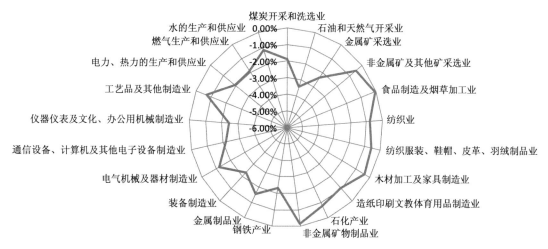

图30.36　辽东湾装备制造业波及效果图（产值减少5%）

通过对石化产业、钢铁产业以及装备制造业3个产业相互波及产值增长分析，可以看到，以上三部门的完全波及效果作用较大的产业主要集中在重工业领域，尤其以三者相互之间的波及效果最为显著，当石化产业产值增长5%时，钢铁产业和装备制造业波及增长共45亿元，除石化本身增长外，占波及增长值总和的29.6%；同理，当钢铁产业产值增长5%时，石化产业和装备制造业波及增长共61亿元，除钢铁本身增长外，占波及增长值总和的29.9%；当装备制造业产值增长5%时，其他两大产业波及增长共171亿元，除装备制造业本身产值增长外，占波及增长值总和的51.2%。当钢铁产业扩大生产一单位产品时，石化工业和装备制造业部门会相应做出反应增加生产，同样当石化工业和装备制造业分别扩大生产时，另外两个产业的生产需求将会增加，这样反复作用的结果将是，以钢铁产业、石化产业和装备制造业为主构成的重工业生产将不断扩大，重工业内部各产业间的联系将更加紧密，产值缩减时与产值增加时波及效果是相逆的，将导致重工业各部门相应幅度的缩减。

30.4.3 典型工业部门调控的节能效应

30.4.3.1 辽宁省主要耗能产业能耗和排放系数的选取

通过对典型工业部门波及效应分析可知，三大工业部门的波及效果均以重工业为主，且三者之间的内部波及效果明显，同时重工业部门亦是高耗能的产业，2012年辽宁省工业各部门能源消耗情况见表30.19。

表30.19　2012年辽宁省工业各部门总产值和能耗情况表

行业部门	总产值/亿元	能耗/10⁴ t	排序	行业部门	总产值/亿元	能耗/10⁴ t	排序
煤炭开采和洗选业	468.98	47.30	13	金属制品业	1 802.13	97.19	11
石油和天然气开采业	389.02	337.32	6	通用、专用设备制造业	6 342.00	361.62	4
金属矿采选业	1 936.70	218.82	7	交通运输设备制造业	3 593.3	103.51	10
非金属矿采选业	448.86	125.77	8	电气机械及器材制造业	2 117.87	55.97	12
食品制造及烟草加工业	5 659.71	103.69	9	通信设备制造业	969.13	14.58	19
纺织业	438.81	15.61	18	仪器仪表制造业	250.66	9.90	20
纺织服装、鞋帽、皮革、羽绒制品业	1 015.53	30.77	14	其他制造业	64.55	3.42	22
木材加工及家具制造业	1 151.29	27.88	15	废品及废料	78.66	2.37	23
造纸印刷文教体育用品制造业	753.37	25.77	16	电力、热力生产和供应业	1 700.20	346.72	5
石化工业	9 470.64	10 511.13	1	燃气生产和供应业	50.93	25.25	17
钢铁产业	6 502.55	3 306.83	2	水的生产和供应业	67.30	5.59	21
非金属矿物制品业	3 491.41	994.55	3				

注：1　通信设备制造业为通信设备、计算机及其他电子设备制造业的简称；仪器仪表制造业为仪器仪表及文化办公用机械制造业的简称。

　　2　钢铁产业是指黑色、有色金属冶炼及压延加工业。

　　3　数据来自2013年《辽宁统计年鉴》，其中能耗数据根据转换系数计算得出。

辽宁省工业中前十大耗能产业的能源消耗量占整个工业的97.84%，总产值占工业的81.1%。这十大耗能产业中除食品制造及烟草加工业外的其余产业受钢铁产业波及影响比较明显。因此，本文选取钢铁产业、煤炭开采和洗选业、化学工业和电力、热力生产和供应业等十个主要耗能产业来分析辽宁省典型产业调整的节能效应。

表30.20　各类能源折合标准煤参考系数

能源	煤炭	焦炭	原油	汽油	煤油	柴油	燃料油	天然气	电力
系数	0.714 3	0.971 4	1.428 6	1.471 4	1.471 4	1.457 1	1.428 6	1.33	0.122 9
单位	千克标准煤/kg							千克标准煤/m³	千克标准煤/kW·h

注：系数来自于《中国能源统计年鉴2013》。

在技术水平一定的前提下，单位产值能耗应保持基本稳定，因此，本研究以2012年各类工业部门的单位产值能耗作为研究基础，估算三个典型工业部门产值下降后缩减的能源消耗量。

30.4.3.2　工业部门调控的节能效应分析

1. 石化产业的节能效应分析

在石化产业产值变动5%（即产值变动473.54亿元）的波及下，各主要能耗产业变动的产值和能耗情况见表30.21。在石化产业调整及其波及影响下，辽宁省主要耗能部门产值变动1156.44亿元、同时额外会变动10681.89×10⁴ t标准煤的能耗，其中石化产业除自身产值变动473.54亿元外，受其他产业的波及影响，还需要额外变动271.58亿元，而导致最终能耗量变动826.98×10⁴ t标准煤；而钢铁工业在波及效果的影响下，将导致54.76亿元产值变动、27.85×10⁴ t标准煤的能耗变动。因此，当石化工业产值增长5%，将额外消耗10681.89×10⁴ t标准煤，相反，当石化工业产值缩减5%，将缩减能耗10681.89×10⁴ t标准煤。也就是说，产业调整方向的选择不同，在波及效应的影响下，将导致能源消耗量沿着不同的轨迹增长或者减少，二者之差有2.12×10⁷ t标准煤。

表30.21　辽宁省石化工业变动5%波及主要工业部门产值和能耗的变动情况

行业部门	变动产值/亿元	变动能耗/10⁴ t	行业部门	变动产值/亿元	变动能耗/10⁴ t
石化工业	745.12	826.98	石油和天然气开采业	217.0	188.16
钢铁产业	54.76	27.85	金属矿采选业	14.91	1.68
非金属矿物制品业	5.90	1.68	非金属矿采选业	3.34	0.94
装备制造业	47.31	2.21	食品制造及烟草加工业	8.11	0.15
电力热力生产和供应业	59.99	12.23	合计	1 156.44	1 061.89

注：装备制造业包含通用、专用设备制造业及交通运输装备制造业。

2. 钢铁工业的节能效应分析

在钢铁工业产值变动5%（即产值变动325.13亿元）的波及下，各主要能耗产业变动的产值和能耗情况见表30.22。在钢铁工业调整及其波及影响下，辽宁省主要耗能部门产值变动871.08亿元、同时额外会变动410.69×10⁴ t标准煤的能耗，其中钢铁工业在自身325.13亿元的产值变动基础上，受其他部门波及效果的影响，还需要额外产生195.95亿元产值变动，最终导致521.09亿元产值变动及265.00×10⁴t标准煤的能耗变动；而石化工业受波及效果影响，将产生83.89亿元的产值变动及93.11×10⁴t标准煤的能耗变动。同理可知，钢铁工业产值增减5%情况下，受波及效果的影响，将导致其他主要工业部门的能源消耗量，增加或减少410.69×10⁴t标准煤。

表30.22　辽宁省钢铁工业变动5%波及主要工业部门产值和能耗的变动情况

行业部门	变动产值/亿元	变动能耗/10⁴t	行业部门	变动产值/亿元	变动能耗/10⁴t
钢铁产业	521.09	265.00	石油和天然气开采业	24.79	21.50
石化工业	83.89	93.11	金属矿采选业	126.78	14.32
非金属矿物制品业	8.85	2.52	非金属矿采选业	2.74	0.77
装备制造业	43.66	2.04	食品制造及烟草加工业	3.51	0.06
电力、热力生产和供应业	55.77	11.37	合计	871.08	410.69

注：装备制造业包含通用、专用设备制造业及交通运输装备制造业。

3. 装备制造业的节能效应分析

在装备制造业产值变动5%（即产值变动496.77亿元）的波及下，各主要能耗产业变动的产值和能耗情况见表30.23。在装备制造业调整及其波及影响下，辽宁省主要耗能部门产值变动1 199.63亿元、同时额外会变动290.91×10⁴t标准煤的能耗。受其他产业部门的波及效应，装备制造业最终将导致728.36亿元产值变动和34.10×10⁴t标准煤的能耗变动。同理可知，装备制造业产值增减5%情况下，受波及效果的影响，将导致额外增加或者减少其他主要工业部门的能源消耗量290.91×10⁴t标准煤，两种相反的产业调整情况，导致的能源消耗量的变动之差为581.82×10⁴t标准煤。

表30.23　辽宁省装备制造业变动5%波及主要工业部门产值和能耗的变动情况

行业部门	变动产值/亿元	变动能耗/10⁴t	行业部门	变动产值/亿元	变动能耗/10⁴t
装备制造业	728.36	34.10	石油和天然气开采业	31.18	27.04
石化工业	83.89	93.11	金属矿采选业	58.12	6.57
非金属矿物制品业	7.96	2.27	非金属矿采选业	2.68	0.75
钢铁产业	228.68	116.29	食品制造及烟草加工业	6.41	0.12
电力、热力生产和供应业	52.35	10.68	合计	1 199.63	290.91

注：装备制造业包含通用、专用设备制造业及交通运输装备制造业。

30.4.3.3　小结

石化工业、钢铁工业及装备制造业是辽东湾地区的三大支柱产业，本研究以辽宁省投入产出表为基础，计算得出列昂惕夫逆矩阵，分析了3个典型工业部门的产业波及效果，并选取辽宁省前十大最主要的能源消耗部门，研究三大产业产值变动导致的能源消耗量的变动情况。结果表明：在产业波及效果的影响下，3个典型工业部门的产值变动将导致主要能耗部门的产值相应地变动，从而各部门的能源消耗量相应地增加或者减少；以产值变动5%为例，石化工业的波及效应产生的能耗变动最为显著，将导致1061.89×10^4 t标准煤的能源消耗变化量，其次是钢铁工业的410.69×10^4 t标准煤，装备制造业则是290.91×10^4 t标准煤。因此，合理调整缩减典型工业部门的规模，有利于遏制工业结构重型化的趋势，同时降低发展中的能源消耗量。

30.4.4　典型工业部门调控的减排效应

30.4.4.1　碳及主要大气污染物的减排效应分析

本研究参考联合国政府间气候变化专门委员会（Intergovernmental Panel on Climate Change，IPCC）给出的各种燃料排放标准，国家发改委对燃煤锅炉和火力发电的相关排放标准以及相关论文中各专家对燃煤碳和大气污染物排放测算结果，确定每吨标准煤消耗后碳和大气污染物排放量如下：CO_2为2 180 kg，SO_2为6.78 kg，NO_x为3.28 kg，粉尘为3.78 kg。

辽宁省目前的能源消耗仍以煤炭为主，煤炭消耗占总能耗的64.7%。大量煤炭的消耗对环境（特别是大气环境）造成了非常严重的污染。辽宁省典型工业部门规模调整可以通过对能耗量影响，相应地影响大气污染物排放。

1）石化工业调整的减排效应

在石化工业产值调整5%的波及影响下，辽宁省主要耗能产业部门将导致CO_2 2314.90×10^4 t，SO_2 7.20×10^4 t，NO_x 3.48×10^4 t，粉尘4.01×10^4 t排放量的变动，见表30.24。

表30.24　石化工业产业波及下主要耗能产业部门碳及主要大气污染物减排效应　　单位：10^4 t

行业部门	CO_2	SO_2	NO_x	粉尘
石化工业	1 802.82	5.61	2.71	3.13
钢铁产业	60.71	0.19	0.09	0.11
非金属矿物制品业	3.66	0.01	0.01	0.01
装备制造业	4.82	0.01	0.01	0.01
电力、热力生产和供应业	26.66	0.08	0.04	0.05
石油和天然气开采业	410.19	1.28	0.62	0.71
金属矿采选业	3.66	0.01	0.01	0.01
非金属矿采选业	2.05	0.01	0.00	0.00
食品制造及烟草加工业	0.33	0.00	0.00	0.00
合计	2 314.90	7.20	3.48	4.01

2）钢铁工业调整的减排效应

在钢铁工业产值调整5%的波及影响下，辽宁省主要耗能产业部门将导致CO_2 895.30×10^4t，SO_2 2.78×10^4t，NO_x 1.35×10^4t，粉尘1.55×10^4t排放量的变动，见表30.25。

表30.25　钢铁工业产业波及下主要耗能产业部门碳及主要大气污染物减排效应　　　　单位：10^4 t

行业部门	CO_2	SO_2	NO_x	粉尘
钢铁产业	577.70	1.80	0.87	1.00
石化工业	202.98	0.63	0.31	0.35
非金属矿物制品业	5.49	0.02	0.01	0.01
装备制造业	4.45	0.01	0.01	0.01
电力、热力生产和供应业	24.79	0.08	0.04	0.04
石油和天然气开采业	46.87	0.15	0.07	0.08
金属矿采选业	31.22	0.10	0.05	0.05
非金属矿采选业	1.68	0.01	0.00	0.00
食品制造及烟草加工业	0.13	0.00	0.00	0.00
合计	895.30	2.78	1.35	1.55

3）装备制造业调整的减排效应

在装备制造业产值调整5%的波及影响下，辽宁省主要耗能产业部门将导致CO_2 634.18×10^4t，SO_2 1.97×10^4t，NO_x 0.95×10^4t，粉尘1.10×10^4t排放量的变动，见表30.26。

表30.26　装备制造业产业波及下主要耗能产业部门碳及主要大气污染物减排效应　　　　单位：10^4 t

行业部门	CO_2	SO_2	NO_x	粉尘
装备制造业	74.34	0.23	0.11	0.13
石化工业	202.98	0.63	0.31	0.35
非金属矿物制品业	4.95	0.02	0.01	0.01
钢铁产业	253.51	0.79	0.38	0.44
电力热力生产和供应业	23.28	0.07	0.04	0.04
石油和天然气开采业	58.95	0.18	0.09	0.10
金属矿采选业	14.32	0.04	0.02	0.02
非金属矿采选业	1.64	0.01	0.00	0.00
食品制造及烟草加工业	0.26	0.00	0.00	0.00
合计	634.18	1.97	0.95	1.10

30.4.4.2　废水排放量的波及效应

辽东湾地区的工业构成特征比较明显，鲜明的重化工业主导型工业结构在过去30年里始终伴随着该区域的经济发展。产业结构的特点决定了该地区水资源消耗加大，进而导致水污染加重。考虑到工业废水排放控制是污染物排放总量控制最重要的内容之一，本研究对典型工业部门的废水排放量波及效应分析。

由于现有的统计资料中缺乏辽宁省工业分行业的废水排放数据，因此本研究选用了《第一次全国污染普查》中辽宁省分行业的产值及废水排放量，计算得出单位产值废水排放量，作为衡量各工业部门废水排放水平的指标，见表30.27。

表30.27　辽宁省工业各部门单位产值废水排放量　　　　　　　　　　　单位：t/万元

行业部门	单位产值废水排放量	排序	行业部门	单位产值废水排放量	排序
煤炭开采和洗选业	11.48	2	金属制品业	0.59	18
石油和天然气开采业	7.70	5	通用设备制造业	0.43	19
金属矿采选业	8.47	4	专用设备制造业	0.74	15
非金属矿采选业	1.15	12	交通运输设备制造业	0.88	14
食品制造及烟草加工业	3.58	9	电气机械及器材制造业	0.68	17
纺织业	10.98	3	通信设备制造业	0.73	16
纺织服装、鞋帽、皮革、羽绒制品业	1.98	10	仪器仪表制造业	0.31	20
木材加工及家具制造业	0.29	22	其他制造业	1.42	11
造纸印刷文教体育用品制造业	43.67	1	电力、热力生产和供应业	4.43	8
石化工业	6.58	6	燃气生产和供应业	0.11	23
钢铁产业	0.97	13	水的生产和供应业	5.22	7
非金属矿物制品业	0.30	21			

伴随着工业化、城市化进程的推进，环境与经济发展的矛盾引发社会各界的普遍关注，而工业污染特征明显、污染源集中，因此工业污染治理工作介入较早，并且随着技术进步，相关生产工艺提升，工业部门单位产值的废水排放量下降趋势明显。考虑到辽宁省各工业部门单位产值的废水排放量是以2007年的数据为参考，与目前的排放水平存在明显差异，因此，本研究以全国各行业单位产值废水排放量的变动情况作为修正系数，表30.28为2007年、2011年全国工业分行业的单位废水排放量的变动情况，可以看出，2007年全国工业部门每万元产值产生工业废水6.387 5 t，而2011年降到2.727 3 t，仅为2007年的1/5，分行业的万元产值废水排放量均有不同程度的下降。

表30.28 2007年、2011年全国工业分行业单位产值废水排放量的变化   单位：t/万元

行业部门	2007年	2011年	行业部门	2007年	2011年
煤炭开采和洗选业	7.9376	4.9618	金属制品业	2.9121	1.2810
石油和天然气开采业	1.2034	0.6340	通用设备制造业	0.6615	0.2921
金属矿采选业	13.4422	5.7056	专用设备制造业	0.8911	0.2468
非金属矿采选业	6.3436	1.6090	交通运输设备制造业	0.8122	0.4489
食品制造及烟草加工	7.9395	3.4345	电气机械及器材制造	0.3605	0.1873
纺织业	12.0197	7.3746	通信设备制造业	0.7552	0.7048
纺织服装、鞋帽、皮革、羽绒制品业	2.9848	2.0326	仪器仪表制造业	1.6702	0.2937
木材加工及家具制造	1.1224	0.3021	其他制造业	1.1120	0.5559
造纸印刷文教体育用品制造业	40.5519	20.1278	电力、热力生产和供应	6.6054	3.3563
石化工业	7.4883	3.3049	燃气生产和供应业	2.8694	0.3148
钢铁产业	4.6542	1.8892	水的生产和供应业	19.988	3.0209
非金属矿物制品业	2.5878	0.6490			

经过系数修正之后，可以得出目前辽宁省分行业的单位产值废水排放量，详见表30.29。可以看出每万元产值产生废水排放量最高的部门主要为造纸印刷及文教体育用品制造业、水的生产和供应业、金属矿采选业、煤炭开采和洗选业、纺织业、石化工业、石油和天然气开采业及电力、热力生产和供应业等部门，其中除纺织业外，均为重工业部门。

表30.29 修正后的辽宁省分行业单位产值废水排放量   单位：10^4 t

行业部门	单位产值废水排放量	排序	行业部门	单位产值废水排放量	排序
煤炭开采和洗选业	18.36	4	金属制品业	1.34	17
石油和天然气开采业	14.61	7	通用设备制造业	0.97	22
金属矿采选业	19.96	3	专用设备制造业	2.66	13
非金属矿采选业	4.52	10	交通运输设备制造业	1.60	16
食品制造及烟草加工业	8.27	9	电气机械及器材制造业	1.30	18
纺织业	17.89	5	通信设备制造业	0.78	23
纺织服装皮革羽绒及其制品业	2.91	11	仪器仪表制造业	1.77	15

续表

行业部门	单位产值废水排放量	排序	行业部门	单位产值废水排放量	排序
木材加工及家具制造业	1.08	20	其他制造业	2.84	12
造纸印刷及文教用品制造业	87.98	1	废品及废料	0.77	24
石化工业	14.91	6	电力热力生产和供应业	8.72	8
钢铁产业	2.40	14	燃气生产和供应业	0.99	21
非金属矿物制品业	1.20	19	水的生产和供应业	34.55	2

当辽东湾地区石化产业、钢铁产业和装备制造业产值规模分别变动5%情况下，产业间的波及作用会导致其他产业有不同程度的增长，其他工业部门为了满足三大产业的波及作用，需要增加额外的工业废水排放总量估算分别为7.97×10^7t、2.29×10^7t、4.19×10^7t，分别相当于2012年辽宁省工业废水排放总量（8.72×10^8t）的9.1%、2.6%、4.8%。也就是说，当石化产业产值增长5%，通过产业间的波及作用，自身需额外排放废水4.90×10^7t，而其他21个工业部门需要额外增加3.07×10^7t的工业废水排放量才能满足石化产业产值增长增加废水排放量的需要，其他两个产业同理。

不同类型的工业废水受产业波及影响的排放量不同，3个典型工业部门波及效应明显的主要集中于重化工业部门，而这些重化产业恰恰又是含油废水、氨氮废水、重金属废水、化学需氧量废水等相关污染物的排污大户，进一步推动了辽东湾地区整体废水排放量的增大。其中石化产业的排污最为严重，三大产业发展，石化产业受波及影响所排放的不同类型的工业废水之和为7.97×10^7t，居所有产业之首。造纸印刷文教体育用品制造业居于第2位，虽然此行业受波及影响增加的产值不多，但是由于造纸印刷行业是排污大户，所以受波及影响额外增加的不同类型的工业废水的排放量也较多，见表30.30。

表30.30　辽东湾地区工业部门受三大产业波及影响额外废水排放量　　　　单位：10^4t

行业名称	石化产业	钢铁产业	装备制造业
煤炭开采和洗选业	255.66	268.30	207.63
石油和天然气开采业	1 670.93	190.92	240.07
金属矿采选业	126.32	135.78	492.29
非金属矿采选业	3.84	3.15	3.08
食品制造及烟草加工业	29.02	12.55	22.95
纺织业	50.32	22.47	54.40
纺织服装、鞋帽、皮革、羽绒及其制品业	5.84	3.53	11.80

续表

行业名称	石化产业	钢铁产业	装备制造业
木材加工及家具制造业	0.89	0.73	1.52
造纸印刷及文教体育用品制造业	477.47	230.01	433.86
石化工业	4 902.86	551.98	695.26
钢铁产业	53.12	505.45	221.82
非金属矿物制品业	1.77	2.66	2.39
金属制品业	6.30	9.46	22.36
装备制造业	96.99	89.49	1 493.15
电气机械及器材制造业	8.17	7.02	25.60
通信设备制造业	4.98	3.00	18.23
仪器仪表制造业	1.61	0.91	2.15
其他制造业	0.97	1.92	3.18
电力、热力生产和供应业	265.75	247.04	231.91
燃气生产和供应业	0.25	0.14	0.16
水的生产和供应业	6.33	3.72	5.07
合计	7 969.36	2 290.25	4 188.86

30.4.4.3　小结

本节主要针对碳及主要大气污染物排放、工业废水排放两个方面，分析了石化工业、钢铁工业及装备制造业等3个典型工业部门产业波及的减排效果。结果表明：①碳及主要大气污染物方面，以产值波动5%模拟，3个典型工业部门波及效果中碳排放量均远高于其他大气污染物，其中石化产业波及效果最为明显，5%的产值变动将导致2.31×10^7 t的CO_2排放变动；②工业废水方面，本研究针对工业分行业单位产值的废水排放量的数据存在明显的下降趋势，考虑2007年辽东湾地区的各工业部门废水排放量数据的时滞性将很大程度地夸大波及效果带来的额外废水排放量，为避免这一现象，本研究按照全国分行业的单位产值废水排放量进行修正，得出更为贴近实际的分行业单位产值废水排放量，根据产业波及效果的影响，从而计算出3个典型工业部门的产值变动将导致各工业部门废水排放量相应地变动，同样以5%模拟，计算结果显示石化工业减少5%，在波及效果影响下，可削减7.97×10^7 t废水的排放量，同理得出钢铁工业、装备制造业的减排效果分别为2.29×10^7 t、4.19×10^7 t。因此，合理调整缩减典型工业部门的规模，既有利于遏制工业结构重型化的趋势，同时也减少大气污染物及工业废水排放量，从而减轻环境污染压力。

30.4.5　主要对策建议

环渤海地区工业部门日益重型化的趋势必然加重以下5个方面的问题：①钢铁、石化和造船等产能过剩问题不断加剧；②转变工业发展方式的难度继续加大；③以雾霾为代表的大气污染仍将持续；④重金属污染的区域风险日益升高；⑤渤海海洋环境面临的压力越来越大。综合分析以上几个方面的问题可以发现：以治理雾霾或减轻对渤海环境污染等单一目标来解决环渤海地区工业发展的问题是不现实的。

为了寻求解决辽东湾地区工业现实问题的途径，本研究运用投入产出理论系统分析辽东湾工业的发展现状和调整工业结构的效应。基于列昂惕夫逆矩阵分别模拟了石化、钢铁、装备制造3个重工业部门按一定速度增长或负增长等不同的情景下，对区域工业结构的不同波及效应。在此基础上，结合能源消耗、大气污染物及废水排放量等指标，评价3个典型工业部门的节能、减排效应。经过反复模拟对比发现，在辽东湾地区石化、钢铁和装备制造3个重工业部门负增长的情况下，可缓解上述区域工业发展所面临的几个问题。因此，化解产能过剩是辽东湾地区工业结构优化、工业污染调控的核心。

1. 加快发展低耗能低污染的高新技术产业

高新技术是新形势下国际竞争的核心，在高新技术产业上占领制高点是提升竞争力的最佳途径。大力发展高新技术是21世纪产业发展的战略重点。作为五大城市群之一，辽东湾地区亟须升级工业结构，转变生产模式，从而达到工业结构调整与优化的目的。同时，受产业间的波及作用，高新技术产业的发展对其他重工业所带来的波及效果要小于重工业的发展所带来的波及效果。

（1）要携手制定区域高新技术产业发展规划。辽东湾城市群工业重型化的倾向较为明显，经济增长表现出政府主导、投资拉动的特点。在这样的背景下，由政府主导制定各类发展规划，对引导地区经济发展起着至关重要的作用。政府应制定环渤海地区统一的高新技术产业发展规划，明确本区高新技术产业的发展方向和重点，特别是找准高新技术产品在产业链和价值链上的定位，从而形成彼此要素共享、产业互联、产品对接的区域高新技术产业一体化发展格局。

（2）培育高新技术产业发展的环境。地方政府在财政、金融、投资、利率和进出口政策上给予大力扶持，在重点建设项目和政府采购中优先使用国产高新技术产品，加大财政对高新技术的投入，加快建立高新技术产业发展的风险投资机制，鼓励和支持建立高新技术项目中间实验基地，政策性信贷资金应优先向高新技术产业倾斜，并且对技术创新成效显著的企业给予奖励，制定企业技术创新激励政策。

（3）加强科研投入和人才培养。科学技术是推动高新技术产业发展的原动力，加大研发投入，促进技术升级和创新，辽东湾地区应着力将科技资源、创新要素、科技人才等优势转化为推动高新技术产业发展的现实动力。同时，应打破地方保护、封闭发展的狭隘思维，加强与环渤海地区其他城市之间的合作，鼓励科技资源更多地与周边地区的土地资源、人力资本等生产要素的深度融合，更好地发挥技术溢出效应，带动辽东湾地区高新技术产业的整体发展。

2.抓好重点工业行业，按可持续发展的目标逐步提升工业结构

以钢铁、石化等高能耗、高污染工业部门为主的工业结构在一定的时期内不可避免，因此需要确定辽东湾地区重点工业行业调整的方向。同时研究发现，石化产业、钢铁产业和装备制造业波及效果较大的产业都集中在重工业领域，尤其以三者相互之间的波及效果最为显著，从而形成区域重工业内部自循环，所以特意针对三大产业的发展提出政策和建议。

（1）石化产业。石化产业是环渤海地区支柱产业之一，也是能耗强度大、耗能量大的产业部门之一。石化工业一方面本身是耗能大户，另一方面它又在产出能源，所以该产业部门的优化调整对解决环渤海地区能源约束、降低能耗意义重大。石化产业优化调整的方向是：加快结构优化调整，转变增长方式，坚持自主创新，协调发展。应重点鼓励支持生产装置的大型化和集约化、生产过程清洁化和能源、资源节约型装置的改造，同时应该大力发展具有投资回报率高、附加值高、科技含量高、产品灵活性大等特点的精细化工，进一步巩固、壮大支柱产业的地位。

（2）钢铁产业。钢铁产业是国民经济的重要基础产业，是全面实现工业化的产业，也是能源、资源、资金、技术密集型产业。钢铁产业调整时应该注意要控制钢铁产业的发展规模。目前，辽东湾地区钢铁工业基础雄厚，面临较严重的产能过剩，区域冶金市场的饱和不仅导致了钢铁企业的恶性竞争，同时由于该产业高耗能、高污染的特性，对区域生态环境的破坏也很严重，因此，该产业生产规模需要得到有效控制，并通过技术更新和企业重组等途径对冶金产业进行有效整合，提高产品生产质量的同时有效控制工业污染。

（3）装备制造业。与石化产业和钢铁产业相比，虽然装备制造业也是辽东湾地区支柱产业之一，但其能耗强度和废水排放强度均不高，所以大力发展装备制造业对于区域生态环境的影响不大。装备制造业的调整方向是发展循环经济，走集约化生产、清洁化生产、低消耗高产出的发展之路。

3.实施工业结构统一协调战略

辽东湾地区工业产业的协调发展，需要明确本区在环渤海地区中的定位，将本区置于环渤海地区整体框架之中进行产业结构调整优化，与其他省区协调统筹规划。加强区域合作开发，推动整个区域产业结构的合理化、现代化和高层次化。

（1）发挥骨干城市在区域经济发展中的带动作用，以此带动兄弟城市的合作共赢发展，要加强地区城市间的经济联系和有效合作，避免无效竞争。

（2）以沿海港口为龙头通过产业在不同地区之间的转移明确各地的分工关系，使得辽东湾城市群形成有效的产业链。

（3）明确辽东湾地区内各市的比较优势，横向联合以合力发展经济，通过联合扩大煤炭出口、联合开发创汇农业、联合开发国际旅游业等战略，推动环渤海地区的整体开放与外向型经济的发展。

第八篇
渤海湾环境承载力监测与城镇污染调控研究

31 研究范围及内容

渤海湾陆源入海污染负荷评估涵盖整个渤海湾大部分区域，包括唐山、天津、黄骅、滨州近海海域及陆源的9条入海河口及其流域，通过建立这9条河流的响应系数场，进行数值模拟，进而评估入海负荷的超载情况。

渤海湾海洋环境调查及承载力评估调查与研究范围包括整个渤海湾以及秦皇岛、唐山等辽东湾部分海域，行政区域包括了河北、天津及滨州近岸海域，评估对象为渤海湾主要污染物（化学需氧量、无机氮和磷酸盐）。

渤海湾沿岸社会经济活动主要污染物压力研究以流域分区为单元，通过社会经济数据分析海域环境污染根源的位置、强度、规模、空间集聚特征，为深入认识海洋环境问题，从陆域社会经济活动入手进行管理调控奠定基础。根据京津冀地区入海河流的河网关系及地形特征，将京津冀地区沿岸划分为12个流域分区单元。以土地利用类型图为基础，建立土地利用类型与社会经济指标的对应关系，运用GIS空间分析方法对京津冀地区的社会经济活动的空间分布现状进行了不均匀分布模拟，并在此基础上确定流域分区内社会经济要素空间分布的强度、规模。参考水环境污染相关研究及区划相关研究着重分析的社会经济活动指标包括：工业增加值、工业废水排放量、农业产值、牧业产值、化肥施用量、农村人口、城镇人口、国内生产总值。在流域社会经济数据空间分布模拟的基础上，通过排污系数法计算总氮、总磷及化学需氧量3个主要传统污染物的压力特征。污染产生量估算用到的社会经济指标包括：工业（行业）产值、工业用水量、污水产生量、城镇人口数、城镇生活水量、城镇用地面积、耕地面积、化肥施用量、农村人口数、畜禽养殖数。最后，从具体污染物的岸段压力分析入手，确定重点控制流域，再进一步结合流域与行政区关系最终确定对流域管理调控的行政区。

31.1 渤海湾海洋环境特征

31.1.1 地理位置

渤海湾是渤海三大海湾之一，位于渤海西部，北起河北省乐亭县大清河口，南到山东省黄河口，有蓟运河、海河等河流注入。海底地形大致自南向北，自岸向海倾斜，沉积物主要为细颗粒的粉砂与淤泥。渤海湾海底地势由岸向湾中缓慢加深，平均水深12.5 m。渤海湾是京津的海上门户，华北海运枢纽，三面环陆，与河北、天津、山东的陆岸相邻，东以滦河口至黄河口的连线为界与渤海相通，面积$1.59 \times 10^4 km^2$，约占渤海总面积的1/5。

31.1.2　地质与地貌

渤海湾盆地形成于中生代和新生代。渤海湾正处在中生代古老地台活化地区，位于冀中、黄骅、济阳三拗陷边缘，经历了各个地质时期的构造运动和地貌演变，形成湖盆，并在其上覆有1—7 km巨厚松散沉积层。渤海湾沿岸几乎全为第三纪沉积物，形成典型的粉砂淤泥质海岸。又因几经海水进退作用，使海湾西岸遗存有沿岸泥炭层和3条贝壳堤。海底沉积物均来自河流挟带的大量泥砂，经水动力的分选作用，呈不规则的带状和斑块状分布。一般来说，沿岸粒度较粗，多粉砂和黏土粉砂，东北部沿岸多砂质粉砂；海湾中部粒度较细，多黏土软泥和粉砂质软泥。

31.1.3　气候

由于渤海湾为三面环陆的半封闭性海湾，位于中纬度季风区，离蒙古高原较近，因此，气候有显著"大陆性"特征：一是季风显著；二是冬寒夏热，气温年变差大；三是雨季很短，集中在夏季，降水量的年际变化也很大。

31.1.4　水温、盐度、海冰

渤海湾冬季水温沿岸低于湾中，以1月最低，略低于0 ℃；夏季沿岸高于湾中，8月最高，约为28 ℃，水温年变差在28 ℃以上。冬季常结冰，冰期始于12月，终于翌年3月。冰量为5—8级（以冰盖面占总海面的十分比为级）。历史上曾出现两次（1936和1969年）严重大冰封、湾内冰丘迤逦，全被封冻，冰厚50—70 cm，最厚达1 m。盐度分布趋势是湾中高于近岸，分别为29—31和23—29，但紧邻岸滩一带，受沿岸盐田排卤的影响，盐度高达33，盐度的年变差为8。

31.1.5　潮流与潮汐

渤海湾的潮汐属正规和不正规半日潮，平均潮差为2—3 m，大潮潮差为4 m左右。落潮的延时大于涨潮的延时，分别为7 h和5 h。海浪以风浪为主，平均波高约为0.6 m，最大波高可达4.0—5.0 m。

渤海海域涨潮流由渤海海峡向西北流入渤海，在秦皇岛外海分成两股，一股沿东北向流入辽东湾，另一股向西南流入渤海湾。秦皇岛至大清河口沿岸涨潮流向西南，最大流速0.360—0.514 m/s，落潮流向东北东—东向，最大流速0.206—0.360 m/s，这一带潮流大多为顺岸方向的往复流。自大清河口至大口河口属于渤海湾沿海，潮流流向大多垂直海岸，涨潮流流向为西至西北方向，落潮流向为东至东南方向，涨潮流流速最大0.514—0.977 m/s，落潮流速最大为0.412—0.772 m/s，以蓟运河口至涧河口一带沿岸的潮流为最强。

31.1.6　径流与泥沙

渤海湾沿岸河流含沙量大，滩涂广阔，淤积严重。流入海湾的主要河流有黄河、海河、蓟运河和滦河，如图31.1所示。

黄河以水少沙多著称。年均径流量$4.40 \times 10^{10} m^3$ (郑州附近花园口水文站)，多年平均输沙量$16 \times 10^8 t$，约占渤海输沙量的90%以上，是渤海湾现代沉积物主要来源。

海河水系年均径流量为$2.12 \times 10^{10} m^3$，年均输沙量$6.0 \times 10^6 t$。1958年海河建闸后，径流量锐减，年均径流量仅$7.1 \times 10^8 m^3$，年输沙量不足$3.0 \times 10^5 t$，对渤海湾地貌发育的影响已大为减小。

蓟运河为蓄泄河道，1922—1957年年均径流量$7.4 \times 10^8 m^3$，年均输沙量7.0×10^5—$1.0 \times 10^6 t$。1958年建闸后，年径流量和年输沙量分别为$0.66 \times 10^8 m^3$和$1.56 \times 10^4 t$。

滦河年均径流量$4.79 \times 10^9 m^3$，年输沙量$2.21 \times 10^7 t$。

由上可见，黄河大量泥沙的入海和扩散，是渤海湾泥沙主要来源。滦河入海泥沙的向西南运移，虽为数不多，但仍不容忽视，使渤海湾水下不断淤浅，滩面扩增。如北堡一涧河的滩面，1958—1984年年均向海延伸1.5 km，沉积厚度年均增11.5 cm，为其他海区所罕见。

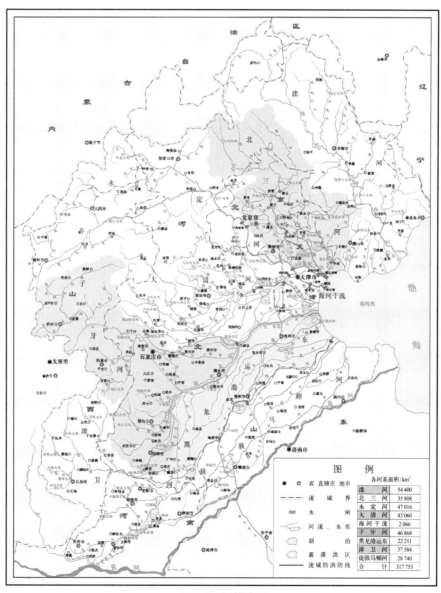

图31.1 河流水系

31.1.7 沿岸水系特征

31.1.7.1 滦河水系

滦河发源于河北省丰宁县巴延屯图古尔山麓，上源称闪电河，流经内蒙古，又折回河北，经承德到潘家口穿过长城至滦县进入冀东平原，于乐亭县南入海，流域面积54 400 km²。滦河干流长度888 km。主要支流有小滦河、兴洲河、伊逊河、武烈河、老牛河、青龙河等。域内植被较好，河川径流量在海河流域三水系中相对较丰。近年来修建了潘家口、大黑汀等大型水库和引滦入津、引滦入唐、引青济秦等工程，水资源利用程度大为提高。

在流域东北部冀东沿海一带，有若干条单独入海的河流，主要有陡河、沙河、洋河、石河等，这些河流流域面积不大，水量较小，统称冀东沿海诸河。

31.1.7.2 海河水系

海河水系由北三河、永定河、大清河、子牙河、漳卫南运河五大河组成。北三河又包括蓟运河、潮白河、北运河。北三河与永定河合称海河北系；大清河、子牙河、漳卫南运河合称海河南系。

1. 北三河

北三河位于海河流域北部的永定河、滦河之间，流域面积35 808 km²，其中山区22 115 km²，平原13 693 km²。

北运河发源于北京市昌平区北部山区，通州区北关闸以上称温榆河，北关闸以下始称北运河，南流纳通惠河、凉水河、凤港减河等平原河道，至土门楼经青龙湾减河入潮白新河。河道干流总长142.7 km。

潮白河由潮河、白河两大支流组成，均发源于河北省沽源县南，在密云县以南汇合始称潮白河，至香河吴村闸，潮白河长度为284 km；吴村闸以下称潮白新河，至宁车沽闸汇入永定新河，潮白新河河道长度为183 km。

蓟运河主要支流有沟河、州河和还乡河，州、沟两河发源于河北省兴隆县，于九王庄汇合后始称蓟运河。还乡河发源于河北省迁西县，蓟运河至阎庄纳入还乡河（分洪道），南流至北塘汇入永定新河入海。蓟运河干流长度为157 km。

2. 永定河

永定河是海河流域北系一条主要河道，上游有桑干河、洋河两大支流，分别发源于内蒙古高原的南缘和山西高原的北部，两河在河北省怀来县朱官屯汇合后称永定河，流域总面积4.7×10⁴ km²，其中官厅以上流域面积4.34×10⁴ km²，官厅到三家店为官厅山峡，区间面积1 600 km²，三家店以下为中下游地区，集水面积近2 000 km²。

永定河自三家店以下河道全长200 km左右，分为三家店—卢沟桥段、卢（沟桥）—梁（各庄）段、永定河泛区段和永定新河段等四段。永定河泛区出口屈家店以下大部分洪水由永定新河入海，小部分洪水经北运河入海河干流。永定新河于大张庄以下纳北京排污河、金钟河、潮白新河和蓟运河，于北塘入海。

3. 大清河

大清河流域位于海河流域中部，西起太行山，东临渤海湾，北邻永定河，南界子牙河，流域面积 43 060 km²。大清河水系中上游分为南、北两支。北支主要支流有小清河、琉璃河、拒马河、中易水等。拒马河在张坊以下又分流成南、北拒马河，小清河、北拒马河在东茨村汇流后称白沟河，南拒马河在北河店纳中易水后，在白沟镇与白沟河汇流。大部分洪水由新盖房分洪道入东淀，少量经白沟引河入白洋淀。白沟镇以上流域面积 1.02×10^4 km²，其中张坊以上 4 280 km²。

大清河南支主要支流有瀑河、漕河、府河、唐河、潴龙河等，各河均汇入白洋淀，流域面积 2.10×10^4 km²。南北两支洪水在东淀汇流后，分别经海河和独流减河入海。除东淀外主要滞洪洼淀还有文安洼、贾口洼、团泊洼、唐家洼等。

4. 子牙河

子牙河系主要支流有滹沱河、滏阳河，流域面积 46 868 km²，其中滏阳河艾辛庄以上 14 877 km²，黄壁庄以上 23 400 km²。滹沱河发源于山西省五台山北麓，流经忻定盆地至东冶镇以下，穿行于峡谷之中，至岗南附近出山峡，纳冶河经黄壁庄后入平原。滏阳河发源于太行山东侧，支流众多，主要有洺河、南洋河、泜河、槐河等，各支流均汇集于大陆泽、宁晋泊，以下经艾辛庄至献县与滹沱河相汇后称子牙河。子牙河原经天津市海河干流入海，1967 年从献县起新辟子牙新河东行至马棚口入海。

5. 漳卫南运河

漳卫南运河是海河流域南系的主要河道，上游有漳河和卫河两大支流，流域面积 37 584 km²。漳河发源于太行山背风坡，经岳城水库出太行山，在徐万仓与卫河交汇，流域面积 19 220 km²。卫河发源于太行山南麓，由淇河、安阳河、汤河等十余条支流汇集而成，流域面积 15 229 km²。漳河和卫河在徐万仓汇合后称卫运河，卫运河全长 157 km，至四女寺枢纽又分成南运河和漳卫新河两支，南运河向北汇入子牙河，再入海河，全长 309 km；漳卫新河向东于大河口入渤海，全长 245 km。

31.1.7.3 徒骇马颊河水系

徒骇马颊河水系位于黄河与漳卫南运河之间，有马颊河、徒骇河、德惠新河等平原排涝河道，与其他若干条独流入海的小河一起统称徒骇马颊河水系，流域面积 28 740 km²。

在各河中，漳河、滹沱河、永定河、潮白、滦河等河均发源于背风山区，源远流长，山区汇水面积大，水系集中，河道泥沙较多，目前，出山口处都有大型水库控制。卫河、滏阳河、大清河、北运河、蓟运河等大都发源于太行山、燕山迎风坡，支流分散，源短流急，洪水多经洼地滞蓄后下泄，泥沙较少。

32 渤海湾主要海洋环境问题

32.1 海域污染面积

根据2007—2011年中国海洋环境质量公报，渤海湾主要污染物为无机氮、化学需氧量、石油类和活性磷酸盐，各类水质面积见表32.1。

表32.1 渤海不同水质面积 单位：km²

海 区	年份	第二类水质面积	第三类水质面积	第四类水质面积	劣于第四类水质面积	合 计
渤 海	2006年	8 190	7 370	1 750	2 770	20 080
	2007年	7 260	5 540	5 380	6 120	24 300
	2008年	7 560	5 600	5 140	3 070	21 370
	2009年	8 970	5 660	4 190	2 730	21 550
	2010年	15 740	8 670	5 100	3 220	32 730

2006年二类水质面积为8 190 km²，三类水质面积为7 370 km²，四类水质面积1 750 km²，劣于第四类面积2 770 km²。

2007年二类水质面积为7 260 km²，三类水质面积为5 540 km²，四类水质面积5 380 km²，劣于第四类面积6 120 km²。

2008年二类水质面积为7 560 km²，三类水质面积为5 600 km²，四类水质面积5 140 km²，劣于第四类面积3 070 km²。

2009年二类水质面积为8 970 km²，三类水质面积为5 660 km²，四类水质面积4 190 km²，劣于第四类面积2 730 km²。

2010年二类水质面积为15 740 km²，三类水质面积为8 670 km²，四类水质面积5 100 km²，劣于第四类面积3 220 km²。

如图32.1所示，2010年渤海湾主要污染物是无机氮、活性磷酸盐和石油类，符合第一类海水水质标准的海域面积占渤海湾面积的38%，劣于第四类海水水质标准的海域面积占渤海湾的3%。

其中天津近岸水域春季主要污染物为无机氮和石油类，夏季主要污染物为无机氮和活性磷酸盐，秋季主要污染物为无机氮和化学需氧量。

如图32.2所示，2011年渤海湾符合一类海水水质标准的海域面积占渤海湾的36%，超第四类海水水质标准的海域面积占渤海湾面积的11%，主要超标物质是无机氮和活性磷酸盐。

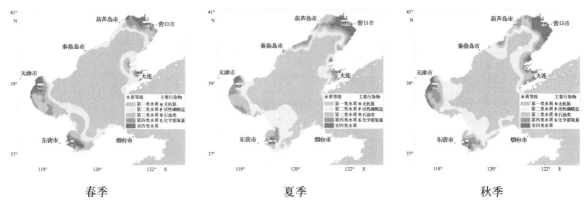

图32.1　2010年渤海湾水质等级分布示意图

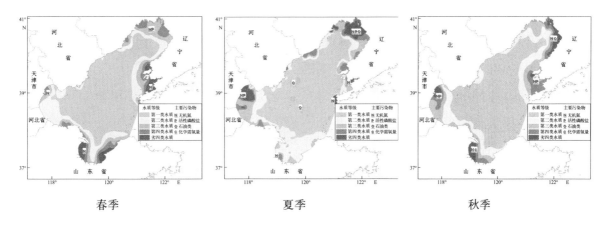

图32.2　2011年渤海湾水质等级分布示意图

其中天津近岸水域春季主要污染物为无机氮和石油类，夏季主要污染物为无机氮和活性磷酸盐，秋季主要污染物为无机氮和活性磷酸盐。

32.2　化学需氧量、营养盐

渤海湾近岸海域主要污染物含量，2010年与2009年同期相比变化不大；与2008年同期相比，无机氮和活性磷酸盐含量呈下降趋势，化学需氧量和石油类含量变化不大（表32.2）。

表32.2　2008—2010年渤海湾近岸海域海水主要污染物含量统计表　　　　　　单位：mg/L

航次	无机氮	活性磷酸盐	化学需氧量	石油类
2008年5月	0.612	0.004 27	1.35	0.034 6
2008年8月	0.663	0.011 60	1.67	0.029 9
2008年10月	0.752	0.046 90	1.37	0.028 8
平均值	0.676	0.020 92	1.46	0.031 1
2009年5月	0.417	0.003 18	1.29	0.053 0

续表

航次	无机氮	活性磷酸盐	化学需氧量	石油类
2009年8月	0.469	0.006 87	1.74	0.046 9
2009年10月	0.392	0.020 10	1.60	0.040 8
平均值	0.426	0.010 05	1.54	0.046 9
2010年5月	0.549	0.010 10	1.30	0.035 2
2010年8月	0.474	0.015 50	1.52	0.034 2
2010年10月	0.476	0.015 70	1.92	0.035 8
平均值	0.500	0.013 77	1.58	0.035 1

化学需氧量总体含量变化不大，如图32.3所示，2008年化学需氧量年平均浓度为1.46 mg/L，其中8月最高；2009年化学需氧量年平均浓度为1.54 mg/L，其中8月最高；2010年化学需氧量年平均浓度为1.58 mg/L，其中10月最高。

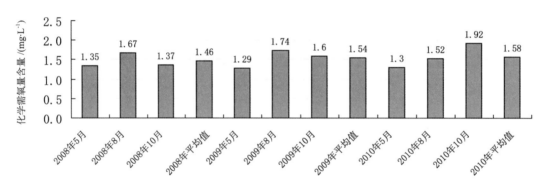

图32.3　化学需氧量浓度

无机氮总体呈下降趋势如图32.4所示，2008年无机氮年平均浓度为0.676 mg/L，其中10月最高；2009年无机氮年平均浓度为0.426 mg/L，其中8月最高；2010年无机氮年平均浓度为0.500 mg/L，其中5月最高。

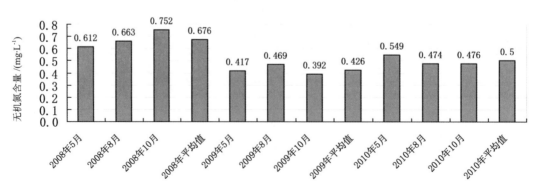

图32.4　无机氮浓度

活性磷酸盐总体含量呈下降趋势如图32.5所示，2008年活性磷酸盐年平均浓度为0.020 92 mg/L，其中10月最高；2009年活性磷酸盐平均浓度为0.010 05 mg/L，其中10月最高；2010年活性磷酸盐年平均浓度为0.013 77 mg/L，其中10月最高。

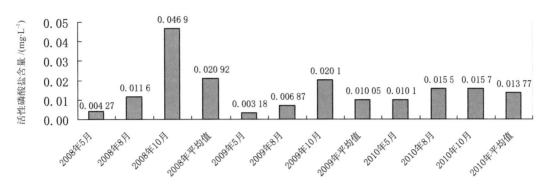

图32.5　活性磷酸盐浓度

32.3　重金属

各入海排污口及入海河流水体中各项重金属含量均符合污水综合排放标准的要求；近岸海水中出现了重金属含量超标的情况，主要超标项目为铅、锌和汞，超标比较严重的区域出现在北塘口附近海域；海洋沉积物中各项监测指标全部符合海洋沉积物质量第一类标准，未出现重金属超标的现象；监控区3个生物站位的生物体内铅含量全部超过海洋生物质量第一类标准，北塘口附近站位的生物体内砷含量超过海洋生物质量第一类标准，其他重金属指标未超标，如图32.6所示。

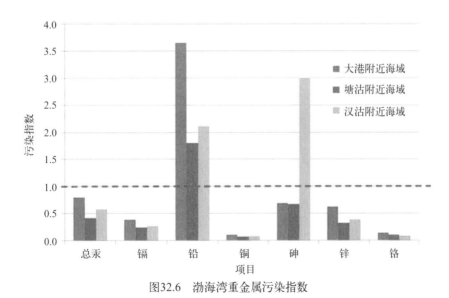

图32.6　渤海湾重金属污染指数

32.4　石油类

海水中的石油类总体含量变化不大，如图32.7所示，2008年石油类年平均浓度为0.031 1 mg/L，其中5月最高，2009年石油类平均浓度为0.046 9 mg/L，其中5月最高；2010年石油类年平均浓度为0.035 1 mg/L，其中10月最高。

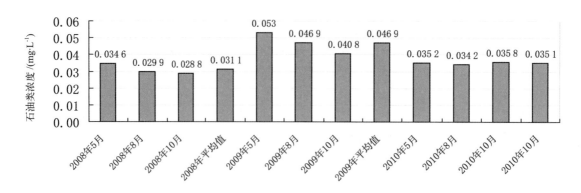

图32.7　石油类浓度

32.5　突发性溢油

溢油是指排入海洋环境（或河流）的油。OPRC公约对油的定义是指任何形式的石油，包括原油、燃料油、油泥、油渣和炼制产品。我们所说的溢油主要指原油及其炼制品，并不包括动物油和植物油。

2011年6月4日和6月17日，蓬莱19-3油田相继发生两起溢油事故，导致大量原油和油基泥浆入海，对渤海海洋生态环境造成严重污染损害。蓬莱19-3油田溢油事故属于海底溢油，溢油持续时间长，大量石油类污染物进入水体和沉积物，使蓬莱19-3油田周边及其西北部海域海水环境和沉积物受到污染，如图32.8所示。河北（秦皇岛、唐山）和辽宁（绥中）的部分岸滩发现来自蓬莱19-3油田呈不均匀带状分布的油污。溢油降低了污染海域的浮游生物种类和多样性，对海洋生物幼虫幼体、鱼卵和仔（稚）鱼造成损害，使底栖生物体内石油烃含量明显升高，海洋生物栖息环境遭到破坏。

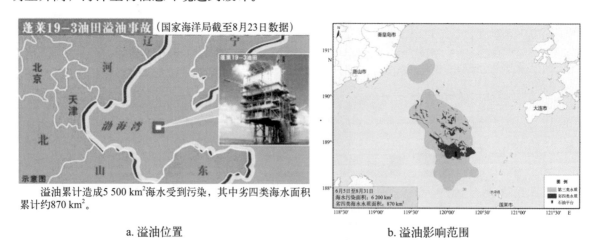

a. 溢油位置　　　　　　　　　　　　　　b. 溢油影响范围

图32.8　蓬莱19-3溢油影响范围图

溢油事故造成蓬莱19-3油田周边及其西北部面积约6 200 km²的海域海水污染（超第一类

海水水质标准），其中870 km²海水受到严重污染（超第四类海水水质标准）。海水中石油类最高（站位）浓度出现在6月13日，为1 280 μg/L，超背景值53倍。2011年6月下旬污染面积达3 750 km²，7月海水污染面积达4 900 km²，8月海水污染面积下降为1 350 km²，9月蓬莱19-3油田周边海域海水石油类污染面积明显减少，至12月底，蓬莱19-3油田海域海面偶见零星油膜。

溢油事故造成蓬莱19-3油田周边海域中、底层海水石油类浓度（航次平均浓度）在2011年10月底之前始终高于表层，主要原因是由于海底沉积物中石油类的缓慢释放，使海水中、底层的石油类影响持续时间较长。

溢油事故造成蓬莱19-3油田周边及其西北部海底沉积物受到污染。2011年6月下旬至7月底，沉积物污染面积为1 600 km²（超第一类海洋沉积物质量标准），其中严重污染面积为20 km²（超第三类海洋沉积物质量标准）；至8月底仍有1 200 km²沉积物受到污染（超第一类海洋沉积物质量标准），其中11 km²受到严重污染（超第三类海洋沉积物质量标准）。期间，沉积物中石油类含量最大值为7.10×10^{-3}，超背景值71倍。

截至2011年12月底，除蓬莱19-3油田C平台周边海域仍有约0.153 km²的海底沉积物被明显油污覆盖外，蓬莱19-3油田周边海域沉积物石油类含量达到第一类海洋沉积物质量标准，但仍有超背景值的站位，最大值超背景值3.9倍。

32.6　赤潮

赤潮又称红潮，是海洋生态系统中的一种异常现象。它是由海藻家族中的赤潮藻在特定环境条件下爆发性的增殖造成的。海藻是一个庞大的家族，除了一些大型海藻外，很多都是非常微小的植物，有的是单细胞生物。因赤潮生物种类和数量的不同，海水可呈现红、黄、绿等不同颜色。值得指出的是，某些赤潮生物（如膝沟藻、裸甲藻等）引起赤潮有时并不引起海水呈现任何特别的颜色。

2010年不完全统计河北共发生过两次赤潮，优势种均是叶光藻。

2010年天津近岸海域共发现两次赤潮，主要优势种分别为夜光藻和威氏圆筛藻—尖刺菱形藻，两次赤潮过程并未造成较大经济损失。

河北秦皇岛北戴河赤潮监控区2011年共发生4次赤潮（图32.9），面积为214 km²。该海域连续3年在同一时段发生微微型浮游生物赤潮。未发生赤潮期间，赤潮生物密度变化较大，优势种包括斯氏根管藻、柔弱根管藻和夜光藻等。经济贝类未检出赤潮毒素。

天津汉沽赤潮监控区2011年未发生赤潮。赤潮生物密度变化较大，优势种包括中肋骨条藻、夜光藻、柔弱根管藻、菱形藻和圆筛藻等。

图32.9　秦皇岛赤潮发生

32.7　渔业资源

从鱼卵仔鱼发生来看，鱼卵种类和仔稚鱼种类从2004年起呈减少的趋势，其中有一定经济价值的品种（包括石首鱼科、鲱鱼科等）也一样呈减少的趋势。取而代之的一些低值鱼类（如鰕虎鱼、小带鱼等）的鱼卵种类品种较为稳定。

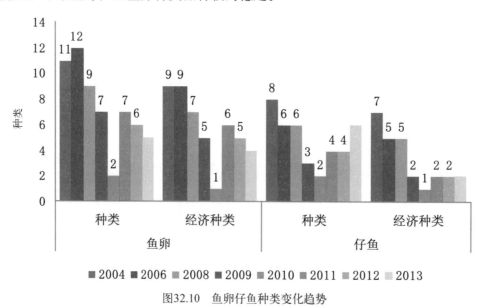

■2004　■2006　■2008　■2009　■2010　■2011　■2012　■2013

图32.10　鱼卵仔鱼种类变化趋势

如图32.11所示，鱼卵密度从2004年的5.42 ind/m³呈明显减少趋势，到2013年已经低至0.19 ind/m³。仔鱼的密度水平也不高，从2009年的1.12 ind/m³到2012年的0.17 ind/m³，减少了近5倍，到2013年略有增加，但是也低于1 ind/m³。

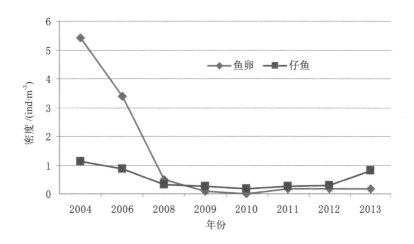

图32.11　鱼卵仔鱼密度变化趋势

33　渤海湾海洋环境承载力评估

33.1　渤海湾海洋环境现状调查

33.1.1　调查内容与时间

本项目设置4个航次调查，调查内容包括化学需氧量（COD）、无机氮（DIN）、活性磷酸盐（DIP），调查时间设置在2011年秋季、冬季和2012春季、夏季。

33.1.2　站位设置

调查海区共设置46个调查站位，其中有效站位45个，具体位置见图33.1、表33.1。

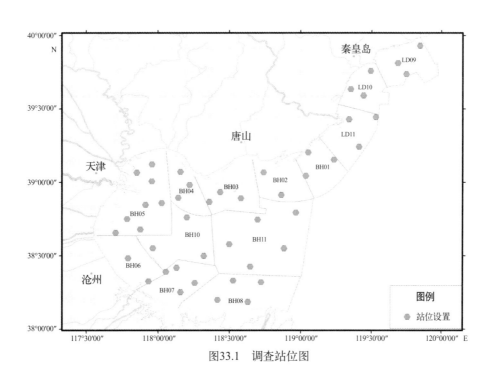

图33.1　调查站位图

表33.1 调查站位坐标

站位号	所处分区	经度（E）	纬度（N）	站位号	所处分区	经度（E）	纬度（N）
qhd02	LD09	119.68°	39.81°	tj01	BH05	117.96°	39.12°
qhd03	LD09	119.75°	39.74°	tj02	BH05	117.85°	39.07°
qhd01	LD09	119.84°	39.93°	tj04	BH05	118.03°	38.86°
qhd06	LD10	119.35°	39.64°	tj05	BH05	117.91°	38.85°
qhd05	LD10	119.44°	39.59°	tj06	BH05	117.79°	38.75°
qhd04	LD10	119.50°	39.76°	hh01	BH06	117.79°	38.48°
qhd07	LD11	119.53°	39.45°	hh03	BH06	117.94°	38.33°
ts01	LD11	119.41°	39.24°	hh04	BH07	118.06°	38.39°
qhd08	LD11	119.34°	39.43°	sd01	BH07	118.16°	38.25°
ts02	BH01	119.24°	39.15°	sd02	BH07	118.26°	38.32°
ts03	BH01	119.04°′	39.05°	hh05	BH07	118.13°	38.42°
ts04	BH01	119.05°	39.20°	sd03	BH08	118.42°	38.20°
tsb01	BH02	118.87°	38.92°	sd05	BH08	118.63°	38.19°
tsb02	BH02	118.74°	39.07°	sd06	BH08	118.72°	38.32°
tsb03	BH03	118.58°	38.89°	sd04	BH08	118.53°	38.33°
tsb04	BH03	118.36°	38.87°	bh01	BH10	118.32°	38.50°
tsb05	BH03	118.44°	38.93°	hh02	BH10	117.97°	38.55°
tsb08	BH04	118.14°	38.90°	tsb09	BH10	118.20°	38.76°
tsb06	BH04	118.16°	39.07°	bh02	BH11	118.97°	38.79°
tsb07	BH04	118.22°	38.98°	bh03	BH11	118.70°	38.75°
tj03	BH05	117.96°	39.01°	bh04	BH11	118.50°	38.58°
tj08	BH05	117.71°	38.66°	bh05	BH11	118.65°	38.43°
tj07	BH05	117.88°	38.68°	bh06	BH11	118.89°	38.55°

33.1.3 主要污染物时空分布

33.1.3.1 化学需氧量污染时空分布

如图33.2，化学需氧量年平均范围0.71—2.71 mg/L，平均值为1.27 mg/L，其中天津近岸水域范围化学需氧量平均值最高为1.76 mg/L，渤海湾中部水域范围化学需氧量平均值最低为0.98 mg/L，其他区域黄骅近岸为1.36 mg/L，秦皇岛近岸为1.08 mg/L，山东近岸为1.51 mg/L，唐山乐亭近岸为1.04 mg/L，唐山渤海湾近岸为1.10 mg/L。

如图33.3所示，春季化学需氧量范围为0.58—2.63 mg/L，平均值为1.25 mg/L，其中天津近岸水域范围化学需氧量平均值最高为1.77 mg/L，渤海湾中部水域范围化学需氧量平均值最低为0.88 mg/L，其他区域黄骅近岸为1.70 mg/L，秦皇岛近岸为1.18 mg/L，山东近岸为1.32 mg/L，唐山乐亭近岸为0.99 mg/L，唐山渤海湾近岸为0.90 mg/L。

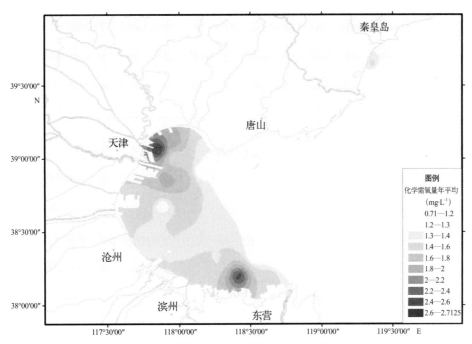

图33.2 化学需氧量年平均分布

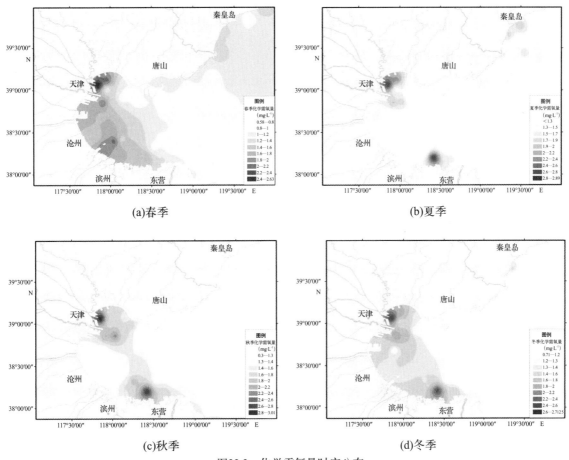

(a)春季

(b)夏季

(c)秋季

(d)冬季

图33.3 化学需氧量时空分布

夏季化学需氧量范围为0.28—2.89 mg/L，平均值为1.23 mg/L，其中天津近岸水域范围化学需氧量平均值最高为1.75 mg/L，唐山渤海湾近岸范围化学需氧量平均值最低为0.86 mg/L，其他区域渤海湾中部水域为1.01 mg/L，黄骅近岸为1.10 mg/L，秦皇岛近岸为1.25 mg/L，山东近岸为1.36 mg/L，唐山乐亭近岸为1.22 mg/L。

秋季化学需氧量范围为0.37—3.01 mg/L，平均值为1.23 mg/L，其中天津近岸水域和山东近岸范围化学需氧量平均值最高为1.77 mg/L，唐山乐亭近岸范围化学需氧量平均值最低为0.85 mg/L，其他区域渤海湾中部水域为1.02 mg/L，黄骅近岸为0.93 mg/L，秦皇岛近岸为0.87 mg/L，唐山渤海湾近岸为1.16 mg/L。

冬季化学需氧量范围为0.57—2.57 mg/L，平均值为1.38 mg/L，其中天津近岸水域范围化学需氧量平均值最高为1.75 mg/L，渤海湾中部水域和秦皇岛近岸范围化学需氧量平均值最低为1.01 mg/L，其他区域黄骅近岸为1.71 mg/L，山东近岸为1.59 mg/L，唐山乐亭近岸为1.10 mg/L，唐山渤海湾近岸为1.46 mg/L。

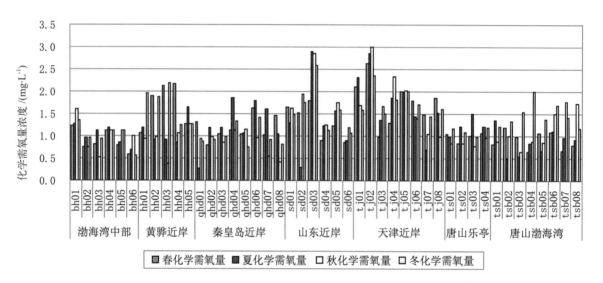

图33.4　化学需氧量各站位浓度

33.1.3.2　无机氮污染时空分布

如图33.5所示，无机氮年平均范围为0.082—0.956 mg/L，平均值为0.344 mg/L，其中天津近岸水域范围无机氮平均值最高为0.682 mg/L，唐山乐亭近岸水域范围无机氮平均值最低为0.123 mg/L，其他区域渤海湾中部水域为0.170 mg/L，黄骅近岸为0.678 mg/L，秦皇岛近岸为0.132 mg/L，山东近岸为0.249 mg/L，唐山渤海湾近岸为0.324 mg/L。

无机氮时空分布图如图33.6所示，春季无机氮范围为0.006—1.494 mg/L，平均值为0.389 mg/L，其中黄骅近岸水域范围无机氮平均值最高为1.189 mg/L，秦皇岛近岸水域范围无机氮平均值最低为0.043 mg/L，其他区域渤海湾中部水域为0.112 mg/L，山东近岸为0.252 mg/L，天津近岸为0.750 mg/L，唐山乐亭近岸为0.100 mg/L，唐山渤海湾近岸为0.330 mg/L。

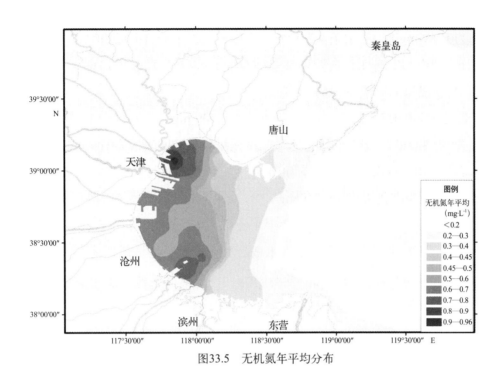

图33.5　无机氮年平均分布

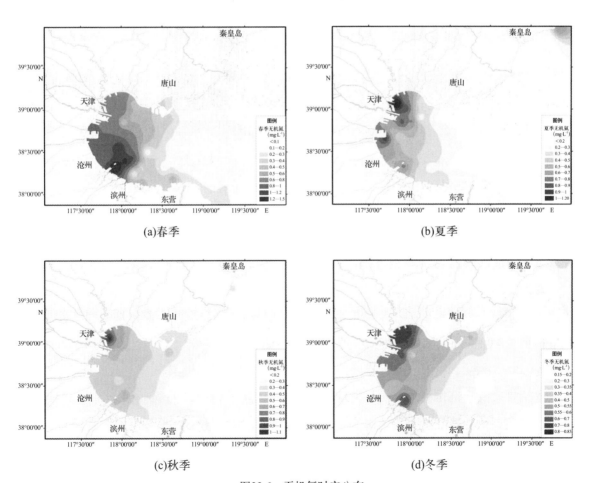

(a)春季　　　　　　　　　　　　　　　　　　(b)夏季

(c)秋季　　　　　　　　　　　　　　　　　　(d)冬季

图33.6　无机氮时空分布

夏季无机氮范围为0.009—1.212 mg/L，平均值为0.317 mg/L，其中天津近岸水域范围无机氮平均值最高为0.789 mg/L，唐山乐亭近岸水域范围无机氮平均值最低为0.020 mg/L，其他区域渤海湾中部水域为0.172 mg/L，黄骅近岸为0.528 mg/L，秦皇岛近岸0.169 mg/L，山东近岸为0.255 mg/L，唐山渤海湾近岸为0.164 mg/L。

秋季无机氮范围为0.018—1.071 mg/L，平均值为0.309 mg/L，其中天津近岸水域范围无机氮平均值最高为0.568 mg/L，秦皇岛近岸水域范围无机氮平均值最低为0.096 mg/L，其他区域渤海湾中部水域为0.189 mg/L，黄骅近岸为0.470 mg/L，山东近岸为0.255 mg/L，唐山乐亭近岸为0.142 mg/L，唐山渤海湾近岸为0.379 mg/L。

冬季无机氮范围为0.151—0.821 mg/L，平均值为0.363 mg/L，其中天津近岸水域范围无机氮平均值最高为0.620 mg/L，渤海湾中部水域范围无机氮平均值最低为0.207 mg/L，其他区域黄骅近岸为0.527 mg/L，秦皇岛近岸0.219 mg/L，山东近岸为0.235 mg/L，唐山乐亭近岸0.231 mg/L，唐山渤海湾近岸为0.424 mg/L（图33.7）。

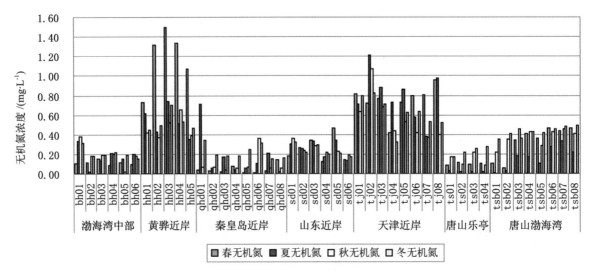

图33.7　无机氮各站位浓度

33.1.3.3　活性磷酸盐污染时空分布

如图33.8所示，活性磷酸盐年平均范围为0.003 7—0.061 0 mg/L，平均值为0.018 6 mg/L，其中天津近岸水域范围活性磷酸盐平均值最高为0.031 5 mg/L，渤海湾中部水域范围活性磷酸盐平均值最低为0.005 8 mg/L，其他区域黄骅近岸为0.020 2 mg/L，秦皇岛近岸为0.014 6 mg/L，山东近岸为0.009 5 mg/L，唐山乐亭近岸为0.017 6 mg/L，唐山渤海湾近岸为0.025 8 mg/L。

春季活性磷酸盐范围为0.001 4—0.039 0 mg/L，平均值为0.015 4 mg/L（图33.9），其中天津近岸水域范围活性磷酸盐平均值最高为0.028 8 mg/L，渤海湾中部水域范围活性磷酸盐平均值最低为0.004 5 mg/L，其他区域黄骅近岸为0.025 7 mg/L，秦皇岛近岸为0.006 1 mg/L，山东近岸为0.008 1 mg/L，唐山乐亭近岸为0.010 8 mg/L，唐山渤海湾近岸为0.020 6 mg/L。

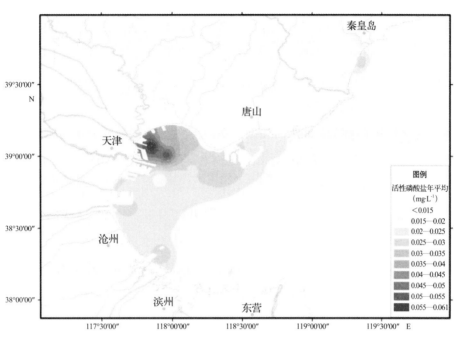

图33.8 活性磷酸盐年平均分布

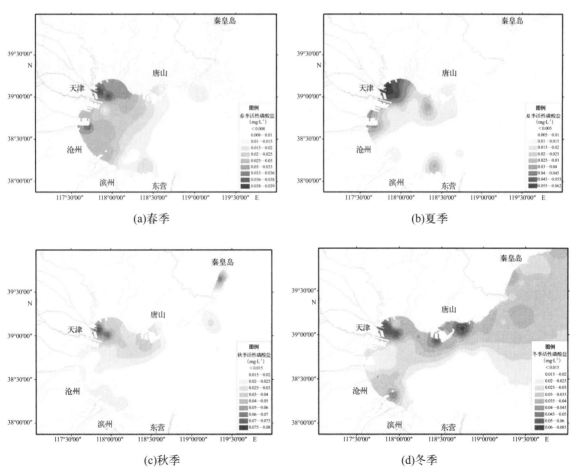

(a)春季

(b)夏季

(c)秋季

(d)冬季

图33.9 活性磷酸盐时空分布

夏季活性磷酸盐范围为0.000 3—0.061 1 mg/L，平均值为0.011 4 mg/L，其中天津近岸水域范围活性磷酸盐平均值最高为0.031 0 mg/L，秦皇岛近岸水域范围活性磷酸盐平均值最低为0.002 4 mg/L，其他区域渤海湾中部为0.004 7 mg/L，黄骅近岸为0.007 1 mg/L，山东近岸为0.009 7 mg/L，唐山乐亭近岸为0.003 9 mg/L，唐山渤海湾近岸为0.013 5 mg/L。

秋季活性磷酸盐范围为0.002 3—0.079 1 mg/L，平均值为0.020 1 mg/L，其中天津近岸水域范围活性磷酸盐平均值最高为0.034 1 mg/L，渤海湾中部水域范围活性磷酸盐平均值最低为0.007 0 mg/L，其他区域黄骅近岸为0.017 8 mg/L，秦皇岛近岸为0.017 9 mg/L，山东近岸为0.010 9 mg/L，唐山乐亭近岸为0.018 4 mg/L，唐山渤海湾近岸为0.027 4 mg/L。

冬季活性磷酸盐范围为0.002 1—0.064 7 mg/L，平均值为0.027 6 mg/L，其中唐山渤海湾近岸水域范围活性磷酸盐平均值最高为0.041 7 mg/L，渤海湾中部水域范围活性磷酸盐平均值最低为0.007 2 mg/L，其他区域黄骅近岸为0.030 1 mg/L，秦皇岛近岸为0.032 0 mg/L，山东近岸为0.009 2 mg/L，天津近岸为0.032 0 mg/L，唐山乐亭近岸为0.037 5 mg/L（图33.10）。

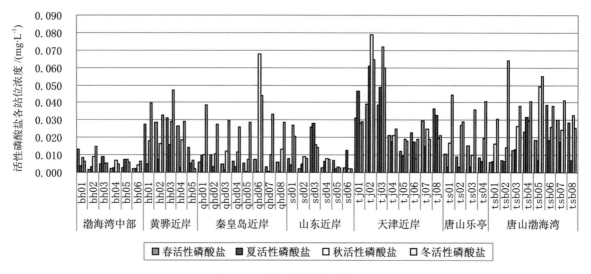

图33.10　活性磷酸盐各站位浓度

33.2　承载力评估单元的划分

33.2.1　总体原则

根据目标海域海洋功能区划中对各类海洋功能区的分类及海洋环境保护水质要求，对评价单元内的主要功能区进行归并，提出各评价单元的主导功能与水质管理目标。

评价单元划分应按下述步骤进行：①在综合分析近岸海域的海洋功能区划、缓冲区、重要生态功能单元、近岸海域水动力状况、汇水单元和沿海地区行政区划的基础上，将近岸海域划分若干个评价单元；②依据近岸海域评价单元划分结果，结合海域油气开发、倾废活动以及渔业产卵、索饵等因素，划定中央海域的评价单元。

33.2.2　水动力环境

渤海湾水动力能力总体来说较弱。刘浩曾提出渤海湾内示踪物的质量随时间变化的总趋势是减小的，而且减小的过程是先快后慢，大约在第280天湾内污染物质量降为初始质量的40%，之后进一步缓慢降低，在第365天时降为初始质量的38%左右，从而意味着一年内约有62%的示踪物通过水交换流出渤海湾。

最大潮流发生在渤海湾湾口，超过50 cm/s，天津近岸海域由于水深较浅，潮流受到的海底摩擦作用较强，因此流速较弱受到岸线以及地形地势的影响，在湾口以及湾内地形比较平坦的地方，潮流均为往复流，椭圆的长轴走向为东西方向；渤海湾的南北部分的潮流大小差别较大，在湾北部流速在50—70 cm/s，而在南部流速为30—40 cm/s（图33.11）。

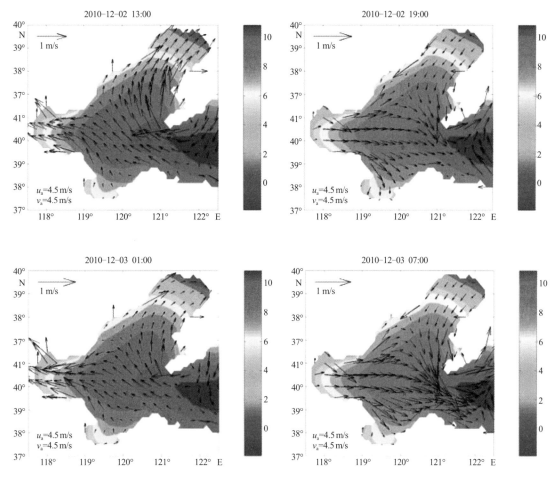

图33.11　渤海水动力示意图

33.2.3　生物资源状况

渤海湾是重要的产卵场，其主要经济种类有中国对虾、银鲳、小黄鱼和蓝点马鲛等，与20世纪80年代相比，产卵场面积缩减，产卵种类减少，鱼类仔稚鱼密度也大幅下降。中国对虾、银鲳、小黄鱼和蓝点马鲛等在渤海近岸产卵之后，一部分种类就地索饵，另一部分洄游到渤海中部的索饵场进行索饵，然后越冬洄游离开渤海。曹妃甸工程水域阻碍了渤海湾北部产卵场的洄游和索饵通道。除此之外，曹妃甸港口航道基本是按渤海20 m等深线设置，向西去往天津，向北进入辽东湾，其航道设置在整个渤海西部的鱼类洄游通道上，严重影响了渤海湾鱼类洄游路线（图33.12）。

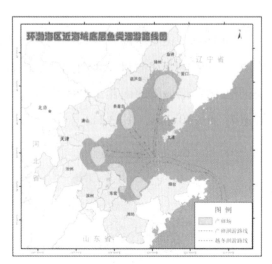
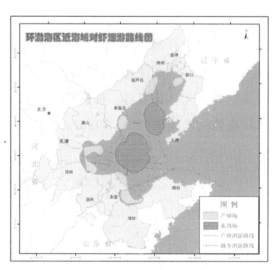
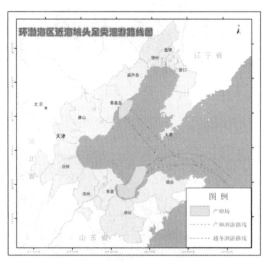

图33.12　渤海渔业资源养护区

33.2.4　近岸海域功能定位

秦皇岛市海域面积1 805.27 km²、海岸线长162.67 km。分为张庄至汤河口海域和汤河口至滦河口海域。

如图33.13所示，张庄至汤河口海域包括山海关区、海港区海域，海岸线长50.39 km，海域面积705.66 km²，主要功能定位为港口航运、旅游娱乐和临港工业建设功能。重点保障秦皇岛港"西港东迁"建设、秦皇岛港山海关港区建设、近岸旅游设施建设和临港工业用海需求，围填海总量控制在33 km²以内。保护与修复老龙头附近基岩海岸生态系统和石河口至沙河口、新开河口至旅游码头砂质海岸生态系统。

(a)河北省海洋功能区划

(b)秦皇岛市区规划

(c)北戴河城市规划

(d)乐亭城市规划

图33.13　河北及秦皇岛用海需求

　　汤河口至滦河口海域，包括北戴河区、抚宁县、昌黎县海域，海域面积1 099.61 km²，海岸线长112.28 km。主要功能定位为旅游娱乐、自然保护和渔业养殖功能。重点保障北戴河新区建设、旅游娱乐设施建设和海洋管理基础设施建设用海需求，围填海总量控制在26 km²以内。加强昌黎黄金海岸国家级自然保护区、北戴河鸟类县级自然保护区和北戴河海蚀地貌海洋公园建设，实施北戴河旅游岸滩和滦河口湿地保护与修复、昌黎七里海潟湖生态综合整治、主要入海河口及浅海养殖区环境综合整治。

　　唐山市海域，面积4 466.89 km²，海岸线长229.72 km。分为滦河口至小清河口海域和小清河口至涧河口海域。

　　滦河口至小清河口海域，包括乐亭县海域，海域面积2 515.39 km²，海岸线长124.87 km。主要功能定位为港口航运、自然保护、旅游娱乐、渔业养殖和临港工业建设功能。重点保障唐山港京唐港区、乐亭临港产业聚集区和唐山"三岛"旅游区旅游设施建设用海需求，围填海总量控制在85 km²以内。加强乐亭石臼坨诸岛省级自然保护区、滦河口湿地特别保护区建设，实施滦河口和石臼坨诸岛周边海域及重点岸滩综合整治和修复。

小清河口至涧河口海域，包括滦南县、唐海县和丰南区海域，海域面积1951.50 km²、海岸线长104.85 km。主要功能定位为港口航运、临港工业和城市建设、渔业养殖功能。重点保障曹妃甸循环经济示范区、唐山港曹妃甸港区和丰南港区、曹妃甸生态城、滦南嘴东工业区建设用海需求，围填海总量控制在352 km²以内。实施主要入海河口及滩涂养殖区环境综合整治。

河北曹妃甸循环经济示范区规划面积310 km²，规划用海面积129.7 km²，如图33.14所示。伴随着首钢的迁入，曹妃甸循环经济示范区开始了大规模填海造陆，至2008年底，围填海总面积达109.6 km²。曹妃甸附近大面积海域丧失海洋自然属性，曲折的自然岸线变成了平直的人工岸线，沿岸海岛变成了陆连岛。曹妃甸附近海域已无自然岸线，填海区域向海最大延伸长度为18.5 km。海岸形态和海底地形的大幅度变化对周边海域流场、沉积物冲淤环境产生显著影响；规划的钢铁、化工等产业可能加剧环境污染，开发建设中应按照海域的环境容量确定周边各排污口的排污份额，实行主要污染物总量控制。

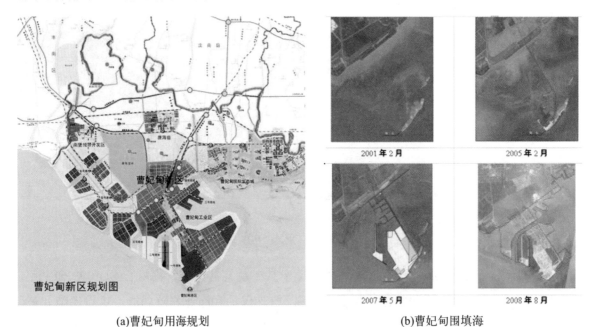

(a)曹妃甸用海规划　　　　　　　　　　　　(b)曹妃甸围填海

图33.14　曹妃甸用海需求

沧州市海域，面积955.60 km²，海岸线长92.46 km。分为歧口至前徐家堡和前徐家堡至大口河口海域。

歧口至前徐家堡海域，沧州黄骅市部分海域，海域面积583.35 km²，海岸线长36.23 km。主要功能定位为：生态保护、渔业养殖功能。保障南排河工业与城镇建设和近岸养殖渔业用海需求，围填海总量控制在4 km²以内。加强黄骅滨海湿地海洋特别保护区建设。实施主要入海河口及滩涂养殖区环境综合整治，如图33.15所示。

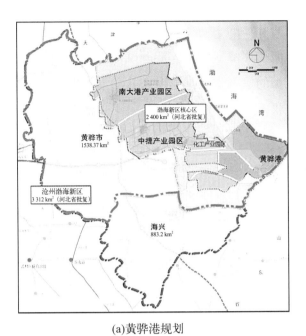

(a)黄骅港规划　　　　　　　　　　　　　　(b)黄骅城市规划

图33.15　黄骅港及黄骅市用海需求

前徐家堡至大口河口海域，包括沧州黄骅市部分海域和海兴县海域，海域面积372.25 km²，海岸线长56.23 km。主要功能定位为：港口航运和临港工业建设功能。重点保障黄骅港综合港区和渤海新区临港工业区建设用海需求，围填海总量控制在109 km²以内。实施入海河口、港口、工业区环境综合整治。

天津市大陆岸线北起涧河口以西2.4 km处，南至沧浪渠中心线，长153.67 km，如图33.16所示。针对海岸线稀缺的现状，本着集约节约利用资源的原则，结合海洋工程的实施，合理增加公共休闲岸线、发展多功能利用岸线。自北向南，汉沽岸段主要功能依次为保留区、工业与城镇用海区、农渔业区、旅游休闲娱乐区；塘沽岸段主要功能依次为港口航运区、工业与城镇用海区、旅游休闲娱乐区、工业与城镇用海区；大港岸段主要功能依次为工业与城镇用海区、海洋保护区和农渔业区。

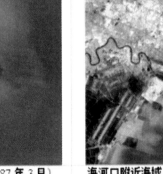

图33.16　天津市海洋功能区划及岸线变化

汉沽毗邻海域，汉沽毗邻海域单元为从天津市与河北省交界的津冀海域行政区域界线北线到永定新河口沿岸毗邻的海域。该海域重点依托陆域的中新生态城，发展旅游娱乐业和渔业。主要功能为旅游休闲娱乐、农渔业、工业与城镇用海、矿产与能源及海洋保护，同时为未来发展预留出充分的资源开发空间。该海域保护的重点是大神堂现有的泥质活牡蛎礁生态系统，修复消失的活牡蛎礁，改善浅海生态环境状况，提高生物多样性水平。严格保护海岸河口的生态环境、滨海湿地及浅海生态系统。

塘沽毗邻海域，塘沽毗邻海域单元为从永定新河口到独流减河口沿岸毗邻的海域，主要功能为港口航运、工业与城镇用海、旅游休闲娱乐和矿产与能源。重点发展交通运输业及依托陆域发展临港经济区的建设，包括天津港的东疆港区、北疆港区、南疆港区，临港经济区等。该海域保护的重点是河口和天津古海岸湿地生态环境，进行生态岸线的整治和滩涂湿地生态系统的修复。

大港毗邻海域，大港毗邻海域单元为从独流减河口到天津市与河北省交界的津冀海域行政区域界线南线沿岸毗邻的海域，主要功能为工业与城镇用海、港口航运、矿产与能源、农渔业和海洋保护。主要依托陆域、陆海统筹建设南港工业区，形成以港口物流业为支撑的综合性现代工业港区，积极发展滩海油气资源勘探开发。该海域保护的重点是滨海湿地、浅海以及海岸河口的生态环境，恢复浅海生物多样性。

天津市海洋功能分区概述依据其沿海的自然环境和自然资源特征、海域开发利用现状、环境保护及沿海经济带战略发展需求，共划分农渔业区、港口航运区、工业与城镇用海区、旅游休闲娱乐区、海洋保护区、特殊利用区和保留区7个类型，划定一级类海洋基本功能区21个。其中，农渔业区3个，面积70 838 hm^2（占33.0%）；港口航运区3个，面积78 061 hm^2（占36.4%）；工业与城镇用海区4个，面积29 356 hm^2（占13.7%）；旅游休闲娱乐区5个，面积13 845 hm^2（占6.4%）；海洋保护区2个，面积11 021 hm^2（占5.1%）；特殊利用区2个，面积630 hm^2（占0.3%）；保留区2个，面积10 896 hm^2（占5.1%）。

黄河口及毗邻海域，该区域从鲁冀省界漳卫新河河口至东营潍坊边界，主要包括滨州、东营两市海域，海岸线长501 km，潮间带高地面积约965 km^2。其总的自然特点是：沿海地带地势平坦，粉砂淤泥质潮滩宽阔，海底浅平；矿产资源以石油、天然气最为丰富；滩涂生物资源以贝类为主，浅海生物资源以虾、蟹为主。本区有滨州贝壳堤岛与湿地系统自然保护区、黄河三角洲自然保护区两个国家级自然保护区及东营市黄河口浅海贝类生态海洋特别保护区、东营黄河口生态国家级海洋特别保护区、东营利津底栖鱼类生态国家级海洋特别保护区等五个国家级海洋特别保护区。

本区域要统筹兼顾自然保护区、渔业水域、油气田区和黄河河口容沙区等用海，如图33.17所示。加强海洋生态建设及重要自然遗迹、湿地生物资源的保护，促进渤海生态环境改善。满足黄河沉沙的需求和油气勘探开采用海需求。调整渔业产业结构，大力发展现代渔业。规划建设东营城东海域、滨州北海域等集中集约用海区，形成优势特色产业聚集区。

开发保护滨州近岸岛群，重点发展浅海滩涂增养殖、盐和盐化工、经济作物和药用植物种植，加强贝壳砂的保护和合理利用。禁止发展重污染高耗能的重化工产业。

图33.17　滨州市海洋功能区划

33.2.5　评价单元划分结果

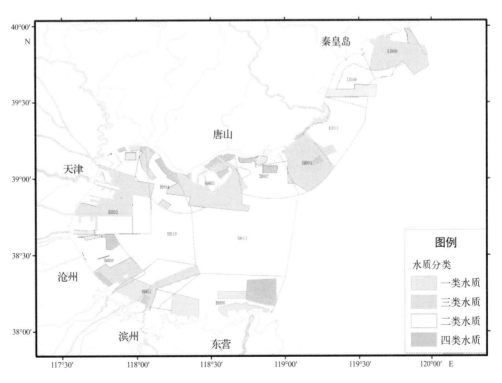

图33.18　评价单元划分示意图

表33.2　评价单元划分结果

分区编号	临海产业状况	海域主导使用功能	海域污染现状	水质关键控制指标	水质要求
LD09	旅游娱乐	旅游娱乐、自然保护和渔业养殖功能	大部分邻近海域水质和沉积物质量状况良好	无机氮、活性磷酸盐和石油类	二类
LD10	—	农渔业区	入海口处重金属污染严重	无机氮、活性磷酸盐、锌、汞、镉、砷和铅等	二类
LD11			大部分邻近海域水质和沉积物质量状况良好	无机氮、活性磷酸盐和石油类	二类
BH01	滨海旅游、油气勘采、港口航运	军事、渔业资源利用、滨海旅游、油气勘采、港口航运	水质状况总体良好	石油类、活性磷酸盐和无机氮	二类，港口区高于三类水质
BH02	—	滨海旅游、海水养殖	该海域水质状况总体良好，站位石油类、无机氮为二类海水水质	无机氮和石油类	一类
BH03	能源运输、海洋化工、新材料等	港口航运、围海造地	海洋生态系统处于亚健康状态，南堡海域是重污染区域	石油类、活性磷酸盐和无机氮，铬和铜	石油类、活性磷酸盐和无机氮满足三类水质，铬和铜满足二类水质
BH04	港口区、养殖区、盐场	港口区、养殖区、盐场	近3年海水水质有所好转，基本满足第二类海水水质标准	活性磷酸盐和无机氮	二类
BH05	制造业、海洋化工、石油化工等化工产业、海港物流、海滨休闲旅游	滨海化工、海港物流、海滨休闲旅游区等	污染状况为从南到北逐渐递减趋势，水体主要污染物为无机氮、活性磷酸盐，个别年份化学需氧量、石油类、Do和铅超标；沉积物受滴滴涕、多氯联苯等污染	无机氮、活性磷酸盐、化学需氧量、石油类、滴滴涕、多氯联苯、砷、镉和铅	无机氮、活性磷酸盐、化学需氧量、石油类满足三类水质，滴滴涕、多氯联苯、砷、镉和铅满足二类水质
BH06	化工产业	生态保护、渔业养殖、港口航运和临港工业建设	主要污染物是无机氮和化学需氧量，部分年份无机氮为四类水质	无机氮、化学需氧量和石油类、铬	二类
BH07	港口运输、油盐化工	港口运输、农渔业区、自然保护区	污染海域集中在河流海口及邻近海域，海水中的主要污染物是无机氮和活性磷酸盐	无机氮	三类
BH08	石油化工及其衍生产品	保护、农渔业区、油气区	水质状况良好	无机氮和石油类	二类
BH10	渤海中部海域	临近天津港区、渔业资源养护区	水质状况一般	无机氮	二类
BH11	渤海中部海域		水质状况良好	无机氮	一类

33.3　评估方法与标准

本部分评估采用超标率法，标准见表33.3，具体方法如下：

各评价单元环境承载力的评价指标以浓度超标率表示，计算公式为：

$$P_{ij} = \frac{C_{ij}^o - C_{ij}^S}{C_{ij}^S} \times 100\%$$

式中，P_{ij}为第j个站位的第i种污染物的浓度超标率；C_{ij}^o为第j个站位的第i种污染物的现状浓度，单位为mg/L；C_{ij}^S为第j个站位的第i种污染物的水质控制目标浓度，单位为mg/L。

表33.3　水质控制目标浓度采用国家水质标准

评价项目	评价标准/mg			
	一类	二类	三类	四类
化学需氧量≤	2	3	4	5
无机氮≤	0.2	0.3	0.4	0.5
活性磷酸盐≤	0.015	0.03		0.045

根据评价单元内水质超标站位的数量和超标站位污染物浓度超标率的大小，构建评价单元环境承载力分级评价体系，评价等级见表33.4。

表33.4　承载力分级评价体系

评价单元环境承载力等级	站位超标情况
未超载（Ⅰ级）	无水质超标站位且所有站位$P_{ij} \leq -10\%$
濒临超载（Ⅱ级）	无水质超标站位且至少有一个站位$-10\% < P_{ij} \leq 0$
轻度超载（Ⅲ级）	出现一个水质超标站位且该站位$0 < P_{ij} \leq 10\%$
中度超载（Ⅳ级）	出现一个水质超标站位且该站位$10\% < P_{ij} \leq 50\%$， 或出现一个以上水质超标站位且所有站位$0 < P_{ij} \leq 10\%$
重度超载（Ⅴ级）	出现一个水质超标站位且该站位$P_{ij} > 50\%$， 或出现一个以上水质超标站位且至少有一个站位$P_{ij} > 10\%$

33.4　承载力评估结果

结合大面调查数据，按照海洋污染物环境承载力监测与评估技术规程，得到评价单元环境承载力评估结果及分布图。

33.4.1　化学需氧量承载力

化学需氧量年平均压力较小，处于未超载水平，如图33.19所示。但是渤海湾底部、天津部分水域只是相对较好，其化学需氧量的实测值依然较高。在天津近岸春季出现濒临超载情况，山东近岸在夏秋两季出现濒临超载情况。

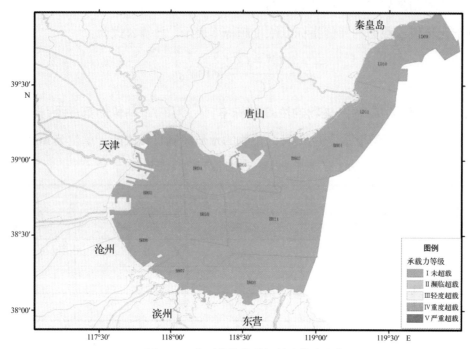

图33.19　年平均化学需氧量承载力分布

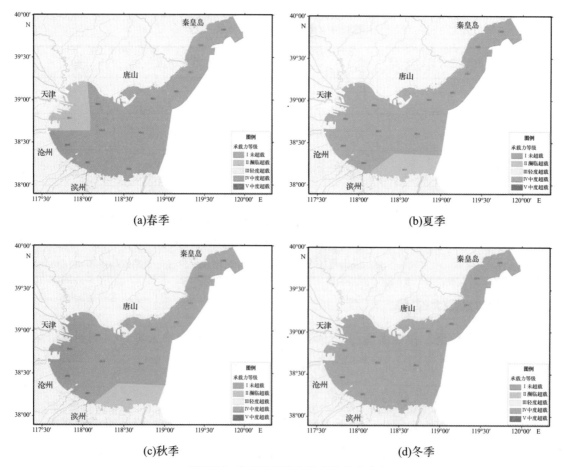

(a)春季　　　　　　　　　　　　　　　　　　(b)夏季

(c)秋季　　　　　　　　　　　　　　　　　　(d)冬季

图33.20　化学需氧量各季节承载力分布

33.4.1.1 春季化学需氧量

LD09评估区域水质要求为二—三类水质，化学需氧量监测值为0.8—1.32 mg/L，P_{ij}范围为 −65.3%——80.0%，无水质超标站位且所有站位$P_{ij} \leqslant -10\%$，该区域化学需氧量未超载（Ⅰ级）。

LD10评估区域水质要求为二类水质，化学需氧量监测值为1.04—1.12 mg/L，P_{ij}范围为 −46.0%——65.3%，无水质超标站位且所有站位$P_{ij} \leqslant -10\%$，该区域化学需氧量未超载（Ⅰ级）。

LD11评估区域水质要求为二类水质，化学需氧量监测值为1.02—1.46 mg/L，P_{ij}范围为 −51.3%——66.0%，无水质超标站位且所有站位$P_{ij} \leqslant -10\%$，该区域化学需氧量未超载（Ⅰ级）。

BH01评估区域水质要求为二—三类水质，化学需氧量监测值为0.84—1.46 mg/L，P_{ij}范围为 −79.0%——73.5%，无水质超标站位且所有站位$P_{ij} \leqslant -10\%$，该区域化学需氧量未超载（Ⅰ级）。

BH02评估区域水质要求为一类水质，化学需氧量监测值为0.82—1.18 mg/L，P_{ij}范围为 −72.7%——60.7%，无水质超标站位且所有站位$P_{ij} \leqslant -10\%$，该区域化学需氧量未超载（Ⅰ级）。

BH03评估区域水质要求为二—三类水质，化学需氧量监测值为0.64—1.06 mg/L，P_{ij}范围为 −73.5%——84.0%，无水质超标站位且所有站位$P_{ij} \leqslant -10\%$，该区域化学需氧量未超载（Ⅰ级）。

BH04评估区域水质要求为二类水质，化学需氧量监测值为0.66—1.08 mg/L，P_{ij}范围为 −64.0%——78.0%，无水质超标站位且所有站位$P_{ij} \leqslant -10\%$，该区域化学需氧量未超载（Ⅰ级）。

BH05评估区域水质要求为二—三类水质，化学需氧量监测值为0.98—2.63 mg/L，P_{ij}范围为 −75.5%——7.0%，无水质超标站位且至少有一个站位 −10%<$P_{ij} \leqslant 0$，该区域化学需氧量濒临超载（Ⅱ级）。

BH06评估区域水质要求为二类水质，化学需氧量监测值为1.06—2.12 mg/L，P_{ij}范围为 −47.0%—−64.7%，无水质超标站位且所有站位$P_{ij} \leqslant -10\%$，该区域化学需氧量未超载（Ⅰ级）。

BH07评估区域水质要求为三类水质，化学需氧量监测值为1.27—2.16 mg/L，P_{ij}范围为 −57.6%——28.0%，无水质超标站位且所有站位$P_{ij} \leqslant -10\%$，该区域化学需氧量未超载（Ⅰ级）。

BH08评估区域水质要求为二类水质，化学需氧量监测值为0.848—1.8 mg/L，P_{ij}范围为 −40.0%——71.7%，无水质超标站位且所有站位$P_{ij} \leqslant -10\%$，该区域化学需氧量未超载（Ⅰ级）。

BH10评估区域水质要求为二类水质，化学需氧量监测值为1.22—1.90 mg/L，P_{ij}范围为 −59.3%— −36.7%，无水质超标站位且所有站位$P_{ij} \leqslant -10\%$，该区域化学需氧量未超载（Ⅰ级）。

BH11评估区域水质要求为一类水质，化学需氧量监测值为0.58—1.12 mg/L，P_{ij}范围为 −71.0%— −44.0%，无水质超标站位且所有站位$P_{ij} \leqslant -10\%$，该区域化学需氧量未超载（Ⅰ级）。

33.4.1.2 夏季化学需氧量

LD09评估区域水质要求为二类水质，化学需氧量监测值为0.28—1.18 mg/L，P_{ij}范围为 −60.7%——93.0%，无水质超标站位且所有站位$P_{ij} \leqslant -10\%$，该区域化学需氧量未超载（Ⅰ级）。

LD10评估区域水质要求为二类水质，化学需氧量监测值为1.06—1.86 mg/L，P_{ij}范围为 −64.7%——88.8%，无水质超标站位且所有站位$P_{ij} \leqslant -10\%$，该区域化学需氧量未超载（Ⅰ级）。

LD11评估区域水质要求为二类水质，化学需氧量监测值为0.98—1.6 mg/L，P_{ij}范围为－46.7%——67.3%，无水质超标站位且所有站位$P_{ij}\leqslant-10\%$，该区域化学需氧量未超载（Ⅰ级）。

BH01评估区域水质要求为三类水质，化学需氧量监测值为1.2—1.5 mg/L，P_{ij}范围为－62.5%——70.0%，无水质超标站位且所有站位$P_{ij}\leqslant-10\%$，该区域化学需氧量未超载（Ⅰ级）。

BH02评估区域水质要求为二类水质，化学需氧量监测值为0.5—1.36 mg/L，P_{ij}范围为－54.7%——83.3%，无水质超标站位且所有站位$P_{ij}\leqslant-10\%$，该区域化学需氧量未超载（Ⅰ级）。

BH03评估区域水质要求为三类水质，化学需氧量监测值为0.54—0.83 mg/L，P_{ij}范围为－79.3%——86.5%，无水质超标站位且所有站位$P_{ij}\leqslant-10\%$，该区域化学需氧量未超载（Ⅰ级）。

BH04评估区域水质要求为二类水质，化学需氧量监测值为0.91—1.1 mg/L，P_{ij}范围为－69.7%——63.3%，无水质超标站位且所有站位$P_{ij}\leqslant-10\%$，该区域化学需氧量未超载（Ⅰ级）。

BH05评估区域水质要求为一—三类水质，化学需氧量监测值为0.68—2.86 mg/L，P_{ij}范围为－77.3%——23.0%，无水质超标站位且所有站位$P_{ij}\leqslant-10\%$，该区域化学需氧量未超载（Ⅰ级）。

BH06评估区域水质要求为二—三类水质，化学需氧量监测值为0.92—1.18 mg/L，P_{ij}范围为－77.0%——60.7%，无水质超标站位且所有站位$P_{ij}\leqslant-10\%$，该区域化学需氧量未超载（Ⅰ级）。

BH07评估区域水质要求为二类水质，化学需氧量监测值为0.30—1.64 mg/L，P_{ij}范围为－90.0%——45.3%，无水质超标站位且所有站位$P_{ij}\leqslant-10\%$，该区域化学需氧量未超载（Ⅰ级）。

BH08评估区域水质要求为二类水质，化学需氧量监测值为0.89—2.89 mg/L，P_{ij}范围为－3.7%——70.3%，无水质超标站位且至少有一个站位$-10\%<P_{ij}\leqslant0$，该区域化学需氧量濒临超载（Ⅱ级）。

BH10评估区域水质要求为二类水质，化学需氧量监测值为0.91—1.28 mg/L，P_{ij}范围为－69.7%——57.3%，无水质超标站位且所有站位$P_{ij}\leqslant-10\%$，该区域化学需氧量未超载（Ⅰ级）。

BH11评估区域水质要求为一类水质，化学需氧量监测值为0.68—1.18 mg/L，P_{ij}范围为－66.0%——41.0%，无水质超标站位且所有站位$P_{ij}\leqslant-10\%$，该区域化学需氧量未超载（Ⅰ级）。

33.4.1.3 秋季化学需氧量

LD09评估区域水质要求为二—三类水质，化学需氧量监测值为0.86—0.98 mg/L，P_{ij}范围为－71.3%——76.5%，无水质超标站位且所有站位$P_{ij}\leqslant-10\%$，该区域化学需氧量未超载（Ⅰ级）。

LD10评估区域水质要求为二类水质，化学需氧量监测值为0.96—1.14 mg/L，P_{ij}范围为－62.0%——68.0%，无水质超标站位且所有站位$P_{ij}\leqslant-10\%$，该区域化学需氧量未超载（Ⅰ级）。

LD11评估区域水质要求为二类水质，化学需氧量监测值为0.42—0.84 mg/L，P_{ij}范围为－72.0%——86.0%，无水质超标站位且所有站位$P_{ij}\leqslant-10\%$，该区域化学需氧量未超载（Ⅰ级）。

BH01评估区域水质要求为三类水质，化学需氧量监测值为0.77—0.95 mg/L，P_{ij}范围为－76.3%——80.8%，无水质超标站位且所有站位$P_{ij}\leqslant-10\%$，该区域化学需氧量未超载（Ⅰ级）。

BH02评估区域水质要求为二类水质，化学需氧量监测值为0.88—1.00 mg/L，P_{ij}范围为

−66.7%— −70.7%，无水质超标站位且所有站位$P_{ij}\leqslant-10\%$，该区域化学需氧量未超载（Ⅰ级）。

BH03评估区域水质要求为三类水质，化学需氧量监测值为0.64—0.88 mg/L，P_{ij}范围为 −78.0%——84.0%，无水质超标站位且所有站位$P_{ij}\leqslant-10\%$，该区域化学需氧量未超载（Ⅰ级）。

BH04评估区域水质要求为二类水质，化学需氧量监测值为1.50—1.78 mg/L，P_{ij}范围为 −40.7%——50.0%，无水质超标站位且所有站位$P_{ij}\leqslant-10\%$，该区域化学需氧量未超载（Ⅰ级）。

BH05评估区域水质要求为一——三类水质，化学需氧量监测值为0.98—3.01 mg/L，P_{ij}范围为 −65.3%——22.0%，无水质超标站位且所有站位$P_{ij}\leqslant-10\%$，该区域化学需氧量未超载（Ⅰ级）。

BH06评估区域水质要求为二——三类水质，化学需氧量监测值为0.37—0.94 mg/L，P_{ij}范围为 −68.7%——90.8%，无水质超标站位且所有站位$P_{ij}\leqslant-10\%$，该区域化学需氧量未超载（Ⅰ级）。

BH07评估区域水质要求为二类水质，化学需氧量监测值为1.06—1.94 mg/L，P_{ij}范围为 −64.7%——35.4%，无水质超标站位且所有站位$P_{ij}\leqslant-10\%$，该区域化学需氧量未超载（Ⅰ级）。

BH08评估区域水质要求为二类水质，化学需氧量监测值为1.19—2.86mg/L，P_{ij}范围为−60.3%— −4.7%，无水质超标站位且至少有一个站位$-10\%<P_{ij}\leqslant0$，该区域化学需氧量濒临超载（Ⅱ级）。

BH10评估区域水质要求为二类水质，化学需氧量监测值为0.98—1.60 mg/L，P_{ij}范围为 −67.3——−46.7%，无水质超标站位且所有站位$P_{ij}\leqslant-10\%$，该区域化学需氧量未超载（Ⅰ级）。

BH11评估区域水质要求为一类水质，化学需氧量监测值为0.52—1.12 mg/L，P_{ij}范围为 −74.0%——44.0%，无水质超标站位且所有站位$P_{ij}\leqslant-10\%$，该区域化学需氧量未超载（Ⅰ级）。

33.4.1.4　冬季化学需氧量

LD09评估区域水质要求为二——三类水质，化学需氧量监测值为0.88—0.98 mg/L，P_{ij}范围为 −67.3%——−78.0%，无水质超标站位且所有站位$P_{ij}\leqslant-10\%$，该区域化学需氧量未超载（Ⅰ级）。

LD10评估区域水质要求为二类水质，化学需氧量监测值为0.76—1.42 mg/L，P_{ij}范围为 −52.7%——74.7%，无水质超标站位且所有站位$P_{ij}\leqslant-10\%$，该区域化学需氧量未超载（Ⅰ级）。

LD11评估区域水质要求为二类水质，化学需氧量监测值为0.82—1.16 mg/L，P_{ij}范围为 −61.3%——72.7%，无水质超标站位且所有站位$P_{ij}\leqslant-10\%$，该区域化学需氧量未超载（Ⅰ级）。

BH01评估区域水质要求为三类水质，化学需氧量监测值为0.98—1.18 mg/L，P_{ij}范围为 −70.5%——75.5%，无水质超标站位且所有站位$P_{ij}\leqslant-10\%$，该区域化学需氧量未超载（Ⅰ级）。

BH02评估区域水质要求为二类水质，化学需氧量监测值为1.2—1.34 mg/L，P_{ij}范围为 −55.3%——60.0%，无水质超标站位且所有站位$P_{ij}\leqslant-10\%$，该区域化学需氧量未超载（Ⅰ级）。

BH03评估区域水质要求为三类水质，化学需氧量监测值为1.38—1.99 mg/L，P_{ij}范围为 −50.3%——65.5%，无水质超标站位且所有站位$P_{ij}\leqslant-10\%$，该区域化学需氧量未超载（Ⅰ级）。

BH04评估区域水质要求为二类水质，化学需氧量监测值为1.16—1.68 mg/L，P_{ij}范围为 −44.0%——61.3%，无水质超标站位且所有站位$P_{ij}\leqslant-10\%$，该区域化学需氧量未超载（Ⅰ级）。

BH05评估区域水质要求为一——三类水质，化学需氧量监测值为1.44—2.35 mg/L，P_{ij}范围为

−62.5%—−20.0%，无水质超标站位且所有站位$P_{ij}\leqslant-10\%$，该区域化学需氧量未超载（Ⅰ级）。

BH06评估区域水质要求为二—三类水质，化学需氧量监测值为1.96—2.18 mg/L，P_{ij}范围为−34.7%—−45.5%，无水质超标站位且所有站位$P_{ij}\leqslant-10\%$，该区域化学需氧量未超载（Ⅰ级）。

BH07评估区域水质要求为二类水质，化学需氧量监测值为1.26—1.74 mg/L，P_{ij}范围为−58.0%—−41.9%，无水质超标站位且所有站位$P_{ij}\leqslant-10\%$，该区域化学需氧量未超载（Ⅰ级）。

BH08评估区域水质要求为二类水质，化学需氧量监测值为1.071—2.574 mg/L，P_{ij}范围为−64.3%—−14.2%，无水质超标站位且所有站位$P_{ij}\leqslant-10\%$，该区域化学需氧量未超载（Ⅰ级）。

BH10评估区域水质要求为二类水质，化学需氧量监测值为1.35—1.88 mg/L，P_{ij}范围为−55.0—−37.3%，无水质超标站位且所有站位$P_{ij}\leqslant-10\%$，该区域化学需氧量未超载（Ⅰ级）。

BH11评估区域水质要求为一类水质，化学需氧量监测值为0.57—1.12 mg/L，P_{ij}范围为−71.5%—−44.0%，无水质超标站位且所有站位$P_{ij}\leqslant-10\%$，该区域化学需氧量未超载（Ⅰ级）。

33.4.2 无机氮承载力

无机氮年平均压力高，渤海湾底海域整个处于严重超载水平，如图33.21所示。由于评价单元采用水质标准不同，曹妃甸评价单元压力相对较小，但在秋冬两季也出现了重度超载情况。山东近岸水域压力相对较高，春夏两季出现严重超载情况，秋冬两季出现濒临超载情况。渤海湾中部水域随着季节的变化也呈现出不同的超载等级，冬季最高，呈严重超载情况。

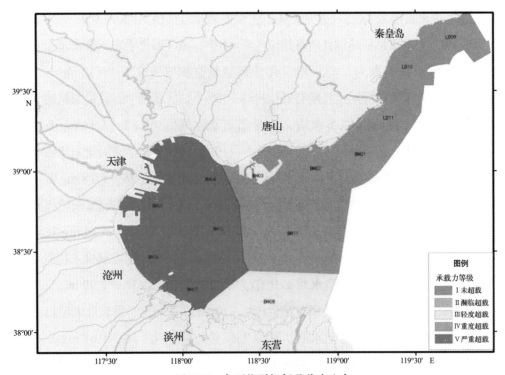

图33.21 年平均无机氮承载力分布

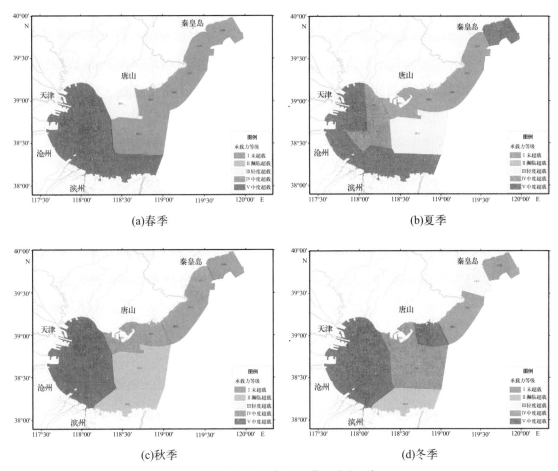

(a)春季　　　　　　　　　　　(b)夏季

(c)秋季　　　　　　　　　　　(d)冬季

图33.22　无机氮各季节承载力分布

33.4.2.1　春季无机氮

LD09评估区域水质要求为二—三类水质，无机氮监测值为0.01548—0.03902 mg/L，P_{ij}范围为－90.3%—－94.8%，无水质超标站位且所有站位$P_{ij} \leqslant -10\%$，该区域无机氮未超载（Ⅰ级）。

LD10评估区域水质要求为二类水质，无机氮监测值为0.00576—0.0758 mg/L，P_{ij}范围为－74.7%—－98.1%，无水质超标站位且所有站位$P_{ij} \leqslant -10\%$，该区域无机氮未超载（Ⅰ级）。

LD11评估区域水质要求为二类水质，无机氮监测值为0.03226—0.14208 mg/L，P_{ij}范围为－89.2%—－52.6%，无水质超标站位且所有站位$P_{ij} \leqslant -10\%$，该区域无机氮未超载（Ⅰ级）。

BH01评估区域水质要求为二—三类水质，无机氮监测值为0.0985—0.11105 mg/L，P_{ij}范围为－72.2%—－74.9%，无水质超标站位且所有站位$P_{ij} \leqslant -10\%$，该区域无机氮未超载（Ⅰ级）。

BH02评估区域水质要求为二类水质，无机氮监测值为0.05604—0.10266 mg/L，P_{ij}范围为－65.8%—－81.3%，无水质超标站位且所有站位$P_{ij} \leqslant -10\%$，该区域无机氮未超载（Ⅰ级）。

BH03评估区域水质要求为三类水质，无机氮监测值为0.34529—0.40604 mg/L，P_{ij}范围为－13.7%—1.5%，出现一个水质超标站位且该站位$0 < P_{ij} \leqslant 10\%$，属于轻度超载（Ⅲ级）。

BH04评估区域水质要求为二类水质，无机氮监测值为0.43877—0.46772 mg/L，P_{ij}范围为

46.2%—55.9%，出现一个水质超标站位$P_{ij}>50\%$，且出现一个以上水质超标站位，属于重度超载（Ⅴ级）。

BH05评估区域水质要求为二—三类水质，无机氮监测值为0.412—0.956 mg/L，P_{ij}范围为37.3%—377.8%，出现多个水质超标站位且该站位$P_{ij}>50\%$，属于重度超载（Ⅴ级）。

BH06评估区域水质要求为二类水质，无机氮监测值为0.731 09—1.493 96 mg/L，P_{ij}范围为143.7%—273.5%，出现多个水质超标站位$P_{ij}>50\%$，属于重度超载（Ⅴ级）。

BH07评估区域水质要求为三类水质，无机氮监测值为0.176—0.264 mg/L，P_{ij}范围为−41.3%—344.6%，出现一个水质超标站位且该站位$P_{ij}>50\%$，该区域无机氮重度超载（Ⅴ级）。

BH08评估区域水质要求为二类水质，无机氮监测值为0.123 29—0.462 8 mg/L，P_{ij}范围为54.3%——58.9%，出现一个水质超标站位且该站位$P_{ij}>50\%$，该区域无机氮重度超载（Ⅴ级）。

BH10评估区域水质要求为二类水质，无机氮监测值为0.100—1.313 mg/L，P_{ij}范围为−66.5%—337.6%，出现一个以上水质超标站位且有的站位$P_{ij}>50\%$，该区域无机氮属于重度超载（Ⅴ级）。

BH11评估区域水质要求为一类水质，无机氮监测值为0.087—0.154 mg/L，P_{ij}范围为−56.4%——23.2%，无水质超标站位且所有站位$P_{ij}\leqslant-10\%$，该区域无机氮未超载（Ⅰ级）。

33.4.2.2 夏季无机氮

LD09评估区域水质要求为二—三类水质，无机氮监测值为0.056 3—0.707 86 mg/L，P_{ij}范围为−85.9%—77.0%，出现一个水质超标站位且$P_{ij}>50\%$，该区域无机氮重度超载（Ⅴ级）。

LD10评估区域水质要求为二类水质，无机氮监测值为0.033 62—0.105 76 mg/L，P_{ij}范围为−88.8%——64.7%，无水质超标站位且所有站位$P_{ij}\leqslant-10\%$，该区域无机氮未超载（Ⅰ级）。

LD11评估区域水质要求为二类水质，无机氮监测值为0.017 23—0.207 73 mg/L，P_{ij}范围为−94.3%——30.8%，无水质超标站位且所有站位$P_{ij}\leqslant-10\%$，该区域无机氮属于未超载（Ⅰ级）。

BH01评估区域水质要求为二—三类水质，无机氮监测值为0.014 3—0.022 17 mg/L，P_{ij}范围为−96.4%——94.5%，无水质超标站位且所有站位$P_{ij}\leqslant-10\%$，该区域无机氮属于未超载（Ⅰ级）。

BH02评估区域水质要求为一类水质，无机氮监测值为0.009 33—0.029 69 mg/L，P_{ij}范围为−96.9%——90.1%，无水质超标站位且所有站位$P_{ij}\leqslant-10\%$，该区域无机氮未超载（Ⅰ级）。

BH03评估区域水质要求为三类水质，无机氮监测值为0.099 72—0.176 75 mg/L，P_{ij}范围为−75.1%——55.8%，无水质超标站位且所有站位$P_{ij}\leqslant-10\%$，该区域无机氮未超载（Ⅰ级）。

BH04评估区域水质要求为二类水质，无机氮监测值为0.218 74—0.335 56 mg/L，P_{ij}

范围为 -27.1%—11.9%，出现一个水质超标站位且 $10\%<P_{ij}\leqslant50\%$，该区域无机氮中度超载（Ⅳ级）。

BH05评估区域水质要求为二—三类水质，无机氮监测值为0.374—1.212 mg/L，P_{ij}范围为24.8%—386.2%，出现多个水质超标站位且有站位 $P_{ij}>50\%$，属于重度超载（Ⅴ级）。

BH06评估区域水质要求为二类水质，无机氮监测值为0.617 27—0.736 14 mg/L，P_{ij}范围为84.0%—105.8%，出现一个以上水质超标站位且 $P_{ij}>50\%$，该区域无机氮重度超载（Ⅴ级）。

BH07评估区域水质要求为三类水质，无机氮监测值为0.256—0.514 mg/L，P_{ij}范围为 -14.7%—71.3%，出现一个水质超标站位且该站位 $P_{ij}>50\%$，该区域无机氮重度超载（Ⅴ级）。

BH08评估区域水质要求为二类水质，无机氮监测值为0.134—0.337 mg/L，P_{ij}范围为 -55.3%—12.3%，出现一个以上水质超标站位且至少一个站位 $P_{ij}>10\%$，该区域无机氮重度超载（Ⅴ级）。

BH10评估区域水质要求为二类水质，无机氮监测值为0.328—0.425 mg/L，P_{ij}范围为9.3%—41.6%，出现一个以上水质超标站位且至少有一个站位 $P_{ij}>10\%$，该区域无机氮属于重度超载（Ⅴ级）。

BH11评估区域水质要求为一类水质，无机氮监测值为0.015—0.209 mg/L，P_{ij}范围为 -92.7%—4.7%，出现一个水质超标站位且该站位 $0<P_{ij}\leqslant10\%$，该区域无机氮轻度超载（Ⅲ级）。

33.4.2.3　秋季无机氮

LD09评估区域水质要求为二类水质，无机氮监测值为0.037 67—0.069 01 mg/L，P_{ij}范围为 -82.8%—-87.4%，无水质超标站位且所有站位 $P_{ij}\leqslant-10\%$，该区域无机氮未超载（Ⅰ级）。

LD10评估区域水质要求为二类水质，无机氮监测值为0.058 05—0.361 12 mg/L，P_{ij}范围为 -80.7%—20.4%，出现一个水质超标站位且该站位 $10\%<P_{ij}\leqslant50\%$，且出现一个以上水质超标站位且所有站位 $0<P_{ij}\leqslant10\%$，该区域无机氮属于中度超载（Ⅳ级）。

LD11评估区域水质要求为二类水质，无机氮监测值为0.056 25—0.170 13 mg/L，P_{ij}范围为 -43.3%—-81.3%，无水质超标站位且所有站位 $P_{ij}\leqslant-10\%$，该区域无机氮未超载（Ⅰ级）。

BH01评估区域水质要求为三类水质，无机氮监测值为0.085 81—0.215 26 mg/L，P_{ij}范围为 -46.2%—-78.5%，无水质超标站位且所有站位 $P_{ij}\leqslant-10\%$，该区域无机氮未超载（Ⅰ级）。

BH02评估区域水质要求为一类水质，无机氮监测值为0.220 96—0.346 32 mg/L，P_{ij}范围为 -26.3%—15.4%，出现一个水质超标站位且该站位 $10\%<P_{ij}\leqslant50\%$，该区域无机氮属于中度超载（Ⅳ级）。

BH03评估区域水质要求为三类水质，无机氮监测值为0.285 77—0.454 36 mg/L，P_{ij}范围为 -28.6%—13.6%，出现一个水质超标站位且该站位 $10\%<P_{ij}\leqslant50\%$，该区域无机氮属于中度超载（Ⅳ级）。

BH04评估区域水质要求为二类水质，无机氮监测值为0.410 22—0.456 45 mg/L，P_{ij}范围为36.7%—52.2%，出现一个水质超标站位且该站位$P_{ij}>50\%$，该区域无机氮属于重度超载（Ⅴ级）。

BH05评估区域水质要求为二—三类水质，无机氮监测值为0.368—1.071 mg/L，P_{ij}范围为22.5%—167.8%，出现一个以上水质超标站位且该站位$P_{ij}>50\%$，该区域无机氮属于重度超载（Ⅴ级）。

BH06评估区域水质要求为二—三类水质，无机氮监测值为0.4155 6—0.520 47 mg/L，P_{ij}范围为30.1%—38.5%，出现一个水质超标站位且该站位$P_{ij}>50\%$，该区域无机氮属于重度超载（Ⅴ级）。

BH07评估区域水质要求为三类水质，无机氮监测值为0.241—0.655 mg/L，P_{ij}范围为-19.7%—118.2%，出现一个水质超标站位且该站位$P_{ij}>50\%$，该区域无机氮属于重度超载（Ⅴ级）。

BH08评估区域水质要求为二类水质，无机氮监测值为0.189—0.288 mg/L，P_{ij}范围为-37.0%——4.0%，无水质超标站位且至少有一个站位$-10\%<P_{ij}\leq0$，该区域无机氮属于濒临超载（Ⅱ级）。

BH10评估区域水质要求为二类水质，无机氮监测值为0.370—0.376 mg/L，P_{ij}范围为23.3%—25.4%，出现一个以上水质超标站位且至少有一个站位$P_{ij}>10\%$，该区域无机氮属于重度超载（Ⅴ级）。

BH11评估区域水质要求为一类水质，无机氮监测值为0.018—0.195 mg/L，P_{ij}范围为-90.8%——2.5%，无水质超标站位且至少有一个站位$-10\%<P_{ij}\leq0$，该区域无机氮属于濒临超载（Ⅱ级）。

33.4.2.4 冬季无机氮

LD09评估区域水质要求为二类水质，无机氮监测值为0.179 89—0.341 63 mg/L，P_{ij}范围为-14.6%——40.0%，无水质超标站位且所有站位$P_{ij}\leq-10\%$，该区域无机氮属于未超载（Ⅰ级）。

LD10评估区域水质要求为二类水质，无机氮监测值为0.181 73—0.309 07 mg/L，P_{ij}范围为3.0%——39.4%，出现一个水质超标站位且该站位$0<P_{ij}\leq10\%$，该区域无机氮属于轻度超载（Ⅲ级）。

LD11评估区域水质要求为二类水质，无机氮监测值为0.151 05—0.174 61 mg/L，P_{ij}范围为-41.8%——49.7%，无水质超标站位且所有站位$P_{ij}\leq-10\%$，该区域无机氮未超载（Ⅰ级）。

BH01评估区域水质要求为二—三类水质，无机氮监测值为0.217 93—0.274 12 mg/L，P_{ij}范围为-31.5%——45.5%，无水质超标站位且所有站位$P_{ij}\leq-10\%$，该区域无机氮未超载（Ⅰ级）。

BH02评估区域水质要求为一类水质，无机氮监测值为0.347 3—0.410 42 mg/L，P_{ij}范围为15.8%—36.8%，出现一个水质超标站位且该站位$P_{ij}>50\%$，所有站位都超标，且每个站位P_{ij}都大于10%，该区域无机氮重度超载（Ⅴ级）。

BH03评估区域水质要求为三类水质，无机氮监测值为0.356 66—0.428 32 mg/L，P_{ij}范围为7.1%——10.8%，出现一个以上水质超标站位且这些站位$0<P_{ij}\leqslant10\%$，该区域无机氮属于中度超载（Ⅳ级）。

BH04评估区域水质要求为二类水质，无机氮监测值为0.458—0.488 48 mg/L，P_{ij}范围为52.7%—62.8%，水质均超标，且$P_{ij}>50\%$，该区域无机氮属于重度超载（Ⅴ级）。

BH05评估区域水质要求为二—三类水质，无机氮监测值为0.321—0.821 mg/L，P_{ij}范围为7.0%—164.0%，出现一个以上水质超标站位且该站位$P_{ij}>50\%$，该区域无机氮属于重度超载（Ⅴ级）。

BH06评估区域水质要求为二类水质，无机氮监测值为0.440 97—0.698 9 mg/L，P_{ij}范围为47.0%—74.7%，出现一个水质超标站位且该站位$P_{ij}>50\%$，该区域无机氮属于重度超载（Ⅴ级）。

BH07评估区域水质要求为三类水质，无机氮监测值为0.217—0.530 mg/L，P_{ij}范围为-27.7%—76.8%，出现一个水质超标站位且该站位$P_{ij}>50\%$，该区域无机氮属于重度超载（Ⅴ级）。

BH08评估区域水质要求为二类水质，无机氮监测值为0.170 1—0.295 2 mg/L，P_{ij}范围为-43.3%——1.6%，无水质超标站位且至少有一个站位$-10\%<P_{ij}\leqslant0$，该区域无机氮属于濒临超载（Ⅱ级）。

BH10评估区域水质要求为二类水质，无机氮监测值为0.308—0.497 mg/L，P_{ij}范围为2.7%—65.6%，出现一个以上水质超标站位且至少有一个站位$P_{ij}>10\%$，该区域无机氮属于重度超载（Ⅴ级）。

BH11评估区域水质要求为一类水质，无机氮监测值为0.156—0.221 mg/L，P_{ij}范围为-22.0%—10.5%，出现一个水质超标站位且该站位$10\%<P_{ij}\leqslant50\%$，该区域无机氮属于中度超载（Ⅳ级）。

33.4.3　活性磷酸盐承载力

活性磷酸盐年平均压力呈板块状分布，具体如图33.23所示。渤海湾底海域（天津）整个处于严重超载水平，两侧近岸水域呈轻度超载水平，曹妃甸海域呈中度超载水平。从各季节来看，山东近岸水域承载力压力较小，渤海湾湾底在各季节均成重度超载状态，在秋冬两季，曹妃甸水域也呈重度超载状态，在冬季辽东湾海域的4个评价单元也呈重度超载状态（图33.24）。

33.4.3.1　春季活性磷酸盐

LD09评估区域水质要求为二类水质，活性磷酸盐监测值为0.004 52—0.009 82 mg/L，P_{ij}范围为-205.5%——563.7%，无水质超标站位且所有站位$P_{ij}\leqslant-10\%$，该区域活性磷酸盐未超载（Ⅰ级）。

LD10评估区域水质要求为二类水质，活性磷酸盐监测值为0.005 4—0.007 61 mg/L，P_{ij}范

围为 -294.2%——-455.6%，无水质超标站位且所有站位 $P_{ij} \leqslant -10\%$，该区域活性磷酸盐未超载（Ⅰ级）。

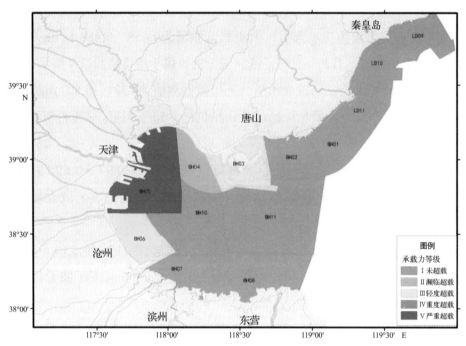

图33.23　年平均活性磷酸盐承载力分布

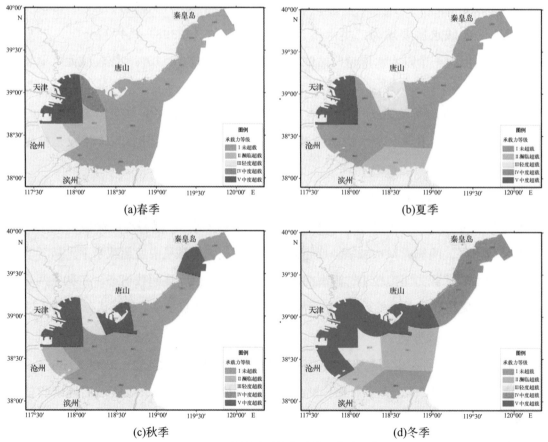

(a)春季　　　　　　　　　　　　　　　　(b)夏季

(c)秋季　　　　　　　　　　　　　　　　(d)冬季

图33.24　活性磷酸盐各季节承载力分布

LD11评估区域水质要求为二类水质，活性磷酸盐监测值为0.003 36—0.010 7 mg/L，P_{ij}范围为 −180.4%——792.9%，无水质超标站位且所有站位$P_{ij} \leqslant -10\%$，该区域活性磷酸盐未超载（Ⅰ级）。

BH01评估区域水质要求为三类水质，活性磷酸盐监测值为0.008 5—0.015 12 mg/L，P_{ij}范围为 −98.4%——252.9%，无水质超标站位且所有站位$P_{ij} \leqslant -10\%$，该区域活性磷酸盐未超载（Ⅰ级）。

BH02评估区域水质要求为一类水质，活性磷酸盐监测值为0.005 84—0.006 73 mg/L，P_{ij}范围为 −345.8%——413.7%，无水质超标站位且所有站位$P_{ij} \leqslant -10\%$，该区域活性磷酸盐未超载（Ⅰ级）。

BH03评估区域水质要求为三类水质，活性磷酸盐监测值为0.012 47—0.023 52 mg/L，P_{ij}范围为 −27.6%——140.6%，无水质超标站位且所有站位$P_{ij} \leqslant -10\%$，该区域活性磷酸盐未超载（Ⅰ级）。

BH04评估区域水质要求为二类水质，活性磷酸盐监测值为0.028 82—0.038 54 mg/L，P_{ij}范围为 −4.1%——22.1%，出现一个水质超标站位且该站位$10\% < P_{ij} \leqslant 50\%$，该区域活性磷酸盐中度超载（Ⅳ级）。

BH05评估区域水质要求为一——三类水质，活性磷酸盐监测值为0.012 0—0.039 0 mg/L，P_{ij}范围为 −150.0%——58.7%，出现一个水质超标站位且该站位$P_{ij} > 50\%$，该区域活性磷酸盐重度超载（Ⅴ级）。

BH06评估区域水质要求为二——三类水质，活性磷酸盐监测值为0.027 5—0.031 03 mg/L，P_{ij}范围为 −9.1%——3.3%，出现一个水质超标站位且该站位$0 < P_{ij} \leqslant 10\%$，该区域活性磷酸盐轻度超载（Ⅲ级）

BH07评估区域水质要求为二类水质，活性磷酸盐监测值为0.002 0—0.026 6 mg/L，P_{ij}范围为 −1400.0%——12.7%，无水质超标站位且所有站位$P_{ij} \leqslant -10\%$，该区域活性磷酸盐未超载（Ⅰ级）。

BH08评估区域水质要求为二类水质，活性磷酸盐监测值为0.002 86—0.026 mg/L，P_{ij}范围为 −949.0%——15.4%，无水质超标站位且所有站位$P_{ij} \leqslant -10\%$，该区域活性磷酸盐未超载（Ⅰ级）。

BH10评估区域水质要求为二类水质，活性磷酸盐监测值为0.013 2—0.028 8 mg/L，P_{ij}范围为 −127.3%—— −4.1%，无水质超标站位且至少有一个站位 $-10\% < P_{ij} \leqslant 0$，该区域活性磷酸盐属于濒临超载（Ⅱ级）。

BH11评估区域水质要求为一类水质，活性磷酸盐监测值为0.001 4—0.004 9 mg/L，P_{ij}范围为 −971.4%——206.1%，无水质超标站位且所有站位$P_{ij} \leqslant -10\%$，该区域活性磷酸盐未超载（Ⅰ级）。

33.4.3.2 夏季活性磷酸盐

LD09评估区域水质要求为二类水质，活性磷酸盐监测值为0.001 59—0.009 32 mg/L，P_{ij}范围为−94.7%—−68.9%，无水质超标站位且所有站位$P_{ij}\leqslant-10\%$，该区域活性磷酸盐未超载（Ⅰ级）。

LD10评估区域水质要求为二类水质，活性磷酸盐监测值为0.000 31—0.003 41 mg/L，P_{ij}范围为−99.0%—−88.6%，无水质超标站位且所有站位$P_{ij}\leqslant-10\%$，该区域活性磷酸盐未超载（Ⅰ级）。

LD11评估区域水质要求为二类水质，活性磷酸盐监测值为0.000 31—0.003 41 mg/L，P_{ij}范围为−99.0%—−88.6%，无水质超标站位且所有站位$P_{ij}\leqslant-10\%$，该区域活性磷酸盐未超载（Ⅰ级）。

BH01评估区域水质要求为三类水质，活性磷酸盐监测值为0.002 95—0.006 14 mg/L，P_{ij}范围为−90.2%—−79.5%，无水质超标站位且所有站位$P_{ij}\leqslant-10\%$，该区域活性磷酸盐未超载（Ⅰ级）。

BH02评估区域水质要求为一类水质，活性磷酸盐监测值为0.006 14—0.006 59 mg/L，P_{ij}范围为−79.5%—−78.0%，无水质超标站位且所有站位$P_{ij}\leqslant-10\%$，该区域活性磷酸盐未超载（Ⅰ级）。

BH03评估区域水质要求为三类水质，活性磷酸盐监测值为0.007 05—0.013 41 mg/L，P_{ij}范围为−76.5%—5.3%，出现一个水质超标站位且$0<P_{ij}\leqslant10\%$，该区域活性磷酸盐轻度超载（Ⅲ级）。

BH04评估区域水质要求为二类水质，活性磷酸盐监测值为0.007 05—0.018 41 mg/L，P_{ij}范围为−76.5%—−38.6%，无水质超标站位且所有站位$P_{ij}\leqslant-10\%$，该区域活性磷酸盐未超载（Ⅰ级）。

BH05评估区域水质要求为二—三类水质，活性磷酸盐监测值为0.009 3—0.061 1 mg/L，P_{ij}范围为−69.0%—119.7%，出现一个以上水质超标站位且该站位$P_{ij}>50\%$，该区域活性磷酸盐重度超载（Ⅴ级）。

BH06评估区域水质要求为二类水质，活性磷酸盐监测值为0.004 77—0.015 68 mg/L，P_{ij}范围为−84.1%—−47.7%，无水质超标站位且所有站位$P_{ij}\leqslant-10\%$，该区域活性磷酸盐未超载（Ⅰ级）。

BH07评估区域水质要求为三类水质，活性磷酸盐监测值为0.002 5—0.005 2 mg/L，P_{ij}范围为−91.7%—−82.7%，无水质超标站位且所有站位$P_{ij}\leqslant-10\%$，该区域活性磷酸盐未超载（Ⅰ级）。

BH08评估区域水质要求为二类水质，活性磷酸盐监测值为0.002—0.028 mg/L，P_{ij}范围为−93.3%—−6.7%，无水质超标站位且至少一个站位$-10\%<P_{ij}\leqslant0$，该区域活性磷

酸盐濒临超载（Ⅱ级）。

BH10评估区域水质要求为二类水质，活性磷酸盐监测值为0.003 8—0.007 5 mg/L，P_{ij}范围为 -87.3%——75.0%，无水质超标站位且所有站位$P_{ij}\leqslant-10\%$，该区域活性磷酸盐未超载（Ⅰ级）。

BH11评估区域水质要求为一类水质，活性磷酸盐监测值为0.001 9—0.009 2 mg/L，P_{ij}范围为 -87.3%——38.7%，无水质超标站位且所有站位$P_{ij}\leqslant-10\%$，该区域活性磷酸盐未超载（Ⅰ级）。

33.4.3.3　秋季活性磷酸盐

LD09评估区域水质要求为二类水质，活性磷酸盐监测值为0.010 29—0.012 19 mg/L，P_{ij}范围为 -59.4%——65.7%，无水质超标站位且所有站位$P_{ij}\leqslant-10\%$，该区域活性磷酸盐未超载（Ⅰ级）。

LD10评估区域水质要求为二类水质，活性磷酸盐监测值为0.007 43—0.067 9 mg/L，P_{ij}范围为 -75.2%—126.3%，出现一个水质超标站位且该站位$P_{ij}>50\%$，该区域活性磷酸盐重度超载（Ⅴ级）。

LD11评估区域水质要求为二类水质，活性磷酸盐监测值为0.009 81—0.016 95 mg/L，P_{ij}范围为 -43.5%——67.3%，无水质超标站位且所有站位$P_{ij}\leqslant-10\%$，该区域活性磷酸盐未超载（Ⅰ级）。

BH01评估区域水质要求为三类水质，活性磷酸盐监测值为0.009 81—0.026 95 mg/L，P_{ij}范围为 -10.2%——67.3%，无水质超标站位且所有站位$P_{ij}\leqslant-10\%$，该区域活性磷酸盐未超载（Ⅰ级）。

BH02评估区域水质要求为二类水质，活性磷酸盐监测值为0.014 1—0.016 48 mg/L，P_{ij}范围为 -45.1%——53.0%，无水质超标站位且所有站位$P_{ij}\leqslant-10\%$，该区域活性磷酸盐未超载（Ⅰ级）。

BH03评估区域水质要求为三类水质，活性磷酸盐监测值为0.026 48—0.049 33 mg/L，P_{ij}范围为 -11.7%——64.4%，出现一个水质超标站位且该站位$P_{ij}>50\%$，该区域活性磷酸盐属于重度超载（Ⅴ级）。

BH04评估区域水质要求为二类水质，活性磷酸盐监测值为0.026—0.032 67 mg/L，P_{ij}范围为 -13.3%——8.9%，出现一个水质超标站位且该站位$0<P_{ij}\leqslant10\%$，该区域活性磷酸盐轻度超载（Ⅲ级）

BH05评估区域水质要求为二—三类水质，活性磷酸盐监测值为0.008 1—0.079 1 mg/L，P_{ij}范围为 -73.0%——163.7%，出现一个以上水质超标站位且该站位$P_{ij}>50\%$，该区域活性磷酸盐重度超载（Ⅴ级）。

BH06评估区域水质要求为二类水质，活性磷酸盐监测值为0.017 9—0.029 33 mg/L，

P_{ij}范围为 -2.2%——40.3%，无水质超标站位且至少有一个站位 $-10\%<P_{ij}\leqslant0$，该区域活性磷酸盐濒临超载（Ⅱ级）。

BH07评估区域水质要求为二类水质，活性磷酸盐监测值为0.006 9—0.027 0 mg/L，P_{ij}范围为 -77.0%——-10.0%，无水质超标站位且所有站位 $P_{ij}\leqslant-10\%$，该区域活性磷酸盐未超载（Ⅰ级）。

BH08评估区域水质要求为二类水质，活性磷酸盐监测值为0.002 3—0.016 mg/L，P_{ij}范围为 -92.3%——-46.7%，无水质超标站位且所有站位 $P_{ij}\leqslant-10\%$，该区域活性磷酸盐未超载（Ⅰ级）。

BH10评估区域水质要求为二类水质，活性磷酸盐监测值为0.008 7—0.016 5 mg/L，P_{ij}范围为 -71.0%——-45.1%，无水质超标站位且所有站位 $P_{ij}\leqslant-10\%$，该区域活性磷酸盐未超载（Ⅰ级）。

BH11评估区域水质要求为一类水质，活性磷酸盐监测值为0.004 2—0.009 2 mg/L，P_{ij}范围为 -72.0%——-38.7%，无水质超标站位且所有站位 $P_{ij}\leqslant-10\%$，该区域活性磷酸盐未超载（Ⅰ级）。

33.4.3.4 冬季活性磷酸盐

LD09评估区域水质要求为二类水质，活性磷酸盐监测值为0.027 75—0.038 86 mg/L，P_{ij}范围为 -1.3%——29.5%，出现一个水质超标站位且该站位 $10\%<P_{ij}\leqslant50\%$，该区域活性磷酸盐中度超载（Ⅳ级）。

LD10评估区域水质要求为二类水质，活性磷酸盐监测值为0.025 9—0.043 8 mg/L，P_{ij}范围为 -5.4%——46.0%，出现一个水质超标站位且该站位 $10\%<P_{ij}\leqslant50\%$，该区域活性磷酸盐中度超载（Ⅳ级）。

LD11评估区域水质要求为二类水质，活性磷酸盐监测值为0.028 37—0.044 42 mg/L，P_{ij}范围为 -5.4%——48.1%，出现一个水质超标站位且该站位 $10\%<P_{ij}\leqslant50\%$，该区域活性磷酸盐中度超载（Ⅳ级）。

BH01评估区域水质要求为三类水质，活性磷酸盐监测值为0.028 99—0.040 72 mg/L，P_{ij}范围为 -3.4%——35.7%，出现一个水质超标站位且该站位 $10\%<P_{ij}\leqslant50\%$，该区域活性磷酸盐中度超载（Ⅳ级）。

BH02评估区域水质要求为一类水质，活性磷酸盐监测值为0.030 84—0.064 17 mg/L，P_{ij}范围为2.8\%—113.9\%，出现一个水质超标站位且该站位 $P_{ij}>50\%$，该区域活性磷酸盐重度超载（Ⅴ级）。

BH03评估区域水质要求为三类水质，活性磷酸盐监测值为0.382 5—0.054 91 mg/L，P_{ij}范围为27.5\%—83.0\%，出现一个水质超标站位且该站位 $P_{ij}>50\%$，该区域活性磷酸盐重度超载（Ⅴ级）。

BH04评估区域水质要求为二类水质，活性磷酸盐监测值为0.025 28—0.041 33 mg/L，P_{ij}范围为 -15.7%——37.7%，出现两个水质超标站位且该站位 $10\%<P_{ij}$，该区域活性磷酸盐重度超

载（Ⅴ级）。

BH05评估区域水质要求为一——三类水质，活性磷酸盐监测值为0.018 0—0.064 7 mg/L，P_{ij}范围为−40.0%—115.7%，出现一个以上水质超标站位且该站位$P_{ij}>50\%$，该区域活性磷酸盐重度超载（Ⅴ级）。

BH06评估区域水质要求为二类水质，活性磷酸盐监测值为0.039 48—0.046 89 mg/L，P_{ij}范围为31.6%—56.3%，出现一个水质超标站位且该站位$P_{ij}>50\%$，该区域活性磷酸盐重度超载（Ⅴ级）。

BH07评估区域水质要求为三类水质，活性磷酸盐监测值为0.002 3—0.029 0 mg/L，P_{ij}范围为−92.3%——3.4%，无水质超标站位且至少有一个站位$−10\%<P_{ij}\leqslant0$，该区域活性磷酸盐濒临超载（Ⅱ级）。

BH08评估区域水质要求为二类水质，活性磷酸盐监测值为0.002 07—0.014 4 mg/L，P_{ij}范围为−93.1%——52.0%，无水质超标站位且所有站位$P_{ij}\leqslant−10\%$，该区域活性磷酸盐未超载（Ⅰ级）。

BH10评估区域水质要求为二类水质，活性磷酸盐监测值为0.006 1—0.032 9 mg/L，P_{ij}范围为−79.7%—9.8%，出现一个水质超标站位且该站位$0<P_{ij}\leqslant10\%$，该区域活性磷酸盐轻度超载（Ⅲ级）。

BH11评估区域水质要求为一类水质，活性磷酸盐监测值为0.004 7—0.015 0 mg/L，P_{ij}范围为−68.7%——0.0%，无水质超标站位且至少有一个站位$−10\%<P_{ij}\leqslant0$，该区域活性磷酸盐濒临超载（Ⅱ级）。

33.4.4　年平均承载力

33.4.4.1　年平均化学需氧量

LD09评估区域水质要求为二类水质，化学需氧量平均值为0.855—1.015 mg/L，P_{ij}范围为−78.6%——66.1%，无水质超标站位且所有站位$P_{ij}\leqslant−10\%$，该区域化学需氧量未超载（Ⅰ级）。

LD10评估区域水质要求为二类水质，化学需氧量平均值为1—1.45 mg/L，P_{ij}范围为−66.7%——51.7%，无水质超标站位且所有站位$P_{ij}\leqslant−10\%$，该区域化学需氧量未超载（Ⅰ级）。

LD11评估区域水质要求为二类水质，化学需氧量平均值为0.935—1.02 mg/L，P_{ij}范围为−68.8%——66.0%，无水质超标站位且所有站位$P_{ij}\leqslant−10\%$，该区域化学需氧量未超载（Ⅰ级）。

BH01评估区域水质要求为三类水质，化学需氧量平均值为0.99—1.097 5 mg/L，P_{ij}范围为−72.3%——62.8%，无水质超标站位且所有站位$P_{ij}\leqslant−10\%$，该区域化学需氧量未超载（Ⅰ级）。

BH02评估区域水质要求为一类水质，化学需氧量平均值为1.005—1.065 mg/L，P_{ij}范围为−43.3%——29.8%，无水质超标站位且所有站位$P_{ij}\leqslant−10\%$，该区域化学需氧量未超载（Ⅰ级）。

BH03评估区域水质要求为三类水质，化学需氧量平均值为0.925—1.085 mg/L，P_{ij}范围为 −27.5%——10.3%，无水质超标站位且所有站位$P_{ij} \leqslant -10\%$，该区域化学需氧量未超载（Ⅰ级）。

BH04评估区域水质要求为二类水质，化学需氧量平均值为1.147 5—1.34 mg/L，P_{ij}范围为 −43.01%——32.10%，无水质超标站位且所有站位$P_{ij} \leqslant -10\%$，该区域化学需氧量未超载（Ⅰ级）。

BH05评估区域水质要求为二—三类水质，化学需氧量平均值为1.16—1.49 mg/L，P_{ij}范围为 −65.6%——25.5%，无水质超标站位且所有站位$P_{ij} \leqslant -10\%$，该区域化学需氧量未超载（Ⅰ级）。

BH06评估区域水质要求为二类水质，化学需氧量平均值为1.285—1.397 5 mg/L，P_{ij}范围为 −65.1%——57.2%，无水质超标站位且所有站位$P_{ij} \leqslant -10\%$，该区域化学需氧量未超载（Ⅰ级）。

BH07评估区域水质要求为三类水质，化学需氧量平均值为1.33—1.51 mg/L，P_{ij}范围为 −55.6%——49.6%，无水质超标站位且所有站位$P_{ij} \leqslant -10\%$，该区域化学需氧量未超载（Ⅰ级）。

BH08评估区域水质要求为二类水质，化学需氧量平均值为1.00—2.53 mg/L，P_{ij}范围为 −66.7%——15.6%，无水质超标站位且所有站位$P_{ij} \leqslant -10\%$，该区域化学需氧量未超载（Ⅰ级）。

BH10评估区域水质要求为二类水质，化学需氧量平均值为1.36—1.42 mg/L，P_{ij}范围为 −54.6%——52.8%，无水质超标站位且所有站位$P_{ij} \leqslant -10\%$，该区域化学需氧量未超载（Ⅰ级）。

BH11评估区域水质要求为一类水质，化学需氧量平均值为0.85—1.14 mg/L，P_{ij}范围为 −64.5%——43.3%，无水质超标站位且所有站位$P_{ij} \leqslant -10\%$，该区域化学需氧量未超载（Ⅰ级）。

33.4.4.2　年平均无机氮

LD09评估区域水质要求为二类水质，无机氮平均值为0.082 245—0.289 38 mg/L，P_{ij}范围为 −79.4%——27.7%，无水质超标站位且所有站位$P_{ij} \leqslant -10\%$，该区域无机氮未超载（Ⅰ级）。

LD10评估区域水质要求为二类水质，无机氮平均值为0.087 3—0.196 5 mg/L，P_{ij}范围为 −70.9%——34.5%，无水质超标站位且所有站位$P_{ij} \leqslant -10\%$，该区域无机氮未超载（Ⅰ级）。

LD11评估区域水质要求为二类水质，无机氮平均值为0.095—0.115 mg/L，P_{ij}范围为 −68.4%——61.6%，无水质超标站位且所有站位$P_{ij} \leqslant -10\%$，该区域无机氮未超载（Ⅰ级）。

BH01评估区域水质要求为三类水质，无机氮平均值为0.111—0.149 mg/L，P_{ij}范围为 −72.3%——62.8%，无水质超标站位且所有站位$P_{ij} \leqslant -10\%$，该区域无机氮未超载（Ⅰ级）。

BH02评估区域水质要求为一类水质，无机氮平均值为0.170—0.211 mg/L，P_{ij}范围为 −43.3%——29.8%，无水质超标站位且所有站位$P_{ij} \leqslant -10\%$，该区域无机氮未超载（Ⅰ级）。

BH03评估区域水质要求为三类水质，无机氮平均值为0.290—0.359 mg/L，P_{ij}范围为－27.5%——10.3%，无水质超标站位且所有站位$P_{ij} \leqslant -10\%$，该区域无机氮未超载（Ⅰ级）。

BH04评估区域水质要求为二类水质，无机氮平均值为0.396—0.429 mg/L，P_{ij}范围为43.0%—23.1%，出现一个以上水质超标站位且$P_{ij} > 10\%$，该区域无机氮中度超载（Ⅴ级）。

BH05评估区域水质要求为二—三类水质，无机氮平均值为1.16—2.71 mg/L，P_{ij}范围为－65.6%——25.5%，无水质超标站位且所有站位$P_{ij} \leqslant -10\%$，该区域化学需氧量未超载（Ⅰ级）。

BH06评估区域水质要求为二类水质，无机氮平均值为0.551 222 5—0.862 367 5 mg/L，P_{ij}范围为83.7%—115.6%，出现一个以上水质超标站位且$P_{ij} > 50\%$，该区域无机氮重度超载（Ⅴ级）。

BH07评估区域水质要求为三类水质，无机氮平均值为0.244—0.758 mg/L，P_{ij}范围为－18.5%—152.7%，出现一个水质超标站位且该站位$P_{ij} > 50\%$，该区域无机氮重度超载（Ⅴ级）。

BH08评估区域水质要求为二类水质，无机氮平均值为0.158—0.316 mg/L，P_{ij}范围为－47.3%—5.2%，出现一个水质超标站位且该站位$0 < P_{ij} \leqslant 10\%$，该区域无机氮轻度超载（Ⅲ级）。

BH10评估区域水质要求为二类水质，无机氮平均值为0.278—0.651 mg/L，P_{ij}范围为－7.3%—117.0%，出现一个以上水质超标站位且至该站位$P_{ij} > 50\%$，属于重度超载（Ⅴ级）。

BH11评估区域水质要求为一类水质，无机氮平均值为0.119—0.178 mg/L，P_{ij}范围为－40.6%——10.9%，无水质超标站位且所有站位$P_{ij} \leqslant -10\%$，该区域无机氮未超载（Ⅰ级）。

33.4.4.3　年平均活性磷酸盐

LD09评估区域水质要求为二类水质，活性磷酸盐平均值为0.011 975—0.016 077 5 mg/L，P_{ij}范围为－179.8%——91.4%，无水质超标站位且所有站位$P_{ij} \leqslant -10\%$，该区域活性磷酸盐未超载（Ⅰ级）。

LD10评估区域水质要求为二类水质，活性磷酸盐平均值为0.010 377 5—0.029 905 mg/L，P_{ij}范围为－158.8%——55.2%，无水质超标站位且所有站位$P_{ij} \leqslant -10\%$，该区域活性磷酸盐未超载（Ⅰ级）。

LD11评估区域水质要求为二类水质，活性磷酸盐平均值为0.011 697 5—0.018 87 mg/L，P_{ij}范围为－237.0%——66.1%，无水质超标站位且所有站位$P_{ij} \leqslant -10\%$，该区域活性磷酸盐未超载（Ⅰ级）。

BH01评估区域水质要求为三类水质，活性磷酸盐平均值为0.015 915—0.018 792 5 mg/L，P_{ij}范围为－84.8%——59.2%，无水质超标站位且所有站位$P_{ij} \leqslant -10\%$，该区域活性磷酸盐未超载（Ⅰ级）。

BH02评估区域水质要求为一类水质，活性磷酸盐平均值为0.014 825—0.022 897 5 mg/L，P_{ij}范围为－133.9%——90.7%，无水质超标站位且所有站位$P_{ij} \leqslant -10\%$，该区域活性磷酸盐未超载（Ⅰ级）。

BH03评估区域水质要求为三类水质，活性磷酸盐平均值为0.022 652 5—0.032 487 5 mg/L，P_{ij}范围为−45.0%—3.2%，出现一个水质超标站位且$0<P_{ij}\leqslant10\%$，该区域活性磷酸盐轻度超载（Ⅲ级）。

BH04评估区域水质要求为二类水质，活性磷酸盐平均值为0.023 455—0.030 3 mg/L，P_{ij}范围为−21.9%— −0.6%，无水质超标站位且$-10\%<P_{ij}\leqslant0$，该区域活性磷酸盐濒临超载（Ⅱ级）。

BH05评估区域水质要求为二—三类水质，活性磷酸盐平均值为0.474—0.956 mg/L，P_{ij}范围为57.9%—255.9%，出现一个以上水质超标站位且该站位$P_{ij}>50\%$，该区域活性磷酸盐属于重度超载（Ⅴ级）。

BH06评估区域水质要求为二类水质，活性磷酸盐平均值为0.022 412 5—0.030 732 5 mg/L，P_{ij}范围为−25.5%—2.4%，出现一个水质超标站位且$0<P_{ij}\leqslant10\%$，该区域活性磷酸盐轻度超载（Ⅲ级）。

BH07评估区域水质要求为三类水质，活性磷酸盐平均值为0.006 0—0.019 1 mg/L，P_{ij}范围为−80.1%— −36.3%，无水质超标站位且所有站位$P_{ij}\leqslant-10\%$，该区域活性磷酸盐未超载（Ⅰ级）。

BH08评估区域水质要求为二类水质，活性磷酸盐平均值为0.003 7—0.021 1 mg/L，P_{ij}范围为−87.8%— −29.7%，无水质超标站位且所有站位$P_{ij}\leqslant-10\%$，该区域活性磷酸盐未超载（Ⅰ级）。

BH10评估区域水质要求为二类水质，活性磷酸盐平均值为0.008 0—0.021 4 mg/L，P_{ij}范围为−73.5%— −28.6%，无水质超标站位且所有站位$P_{ij}\leqslant-10\%$，该区域活性磷酸盐未超载（Ⅰ级）。

BH11评估区域水质要求为一类水质，活性磷酸盐平均值为0.003 7—0.007 2 mg/L，P_{ij}范围为−75.2%— −52.0%，无水质超标站位且所有站位$P_{ij}\leqslant-10\%$，该区域活性磷酸盐未超载（Ⅰ级）。

表33.4　承载力评估结果

分区	BH01	BH02	BH03	BH04	BH05	BH06	BH07	BH08	BH10	BH11	LD09	LD10	LD11
春季化学需氧量	Ⅰ	Ⅰ	Ⅰ	Ⅰ	Ⅱ	Ⅰ	Ⅰ	Ⅰ	Ⅰ	Ⅰ	Ⅰ	Ⅰ	Ⅰ
春季无机氮	Ⅰ	Ⅰ	Ⅲ	Ⅴ	Ⅴ	Ⅴ	Ⅴ	Ⅴ	Ⅴ	Ⅰ	Ⅰ	Ⅰ	Ⅰ
春季活性磷酸盐	Ⅰ	Ⅰ	Ⅰ	Ⅳ	Ⅴ	Ⅲ	Ⅰ	Ⅰ	Ⅱ	Ⅰ	Ⅰ	Ⅰ	Ⅰ
夏季化学需氧量	Ⅰ	Ⅰ	Ⅰ	Ⅰ	Ⅰ	Ⅰ	Ⅰ	Ⅱ	Ⅰ	Ⅰ	Ⅰ	Ⅰ	Ⅰ
夏季无机氮	Ⅰ	Ⅰ	Ⅰ	Ⅳ	Ⅴ	Ⅴ	Ⅴ	Ⅴ	Ⅴ	Ⅲ	Ⅴ	Ⅰ	Ⅰ
夏季活性磷酸盐	Ⅰ	Ⅰ	Ⅰ	Ⅰ	Ⅲ	Ⅰ	Ⅰ	Ⅰ	Ⅱ	Ⅰ	Ⅰ	Ⅰ	Ⅰ
秋季化学需氧量	Ⅰ	Ⅰ	Ⅰ	Ⅰ	Ⅰ	Ⅰ	Ⅰ	Ⅰ	Ⅰ	Ⅰ	Ⅰ	Ⅰ	Ⅰ

续表

分区	BH01	BH02	BH03	BH04	BH05	BH06	BH07	BH08	BH10	BH11	LD09	LD10	LD11
秋季无机氮	I	IV	IV	V	V	V	V	II	V	II	I	IV	I
秋季活性磷酸盐	I	I	V	III	V	II	I	I	I	I	I	V	I
冬季化学需氧量	I	I	I	I	I	I	I	I	I	I	I	I	I
冬季无机氮	I	V	IV	V	V	V	V	II	V	IV	I	III	I
冬季活性磷酸盐	IV	V	V	V	V	V	II	I	III	II	IV	IV	IV
年平均化学需氧量	I	I	I	I	I	I	I	I	I	I	I	I	I
年平均无机氮	I	I	I	I	I	I	I	III	V	I	I	I	I
年平均活性磷酸盐	I	I	III	II	V	III	I	I	I	I	I	I	I

34　渤海湾陆源入海污染负荷评估

从空间分布上讲，渤海湾化学污染物来源于陆源、海源和气源三大途径。陆源和海源污染源又可分为点源和面源，见图34.1。

陆源点源主要包括入海河流、排污口等，排污口又包括直排口、混排口和市政下水口；陆源面源包括村镇、地表径流。

海源点源包括船舶、钻井采油平台的污水排放和海上溢油等；面源主要是指海水养殖。

本项目在计算陆源污染时只考虑河流污染源和入海河口。

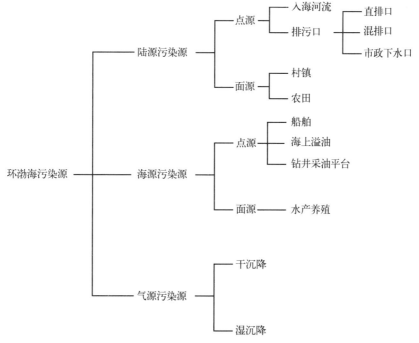

图34.1　渤海湾陆源入海污染负荷评估

*引自《渤海主要化学污染物海洋环境容量》（王修林、李克强，2006）

34.1　入海河流现状

如图34.2所示，2010年海河水系总体为重度污染。62个国控监测断面中，Ⅰ—Ⅲ类、Ⅳ类、Ⅴ类和劣Ⅴ类水质的断面比例分别为37.1%、11.3%、11.3%和40.3%，主要污染指标为高锰酸盐指数、五日生化需氧量和氨氮。海河干流总体为重度污染，海河大闸和三岔口断面的水质分别为劣Ⅴ类和Ⅳ类，主要污染指标为高锰酸盐指数、五日生化需氧量和氨氮，与2009年相比，水质无明显变化。海河水系其他主要河流总体为重度污染，主要污染指标为高锰酸盐指数、五日生化需氧量和氨氮，与2009年相比，水质无明显变化。主要河流中，永定河水质为优，滦河和南运河水质良好，大沙河、漳卫新河、子牙河、徒骇河、北运河和马颊河等为重度污染。省界河段为重度污染，19个断面中，Ⅰ—Ⅲ类、Ⅳ类、Ⅴ类和劣Ⅴ类水质的断面比例分别为42.1%、5.3%、21.0%和31.6%，主要污染指标为高锰酸盐指数、五日生化需氧量和氨氮，与上年相比，水质无明显变化。

2011年总体海河水系为中度污染，主要污染指标为化学需要量、五日生化需氧量和总磷，63个国控断面中，Ⅰ—Ⅲ类、Ⅳ—Ⅴ类和劣Ⅴ类水质断面比例分别为31.7%、30.2%和38.1%。海河干流2个国控断面中，Ⅳ类和劣Ⅴ类水质断面各1个，主要污染指标为总磷、化学需氧量和氨氮，与2010年相比，三岔口断面水质由劣Ⅴ类好转为Ⅳ类。海河水系其他主要河流总体为重度污染，主要污染指标为化学需氧量、五日生化需氧量和石油类，61个国控断面中，Ⅰ—Ⅲ类、Ⅳ—Ⅴ类和劣Ⅴ类水质断面比例分别为32.8%、29.5%、37.7%，与2010年相比，水质无明显变化。其中，永定河水质为优，滦河和淋河水质良好，章卫新河为中度污染，大沙河、子牙新河、徒骇河、北运河和马颊河为重度污染。省界河段总体为中度污染，主要污染指标为化学需氧量、五日生化需氧量和氨氮，16个国控断面中，Ⅰ—Ⅲ类、Ⅳ—Ⅴ类和劣Ⅴ类水质断面比例分别为43.8%、18.7%和37.5%。与2010年相比，水质无明显变化。

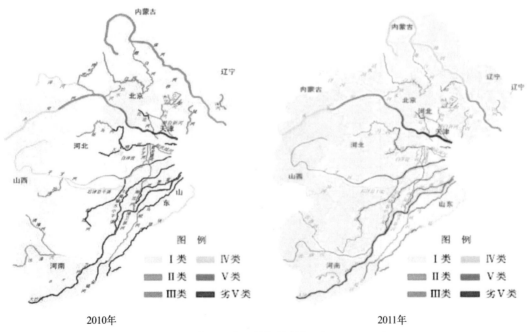

2010年　　　　　　　　　　　　　　　　　　　　2011年

图34.2　海河流域入海河流污染等级（2010—2011）

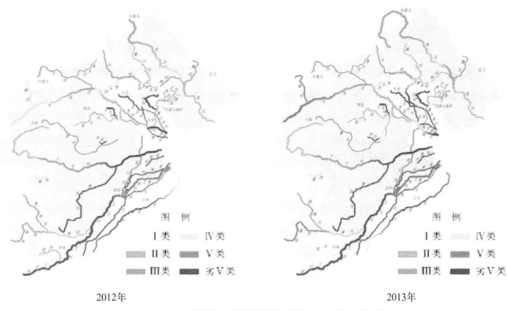

2012年　　　　　　　　　　　　　　　　2013年

图34.3　海河流域入海河流污染等级（2012—2013）

如图34.3所示，2012年海河流域中度污染，64个国控断面中，Ⅰ—Ⅲ类、Ⅳ—Ⅴ类和劣Ⅴ类水质断面比例分别为39.1%、28.1%和32.8%，主要污染指标为化学需氧量、五日生化需氧量和氨氮。海河干流2个国控断面分别为Ⅴ类和劣Ⅴ类水质，主要污染指标为氨氮、高锰酸盐指数和总磷。海河主要支流为中度污染，50个国控断面中，Ⅰ—Ⅲ类、Ⅳ—Ⅴ类和劣Ⅴ类水质断面比例分别为42.0%、24.0%和34.0%，主要污染指标为化学需氧量、五日生化需氧量和氨氮。滦河水系为轻度污染，6个国控断面中，Ⅰ—Ⅲ类和Ⅳ—Ⅴ类水质断面比例分别为66.7%和33.3%，主要污染指标为五日生化需氧量。徒骇马颊河水系为重度污染，6个国控断面中，Ⅳ—Ⅴ类和劣Ⅴ类水质断面比例分别为50.0%和50.0%，主要污染指标为五日生化需氧量、化学需氧量和高锰酸盐指数。省界河断面为中度污染，Ⅰ—Ⅲ类、Ⅳ—Ⅴ类和劣Ⅴ类水质断面比例分别为41.2%、26.5%和32.3%，主要污染指标为化学需氧量、五日生化需氧量和氨氮。从水资源分区来看，海河区Ⅰ—Ⅲ类和劣Ⅴ类水质断面比例分别为23.0%和63.9%。

2013年海河流域中度污染，Ⅰ—Ⅲ类、Ⅳ—Ⅴ类和劣Ⅴ类水质断面比例分别为39.1%、21.8%和39.1%。与2012年相比，水质无明显变化，主要污染指标为化学需氧量、五日生化需氧量和总磷。海河干流2个国控断面分别为Ⅳ类和劣Ⅴ类水质，主要污染指标为氨氮、总磷和五日生化需氧量。海河主要支流为重度污染，Ⅰ—Ⅲ类、Ⅳ—Ⅴ类和劣Ⅴ类水质断面比例分别为40.0%、18.0%和42.0%，主要污染指标为化学需氧量、五日生化需氧量和氨氮。滦河水系水质良好，Ⅰ—Ⅲ类和Ⅳ类水质断面比例分别为83.3%和16.7%。徒骇马颊河水系为重度污染，Ⅳ—Ⅴ类和劣Ⅴ类水质断面比例分别为50.0%和50.0%，主要污染指标为化学需氧量、五日生化需氧量和石油类。海河流域的城市河段中，滏阳河邢台段、岔河德州段和府河保定段为重度污染。

34.2　陆源排污响应关系

34.2.1　水动力模型构建

针对研究海域渤海湾，基于ROMS海洋模型，建立三维高分辨率水动力和水质模型，获得该海域水动力和水质环境的基本特征，为允许排放量的计算提供海洋环境背景场。

34.2.1.1　基本控制方程

水动力的三维控制方程组为：

$$\frac{\partial u}{\partial x} + \frac{\partial v}{\partial y} + \frac{\partial w}{\partial z} = 0$$

$$\frac{\partial u}{\partial t} + u\frac{\partial u}{\partial x} + v\frac{\partial u}{\partial y} + w\frac{\partial u}{\partial z} - fv = -\frac{1}{\rho}\frac{\partial P}{\partial x} + \frac{\partial}{\partial x}\left(A_m\frac{\partial u}{\partial x}\right) + \frac{\partial}{\partial y}\left(A_m\frac{\partial u}{\partial y}\right) + \frac{\partial}{\partial z}\left(K_m\frac{\partial u}{\partial z}\right)$$

$$\frac{\partial v}{\partial t} + u\frac{\partial v}{\partial x} + v\frac{\partial v}{\partial y} + w\frac{\partial v}{\partial z} + fu = -\frac{1}{\rho}\frac{\partial P}{\partial y} + \frac{\partial}{\partial x}\left(A_m\frac{\partial v}{\partial x}\right) + \frac{\partial}{\partial y}\left(A_m\frac{\partial v}{\partial y}\right) + \frac{\partial}{\partial z}\left(K_m\frac{\partial v}{\partial z}\right)$$

$$\frac{\partial P}{\partial z} = -\rho g$$

式中，x,y,z为笛卡儿坐标系中东、北和垂向坐标；u,v,w为3个方向上的速度分量；ρ为海水密度；P为海水压强；f为科氏参数；g为重力加速度；A_m为水平扩散系数，由Smagorinsky公式计算获得；K_m为垂向扩散系数，由Mellor-Yamada 2.5阶湍流封闭模型计算获得。

34.2.1.2　边界条件与初始条件

开边界采用水位强迫条件，其公式为：

$$\varsigma = A_0 + \sum_i^n f_i H_i \cos\left[\sigma_i t + (v_0 + u_i) - g_i\right]$$

式中，ς为实时水位；A_0为平均海平面在潮高基准面上的高度；i为分潮个数，$i = 1$，2，3，$\cdots$，n；H,g为分潮的调和常数，即振幅和迟角；σ为分潮的角速率；t为计算时刻；v_0为分潮的格林尼治天文初相角，决定于计算的起始时刻；f,u为分潮的交点因子和交点订正角。

初始条件为：

$$\varsigma(x,y,t_0) = O, u(x,y,t_0) = O, v(x,y,t_0) = 0$$

即水动力过程从静止状态开始启动计算。

34.2.1.3　计算流程

为提高本课题承载力研究的关注区域——渤海湾近岸海域的模拟精度，本课题利用嵌套网格技术来逐步获得渤海湾的水动力过程，从而为建立渤海湾水质模型并获得污染物响应系数场提供基础数据。模型的具体流程及参数设置如下：

（1）建立渤海大区水动力模型

计算区域包括整个渤海和北黄海的一部分，计算区域范围为37.05°—41.05°N，117.5°—122.5°E，东边界为外海开边界，设在37.05°—41.05°N，122.5°E连线处，其余3个边界均为闭边界。

使用Seagrid软件生成渤海大尺度模型的计算网格，并进行网格正交化。水平方向网格格点数为600×600，网格间距Δx约为720 m，Δy约为780 m，垂向分11层。根据海图（11500）和海图（10011）提取计算区域水深与等深线数值，计算中将区域水深数据统一订正到85黄海高程（平均海平面），并插值到模式的网格点，见图34.4。

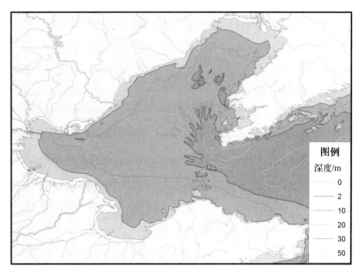

图34.4　计算地形

在外海开边界处通过给出实时变化的潮位以驱动模型运行，本研究中考虑M_2、S_2、O_1、K_1、N_2、K_2、P_1、Q_1、M_f、M_m十个主要分潮。在海气边界，利用COARDS多年平均的风场作为模型的上边界条件。

将模拟的渤海全场潮汐数据进行调和分析，并与图集资料进行比对；将环渤海沿岸6个站点的潮汐、潮流资料输出，与验潮站资料比对。通过上述方法验证所建立的大区模型精度，见图34.5。

（2）建立渤海湾小区水动力模型

计算区域包括整个渤海，计算区域范围为38.03°—39.223°N，117.5°—118.78°E，东边界为外海开边界，设在38.03°—39.223°N，118.78°E连线处，其余3个边界均为闭边界。

在外海开边界处通过给出实时变化的潮位以驱动模型运行，本研究中考虑M_2、S_2、O_1、K_1、N_2、K_2、P_1、Q_1、M_f、M_m十个主要分潮。在海气边界，利用COARDS多年平均的风场作为模型的上边界条件。

将模拟的渤海全场潮汐数据进行调和分析，并与图集资料进行比对；将环渤海沿岸4个站点的潮汐、潮流资料输出，与验潮站

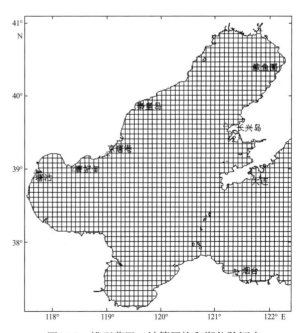

图34.5　模型范围、计算网格和潮位验证点

资料比对。通过上述方法验证所建立的小区模型精度。

34.2.2 水动力模型验证

34.2.2.1 渤海大区

（1）调和常数比对结果

渤海M_2、S_2、O_1、$K_1$4个主要分潮的同潮时线和等振幅线模拟结果见图34.6。渤海湾海域M_2、S_2、K_1和O_1各潮波都是通过外海传入，而且都是从湾口的北部传入，逆时针方向旋转。在这4个分潮中，M_2分潮的振幅在湾内是最大的，湾口与湾南部的迟角差最大为90°，即湾口与湾南部海区高潮时刻相差3 h。在渤海湾内，从湾口M_2、S_2、K_1和O_1，4个分潮的振幅逐渐增大，湾顶最大潮振幅分别为120 cm、25 cm、30 cm、25 cm。

可以看出，半日分潮在渤海有两个无潮点，位于秦皇岛外海和老黄河口附近。受科氏力的作用，同潮时线绕无潮点作逆时针旋转，振幅分别在渤海湾西侧沿岸和辽东湾顶部达到最大值。而全日分潮在渤海有一个无潮点，位于山东半岛蓬莱北部。全日分潮的振幅要明显小于半日分潮。上述同潮时线和等振幅线的分布与实测资料和前人的工作基本一致。

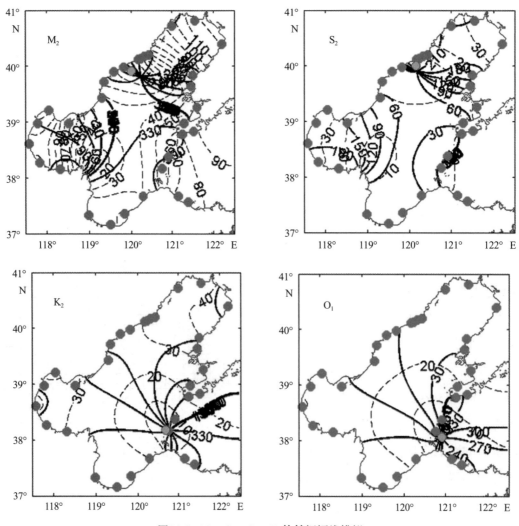

图34.6　M_2、S_2、O_1、K_1的等振幅线模拟

（2）验潮站潮汐潮流比对结果

利用2010年3月大、小潮期间8个测站的实测水位资料对渤海平面二维潮流数学模型进行验证，从验证图34.7至图34.22中可以看出计算值和实测值比较吻合。

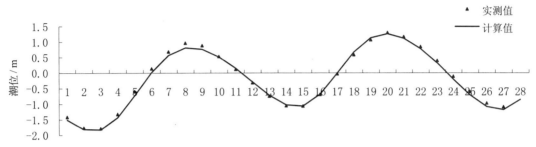

图34.7　塘沽潮位验证（大潮）

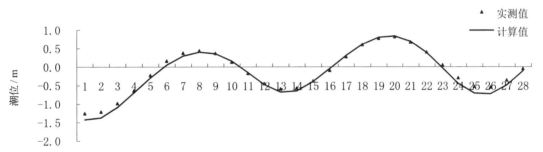

图34.8　曹妃甸潮位验证（大潮）

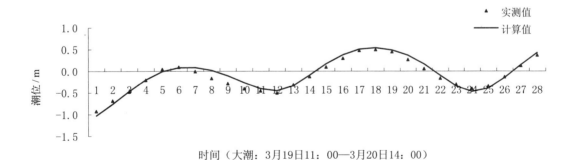

图34.9　京唐港潮位验证（大潮）

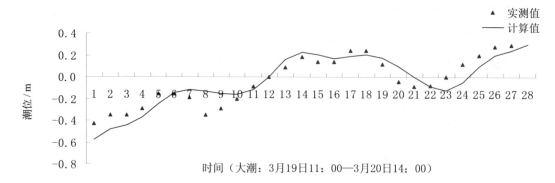

图34.10　秦皇岛潮位验证（大潮）

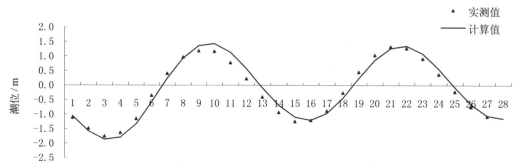

图34.11　鲅鱼圈潮位验证（大潮）

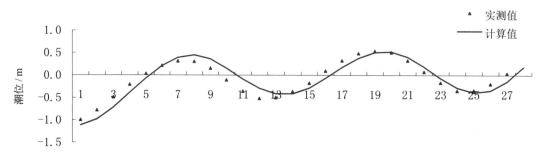

图34.12　长兴岛潮位验证（大潮）

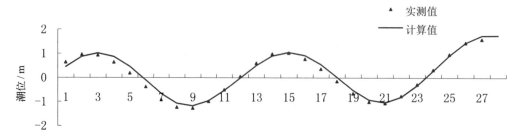

图34.13　大连老虎滩潮位验证（大潮）

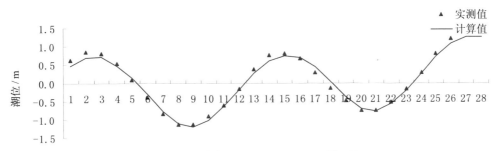

时间（大潮：3月19日11：00—3月20日14：00）

图34.14　烟台潮位验证（大潮）

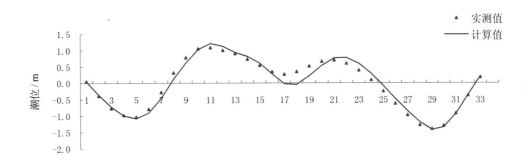

时间（小潮：3月25日14：00—3月26日19：00）

图34.15　塘沽潮位验证（小潮）

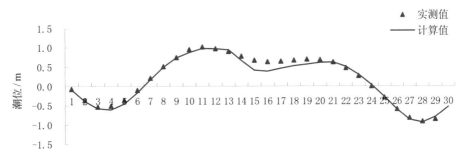

时间（小潮：3月25日14：00—3月26日19：00）

图34.16　曹妃甸潮位验证（小潮）

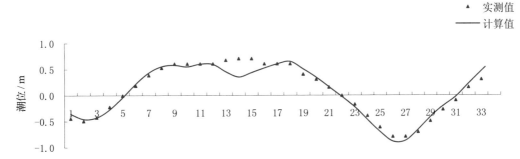

时间（小潮：3月25日14：00—3月26日19：00）

图34.17　京唐港潮位验证（小潮）

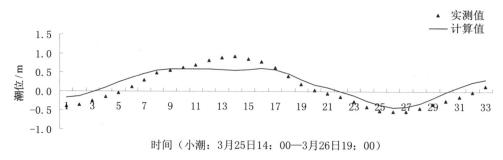

时间（小潮：3月25日14：00—3月26日19：00）

图34.18　秦皇岛潮位验证（小潮）

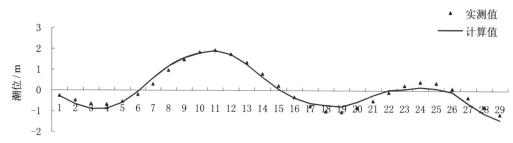

时间（小潮：3月25日14：00—3月26日19：00）

图34.19　鲅鱼圈潮位验证（小潮）

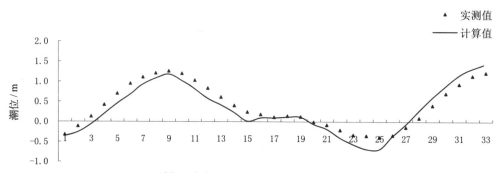

时间（小潮：3月25日14：00—3月26日19：00）

图34.20　长兴岛潮位验证（小潮）

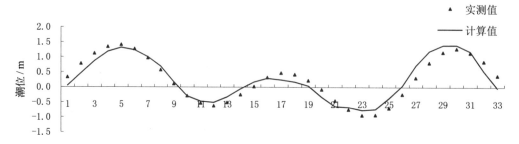

时间（小潮：3月25日14：00—3月26日19：00）

图34.21　大连老虎滩潮位验证（小潮）

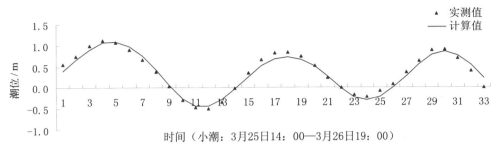

图34.22　烟台潮位验证（小潮）

34.2.2.2　渤海湾小区

（1）调和常数比对结果

渤海湾4个验潮站上主要半日潮M_2和主要全日潮K_1调和常数的模拟值和实测值的计算误差（图34.23、表34.1）。误差分析显示：K_1分潮的振幅和迟角的均方根误差分别为2.18 cm和2.98°；M_2分潮的振幅和迟角的均方根误差分别为3.64 cm和3.16°。说明本文的计算结果与实测数据吻合较好。另外还可以看到：两个分潮调和常数的计算值有的大于实测值，有的小于实测值，即两者的差值有正有负，说明计算结果不存在系统误差。

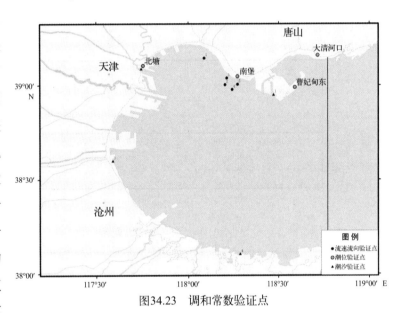

图34.23　调和常数验证点

表34.1　调和常数验证

验潮站	经度	纬度	K_1		M_2	
			ΔH/cm	Δg/(°)	ΔH/cm	Δg/(°)
1	118°29′E	38°58′N	1.6	0.9	1.1	4.4
2	117°43′E	39°06′N	2.4	−2.6	−4.2	−0.2
3	117°35′E	38°36′N	−2.8	−5	−5.7	−0.5
4	118°16′E	38°02′N	1.7	1.7	−1.3	4.5

（2）验潮站潮位、潮流比对结果

从验证结果来看，数学模型计算潮位过程与实测结果吻合良好。其中距离工程较近的南堡、曹妃甸站以及塘沽站的模拟结果均能达到规范要求，而靠近渤海湾东北角的大清河口，可能由于忽略径流动力，计算偏差稍大，但由于其距离工程较远，对整个海域的水流模拟结果影响不大，见图34.24、图34.25。

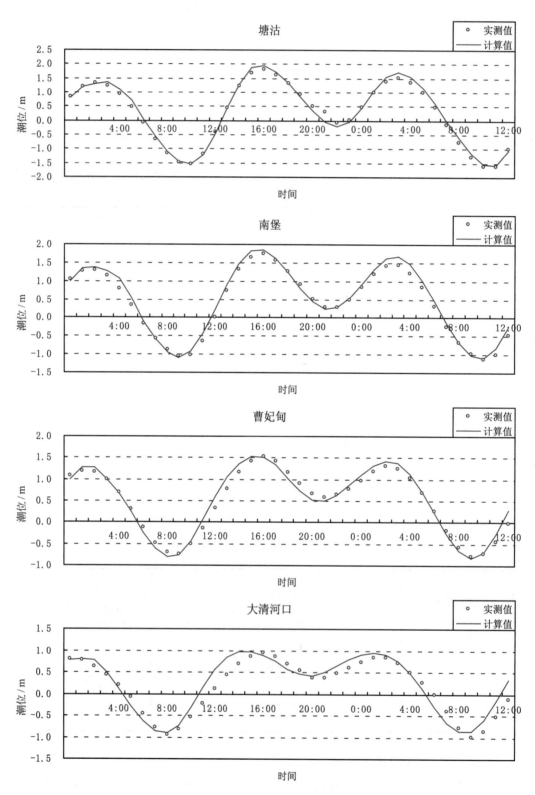

图34.24　大潮潮位验证

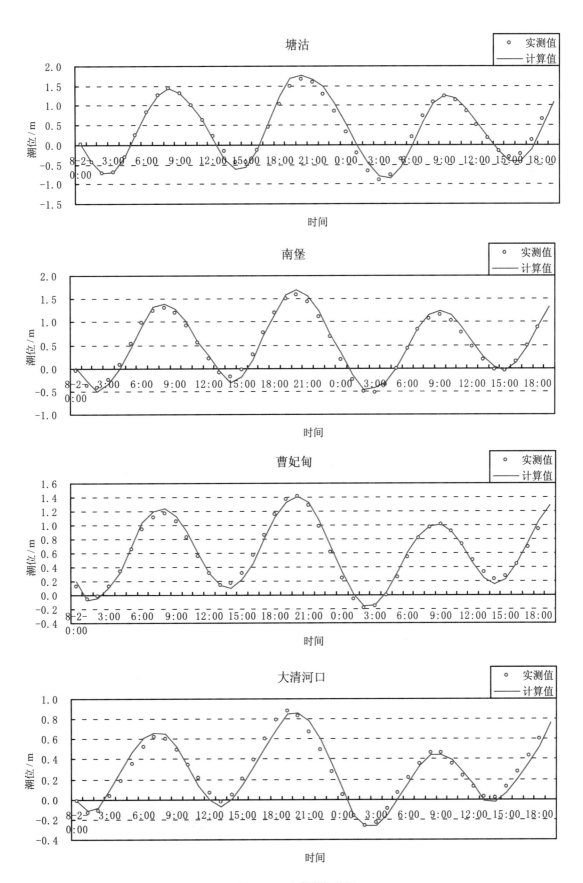

图35.25 小潮潮位验证

潮流验证过程，从结果来看，大部分点的计算与实测结果比较吻合。总的来说，渤海湾整体潮流数学模型通过实测潮位和潮流过程的验证，可以反映渤海湾内的潮波运动过程和潮流运动特点。

从渤海湾内潮流矢量图（图34.26、图34.27）中可以看出，在湾的北部，基本以往复流为主，而在湾南部以旋转流为主。

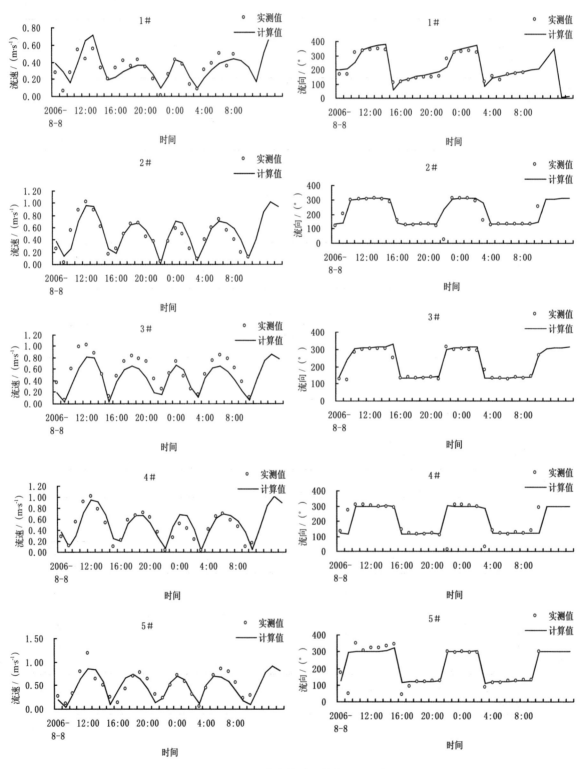

图34.26 大潮流速、流向验证

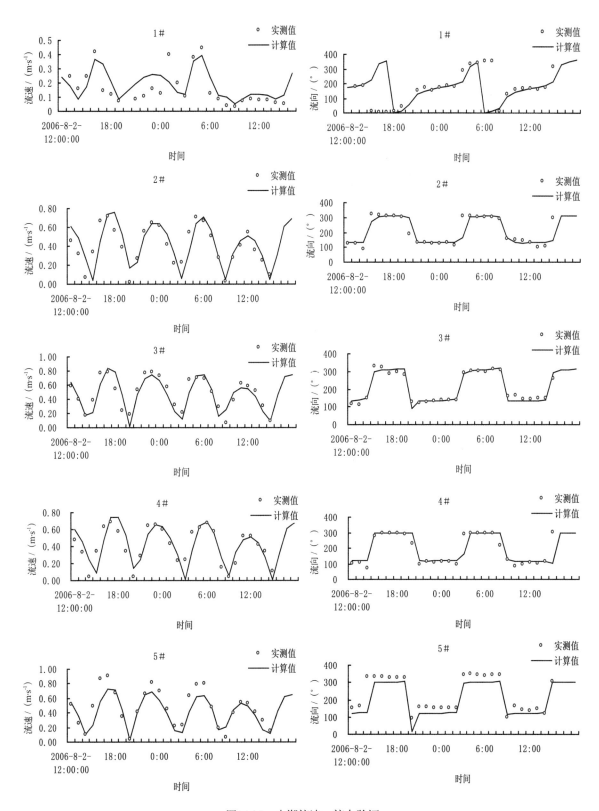

图34.27　小潮流速、流向验证

34.2.3　水质模型

在水动力模型的基础上，建立主要污染物的水质模型；模型中污染物扩散控制方程的基本形式。污染物扩散方程中平流项的计算建议采用多维正定平流传输方案（MPDATA），它可以有效地解决求解标量方程时出现负浓度这一不符合物理背景的问题。

用各汇水单元的污染物入海通量作为污染物负荷驱动模型，通过数值模拟获得污染物在各评价单元的平衡浓度分布场。

污染物扩散的三维控制方程为：

$$\frac{\partial C}{\partial t}+u\frac{\partial C}{\partial x}+v\frac{\partial C}{\partial y}+w\frac{\partial C}{\partial z}=\frac{\partial}{\partial x}\left(A_H\frac{\partial C}{\partial x}\right)+\frac{\partial}{\partial y}\left(A_H\frac{\partial C}{\partial Y}\right)+\frac{\partial}{\partial z}\left(K_H\frac{\partial C}{\partial z}\right)-rC$$

式中，C为污染物浓度；u,v,w为x,y,z 3个方向上的速度分量，由水动力环境数值模拟提供；A_H为水平扩散系数，计算方法按照HY/T 129的规定执行；r为污染物的降解系数，当$r=0$时，为保守性物质，否则为非保守性物质。

海面、海底边界条件为：

$$K_H\frac{\partial C}{\partial z}=-wC(0),\ z=h$$

$$K_H\frac{\partial C}{\partial z}=0,\ z=H$$

在污水排放处边界条件为：

$$C(x_o,y_o,z_o)=C_O$$

$$Q(x_o,y_o,z_o)=Q_o$$

式中，h为海面波动；H为总水深；$-wC(0)$为海面污染物通量；x_o,y_o,z_o为污水排放点坐标；C_o为污染物排放浓度，单位为mg/L，在计算时转化为kg/m^3；Q_o为污水排放量，单位为kg/m^3。

34.2.4　响应系数场

响应系数场是计算环境容量的基础，响应系数场的模拟结果直接关系到计算结果。

污染源—水质响应浓度关系基本满足"浓度模型为线性的，且满足叠加原理"的假设，分别计算各污染源项在各污染物单位强度单独排放下所形成的浓度场，以此来表示各个污染源项排污对渤海湾的空间特征。李克强（2007）将各个排污单元源强分别设为1 g/s和10 g/s，证明污染物浓度对源强的响应基本符合线性关系，且各个排污单元单独排放的浓度之和基本等于各排污单元同时全部排放条件下的浓度。

在渤海水动力模拟结果的基础上，采用水质模型从而获取污染源—水质响应系数场如图34.28。模型设置为单一污染物，按水质模型模拟得到溯河、陡河、海河北（北塘）、海河、海河南（子牙河）、章卫新河、马颊河、套儿河（徒骇河）、潮河9条渤海湾沿岸河流污染源的响应系数场空间分布如图34.28至图34.36所示。

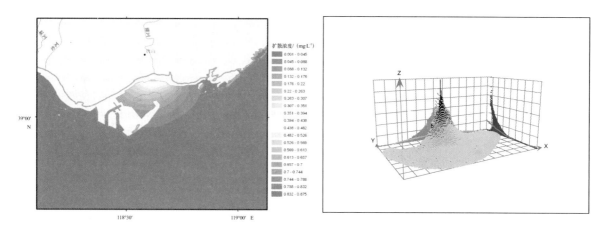

图34.28　溯河流域响应系数场

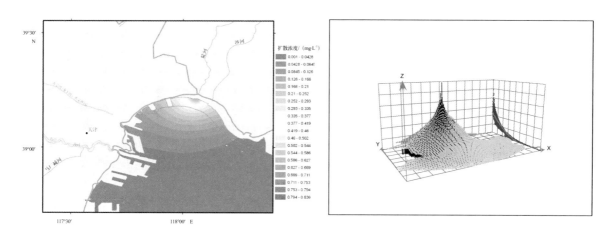

图34.29　陡河流域响应系数场

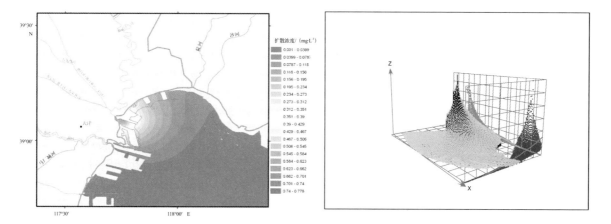

图34.30　北塘响应系数场

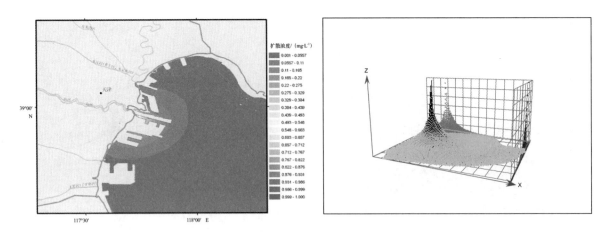

图34.31　海河流域响应系数场

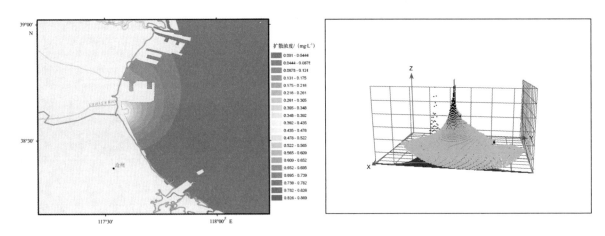

图34.32　子牙河流域响应系数场

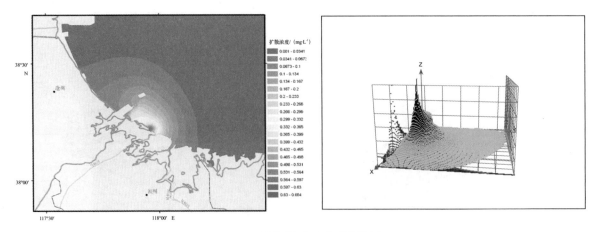

34.33　马颊河流域响应系数场图

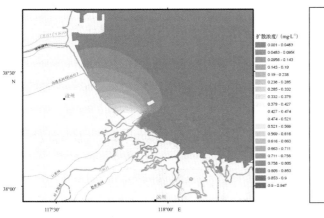

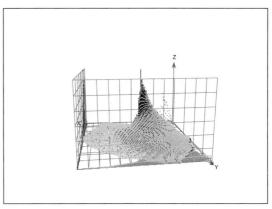

图34.34　章卫新河流域响应系数场

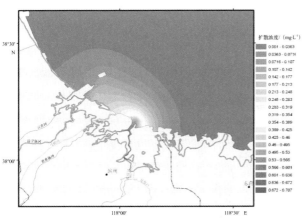

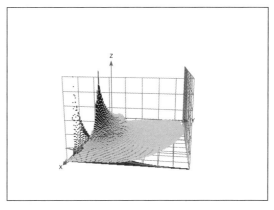

图34.35　套儿河流域响应系数场

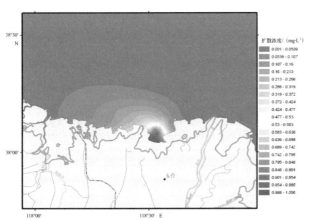

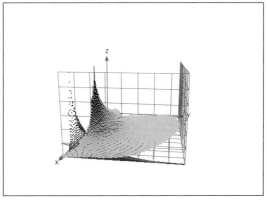

图34.36　潮河流域响应系数场

34.2.5　浓度验证

浓度验证，将渤海湾9条河流的入海源强带入响应系数场，得出渤海湾现状调查站位的预测值，计算的预测值浓度加上背景浓度后与渤海湾现状调查各站位的年平均值进行比较。

化学需氧量浓度计算值与监测值基本吻合，平均误差在−8%，只有个别站位的绝对误差较大如图34.37所示。

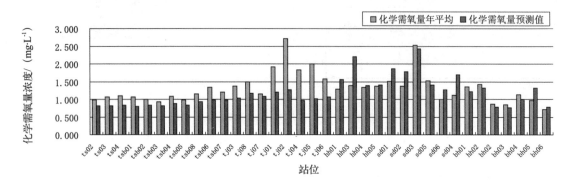

图34.37　化学需氧量监测值与预测值比较

无机氮浓度计算值与监测值差距相对较大，平均误差在−19%，这点可能与陆域污染排海通量偏小有关系，如图34.38所示。

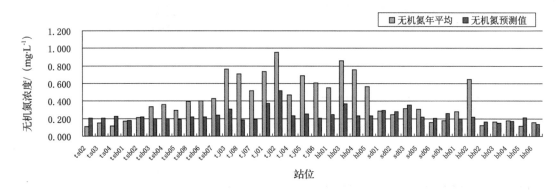

图34.38　无机氮监测值与预测值比较

活性磷酸盐浓度计算值与监测值基本吻合，平均误差在−0.7%，只有个别站位的绝对误差较大，如图34.39所示。

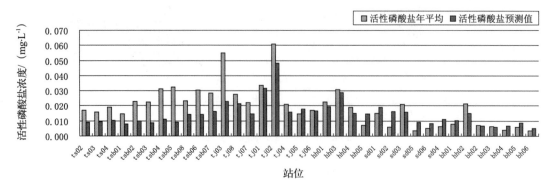

图34.39　活性磷酸盐监测值与预测值比较

从3个要素的比较来看，只有少数站位的绝对误差在20%，化学需氧量误差较小，说明无机氮和活性磷酸盐存在陆域污染排海通量较小的可能，但从整个响应系数场来看，其准确性还是比较高的。

34.3　陆源入海污染负荷评估

34.3.1　评估方法及原理

本研究进行陆源入海污染负荷评估采用排海通量最优化法，在各个污染源，特别是陆源布局保持基本恒定的前提下，目标海域海水的海洋环境容量应主要取决于排海污染物的各种物理、化学和生物迁移—转化过程。因此，根据污染物排海总量控制的实际需求，在目标海域具有确定的海洋环境容量阈值的前提下，为满足一定等级国家海水水质标准要求，可通过优化各个污染源的排海通量分配率的方法使各个污染源所允许的排海通量之和达到极大值。这样，在海洋环境容量计算中，要求目标函数为：

$$Q^s = \max \sum_j F_j$$

于是，要求相应水质标准约束条件为：

$$\begin{pmatrix} C_1^0 \\ C_2^0 \\ \vdots \\ C_m^0 \end{pmatrix} + \begin{pmatrix} \alpha_{11} & \alpha_{12} & \dots & \alpha_{1n} \\ \alpha_{21} & \alpha_{22} & & \alpha_{2n} \\ \vdots & \vdots & & \vdots \\ \alpha_{m1} & \alpha_{m2} & \dots & \alpha_{mn} \end{pmatrix} \begin{pmatrix} F_1 \\ F_2 \\ \vdots \\ F_m \end{pmatrix} \leqslant \begin{pmatrix} C_1^s \\ C_2^s \\ \vdots \\ C_m^s \end{pmatrix}$$

同时，要求相应排放通量约束条件为：

$$F_j \geqslant 0$$

式中，F_j为第j个污染源排海通量；n为污染源数目；C_i^0为水质标准控制点处污染物背景浓度；C_i^s为控制点处由国家《海水水质标准》所界定的污染物标准浓度；m为水质标准控制点数目；α_{ij}为第j个污染源单位排放量对第i个水质标准控制点处污染物浓度的贡献度系数。

这样，海洋环境容量计算实际上就归结到求解联立方程，即上述3个方程所界定的线性规划问题。进一步讲，根据单纯形法，应用相应专业软件，可以方便地求解上述线性规划问题。结果，在污染源布局基本恒定的前提下，由于排海通量最优化法在数学上确实得到了各个污染源的允许排海通量之和的极大值，其计算结果不仅体现了海洋环境容量自然客观属性对排海通量约束条件的要求，而且体现了人为主观属性对水质控制标准约束条件的要求。

34.3.2　评价等级

各汇水单元入海负荷等级的评价以入海负荷超标率为依据，计算公式为：

$$R_{ij} = \frac{E_{ij}^O - E_{ij}^S}{E_{ij}^S} \times 100\%$$

式中，R_{ij}为第j个汇水单元的第i种污染物的入海负荷超标率；E_{ij}^{O}为第j个汇水单元的第i种污染物的现状排放量，单位为t/a；E_{ij}^{S}为第j个汇水单元的第i种污染物的允许排放量，单位为t/a。

根据汇水单元的污染物入海负荷超标率大小，构建汇水单元入海负荷等级分级评价体系，见表34.2。

表34.2　汇水单元入海负荷等级分级评价体系

评价等级		入海负荷超标率情况
未超载（Ⅰ级）		$R_{ij} \leqslant -20\%$
濒临超载（Ⅱ级）		$-20\% < R_{ij} \leqslant 0$
超载	轻度超载（Ⅲ级）	$0 < R_{ij} \leqslant 30\%$
	中度超载（Ⅳ级）	$30\% < R_{ij} \leqslant 70\%$
	重度超载（Ⅴ级）	$R_{ij} > 0$

34.3.3　参数设定

根据最大优化法的目标函数要求，确定背景浓度C_i^0、入海源强F_j、海水水质标准所界定的污染物标准浓度C_i^s、水质控制目标α_{ij}响应系数。

34.3.3.1　背景浓度

背景浓度采用渤海湾湾口中部水域的浓度，化学需氧量背景浓度为0.74 mg/L，无机氮为0.132 mg/L，活性磷酸盐为0.004 9 mg/L（表34.3）。

表34.3　背景浓度　　　　单位：mg/L

季节	化学需氧量			无机氮			活性磷酸盐		
	站1	站2	平均	站1	站2	平均	站1	站2	平均
春季	0.71	0.82	0.77	0.071	0.116	0.094	0.003 6	0.002 9	0.003 2
夏季	0.76	0.62	0.69	0.078	0.043	0.061	0.003 0	0.002 6	0.002 8
秋季	0.85	0.71	0.78	0.227	0.255	0.241	0.010 3	0.007 2	0.008 8
平均值	0.77	0.72	0.74	0.125	0.138	0.132	0.005 6	0.004 2	0.004 9

注：站1坐标：38.785°N，119.328°E；站2坐标：38.391°N，119.301°E。

34.3.3.2　入海源强

渤海湾主要入海源强共9条河流，根据子任务2的调查资料，溯河流域化学需氧量年排海通量为8 170 t，无机氮为8 357 t，活性磷酸盐为498 t（表34.4）。

陡河流域化学需氧量年排海通量为12883t，无机氮为1069t，活性磷酸盐为92t。

海河北系流域主要包含蓟运河、潮白河、永定新河，化学需氧量年排海通量为14331t，无机氮为14887t，活性磷酸盐为1789t。

海河流域化学需氧量年排海通量为13511t，无机氮为6635t，活性磷酸盐为220t。

海河南系流域主要包含独流减河、青静黄排水渠、子牙新河、南排河、北排河，化学需氧量年排海通量为15696t，无机氮为920t，活性磷酸盐为989t。

章卫新河系流域主要包含章卫新河、宣惠河，化学需氧量年排海通量为40236t，无机氮为4831t，活性磷酸盐为406t。

马颊河系流域主要包括马颊河、德惠新河，化学需氧量年排海通量为36120t，无机氮为8583t，活性磷酸盐为928t。

套儿河化学需氧量年排海通量为40725t，无机氮为4347t，活性磷酸盐为470t。

潮河系流域主要包括潮河、沾利河、挑河，化学需氧量年排海通量为86237t，无机氮为11333t，活性磷酸盐为552t。

表34.4　入海源强

流域	包含河流	污染物入海量/(t·a⁻¹)		
		化学需氧量	无机氮	活性磷酸盐
溯河	溯河	8170	8357	498
陡河	陡河	12883	1069	92
海河北	蓟运河、潮白河、永定新河	14331	14887	1789
海河	海河	13511	6635	220
海河南	独流减河、青静黄排水渠、子牙新河、南排河、北排河	15696	920	989
章卫新河	漳卫新河、宣惠河等	40236	4831	406
马颊河	马颊河、德惠新河等	36120	8583	928
套儿河	徒骇河	40725	4347	470
潮河	潮河、沾利河、挑河等	86237	11333	552

34.3.3.3　缓冲区与控制点的设置

在距离河口10km处建立缓冲区，如图34.40所示，重叠的缓冲区相互融合，形成一个大的缓冲区。

水质控制点设在缓冲区的外围，根据地形形成的扇面，每个缓冲区设置2—3个控制点，在融合的缓冲区外围适当减少控制点，水质控制点见表34.5。

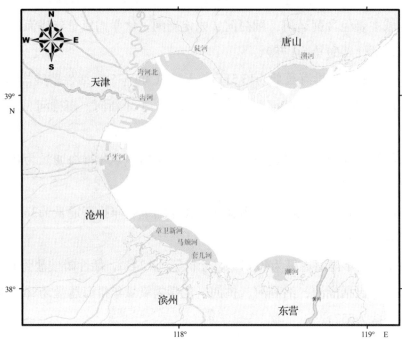

图34.40　缓冲区示意图

表34.5　水质控制点

名称	x	y	水质要求
潮河1	118.593°E	38.122°N	1
潮河2	118.501°E	38.118°N	2
马家河1	118.138°E	38.164°N	2
马家河2	118.062°E	38.235°N	2
马家河3	117.990°E	38.276°N	2
马家河4	117.912°E	38.325°N	2
马家河5	117.825°E	38.343°N	2
子牙河1	117.675°E	38.605°N	2
子牙河2	117.680°E	38.662°N	2
天津1	117.765°E	38.874°N	3
天津2	117.837°E	38.954°N	3
天津3	117.841°E	39.049°N	3
天津4	117.853°E	39.110°N	3
陡河1	118.117°E	39.134°N	3
陡河2	118.039°E	39.129°N	3
陡河3	117.963°E	39.182°N	3
溯河1	118.712°E	39.106°N	2
溯河2	118.647°E	39.078°N	2

34.3.3.4　响应系数

将控制点带入上文响应系数场中，得到各河流在各控制点上的响应系数，见表34.6。

表34.6　响应系数

控制点	溯河	陡河	海河北	海河	海河南	章卫新河	马颊河	套儿河	潮河
潮河1	0.000 0	0.000 0	0.000 0	0.000 0	0.000 0	0.000 0	0.000 0	0.000 2	0.165 8
潮河2	0.000 0	0.000 0	0.000 0	0.000 0	0.000 0	0.000 0	0.000 2	0.001 0	0.469 8
马颊河1	0.000 0	0.000 0	0.000 0	0.000 0	0.000 0	0.001 3	0.053 5	0.218 2	0.062 7
马颊河2	0.000 0	0.000 0	0.000 0	0.000 0	0.000 0	0.004 4	0.129 9	0.227 4	0.038 5
马颊河3	0.000 0	0.000 0	0.000 0	0.000 0	0.000 2	0.014 0	0.227 2	0.179 6	0.023 6
马颊河4	0.000 0	0.000 0	0.000 0	0.000 0	0.001 2	0.103 3	0.184 7	0.123 9	0.011 6
马颊河5	0.000 0	0.000 0	0.000 0	0.000 0	0.004 2	0.323 7	0.100 4	0.063 6	0.003 6
子牙河1	0.000 0	0.000 0	0.000 1	0.005 3	0.177 2	0.048 4	0.013 6	0.006 2	0.000 4
子牙河2	0.000 0	0.000 0	0.000 4	0.012 1	0.182 7	0.029 7	0.008 0	0.003 4	0.000 3
天津1	0.000 0	0.003 9	0.016 2	0.184 2	0.052 6	0.003 0	0.000 7	0.000 3	0.000 1
天津2	0.000 0	0.022 9	0.085 1	0.163 8	0.021 7	0.000 9	0.000 2	0.000 1	0.000 0
天津3	0.000 0	0.070 9	0.262 8	0.071 6	0.005 4	0.000 2	0.000 1	0.000 0	0.000 0
天津4	0.000 0	0.115 1	0.271 7	0.042 1	0.002 1	0.000 1	0.000 0	0.000 0	0.000 0
陡河1	0.000 9	0.215 0	0.047 0	0.010 9	0.000 4	0.000 0	0.000 0	0.000 0	0.000 0
陡河2	0.000 4	0.233 3	0.075 5	0.016 2	0.000 6	0.000 0	0.000 0	0.000 0	0.000 0
陡河3	0.000 1	0.284 2	0.114 7	0.017 7	0.000 4	0.000 0	0.000 0	0.000 0	0.000 0
溯河1	0.172 9	0.000 0	0.000 0	0.000 0	0.000 0	0.000 0	0.000 0	0.000 0	0.000 0
溯河2	0.196 4	0.000 1	0.000 0	0.000 0	0.000 0	0.000 0	0.000 0	0.000 0	0.000 0

34.3.4　评估结果

将背景浓度、响应系数矩阵和控制点浓度带入公式，利用Matlab的linprog函数计算模型得到各条河流的最大允许排放量见表34.7。

表34.7　主要污染物允许排放量单位：t

河流	化学需氧量	无机氮	活性磷酸盐
溯河	130 423.9	9 732.5	1 276.1
陡河	55 380.5	4 129.5	621.7

续表

河流	化学需氧量	无机氮	活性磷酸盐
海河北	34 804.5	2 318.1	464.8
海河	156 963.4	13 611.2	1 153.5
海河南	52 595.6	2 074.7	341.3
章卫新河	24 105.1	3 264.3	486.0
马颊河	21 727.6	2 759.0	411.1
套儿河	34 196.5	5 156.2	768.3
潮河	47 918.5	3 569.6	531.9
合计	558 115.5	46 615.1	6 054.6

利用汇水单元入海负荷等级分级评价体系对上述河流进行承载力评估。

34.3.4.1 化学需氧量入海污染负荷评估

如表34.8所示，化学需氧量污染负荷总体情况良好，重度超载的有潮河（超载80.0%），中度超载的有章卫新河（超载66.9%）和马颊河（超载66.2%），轻度超载的为套儿河（超载19.1%），其余河流均没有超载。

表34.8　化学需氧量污染负荷评估

河流	化学需氧量			
	允许排放量/t	现状排放量/t	超载情况	超载等级
溯河	130 423.9	8 170	−93.7%	未超载
陡河	55 380.5	12 883	−76.7%	未超载
海河北	34 804.5	14 331	−58.8%	未超载
海河	156 963.4	13 511	−91.4%	未超载
海河南	52 595.6	15 696	−70.2%	未超载
章卫新河	24 105.1	40 236	66.9%	中度超载
马颊河	21 727.6	36 120	66.2%	中度超载
套儿河	34 196.5	40 725	19.1%	轻度超载
潮河	47 918.5	86 237	80.0%	重度超载
合计	558 115.5	267 909.08	−52.0%	未超载

现阶段渤海湾化学需氧量环境容量仍有剩余，经过优化后渤海湾天津近岸水域和曹妃甸东侧水域的环境容量均得以利用（图34.41）。

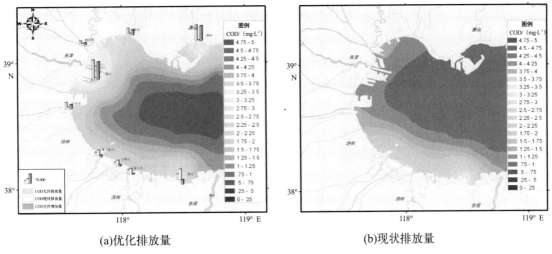

(a)优化排放量   (b)现状排放量

图34.41 渤海湾化学需氧量环境承载力调控前后对比

34.3.4.2 无机氮入海污染负荷评估

如表34.9所示，无机氮污染负荷总体情况处于中度超载，重度超载的有海河北（超载542.21%）、马颊河（超载211.09%）、潮河（超载217.48%），中度超载的有章卫新河（超载48.00%），其余河流均没有超载。

表34.9 无机氮污染负荷评估

河流	无机氮			
	允许排放量/t	现状排放量/t	超载情况	超载等级
潮河	9 732.5	8 357	−14.13%	濒临超载
陡河	4 129.5	1 069	−74.11%	未超载
海河北	2 318.1	14 887	542.21%	重度超载
海河	13 611.2	6 635	−51.25%	未超载
海河南	2 074.7	920	−55.66%	未超载
章卫新河	3 264.3	4 831	48.00%	中度超载
马颊河	2 759.0	8 583	211.09%	重度超载
套儿河	5 156.2	4 347	−15.69%	濒临超载
潮河	3 569.6	11 333	217.48%	重度超载
合计	46 615.1	60 962	30.78%	中度超载

现阶段渤海湾无机氮环境容量已经超载，经过优化后渤海湾天津近岸水域和渤海湾南部水域的污染状况得以控制，天津近岸控制在三类水质，其他近岸水域控制在二类水质（图34.42）。

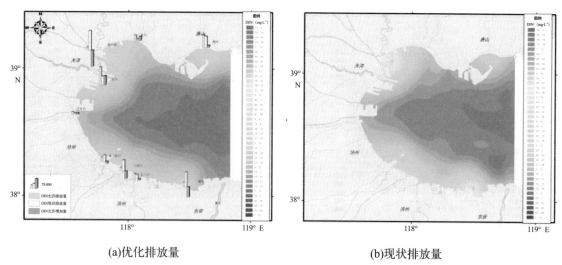

(a)优化排放量　　　　　　　　　　　　　(b)现状排放量

图34.42　渤海湾无机氮环境承载力调控前后对比

34.3.4.3　活性磷酸盐入海污染负荷评估

活性磷酸盐污染负荷总体情况处于濒临超载状态，重度超载的有海河北（超载284.9%）、海河南（超载189.8%）、马颊河（超载125.7%），轻度超载的有潮河（超载3.8%），其余的均没有超载（表34.10）。

表34.10　活性磷酸盐污染负荷评估

河流	活性磷酸盐			
	允许排放量/t	现状排放量/t	超载情况	超载等级
潵河	1 276.1	498	−61.0%	未超载
陡河	621.7	92	−85.2%	未超载
海河北	464.8	1 789	284.9%	重度超载
海河	1 153.5	220	−80.9%	未超载
海河南	341.3	989	189.8%	重度超载
章卫新河	486.0	406	−16.4%	濒临超载
马颊河	411.1	928	125.7%	重度超载
套儿河	768.3	470	−38.8%	未超载
潮河	531.9	552	3.8%	轻度超载
合计	6 054.6	5 944	−1.8%	濒临超载

现阶段渤海湾活性磷酸盐环境容量已经濒临超载，经过优化后渤海湾天津近岸水域和渤海湾南部水域的污染状况得以控制，天津近岸控制在三类水质，其他近岸水域控制在两类水质，如图34.43所示。

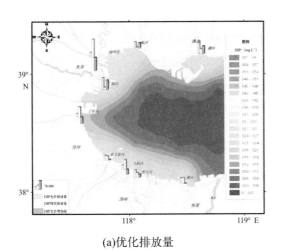
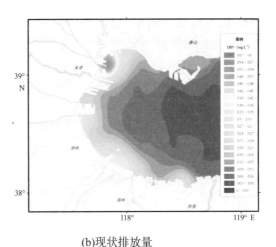

(a)优化排放量   (b)现状排放量

图34.43　渤海湾活性磷酸盐环境承载力调控前后对比

34.3.5 方法分析

排海通量最优化方法的显著优点是以目标海域各个污染源所允许的排海通量之和达到极大值为目标函数，通过统筹多个国家海水水质标准浓度作为水质标准约束条件，结合排海通量非负约束条件，应用单纯形法求解上述三者所界定的线性规划问题，从而得到同时体现目标海域自身客观属性和人为主观属性要求的海洋环境容量。目前，排海通量最优化法已广泛应用于河流、湖泊和海洋等环境容量计算。然而，由于排放通量非负约束条件允许$F_j=0$，计算结果可能会出现某些污染源排放通量被"优化掉"的情况。结果，尽管在数学上确实得到了各个污染源所允许的排海通量之和的极大值，却与实际情况严重不符。这主要是由于自然、社会、经济等原因，难以甚至不可能轻易改变当前污染布局现状，特别是河流入海口，从而实际上不可能大幅度封闭现有污染源。因此，为了在一定程度上修正排海通量最优化法计算结果与现状可能严重不符的情况，需要修正或增设排海通量附加约束条件，使任何污染源$F_j\neq0$。进一步讲，可以从目标海域污染源覆盖区域的基本生活需求最低保障原则和经济效益最大化原则两个方面考虑约束条件的修正和增设，前者计算结果可能只少许偏离，而后者可能大幅度偏离海洋环境容量。因此，无论是根据基本生活需求最低保障原则修正排海通量非负约束条件，还是根据经济效益最大化原则增设排海通量附加约束条件，尽管计算结果可能更加符合实际情况，但都不同程度的偏离海洋环境容量，只能代表在一定排海通量修正或增设约束条件下，各个污染源所允许排海通量之和的极大值，而不是海洋环境容量。

35　渤海湾沿岸社会经济活动发展及其环境压力分析

35.1　渤海湾沿岸社会经济活动发展的总体特征

35.1.1 经济快速发展，但区域内部差异显著

渤海湾地区在环渤海乃至全国经济中占有重要地位。如图35.1所示，1980—2010年，渤海湾地区经济整体保持平稳快速发展，经济总量从461.8亿元增长到43 732.3亿元，31年间增长近94倍。人均国内生产总值从677元增加到41 829元，增长近61倍。其中，河北、北京和天津

的地区国民生产总值分别为20 394.26亿元、14 113.58亿元和9 224.46亿元，较1980年分别增长92倍、100倍和88倍。

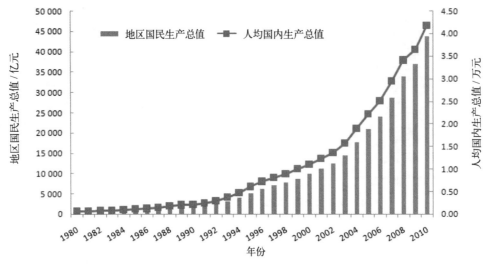

图35.1　1980—2010年渤海湾地区经济总量及人均国内生产总值变化

然而就人均国内生产总值而言，三地层次差异明显。北京地区的人均国内生产总值始终保持龙头地位，但近年来与天津地区的人均国内生产总值差距在初步缩小。河北地区人均国内生产总值自1980年以来一直处于较低水平，且增速较为缓慢，与北京和天津地区人均国内生产总值绝对量差距不断扩大。2010年，河北人均国内生产总值为2.83万元，仅为北京人均国内生产总值的39.4%，两者相差4.36万元。

总体来看，渤海湾地区内部发展水平差异明显，如表35.1所示。2010年，北京人均国民生产总值为10 579美元，三次产业结构为0.88∶24.01∶75.11，城市化水平达到87%，农业就业人员比重为6.42%。按照钱纳里工业化阶段的划分标准，已进入后工业化发展阶段。天津则处于工业化后期阶段，而河北整体上尚处于工业化初期向工业化中期的过渡阶段。

表35.1　渤海湾地区社会经济发展水平比较

地区	地区生产总值/亿元	人均生产总值[1]/美元	三次产业结构占比	城镇化水平/%	农业就业人员比重/%
北京	14 113.58	10 579	0.88∶24.01∶75.11	87	6.42
天津	9 224.46	10 443	1.58∶52.47∶45.95	61	11.79
河北	20 394.26	4 169	29.63∶50.65∶19.72	44	39.76

注：2010年美元兑人民币汇率平均值约为6.8。

35.1.2　产业结构稳步调整，但河北调整力度有待加强

2010年渤海湾地区三次产业结构为6.5∶43.41∶50.09，相比于1980年，产业结构有较大幅度调整，如图35.2所示。其中，第三产业增加值比重上升了约27个百分点，第二产业增加值比重下降了16个百分点，第一产业增加值比重下降了约11个百分点。

从产业结构上看，各地区的差异性特征也十分明显。2010年，北京第三产业增加值的比重达到75.11%，农业增加值的比重为0.88%，进入了完全以第三产业为主导的发展阶段。天津

第二、三产增加值比重分别为53.47%和45.95%，大致处于由以第二产业为主导向以第三产业为主导的过渡阶段。河北省明显处于以工业为主导的发展阶段，第二产业占有绝对优势。尤其是唐山，第二产业增加值占比达到58.14%。此外，衡水、保定、张家口等市的第二产业和第一产业增加值的比重均相对较高，有较大的调整空间。

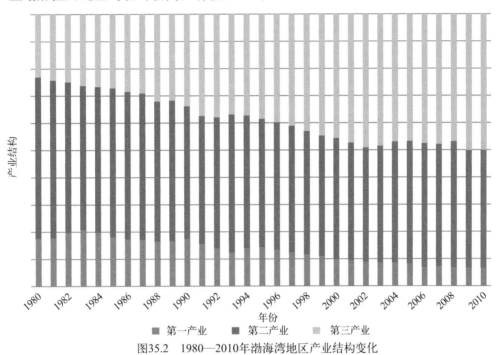

图35.2　1980—2010年渤海湾地区产业结构变化

35.1.3　人口快速增长，大城市人口聚集效应明显

从人口总量上看，截至2010年，渤海湾对应流域常住人口总量为10 455万人，较1980年增加3 634万人，年均增长1.4个百分点，如图35.3、图35.4。其中，北京市人口增长速度最快，1980—2010年间，常住人口从904万人增加到1 962万人，增长2.17倍，年均增长2.6个百分点；天津市常住人口从749万人增加到1 299万人，增长1.73倍，年均增长1.9个百分点；河北省常住人口从5 168万人增加到7194万人，增长1.39倍，年均增长1.1个百分点。

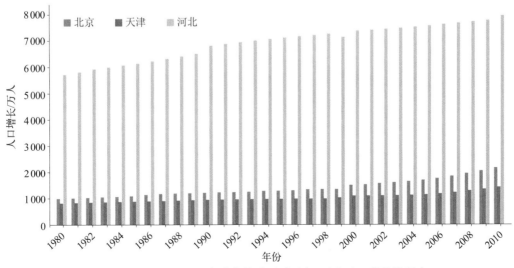

图35.3　1980—2010年渤海湾地区"两市一省"人口增长情况

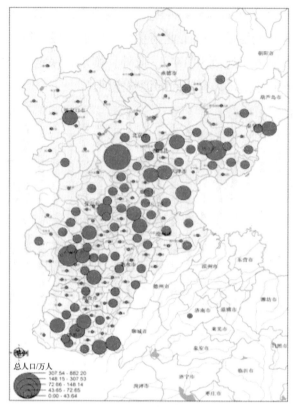

图35.4　2010年渤海湾对应流域各城市人口分布

35.2　渤海湾沿岸城镇化发展及环境压力分析

35.2.1　渤海湾沿岸城镇化发展现状

渤海湾沿岸是我国城市发展的重要核心之一。1980—2010年间，渤海湾地区城镇化率从24.3%上升到53.3%，平均每年增长一个百分点，与全国年均城镇化增长率基本一致，见图35.5。

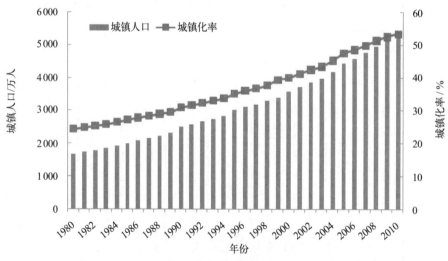

图35.5　1980—2010年渤海湾地区城镇人口及城镇化率变化

从整体的城镇化发展水平来看，三地梯度差异显著，见图35.6。2010年，北京城镇化率已达到86.5%，是全国城镇化水平最高的地区之一。相对而言，天津、河北由于受北京强大的辐射影响，城镇化水平受到较大限制。一方面，表现在天津城镇化发展速度缓慢，2010年城镇化率为61.1%，相比1980年增长仅9个百分点，与北京的差距也由1980年的5个百分点拉大到24个百分点；另一方面表现在河北由于发展动力不足，城镇化水平长期滞后，2010年，河北城镇化率为44.1%，低于全国同期水平5个百分点，低于北京42个百分点。

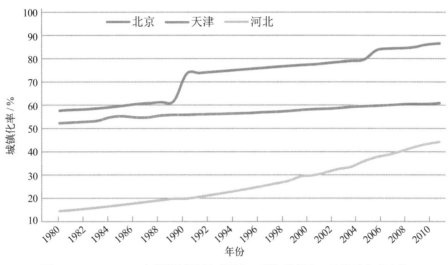

图35.6　1980—2010年渤海湾地区"两市一省"城镇人口及城镇化率变化

随着城镇化的稳步推进，渤海湾地区的建成区面积也有了快速扩张，见图35.7。2001—2010年间，渤海湾地区建成区面积由1 904 km²快速增长到3 245 km²，增加1 341 km²，增幅达70.4%，新增建成区面积超过2001年北京和天津建成区总面积137 km²。其中，北京由780 km²增长到1 386 km²，新增606 km²，增幅达77.7%；天津由424 km²增长到687 km²，新增263 km²，增幅为62%；河北由700 km²增长到1 172 km²，新增472 km²，增幅为67.4%。

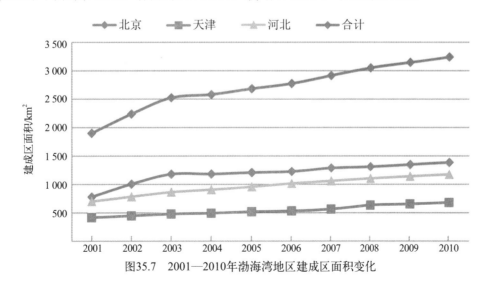

图35.7　2001—2010年渤海湾地区建成区面积变化

35.2.2　渤海湾沿岸城镇要素空间分布分析

渤海湾对应流域范围城镇人口4 124万人，主要集中在海河流域，见表35.2。海河北部水系流域城镇人口最大约2 197万人，占地区的53.3%；海河中部水系流域城镇人口约1 230万人，约占地区的29.8%；海河南部水系流域城镇人口约276万人，约占地区的6.7%。整个海河流域城镇人口占地区的89.8%。

表35.2　渤海湾沿岸流域城镇人口

单元	城镇人口/万人	占地区比重/%
海河北部水系流域	2 197.2	53.3
海河中部水系流域	1 230.3	29.8
海河南部水系流域	276.2	6.7
滦河流域	147.0	3.6
潮河沙河陡河流域	132.4	3.2
大石河流域	87.6	2.1
北戴河洋河流域	37.1	0.9
老黄河口近岸流域	16.6	0.4

渤海湾沿岸城镇人口密度（单位面积城镇人口）高的区域集中分布在几个主要城市，见图35.8。海河北部水系流域城镇人口高密度区域主要位于北京市、天津市，且北京市东部与唐山市邻接地区，北京市南部与保定市邻接区域密度相对较高。海河中部水系流域城镇人口高密度区域主要位于石家庄市、邯郸市、沧州市、衡水市，石家庄市与邯郸市周边地区城镇人口密度也相对较高。海河南部水系流域城镇人口高密度区域主要位于聊城市、滨州市及利津县。

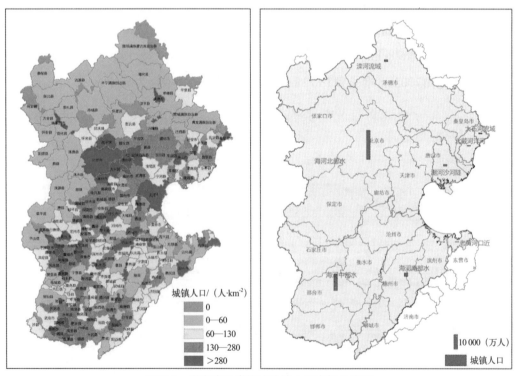

图35.8　渤海湾沿岸流域城镇人口空间分布图

渤海湾对应流域范围国内生产总值50 539亿元，主要集中在海河流域，如表35.3所示。海河北部水系流域国内生产总值最大约28 758亿元，占地区的56.9%；海河中部水系流域国内生产总值约10 067亿元，约占地区的19.9%；海河南部水系流域国内生产总值约4 824亿元，占地区的9.5%。整个海河流域国内生产总值占地区总量的86.3%。

表35.3 渤海湾沿岸流域国内生产总值

单元	国内生产总值/亿元	占地区比重/%
海河北部水系流域	28 758	56.9
海河中部水系流域	10 067	19.9
海河南部水系流域	4 824	9.5
潮河沙河陡河流域	3 018	6.0
滦河流域	2 070	4.1
老黄河口近岸流域	915	1.8
大石河流域	542	1.1
北戴河洋河流域	345	0.7

渤海湾沿岸国内生产总值密度（单位面积国内生产总值）高的区域集中分布在几个主要城市，如图35.9。海河北部水系流域国内生产总值高密度区域主要位于北京市与天津市，且北京市与天津市东部，唐山市邻接区域国内生产总值密度相对较高，保定市及周边地区国内生产总值密度也相对较高。海河中部水系流域国内生产总值高密度区域主要位于石家庄市、邯郸市、衡水市、沧州市，邯郸市周边区域国内生产总值密度相对较高。海河南部水系流域国内生产总值密度高的区域主要位于聊城市、德州市、滨州市、利津县。聊城市东部县市国内生产总值密度也相对较高。

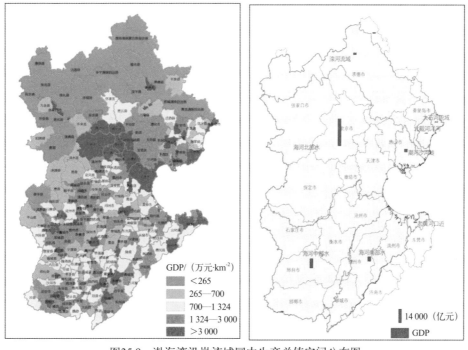

图35.9 渤海湾沿岸流域国内生产总值空间分布图

35.2.3 渤海湾沿岸城镇化发展的环境影响因子分析

城镇化的发展主要直接从两个方面影响陆域的生态环境，进而对海域环境形成压力。一是随着城镇化的发展，流域建成区面积急剧扩张，一方面减少了植被覆盖率，造成水土流失加重；另一方面，直接造成大量"三废"污染直接进入海域，尤其是大量的填海造地，对海域环境造成极大威胁。二是由于城镇人口的大量集聚，造成大量生活污水的排放，直接污染海域环境。

从建成区面积的变化来看，由于渤海湾地区的城镇化发展重心主要集中在海河北部水系流域的北京、天津等两大核心城市，导致海河北部水系流域的环境压力相对较重，而海河中部和南部水系流域压力相对较低，如表35.4所示。对比三地的建成区面积变化来看，北京和天津的建成区面积占行政区域土地面积比重分别为8.4%和9.3%，而河北建成区面积占行政区域土地面积比重仅为0.6%。因此，合理控制北京及天津两大中心城市的规模，有效缓解海河北部水系流域的环境压力，适当鼓励海河中部和南部水系流域的城镇化发展，也是渤海湾地区环境污染调控的重要内容。

表35.4 2010年渤海湾地区建成区面积比较

地区	建成区面积/km²	占行政区域土地面积比重/%	占建成区总面积比重/%
北京	1 386	8.4	42.7
天津	687	9.3	21.2
河北	1 172	0.6	36.1

从城镇居民生活用水变化来看（图35.10），2004—2010年间，渤海湾地区在城镇人口有较大幅度增长的情况下，城镇生活用水量并没有出现大幅度的上升。2010年，渤海湾地区城镇生活用水量为$85.8 \times 10^8 \, m^3$，相比2004年仅增长$5.3 \times 10^8 \, m^3$。这主要是由于地区的人均用水量明显减少的缘故。其中，北京的人均用水量由2004年的$181.7 \times 10^8 \, m^3$减少到$159.9 \times 10^8 \, m^3$，降幅达12%，河北的人均用水量由2004年的$200 \times 10^8 \, m^3$减少到$157.2 \times 10^8 \, m^3$，降幅达21.4%。因此，进一步促进渤海湾地区人均用水量的减少可以合理减少入海污水的排放，也是减缓渤海湾海域环境污染压力的有效手段。

另外，2003—2010年间，渤海湾地区的城镇生活污水处理率有了大幅提升，均达到了80%以上（图35.11）。尤其是河北省，在政府的大力引导下，城镇生活污水处理率由2003年的29.8%快速上升到88.4%，极大地改善了对城镇生活污水的控制能力，对缓解渤海湾海域环境污染起到了积极的促进作用，因此，有必要加强政策引导，进一步提升城镇生活污水处理率的比重。

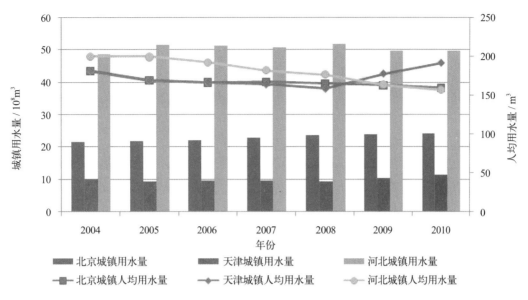

图35.10　2004—2010年河北、北京、天津城镇生活用水量及人均值变化

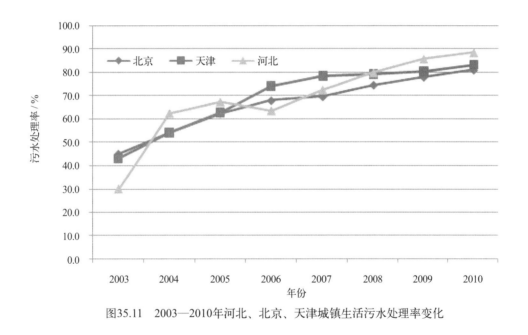

图35.11　2003—2010年河北、北京、天津城镇生活污水处理率变化

35.3　渤海湾沿岸工业发展及环境压力分析

35.3.1　渤海湾沿岸工业发展现状

经过改革开放30年来的快速发展，渤海湾地区工业发展迅猛，尤其是重化工业基础尤为雄厚，产业体系完善。目前，渤海湾地区已形成了钢铁、煤炭、汽车制造、电子信息、石油化工等一批具有较强竞争力的优势产业。2010年，渤海湾地区实现工业增加值约15 899.8亿元，占生产总值的比重达36.4%，是渤海湾地区经济的重要支柱。

从工业的分布来看，主要集中在北京、天津、石家庄和唐山地区，如表35.5、图35.12。

其中，2010年天津市工业企业数量最多，达7 947家，工业总产值也最大，为16 751.82亿元，占地区总量的27.2%；其次为北京，工业企业数量和工业总产值分别为6 885家和13 699.84亿元。河北则主要集中在石家庄和唐山两市。尤其是唐山，工业企业数量为1 568家，占比5.45%，创造的工业总产值为7 545.03亿元，占比为12.25%。

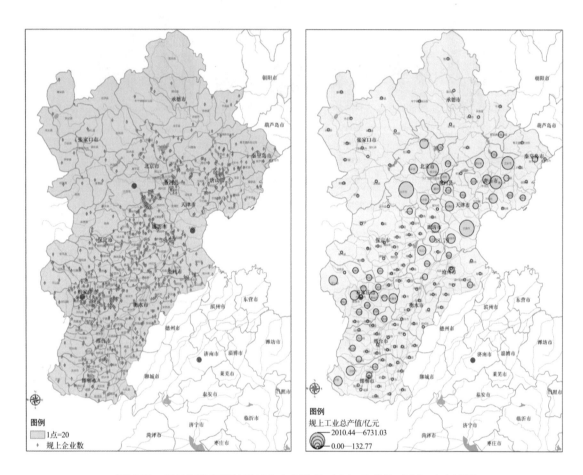

图35.12　2010年渤海湾地区工业企业数量（左）及产值（右）分布情况

表35.5　2010年渤海湾地区工业企业数量及产值分布情况

城市	工业企业数量/家	占地区比重/%	工业总产值/亿元	占地区比重/%
北京	6 885	23.94	13 699.84	22.24
天津	7 947	27.63	16 751.82	27.20
石家庄	2 576	8.96	5 655.34	9.18
唐山	1 568	5.45	7 545.03	12.25
秦皇岛	642	2.23	1 131.55	1.84
邯郸	1 095	3.81	4 107.32	6.67
邢台	1 010	3.51	1 764.60	2.86
保定	1 848	6.42	2 874.86	4.67

续表

城市	工业企业数量/家	占地区比重/%	工业总产值/亿元	占地区比重/%
张家口	530	1.84	893.48	1.45
承德	553	1.92	1 203.52	1.95
沧州	1 919	6.67	2 817.39	4.57
廊坊	1 223	4.25	2 169.38	3.52
衡水	968	3.37	980.58	1.59

数据来源：《中国城市统计年鉴2011》。

35.3.2　渤海湾沿岸工业要素空间分布分析

渤海湾对应流域范围工业增加值约20 444亿元。工业主要集中在海河流域。海河北部水系流域工业增加值最大约9 358亿元，占地区总量的45.8%；海河中部水系流域工业增加值约4 558亿元，约占地区总量的22.3%；海河南部水系流域工业增加值约2 482亿元，约占地区总量的12.1%。渤海湾北部的潮河沙河陡河流域及滦河流域工业增加值合计2 984亿元，约占地区总量的14.6%。

渤海湾沿岸工业增加值密度（单位面积工业增加值）高的区域集中分布在几个主要城市（表35.6、图35.13），围绕京津轴线两侧及近岸区域工业增加值密度相对较高。海河北部水系流域工业增加值高密度区域主要位于昌平、顺义、通州、武清区及天津市，且围绕上述区域两侧地区密度相对较高。海河中部水系流域工业增加值高密度区域主要位于石家庄市、邯郸市，其周边地区工业增加值密度也相对较高。海河南部水系流域工业增加值高密度区域主要位于聊城市、高唐县及海兴县，近岸的海兴县及其周边地区工业增加值密度相对较高。渤海湾北部的唐山市及其沿岸地区，南部的利津县工业增加值密度也相对较高。

表35.6　渤海湾沿岸流域工业增加值

单元	工业增加值/亿元	占地区比重/%
海河北部水系流域	9 358	45.8
海河中部水系流域	4 558	22.3
海河南部水系流域	2 482	12.1
潮河沙河陡河流域	1 875	9.2
滦河流域	1 109	5.4
老黄河口近岸流域	751	3.7
大石河流域	187	0.9
北戴河洋河流域	125	0.6

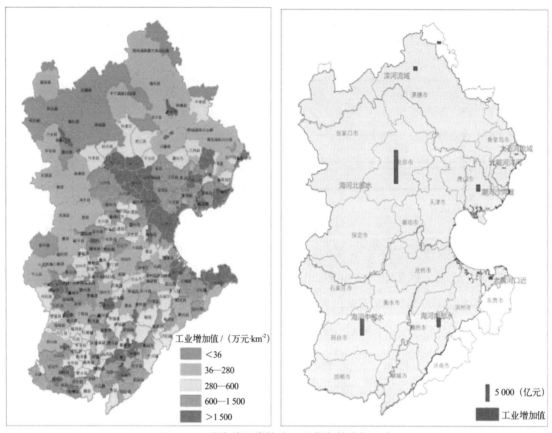

图35.13　渤海湾沿岸流域工业增加值空间分布

渤海湾对应流域范围工业废水排放量198 070 t（表35.7），主要集中在海河流域。海河北部水系流域工业废水排放量最大约为61 973 t，占地区总量的31.3%；海河中部水系流域工业废水排放量约53 013 t，约占地区总量的26.8%；海河南部水系流域工业废水排放量约46 246 t，约占地区总量的23.3%。渤海湾北部的潮河沙河陡河流域及滦河流域工业废水排放量合计26 001 t，约占地区总量的13.1%。

表35.7　渤海湾沿岸流域工业废水排放量

单元	工业废水排放量/t	占地区比重/%
海河北部水系流域	61 973	31.3
海河中部水系流域	53 013	26.8
海河南部水系流域	46 246	23.3
潮河沙河陡河流域	13 897	7.0
滦河流域	12 104	6.1
老黄河口近岸流域	5 370	2.7
大石河流域	3 277	1.7
北戴河洋河流域	2 191	1.1

渤海湾沿岸工业废水排放量密度（单位面积工业废水排放量）高的区域集中分布在几个主要城市及近岸区域（图35.14）。海河北部水系流域工业废水排放量高密度区域主要位于天津市、保定市及廊坊市，子牙河两岸各县的工业废水排放量密度相对较高。海河中部水系流域工业废水排放量高密度区域主要位于石家庄市、衡水市及邯郸市，石家庄市周边地区工业废水排放量密度也相对较高。海河南部水系流域工业废水排放量高密度区域主要位于聊城市及其周边县市，南排水河沿线工业废水排放量密度相对较高。无棣县、利津县工业废水排放量密度高，其周边近岸区县的工业废水排放量密度也相对较高。

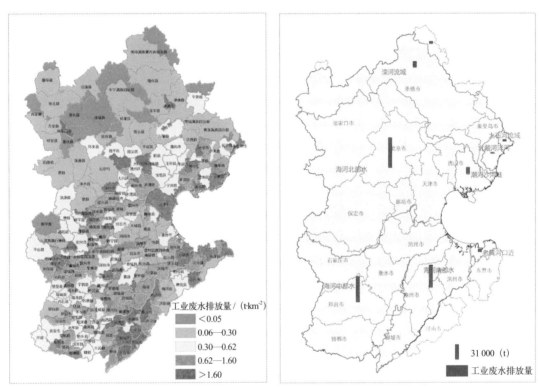

图35.14　渤海湾沿岸流域工业废水排放量空间分布

35.3.3　渤海湾沿岸工业发展的环境影响因子分析

（1）工业企业数量

工业是渤海湾地区经济的重要支撑，近年来，在经济发展方式转变和环境压力的双重牵引下，渤海湾地区的产业结构调整进入加速推动阶段，见图35.15。但从目前的工业企业数量的变化趋势来看，形势并不乐观。从1998—2010年的数据来看，渤海湾地区的工业企业数量经历了由于北京的大量关闭而减少后的快速回升。2010年，渤海湾地区工业企业总数重新回到28 764家的高值，相比于2003年增加了11 500多家。其中，主要是因为发展相对滞后的河北开始进入了由工业化初期阶段向工业化中期阶段的转变，大量工业企业的崛起，给渤海湾地区工业污染的控制带来了较大压力。加快工业内部企业结构的调整，合理实施"上大压小"，有效控制工业的发展规模，是渤海湾地区促进产业转型升级及加快陆域和海域环境污染治理的重要手段。

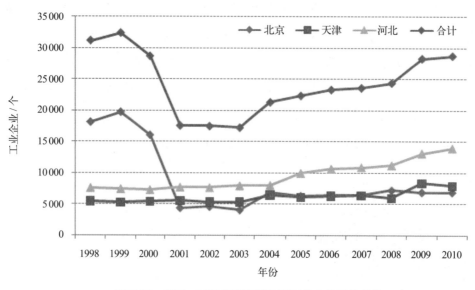

图35.15　1998—2010年渤海湾地区工业企业数量变化

（2）单位工业增加值废水排放量

单位工业增加值废水排放量是间接影响地区工业废水排放的重要影响因子，见图35.16。2003—2010年，渤海湾地区单位工业增加值废水排放量整体呈快速下降趋势。尤其是河北，在2003—2010年间，平均单位工业增加值废水排放量由59.3 t/万元减少到13.4 t/万元，对整个渤海湾地区工业废水的减排做出了巨大贡献。同时，天津和北京也分别由20.1 t/万元和11.2 t/万元减少到3.0 t/万元和4.0 t/万元。但是，对比而言，河北的平均单位工业增加值废水排放量仍然较高，有较大的调整空间。

（3）工业废水排放达标率

工业废水排放达标率是决定工业废水危害程度的重要指标，见图35.17。目前，渤海湾地区的工业废水排放达标率都已接近100%，因此，该因子对渤海湾海域环境的影响相对较小。

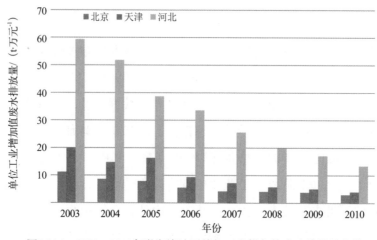

图35.16　2003—2010年渤海湾地区单位工业增加值废水排放量变化

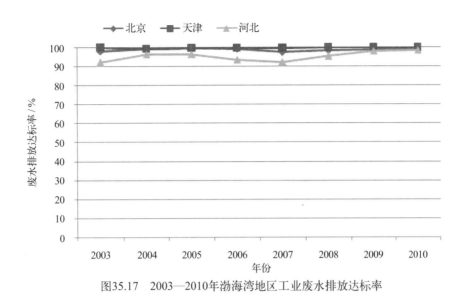

图35.17　2003—2010年渤海湾地区工业废水排放达标率

35.4　渤海湾沿岸农业发展及环境压力分析

35.4.1　渤海湾沿岸农业发展现状

渤海湾地区农业总产值总体保持快速增长趋势。从1980年到2010年，渤海湾地区农业总产值从121.24亿元增加到4 956.43亿元，增加了40倍。从整个变化趋势来看，渤海湾地区农业总产值经历了两个阶段：①从1980年到1993年，农业总产值高速增长并且剧烈波动，1980年的名义增长率仅为1.84%，而1993年的名义增长率飙升到51.82%；②从1994年到2010年，农业总产值增速放缓，从1993年到1999年，增长率持续下滑，1999年的增长率仅为1.02%，同时波动幅度减小。从渤海湾地区农业总产值的构成来看，河北是主要的贡献者。河北省农业总产值在这一时期从97.79亿元攀升到4 309亿元，规模显著扩张。这期间，河北省农业总产值占整个地区的比重保持在70%—85%之间。

35.4.2　渤海湾沿岸农业要素空间分布分析

渤海湾对应流域范围农业产值3 611亿元，如表35.8所示，主要集中海河流域。海河中部水系流域农业产值最大约1 273亿元，占地区总量的35.2%；海河北部水系流域农业产值约1 144亿元，约占地区总量的31.7%；海河南部水系流域农业产值约673亿元，约占地区总量的18.6%。整个海河流域农业产值占地区总量的85.5%。

表35.8　渤海湾沿岸流域农业产值

单元	农业产值/亿元	占地区比重/%
海河中部水系流域	1 273	35.2
海河北部水系流域	1 144	31.7
海河南部水系流域	673	18.6

续表

单元	农业产值/亿元	占地区比重/%
滦河流域	264	7.3
潮河沙河陡河流域	182	5.0
北戴河洋河流域	52	1.4
老黄河口近岸流域	15	0.4
大石河流域	8	0.2

渤海湾沿岸农业产值密度（单位面积农业产值）高的区域集中分布唐山市、廊坊市、保定市、石家庄市、邯郸市和聊城市及其周边地区（图35.18）。海河北部水系流域农业产值高密度区域主要位于唐山市、保定市、廊坊市，廊坊市及保定市之间子牙河沿岸的其他县市农业产值密度也相对较高。海河中部水系流域农业产值高密度区域主要位于石家庄市和邯郸市，邯郸市西南边县市的农业产值密度相对较高。海河南部水系流域农业产值高密度区域主要位于聊城市、商河县、济阳县，南排水河沿岸的农业产值密度相对较高。

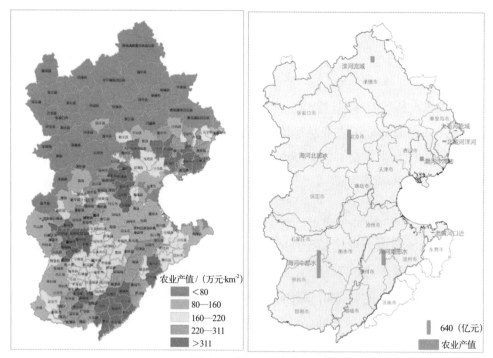

图35.18　渤海湾沿岸流域农业产值空间分布

渤海湾对应流域范围化肥施用量463 t，主要集中海河流域（表35.9）。海河中部水系流域化肥施用量最大约188.1 t，占地区总量的40.6%；海河北部水系流域化肥施用量约127.3 t，约占地区总量的27.5%；海河南部水系流域化肥施用量约91.4 t，约占地区总量的19.7%。整个海河流域化肥施用量占地区总量的87.8%。

表35.9　渤海湾沿岸流域化肥施用量

单元	化肥施用量/t	占地区比重/%
海河中部水系流域	188.1	40.6
海河北部水系流域	127.3	27.5
海河南部水系流域	91.4	19.7
滦河流域	26.5	5.7
潮河沙河陡河流域	18.8	4.1
北戴河洋河流域	7.5	1.6
老黄河口近岸流域	2.4	0.5
大石河流域	1.2	0.3

　　渤海湾沿岸化肥施用量密度（单位面积化肥施用量）高的区域集中分布在唐山市、石家庄市、邯郸市、聊城市，见图35.19。海河北部水系流域化肥施用量高密度区域主要位于唐山市丰南区、保定市，流域内唐山市其他县市，保定市西部县市的化肥施用量密度也相对较高。海河中部水系流域化肥施用量高密度区域主要位于石家庄市、邯郸市，邢台市西部县市的化肥施用量密度相对较高。海河南部水系流域化肥施用量高密度区域主要位于聊城市，德州市化肥施用量密度相对较高。

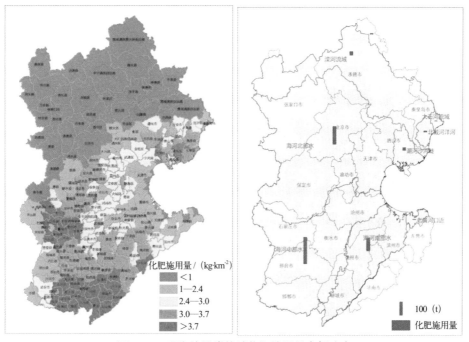

图35.19　渤海湾沿岸流域化肥施用量空间分布

　　渤海湾对应流域范围牧业产值2 173亿元，主要集中在海河流域。海河北部水系流域牧业产值最大约726亿元，占地区总量的33.5%；海河中部水系流域牧业产值约720亿元，约占地区总量的33.1%；海河南部水系流域牧业产值约347亿元，约占地区总量的16%。整个海河流域牧业产值占地区总量的82.6%，具体见表35.10。

表35.10　渤海湾沿岸流域牧业产值

单元	牧业产值/亿元	占地区比重/%
海河北部水系流域	729	33.5
海河中部水系流域	720	33.1
海河南部水系流域	347	16.0
滦河流域	207	9.5
潮河沙河陡河流域	85	3.9
北戴河洋河流域	67	3.1
大石河流域	14	0.6
老黄河口近岸流域	5	0.2

　　渤海湾沿岸牧业产值密度（单位面积牧业产值）高的区域集中分布唐山市、秦皇岛市、廊坊市、石家庄市、保定市、邯郸市，见图35.20。海河北部水系流域牧业产值高密度区域主要位于廊坊市、唐山市、保定市，保定市、北京、廊坊邻接的县市牧业产值密度也相对较高。海河中部水系流域牧业产值高密度区域主要位于石家庄市和邯郸市。海河南部水系流域牧业产值密度高的区域主要位于济南市、德州市与滨州市北部交汇区域，其周边区域牧业产值密度相对较高。

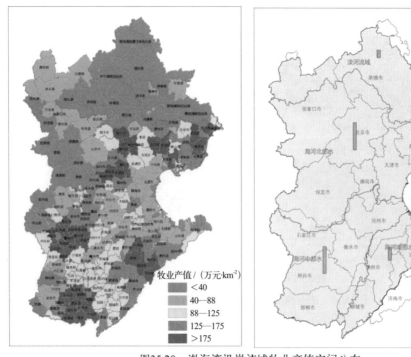

图35.20　渤海湾沿岸流域牧业产值空间分布

　　渤海湾对应流域范围农村人口7 051万人，主要集中在海河流域。海河中部水系流域农村人口最大约2 600万人，占地区总量的36.9%；海河北部水系流域农村人口约2 365万人，约占地区总量的33.5%；海河南部水系流域农村人口约1 250万人，约占地区总量的17.7%。整个海河流域农村人口占地区总量的88.1%，具体见表35.11。

表35.11　渤海湾沿岸流域农村人口

单元	农村人口/万人	占地区比重/%
海河中部水系流域	2 599.9	36.9
海河北部水系流域	2 365.2	33.5
海河南部水系流域	1 250.4	17.7
滦河流域	503.7	7.1
潮河沙河陡河流域	193.9	2.7
北戴河洋河流域	103.8	1.5
大石河流域	21.1	0.3
老黄河口近岸流域	12.8	0.2

　　渤海湾沿岸农村人口密度（单位面积农村人口）高的区域集中分布在唐山市、廊坊市、保定市、石家庄市、邢台市、邯郸市、聊城市，见图35.21。海河北部水系流域农村人口高密度区域主要位于唐山市、廊坊市，其周边区域农村人口密度也相对较高。海河中部水系流域农村人口高密度区域主要位于石家庄市、邯郸市、邢台市东部区域，邯郸市、邢台市东部农村人口密度相对较高。海河南部水系流域只有朝阳市农村人口密度相对较高。海河南部水系流域农村人口高密度区域主要位于聊城市，聊城市北部、黄河沿岸农村人口密度也相对较高。

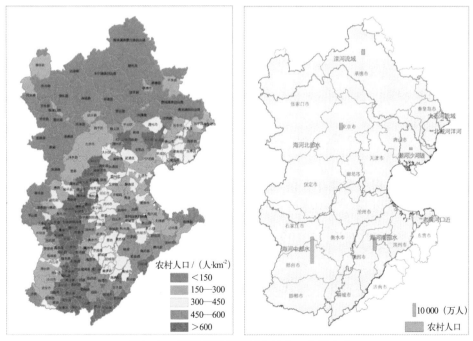

图35.21　渤海湾沿岸流域农村人口空间分布

35.4.3 渤海湾沿岸农业发展的环境影响因子分析

（1）农村人口数量

农村人口的生产生活是农业环境污染的重要来源。目前，河北农村人口是渤海湾地区农村人口的核心组成部分，占渤海湾农村人口总量的比约为86%。相对于河北省的农村人口，北京和天津的农村人口数量较少。2010年，北京和天津的农村人口分别是237万和383万，仅相当于河北农村人口的5.90%和9.53%。因此，加快河北的城镇化发展是减少渤海湾地区农业对海域环境污染的重要方向。

（2）化肥施用量

渤海湾地区化肥施用量的增加主要来自河北省，2010年，河北化肥施用量占渤海湾全部化肥施用量的89.17%。从1980年到2010年，渤海湾地区化肥施用量从114.66×10^4t上升到362.06×10^4t，增加了2.16倍，见图35.22。其中，河北省化肥施用量从74.74×10^4t上升到322.86×10^4t，增加了3.32倍。这期间，北京和天津的化肥施用量相对较小，且都经历了先增加后减少的过程，基本减少到了1980年的水平。但是，值得指出的是，在1980—2010年间，在渤海湾地区耕地面积缩小8.17%的情况下，化肥施用量却增加了216%，采取有效措施控制单位面积耕地上的化肥施用量是渤海湾地区农业污染控制的重要突破方向。

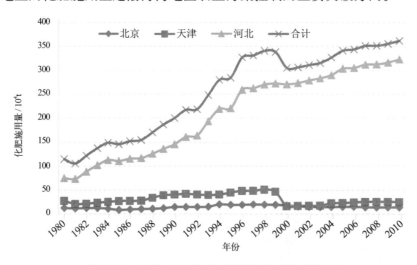

图35.22　1980—2010年渤海湾地区化肥施用量变化

（3）大牲畜数量

渤海湾地区的大牲畜主要集中在河北省，其数量占渤海湾地区总量的90%左右，而北京和天津所占比重之和不足10%。1980—2010年间，渤海湾地区大牲畜数量经历了较大幅度的波动，其中，最大时达1091万头。2010年已减少到555.39万头，见图35.23。

（4）水产品数量

渤海湾地区水产品数量总体上保持快速增长的态势。如图35.24所示，从1980年到2010年，水产品数量从13.37×10^4t增加到147.10×10^4t，增长了10倍。其中，河北省水产品数量与渤海湾保持同步增长，从9.76×10^4t增加到106.30×10^4t，增长了9.89倍。天津市的水产品数量不断增加，从3.21×10^4 t上升到34.5×10^4 t，增长了9.74倍。北京市的水产品数量相对较小，处于比较平稳的状态。2010年，北京市的水产品数量为6.3×10^4 t，仅为河北省的5.93%。

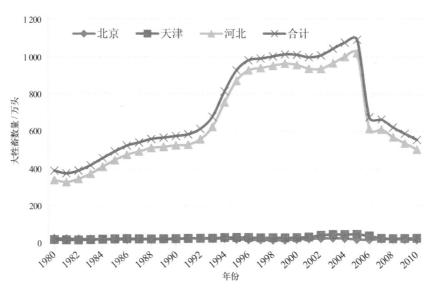

图35.23　1980—2010年渤海湾地区大牲畜数量变化

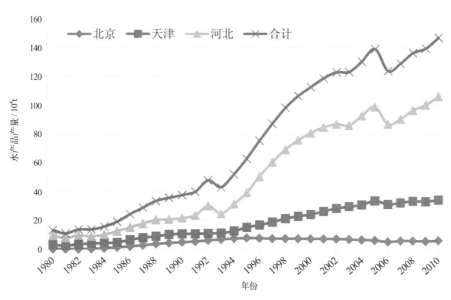

图35.24　1980—2010年渤海湾地区水产品产量变化

36　渤海湾沿岸传统污染物压力特点研究

36.1　渤海湾沿岸氮污染压力分析

36.1.1　渤海湾沿岸氮污染总量及构成

渤海湾对应流域范围总氮污染物产生量约538 571 t，如表36.1所示，主要集中在海河流域。海河北部水系流域总氮产生量最大约207 413 t，占地区总量的38.5%；海河中部水系流域总氮产生量约173 842 t，约占地区总量的32.3%；海河南部水系流域总氮产生量约96 879 t，约占地区总量的18%。整个海河流域总氮污染物产生量占地区总量的88.8%。

表36.1 渤海湾沿岸流域总氮污染物产生量

单元	总氮/t	占地区比重/%
海河北部水系流域	207 413	38.5
海河中部水系流域	173 842	32.3
海河南部水系流域	96 879	18.0
滦河流域	32 174	6.0
潮河沙河陡河流域	18 578	3.4
北戴河洋河流域	5 254	1.0
大石河流域	3 323	0.6
老黄河口近岸流域	1 109	0.2

渤海湾沿岸流域总氮污染物主要产生于工业、农业及城镇社会经济活动，各流域单元总氮污染源构成差异较大。海河北部水系流域总氮污染物主要来自城镇和农业，其中城镇占48.7%，农业占46.1%，城镇污染源比重是大流域中最高的区域，如图36.1所示。海河中部水系流域总氮污染物主要来自农业和城镇，农业所占比重超过62.5%；海河南部水系流域总氮污染物主要来自农业，农业占79.4%，城镇仅占12.8%。位于渤海湾北部的潮河沙河陡河流域、滦河流域、北戴河洋河流域总氮污染物也主要来自农业，农业所占比重均超过70%。近岸小流域大石河流域及老黄河口近岸小流域农业所占比重低，大石河流域超过80%的氮污染来自城镇，老黄河口近岸小流域氮污染主要来自工业与城镇。

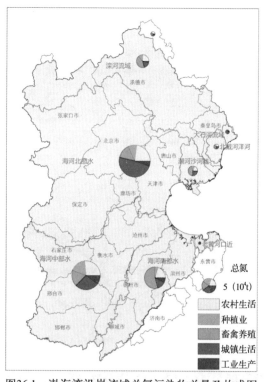

图36.1 渤海湾沿岸流域总氮污染物总量及构成图

表36.2 渤海湾沿岸流域总氮污染物构成（%）

单元	城镇	工业	农业	农村生活	种植业	畜禽
大石河流域	82.3	0.9	16.7	24.9	20.2	55.0
北戴河洋河流域	20.8	3.8	75.4	36.7	19.6	43.7

续表

单元	城镇	工业	农业	农村生活	种植业	畜禽
滦河流域	16.9	4.6	78.5	34.1	13.9	52.0
潮河沙河陡河流域	23.2	3.7	73.2	26.3	14.4	59.3
海河北部水系流域	48.7	5.2	46.1	50.0	18.5	31.6
海河中部水系流域	27.3	10.2	62.5	42.6	28.5	28.9
海河南部水系流域	12.8	7.9	79.4	25.7	6.3	68.0
老黄河口近岸流域	31.6	48.9	19.4	64.8	24.0	11.1

36.1.2　渤海湾沿岸氮污染空间分布特征分析

　　渤海湾沿岸氮污染空间分布总体上呈现围绕主要城镇分布的特征，如图36.2所示。即单位面积总氮产生量大的高密度区域主要集中在主要城镇，并向外具有一定扩散特征。海河北部水系流域氮污染高密度区域主要位于北京市、天津市、保定市及张家口市，且北京市、保定市周边地区密度相对较高。海河中部水系流域氮污染高密度区域主要位于石家庄市及其周边的栾城县、正定县、无极县、晋州市、高邑县、邯郸市，石家庄市周边其他县市，邯郸东部几个县市氮污染密度也相对较高。海河南部水系流域氮污染高密度区域主要位于齐河县、禹城市、商河县、信阳县，黄河沿岸其他县市氮污染密度相对较高。

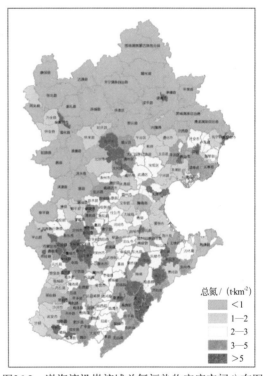

图36.2　渤海湾沿岸流域总氮污染物密度空间分布图

36.1.3　渤海湾沿岸氮污染重点控制区域及方向选择

　　氮污染压力（单位岸线长度承载的总氮污染物总量）主要位于渤海湾顶部，对应的海河流域是氮污染重点监控流域，见图36.3。

　　海河北部水系流域涉及的行政区包括：北京市（昌平区、顺义区、通州区、大兴区）、天津市（天津市）、唐山市（唐山市、丰润区）、保定市（保定市、高碑店市、定兴县、容城县、清苑县、博野县、安国市、定州市）、张家口市（张家口市）。海河北部水系流域总氮污染物主要来自城镇和农业。海河北部水系流域内城镇人口主要集中在北京市、天津市，以及北京市东部与唐山市邻接地区，北京市南部与保定市邻接区域。海河北部水系流域工业产值及废水排放主要是昌平、顺义、通州、天津市及武清区。

海河中部水系流域涉及的行政区包括：石家庄市（正定县、栾城县、晋州市、辛集市）、邯郸市（邯郸县、临漳县、成安县、肥乡县、永年县、鸡泽县）、沧州市（沧州市、沧县、肃宁县、献县）、邢台市（邢台市、任县、平乡县、南和县、巨鹿县、宁晋县）、衡水市（衡水市、武强县）。海河中部水系流域总氮污染物主要来自农业和城镇。海河中部水系流域城镇人口主要集中在石家庄市、邯郸市、沧州市、衡水市，石家庄市与邯郸市周边地区城镇人口密度也相对较高。海河中部水系流域农业污染主要来自畜禽养殖及农村生活，种植业所占比重虽然不

图36.3　渤海湾沿岸流域总氮污染压力图

到30%，但是所有流域中最大的。牧业产值高密度区主要位于石家庄市和邯郸市。农村人口高密度区主要位于石家庄市、邯郸市、邢台市东部区域，邯郸市、邢台市东部农村人口密度相对较高。种植业高密度区域主要位于石家庄市和邯郸市，邯郸市西南边县市的农业产值密度相对较高。

海河南部水系流域涉及的行政区包括：聊城市（聊城市、莘县、阳谷县、东阿县、茌平县、高唐县）、沧州市（吴桥县、东光县、盐山县、海兴县、孟村回族自治县）、济南市（商河县、济阳县）、德州市（德州市、齐河县、禹城市、陵县、临邑县、宁津县）、滨州市（滨州市、惠民县、阳信县、沾化县、无棣县）。海河南部水系流域总氮污染物主要来自农业和城镇，其中农业污染主要来自畜禽养殖及农村生活。牧业产值高密度区主要位于济南市、德州市与滨州市北部交汇区域，其周边区域牧业产值密度相对较高。

36.2　渤海湾沿岸磷污染压力分析

36.2.1　渤海湾沿岸磷污染总量及构成

渤海湾对应流域范围总磷污染物产生量约77 170 t，见表36.3，其主要集中在海河流域。海河南部水系流域总磷产生量最大约28 331 t，占地区总量的36.7%；海河北部水系流域总磷产生量约22 207 t，约占地区总量的28.8%；海河中部水系流域总磷产生量约17 685 t，约占地区总量的22.9%。整个海河流域总磷污染物产生量占地区总量的88.4%。

表36.3　渤海湾沿岸流域总磷污染物产生量

单元	总磷/t	占地区比重/%
海河南部水系流域	28 331	36.7
海河北部水系流域	22 207	28.8
海河中部水系流域	17 685	22.9
滦河流域	5 280	6.8
潮河沙河陡河流域	1 716	2.2
北戴河洋河流域	1 454	1.9
大石河流域	452	0.6
老黄河口近岸流域	43	0.1

渤海湾沿岸流域总磷污染物主要产生于农业及城镇社会经济活动，农业所占比重超过80%，农业中磷污染物主要产生于畜禽养殖和农村生活，除老黄河口近岸流域外，其他流域畜禽养殖所占比重超过85%。海河北部水系流域城镇污染源比重约占1/3，相比其他流域城镇污染特征明显，如图36.4所示。老黄河口近岸流域及大石河流域作为近岸小流域，城镇污染比重很大，其中老黄河口近岸流域约占2/3，大石河流域超过2/5。海河南部水系流域、滦河流域、北戴河洋河流域农业磷污染比重均超过90%。

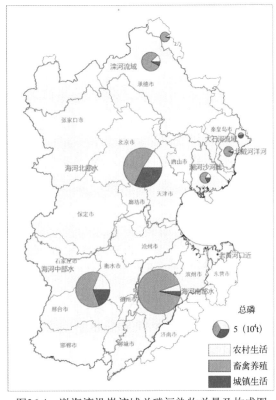

图36.4　渤海湾沿岸流域总磷污染物总量及构成图

表36.4　渤海湾沿岸流域总磷污染物构成（%）

单元	城镇	农业	农村生活	畜禽
大石河流域	44.0	56.0	4.0	96.0
北戴河洋河流域	5.5	94.5	7.7	92.3
滦河流域	7.2	92.8	12.4	87.6
潮河沙河陡河流域	18.5	81.5	18.8	81.2
海河北部水系流域	32.5	67.5	22.8	77.2
海河中部水系流域	19.3	80.7	23.2	76.8
海河南部水系流域	3.4	96.6	5.7	94.3
老黄河口近岸流域	65.7	34.3	76.2	23.8

36.2.2　渤海湾沿岸磷污染空间分布特征分析

渤海湾沿岸磷污染空间分布总体上呈现围绕主要城镇，并沿北京、定兴县、保定市、定州市、石家庄市沿线，海河南部水系沿线形成两条明显的带状分布，如图36.5所示。海河北部水系流域磷污染高密度区域主要位于北京市、定兴县、保定市、定州市，且沿线及周边地区密度相对较高，天津市及天津近岸区域磷污染密度也较高。海河中部水系流域磷污染高密度区域主要位于石家庄市、邢台市及邯郸县，石家庄市周边的正定县、无极县、栾城县、藁城市、晋州市、辛集市，邯郸县周边的永年县、邯郸市磷污染密度也相对较高。海河南部水系流域磷污染高密度区域成连片分布，聊城市、济南市、德州市均是磷污染高密度分布区域，仅滨州市部分县市磷污染密度较低。

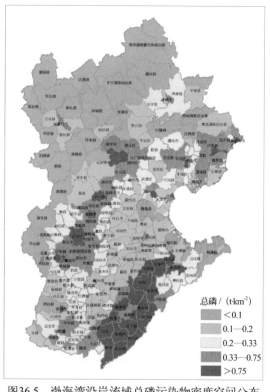

图36.5　渤海湾沿岸流域总磷污染物密度空间分布

36.2.3　渤海湾沿岸磷污染重点控制区域及方向选择

磷污染压力（单位岸线长度承载的总磷污染物总量）主要位于渤海湾顶部，对应的海河流域是磷污染重点监控流域，见图36.6。

海河北部水系流域总磷污染物主要来自城镇和农业。海河北部水系流域内城镇人口主要集中在北京市、天津市，以及北京市东部与唐山市邻接地区，北京市南部与保定市邻接区域。海河北部水系流域工业产值及废水排放主要昌平、顺义、通州、大兴及天津市。海河中部水系流域总磷污染物主要来自农业和城镇。海河中部水系流域城镇人口主要集中在石家庄市、邯郸市、沧州市、衡水市，石家庄市与邯郸市周边地区城镇人口密度也相对较高。海河中部水系流域农业污染主要来自畜禽养殖及农村生活，种植业所占比重虽然不到30%，但是所有流域中最大的。牧业产值高密度区主要位于石家庄市和邯郸市。农村人口高密度区主要位于石家庄市、邯郸市、邢台市东部区域，邯郸市、邢台市东部农村人口密度相对较高。种植业高密度区域主要位于石家庄市和邯郸市，邯郸市西南边县市的农业产值密度相对较高。海河南部水系流域总磷污染物主要来自农业和城镇，其中农业污染主要来自畜禽养殖及农村生活。牧业产值高密度区主要位于济南市、德州市与滨州市北部交汇区域，其周边区域牧业产值密度相对较高（图36.6）。

图36.6　渤海湾沿岸流域总磷污染压力图

36.3　渤海湾沿岸化学需氧量污染压力分析

36.3.1　渤海湾沿岸化学需氧量污染总量及构成

渤海湾对应流域范围化学需氧量污染物产生量约3975184 t（表36.5），主要集中在海河流域。海河北部水系流域化学需氧量产生量最大约1498764 t，占地区总量的37.7%；海河中部水系流域化学需氧量产生量约1125190 t，约占地区总量的28.3%；海河南部水系流域化学需氧量产生量约839613 t，约占地区总量的21.1%。整个海河流域化学需氧量污染物产生量占地区总量的87.1%。

表36.5　渤海湾沿岸流域化学需氧量污染物产生量

单元	化学需氧量/t	占地区比重/%
海河北部水系流域	1 498 764	37.7
海河中部水系流域	1 125 190	28.3
海河南部水系流域	839 613	21.1
滦河流域	284 019	7.1
潮河沙河陡河流域	151 669	3.8
北戴河洋河流域	49 703	1.3
大石河流域	21 227	0.5
老黄河口近岸流域	4 998	0.1

　　渤海湾沿岸流域化学需氧量污染物主要产生于工业、农业及城镇社会经济活动，其中工业占15%，农业占61.1%，城镇占23.9%，如图36.7所示。各流域单元化学需氧量污染源构成差异较大。海河北部水系流域化学需氧量污染主要来自农业与城镇，其中城镇比重是海河流域中最大的，达到36.6%，城镇污染特征明显（表36.6）。海河中部水系流域化学需氧量污染虽主要来自农业和城镇，但工业污染比重也较高，达到21%。海河南部水系流域化学需氧量污染主要来自农业，农业所占比重超过80%。渤海湾北部的滦河流域、潮河沙河陡河流域、北戴河洋河流域污染源构成相似，工业污染所占比重相对较高，均超过20%。大石河流域城镇污染比重超过70%，是最主要的污染源。老黄河口流域工业污染比重超过40%，城镇污染比重超过37%，工业和城镇是化学需氧量最主要的污染源。

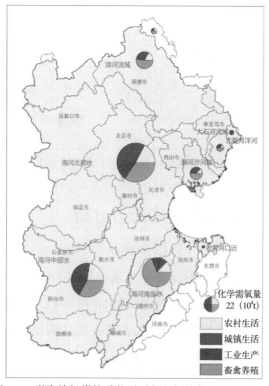

图36.7　渤海湾沿岸流域化学需氧量污染物总量及构成图

表36.6　渤海湾沿岸流域化学需氧量污染物构成　　　　　　　　　单位：%

单元	城镇	工业	农业	农村生活	畜禽
大石河流域	70.3	5.2	24.5	14.5	85.5
北戴河洋河流域	12.0	21.8	66.2	24.1	75.9
滦河流域	10.5	20.1	69.5	23.8	76.2
潮河沙河陡河流域	15.0	22.3	62.7	19.9	80.1
海河北部水系流域	36.6	11.3	52.1	33.1	66.9
海河中部水系流域	23.1	21.0	55.9	40.4	59.6
海河南部水系流域	8.1	10.0	81.8	15.8	84.2
老黄河口近岸流域	37.0	42.1	20.9	70.8	29.2

36.3.2　渤海湾沿岸化学需氧量污染空间分布特征分析

渤海湾沿岸化学需氧量污染空间分布总体上呈现围绕主要城镇分布的特征，见图36.8。即单位面积化学需氧量产生量大的高密度区域主要集中在主要城镇。海河北部水系流域化学需氧量污染高密度区域主要位于北京市、天津市、保定市及张家口市，且北京市、保定市周边地区密度相对较高。海河中部水系流域化学需氧量污染高密度区域主要位于石家庄市及其周边的栾城县、正定县、无极县、晋州市、高邑县、邯郸市，石家庄市周边其他县市、邯郸东部几个县市化学需氧量污染密度也相对较高。海河南部水系流域化学需氧量污染高密度区域主要位于齐河县、禹城市、商河县、信阳县，黄河沿岸其他县市化学需氧量污染密度相对较高。

图36.8　渤海湾沿岸流域化学需氧量污染物密度空间分布

36.3.3　渤海湾沿岸化学需氧量污染重点控制区域及方向选择

化学需氧量污染压力（单位岸线长度承载的化学需氧量污染物量）主要位于渤海湾顶部，对应的海河流域是化学需氧量污染重点监控流域，见图36.9。

海河北部水系流域化学需氧量污染物主要来自城镇和农业。海河北部水系流域内城镇人口主要集中在北京市、天津市，以及北京市东部与唐山市邻接地区，北京市南部与保定市邻接区域。海河北部水系流域工业产值及废水排放主要昌平、顺义、通州、大兴及天津市。海河中部水系流域化学需氧量污染物主要来自农业和城镇。海河中部水系流域城镇人口主要集中在石家庄市、邯郸市、沧州市、衡水市，石家庄市与邯郸市周边地区城镇人口密度也相对较高。海河中部水系流域农业污染主要来自畜禽养殖及农村生活，种植业所占比重虽然不到30%，但是所有流域中最大的。牧业产值高密度区主要位于石家庄市和邯郸市。农村人口高密度区主要位于石家庄市、邯郸市、邢台市东部区域，邯郸市、邢台市东部农村人口密度相对较高。种植业高密度区域主要位于石家庄市和邯郸市，邯郸市西南边县市的农业产值密度相对较高。海河南部水系流域化学需氧量污染物主要来自农业和城镇，其中农业污染主要来自畜禽养殖及农村生活。牧业产值高密度区主要位于济南市、德州市与滨州市北部交汇区域，其周边区域牧业产值密度相对较高。

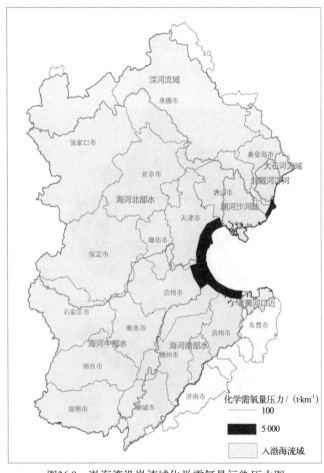

图36.9　渤海湾沿岸流域化学需氧量污染压力图

37 渤海湾沿岸城镇污染调控对策研究

37.1 推进城市污水处理市场化机制

渤海湾对应流域城镇污染物主要来自城镇污水排放，城镇污水处理厂是治理城镇污水的重要途径。然而，渤海湾沿岸城镇污水处理厂面临诸多运营问题。一是管网建设滞后于污水处理厂建设，污水处理厂运行效率低下；二是水质排放标准的提高增加了污水处理成本；三是污水处理费征收不到位，污水处理费无法覆盖运营成本。为此，天津纪庄子、咸阳路、东郊和北仓4座污水处理厂采用特许经营的方式已经开始市场化运作。北京市也提出将包括污水处理在内的6个市政基础设施领域全面向社会资本开放。河北地区也在逐步推进污水处理的市场化运作机制。引导社会资本投资城市污水处理领域，推进城市污水治理市场化机制，不仅能够有效破解污水处理厂的运营困境，而且能够创新环保企业污水垃圾处理业务的商业模式，降低城镇污染物排放水平。

37.2 建立生活垃圾无害化处理机制

城镇生活垃圾处理是城镇管理和环境保护的重要内容。虽然渤海湾对应流域各地区城镇生活垃圾收运网络日趋完善，生活垃圾处理能力快速提升，然而，由于垃圾处理设施建设水平和运行质量不高，配套设施不齐全，一些城市面临"垃圾围城"的困境，存在较大污染隐患。因此，有必要建立生活垃圾无害化处理机制。

首先，根据渤海湾对应流域各地区生活垃圾特性、处理方式和管理水平，制定分类办法，科学建立垃圾分类处理工作机制。例如：推进和巩固源头垃圾分类收集工作；建设与垃圾分类投放相匹配的垃圾分类转运设施及其收运系统；完善再生资源回收网络建设和交易集散市场建设等。其次，积极推广先进环保、省地节能、经济适用的处理技术。北京、天津等经济发达、土地资源短缺的城市，优先采用焚烧处理，甚至生物处理技术；其他地区可通过区域共建等方式采用焚烧处理技术，具备条件的地区采用卫生填埋方案。再次，考虑到渤海湾对应流域不同区域的实际情况，应坚持集中处理与分散处理相结合，逐步统筹城镇生活垃圾处理设施的规划和建设。

37.3 实行对流域的综合规划与管理

目前，渤海湾沿岸流域各项污染物主要产生于农业及城镇社会经济活动，农业中的畜禽养殖和农村生活是各项污染物的主要来源。因此，在渤海湾对应流域污染严重的区域应以流域为单位，进行综合规划治理。对于流域周边农田，建立农药化肥清洁生产技术规范，鼓励生产高效、低残留的化肥、农药产品；因地制宜推广成熟的化肥农药使用技术，采用改良施肥方法和施肥时间等措施减少农药化肥的施用量；努力建设农田生态拦截系统，原位减低农田排放。同时，强化涉水事务管理和执法监督，建立流域用水总量、用水效率和水功能区限制纳污控制指标体系；完善水量、水质、水生态环境综合监测系统，开展区域河流整治，建设生态河床。

37.4 开展"三高两低"企业的治理整顿

首先，治理整顿工作按照属地管理原则进行，各地政府负责本地范围内"三高两低"企业的治理整顿工作，明确关停类企业名单和整改类企业名单，发动人民群众积极参与并监督治理整顿工作。其次，整治工作需以"条块结合、以块为主"为原则，关停类企业要按规定在限期内完成关停，整改类企业要在限期内整改达标。各地区应按照工作方案，采取有效措施，明确进度目标。然后，结合整治工作进度加强检查和督查工作，采取定期或不定期抽查、交叉执法检查等形式，督促企业按进度关停或整改达标。最后，在巩固治理整顿成果的基础上，建立健全治理整顿的长效机制，进一步提升企业的能效水平、环保水平、安全生产水平和综合效益水平，推进企业可持续发展。

37.5 海陆统筹改善渤海湾海洋环境

渤海湾海洋环境的改善需要坚持海陆统筹，把海洋和陆地作为整体来谋划，把海洋产业与涉海产业作为系统工程来推进，统筹海域、海岸带、内陆腹地开发建设，实行海陆产业统筹规划、资源要素统筹配置、基础设施统筹建设、生态环境统筹整治。海陆统筹布局方法归纳起来主要包括以下几方面：一是统筹海陆产业发展，把适宜临海发展的产业向沿海布局，把海洋产业链条向内陆腹地延伸；二是统筹海陆基础设施建设，即统一规划建设港口、铁路、公路、航空设施，建设内外通达的海陆空立体综合交通体系；三是统筹海陆环境治理，渤海湾的污染主要来自陆地，保护渤海海洋环境必须从陆地入手，按照海洋环境容量确定陆源污染物排海总量，提升入海河流和沿海城市污水处理能力，维护海洋生态平衡；四是统筹海陆生产要素配置，将物流、人流、资金流等资源要素，按照效益最大化的原则，进行海陆双向合理配置。

第九篇
莱州湾环境承载力监测与农业污染调控研究

38 概述

38.1 研究范围

根据陆海统筹的污染调控研究思路，确定莱州湾海域以及沿岸入海河流的汇水区为主要研究范围（图38.1）。莱州湾西起现代黄河新入海口，东迄龙口市屺姆岛，湾口宽96 km，海岸线长319.06 km，面积6 966 km²，是渤海三大海湾之一。莱州湾汇水区北以黄河为界，西南以泰沂山脉为界，东北以山东半岛莱山山脉为界，向东注入莱州湾的陆域汇水区。莱州湾沿岸河流十余条，可分为11个流域，总流域面积31 153.64 km²，占山东省面积的19.63%。社会经济资料的统计分析考虑山东省所在莱州湾汇水区的市区，共涉及山东省11个地级市30余个县区。

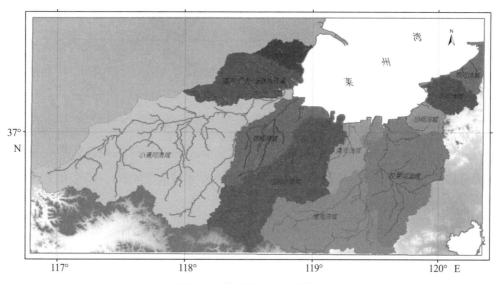

图38.1 莱州湾及其子流域分布

38.2 莱州湾海洋环境特征

莱州湾水深在20 m以内，沿岸近海水深不足10 m。莱州湾滩涂辽阔，沿岸河流十余条，是黄渤海渔业生物的主要产卵场、栖息地。年平均气压为1 011.1—1 016.5 hPa。多年平均气温

11.9—12.6 ℃。年平均风速湾的东南部最大为5.2 m/s，东部3.7 m/s，中、西部均为4.0 m/s。半日分潮占优势，全日分潮也占相当比例。潮差右岸小，左岸大，口门小，湾顶大。黄河口附近为强流区，从黄河口向东、向湾内流速逐渐减小。湾南岸为淤泥质海岸，东岸滨海平原狭窄，海水入侵灾害较严重。

38.3　沿岸水系特征

莱州湾入海河流除黄河之外，还有广利河、支脉河、小清河、弥河、白浪河、虞河、潍河、北胶莱河、王河、界河、黄水河等。

沿岸水系特征主要表现为：①支流众多，涉及山东省11个地级市30余个县区，流域面积广阔，总流域面积31 153.64 km²，占山东省面积的19.63%；②河流多建有规模较大的水库，并大多数兼有防洪、灌溉、养殖、发电等综合效益；③河流多数为季节性河流，丰水期集中在8月，其次为7、9月；④入海河流河口多为养殖区，局部污染较为严重。

38.4　海域水交换特征模拟分析

莱州湾湾口海域的水交换率最高，因渤海海峡附近的环流场具有北进南出的特点，因而莱州湾东岸（三山岛至屺㟂岛沿岸海域）能够很快地与外海海水进行水交换。莱州湾水交换率较低的海域均位于莱州湾西南和南部沿岸海域，尤其是近岸5 km附近的海域（黄河口以南，东营和潍坊沿岸等多浅滩地区），水交换率很低，平均200 d仅交换了8%，而龙口湾沿岸水交换率明显高于莱州湾西岸，得益于其靠近莱州湾口东岸。

随着时间的推移，莱州湾内浓度逐渐稀释，水交换率不断增加，根据模拟显示，水交换率时间的变化基本呈线性增加，直至全部稀释完毕。根据计算结果可得出莱州湾1个月（30 d）水交换率为21%，100 d水交换率为35%，50%水交换率需要约206 d，85%水交换率需要约560 d，90%水交换率需要约882 d。

莱州湾海域不同海域水交换率存在较大的差异，水交换率较高的地区主要位于湾口附近，其中又以湾口东侧海域的水交换率为最高，水交换率速率最低的地区主要位于莱州湾西南岸海域。总体来说，莱州湾海域水交换速率可概括为湾口高于湾内，湾东侧强于西侧，湾内西南侧水交换速率最低。

莱州湾水动力条件较弱，故水交换能力较低，湾内水交换能力较强的海域位于湾口和莱州湾东岸，湾内水交换率较低的地区主要位于莱州湾西南岸和南部海域，基本均是多滩涂海域水交换率较低。与前人的模拟计算结果相比较，莱州湾海水的半交换时间有所延长，主要是近几年来莱州湾内围填海工程较多，占用了较多的海域面积，导致湾内水动力条件减弱，引起纳潮量减少，水体的半交换时间延长。从而导致净化纳污能力降低，加快污染物在海底积聚，加剧海洋水体和沉积环境污染，特别是海水中营养物质增多，引起营养盐结构失衡，导致近海富营养加剧，容易引发赤潮等海洋灾害。

38.5　主要生态环境问题

莱州湾主要生态环境问题包括以下几方面。

（1）入海径流量明显减少，部分地区海水入侵

莱州湾主要入海河流均出现季节断流的现象，河流沿岸工农业发展对淡水需求增加，沿河建坝、水库，抬高流经地地表水位，却造成河水阻滞不流，部分河段无水，特别是河口地区盐度升高，莱州湾沿岸海水入侵严重。

海水入侵是由于陆地地下淡水水位下降而引起的海水直接侵入淡水层的自然现象。20世纪70年代以来，由于无计划地挖井开采地下水资源，导致地下水大幅度下降，地下漏斗型面积不断扩大，形成地下淡水层负值区，最终引起海水入侵且逐年加重，潜在危及区面积已发展到2 400 km^2，使莱州湾成为全国海水入侵最为严重的海湾之一。

（2）海水富营养化严重，营养盐比例失调

莱州湾海域是重要的河口海湾生态系统，沿岸有黄河、小清河等10余条河流入海，是黄渤海多种经济鱼虾类的主要产卵场、孵幼场、索饵场。近年来，由于黄河入海径流量的减少、海洋养殖业及沿岸工业等发展所带来的排污量增加，海水富营养化程度不断加重，致使产卵场受到破坏，主要经济鱼类和对虾资源严重衰退，海洋生态环境急剧恶化。

海水中磷不足，是莱州湾的环境特点之一。长期的监测结果表明，莱州湾无机氮浓度高于渤海平均水平。渤海净营养盐收支呈磷减少而氮增加的总体趋势，近年来渤海营养盐结构发生了很大变化，无机氮浓度增加，而无机磷浓度却降低。营养盐比例的改变可引起浮游植物群落结构变化，初级生产力下降。氮污染的加剧，将增加海域有毒赤潮发生的概率。

（3）滨海湿地面积加速萎缩

长期以来，滨海湿地对自然环境和社会经济的功能和价值并未得到有关方面的重视，人们往往将滨海湿地当成有待开发的"荒地"，盲目开发，使莱州湾滨海湿地面积迅速减少。防潮堤建设，使莱州湾西岸湿地生境破碎、岸线平直化严重；盐田和养殖池塘，占用莱州湾南岸大片湿地；开发缺少规划，使莱州湾东岸大部分岸段成为人工岸线；围海造陆等工程使曲折的自然岸线，变为简单的平直岸线。

湿地面积萎缩和岸线平直化使滨海湿地的自然景观遭到了严重的破坏，3/4以上的岸段成为人工岸线，重要经济鱼、虾、蟹、贝类生息、繁衍场所消失，许多珍稀濒危野生动植物绝迹，同时也大大降低了滨海湿地的生产和生态功能。湿地面积的萎缩已对莱州湾生态系统的发展和演替产生越来越深刻的影响，不仅降低了海域对污染物的自净能力，进一步加剧了环境污染，同时缩小了鸟类栖息地，对陆地生态环境产生不良影响。

（4）渔业资源衰退形势仍然严峻

自20世纪80年代以来，莱州湾渔业资源呈现持续衰退的趋势，已引起社会各界的广泛关注。80年代以来带鱼、小黄鱼等大型底层鱼类被黄鲫、鳀鱼、斑鲦、枪乌贼、青鳞小沙丁鱼

等小型中上层鱼类所替代，渔业生物群落结构发生了显著变化，优势种或主要捕捞对象小型化和低质化。

个体和集体渔船激增、大量工业废水和市政污水向莱州湾超标排放、黄河径流量减少、滨海湿地大面积缩减等，造成渤海鱼类资源急剧下降。由于莱州湾渔业资源衰退是过度捕捞、环境污染、入海河流径流量减小及滨海湿地萎缩等诸多生态问题综合作用的结果，渔业资源恢复应该采取多种措施进行综合治理。

（5）海洋环境保护的陆海统筹机制尚未形成

从莱州湾污染形成的机制来看，流域污染控制是保护莱州湾环境的关键。目前，莱州湾主要入海河流如小清河、潍河、胶莱河流域往往跨几个市或县。开展基于流域的海湾环境保护，不但需要海陆部门联动，还需要沿河各地区统筹协调，实施入海污染物总量控制。

39　莱州湾陆源入海污染负荷评估

39.1　河口及其邻近海域环境质量

根据2008年莱州湾河口及其邻近海域环境质量监测结果分析，可知黄河、小清河、弥河、虞河、胶莱河和北马河的情况如下。

（1）河口及其邻近海域水质污染较严重

黄河河口水质总体良好，化学需氧量、氨氮、磷酸盐和油类含量较高，河口邻近海域水质主要污染物为无机氮和悬浮物，超标率均为100%。小清河污染物主要为化学需氧量、氨氮、磷酸盐、BOD_5、挥发性酚和油类，均超III类地表水水质标准，河口邻近海域水质主要污染物为无机氮和悬浮物。弥河的主要入海污染物为化学需氧量、氨氮和油类，河口邻近海域水质主要污染物为化学需氧量、BOD_5、无机氮、油类，其中油类超标最为严重。虞河主要入海污染物为化学需氧量、氨氮和油类，邻近海域水质油类超标较严重。胶莱河污染物主要为化学需氧量、氨氮和油类，河口邻近海域水质均符合二类海水水质标准。北马河污染物主要为化学需氧量、氨氮、磷酸盐和油类，河口邻近海域水质主要污染物为化学需氧量和无机氮。

（2）河口邻近海域沉积环境良好

黄河河口邻近海域沉积物主要污染物为粪大肠菌群，符合二类海洋沉积物标准，沉积环境属于良好状态。小清河河口邻近海域沉积物主要污染物为石油类，沉积环境符合环境功能区划。其他河口邻近海域沉积环境均属于良好状态。

39.2　河流入海污染负荷

莱州湾沿岸河流每年携带大量的污染物入海，2008年主要入海河流污染物统计如表39.1所示。

表39.1　2008年莱州湾入海河流污染物年入海总量　　　　　　　　　　　单位：t/a

污染物类型	黄河	小清河	弥河	虞河	胶莱河	北马河
化学需氧量	76 139.00	3 3315.00	79 635	7 704	2 190	43 300
氨氮	5 175.70	1 564.10	2 620	778	61.2	331
磷酸盐	1 138.80	293.05	107	13	12.6	119
BOD_5	19 272.00	5 748.30	890	205	197	253
石油类	343.10	179.79	166	99	3.96	4.65
悬浮物	1 857 000.00	2 812.00	4 756	816		
挥发性酚	12.48	7.66	7.66	0.93	0.292	0.284
氰化物	18.54	43.93			20.5	2.56
砷	38.84	5.01	0.77	0.21	0.829	0.835
汞	0.32	0.02	0.026	0.006	0.004 3	0.005 1
铅	77.81	0.78	0.43	0.075	0.605	0.409
镉	58.40	0.26	0.27	0.065	1.35	0.433
铬						

39.3　入海排污口分布情况

据统计，目前渤海沿岸共有排污口85处，其中重点监测排污口8处，一般监测排污口77处；直排口53处，混排口17处，市政下水口15处，分别占总数的62%、20%和18%。其中，莱州湾沿岸排污口按城市分：东营2处，潍坊1处，烟台16处，见图39.1。

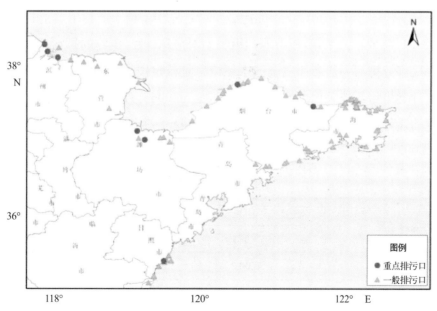

图39.1　全省陆源入海排污口分布示意图
（引自《山东省海洋环境质量公报》，2009）

39.4 农业非点源入海污染负荷估算

以流域单元划分的思想为基础，以汇水区为单元，考虑入河系数，基于流域单元估算莱州湾农业非点源污染负荷。通过划分汇水区和子流域，把土地利用现状图和海水养殖分布图与汇水区进行叠加，分别计算不同土地利用类型的汇水区面积，利用污染排放系数，估算出各子流域污染排放量，再利用入河系数，估算各子流域污染物入河量。结果表明：莱州湾入海污染物以化学需氧量为主，其次是总氮；空间分布以小清河流域为主，其次是白浪河、潍河和胶莱河流域。

39.4.1 汇水区和子流域划分

根据河流入海口的位置，结合实际情况，从北向南，从东到西，划分为11大子流域，包括小岛河流域，溢洪河、广利河和滋脉河（沟）/支脉河流域，小清河流域，弥河流域，白浪河流域，虞河流域，潍河流域，胶莱河流域，沙河流域，王河流域和界河流域。

39.4.2 污染排放系数与入河系数

根据调查，认为海湾农业非点源污染主要来源于农业种植、畜禽养殖污染物、农村生活污水排放和海水养殖。因此，在划分汇水区和子流域的基础上，重点研究该区内由农田耕作、畜禽饲养、海水养殖、农村居民生活所排放的农业非点源污染中化学需氧量、$NH_3\text{-}N$、总氮和总磷污染负荷的流域分配情况。汇水区内各污染物总量为：

$$W_i = \sum_{j=1}^{4} W_{ij} = \sum_{j=1}^{4} S_i \times K_{ij}$$

式中，W_i为第i种（1、2、3、4分别代表化学需氧量、$NH_3\text{-}N$、总氮、总磷，下同）农业污染负荷总量；W_{ij}是土地利用类型为j种（1、2、3、4分别代表农田耕作、畜禽饲养用地、海水养殖用地、农村居住地，下同）污染物的污染负荷；S_i为第j种土地利用类型的面积，其中$j=4$为汇水中农村人口总数；K_{ij}为第j种土地利用类型对应第i种污染物的排污系数，其中，农田耕作和农村居民部分排污系数参照《全国水环境容量核定技术指南》提供的系数，畜禽饲养用地内各畜禽种类排污系统采用国家环保总局环发〔2004〕43号文件《关于减免家禽业排污费等有关问题的通知》中提供的排污系数，海水养殖排污系数参见黄渤海海水养殖污染排放成果（表39.2）。

表39.2 排污系数

污染源类型	污染物排污系数			
	化学需氧量	$NH_3\text{-}N$	总氮	总磷
农田/（kg·ha⁻¹·a⁻¹）	150.00	30.00	26.72	2.12
农村居民/（kg·人⁻¹·a⁻¹）	14.60	1.46	4.38	0.88
海水养殖/（kg·ha⁻¹·a⁻¹）	285.00	13.50	43.00	7.00

污染源类型		污染物排污系数			
		化学需氧量	NH$_3$-N	总氮	总磷
畜禽	牛/（kg·头$^{-1}$·a^{-1}）	248.20	25.19	61.10	10.07
	猪/（kg·头$^{-1}$·a^{-1}）	26.61	2.15	4.51	1.70
	鸡、鸭家禽/（kg·只$^{-1}$·a^{-1}）	2.40	0.14	0.55	0.31

农业非点源污染入河量是指一定时期内，由地表径流携带进入河流等地表水体的污染负荷。要估算入河量，需要确定入河系数。入河系数需要较长期对水质和水量的同步监测，本研究利用已有的研究成果（表39.3）。

表39.3 入河系数（%）

污染源类型	污染物排污系数			
	化学需氧量	NH$_3$-N	总氮	总磷
农田	10	10	10	10
农村居民	25	25	25	25
海水养殖	90	90	90	90
畜禽饲养	7	7	7	7

39.4.3 污染排放总量估算与精度评定

利用2005年的山东省土地利用现状图和2010年的海水养殖分布图，土地利用现状图包括居民用地、草地、林地、耕地等类型，由于本研究是针对农业非点源污染进行估算，因此只考虑农用地，而农村居住地则通过农村居民数进行估算，畜禽饲养用地通过畜禽种类的数量进行估算，汇水区内2005年到2010年间耕地的面积变化不大，对估算结果的影响在允许误差范围内，故可作为2010年的污染物估算结果（表39.4）。

把土地利用现状图和海水养殖分布图与汇水区进行叠加，计算得到汇水区内耕地面积约为2 392 810 hm^2；海水养殖面积为1.7 hm^2；根据山东省2011年统计年鉴，截至2010年底，汇水区内农村人口数约为360.85万人；牛总数量约为529.66万头，猪为1 106.27万头；鸡、鸭等家禽约为44 825.05万只。

根据排污系数计算可知，农业产生的化学需氧量每年污染总量约为3 095 461 t；NH$_3$-N的每年污染总量约为297 917 t；总氮的每年污染总量约为698 870 t；总磷的每年污染总量约为217 118 t。根据各污染物的入河系数，计算得到化学需氧量、NH$_3$-N、总氮和总磷每年的入河总量分别为：236 933 t、23 956 t、53 684 t和15 922 t（表39.4）。

目前还没有见到针对莱州湾污染总量的估算，相应的污染监测也没有形成每年入湾的农业非点源污染总量数据，不能与实际的污染总量进行直接的对比来评定本研究的估算精度，但从已有对小清河流域氮素污染总量的研究成果来看，已有研究计算2006年小清河流域年均氮失潜力为10.44×10^3—36.86×10^3 t，平均为23.65×10^3 t，本研究估算的小清河流域总氮和氨氮的总入海量为25 477 t，在其范围值内，基本与平均量相同，比较接近实际情况，其精度具有一定的可靠性。

表39.4　莱州湾各子流域入海主要污染物排放量　　　　　　　单位：t

各子流域	污染源类型			
	化学需氧量	NH$_3$-N	总氮	总磷
小岛河流域	4 707	476	1 067	316
溢洪河、广利河和滋脉河（沟）流域	16 316	1 650	3 697	1 096
小清河流域	77 750	7 861	17 616	5 225
弥河流域	17 198	1 739	3 897	1 156
白浪河流域	35 169	3 556	7 969	2 363
虞河流域	7 959	805	1 803	535
潍河流域	31 967	3 232	7 243	2 148
胶莱河流域	31 353	3 170	7 104	2 107
沙河流域	4 134	418	937	278
王河流域	6 622	670	1 500	445
界河流域	3 758	380	851	253
总计	236 933	23 956	53 684	15 922

39.4.4　结论

本研究借助GIS技术，提出一种基于流域单元的农业非点源污染负荷的估算方法，并以莱州湾为例，分别估算了由农业污染引起的非点源污染物化学需氧量、NH$_3$-N、总氮和总磷入海污染总量。上述4种农业非点源污染物的定量化估算表明，莱州湾农业非点源污染主要是由农业生产过程所产生的；从主要污染物角度来看，4种主要污染物中化学需氧量入海量最大，总氮次之，然后是NH$_3$-N和总磷，化学需氧量、NH$_3$-N、总氮和总磷的排放量占总排放量的比例分别为71.69%、7.25%、16.24%和4.82%，这使得莱州湾环境污染原因诊断和调控措施的制定更有针对性。该研究通过探索适合的流域农业非点源污染负荷计算方法，来识别流域非点源污染的负荷量及其空间分布，从而为相应流域管理措施的制定和海洋环境的调控提供依据。

虽然本研究对莱州湾入海非点源负荷进行了定量估算，但由于缺乏详细的、长序列的以及农业非点源污染专项监测资料，并且海湾污染是一个非常复杂的机理过程，其农业非点源污染影响因素众多，各污染系数主要采用文献中的方法确定，并不一定完全适应于莱州湾区域，今后应更多地通过典型区域的污染发生学试验研究来确定各类系数的值；其次由于DEM的分辨率为90 m，缺乏部分特殊地形的细部特征，在汇水区划分上不够精细。可以预计，随着人们对非点源污染机制、过程的深入理解，海湾农业非点源污染研究必将获得进一步发展，为流域非点源的管理、控制提供更好的技术支持。

我国海湾区域农业非点源污染控制还处于探索阶段，国家尚未进行全面调控，缺乏对造成海湾污染的农业非点源进行全面、系统的认识和研究，但非点源污染对于近岸海湾主体的影响日益突出，因此，正确的引导政府管理部门和公众提高对非点源污染的重视并采取有效的调控措施，对保护海湾水环境意义重大。期望进一步开展海湾非点源污染总量控制、管理计划等方面的研究。

40 莱州湾海洋生态环境监测与评价研究

40.1 莱州湾生态环境监测结果

根据莱州湾海域2011年夏季监测结果，莱州湾海域DO整体达到一类海水水质标准，无机氮除湾口海域以外的大部分海域海水超四类海水水质标准，大部分海域磷酸盐属一类海水水质，大部分海域石油类浓度属于四类海水水质，化学需氧量在小清河口、胶莱河口形成高值区。

表层沉积物粉砂含量一般在50%以上，黏土含量一般在10%以下。表层沉积物有机碳西部近岸海域含量较高，硫化物在弥河和白浪河口海域较高。

叶绿素高值区位于西南部近岸海域以及胶莱河口附近海域，自南向北叶绿素浓度大致呈递减趋势。夏季浮游植物出现56种，其中硅藻48种，占85.7%，甲藻7种，占12.5%，金藻1种，占1.8%。细胞数量在莱州湾小清河口附近以及东部海域较高。小型浮游动物45种，其中浮游幼虫19类，桡足类18种，肠腔动物5种，毛颚类2种，真虾类1种，生物量分布呈现湾中部低、周边高的趋势。底栖动物125种，生物量在莱州湾西部海岸较低，自此向湾口海域逐渐增高。

40.2 莱州湾生态健康评价

根据莱州湾生态环境监测结果，从环境和生物两个方面出发，考虑水质、沉积物质量以及叶绿素、浮游植物、浮游动物和底栖生物，建立莱州湾生态健康评价模型，从整体上考察莱州湾生态环境状况，为污染调控提供基础（表40.1）。结果表明莱州湾生态健康整体得分72.42%，整体处于亚健康状态，除西南部近岸海域较为不健康外其余海域均属于比较健康状态，其生态健康指数分布见图40.1。通过评价结果确定无机氮、活性磷酸盐、化学需氧量为莱州湾主要污染物。

表40.1　生态系统健康评价指标及其权重

目标层			指标层	
指标		权重	指标	权重
环境（50%）	海水环境	25%	溶解氧	5%
			化学需氧量	5%
			活性磷酸盐	5%
			无机氮	5%
			石油类	5%
	沉积环境	25%	有机碳	12.5%
			硫化物	12.5%
生物（50%）	叶绿素	12.5%	叶绿素	12.5%
	浮游植物	12.5%	浮游植物密度	12.5%
	浮游动物	12.5%	浮游动物密度	6.25%
			浮游动物生物量	6.25%
	底栖动物	12.5%	底栖动物密度	6.25%
			底栖动物生物量	6.25%

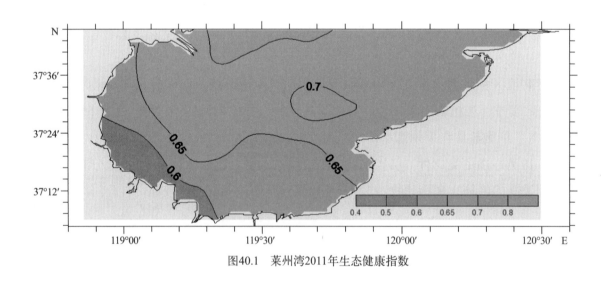

图40.1　莱州湾2011年生态健康指数

40.3　莱州湾生态脆弱性评价

　　莱州湾受围填海、污染、养殖等人类干扰程度大，导致生态环境恶化，生态系统逐渐呈现脆弱性特征。因此若从资源环境承载力角度出发，无法正确反映莱州湾生态环境现状。本研究基于压力—状态—响应框架，建立莱州湾生态脆弱性评价模型（表40.2）。结果显示莱州湾主要的生态脆弱区是南部沿岸和小清河口邻近海域，且具有明显的季节变化特征。

表40.2　莱州湾海域生态脆弱性评价指标体系

一级指标	二级指标	三级指标
压力（P）	污染（PO）	外来排污量（径流排污量、排污口排污量）
		自身污染量
	围填海（RE）	围填海强度
状态（S）	活力（VI）	叶绿素浓度
	生物群落结构（CS）	浮游植物多样性指数
		浮游动物多样性指数
		底栖生物多样性指数
	水质（WQ）	pH值
		溶解氧
		化学需氧量
		无机氮
		活性磷酸盐
		石油类
响应（R）	状态（S）的变化	状态（S）的各类三级指标的变化率

（一级指标为：莱州湾海域生态脆弱性（EF））

40.3.1　压力指标

莱州湾2008年和2011年围填海指数分别为1.86和2.07，表示莱州湾围填海强度超出全国强度约一倍，围填海压力较大，且随着年份的增加而增加。根据莱州湾沿岸测量站的水质评价结果，2008年的污染指数5月为0.57，8月为0.84，这与莱州湾沿岸河流夏季流量大导致污染压力加重一致；2011年8月为1.13，污染压力比2008年增大了34.5%。

40.3.2　状态指标

2008年5月黄河口邻近海域状态最好，西部和南部沿岸以及中北部海域状态较差；8月莱州湾西北部沿岸海域状态最好，黄河口邻近海域和莱州湾南部沿岸海域状态最差。8月的状态总体上比5月改进了约1倍，西北部海域状态变好的程度最高，而黄河口邻近海域则有所下降。2011年比2008年状态总体改进，西部海域状态变差，小清河河口附近海域以及南部海域状态好转。

40.3.3　响应指标

2008年5月莱州湾西东北部沿岸海域响应情况最好，中北部海域次之，黄河口邻近海域中等，莱州湾南部沿岸海域最差；8月莱州湾东北部海域响应情况最好，黄河口邻近海域次之，莱州湾南部沿岸海域最差。两个月份的响应情况总体上没有太大改变，但局部海域相对有所改变。2011年与2008年比，西部海域以及小清河附近海域响应能力降低，南部海域响应能力有所增强。

40.3.4 生态脆弱性指标

2008年5月莱州湾南部沿岸海域生态脆弱性程度最高,中北部海域次之,黄河口邻近海域脆弱性程度最低;8月莱州湾小清河口海域生态脆弱性程度最高,黄河口邻近海域次之,莱州湾西北部沿岸海域脆弱性最低(图40.2)。8月的生态脆弱性总体上比5月低了约一半,莱州湾南部沿岸海域生态脆弱性有很大程度的降低,而莱州湾西北部沿岸海域略有增加,黄河口邻近海域生态脆弱性有一定程度的增加。此外,生态脆弱性指标值的相对分布大致上与状态指标相似。2011年与2008年比,西南部海域脆弱性明显提高,叼龙嘴南部海域脆弱性增强,小清河附近脆弱性仍较高(图40.3)。

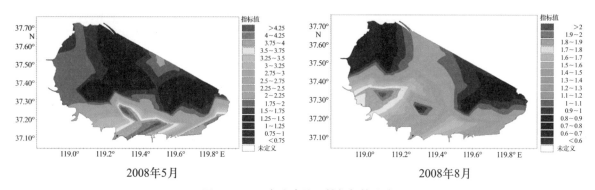

图40.2 2008年生态脆弱性指标值分布

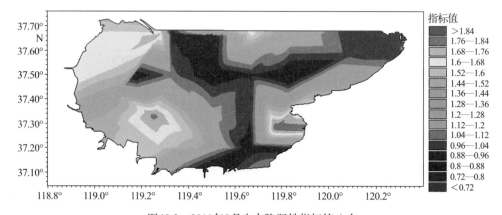

图40.3 2011年8月生态脆弱性指标值分布

40.3.5 结论

大量调查资料显示,莱州湾主要污染物来源为西南部沿岸河口,尤其是小清河,其次为黄河口和南部沿岸河口。同时,莱州湾西南部沿岸围填海工程数量多、工程大,影响邻近海域水动力环境,导致邻近海域营养盐失衡,影响附近海域理化环境,从而改变生态系统结构。2008年山东省海洋环境质量公报显示,莱州湾水体氮磷比例严重失衡,水体富营养化严重,生态群落结构状况较差,物种多样性和均匀度一般,大型底栖生物群落变化较为明显,莱州湾生态监控区生态系统处于不健康状态,黄河口生态监控区生态系统处于亚健康状态。

结合本研究对莱州湾海域生态脆弱性评价结果可知，由于受陆源排污和人类开发活动的影响，莱州湾南部沿岸和小清河口邻近海域状态和响应两类指标总体上较差，并且随季节变化较明显，因而是莱州湾海域主要的生态脆弱区；而随着黄河入海水量的持续增加和人工调洪调沙行为的实施，黄河口生态系统健康状况总体处于恢复状态，生态脆弱性相对较低；莱州湾西部和东部海域的状态和响应均较好，生态脆弱性低。

生态脆弱性评估是环境监测和管理的重要手段，已成为当前全球变化与可持续发展的核心问题。随着脆弱性研究的深入，迫切需要构建一个多学科交叉、跨尺度的人地系统脆弱性研究框架。同时，加强生态脆弱性的实证研究，有利于生态脆弱性研究在可持续决策与管理实践中的应用。

41　莱州湾沿岸社会经济活动的基本特征

41.1　社会经济资料的统计处理

本研究中社会经济数据主要来源于正式出版的国家及各地方的社会经济统计年鉴、行业统计年鉴、农业统计年鉴、城市统计年鉴、中国海洋统计年鉴、工业经济统计年鉴等。

41.1.1　土地利用资料处理

在满足研究精度的前提下，将2005年土地利用数据的26个二级土地利用分类合并为10类，分别为：城镇用地、其他建设用地、农村居民点、旱地、水田、林地、草地、水体、滩涂、裸地沙地，并以地市为统计单元提取每类土地利用类型的面积。莱州湾陆域流域土地类型以耕地为主，面积占71.53%，城镇建设用地和农村居民点面积分别占3.5%和5.8%。11个流域中，小清河流域耕地面积最广，约为30%，其次是潍河流域和胶莱河流域，面积分别占16%和15%。

41.1.2　社会经济数据空间处理

为客观反映研究区域社会经济分布情况、提高分析精度，对社会经济统计数据与土地利用数据进行了匹配处理。由于不同利用类型的土地上所承载的社会经济活动不尽相同，如工业生产活动绝大多数分布在城镇用地和其他建设用地上，而不是耕地或其他土地利用类型上，因此，工业相关统计数据也应分布在城镇及其他建设用地上；相应地，污普监测的化学需氧量或氨氮数据应主要分布在城镇用地和农村居民点用地上，而不是沙地、草地或其他土地利用类型上。

41.1.3　流域边界外数据的剔除

这里的剔除是指跨流域边界且位于流域边界之外的行政区范围内各类数据的剔除。流域边界与行政区划边界并不重叠，流域边界往往将行政区范围割裂为多个部分，位于流域边界之外的部分并不属于研究区范围，为提高研究精度，该部分数据应予剔除。具体思路为：依据边界外各土地利用面积比例确定各类型数据的剔除比例，以化肥施用量数据的确定为例，承载化肥投入的主要土地类型是耕地,包括各类旱地和水田,以GIS为平台计算流域范围外该行政区的各类旱地和水田面积,确定该面积占该行政区旱地和水田总面积的比例,行政区化肥施用总量乘以该比例即为该行政区落在流域外的施用量数据,应从总量中予以剔除。

41.2 莱州湾沿岸社会经济强度分析

41.2.1 经济规模快速增长

依托于山东经济的快速增长和环渤海地区的迅速崛起,莱州湾地区的经济实现了飞跃发展。从2000年到2011年这12年间,莱州湾地区的国内生产总值由2 526.27亿元增长到12 649.33亿元,增长了近4倍,其年均增长率达到了15.84%。其中,2000年到2002年间国内生产总值增长较为缓慢;2003年到2006年期间国内生产总值增长较快;2007年到2011年期间国内生产总值增长迅猛,莱州湾地区经济呈现快速发展趋势,主要是由于国家对发展海洋经济的扶持力度逐渐加大,依托《黄河三角洲高效生态经济区发展规划》和《山东半岛蓝色经济区发展规划》快速发展。

第二次产业一直占据主导地位,第三产业发展趋势也持续走高,但总量略低于第二产业。近10年间,3个产业产值均呈稳步增长趋势,且自2005年起,增加速率明显加快,经济发展速度加快,说明随着莱州湾产业的转型升级,产业结构发展趋势也逐渐趋于合理。

41.2.2 产业结构较为固定

山东省作为老工业基地,工业基础良好、实力雄厚,工业也一直处于主导产业的位置。莱州湾沿岸地区的产业结构与山东省的产业结构保持了同步性,即"二、三、一"的产业结构。但产业结构并不是一成不变的,三次产业占国内生产总值比重的变化方向并不一致。第一产业产值比重呈现稳步下降的趋势,2011年其比重降低到7.99%。第二产业和第三产业产值比重变化则呈现小幅波动趋势,且第二、三产业产值比重的波动幅度也基本一致,但波动趋势相反,从整体来看,第二产业产值比重呈现下降趋势,而第三产业产值比重呈现缓慢增长的趋势。2011年莱州湾地区三产比例为7.99∶52.49∶39.52,第二产业的比重减小。三产比重变化的原因主要是:近年来莱州湾地区大力推进创新型建设,不断改造提升传统工业,走高端化、品牌化、集群化的产业升级道路,科技创新能力大幅度提高。另外,"黄蓝"两大国家战略的叠加优势,也推动了新能源发电、石油汽配先进制造等一大批战略型新兴产业落户莱州湾,创造了更多新的经济增长点,科技逐渐成为经济发展的重要引擎。产业升级转型时期,虽然产业比重有所下降,但是工业结构逐渐趋于合理,产业特色开始形成。

41.2.3 经济密度相对较高

2011年莱州湾地区的经济密度远远大于全国平均水平,国内生产总值经济密度为全国的2.95倍。从产业层面上看,由于莱州湾地区工业处于主导地位,第二产业增加值和工业增加值的经济密度均较高,为全国的3.5倍,第一产业和第三产业的发展略逊于第二产业,经济密度分别为全国的2.52倍和2.35倍。总体反映出莱州湾地区经济开发强度和国土资源利用程度远高于全国平均水平。

第一产业增加值保持稳定增长，从1994年的128亿元增长至2011年的479.44亿元，年平均增长率7.91%。第二产业增加值的增长主要来源于工业的贡献。第三产业自2003年开始增速加快，发展迅速，2011年第三产业增加值约为4 998.427 1亿元，是2003年1 373.52亿元的3.6倍。

41.2.4　密度分布高低相异

莱州湾沿岸国内生产总值密度（单位面积国内生产总值）主要集中于小清河流域、弥河潍河胶莱河流域近岸及莱州湾东部流域。小清河流域国内生产总值约7 306亿元，占地区总量的57.8%；弥河潍河胶莱河流域国内生产总值约3 882亿元，占地区总量的30.7%。

小清河流域的国内生产总值高密度区域主要位于济南市、淄博市，密度较高的是其周边的桓台县、邹平县、章丘。弥河潍河胶莱河流域的国内生产总值高密度区域主要位于潍坊市、寿光市、昌邑市。同时，莱州湾东部流域的莱州市、招远市及龙口市也属于国内生产总值高密度区域。

41.3　莱州湾沿岸工业特点及对环境影响

莱州湾地区的工业经济一直具有重要地位，但是工业生产在带来经济效益、改善人民生活质量、提高人民生活水平的同时，也带来了较为严重的污染问题。

41.3.1　工业总体规模稳定增长

改革开放近20年来，莱州湾地区工业一直保持快速增长的良好势头，工业增加值平均增长率达到19.66%，发展势头强劲，2011年工业增加值突破5 800亿元，是2000年的5.3倍。

莱州湾对应流域范围的工业增加值约为5 899亿元。工业主要集中于小清河流域和弥河潍河胶莱河流域。小清河流域工业增加值约为3 183亿元，占地区总量的54.0%；弥河潍河胶莱河流域工业增加值约1 911亿元，占地区总量的32.4%。小清河流域工业增加值占整个莱州湾地区的一半以上。

小清河流域工业增加值高密度区域主要位于济南市、淄博市及寿光市近岸地区，密度较高的是寿光市、桓台县、章丘市。弥河潍河胶莱河流域工业增加值高密度区域主要位于潍坊市、昌邑市近岸区域。

41.3.2　产业结构重化工业较为突出

莱州湾地区的工业基础雄厚，工业规模庞大、门类齐全，工业基础坚实，具有完备的产业发展基础和配套能力，是全国重要的船舶、电子信息、家电、造纸、化工、医药和食品加工集聚区，经济比较发达。2011年莱州湾陆域流域主要工业总产值约为32 140亿元，占山东省32.3%，其中制造业产值为22 880亿元，主要工业行业有化学原料及化学制品制造业、通用设备制造业、石油加工炼焦及核燃料加工业、农副食品加工业、非金属矿物制造业、交通运输设备制造业、纺织业等。20世纪90年代以前，工业总产值比较小，增长速度也比较缓慢；20世纪90年代至2000年期间，前五年工业总产值增长较快，后五年则基本保持稳定，变化较小；2000年至2010年期间，从3 587.55亿元增至22 644.86亿元，实现总产值跨越式增长。

莱州湾地区重要的支柱产业是化学原料及化学制品制造业、通用设备制造业、石油加工炼焦及核燃料加工业、非金属矿物制造业、交通运输设备制造业等。

41.3.3　工业废水排放量逐年上升且分布集中

莱州湾地区伴随工业生产过程会产生大量废水排放。1993年至2006年期间，莱州湾地区工业废水排放量整体趋势平缓，呈现出小幅波动的特点，排放量基本保持在3.0×10^8 t左右。2006年之后整体呈现上升趋势，2010年莱州湾地区的工业废水排放量达到5.01×10^8 t。

莱州湾地区的废水排放的空间分布也呈现相对集中趋势。莱州湾地区工业废水排放量约5.01×10^8 t，其中小清河流域工业废水排放量最大，约2.90×10^8 t，占地区总量的57.9%；弥河潍河胶莱河流域工业废水排放量约1.85×10^8 t，约占地区总量的37%。

小清河流域工业废水排放量高密度区域主要位于济南市、淄博市、桓台县及寿光市近岸地区，密度较高的是寿光市、章丘市。弥河潍河胶莱河流域工业废水排放量高密度区域主要位于潍坊市、昌邑市近岸区域。

41.4　莱州湾沿岸城镇化特点及污染压力

城市化水平是衡量一个区域城市化发展程度的重要指标，也是衡量一个区域经济社会发展水平的重要指标。衡量城市化水平高低的主要指标包括人口城镇化率（城镇人口占总人口的比重）和建设用地面积（指市行政区范围内经过征用的土地和实际建设发展起来的非农业生产建设地段）。

41.4.1　人口城镇化水平逐渐提高

莱州湾地区的城镇化水平在不断提高，城镇总人口数由2000年的626.91万上升到2011年的1 104.21万，增加了477.30万；城镇化率由2000年的43.58%上升到2011年的65.30%，增长了21.73个百分点，增幅较大。莱州湾地区的城镇人口比重高于全国的平均水平。

41.4.2　建成区面积不断扩大

莱州湾地区2000年到2011年建成区面积稳步增加，2011年比2000年增加了408.93 km²，增长近1.2倍。9个地级市的建成区面积变化中，济南市和淄博市的扩张面积最大，分别增加了188.21 km²和81.86 km²，其他城市也都有不同程度的涨幅。

41.4.3　城镇人口空间分布相对集中

莱州湾沿岸城镇人口主要集中于小清河流域、弥河潍河胶莱河流域。小清河流域城镇人口约728.2万人，占地区总量的65.95%；弥河潍河胶莱河流域城镇人口约296.6万人，占地区总量的26.86%。

莱州湾沿岸城镇人口高密度（单位面积城镇人口）区域主要集中于小清河流域、莱州湾东部流域的主要城镇。小清河流域城镇人口高密度区域主要位于济南市、淄博市，城镇人口密度较高的是其周边的桓台县、邹平县、章丘市。弥河潍河胶莱河流域城镇人口高密度区域位于潍坊市，密度较高的是昌乐县、临朐县。莱州湾东部流域莱州市、招远市及龙口市域的城镇人口密度也处于较高水平。

41.4.4　城镇生活污水排放日益严重

全国第一次污染普查系数手册指出，莱州湾地区平均生活污水量为138 L/(人·d)，主要污染物为化学需氧量和氮，假设在最理想化粪池处理下，其污染物排放量仍分别为20 g/(人·d)和10 g/(人·d)。

莱州湾地区各市的生活污水排放量均呈逐年递增趋势，2010年整个莱州湾地区的生活污水排放量为1.47×10^9 t，是2003年8.11×10^8 t的1.8倍。从排放量上来看，青岛、临沂、济南、潍坊的排放量相对较大，其次是淄博、烟台、东营、滨州，最少的是莱芜。近几年，生活污水排放量增速较快的是潍坊、东营，其次是滨州、临沂、青岛，相对较低的是淄博、济南、烟台，最低的是莱芜。

42　莱州湾沿岸传统污染物压力特点研究

莱州湾沿岸传统污染物主要有总氮、总磷、化学需氧量三大类型，莱州湾沿岸传统污染物压力主要表现为污染物通过各子流域排入莱州湾海域。监测数据显示，莱州湾海水中氮磷比例失衡现象较为明显，影响了海域初级生产力及渔业生产力的提高，并加重了海域富营养化程度和赤潮发生风险。入海水量、陆源排污和不合理养殖活动是影响本区域生态系统健康的主要因素。根据莱州湾流域污染途径和各社会经济活动对水体污染系数特征计算出莱州湾沿岸的传统污染物压力，可知莱州湾地区总体污染物压力特点表现为：①污染总量均表现出其主要来源为农业活动，其产生的总氮、总磷、化学需氧量分别占总量的58.5%、73.9%和56.4%；②污染压力耦合均表现在莱州湾西侧及顶部，对应小清河和弥河潍河胶莱河流域，产生90%以上的污染物；③污染物排放均相对集中在济南市区、潍坊市，同时包括章丘市、恒台县、高青市、高密市、寿光市等。

42.1　莱州湾沿岸氮污染压力分析

42.1.1　氮污染总量及构成

莱州湾对应流域范围总氮约116 684 t，主要集中于小清河流域、弥河潍河胶莱河流域。弥河潍河胶莱河流域总氮约54 541 t，占地区总量的46.74%；小清河流域总氮约52 254 t，占地区总量的44.78%。

莱州湾沿岸流域总氮污染物主要产生于农业、城镇及工业社会经济活动，其中农业占

58.5%，城镇占32.5%，工业占9.0%。各流域单元总氮污染源构成差异较大：小清河流域总氮污染物农业产生的氮污染比重占总量的51.6%，城镇占35.9%，工业占12.5%。弥河潍河胶莱河流域总氮污染物农业产生的氮污染比重占总量的65.2%，城镇占27.9%，工业占6.9%。莱州湾东部近岸流域总氮污染物农业产生的氮污染比重占总量的58.1%，城镇占39.5%，工业占2.4%。

42.1.2　氮污染和社会经济活动空间耦合

莱州湾沿岸总氮高密度（单位面积总氮）区域主要位于小清河流域、弥河潍河胶莱河流域、莱州湾东部近岸的龙口市和莱州市。小清河流域总氮高密度区域主要位于济南市、寿光市、桓台县，密度较高的是章丘市、博兴县。弥河潍河胶莱河流域总氮高密度区域主要位于潍坊市、昌邑市，密度较高的是高密市。

氮污染压力（单位岸线长度承载的总氮污染物总量）主要位于莱州湾西侧及顶部，对应小清河流域及弥河潍河胶莱河流域，这两地也是氮污染重点监控流域。

42.2　莱州湾沿岸磷污染压力分析

42.2.1　磷污染总量及构成

莱州湾对应流域范围总磷约11 873 t，主要集中于小清河流域、弥河潍河胶莱河流域。小清河流域总磷约6 415 t，占地区总量的54.0%；弥河潍河胶莱河流域总磷约4 699 t，约占地区总量的39.6%。

莱州湾沿岸流域总磷污染物主要产生于农业与城镇社会经济活动，其中农业占73.9 %，城镇占26.1%。各流域单元总磷污染源构成差异较大：小清河流域总磷污染物农业产生的磷污染比重占总量的76%，其中81.8%来自畜禽养殖，18.2%来自农村生活；城镇占24%。弥河潍河胶莱河流域总磷污染物农业产生的磷污染比重占总量的73.5%，其中76.6%来自畜禽养殖，23.4%来自农村生活；城镇占26.5%。莱州湾东部近岸流域总磷污染物农业产生的磷污染比重占总量的58.4%，其中66.2%来自畜禽养殖，33.8%来自农村生活；城镇占41.6%。

42.2.2　磷污染和社会经济活动空间耦合

莱州湾沿岸总磷密度（单位面积总磷）高区域主要位于小清河流域及弥河潍河胶莱河流域。小清河流域总磷高密度区域主要位于济南市，密度较高的是高青市、淄博市、桓台县。弥河潍河胶莱河流域仅潍坊市总磷密度处于较高水平。

磷污染压力（单位岸线长度承载的总磷污染物总量）主要位于莱州湾西侧及顶部，对应小清河流域及弥河潍河胶莱河流域是磷污染重点监控流域。

42.3　莱州湾沿岸化学需氧量污染压力分析

42.3.1　化学需氧量污染总量及构成

莱州湾对应流域范围总化学需氧量约828 330 t，主要集中于小清河流域、弥河潍河胶莱河流域。弥河潍河胶莱河流域总化学需氧量约397 484 t，占地区总量的48.0%；小清河流域总化学需氧量约364 103 t，占地区总量的44.0%。

莱州湾沿岸流域总化学需氧量污染物主要产生于农业、城镇及工业社会经济活动，其中农业占56.4 %，城镇占25.3 %，工业占18.3 %。各流域单元总化学需氧量污染源构成差异较大。小清河流域总化学需氧量污染物中，农业产生的化学需氧量污染比重占总量的51.3%，城镇占27.9%，工业占20.8%。弥河潍河胶莱河流域总化学需氧量污染物中，农业产生的化学需氧量污染比重占总量的61.1%，城镇占22%，工业占16.9%。莱州湾东部近岸流域总化学需氧量污染物中，农业产生的化学需氧量污染比重占总量的56%，城镇占30.9%，工业占13.1%。

42.3.2　化学需氧量污染和社会经济活动空间耦合

莱州湾沿岸化学需氧量高密度（单位面积化学需氧量）区域主要位于小清河流域及弥河潍河胶莱河流域。其中，小清河流域化学需氧量高密度区域主要位于济南市、高青县，密度较高的是章丘市、邹平县。弥河潍河胶莱河流域化学需氧量高的区域主要位于潍坊市、诸城市、高密市。

莱州湾地区的化学需氧量污染压力（单位岸线长度承载的化学需氧量污染物量）主要来源于莱州湾西侧及顶部，对应黄河流域、小清河流域及弥河潍河胶莱河流域，这3个流域也是化学需氧量污染重点监控流域。

43　莱州湾沿岸农业特点及其污染压力研究

43.1　莱州湾沿岸农业的基本特点

43.1.1　农业生产总体规模

43.1.1.1　山东及国家重要优势农产品区

根据山东省优势农产品区域布局规划（2004—2009年），莱州湾地区分别处于鲁北农产品主产区、东部沿海农产品主产区以及全国东南沿海出口蔬菜重点区域，其大部分区域均为蔬菜出口重点实施区域。

从流域来看，小清河、北胶莱河、白浪河地区是农村人口分布最广的区域，同时猪和家禽的饲养规模较大。小清河、溢洪—广利—滋脉河流域上，牛、羊出栏量规模较大。北胶莱河、白浪河流域处于山东省规划的肉禽优势产业区，肉禽生产加工规模大、档次高，加工水平和饲养水平也处于全国领先地位。生猪饲养是山东省的传统养殖业，小清河、北胶莱河、潍河、白浪河流域生产加工水平较高，其中北胶莱河、潍河、白浪河流域是山东省规划的生猪优势产业区域。

莱州湾地区农产品虽然处于优势地位，但随着产业发展，也导致农村面临的污染问题不断加重。肉禽生猪畜牧的优势产业布局虽然促进了莱州湾地区畜牧业的发展，增加并提升了畜牧规模，促进养殖户向专业化发展，但使其与种植业彼此分离开来，打破了以往畜—肥—粮的良性循环，这种畜禽规模饲养场也导致了排污集中、浓度大、规模大等问题，如果污染物不加以处理直接堆放在饲养场周围，经过雨水冲刷后进入水体，或者直接排入河流中，最终汇入海洋，这将大大增加海洋环境压力。

43.1.1.2 农业产值保持平稳增长

莱州湾地区农林牧渔总产值2000年是362.04亿元，2011年已增长至1 011.27亿元，10年来农林牧渔业总产值增长近3倍，年均增长约10%，增长速度基本与山东省及全国平均水平一致。但农林牧渔业总产值占山东全省比重出现了下滑，由2000年的15.78%下降到2011年的13.65%，产值比重的下降主要是受到山东半岛蓝色经济区规划重视工业发展建设的影响。

莱州湾地区农业、林业、牧业、渔业都取得了长足发展，发展最为迅猛的当属畜牧业，产值从2000年的89.46亿元增长到2011年272.98亿元，增加了2倍，其次是农田种植业，从2000年的194.83亿元到488.7亿元，产值增长了1.5倍。2011年莱州湾地区农林牧渔业总增加值为777.07亿元，占山东全省的19.55%。

43.1.1.3 农业产值高密区分布较为集中

莱州湾对应流域范围农业产值约805亿元。农业主要集中于小清河流域、弥河潍河胶莱河流域。弥河潍河胶莱河流域农业产值最大约427亿元，占地区总量的53.0%；小清河流域农业产值约289亿元，占地区总量的35.9%。

莱州湾沿岸农业产值高密度（单位面积农业产值）区域遍布各流域。小清河流域农业产值高密度区域主要位于桓台县、章丘市、高青县，密度相对较高的是济南市。产值密度较高的还有弥河潍河胶莱河流域的安丘市、高密市、诸城市、平度市、昌乐县。莱州湾东部流域的农业产值高密度区主要是莱州市近岸区域。

43.1.1.4 农业结构种植、畜牧业突出

莱州湾地区长期以农业种植业为主，2001年以来逐渐调整生产布局，打破"以粮为纲"的单一格局，以工农贸全面发展为方向调整农业生产布局，农业内部各产业间协调快速发展，农业生产条件和农业基础设施都得到了改善，形成了以种植业和畜牧业为主的农业结构。2011年农业种植业增加值为480.95亿元，畜禽业增加值为119.76亿元，淡水渔业增加值仅为10.56亿元。

从绝对总量来看，1986年以来莱州湾地区保持着单一的产业结构，农田种植业一直处于绝对领先地位，历年产值比重都在50%以上，其次是畜牧业和渔业，产值比重约占28%和20%，林业产值相对较小。4个产业中，农业产值比重变化比较明显，从1986年至1996年，由76%降到58%，到2011年时降至50%。牧业的变化幅度也较大，从1986年至1996年，由17%升高到35%，后在2000年又降至25%，之后几年比较稳定，保持在28%左右。渔业在1996年之前所占比例较小，在5%左右，但在2000年之后，有明显提高，维持在20%左右。这主要是由于

一系列海洋战略相继提出，国家加大了对海洋资源的开发利用，带动渔业的迅猛发展。林业变化幅度较小，从1986年至2011年始终维持在2%左右。2011年农林牧渔各产业产值占山东省各产业产值的比重分别为12.7%、17%、12.6%、20.1%。

43.1.2　农业化肥施用情况及其影响

43.1.2.1　农田单产逐年提高

农田种植业是莱州湾农业结构的重要组成部分，2011年莱州湾地区产值达到488.7亿元。1988年以来莱州湾地区农作物播种面积基本保持不变，维持在$324 \times 10^4 \, \text{hm}^2$左右，2011年莱州湾地区农作物播种面积为$342.13 \times 10^4 \, \text{hm}^2$，占山东全省的31.49%。主要分布于小清河、北胶莱河、潍河流域，其耕作面积分别为$67.25 \times 10^4 \, \text{hm}^2$、$36.47 \times 10^4 \, \text{hm}^2$、$35.3 \times 10^4 \, \text{hm}^2$，所占比例分别为30.74%、16.67%、16.13%。

1988年以来莱州湾地区粮食总产量呈现出先增后减再增的变化趋势，1998年以前，大量农村劳动力投入农业生产和精耕细作，粮食产量处于高产出状态，1998年以后，随着打工潮兴起大量农村劳动力向城市转移，劳动力的缺乏导致了农田耕种粗放、粮食产量下滑，2004年以后随着农业科技化、产业化发展逐渐成熟，粮食产量随后开始提高。2004年至2011年期间，莱州湾地区粮食总产量呈现出短暂回落后稳步增长的趋势，年均增长速度为5.69%，较山东省高出3个百分点。2011年莱州湾地区粮食总产量$1.02 \times 10^7 \, \text{t}$，占山东全省的31.43%，较2000年的29.15%增长了2.28个百分点。粮食产量增长得益于山东省政府关于增强农产品供给保障能力、实施千亿斤粮食产能建设规划的政策实施，采取了稳定面积、主打单产的方法，到2011年，粮食作物单产面积达到了$6\,647 \, \text{kg/hm}^2$。

43.1.2.2　化肥施用强度超标严重

化肥等农业物质能源的投入是现代农业发展的重要支撑。1988年以来，莱州湾地区化肥施用实物量均在$2.5 \times 10^6 \, \text{t}$以上，特别是1998年以后，化肥施用实物量达$4.3 \times 10^6 \, \text{t}$以上，折纯量均在$1.3 \times 10^6 \, \text{t}$以上，2006年、2007年化肥施用实物量和折纯量均达到高峰。2011年的化肥施用实物量为$4.34 \times 10^6 \, \text{t}$，折纯量为$1.47 \times 10^6 \, \text{t}$。

自1989年至今，莱州湾地区在农业取得长足发展的同时，化肥（折纯量）施用强度也呈逐年上升的趋势，由1988年的$198 \, \text{kg/hm}^2$增长至2011年的$427 \, \text{kg/hm}^2$。国际公认的化肥施用（折纯量）安全上限为$225 \, \text{kg/hm}^2$，但2011年莱州湾地区化肥施用强度是国际公认的1.9倍，同时也是当年全国化肥施用强度$351 \, \text{kg/hm}^2$的1.2倍。早在1990年莱州湾地区化肥（折纯量）施用强度就超过了安全上限，也就是说莱州湾地区土地已经超负荷接受化肥施用20多年。过量的营养元素经地表径流或淋溶作用进入地表水和地下水，继而通过各个到流域进入莱州湾海域，造成海洋环境恶化。

从化肥施用结构来看，氮肥与磷肥施用量的变化趋势较为相似，2000年之前的10年间，均呈增长趋势，氮肥年均增长3.12%，磷肥年均增长5.81%；2000年至2011年，氮肥和磷肥的施用量呈缓慢降低趋势，而钾肥和复合肥用量呈现增长趋势，钾肥年均增长2.2%，复合肥年均增长4.4%。长期以来，由于氮肥、磷肥、钾肥使用结构上的不合理，以及部分土壤未及时施用中量和微量元素肥料，使得氮肥、磷肥肥效（尤其是氮肥肥效）未能充分发挥，利用率较低，并导致化肥进入水体河流后产生污染。但农业各类化肥施用的不同，直接影响了各污染要素含量的变化，增加了莱州湾化学污染物的种类。

43.1.2.3 化肥施用空间差异显著

莱州湾对应流域范围的化肥施用量约108 t，主要集中于小清河流域、弥河潍河胶莱河流域。其中，弥河潍河胶莱河流域化肥施用量约64.6 t，占地区总量的59.8%；小清河流域化肥施用量约31.5 t，占地区总量的29.2%。

莱州湾沿岸化肥施用量高密度（单位面积化肥施用量）区域主要位于弥河潍河胶莱河流域及小清河流域、莱州湾东部流域近岸。小清河流域化肥施用量高密度区域主要位于寿光市，其他区域化肥施用量均不高。黄河流域化肥使用量密度整体不高。弥河潍河胶莱河流域化肥施用量高密度区域主要位于昌乐县、诸城市、高密市，密度较高的是安丘市、潍坊市。莱州湾东部流域近岸区域化肥施用量密度高的地区主要是莱州市。

2011年莱州湾地区氮肥、磷肥、钾肥、复合肥施用量（折纯量）分别为42.59×10^4 t、16.92×10^4 t、12.25×10^4 t、74.75×10^4 t。化肥施用强度高的地市主要集中于沿海区域，烟台化肥使用强度约为677 kg/hm²，潍坊为503 kg/hm²，东营为391 kg/hm²，济南为379 kg/hm²。

43.1.3 畜牧业特点及环境影响

43.1.3.1 肉禽生猪养殖优势明显

畜牧业是莱州湾农业结构的重要组成部分，2011年畜牧业产值为272.98亿元。莱州湾地区畜禽业养殖生产良好，肉、蛋、奶类产量稳定增长。2011年肉牛出栏58.31万头、肉猪出栏687.73万头、肉羊出栏270.85万只、肉禽出栏383.31百万只、肉兔659.11万只，分别占山东全省的13.46%、16.22%、9.31%、22.08%、11.34%。由以上数据可知，肉禽生猪是莱州湾地区优势畜禽养殖品种。1988年以来，除肉兔养殖出栏量出现大幅下降外，肉牛、肉猪、肉羊、肉禽出栏量均呈现相对稳定趋势，且有小幅增长，年均增长率分别为1.93%、4.65%、2.5%、4.8%。

43.1.3.2 牧业生产空间相对广阔

莱州湾对应流域范围牧业产值约409亿元。主要集中于小清河流域、弥河潍河胶莱河流域与黄河流域。弥河潍河胶莱河流域牧业产值约241亿元，占地区总量的58.9%；小清河流域牧业产值约137亿元，占地区总量的33.5%。

莱州湾沿岸牧业产值高密度（单位面积牧业产值）区域主要位于弥河潍河胶莱河流域、黄河流域及小清河流域。小清河流域牧业产值高密度区域主要位于寿光市，牧业产值密度较高的是章丘市、邹平县、桓台县、广饶县、青州市。黄河流域牧业产值高密度区域主要位于肥城市，密度较高是莱芜市、新泰市、东平县、平阴县。弥河潍河胶莱河流域牧业产值高的区域主要位于潍坊市、昌乐县、昌邑市、高密市，密度较高的是安丘市、诸城市。

43.1.3.3　粪尿污染问题不容小觑

畜禽养殖污染也是农业面源污染的重要组成部分。据统计，1头牛、1头猪和1只鸡所排粪尿的BOD分别相当于10个、30个和0.7个人所排粪尿的BOD。畜禽粪便是畜产废弃物中数量最多、危害最严重的污染源，因而在农村地区，畜禽粪尿污染不可忽视。

2011年莱州湾地区由于畜禽养殖而进入河流水体的化学需氧量污染物为5 208.16 t，总氮、总磷分别为37.22 t和31.56 t，总金属铜174.02 t，锌288.7 t。随着莱州湾地区畜禽业规模的进一步增长，其污染排放量还将进一步增加，势必会带来更严重的环境问题。净化畜禽养殖环境，实现废弃物减量化、无害化乃至资源化处理，是畜禽养殖业健康发展的关键。

43.1.4　农村生活特点及影响

43.1.4.1　农村人口数随城镇化有所降低

自2006年以来，莱州湾地区的农村总人口呈下降趋势，2006年莱州湾地区农村人口总数为2946.67万人，是2011年农村总人口的1.15倍。2011年临沂、潍坊的农村人口数占整个莱州湾地区农村总人口数比例较大，分别为28%和16.3%；其次是烟台和青岛，占整个莱州湾地区农村总人口数的12.8%、11.1%；占比较小的是滨州、淄博和济南，比例分别为9.4%、8.8%、6.8%，东营和莱芜的农村人口占整个莱州湾地区农村总人口的比例最小，仅为4.1%和2.7%。临沂、潍坊的农村人口总数下降幅度最大，其余城市的变动幅度较小，趋势较为平缓。

43.1.4.2　生活污水排放随机性较强

由于农村人口数量较大，且分布较广，造成了农村生活污水量大且难于收集的问题，并且中国目前有关农村污水处理方面的技术规范、标准、法规及政策都不尽完善，同时又受经济状况、环保意识、人群素质等因素的影响，大部分农村地区没有采取任何生活污水的收集和处理措施，未经处理的生活污水通过点源和非点源排放，将各类污染物带入河流，严重污染了各类水源，农村污水已经对农村地区居住环境和人们身体健康造成了一定威胁。

农村与城市居民经济条件和生活方式的差异性使农村居民生活污水的量、质与城市居民存在较大不同。农村生活污水包括洗涤、沐浴、厨房炊事、粪便及其冲洗等，主要含有有机物、氮和磷以及细菌、病毒、寄生虫卵等，一般不含有毒物质。农村生活污水排放的显著特征是：由于多数村庄没有排水渠道和污水处理系统，生活污水排放具有较强的随机性，排放途径通常为直接洒向地面、就近排入河道、通过下水道后入河等。同时，乡镇农村的生活污水处理能力普遍较低，设施不配套或不完善的情况较多，污水处理设施的建造与运行远远滞后于新增加的污染量。

43.1.5　海水养殖及对海洋环境影响分析

43.1.5.1　异养生物为海水养殖主要污染源

饵料的投入和残饵的生成是促成养殖自身污染的一个重要因素。具体来看，虾类养殖污染主要来自新生残饵溶出的氮、磷营养物质，以及养殖排海水中大量的硫化物、NO、NH$_4$和悬浮固体。鱼类除了残饵以外，还包括鱼类的粪便及其排泄物，这些物质中所含的营养物，即氮、磷和有机质，对水体和底泥将产生富营养化影响。总体来说，养殖自身污染属于有机污染，其形式主要是增加了氮、磷的环境负荷量。

在经济利益的驱动下，不少地区无序、无度甚至无偿盲目发展养殖业，大规模的围垦造成海域面积减少，纳潮量降低，削弱了海洋的自净能力，加剧了水域环境的恶化。养殖业主在海面上盲目建造网箱、架设吊养筏架而造成养殖密度过大，远远超过海洋生态系统的承受能力，造成海水养殖生态系统物流和能流循环受阻或紊乱，引发病害。大量残饵、碎屑、鱼虾粪便，以及养殖工人生活垃圾的分解，产生大量的氮磷营养物质，导致养殖水域富营养化，为赤潮生物提供了适宜的生态环境，是诱发赤潮的根源。

（1）非投饵性异养生物

非投饵类异养生物指那些养殖过程不需要额外的人工饵料供给，但养殖生物为异养，自身不能合成有机质的生物，主要为滤食性贝类，如浮筏养殖的牡蛎、扇贝、贻贝和底播增殖的蛤、蚶以及蛏等。它们通过过滤天然水体中的有机颗粒获取食物，理应属于海洋生态系统营养盐的支出部分。但从养殖水域局部来看，滤食性贝类像一只只有机颗粒"过滤器"，将流过养殖区的有机颗粒过滤，被过滤到的食粒一部分用于贝类的生长，一部分主要以氨和磷酸盐的形式排泄到水中，更有相当一部分以生物沉积的形式累积在养殖区底部，导致了养殖系统的自身污染。

（2）投饵性异养生物

像鱼类、虾蟹类、海参以及海胆等的养殖，既需要额外饵料的投入，养殖生物又是异养生活方式，称为投饵类异养生物。其排污主要是通过残饵和粪便以及养殖生物的代谢产物产生。

43.1.5.2　海水养殖以贝类为主

莱州湾沿岸市区包括东营市的垦利县、东营区和广饶县，潍坊市的滨海区、寿光市和昌邑市，烟台市的莱州市、招远市和龙口市。根据山东省渔业统计年鉴，莱州湾无藻类养殖，即未养殖自养生物，全部为异养生物。莱州湾海水养殖产量为528 404 t，海水养殖面积为155 887 hm^2，其中，鱼类、甲壳类、贝类和其他类（海参、海胆和海蜇）的养殖产量分别占1.57%、2.24%、95.13%和1.06%，养殖面积分别占0.19%、15.71%、76.67%和7.43%。由此可知，莱州湾海域海水养殖主要以贝类为主，而贝类属于非投饵类异养生物，依靠养殖水域的自然饵料，无须投饵，其主要氮磷输出要素是养殖贝类通过生物沉降（粪便和假粪的排遗）

排出的颗粒有机物、颗粒氮、颗粒磷以及通过代谢活动排泄的氨氮和活性磷酸盐。

43.1.5.3　海水养殖分布较均匀

处于莱州湾沿岸的东营市、潍坊市和烟台市各市区海水养殖产量分别占22.16%、32.40%和45.44%，养殖面积分别占35.37%、36.97%和27.67%。由图43.1可知，莱州湾海水养殖在近岸海域分布较为均匀。由莱州湾沿岸及邻近海域养殖区分布图可知，莱州湾海水养殖较多分布于各河口区，特别是小清河口和弥河潍河胶莱河河口。

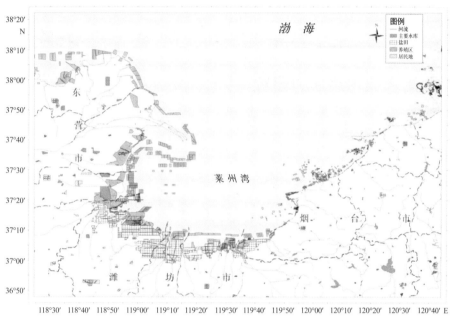

图43.1　莱州湾海水养殖分布

43.1.5.4　海水养殖产污以总氮为主

根据一个养殖周期内全海域养殖生物产污量公式，即产污量=产污系数×养殖生物增产量。产污系数根据水产养殖业污染源产排污系数手册以及其他相关文献获得。如表43.1所示，莱州湾海水养殖生物产污量共20 039.38t，其中，总氮最多，占51.64%，总磷和化学需氧量分别占23.19%和25.18%。莱州湾海水养殖生物产污主要来自贝类，占92.98%。总氮污染物主要来自贝类养殖，总氮的量占贝类产污量的55.22%，总磷和化学需氧量分别占24.84%和19.94%。鱼类、甲壳类和其他类产污主要以化学需氧量为主，分别占各自产污量的95.94%、95.89%、86.01%。

表43.1　莱州湾沿岸地区海水养殖产量及排污量

单位：t

地区		产量	总氮	总磷	化学需氧量	排污总计
东营市	垦利县	71 978	1 442.774	592.135	732.765	2 767.674
	东营区	27 327	586.088	247.261	255.421	1 088.770
	广饶县	17 788	346.908	151.116	177.541	675.565

续表

地区		产量	总氮	总磷	化学需氧量	排污总计
潍坊市	滨海区	36 750	777.975	326.925	381.207	1 486.107
	寿光市	24 460	514.236	213.824	202.680	930.740
	昌邑市	110 019	2 058.818	952.081	1 019.691	4 030.590
烟台市	莱州市	191 097	3 725.148	1 753.180	1 699.024	7177.352
	招远市	16 528	296.205	141.670	221.493	659.367
	龙口市	32 457	599.924	268.106	355.187	1 223.217
莱州湾总计		528 404	10 348.076	4 646.297	5 045.009	20 039.382

43.2　莱州湾农业污染压力研究

43.2.1　莱州湾沿岸农业氮污染压力

莱州湾农业活动包括农村生活、种植业、畜禽业和养殖业，产生的总氮污染物总量约为78 623.1 t（表43.2）。其中来自农村生活、种植业、畜禽业和海水养殖的总氮污染量分别占28.63%、18.98%、39.23%和13.16%。可知，莱州湾农业活动产生总氮污染物以畜禽业和农村生活为主，总氮污染总量虽在海水养殖产污量中占较大比重，但在整体上比重不大。

莱州湾沿岸流域农业包括农村生活、种植业和畜禽业，产生的总氮污染物共68 275 t，其中来自农村生活、种植业和畜禽业的氮污染物分别为22 510 t、14 920 t、30 845 t，占莱州湾沿岸流域农业总氮污染物的比重分别为32.97%、21.85%、45.18%。莱州湾沿岸流域农业总氮污染物主要来自小清河流域和弥河潍河胶莱河流域，两个流域的农业氮污染物占莱州湾沿岸流域农业总氮污染物的比重分别为39.49%、52.08%。

小清河流域在农村生活和畜禽业方面产生的氮污染比较严重，分别占小清河流域农业总氮污染物的40.2%和39.5%；弥河潍河胶莱河流域在畜禽业方面产生的氮污染比较严重，占弥河潍河胶莱河流域农业总氮污染物的49.1%，农村生活和种植业产生的污染物各占27.6%和23.3%；莱州湾东部近岸流域也是畜禽业方面产生的氮污染比较严重，占到莱州湾东部近岸流域农业总氮污染物的47.6%，其次是农村生活，占32.3%，种植业较小，占20.2%。

表43.2　莱州湾农业活动总氮污染物构成　　　　　　　单位：t

单元	农业	农村生活	种植业	畜禽业	养殖业
小清河流域	26 962	10 839	5 473	10 650	\
弥河潍河胶莱河流域	35 561	9 815	8 286	17 460	\
莱州湾东部近岸流域	5 752	1 856	1 161	2 735	\
合计	78 623.10	22 510	14 920	30 845	10 348.10
比例/%	\	28.63	18.98	39.23	13.16

43.2.2　莱州湾沿岸农业磷污染压力分析

莱州湾农业活动产生总磷污染物总量约为13 418.7 t，农村生活、畜禽业和养殖业分别占13.75%，51.62%和34.63%（表43.3）。由此可知，莱州湾农业活动产生总磷污染物以畜禽业和海水养殖为主。

莱州湾沿岸流域农业产生总磷污染物共8 772.4 t，其中来自农村生活和畜禽业的磷污染物分别为1 845.3 t、6 927.1 t，占莱州湾沿岸流域农业总磷污染物的比重分别为21.04%、78.96%。莱州湾沿岸流域农业总磷污染物主要来自小清河流域和弥河潍河胶莱河流域，两个流域的农业磷污染物占莱州湾沿岸流域农业总磷污染物的比重分别为55.58%、39.34%。

小清河流域在畜禽方面产生的磷污染最为严重，占小清河流域农业总磷污染物的比重为81.8%；弥河潍河胶莱河流域同样是在畜禽方面产生的磷污染最为严重，占弥河潍河胶莱河流域农业总磷污染物的76.6%；莱州湾东部近岸流域也是畜禽方面产生的磷污染比较严重，但程度要轻于小清河流域和弥河潍河胶莱河流域，占到莱州湾东部近岸流域农业总磷污染物的66.2%。

表43.3　莱州湾农业活动总磷污染物构成　　　　　　　　　　　单位：t

单元	农业	农村生活	畜禽业	养殖业
小清河流域	4 875.4	887.3	3 988.1	\
弥河潍河胶莱河流域	3 453.8	808.2	2 645.6	\
莱州湾东部近岸流域	443.3	149.8	293.4	\
合计	13 418.7	1 845.3	6 927.1	4 646.3
比例/%	\	13.75	51.62	34.63

43.2.3　莱州湾沿岸农业化学需氧量污染压力分析

莱州湾农业活动产生化学需氧量污染物总量约为472 068.7 t，农村生活、畜禽业和养殖业，分别占26.19%、72.74%和1.07%（表43.4），由此可知，莱州湾农业活动产生化学需氧量污染物以畜禽业为主，其次为农村生活。

莱州湾沿岸流域农业产生总化学需氧量污染物共467 023.6 t。其中来自农村生活和畜禽的化学需氧量污染物分别为123 628.9 t、343 394.8 t，占莱州湾沿岸流域农业总化学需氧量污染物的比重分别为26.47%、73.53%。莱州湾沿岸流域农业总化学需氧量污染物主要来自小清河流域和弥河潍河胶莱河流域，两个流域的农业化学需氧量污染物占莱州湾沿岸流域农业总化学需氧量污染物的比重分别为39.99%、52.00%。

小清河流域在畜禽方面产生的化学需氧量污染最为严重，占小清河流域农业总化学需氧量污染物的比重为68.7%；弥河潍河胶莱河流域同样是在畜禽方面产生的化学需氧量污染最为严重，占弥河潍河胶莱河流域农业总化学需氧量污染物的77.2%；莱州湾东部近岸流域也是畜禽方面产生的化学需氧量污染比较严重，占到莱州湾东部近岸流域农业总化学需氧量污染物的73.8%。

表43.4　莱州湾农业活动化学需氧量污染物构成　　　　　　　　　　单位：t

单元	农业	农村生活	畜禽业	养殖业
小清河流域	186 784.8	58 463.7	128 321.2	\
弥河潍河胶莱河流域	242 862.7	55 372.7	187 490	\
莱州湾东部近岸流域	37 376.1	9 792.5	27 583.5	\
合计	472 068.7	123 628.9	343 394.8	5 045
比例/%	\	26.19	72.74	1.07

43.2.4　莱州湾农业污染的主要环境问题

由以上分析可知，莱州湾地区农业活动氮污染产生量从大到小排序为畜禽、农村生活、种植业、养殖业，主要来源是畜禽与农村生活，种植业和养殖业是重要的来源。莱州湾地区农业活动磷污染产生量从大到小排序为畜禽、养殖业、农村生活，主要来源是畜禽与养殖业，农村生活来源也不可忽视。莱州湾地区农业活动化学需氧量污染产生量从大到小排序为畜禽、农村生活、养殖业，主要来源是畜禽，农村生活来源不可忽视，养殖业来源不大。对于莱州湾沿岸流域污染物来说，磷污染较严重的是小清河流域，氮、化学需氧量污染较严重的是弥河潍河胶莱河流域。莱州湾农业污染问题可归纳为以下几点。

（1）种植业化肥使用过度

近年来，莱州湾地区化肥施用量不断增加，化肥中未被利用的氮、磷及其他有害物质部分被土壤吸附，部分经地表径流和淋溶作用进入水体，造成严重的环境污染。

（2）畜禽养殖粪污排放严重

随着莱州湾地区农业生产集约化程度不断提高，养殖业与种植业逐渐分离，养殖集中、规模扩大，畜禽粪便产生量大大超出当地农田可承载的最大负荷。大中型畜禽养殖场大多缺乏粪便处理能力，粪便未经处理或处理不当。畜禽粪污处理投入大，社会效益明显低于经济效益，养殖者治污积极性不高，治污设施建设远远滞后于养殖规模的发展。

（3）农村生活污水排放随意

近年来，随着农村城镇化、人民生活水平的提高，生活垃圾和污水的排放也日益严重。大多数农村地区没有排污管网，生活垃圾和污水露天堆放或随意排放现象比较普遍，大多数污水通过污水沟直接排入河道，或者通过降雨径流进入河道，严重污染水体。

（4）海水养殖导致局部地区水质恶化

近海养殖是莱州湾用海的主要方式之一，养殖面积大且分布范围广。莱州湾海水养殖本身产污以总氮污染为主，在农业活动中则是总磷污染贡献量大。海水养殖污染直接影响海域水质，由于莱州湾的半封闭性，海湾水交换能力较差，海水养殖产生的污染对局部海域影响较大，造成莱州湾近海污染堆积，导致局部地区水质恶化。

44 莱州湾污染调控研究与对策建议

44.1 陆源排污响应关系

基于"浓度模型为线性的，且满足叠加原理"这一基本假设，分别计算各污染源项在各污染因子单位强度单独排放下所形成的浓度场。在渤海水动力条件模拟的基础上，耦合污染物对流扩散模型，考虑莱州湾沿岸7条入海河流，分别为王河、胶莱河、潍河、白浪河、弥河、小清河、支脉河。以单位源强绘制污染源—浓度响应系数场（图44.1）来表示各个污染源项排污对莱州湾水质影响的空间特征。

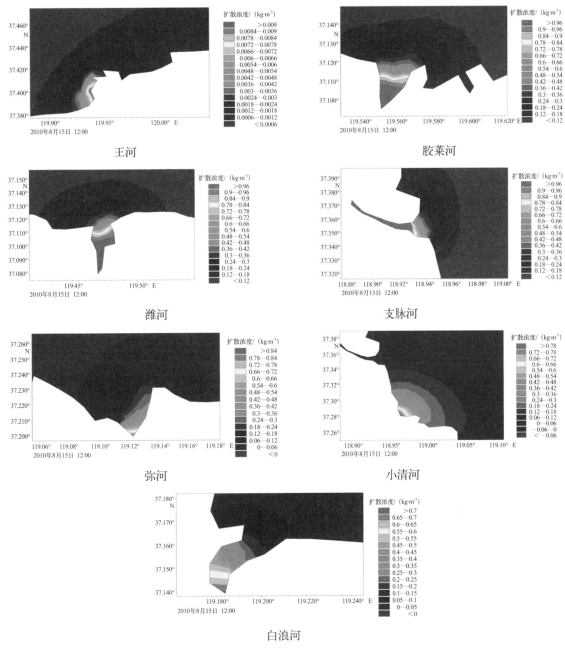

图44.1 莱州湾沿岸河流污染物扩散响应系数场

44.2 陆源入海污染物总量分配

本研究重点分析沿岸污染源排放化学需氧量、无机氮和活性磷酸盐的总量控制。控制点选取为常规的海洋监测站位。化学需氧量控制标准定为二类海水水质标准，无机氮和活性磷酸盐均采用分区控制标准，无机氮大部分以四类与劣四类为主，对活性磷酸盐大部分以一、二类为主。

根据入海污染物总量分配优化模型以及污染源项—水质响应关系，得到各条沿岸河流污染源排放化学需氧量、无机氮和活性磷酸盐的入海负荷浓度和年排污分配量见表44.1。

表44.1　莱州湾各污染源项的入海负荷浓度以及年排污分配量

河流源项	无机氮		活性磷酸盐		化学耗氧量	
	浓度/ (mg·L⁻¹)	分配量/ (t·a⁻¹)	浓度/ (mg·L⁻¹)	分配量/ (t·a⁻¹)	浓度/ (mg·L⁻¹)	分配量/ (t·a⁻¹)
王　河	72.444 7	1 902.841 1	6.659 4	174.916 6	2 985.7	78 422.749 7
胶莱河	0.09	0.000 3	0.001	0.000 0	0.4	0.001 4
潍　河	0.09	87.611 4	0.001	0.973 5	0.4	389.384 1
白浪河	3.739 9	0.046 6	1.644 5	0.020 5	528.6	6.588 6
弥　河	0.09	2 151.188 1	0.001	23.902 1	0.4	9 560.835 9
小清河	0.09	0.054 8	0.001	0.000 6	0.4	0.243 7
支脉河	7.878 6	5 450 115.618 4	0.103 2	71 389.832 2	26.9	18 608 396.178 8
总　计	84.423 2	5 454 257.360 7	8.411 2	71 589.645 4	3 542.70	18 696 775.982 2

从分配结果看，在莱州湾水质控制约束条件下，莱州湾的无机氮、活性磷酸盐、化学需氧量环境容量分别为5 454 257.36 t、71 589.65 t、18 696 775.98 t。由于王河附近的水质远远优于莱州湾西南部水域水质，故各个水质因子在王河附近的最大允许排污量均远大于其他河流入海口。

7条河流中仅有3条河流即王河、白浪河和支脉河未超载，潍河、弥河和小清河需要对无机氮、活性磷酸盐、化学需氧量进行大量削减，在胶莱河仅需对无机氮、活性磷酸盐进行大量削减。

由于表44.1所示结果中王河所分配入海污染物总量过大，与实际情况无法匹配，因此不考虑王河的情况下采用同样的方法计算得到污染物总量分配结果如表44.2所示。

表44.2　不考虑王河的莱州湾各污染源项的入海负荷浓度及年排污分配量

河流源项	无机氮		活性磷酸盐		化学耗氧量	
	浓度/ (mg·L⁻¹)	分配量/ (t·a⁻¹)	浓度/ (mg·L⁻¹)	分配量/ (t·a⁻¹)	浓度/ (mg·L⁻¹)	分配量/ (t·a⁻¹)
胶莱河	0.09	2.364 0	0.001	0.026 3	15.136 3	397.571 8
潍河	0.09	0.000 3	0.001	0.000 003	0.36	0.001 3

续表

河流源项	无机氮		活性磷酸盐		化学耗氧量	
	浓度/ (mg·L⁻¹)	分配量/ (t·a⁻¹)	浓度/ (mg·L⁻¹)	分配量/ (t·a⁻¹)	浓度/ (mg·L⁻¹)	分配量/ (t·a⁻¹)
白浪河	3.961	3 855.875 9	1.655	1 611.076 7	529.013 7	514 973.791 5
弥河	0.09	0.001 1	0.001	0.000 01	0.36	0.004 5
小清河	0.09	2 151.188 1	0.001	23.902 1	0.36	8 604.752 3
支脉河	7.878 3	4.799 7	0.102 9	0.062 7	26.937 8	16.411 3
总　计	12.199 2	6 014.229 1	1.762	1 635.067 7	572.167 8	523 992.532 7

44.3 入海污染减排优化方案情景模拟

　　根据入海污染物最优化分配结果，设置各河流源项优化后的排污浓度，模拟莱州湾一年的水质空间分布情况。其中，2月、5月、8月、11月份的水质分布情况如图44.2至图44.4所示。可知，减排优化后的莱州湾化学需氧量浓度以一类海水水质为主，白浪河河口附近呈现二类到劣四类水质，支脉河和胶莱河河口附近在夏季出现二类到劣四类水质（图44.2）。减排优化后的莱州湾无机氮浓度冬季以三类海水水质为主，其次为四类；春季以三类海水水质为主，其次为二类；夏季以二类海水水质为主，其次为三类，受支脉河大量排污影响，支脉河和小清河附近大面积海域呈现四类到劣四类水质；秋季以二类海水水质为主，其次为三类，西部沿岸地区呈现四类水质（图44.3）。减排优化后的莱州湾活性磷酸盐浓度主要以二类海水水质为主，夏季支脉河、白浪河河口附近呈现四类到劣四类水质，秋季以二类水质为主，其次为一类（图44.4）。

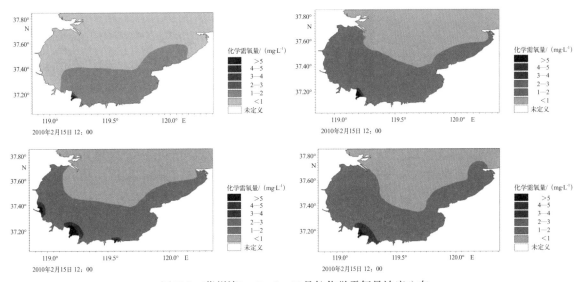

图44.2　莱州湾2、5、8、11月份化学需氧量浓度分布

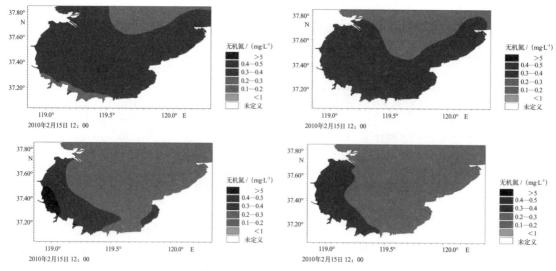

图44.3　莱州湾2、5、8、11月份无机氮浓度分布图

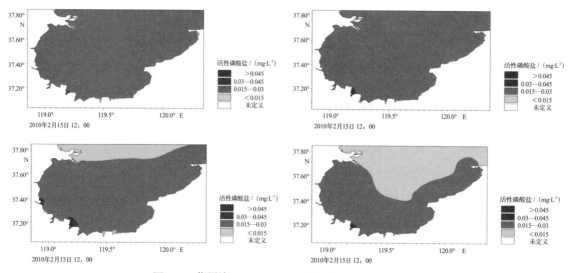

图44.4　莱州湾2、5、8、11月份活性磷酸盐浓度分布

44.4　莱州湾污染调控对策建议

44.4.1　加快农业结构优化调整，控制农业污染排放

传统的农业排污主要是畜禽、农村生活、海水养殖和种植业。应加快农业结构优化，推动种植业结构调整，发展节水型农业，引导农民开发和生产绿色食品。大力推广科学使用化肥和农药，降低其使用量，发展并推广生物灭虫技术和使用有机肥料，推广高效、低毒无毒和低残留无残留化学农药。推广科学养殖，防治禽、畜、渔等养殖业的污染。

44.4.1.1　农村生活污染调控对策

农村生活污染主要包括固体废弃物（主要为植物秸秆）、农村生活垃圾、农村生活污水。由于莱州湾沿岸农村地区面积大，农村人口数量较大且分布较广，使得莱州湾沿岸农村生活污水量大且难于收集，导致农村生活污水对入海陆源污染贡献较大。

控制农村生活污染应做到以下几点：①加快新农村建设、城镇化建设，提高农村地区生活水平，规范农村居民生活方式，为建立健全污水处理系统创造可行条件；②推广和落实生活污水收集和处理的配套设施，加快建设农村污水管网，建立污水处理系统，并加强对农村生活污水排放的监控；③加快制定和完善农村污水处理方面的相关技术规范、标准、法规及政策，将其纳入政府工作内容；④加强环境保护知识宣传，提高农村居民环保意识，规范农村居民生活方式，形成舆论监督。

44.4.1.2　种植业污染调控对策

种植业产生的污染主要来源是所使用的化肥和农药，而由此产生的污染物入海排放是由于不合理的灌溉方式导致的污水流入河流。因此，应从优化灌溉方式以及控制化肥污染和农药污染等方面控制种植业污染。

（1）在优化灌溉方式方面，需要应用微喷灌、滴灌、渗灌等现代微灌溉技术，转变畦灌、沟灌、淹灌和漫灌等传统粗放的灌溉方式为高效节水灌溉。根据相应植物的需水特性、生育阶段、气候、土壤条件等做合理设计，制定相应的灌溉制度，做到适时、适量、合理灌溉。建立节水型农业示范区以便进行技术推广。

（2）在化肥污染控制方面，应优化化肥投入结构，推广科学配方施肥、精确施肥和平衡施肥技术。加强对肥料质量的监管，加强化肥的生产和销售管理，调整化肥生产结构。

（3）在农药污染控制方面，大力推广生物防治技术，推广农艺综合防治技术。综合运用育种、栽培、耕作、施肥等农艺手段，调控农田生态环境，调整作物品种，优化作物品种布局。加强农药管理，推广应用高效、低毒、低残留、易分解的化学农药。

44.4.1.3　畜禽业污染调控对策

畜禽业污染调控应注意畜禽的集约化饲养以及控制其粪尿污染。

（1）应促进畜禽的集约化饲养，支持大、中型集约化养殖场的建立，加强对小型养殖场的污染处理监督，尽量减少单独养殖户的自由放养式饲养。

（2）对粪尿污染的控制，要做好粪尿的收集、存放和处理。要做好粪尿的收集，粪便的存放要设专门的防渗存放池，周围设围堰，池上要搭建防雨棚，避免雨淋形成径流，对地表水造成污染，或污水下渗，污染地下水。粪便的最佳处理方法是池气厌氧发酵。沼气厌氧发酵是减轻或消除农业面源污染的有效途径。特别是对于大、中型集约化养殖场或集中养殖区来说，建设大、中型沼气发酵工程是实现无害化、无污染生产的可行途径。而小型养殖场或养殖户可发展猪（牛、羊）—沼—菜、猪（牛、羊）—沼—果、猪（牛、羊）—沼—渔等种植、养殖和沼气"多位一体"的生态家园建设。

44.4.1.4　海水养殖污染调控对策

科学控制海水养殖污染，应推广无公害养殖、生态养殖、健康养殖、集约化养殖，科学确定海水养殖结构与密度，合理投饵、施肥，正确使用药物，通过实施各种养殖水域的生态修复工程，逐步控制海水养殖污染。

海水养殖污染调控主要应做到以下几点：

（1）当前莱州湾近岸海域海水养殖以贝类为主，应要合理规划养殖品种，改善目前养殖结构单一的现状，合理利用养殖藻类吸收水体中过多的氮、磷等，防止水体富营养化，降低赤潮发生概率，应通过调结构、转方式开展生态养殖，实行藻类、贝类、鱼类"三位一体"的复合生态养殖模式，降低养殖带来的污染。

（2）半封闭性导致莱州湾海域水交换能力差，而海水养殖大多位于水交换能力差的浅海滩涂和内湾水域，养殖自身污染引起局部水域环境恶化，应优化养殖空间布局，扩大开放式养殖面积，推广深海网箱等养殖技术。

（3）对污染严重的养殖海域，实施生态修复工程，逐步控制海水养殖污染，科学规划并建设"海洋牧场"，营造良好的海底环境，实现生物资源的可持续利用和生态养殖的良性发展。

（4）加快革新海产品养殖育苗技术，变革海产品养殖工艺流程，促进工厂化养殖模式，科学改造开放式养殖工艺，发展海水循环工艺，加快推进传统的"大农业"养殖向"工业化"养殖转换。

44.4.1.5 大力发展循环农业，实现农业可持续发展

循环农业是相对于传统农业发展提出的一种新的发展模式，是运用可持续发展思想和循环经济理论与生态工程学方法，结合生态学、生态经济学、生态技术学原理及其基本规律，在保护农业生态环境和充分利用高新技术的基础上，调整和优化农业生态系统内部结构及产业结构，提高农业生态系统物质和能量的多级循环利用，严格控制外部有害物质的投入和农业废弃物的产生，最大限度地减轻环境污染。通俗地讲，循环农业就是运用物质循环再生原理和物质多层次利用技术，实现较少废弃物的生产和提高资源利用效率的农业生产方式。

循环农业作为一种环境友好型农作方式，具有较好的社会效益、经济效益和生态效益，是推进农村资源循环利用、实现农业可持续发展战略的重要途径。莱州湾地区发展循环农业主要包括以下几点。

（1）加强农村居民环保意识，倡导农村生活污水循环利用，加快建立和健全农村地区污水处理系统，推广处理后污水的再利用。

（2）推广秸秆返田与保护性耕作技术，实现种地与养地有机结合，推广测土配方施肥、有机肥等生态循环生产方式，推广喷灌、滴灌等现代微灌溉技术，严格控制漫灌等传统灌溉方式，发展节水型农业。

（3）大力发展沼气，实现资源有效转化，大、中型集约化养殖场或集中养殖区应建设大、中型沼气发酵工程，而小型养殖场或养殖户可发展猪（牛、羊）—沼—菜、猪（牛、

羊）—沼—果、猪（牛、羊）—沼—渔等种植、养殖和沼气"多位一体"的生态家园建设。

（4）通过调结构、转方式开展生态养殖，实行藻类、贝类、鱼类"三位一体"的复合生态养殖模式，发展海水循环工艺，加快推进传统的"大农业"养殖向"工业化"养殖转换。

（5）发展循环农业首先要从整体上制订发展规划，在充分调研的基础上，根据不同区域和不同层次农牧业的生产现状和实际需求，有选择、有重点地分别制订不同区域层次、不同行政级别的循环农业发展计划，建立适宜的循环模式，实现有计划、有步骤、有组织地稳步推进。

（6）循环农业事关经济可持续发展，需要政策引导，同时，循环农业发展涉及种植、养殖、加工、能源和环保等多个部门，要建立多部门联动机制，强化多元扶持，加大政府投资力度，保证其持续发展。

44.4.2　以干流治理为重点，加强支流整治工作

莱州湾沿岸从北到南主要入海河流有十几条，涉及山东省11个地级市30余个县区。莱州湾沿岸入海河流众多，流域面积广且污染来源多样。应以干流治理为重点，加强对支流的整治。莱州湾入海河流大多数为季节性河流，因此在河流治理时应针对不同季节制定相应方案。

44.4.3　加强对河口生态系统的监测与保护

河口作为河流污染的入海口，生态环境动荡剧烈，应注重对其监测与保护。应充分发挥河口湿地（如芦苇湿地）净化能力，注重对已有生态环境的保护，建立河口人工控制自然净化系统，监测并控制进入河口区的水质，对河流污染入海起到闸门的作用。另外，拦坝截流行为对河口生态系统有很大的影响，应注意对其科学管理。建议加强对河口生态系统演变的监测，注意拦坝截流与开闸放水的时间控制。

44.4.4　加快建立流域环境监测体系

为了准确、全面地了解莱州湾沿岸面源污染情况，及时掌握境内流域水环境质量的现状及变化趋势，科学指导人类行为，及时应对突发性污染事故和自然灾害的影响，必须大力加强流域环境监测能力建设，加快建立流域环境监测体系。特别注意对拦坝截流、突发性暴雨等人类行为与自然灾害的监测，对人类行为进行科学控制。

44.4.5　污染治理遵循河流—河口—近海综合治理方针

莱州湾污染治理应遵循河流—河口—近海综合治理方针，走陆海统筹的道路。可以以支流、干流岸堤和区域防护林网为重点，带动全流域大面积绿化工程，形成河流、河口、沿海、城镇绿化体系。另一方面，莱州湾污染虽然以农业污染为主，但是工业污染也占一定比例，污染来源多样且复杂，造成复合污染情况较为严重，而且莱州湾污染空间分布存在明显差异，莱州湾南部近岸海域水交换差，污染停留时间长，加剧复合污染，因此，应注意对复合污染物的综合治理。

第十篇
渤海海洋环境管理的陆海统筹机制与产业调控研究

　　环渤海地区包括辽宁、河北、山东、北京、天津三省两市，是我国沿海三大经济区域之一，北方经济中心，环渤海经济圈如图所示。2011年人口数2.5亿，占全国总人口的18.3%；国内生产总值11.9万亿元，占全国国内生产总值总量的25.2%。2005年之后，环渤海地区经济总量已占全国经济总量的1/5以上，经济密度是全国经济密度的4.5倍。伴随着经济的快速发展，该地区污染物产生不断增大，渤海正在承受着巨大的环境压力。

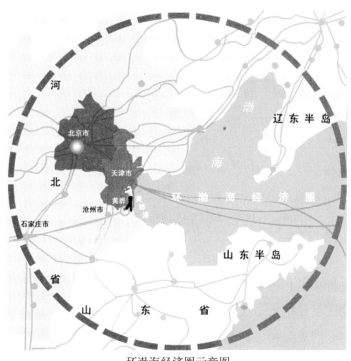

环渤海经济圈示意图

　　渤海是我国唯一的半封闭型内海，由于封闭性强，水交换周期长，环境承载能力较弱。随着高强度的经济开发，内陆产业不断向沿海聚集，海洋本身开发力度加大，双重的开发活动加剧了作为废水最终容纳地——渤海的环境压力。渤海的环境污染已到了临界点，为避免严重的地区生态环境灾害，必须采取相应的遏制措施。

　　根据国家海洋局监测资料统计，陆域社会经济活动对渤海海洋环境影响的贡献占80%，工业生产、农业生产和居民生活是陆源污染的三大来源。本部分即分别从工业生产调控、农业生产调控和城镇化调控3个角度提出渤海污染防治的相关建议。

45 优化产业结构，降低渤海污染压力

目前，环渤海地区整体上处于工业化中期阶段，调整和优化产业结构是治理环渤海地区污染，保障海洋清洁的重要手段。

45.1 环渤海地区各省市产业结构情况

改革开放以来的30余年里，环渤海地区经济迅速增长，产业结构不断演进。1978年，该地区的三次产业之比为20.5∶61.5∶18.0，2012年发展为7.9∶49.5∶42.6（图45.1），第一产业占比不断下降，第三产业占比持续上升。

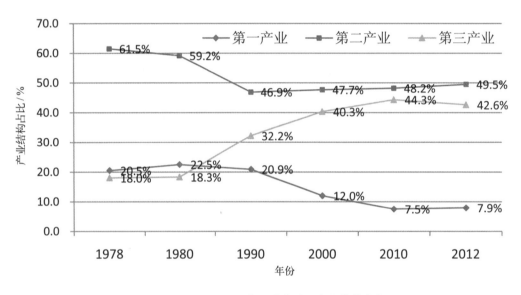

图45.1　1978—2012年环渤海地区产业结构变化

数据来源：2013年北京、天津、辽宁、山东、河北经济年鉴

环渤海地区的产业结构不断优化，取得了诸多成绩，但也存在明显的不足。

第一，环渤海地区产业结构呈现出由"二三一"结构转变为"三二一"结构的趋势，但目前仅北京实现了这一产业结构，其他省市仍是第二产业占主导地位，第三产业占比有待提高。具体到海洋产业，环渤海地区仍以传统海洋产业为主。海洋第一产业占比较大；第二产业占比较小，只有海盐业和海洋化工业初具规模，海洋能源、海洋装备制造、海水综合利用等高端第二产业均处于起步阶段；海洋第三产业中，滨海旅游、海洋运输业有一定的发展，但以海洋金融、海洋法律、海洋信息服务为代表的现代海洋服务业尚处于萌芽阶段。

第二，各地区产业结构雷同现象突出，产业布局和产业分工不合理，可从京津冀产业结构相似系数来直观的看出这一特点（表45.1）。

第三，第二产业仍以传统资源型产业为主导，高新技术产业有所发展，但尚未壮大。黑色金属矿采选业、黑色金属冶炼及压延加工业、石油加工业、石油和天然气开采业占全国同

类产业的比重均超过30%；金属制造业、化学原料及化学品制造业、非金属矿物制品业等占全国的比重超过20%。这些资源依托型产业的技术相对落后，产品附加值低，受资源约束较强；部分传统产业的生产工艺较落后，环境污染严重。

第四，环渤海地区总体产能过剩形势严峻。传统制造业产能普遍过剩，特别是钢铁、水泥、电解铝等高消耗、高排放行业；河北、辽宁、山东是全国产能过剩大省。2010年以来，三省都开展了削减产能过剩大行动，取得了一定成效；但产能严重过剩的行业边拆边建的现象屡禁不止，影响了行动的效果。

第五，环渤海地区的产业集中度较低，多数企业规模小，缺乏整合市场的能力，制约了环渤海地区统一市场的形成，导致重复生产、重复建设、过度竞争现象突出，降低了资源配置效率。

表45.1　1991—2010年京津冀三次产业结构相似系数

年份	京津	津冀	京冀	年份	京津	津冀	京冀
1991	0.981	0.958	0.964	1992	0.985	0.969	0.970
1993	0.977	0.981	0.959	1994	0.970	0.969	0.938
1995	0.959	0.961	0.915	1996	0.949	0.968	0.897
1997	0.940	0.969	0.881	1998	0.944	0.967	0.867
1999	0.937	0.968	0.864	2000	0.929	0.972	0.852
2001	0.922	0.970	0.842	2002	0.912	0.937	0.387
2003	0.899	0.977	0.836	2004	0.886	0.976	0.825
2005	0.871	0.980	0.803	2006	0.851	0.982	0.787
2007	0.838	0.980	0.770	2008	0.822	0.979	0.738
2009	0.846	0.978	0.768	2010	0.857	0.976	0.768

数据来源：引自王海涛，徐刚，恽晓方. 区域经济一体化视阈下京津冀产业结构分析. 东北大学学报：社会科学版，2013.

第二产业污染物排放量远高于第一产业和第三产业，产业结构中第二产业占优势的地区，污染压力更大；而第三产业占优势的地区，污染压力则呈现明显的收敛趋势。环渤海地区第二产业占据产业结构的主导地位，产业结构优化和升级是防治污染的重要手段。在优化和升级的思路方面，环渤海地区必须要做到：第二产业内部结构高级化，大力发展第三产业，审慎发展第一产业。

45.2　优化第二产业结构，削减过剩产能

2008年全球金融危机之后，我国的产能过剩已从潜在的、阶段性的过剩转变为实际的和长期的过剩，从低端的、局部的过剩转变为高端的、全局性的过剩。产能过剩给经济、社

会、环境带来了一系列的问题。为解决产能过剩问题，我国政府相关部门陆续出台了一系列的治理政策和措施（表45.2、表45.3）。

表45.2　2009年以来我国治理产能过剩的主要政策措施

时间	政策
2009年9月	《国务院批转发展改革委等部门关于抑制部分行业产能过剩和重复建设引导产业健康发展若干意见的通知》
2013年10月	《国务院关于化解产能严重过剩矛盾的指导意见》
2009年10月	国土资源部《贯彻落实国务院批转发展改革委等部门关于抑制部分行业产能过剩和重复建设引导产业健康发展若干意见的通知》
2009年10月	环境保护部《关于贯彻落实抑制部分行业产能过剩和重复建设引导产业健康发展的通知》
2009年12月	中国人民银行、银监会、证监会、保监会《关于进一步做好金融服务支持重点产业调整振兴和抑制部分行业产能过剩的指导意见》
2009年11月	国家发展改革委《国家发展改革委办公厅关于水泥、平板玻璃建设项目清理工作有关问题的通知》
2009年11月	工业和信息化部《关于抑制产能过剩和重复建设引导水泥产业健康发展的意见》
2009年11月	工业和信息化部《关于抑制产能过剩和重复建设引导平板玻璃行业健康发展的意见》
2011年3月	国家发展改革委《关于规范煤化工产业有序发展的通知》
2011年4月	工业和信息化部《关于遏制电解铝行业产能过剩和重复建设引导产业健康发展的紧急通知》
2011年5月	工业和信息化部《关于抑制平板玻璃产能过快增长引导产业健康发展的通知》
2010年2月	《国务院关于进一步加强淘汰落后产能工作的通知》
2010年3月	工业和信息化部《关于加强工业固定资产投资项目节能评估和审查工作的通知》
2011年12月	《国务院关于印发工业转型升级规划（2011—2015年）的通知》
2011年8月	《国务院关于印发"十二五"节能减排综合性工作方案的通知》
2012年5月	《国务院办公厅转发发展改革委等部门关于加快培育国际合作和竞争新优势指导意见的通知》
2013年1月	工业和信息化部等《关于加快推进重点行业企业兼并重组的指导意见》

资料来源：课题组自行整理。

上述政策中包含了多种削减产能过剩的措施，这些措施在实施过程中，暴露出诸多不足，非但没使相关产业投资减少，反而继续增加；2003—2011年，我国全社会固定资产投资年均增长25.6%，远高于同期经济总量增速；产能过剩有愈演愈烈的趋势。

表45.3　国家工业和信息化部发布的环渤海削减过剩产能任务

	2010	企业数/个	2011	企业数/个	2012	企业数/个	2013	企业数/个	过剩产能合计	企业数合计
炼铁/10⁴t	1 801.00	48	1 697.00	30	451.00	8	108.00	3	4 057.00	89
炼钢/10⁴t	222.00	3	1 728.00	18	40.00	1	223.10	4	2 213.10	26
焦炭/10⁴t	269.50	12	3 34.20	12	125.00	4	306.00	6	1 034.70	34
铁合金/10⁴t	33.38	4	11.36	6	18.80	9	6.00	3	69.54	22
电石/10⁴t	7.00	3	—	—	—		1	1	8.00	4
电解铝/10⁴t	3.20	3	8.00	3	—		—		11.20	6
锌冶炼/10⁴t	2.00	1	4.30	3	—		—		6.30	4
铜冶炼/10⁴t	3.05	2	—	—	13.45	7	3.60	1	20.10	10
铅/10⁴t	—	—	4.20	3	7.25	3	3.00	9.1	14.45	15.1
水泥/10⁴t	1 511.00	283	5 213.00	325	8 716.40	315	1 017.00	27	16 457.90	950
平板玻璃/万重量箱	474.00	5	1 197.00	25	1914.00	20	1 475.00	13	5 060.00	63
造纸/10⁴t	54.38	25	186.00	105	266.95	156	189.00	69	696.93	355
酒精/10⁴t	8.00	5	13.50	8	22.90	8	5.80	3	50.20	24
柠檬酸/10⁴t	—		—		2.00	1	4.00	1	6	2
味精/10⁴t	2.40	1	4.20	2			10.60	2	17.20	5
制革/万标张	583.80	8	83.50	11	392.10	16	232.00	6	1 291.40	41
印染/10⁴t	37 900	13	4 464.00	24	94 710.00	48	6 245.00	39	239 706.00	124
化纤/10⁴t	5.45	6	0.50	1	7.75	5	1.42	2	15.12	14
铅蓄电池（极板及组装）产能/万千伏安时　极板	—		—		511.20	29	296.92	11	808.12	40
铅蓄电池（极板及组装）产能/万千伏安时　组装	—		—		564.70	29	219.00	11	784.43	40

资料来源：国家工信部网站。

　　国务院于2013年10月15日发布了《国务院关于化解产能严重过剩矛盾的指导意见》，对进一步削减产能过剩提出了要求，并提供了具体的政策措施和保障。环渤海地区作为我国重要的工业基地，产能过剩重点地区（具体数据见表45.3），为降低环境污染压力，必须响应国家号召，大力消减产能过剩，推进第二产业内部结构高层次化。

　　要按照国务院的总体要求采取以下具体措施。

　　第一，完善行业管理，充分发挥行业规划、政策、标准的引导和约束作用，加强行业准入和规范管理，发挥行业协会在行业自律、信息服务等方面的重要作用。

　　第二，强化环保硬约束监督管理。加强环保准入管理，严格控制区域主要污染物排放总量。

第三，强化项目用地、岸线管理，对产能严重过剩行业企业使用土地、岸线进行全面检查和清理整顿，严格限制新增使用土地、岸线的审核；取消项目用地优惠政策。

第四，对产能过剩行业实施有保有控的金融政策，严格对产能过剩行业和企业的信贷，加大对产能严重过剩行业企业兼并重组，整合过剩产能、转型转产、产品结构调整、技术改造和向境外转移产能、开拓市场的信贷支持。

第五，完善和规范价格政策，深化资源性产品价格改革，提高过剩产能的生产成本。

第六，完善财税支持政策，加大对产能严重过剩行业实施结构调整和产业升级的支持力度，地方财政结合实际安排专项资金予以支持，或给予税收优惠。

国务院关于削减产能过剩的指导是一个完整的政策框架，环渤海地区需要根据自身情况，制定相应的地方性措施，与国家整体要求相配合。除此之外，还要做到以下3点。

第一，地方政府须从基层做起，改革地方官员评价体系，适度降低经济指标所占权重，将环保、民生、资源集约等指标纳入考核体系；规范地方政府招商引资行为和投资行为；严控土地开发总量，加强"招拍挂"政策的执行监督力度；禁止地方政府扭曲资源要素价格；逐步建立起市场引导、企业自主、银行独立的投资体系，实现深化价格形成和市场退出机制。

第二，要组织建立地方性的全行业信息发布制度，发布的信息至少包括行业产品产量、潜在产能、原材料供应、拟在建规模等，并提供综合信息反映短期市场变化和长期供求关系，引导企业的投资和生产行为。

第三，建立环渤海地区的产能过剩企业退出机制。在削减产能过剩时，首先，要开展深入的调查研究，摸清企业底数，制定淘汰产能过剩的地方细规；其次，要建立"提前告知制度"，要在企业知情的前提下，让企业有足够的时间，处理好有关的债权债务问题、经济合同问题、库存原材料问题等，确保企业平稳地退出，降低成本，保护投资者的利益；或使企业有足够的时间，实现转型、转产、升级；在削减产能过剩时要科学调研，安排相应的补偿资金，可给退出企业以土地使用、建筑物和附着物补偿，搬迁补偿，企业关、停、迁造成的损失利润损失补偿等；可设立削减产能过剩援助基金，给退出企业的职工养老、医疗、失业保险方面的援助，给职工再就业培训补贴；也可采用减免税收、收购报废、提高固定资产折旧率、对退出企业购买专利给予补贴等，帮助企业退出或转产。

45.3　继续大力推进第三产业的发展，从源头上减轻污染压力

大力发展第三产业是从源头减少污染的重要举措，环渤海地区应将推动第三产业发展作为产业结构优化升级的战略重点。三省两市要根据本省市的实际情况，推动具有相对优势的服务业的发展。北京应继续发展优势服务业，包括金融业、文化创意产业、房地产服务业、商贸服务业和旅游会展业。天津应以城市自身定位和相对优势为基础，以提升区域综合服务功能为目标，与北京形成差别化发展。大力发展生产性服务业；继续夯实北方现代物流和国际航运中心地位，重点发展国际物流和第三方物流；加快各级要素市场和商品市场的建设，

如建设国家级的煤炭交易市场、稀土资源市场等；发展金融服务业。辽宁、河北和山东，要根据各城市比较优势来确定产业发展重点，切忌盲目扩大服务业规模；要选择重点城市重点发展具有一定竞争力的服务业，其他城市的服务业发展定位于服务本地区优势产业。

环渤海地区要借京津冀一体化国家战略的东风，推动区域内产业流动，实现第三产业的梯度转移。各地根据实际情况，转出或转进适合本地发展水平和需要的服务业。例如，北京和天津可将相对低端的、占据较多发展资源的商业服务业转移到河北，如服装批发市场、农产品批发市场等，将其所占资源用于发展相对高端的产业。河北则可利用京津冀一体化机遇，根据本地实际，从较低端的服务业开始发展，逐渐实现服务业的优化升级。

45.4　环渤海地区产业结构调整应按照区域一体化的要求开展

产业结构雷同现象在一定程度上是环渤海地区逐渐适应区域一体化的需求而自然产生的。环渤海地区区域一体化概念已提出了很长时间，但进展缓慢。实现区域一体化，有利于经济社会发展，也有利于污染的治理。为推动区域一体化进程，环渤海地区产业结构调整应按区域一体化的要求进行，尤其要借助当下的京津冀一体化进程进行产业流动和调整。为此，环渤海地区政府之间应协调制订相对统一的区域产业发展规划，以京津冀一体化为契机，京津冀协调规划先行。京津冀三地对产业发展情况、产业发展目标进行协调，根据相对比较优势和城市功能定位，共同制定可行的产业协调发展战略，以优势互补、协调发展为目的，以公平、共赢为原则，建立京津冀利益协调的长效合作机制。产业协调转移机制必须避免狭隘的地域思想，杜绝只希望将高污染、低收益的产业转移出去的想法，要具有大局观，以区域协同发展为根本目的，按照共同发展的思路进行产业转移。在具体产业上，天津应将发展注意力置于由"二三一"向"三二一"的转变上，第二产业、第三产业同步推进；河北要进一步推进第二产业发展，实现第二产业内部结构高级化，做好京津产业转移的承接工作，适度发展第三产业；北京则要继续优化第三产业结构，发挥科技优势，形成核心竞争力，对京津冀，乃至整个环渤海地区起到带动作用。

为推动环渤海地区一体化发展，还需要致力于建立相对统一、开放、竞争、有序的市场体系，发挥市场机制在资源配置中的决定性作用。为此，必须要打破行政性垄断和地区主义，减少政府对资源配置和价格形成过多的行政干预，大力促进区域内生产要素流动一体化。仍可先从京津冀一体化开始，如在人才方面，京津冀地区可共同实施人才流动机制，放宽人才流动限制；在科技方面，京津两地应放开管制，加强与河北的科技合作，助力河北科技水平的提高。待京津冀经验成熟之后，再全地区推广。

45.4.1　实现环渤海地区的跨界治理，完善污染防治立法

45.4.1.1　推进环渤海地区的跨界治理

推动环渤海地区区域一体化，首要的是推动环渤海地区的跨界治理，这也是环渤海地区

实现流域立法，共同治理渤海污染的前提。

跨界治理必须有专门的机构进行协调，机构应是国家层次的机构，保证足够的权威。在具体措施上，建议建立环渤海地区区域一体化推动组织，可命名为环渤海管理委员会或环渤海工作领导小组，该机构作为综合性管理机构，实现环渤海地区的跨界管理。

该机构对于治理污染有着重要的意义。回顾过往，环渤海地区污染治理工作的一个重要问题是各地区实施具有相同目标的法律法规，但由于执行机构不同，工作态度、力度和角度不同，造成结果的巨大差异。如果由统一的综合管理机构协同实施环境治理法规政策，可避免该问题。

环渤海地区管理委员会或环渤海工作领导小组要由国家领导人作为主管领导，由中央各机构相关负责人、环渤海地区地方政府主要领导共同领导和参与。该领导机构主要负责环渤海地区规划的编制、法律法规的制定、重大事项的协调和监督等，下设执行机构，负责具体事宜的执行。

45.4.1.2　建议制定综合性的渤海管理法

现有的法律法规在治理渤海环境问题上力道不足，为达到治理渤海污染的目的，必须要制定专门法律，加强渤海管理。从国际经验来看，日本的《濑户内海环境保护特别措施法》提供了很好的借鉴。为流域立法，实际上是将流域作为一个特区来看待，新法不需要改变已有的法律，也不需要改变已有的管理体制，降低了实施的难度。

渤海管理法的内容应是综合性的，目标应是以推动海洋经济发展和遏制海洋污染并重。在渤海污染防治方面，要实现全流域防治，源头治理；以海定陆，实行污染总量控制。在具体内容设置上须包括，规定纳污总量和排放总量；规定减少废弃物倾倒总量；禁止倾倒有毒有害废弃物；对渤海海洋工程、矿产勘探、采油、拆船等作业的污染物排放制定标准；建立实施排污许可证制度；建立入海污染物、倾倒物排放指标有偿取得和交易制度；建立渤海生态补偿基金，实行生态补偿制度；制定和发布渤海地区陆源排放污染物排放标准及制定完备的环境应急机制等。

45.4.1.3　继续完善农业相关立法

农业面源污染的分散性和隐蔽性特征，使其防治与工业污染防治有很大的不同，需要制定特定的法律法规。目前，环渤海地区尚缺少针对农业面源污染综合防治的法规。从国际经验来看，以流域为单元进行农业面源污染立法是发达国家的普遍经验。建议制定环渤海流域农业面源污染防治法规或条例，借鉴发达国家已有的经验，以预防为主、防治结合，以建立生态农业为立法重点，将鼓励机制与处罚机制相结合；制定具体的实施方案，完善执法监督监察机制。在立法过程中，要克服目前我国农业面源污染的法规条例中原则性规定过多，可操作性较弱的缺点；要确立主管部门，明确职责权限，避免多部门联合执法，互相推诿的弊端。

45.4.2　环渤海地区工业污染调控建议

环渤海地区工业结构整体呈现重型化特征，钢铁、石化和装备制造业占工业总产值的比重远高于全国平均水平。重化工业是高能耗、高污染的产业，大量产生包括废水在内的污染物，通过各种途径汇入渤海海域，使海域环境恶化。为更好地开展环渤海地区工业污染调控，提出以下建议。

45.4.2.1　建立工业污染管理的综合分析评价制度

长期以来，环渤海地区的工业污染治理以关、停、并、转为主要手段，污染严重的企业中很大一部分为规模小、技术水平低的中小企业，以行政命令为主的关停并转措施，对很多中小企业形成了致命的打击，部分中小企业主为此倾家荡产，有的甚至走上了违法犯罪或其他形式的极端之路。这是没有进行综合评价分析，而贸然采取措施造成的恶果。我国治理工业污染对经济、社会等综合评价制度的缺失在一定程度上使部分治理工业污染手段加大了经济、社会成本，造成了严重的社会不公，导致环保政策难以获得广泛的支持。为避免这一现象的持续存在，建议建立治理工业污染措施的经济社会综合评价制度。

政府在制定治理工业污染措施时，不能根据单一指标制定一刀切政策，必须深入调查企业实际情况，进行全面分析，特别要分析对弱势群体和落后地区的影响；对拟实施的措施进行成本有效性分析，做到在实现预定环保目标的同时尽可能降低成本；必须给予拟采取措施的企业一定处理时间和相应补偿，让企业有时间整改，满足环保要求，或有时间处理相应的债务、原材料储藏等；同时给予相应的补偿，如资金补偿、失业补偿或其他补偿，尽可能降低损失，避免极端事件的发生；对企业相关人员进行长期跟踪和帮助，采取各种措施扶持其再创业或就业。

45.4.2.2　大力推动循环工业的发展

工业污染的根本原因在于传统生产方式的内在缺陷。近年来，循环工业模式逐渐发展成为主流的消减工业污染的方式。循环工业在污染防治上提倡在生产的全过程和工业产品的整个生命周期中进行控制，与传统生产方式强调一次生产有很大的区别。循环工业生产模式在企业内部、企业之间和社会回收体系3个层次上实现。

目前，环渤海地区的循环工业已有一定实践基础，但总体上看，仍处于起步阶段。为从源头上减少污染排放，治理渤海污染，必须加快循环工业发展。环渤海地区发展循环工业要从形成工业用水循环、工业废气循环、工业废弃物循环等几个方面来实现。治理渤海污染问题，首先要重视工业用水循环体系的建立。要根据该地区自身水体的纳污总量来制定相应的排污标准，限制排污；将中水尽可能的回收利用；城市污水经净化处理后，可作为绿化用水、工业冷却水、地面冲洗水和农田灌溉水；对再生水制定特别的优惠水价，鼓励再生水的使用；建立水综合利用产业，实现工业用水的完全循环利用。其次要重视工业废弃物的循环，鼓励企业在内部形成废弃物循环体系，鼓励企业间形成小范围内的废弃物交换及循环利用体系。为发展循环工业，该地区政府应制定和实施支持循环工业的相关政策。一方面加大宣传力度，让循环工业和环保理念深入人心，为发展循环工业创造良好的社会环境；另一方面实行鼓励性的投资、税收等经济政策，保障循环工业企业有利可图，如对设置资源回收系统、建有废弃物处理设施，进行循环利用的企业给予财政补贴和优惠贷款，实行减税、退税，增加设备折旧等，增强企业发展循环工业的动力。而对与循环工业发展方向相悖的高消耗、高排放、高污染企业则要采取惩罚性的措施，如增收资源税、环境税，对违法违规行为实施更严厉的惩罚措施等。

45.4.2.3　大力推进再制造业的发展

再制造业只产生少量的固体废物，大气污染物排放量很低，环渤海地区可将再制造业发展作为治理工业污染的重点方式。

环渤海地区面临着再制造业发展机遇，国家政策中下一步推进的再制造产业发展的重点领域均是环渤海地区的重要产业。重点领域包括，深化汽车零部件再制造试点，以推进汽车发动机、变速箱、发电机等零部件再制造为重点，在此基础上，将试点范围扩大到传动轴、压缩机、机油泵、水泵等部件。同时，继续推进大型旧轮胎翻新。推动工程机械、机床等再制造。组织开展工程机械、工业机电设备、机床、矿采机械、铁路机车装备、船舶及办公信息设备等的再制造，提高再制造水平，加快推广应用。为抓住机遇，推进再制造业发展，建议环渤海地区地方政府实施以下三点措施。

1. 加强再制造理念宣传

再制造产业的理念和产品对消费者来讲都是新鲜事物，尚未获得广泛的认可。对此，地方政府、企业要协同配合，普及再制造业的知识和理念，宣传再制造对节约资源、保护环境的意义，提高公民、企业对再制造产品的认识和接受程度。

2. 根据国家发改委的相关要求，地方政府要根据地区实际情况实施政策保障

要按照《循环经济促进法》的要求，组织编制地方再制造产业发展规划，提出促进再制造业发展的政策措施并组织实施；要制定有利于再制造行业的地方管理办法，杜绝假冒伪劣配件的流通；建立实施制造商责任延伸制度；要完善地方性的促进再制造业发展的经济政策，如制定发布《再制造产品目录》，研究对列入目录的再制造产品的财政税收优惠政策。鼓励政府机关、事业单位优先采用再制造产品等；要建立再制造业监督管理制度，完善再制造产品标识制度，建立再制造信息管理系统，加强对拆解企业的监管，防止可再制造的旧件流失等。

3. 根据国家发改委的相关要求，地方政府要建设再制造业支撑体系

包括：加快完善有利于再制造业发展的废旧汽车零部件、工程机械、机床等的逆向回收物流体系，形成与再制造规模相匹配的旧件收集能力。规范再制造环保安全保障体系。根据国家相关标准和技术规范，对再制造过程中产生的各类废物分类储存管理，提高后续废物再

利用潜力，消除再制造产品的安全环保隐患。推动再制造服务体系建设，如在部分定点维修网点设立再制造产品专柜，建立再制造产品连锁示范店和售后服务点。选择若干制造企业和维修企业，开展再制造产品生产与售后服务一体化试点等。

45.4.2.4　继续大力推进清洁生产

在控制工业污染方面，清洁生产模式显著优于污染末端控制模式，实现了工业污染防治由末端控制模式向源头控制模式的转变。清洁生产是环渤海地区治理工业污染的重要选项，为推动清洁生产开展，提出以下建议。

①建立地方性的配套政策，配合和进一步落实国家《清洁生产促进法》和《工业清洁生产推行"十二五"规划》；配套政策中要有必要的清洁生产激励与惩罚内容；对于清洁生产达标排放企业，政府加大资金支持，引导企业落实技术改造项目。②尽快分行业、分层次制定适合该地区特点的清洁生产指标体系。③加大地方财政对清洁生产的支持力度。环渤海地区可根据实际情况建立清洁生产专项资金，对清洁生产项目给予资金支持。④加大清洁生产在环评中的重要性，通过环评环节引导企业关注污染的预防。⑤地方政府可组织编制化工、冶金、造纸、印染等重点污染行业清洁生产项目改造专项规划，选取和推广先进适用的清洁生产设备和技术。⑥加大工业企业实施清洁生产审核力度。可出台《工业清洁生产审核指南编制通则》，指导行业和企业科学合理地编制清洁生产审核指南，开展清洁生产审核。重点推进电力、钢铁、建材、电解铝、铁合金、电石、焦炭、造纸、酒精、味精等重点行业的清洁生产审核，加大清洁生产审核的监督管理。

45.4.2.5　推进工业污染治理设施运营的市场机制

多年来，我国的工业污染治理模式是"谁污染，谁治理"，但实践效果并不完美，以后的发展方向应是"谁污染，谁付费"，治理污染走市场化道路，实现社会化投资、专业化建设、市场化运营、规范化管理和规模化发展。近年来，我国工业污染治理专业化和市场化运营稳步发展，主流商业模式为建设-经营-转让（build-operate-transfer，BOT）、移交-经营-移交（transfer-operate-transfer，TOT）和托管运营模式，但发展水平与"十二五"规划对环保的要求间还有很大的差距。

环渤海地区应根据本地区的实际，推进工业污染治理运营的市场化运作。首先要解决投资多元化问题，不能单纯依靠政府作为投资主体，要形成政府指导，企业为主，社会资本进入的多元化投资格局。治污实现集约化和产业化，充分发挥投资的规模经济效应。要实现服务的市场化，形成环保产业服务业市场。在推广实践BOT、TOT和托管运营模式的同时，环渤海地区也可考虑推行多利益主体的系统化合同减排模式。具体模式是成立行业协调平台，选择有实力的治污运营商，政府通过财政提供专项资金奖励合同减排项目，鼓励和扶持金融机构给予信贷支持，多管齐下，引导资金投入到专业治污项目，治污运营商与排污企业通过市场化运作签订减排合同，提供减排、治污服务，收取相应的费用，该模式的优势在于集中了政府、治污企业、金融机构、排污企业等多方面的优势，构成了多方共赢的利益格局。在治污市场化运作过程中，要明确市场在资源配置中的决定性作用，政府的主要职能是提供市场规则和监管机制。

45.4.2.6 建立激励型生态补偿机制

近年来，在流域污染治理问题上，由于流域上下游功能区划、环境容量不同，流域内各区域经济发展和环境保护的矛盾凸显，为协调同流域不同地区之间在治理污染方面的协作，各地方政府开始重视建立健全流域生态补偿机制，并进行了诸多实践，但总体而言，跨省域的流域补偿机制复杂，很难建立起切实有效的、各方均能接受的补偿机制，环渤海地区亦是如此。

在环渤海地区建立有效的生态补偿机制要借鉴国外的成功经验，建立环渤海地区生态补偿协商机制，在该机制下，开展生态补偿标准、补偿模式、补偿资金的监督与管理、争端解决方式等；推动制定和完善流域生态补偿，使其制度化、法制化。政府主导的生态补偿机制的资金来源方面，可参考我国目前已经过实践检验的流域生态补偿机制（表45.4），吸收有益的经验，逐步建立纵向与横向相结合的财政转移支付补偿机制。政府主导的生态补偿机制存在的一个重要问题是融资渠道单一，运行效率较低，因此，随着生态补偿机制实践的不断深入，引入市场机制将是大势所趋，地方政府要积极引导和培育生态环境服务市场，构建市场化交易平台，鼓励企业在该交易平台实现生态交易。

表45.4　我国已实施的流域生态补偿模式比较

补偿模式	上下游政府间协商交易的流域生态补偿模式	上下游政府间共同出资的流域生态补偿模式	政府间财政转移支付的流域生态补偿模式	基于出境水质政府间强制性扣缴流域生态补偿模式
实践地区	浙江金华江流域	福建闽江、九龙江、晋江流域	粤赣东江流域、北京－冀北饮用水源地	辽河流域、子牙河流域、沙颍河流域、太湖流域、山东省辖淮河和小清河流域、清水河流域
主导类型	市场为主、政府为辅	政府主导型	政府主导型	政府主导型
资金来源	通过相应的市场手段获得补偿资金	政府投入，按比例分摊资金	中央及地方纵向财政转移支付	跨界出境超标断面所在地政府财政的扣缴资金
资金用途	上游环境保护及社会经济建设、水质保障	资金使用地的环境设施建设及水污染整治	源区和上游的生态环境工程、社会经济发展	根据各地实践中资金使用原则而存在差异
保障机制	政府协议、市场交易	政策法规	政策法规，政府协议	政策法规

资料来源：王军锋，侯超波. 中国流域生态补偿机制实施框架与补偿模式研究——基于补偿资金来源的视角. 中国人口·资源与环境，2013（2）.

具体的生态补偿机制选择上包括以下几种：①可考虑建立区域生态补偿基金。由利益相关地区组成环渤海地区环境保护委员会（可置于前文建议成立的环渤海管理委员会下），由受益地区按协商的方式（如按国内生产总值比例等）出资，共同管理资金，并按协商的方式运作。②可考虑建立环渤海地区排污权交易市场。夯实基础工作，先由实施机构摸底区域环境情况，评估区域环境容量，制定区域环境质量目标；推算污染物的最大允许排放量，将其分割成若干单位排放量；实施机构根据实际情况采取不同的方式分配单位排放权，通过排污权交易市场合法的进行交易。在该市场，排污者根据利益最大化原则，衡量买入或卖出排污权，实现资源的合理配置。目前，在国际国内层面均已开展了碳交易和排污权交易的实践，碳交易市场成功案例较多，排污权交易市场则较少，环渤海地区要借鉴经验，吸取教训，探索符合当地实际的运行方式。③可考虑进行生态税改革，运用税收手段调节消费者和生产者行为；以生态税改革为主线，整合各种与生态环境保护相关的税种，优化税收结构。

45.4.2.7　扩大工业污染治理的融资渠道

"十三五"时期，随着我国经济的快速发展和工业污染治理任务的持续加剧，工业污染治理的资金需求将进一步扩大。目前，我国企业治理工业污染的主要资金来源是自有资金和银行贷款；政府对企业的治污财政性补贴，如排污费补助等，额度相对较小；非银行金融机构在该领域上发挥的作用非常有限。基于此种情况，环渤海地区应探索将财政补贴资金和商业银行贷款两种类型资金相结合，发挥各自的优势，为工业污染治理提供稳定、低成本的资金方式。在具体操作上，可考虑建立环渤海地区工业污染治理专项基金，整合政策性和商业性资金资源，积极吸纳社会资本，将其委托给某金融机构具体运作，探索一条工业污染治理融资新机制。该基金对治理工业污染的企业可采取优惠贷款、贴息、融资担保、赠款等多种扶助措施。该专项基金须将扶持中小企业污染防治融资作为重点工作，可考虑在基金中专门划出一部分，建立"中小企业污染防治专项资金"，用于中小企业污染防治的拨款补助和贷款贴息，尤其要偏重符合国家产业政策，积极主动开展防污治污，具有成长潜力的中小企业。

45.4.3　环渤海地区农业污染调控建议

改革开放以来，随着农业经济规模增长，环渤海地区农业污染压力呈线性增长态势。2011年，该地区地均化肥使用量比全国平均水平高13.5%，地均农药使用量是全国平均的1.5倍，农田化肥和农药流失是造成海洋污染的重要原因。该地区畜牧业发展速度快，规模大，70%为养殖业，多数畜禽场既没有防渗型水泥池贮存粪尿，也没有相应面积的农田就地消纳，露天堆放畜禽粪便易随水流失，造成河流的污染，成为水体污染的重要源头。为更好地实施农业污染调控，提出以下建议。

45.4.3.1　树立"农业立体污染综合防治"的现代农业污染调控思维

中国农业科学院专家在21世纪初提出了"农业立体污染综合防治"的概念（图45.2、图45.3），比农业点源和非点源污染防治观念更上一层，更能反映出农业污染综合防治的本质与内涵。环渤海地区的农业污染防治也必须要突破传统思维，建立起"立体综合防控"思维。在防控的方法体系上，立体污染防治要遵循生态学、系统工程学、环境科学与农业资源利用等学科的原理与方法，应用系统的理论和技术体系，采用源头阻控、过程阻断和末端治理的综合治理路线。

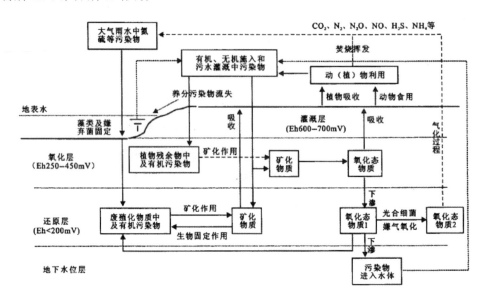

图45.2　农业立体污染循环链图

资料来源：章力建，朱立志. 农业立体污染综合防治研究的概况与进展，

世界科技研究与发展，2006.

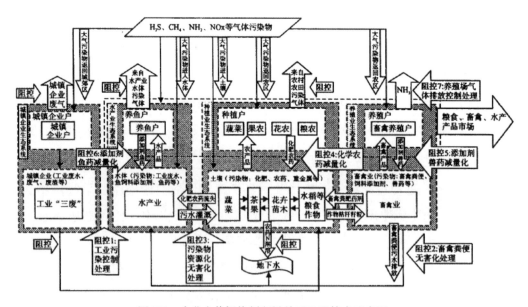

图45.3　农业立体污染循环链关系及阻控点示意图

资料来源：章力建，朱立志. 农业立体污染综合防治研究的概况与进展. 世界科技研究与发展，2006.

45.4.3.2　农业污染防治要建立起政府引导、市场主导和居民积极参与的多元模式

农业污染防控具有公共物品的属性，要求以政府财政投入为主，明确政府在其中的引

导性作用。同时，必须贯彻党的十八届三中全会精神，充分发挥市场在资源配置中的决定作用。农业污染排放的主体是农民，必须采取措施，鼓励农民积极参与农业污染防治，形成多元治理模式。

农民群体总体上环保意识较弱，对农业污染问题认识不足，而作为农业污染排放主体，其思想和行为在农业污染防治上又起着关键性的作用。因此，农业污染防治的一项重要工作是在农村加大农业污染的宣传教育力度，提高农民的环境保护和污染防控意识；引导农民改变粗放经营、随意排污的生产和生活方式。在环渤海地区要实施以下具体措施，要充分利用广播、电视、互联网和平面媒体等宣传教育形式，宣传农业污染防控相关政策法规及知识、技术；要引导村民自主开展环境护保宣传教育，农业生产技术培训；要利用好县乡两级农技推广体系，建立农村的环境监测与污染防控网；要提高农民对农业污染防控政策的知情权和参与度，各种农业污染防控法律法规和政策措施的设计，要让农民成为活跃的参与主体，让农民体会到在实现污染防控的同时带来经济等方面的实惠。

45.4.3.3　构建农业面源污染防控技术和财政支持体系

技术进步是农业面源污染防控的关键，环渤海地区应建立起农业面源污染防控技术体系，具体工作可从三方面开展。①要组织该地区农业科研力量，一方面进行源头治理研究，查明农业面源污染物的负荷排放特征，建立面源污染负荷估算方法和风险评估体系。另一方面进行过程控制，研发农田污染负荷管理与削减技术，建立农田减氮、控磷、污染物截留与过程阻断相结合的生态配置模式；研发农田污染径流净化技术，形成农田面源污染过程最佳控制的技术体系。还要进行末端治理。研发集约化养殖业废弃物固液分离、资源化利用等污染净化和清洁生产关键技术与设备，形成养殖废弃物无害化与循环利用技术系统等。②要加大推广农业面源污染防控技术的力度，充分发挥对农民的技术支持政策的作用。推广保护性耕作技术，实行免耕、少耕和秸秆覆盖，改善土壤结构，减少水蚀风蚀和养分流失；推广地膜覆盖集雨保墒、水肥一体化、膜下滴灌、测墒节水灌溉等节水农业技术，发展喷灌、滴灌、微灌；推广普及测土配方施肥技术，结合节水灌溉技术，减少肥料流失；发展和施用环境友好的新型肥料，如精制有机肥、生物有机肥、多元无机复合肥、作物系列专用肥、缓释肥料等；推广以控制氮、磷流失为主的节肥增效技术；地方农业主管部门要准确发布病虫预报，指导农民科学合理使用农药；要禁止销售和使用高毒、高残留农药，推广高效、低毒、低残留的新型农药；推广生物防治、物理控害技术，推广嫁接、轮作、防虫网、性信息引诱器、频振式杀虫灯等先进技术；全面禁止秸秆露天焚烧，推广秸秆还田、秸秆饲料、秸秆沼气、秸秆食用菌、秸秆堆肥等综合利用技术；推广易分解、无污染地膜，在技术条件允许的条件下，利用天然产物和秸秆类纤维生产的农用薄膜来部分取代农用塑料薄膜；加强农田残膜回收，集中处置，可采取适期揭膜技术，提高农膜的回收率；加强畜禽养殖业的规划布局，在环境敏感区严格限制发展畜牧场，对已有的畜禽场加强污染治理；鼓励发展集中养殖，推进标准化畜禽生态养殖小区建设，在规模化的养殖区配套雨污分流、干湿分离和固液分离设施，建设大中型沼气工程、畜禽粪便处理利用中心、养殖废水循环处理利用工程；暂时做不到规模化养殖的，应根据具体情况推广粪便综合利用模式，产生的畜禽废渣还田、制有机肥料；推广养种结合，生态养殖；农民生活垃圾实行初步分类，注重回收和利用。过往的实践表明，政府的农业技术推广支持政策深受农户欢迎，可有效地改变农户生产行为，实现降低农业面源污染的目标。③要构建农业科技激励机制，采用多种手段激励农业科技研发和应用推广。

环渤海地区农业面源污染防控还面临着投入不足和补贴方式不合理的问题。为此，首先，要扩大财政补贴的资金来源，可采取两种方式，一是设立农业清洁生产专项基金，由中央财政和地方财政共同加大对农业清洁生产的财政投入，建立严格的政府财政投入保障机制；二是引导建立多元化的投入机制，完善对农业生产过程中环境保护的税收减免、贷款贴息、投入补偿等财政措施，鼓励私人资本参与农业清洁生产。其次，要建立农业面源污染防治的财政激励措施，引导农户由被动参与向主动参与转变，由政府主导向政府、企业和农户多元治理转变。对于按要求减量施用化肥和农药的农户给予直接补贴，如亏损补贴、奖励补贴；在有条件的地方，可实行化肥、农药限额使用政策，给予受限额使用造成农产品产量减少和收入下降的农民一定的经济补偿。为提高农业补贴政策效果，对不同地区的农业补贴要根据具体地区的特点有所侧重。再次，适时采用税收政策来激励农业污染防控。如适时对化肥和农药的使用环节征税，以化肥转化氮素含量和农药的毒性、环境残留性、地区敏感性等来设计税率；对符合环保要求的农业生产资料和农产品实行优惠的税率，鼓励其发展。最后，要加大对农民的农业面源污染防控的宣传教育和相关技术培训的财政资金支持。可考虑效仿美国的做法，在政府的预算中设立农业面源污染防治专项资金。

45.4.3.4 加快推进农业集约化经营

环渤海地区推动农业集约化经营是农业污染防控的重要手段，地方政府要加大对集约化经营的农业企业的扶持力度，尤其要集中力量推动集约化经营的农业龙头企业；要重视农业科技队伍建设，提高农民的从业素质，完善农业社会化服务系统，构建农产品硬件市场，建成结构完善、功能互补的市场网络体系，保证农产品长期稳定的销售渠道，从而使集约化经营的农业企业长期可持续发展。

环渤海地区畜牧业发达，解决畜牧业高污染排放问题的根本方法是积极推进集约经营，逐步取消"一家一户"的养殖经营方式，通过建立畜禽养殖小区，将各养殖专业户在空间上集中起来，使畜禽养殖污染的面源特性转变为点源，实施污染物的统一收集、统一处理和循环利用。《"十二五"节能减排综合性工作方案》提出，鼓励污染物统一收集、集中处理，规模化养殖场和养殖小区配套建设废弃物处理设施的比例达到50%以上。

45.4.3.5 大力推动循环农业的发展

发展循环农业是环渤海地区解决农业污染的重要选择，为推动循环农业的发展，提出以下几条建议：①该地区地方政府要采取多种手段，通过多种渠道强化社会对循环农业的认识，尤其要加大在农村的宣传和教育力度，让农业生产的主体充分认识并接受循环农业理念。②为配合国家的《循环经济促进法》和《循环经济发展战略及近期行动计划》，应根据本地区的实际，制定推动循环农业发展的地方性法规，明确政府、企业和农民在推广循环农业生产模式中的职责与义务，规范对循环农业的财政、金融、技术支持、信息服务等。③应制定有利于循环农业发展的地方财政政策，各级政府可建立农业循环经济专项基金，重点支持循环农业模式的薄弱或关键环节。可对技术含量高、资源利用率高、环境污染小的循环农业企业和项目实施财政补贴，鼓励发展。地方政府要把国家规定的支持循环经济发展的所得税、增值税减免政策和政府绿色采购政策等落到实处。各地区可根据本地实际，建立政府主导的农村政策性金融体系，鼓励金融机构给予循环农业项目低息贷款、财政贴息等综合金融支持。要完善政策性农业保险，将发展循环农业风险纳入保险范围。要引导多元化的资金投入，建立金融机构与民间资本进入循环农业的多元化资金支持体系。④地方政府要引导建立以企业为主体、市场为导向、产学研农相结合的农业循环经济技术研发体系，推动技术进步；地方政府可选择前景广阔的适用技术，建立一批示范工程；加速科技成果转化率，推广先进的适用技术。⑤地方政府要主导选择和推广适合本地区实际的循环农业发展模式。循环农业模式可分为社会多层次协作的大循环模式、企业与农户合作的小循环模式和以农户家庭为基础的微循环模式。循环农业的未来发展趋势明显，在规模上，将由分散的、小规模循环逐步向大规模、集中度高的循环发展；在循环路径上，将由小农户为主体的半封闭式循环向企业为主体的全封闭式循环转变；在组织模式上，将由农户内部循环向多主体循环链模式转变，会有更多外部利益相关者加入。环渤海地区循环农业的发展路径选择应符合上述发展趋势。

循环农业在我国很多地区已有长足发展，形成了一些成功模式和经验。目前，可供环渤海地区参考和选择推广的模式主要有如下几个：①废弃物资源化利用模式。目前最典型的是秸秆肥料化、能源化、基质化和饲料化。②"沼气"中心模式。北方地区广泛应用的"大棚—养殖—沼气—蔬菜（果）"、"四位一体"生态农业工程模式；南方地区多采用的"猪—沼—农"生态农业模式；西北地区广泛推广的以农带牧、以牧促沼、以沼促果、果牧结合的"五配套"生态农业模式。③养种循环模式，主要是"猪+沼+农"、"猪+沼+电"等以生猪养殖为中心的模式。④有机农业。⑤立体种植模式。⑥农业循环经济示范园和观光农业。

45.4.4 环渤海地区城镇污染调控措施

1996 年以来，我国城镇化加速发展，"九五"到"十一五"，城镇化率年均递增

1.43%、1.35%和1.39%，远高于"六五"至"八五"的增长幅度（表45.5）。2011年，环渤海地区城市化率为64.5%，高出全国平均水平13.0%。"十三五"期间，环渤海地区城市化进程将进一步加快。

表45.5 "六五"到"十一五"期间我国城镇化水平和速度比较　　　　　　单位：%

	"六五"	"七五"	"八五"	"九五"	"十五"	"十一五"
期初城镇化率	19.39	24.52	26.94	30.48	37.66	44.34
期末城镇化率	23.71	26.41	29.04	36.22	42.99	49.95
年均城镇化率	0.86	0.54	0.53	1.43	1.35	1.39

资料来源：2011年《中国统计年鉴》。

从1999年起，我国城镇生活污水排放总量就已超过了工业废水排放总量，生活源的化学需氧量、氨氮、总磷等主要污染物的排放成为水体污染的主要来源。由于城镇居民生活废水经管道排放，容易排入河道，入河系数高，污水处理规模和程度较低，城镇化成为了加剧渤海环境压力的重要因素。城镇污染防治成为降低渤海环境压力的重要一环，有效地开展城镇污染防治刻不容缓，针对城镇污染防控，提出以下建议。

45.4.4.1　选择最适合本地实际的新型城镇化道路

环渤海地区城镇化发展与耕地、水资源、能源及生态环境之间的矛盾突出，该地区必须要走一条科技含量高、资源消耗低、环境污染少，城镇与资源、城镇与生态、城镇与农村协调发展的有中国特色的城镇化道路，这是该地区缓解渤海环境压力的重要道路。

2012年中央经济工作会议提出，要"把生态文明理念和原则全面融入城镇化全过程，走集约、智能、绿色、低碳的新型城镇化道路"，将新型城镇化道路确立为未来中国经济发展的新增长动力和扩大内需的重要手段。党的十八大报告也再度强调要走新型城镇化道路。新型城镇化是以民生、可持续发展和质量为内涵，以追求平等、幸福、绿色、健康和集约为核心目标，以实现区域统筹与协调一体，产业升级与低碳转型，生态文明和集约高效，制度改革和体制创新为重点内容的崭新的城镇化过程。

环渤海地区要根据国家的整体战略部署，加快推进本地区的新型城镇化进程。推进的总体原则是要尊重城市发展规律，科学制订长期的新型城镇化规划，以创新驱动，加快城市服务体系构建，促进城市转型与产业升级的良性互动。要重组城市产业空间，促进合理的空间层级体系和特色功能区的协调发展。

环渤海地区的新型城镇化道路要发挥不同规模层次城市（表45.6）的独特作用。要加强城镇间的分工协作，促进城镇集群化发展，提升整体竞争力，推动形成资源开放共享、包容性发展的城市群；要重视北京、天津等大城市在区域经济中的极化效应和扩散效应，发挥其辐射作用；中小城市发展要形成与大城市相匹配的布局和功能调整，要控制中小城市的数量，以产业化作为城镇化的支撑和基础，重点提高现有城市的质量。要积极推进小城镇建设，发挥小城镇在联连城市和农村方面的纽带作用，利用在小城镇实施农业人口城镇化综合成本低的优势，缩短农村的城镇化过程。

环渤海地区的新型城镇化道路中，大中小城市的发展都要遵循建设紧凑型城市的原则，促进城市集约发展，促进要素资源在城市内部的合理集聚，加强城市内部存量土地的再利用，实现可持续发展。在方向的选择上，要根据本地区资源环境禀赋优势，选择适合自身特点的城镇发展模式，如低碳城镇模式、文化城镇模式、宜居城镇模式、生态城镇模式等。

表45.6　新型城镇化的层次体系

新型城镇化的层次	标准界定
城市群	在特定的区域范围内云集相当数量的不同性质、类型和等级规模的城市，以1个或2个（有少数的城市群是多核心的例外）特大城市（小型的城市群为大城市）为中心，依托一定的自然环境和交通条件，城市之间的内在联系不断加强，共同构成一个相对完整的城市"集合体"
大城市	经济较为发达，人口较为集中的政治、经济、文化中心，市区常住人口100万—300万人
中等规模城市	市区常住人口50万—100万人
小城市	市区常住人口50万人以下
小城镇	从属于县的县城镇、县城以外的建制镇和尚未设镇建制但相对发达的农村集镇，即小城镇=县城+建制镇+集镇。1984年国务院转批的民政部《关于调整建制镇标准的报告》中关于设镇的规定：①凡县级地方国家机关所在地，均应设置镇的建制。②总人口在2万人以下的乡，乡政府驻地非农业人口超过20%的，可以建镇；总人口在2万人以上的乡，乡政府驻地非农业人口占全乡人口10%以上的亦可建镇。③少数民族地区、人口稀少的边远地区、山区和小型工矿区、小港口、风景旅游区、边境口岸等地，非农业人口虽不足20%，如确有必要，也可设置镇的建制

资料来源：《中国中小城市发展报告（2010）》。

45.4.4.2　推动国家低碳城镇战略在环渤海地区加速实施

在低碳经济概念提出和实践深入的基础上，低碳城镇概念应运而生。低碳城镇是要以低碳的生产、生活方式，建立起宜业宜居的环境友好型城市，是对传统城镇发展模式的改进，是实现低碳减排、治理污染的重要手段。自2005年，国家住房和城乡建设部陆续出台了一系列关于推进城镇地区公共交通和低碳建筑发展的政策措施。目前，全国已有数十个城市开展了低碳城镇试点示范工作。

城镇污染排放是渤海环境压力的重要来源，推动低碳城镇战略可以有效的缓解渤海环境压力。为此，环渤海地区地方政府应响应国家的政策号召，大面积推广低碳城镇试点工作，可从以下几个方面入手。

1. 大力宣传低碳城镇理念

在城市文化建设中要贯穿生态文明理念的宣传，采取有效的宣传推广手段，提高居民的低碳意识。要建立和完善公众参与低碳城镇建设平台，拓展公众参与方式，提高公众参与的积极性和有效性。

2. 推动发展低碳产业

城镇化要以产业发展为基础，低碳城镇相应的要以低碳产业发展为基础。一方面，要推动传统产业的低碳化改造，环渤海地区的重要城镇多属于综合型、工业型和资源型城镇，以钢铁、水泥、船舶、石化等为代表的高污染行业仍处于快速增长阶段，是低碳化改造的重点。要通过应用清洁能源、引入低碳技术、推广清洁生产工艺、对废弃物循环再利用等环节实现。另一方面，要大力发展低碳新兴产业，如节能环保产业、信息产业、生物产业、高端装备制造、新能源、新材料、新能源汽车等。

3. 制订低碳发展规划，推动低碳城镇发展

低碳规划要解决空间格局中潜在的浪费环节，注重对现有城镇空间的高效利用，盘活城市存量土地，适当提高土地利用强度，提高城市的综合承载力，建设紧凑型城市，要在空间低碳化、产业低碳化、出行低碳化、住宅低碳化、动力低碳化、生活低碳化等层面全面推动低碳城市建设。

环渤海地区的低碳城镇规划要建立在主体功能区划理念上，按城市化地区、农产品主产区、重点生态功能区3种类型区域实施主体功能区战略，改变以往的所有的城镇都盲目追求工业化的现象，形成差异有序的城镇化格局。环渤海地区各城镇要根据主体功能区的划定，根据本地区的禀赋特点和承载能力来选择适宜本地区的发展模式与道路，避免工业化对生态脆弱、承载能力较低的地区的冲击和破坏。

环渤海地区要将低碳城市群作为城市发展主体形态和空间载体，通过开展区域多层次低碳合作，实现经济发展与能源消耗、碳排放脱钩，通过城市群整体而非个体城市的降耗减排的评估，实现碳排放指标在城市群内部的优化配置，兼顾城市群经济发展与节能减排的整体效益最大化。环渤海地区低碳城市群的建设要以京津冀一体化建设中京津冀城市群的建设为契机，先行试点京津冀低碳城市群的建设，再逐步推广到推进环渤海低碳城市群的建设。

4. 推动城市中的低碳能源、低碳建筑和低碳交通发展

在低碳能源方面，要发展和利用新能源技术，改善一次能源结构，提高能源供应效率，减少化石能源消耗和碳排放。在低碳建筑方面，要将绿色建筑理念融入规划、设计、施工、维护等所有环节，使建筑物具有符合生态循环系统的特性；建筑物要能利用地热能、太阳能、风能等可再生能源满足能耗；要推进低碳建筑材料的研究和生产。在低碳交通方面，要加大低碳交通理念的宣传和倡导；发展高效快捷的城市公共交通运输体系，以替代不断增加的私家车；要统筹规划自行车道网络，在城市节点实现与公共交通的便利换乘；要大力推广新能源汽车，推动电动汽车、混合动力汽车在公共交通的全面推广；要采用智能交通系统，提高公交信息服务能力。

5. 推动资源再生产业发展

城镇工业与生活废弃物中有很多可循环利用的资源，如钢铁、有色金属、贵金属、塑料、橡胶等，这些可循环利用的资源被称为"城市矿产"。2010年5月，国家发展改革委、财政部联合下发了《关于开展城市矿产示范基地建设的通知》，提出通过5年的努力，在全国建成30个左右"城市矿产"示范基地。环渤海地区在建设低碳城镇的进程中，也要将利用"城市矿产"作为重要的手段。在城市内建立和完善废旧资源分类回收体系；政府鼓励加强废弃资源回收利用技术的科技攻关，并引导促进科技成果转化，支持废弃资源加工利用技术的产业化；可实施差别化的废旧资源回收扶持政策，部分流通畅通，有利可图的行业，典型的如废旧钢铁资源，交给市场调节；部分利用价值低，处理难度较大，成本高的行业，要由政府扶持相关机构进行回收处理。

45.4.4.3　妥善处理城镇生活垃圾

随着我国城市化进程的加快，生活垃圾逐渐成为污染压力的重要来源，"垃圾围城"甚至成为城市通病。环渤海地区解决城镇生活垃圾污染，必须建设可持续发展的目标体系，形成新的垃圾管理目标，从单纯的收运、处置转向垃圾回收循环利用。具体做到以下几点。

（1）建立完善的城镇垃圾管理法规体系

要建立完善的城镇垃圾管理法规体系，进一步细化城市生活垃圾的倾倒、清扫、收集、回收利用和处置的要求和手段，并要加强执法监督和管理体系建设。

（2）建立与市场经济体制相适应的城市垃圾管理体系，逐步推动城市垃圾处理的社会化、市场化、产业化

地方政府应着力培育垃圾处理市场，政府、企业和居民各自履责。政府进行规则的制定和宏观调控，可考虑实行城市垃圾经营许可证制度，鼓励各类机构参与城市垃圾回收和治理，形成市场竞争机制；落实垃圾处理费征收，减轻政府财政压力；落实填埋处理费征收，限制垃圾填埋，鼓励废弃物再利用；落实对包装产品生产者收费；制定和落实优惠的废旧物质回收利用政策；积极推行垃圾源头减量等。企业要按照市场经济规则提供垃圾清运和处理的专业化服务，谋求利润；居民则需对其产生和倾倒的废弃物付费。

（3）鼓励和推动垃圾处理新技术研发

在我国的生活垃圾无害化处理中，焚烧比重逐步加大。"十二五"期间，焚烧处理规模超过30.7×10^4 t/d，占总规模的35%。焚烧处理生活垃圾有诸多负面的作用，应鼓励和推动垃圾处理新技术研发，采取多种方式处理生活垃圾。环渤海地区城市生活垃圾中有机质含量高，要针对这一特点，突破传统技术手段，鼓励社会力量参与垃圾处理技术研究和新技术的

推广应用，建立新技术应用示范工程，由点到面进行实际经验的推广。

（4）要重视小城镇垃圾处理

目前城市垃圾处理技术和机制都是主要针对大中城市的垃圾特点开展的。小城镇的垃圾处理量大，垃圾未经分类，由于经费不足，设施有限，垃圾处理不及时，形成了极大的污染隐患。环渤海地区大城市和小城镇的垃圾特点很不同，要特别针对小城镇垃圾特点，开展相应的垃圾处理技术研究，可利用成熟的堆肥技术、垃圾焚烧技术和垃圾填埋技术，可继续研究和利用垃圾微波裂解及资源化利用技术；利用垃圾综合处理技术（图45.4）、热解气化垃圾处理技术等进行处理和循环利用（图45.5）。

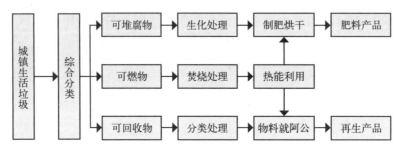

图45.4　垃圾综合处理技术

资料来源：褚向怡. 中小城镇垃圾处理的现状及新型垃圾处理技术研究. 科技传播，2010.

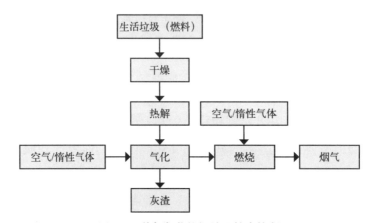

图45.5　热解气化垃圾处理技术流程

资料来源：褚向怡. 中小城镇垃圾处理的现状及新型垃圾处理技术研究. 科技传播，2010.

45.4.4.4　妥善处理城市污水

随着城市规模的扩大，城市居民生活污水排放量迅速增长，由于处理的不及时，城市水环境迅速恶化，环渤海地区的各大流域城市河段都形成了明显的污染带，甚至一些城市的饮用水源都受到了严重污染。为缓解城市污水对渤海造成的环境压力，可从以下4个方面加以解决。

①合理规划污水处理厂布局，一方面促进资源的合理配置，避免重复建设；另一方面，不过分强调集中建设，不追求单个处理厂规模，而是要做好污水量的前期调研和未来污水量的预测，根据具体情况合理确定设计规模；要根据低碳城镇的要求，采用"适度集中，就地

处理，再生利用"的指导原则进行布局。要加强区域内各地区的合作，部分设施可供不同地区使用，提高污水处理设施的利用率。污水处理还要注意泥水并重，加大污泥处理量和处理效率。②地方政府要引导和鼓励城镇污水处理的市场化、产业化运作模式，由政府和市场共同解决污水处理问题。这在我国已有一定的基础，从目前的污水处理市场化实践经验来看，城镇污水处理的BOT模式可在一定程度上解决污水治理的资金问题和技术问题，减轻政府财政压力，可进一步推广。③降低污水处理单位水量能耗。长期以来，我国污水处理能耗问题未受到重视，能耗偏高，造成了能源浪费。环渤海地区已运行的城镇污水处理厂要高度重视能耗问题，实施精细化管理，降低污水处理单位水量电耗。④环渤海地区要加强城市污水管网系统建设，确保管网建设与污水处理厂相配套，使污水管网全覆盖。

45.4.5 渤海海洋环境管理模式与及陆海统筹对策研究

渤海是一个极为特殊的海域，渤海沿岸是中国经济社会高度发达的地区之一。以京津冀为核心、以辽宁和山东半岛为两翼的区域经济发展格局日趋成熟，在我国经济社会发展的重要地位日益凸显。但在取得一系列成绩的同时，渤海面临的资源环境问题也十分严重，生态环境恶化、服务丧失，已经严重制约渤海区域经济社会的可持续发展。随着京津冀一体化战略的推进实施，环渤海地区将成为国家新一轮基础性、战略性产业布局的重要承载区域，意味着将承载着更加繁重的生态服务功能。因此，践行更加全面、有效、实用的管理模式与环保措施显得更加迫切。

回顾近20年渤海整治的经验教训，需冷静分析，客观评价渤海环境管理模式的成败。改变思路，更新理念，创新制度，对渤海实施最严格的环境保护政策。渤海生态文明建设任重道远，要以政策先行、以制度保障。本报告在对渤海环境管理模式现状进行评估基础上，结合世界相似海域环境管理可借鉴的经验，提出渤海海洋环境管理模式调整建议和陆海统筹对策。

46 渤海环境管理模式现状评估

本章从渤海环境管理体制、机构与沿江沿岸排污管理等几方面，详细阐述渤海环境现有管理模式现状及存在的问题。

46.1 渤海环境管理体制

渤海环境管理体制可从法律、政策、制度3个方面具体分析。但是，目前渤海环境管理法律尚没有形成体系，地区法缺失，仅有的《中华人民共和国海洋环境保护法》没有配套标准；渤海的环境管理政策相对独立、较为完善，但是缺少法律和制度的保障，难以贯彻执行；渤海的环境管理制度建设刚刚起步。因此，渤海的环境管理尚未形成体制。

46.1.1 环境管理法律体系

渤海环境管理的法律体系是构成渤海环境管理体制的第一要素，但是这一要素尚未形成。换言之，渤海还没有形成国家、地方、行业的海洋环境保护法律体系，更谈不上环境管理的标准体系。

目前，渤海环境管理适用的国家法律是以《中华人民共和国海洋环境保护法》（以下简称《海洋环境保护法》）为主要法律，附属海洋环境保护法规主要有：《防治海洋工程污染损害海洋环境条例》、《海洋石油勘探开发环境保护管理条例》。与国际上其他相似海域的成功经验相比，渤海缺少区域法。如何使渤海的环境管理有法可依、有章可循，是渤海环境保护亟待解决的问题之一。

46.1.2 渤海环境保护政策

渤海环境状况，不但成为环境保护的问题，也成为公众关注的重大社会问题和热点问题。渤海的环境问题，成为制约这一地区经济社会可持续发展的瓶颈。

为加强渤海环境保护工作，改善渤海海洋生态环境，国务院做出了在渤海实施最严格环境保护政策的重要部署，《国务院关于加强环境保护重点工作的意见》（2011年10月）强调，要在"重要生态功能区、陆地和海洋生态环境敏感区、脆弱区等区域划定生态红线，对各类主体功能区分别制定相应的环境标准和环境政策"。国务院常务会议专题研究渤海环境问题时指出，要"在海洋生态敏感区、关键区等划定生态红线"，同时指出，要"强化地方政府和企业的主体意识、法制意识，落实海洋环境保护责任"。

国务院批复《全国海洋功能区划（2011—2020年）》时明确要求，"要在渤海海域实施最严格的围填海管理与控制政策，实施最严格的环境保护政策，限制大规模围填海活动，降低渤海区域经济增长对海域资源的过度消耗，节约利用海岸线和海域资源"。

实施最严格的环境保护政策，要坚持陆海统筹、河海兼顾，有效控制陆海污染物，实施重点海域污染物排海总量控制制度，严格限制对渔业资源影响较大的涉渔用海工程的开工建设，修复渤海生态系统，逐步恢复双台子河口湿地生态功能，改善黄河、辽河等河口海域和近岸海域生态环境。

严格控制新建高污染、高能耗、高生态风险和资源消耗项目用海，加强海上油气勘探、开采的环境管理，防治海上溢油、赤潮等重大海洋环境灾害和突发事件，建立渤海海洋环境预警机制和突发事件应对机制。维护渤海海峡区域航水道安全，开展渤海海峡跨海通道研究。

海洋环境保护政策包括内容是多方面的，从陆源污染物排放、海洋工程和海岸工程项目管理、海洋石油勘探开发管理、海上污染事故管理角度，可将海洋环境保护政策分为若干个部分。如何使这些政策互相协调，集中体现，分步实施，是渤海环境保护政策的关键所在。"渤海生态红线制度"是目前渤海最严格的海洋环境政策的集中体现和最新形式。

46.1.3　渤海环境管理制度

渤海环境管理尚未形成制度。渤海行政部门、专业领域之间没有协作、沟通、整合的渠道。已有的个别制度，也没有触及渤海沿江、沿岸、海域石油等相关的企业的排污行为。渤海适用的仅是国家层面上的相关管理制度。

从国家层面上的区划、规划制度，形成的渤海环境管理制度有海洋功能区划制度，也包括上升为国家环境保护制度的生态红线制度。但是这些仅是渤海环境管理的单一性制度，至今尚没有形成一个完整的海洋环境管理的制度体系。

46.1.3.1　渤海生态红线制度

生态红线制度是国务院明确要求建立的环境保护制度之一。《国务院关于加强环境保护重点工作的意见》（2011年10月）强调，要"在重要生态功能区、陆地和海洋生态环境敏感区、脆弱区等区域划定生态红线，对各类主体功能区分别制定相应的环境标准和环境政策"。国务院常务会议专题研究渤海环境问题时指出，要"在海洋环境敏感区、关键区等划定生态红线"和"强化地方政府和企业的主体意识、法制意识，落实海洋环境保护"。国务院在批复《全国海洋功能区划（2011—2020年）》时明确要求，"要在渤海海域实施最严格的围填海管理与控制政策，实施最严格的环境保护政策"。

依据国务院的要求，国家海洋局于2012年10月推出《关于建立渤海海洋生态红线制度的若干意见》（简称《意见》）。《意见》对海洋生态红线制度的建立提出了具体的要求，指出：海洋生态红线制度是"为维护海洋生态健康与生态安全，以重要生态功能区、生态敏感区和生态脆弱区为保护重点而划定的实施严格管控、强制性保护的区域，包括重要河口、重要滨海湿地、特殊保护海岛、海洋保护区、自然景观与历史文化遗迹、重要砂质岸线和沙源保护海域、重要渔业海域和重要滨海旅游区。海洋生态红线区分为禁止开发区和限制开发区"。海洋生态红线的边界线及其管理指标控制线称为海洋生态红线，用以在渤海实施分类指导、分区管理、分级保护具有重要保护价值和生态价值的海域。

禁止开发区是指海洋生态红线区内禁止一切开发活动的区域，主要包括海洋自然保护区的核心区和缓冲区，海洋特别保护区的重点保护区。

限制开发区是指海洋生态红线区内除禁止开发以外的其他区域，主要包括海洋自然保护区的实验区，海洋特别保护区的适度利用区和生态与资源恢复区及除上述之外的重要海洋生态功能区、生态敏感区和生态脆弱区。

1. 生态红线区的管理方法

渤海生态红线制度的分区分类管理方法。渤海生态红线制度将海洋生态红线区划为禁止开发区、限制开发区两大类。禁止开发区，即海洋自然保护区、海洋特别保护区两类。限制开发区有海洋保护区、重要河口生态系统、重要滨海湿地、重要渔业海域等多种具有特殊服务功能的海域。对生态红线的2类、12区进行分类管理。具体如表46.1所示。

表46.1 分区分类管理措施

类别	海洋生态红线区类型		开发行为管控依据（指导原则）	开发行为管控措施
禁止开发区	海洋保护区	海洋自然保护区	在海洋自然保护区的核心区和缓冲区，具体执行《中华人民共和国自然保护区条例》	核心区和缓冲区内不得建设任何生产设施，无特殊原因，禁止任何单位或个人进入
		海洋特别保护区	在海洋特别保护区内的重点保护区和预留区，具体执行《海洋特别保护区管理办法》	重点保护区，禁止实施各种与保护无关的工程建设活动；在预留区内，严格控制人为干扰，禁止实施改变区内自然生态条件的生产活动和任何形式的工程建设活动
限制开发区	海洋保护区		1. 实施严格的区域限批政策，严控开发强度。①对未落实项目的区域，实行严格限批制度；②对区域内正在办理的、与该区域管控目标不相符的项目，停止审批；③对区域内已经完成审批流程但未具体实施建设的或已经开工建设但与该区域管控目标不相符的项目，应停止该项目建设，重新选址；④对区域内已运营投产但与该区域管控目标不相符的项目，责令进行等效异地生态修复；⑤对区域内未经海洋主管部门审核通过且与该区域管控目标不相符的项目，责令恢复原貌，并对期间造成的生态损失予以补偿 2. 实施严格的水质控制指标，陆源入海直排口污染物达标排放，严格控制河流入海污染物排放 3. 控制养殖规模，鼓励生态化养殖，推动退养还滩、退养还海 4. 实施海洋垃圾巡查清理制度，有效清理海洋垃圾 5. 对已遭受破坏的海洋生态红线区，实施可行的整治修复措施，恢复生态功能 6. 海洋生态红线区海水水质所在海域海洋功能的环境质量要求	在海洋自然保护区的试验区、海洋特别保护区的资源恢复区和环境整治区，开发活动具体执行《中华人民共和国自然保护区条例》和《海洋特别保护区管理办法》的相关制度
	重点河口生态系统			禁止采挖海砂、围填海、设置直排排污口等破坏河口生态功能的开发活动。天然河口的入海淡水水量应满足最低生态需求
	重要滨海湿地			禁止围填海、矿产资源开发项目等改变海域自然属性、破坏湿地生态功能的开发活动
	重要渔业海域			在重要渔业海域产卵场、育幼场、索饵场和洄游通道的海洋生态红线区禁止围填海、截断洄游通道等开发活动；在重要渔业资源的产卵育幼期禁止进行水下爆破和施工
	特殊保护海岛			禁止炸岩炸礁、围填海、填海连岛、实体坝连岛、沙滩建造永久性建筑物、采挖海砂等可能造成海岛生态系统破坏及自然地形、地貌改变的行为
	自然景观与历史文化遗产			禁止设置直排排口、爆破作业等危及文化遗迹安全的，有损海洋自然景观的开发活动，保护历史文化遗迹、独特地质地貌景观及其他特殊原始自然景观完整性
	砂质岸线及邻近海域			禁止从事可能或影响沙滩自然属性的开发建设活动。设立砂质海岸退缩线，禁止在高潮线向陆一侧500 m或第一个永久性建筑和围填海活动。在砂质海岸向海一侧3.5海里内禁止采挖海砂、围填海、倾废等可能诱发沙滩蚀退的开发活动
	沙源保护海域			禁止从事可能改变或影响沙源保护海域的开发建设活动
	重要滨海旅游区			禁止从事可能改变或影响滨海旅游的开发建设活动

2. 生态红线区的协调性要求

划定生态红线区，要求渤海沿海省市需进行协调性分析。要分析拟定海洋生态红线区与已发布的国家、省级海洋功能区的协调性，是否符合其用途管控要求、用海方式要求以及环境保护要求，是否能够确保该区域生态保护重点目标安全要求，符合该区域生态功能。

分析拟定生态红线区与海洋环境保护规划的协调性，已发布的国家主体功能区规划、沿海地区发展战略规划、海洋经济发展规划等国家级战略性规划的协调性，拟定生态红线区是否与国家战略规划的空间和产业布局要求相协调。

要进行与当前海洋开发活动与保护活动的衔接性分析，要与相关部门、地方政府方面协调性分析。

3. 生态红线区的管理机构

确定海洋生态红线区的管理实施机构、职责任务分工，并制定相应的监督管理办法，以保障生态红线区管理责任到位，监管职责落实。

4. 生态红线区的控制指标

渤海生态红线制度规定了具体的控制指标，包括对红线区面积、自然岸线保有率、陆源江河入海污染物排放达标率，以及水质达标率的指标。

2020年渤海海域生态红线制度达到的总体目标：第一，渤海总体自然岸线保有率不低于30%，辽宁省、河北省、天津市、山东省自然岸线保有率分别不低于30%、20%、5%、40%。第二，海洋生态红线区面积占渤海近岸海域面积的比例不低于1/3，辽宁省、河北省、天津市、山东省海洋生态红线区面积占其管辖海域面积的比例分别不低于40%、25%、10%、40%。第三，到2020年，海洋生态红线区陆源入海直排口污染物排放达标率达到100%，陆源污染物入海总量减少10%—15%。第四，到2020年，海洋生态红线区内海水水质达标率不低于80%。为使"生态红线区"划得科学、适当，国家海洋局还制定了相应的技术规程。对生态红线区的划定进行了详尽的规定。

46.1.3.2　海洋功能区划制度

海洋功能区划制度，是我国实行的重要海洋开发保护制度之一。海洋功能区划，是我国海洋空间开发、控制和综合管理的整体性、基础性、约束性文件，是合理开发利用海洋资源、有效保护海洋生态环境的法定依据。

渤海海洋功能区划是全国海洋功能区划的重要组成部分。国务院批复的《全国海洋功能区划（2011—2020年）》将渤海分为辽东半岛西部海域、辽河三角洲海域、辽西冀东海域、渤海湾海域、黄河口与山东关岛西北部海域、渤海中部海域，共6个海域，原则上划分了各个海域的主要功能。据此，渤海沿海省市制定本省管辖海域的功能区划，更细地划分海域功能性质，形成国家、省市功能区划体系。

《全国海洋功能区划（2011—2020年）》具体规定了与分类区相对应的海洋环境保护要求。渤海沿岸各省市的海洋功能区划，对功能区的划定更为详细。全国海洋功能区划制度的划分原则及划分标准，是渤海环境保护的重要法律依据，具有较强的指导性和政策性。

46.1.3.3 主体功能区规划制度

主体功能区规划制度，是根据《全国主体功能区规划》、《中华人民共和国国民经济和社会发展第十二个五年规划纲要》和《国家海洋事业发展规划纲要》编制。主体功能区规划制度已经成为国家制度。

《全国海洋主体功能区规划》则是将海域分为优化开发区域、重点开发区域、限制开发区域、禁止开发区域。

主体功能区规划的规划理念与功能区划的理念相比较有以下特点：一是将资源环境承载力作为主体功能区划分的主要依据之一；二是与经济社会发展需求相结合，决定功能区的开发强度；三是要与产业、人口优化布局相关联。

对渤海而言，上述3个主要区划制度，各有特色，着力点不同。但是，约束性强的是渤海生态红线制度。这一制度，起点高，落脚点明确。起点是渤海的生态环境，兼备主体功能区和功能区的特点，落脚点明确，即生态红线区，从而构成渤海生态的底线，是必须持守的生命线。

46.1.3.4 海洋环境保护机制

目前，渤海在环境保护机制方面尚没有形成完整有效的统一机制。现行的环境保护协调机制只停留在联席会议层面。

1. 省内部门间的工作机制

在渤海建立完善的陆海统筹海洋环境保护工作机制方面，河北省做了有益的探索。2011年，河北省海洋局和环境保护厅共同发文，建立了河北省陆海统筹的海洋保护沟通合作工作机制。该机制构建了在海洋环境保护规划和环境功能区划、重点海域污染控制、海洋环境保护监督管理、海洋生态保护、海洋突发环境应急管理等方面的数据与技术共享机制，还共同探索建立联合执法和联系协商的工作模式机制等，明确了各部门间的职责，设置了日常联系的工作机构。

2. 省市间的联席会议机制

目前，包括渤海在内的专门联席会议制度有国家重大海上溢油应急处置部际联席会议制度，至今召开过一次会议，这一会议制度是与交通运输部国家海上搜救中心举办的国家部际海上搜救联席会议联席召开。但是这种机制主要是针对船舶突发溢油事故应急处置，在海上石油勘探开发造成的油污染事故方面的工作还存在诸多困难和问题，在以下方面亟待加强。一是海洋油气勘探开发溢油风险日益加大。我国海洋石油勘探开发已进入调整发展期，规模不断扩大，现有（全海域）海上储油装置等海上设施294个，生产井3 044个，海上石油年产量约占我国石油产量的1/4。石油开发事故处理难度大，一般情况下，海洋油气勘探开发溢油事故总体发生概率不高，但一旦发生海底溢油等地质性溢油事故，封堵溢油源工作的技术性强，作业难度大，往往短时间内难以完成，造成大量原油泄漏，蓬莱"19－3"溢油事故就是一个典型的例证。对于渤海这样的面积小、封闭性强的海域，造成的生态损失是重大的，影响是长期的。但是，就渤海而言，海上溢油事故的应急处置工作机制尚没有建立。

46.1.4　渤海环境管理机构

本部分分国家、地方两个层面对渤海环境管理机构数量及职责进行梳理。

46.1.4.1　国家海洋环境保护机构

依据《中华人民共和国海洋环境保护法》的规定，环境保护部作为国务院环境保护行政主管部门，对全国环境保护工作进行统一监督管理，对全国海洋环境保护工作实行指导、协调和监督。

重组后的国家海洋局，在海洋环境保护方面负有以下职责：负责组织开展海洋生态环境保护工作。按国家统一要求，组织拟订海洋生态环境保护标准、规范和污染物排海总量控制制度并监督实施，制定海洋环境监测监视和评价规范并组织实施，发布海洋环境信息，承担海洋生态损害国家索赔工作，组织开展海洋领域应对气候变化相关工作。

46.1.4.2　地方海洋环境保护机构

沿海省、自治区、直辖市、市级县级分别设环保局（厅）、海洋厅等。在隶属关系上，地方环保部门属环境保护部管理，地方海洋厅属海洋局管理。性质是国家政府行政管理范畴。

46.1.5　渤海沿江沿岸污染物排海管理

46.1.5.1　渤海环境管理目标尚需落实到沿江、沿岸排污企业

依据国家环境保护部的监测表明，渤海入海主要河流的水质状况令人担忧。依据《重点流域水污染防治规划（2011—2015年）》指标显示，包括海河、淮河、辽河、黄河中下游在内的全国398个主要河流中，化学需氧量排放总量中（图46.1），工业污染来源占11.8%，城镇生活污染来源占33.5%，农业面源污染来源占54.7%；氨氮排放量（图46.2），其中工业污染来源占10.2%，城镇生活污染来源占56.9%，农业面源污染来源占32.9%。

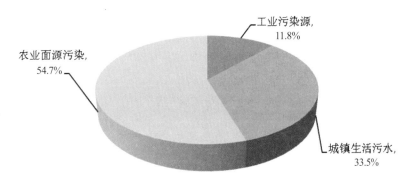

图46.1　全国主要河流化学需氧量排放污染源构成

数据来源：《重点河流保护规划（2011—2015年）》

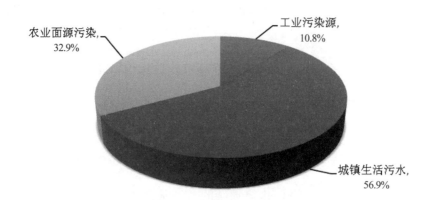

图46.2　全国主要河流氨氮排放污染源构成
数据来源：《重点河流保护规划（2011—2015年）》

　　排污工业行业为造纸及纸制品业、农副食品加工业、饮料制造业、化学原料及化学制品制造业、纺织业、煤炭开采和洗选业、医药制造业7个行业，化学需氧量排放量占规划区域工业化学需氧量排放总量的78%。虽然尚没有针对渤海入海河流污染物排放的具体监控数据，从全国的情况也可见一斑。

46.1.5.2　减少渤海入海河流污染源，是渤海海洋生态环境改善的第一要务

　　近年来，渤海陆源入海排污口的超标率均在70%以上，约80%的入海河流断面水质为劣五类，水质为重度污染。海水富营养化程度高，2012年，渤海的辽河口、渤海湾、莱州湾近岸区域，富营养化程度均为重度。双台子河口富营养化严重。

　　改进渤海近岸水质的富营养化程度，必须从降低化学需氧量、无机氮和活性磷酸盐同时进行。要重视城市污水、农业面源污染的治理。有毒有害污染物的排放，导致生物体内石油烃、砷及有机物污染累积效应呈上升趋势，引发赤潮和有毒赤潮发生。仅2012年，渤海赤潮发生8次，累计面积3 869 km²，其中红色赤潮甲藻赤潮多起，集中在秦皇岛海域。

　　另外，渤海是海洋石油开发程度最高的海域，渤海的海洋石油企业的监管要从工程项目的源头做起。对海上突发性溢油事故要着眼对事故进行预防，不能仅依靠应急处置。2011年蓬莱"19 - 3"溢油事故、2010年大连新港"7·16"油污事故，均警示我们，必须以制度保障杜绝类似重大溢油事故的再次发生。

47　国外模式及启示

　　渤海是跨行政区管理的国家内海海域，与渤海相类似的区域性海域首先是美国的切萨皮克湾，它们的共同点是不具备跨国性，在管理体制与管理机制上不存在跨国问题。墨西哥湾、黑海、波罗的海都是跨国家的地区性海域，在管理方面均涉及跨国问题。本研究重点介

绍切萨皮克湾、黑海的环境管理方法、体制机制，提炼可资渤海环境管理的经验及启示。

47.1　切萨皮克湾的环境管理机制

47.1.1　切萨皮克湾的基本情况

切萨皮克湾被称为世界上最大且生产力最强的海湾之一，它从马里兰格雷斯港到诺福克延伸320多千米。切萨皮克湾165 759.23km^2，有48条主要入海河流，100条小河流和上千条小溪和河流汇入湾骨。这些河流覆盖了美国6大州的全部或一部分，包括马里兰州、弗吉尼亚州、宾夕法尼亚州、纽约州、特拉华州、西弗吉尼亚州和哥伦比亚特区。切萨皮克湾（分水岭）的陆地和水上生态系统是非常复杂的。开放水域、水下草本、沼泽、沼泽地和森林为3 600种动植物和超过1 500万的人口提供着食物和栖息地，另外到2020年有望额外增加280万人口。

健康水源含有均衡的营养物质，再加上充足的氧气和阳光可以维持动植物的生存。压力会随着进化而上升，分水岭会获得过量的营养物质、氮和磷。局部河流和小溪将大量的下游沉淀物和污染物带进切萨皮克湾，这大大减少了水下草本、暗礁和牡蛎的数量。另外，水下还损失了数千英亩的沼泽地和森林面积。

47.1.2　切萨皮克湾的环境管理体系

切萨皮克湾的环境管理体系是遵照国际标准认证组织制定的环境管理标准ISO 14001-2004进行设置的，主要体现在执行环境保护计划方面。环境保护计划制订的过程，反映了管理方法的应用。

47.1.2.1　明确管理范围

首先，切萨皮克湾的环境管理计划是确定管理范围，也就是要明确管理对象。依据切萨皮克湾的实际情况，将所有具有潜在的可能给切萨皮克湾造成污染物和/或降低海洋生物体的生活环境质量的行为、生产和服务都视为管理范围，包括空气污染物排放和废水排放，如雨水、农药的使用和切萨皮克湾相关的化学药品等。

47.1.2.2　制定环境政策

委托高层次的机构为切萨皮克湾制定环境政策。这一政策要与所有的相关机构和企业沟通，这项政策必须与企业或机构的行为、产品或服务对环境的影响相当，并为制定和审核环保宗旨和目标提供一个框架。政策必须包括一些承诺：①持续完善，防止污染，服从相应的环境法律和其他规定；②这项政策必须与所有代表机构或机构的工作人员沟通，还要与公众沟通；③该项政策必须得以证明、实施和维护。

47.1.2.3　执行环境政策

执行环境政策，要保证在环境政策中的相关承诺和意愿实现。执行这项政策，必须保证要符合ISO 14001的所有要求，而且要用适当的渠道发布政策。

还要将环境政策与员工、承包商、服务商、供应商和其他有关人员进行沟通，要通过适当的方式，包括职工会议、年度培训、新职工上岗指导等，将环境政策公布在局域网上和店内、办公室和休息室的布告板上，以及机构使用的新环境政策沟通工具和程序。

与机构公共事务组共同工作，确保环境政策适合公共政策。如果高层管理同意，可将政策公布在对外公开的网站上。

确保在年度审查期间，高层领导对环境政策的审查。政策的修订必须与所有相关人员进行沟通，而且必须符合公众政策。

47.1.2.4 防止对环境的影响

与切萨皮克湾相关的每个机构、企业都要针对自己的行为制定一个防止环境影响的监测程度，并要依据制定的预防对环境的影响程序，对企业、机构的行为进行改善。

要确定对环境影响较大的因素，针对这些因素制定环境管理的具体措施。

要对环境影响进行评估，对环境影响最大的因素也就是环境管理的重点内容。也就是说，通过对切萨皮克湾的环境进行梳理，找出关键性问题，有的放矢地进行管理。

47.1.2.5 与国家法律和其他要求的一致性

切萨皮克湾的计划，要保证与国家现行法律相一致。通过制定和实施专门的评价程序，保证计划与法律的适应性与一致性，并确定这些标准是否如何适用于企业或机构的环境问题。"其他要求"是指非法规要求，如自愿性项目、行业标准等。

国际环境认证标准（ISO-14001）要求执行的法律和其他要求包括多个方面。首先，需要在环境政策报告中做出遵守承诺，并且随时间延长，对EMS文件的有效性进行测试。其次，需要制定一项程序来识别法律和其他法规在特定时间的有效性。"其他要求"指自愿性项目、同行标准和/或执行命令的非法规性要求。再者在设定宗旨和目标时需考虑法律和其他要求。另外在管理部审查期间，贵机构的长期遵守能力需通过内部审核评估并上报给高层管理部。以上所有要求可以确保一种高度的意识和行为来遵守法律和其他要求。

确定机构识别环境法律和其他要求在特定时间的有效性的方法，考虑其他由绿色采购或合同控制的环境方面的规定，了解每个环境问题的相关法律和其他要求。你可以制定一份所有适用的要求清单，并且定期做年度检查和更新，这样你可以证明贵机构坚持遵守法律和其他要求的承诺。

47.2 黑海的环境管理机制

47.2.1 黑海的基本情况

黑海是一个由6个沿海国构成的区域性海域，有3个多瑙河沿岸国和3个黑海海域沿岸国，主要入海河流是多瑙河流域及黑海海域。多瑙河流域被确定的覆盖范围又包括：多瑙河流域、罗马尼亚境内的黑海沿岸的集水区和沿罗马尼亚和乌克兰部分海岸的黑海沿岸水域。

黑海已经确认的跨界环境问题有4个：营养富足或富营养化；商业性开发海洋生物资源的破坏；化学污染（包括石油）；栖息地和生物多样性的退化。

47.2.2　黑海地区的环境管理法律框架

黑海沿岸国家有保加利亚、格鲁吉亚、罗马尼亚、俄罗斯、土耳其和乌克兰。自20世纪90年代起，在地区国家委员会的财政资助下，该地区的各个国家就已经开始合作，共同致力于跨界水资源的可持续使用。

黑海地区合作框架的法律依据主要有《1992年布加勒斯特公约》和《1993年敖德萨宣言》以及《21世纪议程》。这些法律文件为黑海沿海国家提供了实践性的指导方针，为六国的合作提供了合作框架。

多瑙河流域国家是黑海流域的主要部分，也是黑海污染的主要来源，所以多瑙河流域国家的一些大型团体之间于1994年签署了《保护多瑙河公约》。保加利亚、罗马尼亚和乌克兰分别是上述两个公约的签约国家。

在签署了《1992年布加勒斯特公约》和《1993年敖德萨公约》两个公约后，随即制定了多项保护水资源环境的综合措施和机制。而且为了实现公约的目的，设立了黑海委员会（BSC）和多瑙河保护国际委员会（ICPDR）来保护黑海。两个委员会于1997年开始合作，初步建立一个联合技术工作组。

两个委员会的工作由秘书处协助：黑海委员会（BSC）常设秘书处于2000年正式开放，多瑙河保护国际委员会（ICPDR）秘书处在1999年正式开放。2000年，ICPDR被提名为欧盟水资源框架指令执行情况国际重要问题的协调平台。这段时间以来，常设秘书处还支持多瑙河流域国家间的合作或协作，希望借此促进欧盟水资源框架指令实施。

ICPDR建立了一个联合技术工作组，加入黑海委员会共同拯救多瑙河至黑海的环境退化问题。目前ICPDR根据欧盟法律，正在为实现黑海沿岸水资源的良好环境起草指导方针。2001年11月两个委员会在布鲁塞尔内阁会议上签署了一份谅解备忘录，建立了合作关系。

47.2.3　黑海地区环境管理机构

黑海委员会是黑海地区的主要合作机构。该委员会由6个缔约国，保加利亚、格鲁吉亚、罗马尼亚、土耳其、俄罗斯和乌克兰共同组成。该委员会主席每年在缔约方之间轮换一次，委员会每年举办一次常规会议，或者根据缔约方约定召开多次会议。委员会的决定需要得到各缔约方一致通过。为黑海海洋环境制定预防污染、减少和控制污染措施、消除污染影响和为相关措施提出建议，是黑海委员会的主要职责之一。同时，委员会还负有促进缔约方采取必要的附加措施，以保护黑海环境、缔约方终端接收、加工和传达有关科学、技术和统计资料和促进科技研究等职责。

47.2.4　黑海沿岸国的环境管理工作

针对黑海4个主要环境问题，黑海地区各沿岸国分别就黑海委员会制定的环境目标开展工作。这些工作分别由沿海国的相应部门履行职责。

47.2.4.1 跨界富营养化有关问题的职责范围

黑海地区各沿岸国，就跨界水资源富营养化问题，主要在制定水资源保护法律法规、实施水资源保护措施、制定水资源质量标准、发放水资源使用许可证、监测监控水资源状况、建立农药与化学品登记制度、培训与教育等相关方面协调工作。

47.2.4.2 商业性海洋生物环境变化跨界问题的责任

黑海沿岸国在海洋生物环境变化跨界问题方面，主要做以下工作：参与、参加和批准相关国际公约、协议；制定国家农业政策，包括渔业政策；制订国家渔业和水产品开发计划；为保护濒危鱼类制定行动方案，包括制定禁止捕捞法令；建立和维护渔业数据库；建立渔船登记制度和维护登记系统；颁发商业捕鱼许可证；检查和控制捕鱼许可证的执行情况。

47.2.4.3 解决化学污染跨界问题时的责任

黑海沿岸国在化学污染跨界问题上主要履行以下职责：参与、参加和签署相关的国际公约、国际协议；制定限制和消除水污染计划的国家法律、法规，包括陆域水资源保护的法律法规；进行水资源管理，包括水供给和下水道的卫生管理；对地表水进行监控，包括对洗浴水、地下水、生活用水、废水排放、废气排放等进行监控，以及对控制和执行的情况进行监控。

47.2.4.4 生物多样性保护及防止外来物种入侵的责任

黑海沿岸国在海洋生物多样性保护方面，包括防止外来物种入侵方面的职责主要有：参与、参加和签署相关国际公约和协议；制订国家法律法规及计划；制订区域计划和战略；保护自然景观，进行自然景观的储量管理。

47.3 相关经验与启示

47.3.1 锁定环境问题

综合上述国际案例，找准跨界海域主要跨境问题，是开展环境管理的关键环节。由此开展的工作均围绕这些主要问题展开，问题明确、具体。

47.3.2 针对问题制订计划

针对环境问题，制订解决的计划，这一计划要具备可操作性，要在这一计划中制订环境管理的目标，目标要具体化，要标准化。

47.3.3 建立国家法律法规

要在国家层面制定法律法规，这是对相关行政管理部门、企业和个人行为约束的依据和执法依据。

47.3.4 职责明确、分工具体

要明确各环境管理机构的职责和分工，避免责任相互推诿现象的出现。

47.3.5　区域合作机制化、法制化

无论是同一个国家跨行政区划的海域，还是跨国家的国际性海域，合作机制必须有相应的法律、法规为依据，才能使得合作可持续性和规范化。

总体而言，跨区域性海域，无论是同一国家的海域，还是不同国家为沿海国的海域，都需要细致的分工、明确的计划和相应的执行机构。

48　渤海环境管理模式建议及陆海统筹对策

2013年11月，中国共产党第十八届中央委员会第三次全体会议通过的《中共中央关于全面深化改革若干重大问题的决定》明确提出对水土资源、环境容量和海洋资源超载区域实行限制性措施。建立和完善陆海统筹的生态系统保护修复和污染防治区域联动机制。新形势下，针对渤海环境管理体制机制方面的不足，建议从以下方面着手推进渤海环境管理工作。

48.1　渤海环境管理模式建议

基于以上分析，渤海环境管理在法律体系、管理制度方面都存在一些问题，建议秉着"以海定陆，海河统筹"的原则，尽快制定并出台渤海区域法，积极引导从目标管理向指标管理细化。

48.1.1　以海定陆，海河统筹

在渤海实施最严格的海洋环境保护政策。依据渤海生态环境的严峻形势需求，将"陆海统筹"提升为"以海定陆"，"海河兼顾"提升为"海河统筹"。只有这样，渤海的红线才可能守住。

以海定陆，即以渤海生态红线为标准，定夺渤海沿岸开发、渤海海洋工程、捕捞及养殖规模等。河海统筹，即以渤海生态红线区的水质标准，反推、倒逼陆源污染物、海上污染物的减量。

48.1.2　尽快出台渤海区域法

结合国际相似海域的成功经验，结合渤海的实际情况，要尽快制定渤海区域法，将渤海的环境保护纳入法制范畴。我国早已对渤海区域立法进行了10年之久的论证，无论从必要性、可行性都做过专题调研与研究，近年来，人大、政协两会代表也多人次提出渤海区域立法的建议，但是渤海立法仍举步维艰。渤海立法严重滞后，客观上延误了渤海的治理，致使渤海生态环境状况得不到控制，而且还在不断恶化。渤海海洋环境已不堪重负，如果再拖延下去，后果不可估量。

渤海立法，符合中央建设法制社会的总体要求，符合完善海洋法律法规体系建设要求，符合国家海洋综合管理和行政执法实际要求。只有渤海立法，才能保障在渤海实施最严格的

保护政策得到贯彻，才能统筹管理环渤海地区的农业面源污染物、工业污水和大生活用水的排放，以及海上作业平台和船舶排污以及溢油等。

通过渤海区域立法，可解决陆-海、河-海、海-海分治矛盾。以海定陆，建立河、陆、海污染总量控制指标制度，达到陆域、流域和海域治理统筹一致性和渤海保护的针对性；可以解决沿海行政区域间的用海与环境保护间的矛盾，统筹沿海地区产业布局和结构调整的问题；可以解决海洋管理部门、产业部门和地方政府部门分而治之的问题。建立部门、行业、地区间的联动机制，调动政府、市场和社会的积极性，综合运用环境保护、污染治理和监督管理等手段，达到最佳保护与治理效果。另外，还可以解决现行法律、法规、规章的统一性，完善法律法规体系；确立执行机关，作为一部专门的区域法，而且是以地域为依据制定的特别法，需要解决法律的执法体系问题。制定渤海区域法是从根本上解决渤海环境问题的途径。

48.1.3 由目标管理向指标管理细化转变

目前，我国已经建立的《全国海洋功能区划（2011—2020年）》、《重点流域水污染防治规划》、《全国主体功能区规划》、《海洋主体功能区规划》等，在制定原则、实施目标、保障措施方面比较全面，但是对目标实施的路径、指标落实、考核标准等均弱化，最终的规划、区划等如何对实施过程、实施结果进行评估缺少依据。因此，在渤海环境管理的各个环节，需要将目标细化到指标，从目标管理向指标管理转化，从目标管理向过程管理转变。

48.2 渤海海洋环境陆海统筹管理对策

子课题研究表明，陆源污染压力与海洋污染区域在空间上高度吻合。影响渤海环境污染的陆域区域主要集中在三大湾沿岸。鉴于此，渤海海洋环境管理中要坚持陆海统筹、协调推进的原则就显得更加必要和紧迫。

48.2.1 组建渤海综合管理委员会

在渤海区域法出台之前，组建渤海综合管理委员会。以往渤海治理和环境保护总体上是不成功的，主要原因之一是没有一个一体化的专门的管理机构对渤海进行综合治理。渤海综合管理委员会，在级别上应是区域性质的，是具备跨省、跨行业、跨部门协调职能的专门委员会。这在其他相似国际区域海的实践中证明是有效的。渤海是一个自然整体，与经济社会共同构成一个密不可分的整体，环境问题实际上是一个关联性极强的发展问题。

渤海是一个宏大的社会－自然体系的核心区域，涉及国家、地方多个行政主管部门，包括海洋、海事、环境、渔业、民政、旅游等多个部门，产业涉及陆域及海洋产业的所有门类。这样一个宏大的自然－社会系统，没有一个综合协调机构，无论从哪个角度考虑，管理只能是行政的、领域的、地方的，相互之间缺少协调沟通机制。尽管在渤海地区建立了渤海地区省部级联席会议制度，但是这种机制仍不能满足渤海环境管理的需求。

建立渤海综合管理委员会是十分必要的。以2011年11月间蓬莱"19－3"溢油事故的处理为例，从溢油事故的发现、调查、取证、赔偿、生态修复等各个环节，都反映出一个共同问题，即缺少高层次协调决策机构。

48.2.2　以"生态红线"倒逼陆源污染物减量排放

在环境管理的思路上，我们应反思以往近20年渤海环境管理的教训，为何整治20年，渤海的环境状况不但没有改善，污染面积反而越来越大，渔业资源衰退越来越重。究竟问题出在哪里？根源何在？如何根治？

渤海环境管理没有找到一个关键的抓手，"同抓共管"实际上是主次不分，主要矛盾得不到解决，次生矛盾越积越多。在渤海区域法出台之前，以"渤海生态红线"倒逼陆源污染物减量排放，是一个可行的方案。

达标排放已远远不能解决渤海环境恶化问题。必须减量排放，以渤海的环境容量和渤海能接纳的程度，定夺污染物排放强度。如何定，定多少？在理论界已经是一个大而难的问题，经过多年论证、研究，至今也没有一个定论。如果再等待这样一个复杂的科学问题的答案，然后再依据这一结果实施渤海的污染物总量控制制度，那么渤海的环境状况情况不知糟到什么地步。

依据党的"十八大"提出的生态文明建设的战略部署，结合国务院"生态红线制度"的要求，以守住渤海的"生态红线"最低标准，倒逼渤海入海河流、岸边直排口、海上油气开发等陆海源污染物的减量排放。

为此，渤海环境管理要抓两头。一头是以渤海生态红线为准绳，严格守住这道最低防线，以此制定标准。另一头是将环境标准落实到企业产生的产品标准中去，落实到企业排污、农药使用、城市居民污水处理厂的建设中。

48.2.3　重视农业和城市生活污水的减量排海

从河口区污染物排放的结构看，无论是化学需氧量还是氨氮排放量，工业污染源所占成份为11.8%，城市生活污染和农业面源污染物排海量已经占据了绝大部分。从岸边排放看，直排口的超标排放是影响海洋生态环境的主要因素。为此，重视沿海工业污水直接排放质量的同时，必须加大渤海农业面源污染与沿入海主要河流城市生活污染的减量排海。目前，如果以《重点河流保护规划（2011—2015年）》，以及《重点流域环境考核标准》，虽然在2015年一些河流断面的水质会达标，但相当一部分河流的水质标准仍维持在四类，甚至五类水质。因此，仅从某一个规划而言，污染物减量的力度仍不够。建议国家在实施这些规划时，应依渤海生态红线区的标准，反推污染物排放最大允许量，以此定夺城市污水处理厂的数量、布局，以及相关企业的布局，规范农药使用标准等。

48.2.4　建立健全渤海环境保护制度体系

渤海在适用国家环境保护和海洋环境保护的一切法律法规外，要实施更严格的海洋环境保护政策，以制度创新带动政策实施，是一个带有长期性、战略性的有效途径。为此，建议。

48.2.4.1　尽快实施渤海污染物排放总量制度

为从根本上扭转渤海生态环境恶化的趋势，结合渤海环境的严峻形势，下大力气，排除阻碍，力推渤海污染物排放总量控制制度的尽快实施，在渤海环境整治的制度方面有所突破。

48.2.4.2　建立渤海生态环境保护目标责任制度

结合渤海生态红线制度的建立，探索渤海生态环境保护目标责任制度的实施路径、方法；在理论上加大研究力度，制定可行的生态环境保护指标，落实到相关企业、部门的职责中去。

48.2.4.3　率先实施渤海工程环境保护限批制度

国家环境保护部于2007年开始实施区域限批制度，针对污染物超过总量控制指标、生态破坏严重、未完成环境保护目标任务考核等区域实施限批，实践结果表明，区域限批制度是督促地方政府采取切实有效措施落实环境保护要求的有力手段，实施区域限批制度可以为受损生境恢复创造基本条件，有效遏制生态环境继续恶化的势头。国务院在批复的《全国海洋功能区划（2011—2020年）》中提出，在渤海实施最严格的环境保护政策，切实保护渤海洋生态环境，有效扼制渤海海洋生态环境持续恶化趋势，维护海洋生态安全。为此，建议在渤海率先实施海洋工程环境保护限批制度。

48.2.4.4　实施海洋重大生态环境突发事件责任追究制度

针对渤海生态环境突发事件频率的加大，如大连油管爆炸、蓬莱"19－3"溢油事故、有毒害赤潮等突发性生态环境灾害，渤海生态环境遭到的损害是长期的，甚至是永久性的。往往这些生态环境灾害的致灾因素是审批不严、制度缺失、操作不规范等人为因素所致，为此，应在渤海实行对包括海洋船舶溢油、海洋石油勘探开发溢油、海水养殖污水污染海洋的重大生态环境事故实施责任追究制度，以警示工程的责任单位和责任人，以及相关地方政府职能部门严格把关，在事故源头杜绝污染事故发生。将环境标准、生态理念融入渔业、养殖、石油、船舶等各领域的各个环节，将各阶段职责与责任联在一起，否则将负刑事和法律责任。

参考文献

薄晓波，冯嘉．2009．论综合生态系统管理理念的法律化——兼谈法律思维的作用 [J]．昆明理工大学学报：社会科学版，9．

陈力群．2004．莱州湾海洋环境评价与污染总量控制方法研究[D]．青岛：中国海洋大学．

陈晓景．2006．流域管理法研究——生态系统管理的视角[D]．青岛：中国海洋大学．

褚向怡．2010．中小城镇垃圾处理的现状及新型垃圾处理技术研究[J]．科技传播，11．

崔正国．2008．环渤海13城市主要化学污染物排海总量控制方案研究[D]．青岛：中国海洋大学．

单志欣，郑振虎，等．2000．渤海莱州湾富营养化及其研究[J]．海洋湖沼通报，2：41-46．

单卓然，黄亚平．2013．"新型城镇化"概念内涵、目标内容、规划策略及认识误区解析[J]．城市规划学刊，2．

邓宗成，孙英兰，周皓，等．2009．沿海地区海洋生态环境承载力定量化研究——以青岛市为例[J]．海洋环境科学，12（4）：438-441，459．

丁德文，石洪华，张学雷．2009．近岸海域水质变化机理及生态环境效应[M]．北京：海洋出版社．

丁东生．2012．渤海主要污染物环境容量及陆源排污管理区分配容量计算[D]．青岛：中国海洋大学．

傅伯杰，刘世梁，等．2001．生态系统综合评价的内容与方法[J]．生态学报，21（11）：1885-1892．

高会旺，冯士筰，管玉平．2000．海洋浮游生态系统动力学模式的研究[J]．海洋与湖沼，31．

高吉喜．2001．可持续发展理论探索：生态承载力理论、方法与应用[M]．北京：中国环境科学出版社．

高璞，梁书秀，孙昭晨．2009．渤海COD分布特征季节变化的数值模拟[J]．海洋湖沼通报，12（3）：24-33．

高新昊，等．2010．山东省农业污染综合分析与评价[J]．水土保持通报，30（5）：182-185．

管岑．2001．海岸带生态系统管理法律研究[D]．大连：大连海事大学．

郭良波，江文胜，李凤岐，等．2007．渤海COD与石油烃环境容量计算[J]．中国海洋大学学报：自然科学版，2：310-316．

郭良波．2005．渤海环境动力学数值模拟及环境容量研究[D]．青岛：中国海洋大学．

郭梅，等．2013．跨省流域生态补偿机制的创新——基于区域治理的视角[J]．生态与农村环境学报，29（4）．

郭全，王修林，韩秀荣，等．2005．渤海海区COD分布及对海水富营养化贡献分析[J]．海洋科学，12（9）：73-77．

国家海洋局．2012．中国海洋环境状况公报[R]．

国家海洋局．2010．中国海洋环境状况公报 [R]．

海洋大辞典编辑委员会．1998．海洋大辞典[M]．沈阳：辽宁人民出版社．

韩克．2006．海岸带管理法的立法对策研究 [D]．大连：大连海事大学．

郝华勇．2013．论低碳城镇化的实现路径[J]．农业经济，7．

河北省国土资源局（河北省海洋局）．2007．河北省海洋资源调查与评价专题报告（上）[M]．北京：海洋出版社．

河北省国土资源局（河北省海洋局）．2007．河北省海洋资源调查与评价专题报告（下）[M]．北京：海洋出版社．

河北省国土资源局（河北省海洋局）. 2007. 河北省海洋资源调查与评价综合报告[M]. 北京：海洋出版社.

河北省国土资源局（河北省海洋局）. 2013. 河北省海洋环境资源基本现状[M]. 北京：海洋出版社.

贺蓉. 2009. 我国海岸带立法若干问题研究 [D]. 青岛：中国海洋大学.

淮滨，李清雪，陶建华. 1999. 离散规划在近海地区排海废水污染物总量控制中的应用[J]. 城市环境与城市生态，12（1）：37-39.

黄瑞芬. 2009. 环渤海经济圈海洋产业集聚与区域环境资源耦合研究[D]. 青岛：中国海洋大学.

黄苇，谭映宇，张平. 2012. 渤海湾海洋资源、生态和环境承载力评价[J]. 环境污染与防治，6：101-109.

纪大伟，杨建强，高振会，等. 2007. 莱州湾西部海域枯水期富营养化程度研究[J]. 海洋环境科学，6（5）：427-429.

贾增辉. 2013. GIS在海洋环境监测数据可视化中的应用研究[D]. 青岛：青岛科技大学.

柯丽娜. 2013. 辽宁省近岸海域环境问题与承载力分析研究[D]. 大连：大连理工大学.

李海鹏. 2007. 中国农业面源污染的经济分析与政策研究[D]. 武汉：华中农业大学.

李俊. 2010. 我国防止船舶污染法律问题研究[D]. 上海：复旦大学.

李俊超，马倩，陶钧. 2012. 基于ArcGIS的水文流域分析及应用[J]. 地理空间信息，6：1-2，121-123.

李克强. 2007. 胶州湾主要化学污染物海洋环境容量研究[D]. 青岛：中国海洋大学.

李璐. 2011. 工业治污运营的新模式——系统化合同减排模式[J]. 中国环保产业，10.

李如忠，钱家忠，汪家权. 2003. 水污染物允许排放总量分配方法研究[J]. 水利学报，5（5）：112-116.

李如忠，汪家权，钱家忠. 2005. 区域水污染负荷分配的Delphi-AHP法[J]. 哈尔滨工业大学学报，37（1）：84-88.

李盛泉. 2008. 防止船舶造成渤海海域环境污染的法律手段研究[D]. 大连：大连海事大学.

李一花，李曼丽. 2009. 农业面源污染控制的财政政策研究[J]. 财贸经济，9.

李志伟，崔力拓. 2012. 秦皇岛主要入海河流污染及其对近岸海域影响研究[J]. 生态环境学报，7：1285-1288.

梁娟珠. 2006. 基于GIS的海洋环境质量评价及其可视化研究[J]. 海洋开发与管理，12（3）：98-99.

刘国华，傅伯杰，杨平. 2001. 海河水环境质量及污染物入海通量[J]. 环境科学，12（4）：46-50.

刘浩，尹宝树. 2006. 渤海生态动力过程的模型研究 I · 模型描述[J]. 海洋学报，12（6）：21-31.

刘浩，尹宝树. 2006. 辽东湾氮、磷和化学需氧量环境容量的数值计算[J]. 海洋通报，12（2）：46-54.

刘浩，张毅，郑文升. 2011. 城市土地集约利用与区域城市化的时空耦合协调发展评价——以环渤海地区城市为例[J]. 地理研究，30（10）.

刘锦明. 1987. 控制污染物入海量问题初探[J]. 海洋环境科学，6（2）：9-18.

刘婧. 2012. 我国治理空气污染和碳排放的市场机制探索//Conference on Environmental Pollution and Public Health (CEPPH 2012)[C].

刘娟. 2006. 渤海化学污染物入海通量研究[D]. 青岛：中国海洋大学.

刘亮. 2012. 辽东湾、渤海湾、莱州湾三湾生态系统服务价值评估[J]. 生态经济，（6）：155-160.

刘琳. 2006. 渤海环境污染防治立法研究 [D]. 哈尔滨：东北林业大学.

刘琼琼，邵晓龙，刘红磊，等. 2013. 天津市主要河流水质及污染物入海通量[J]. 天津师范大学学报：自然科学版，2：56-59.

刘相兵. 2013. 渤海环境污染及其治理研究[D]. 烟台：烟台大学.

路庆斌，等. 2009. 农业面源污染防治的清洁生产对策[J]. 环境与可持续发展，6.

栾维新. 2004. 海陆一体化建设研究[M]. 北京：海洋出版社.

马得毅，王菊英，洪鸣，等. 2011. 海洋环境质量基准研究方法学浅析[M]. 北京：海洋出版社.

马国勇，陈红. 2014. 基于利益相关者理论的生态补偿机制研究[J]. 生态经济，4.

马建新，郑振虎，李云平，等. 2002. 2001年莱州湾水质监测报告[J]. 齐鲁渔业，19（9）：33-34.

马康. 2008. 潍坊市经济增长与近岸水环境污染关系研究[D]. 泰安：山东农业大学.

毛天宇，戴明新，彭士涛，等. 2009. 近10年渤海湾重金属（Cu、Zn、Pb、Cd、Hg）污染时空变化趋势分析[J]. 天津大学学报，9：817-825.

苗丽娟，王玉广，张永华，等. 2006. 海洋生态环境承载力评价指标体系研究[J]. 海洋环境科学，6（3）：75-78.

穆迪. 2012. 渤海湾营养盐对浮游生态动力学特性影响研究[D]. 天津：天津大学.

牛文元. 1990. 生态脆弱带（ECOTONE）的基础判定[J]. 生态学报，9（2）：97-105.

牛志广. 2004. 近岸海域水环境容量的研究[D]. 天津：天津大学.

欧阳志云. 2013. 建立我国生态补偿机制的思路与措施[J]. 生态学报，2.

潘文卿，姚永玲，宁向东. 2006. 环渤海区域发展报告2006，历史、现状与趋势[M]. 北京：企业管理出版社.

裴相斌，赵冬至. 2000. 基于GIS的海湾陆源污染物排海总量控制的空间优化分配方法研究——以大连湾为例[J]. 环境科学学报，20（3）：294-298.

彭远新，等. 2003. 济南市区地表水污染及其治理[J]. 国土与自然资源研究，（1）：5-6.

秦娟. 2009. 沿海省市海洋环境承载力测评研究[D]. 青岛：中国海洋大学.

秦延文，孟伟，郑丙辉，等. 2005. 渤海湾水环境氮、磷营养盐分布特点[J]. 海洋学报：中文版，12（2）：172-176.

邱志高，丰爱平，谷东起，等. 2006. 近50年来莱州湾南岸气候变化及其环境效应[J]. 海岸工程，25（2）：55-60.

曲玉环. 2009. 东营市陆源入海污染物调查与评价[D]. 青岛：中国海洋大学.

任光超. 2011. 我国海洋资源环境承载力评价研究[D]. 上海：上海海洋大学.

山东省海洋与渔业厅. 2010. 山东近海经济生物资源调查与评价[M]. 北京：海洋出版社.

石洪华，丁德文，郑伟. 2012. 海岸带复合生态系统评价、模拟与调控关键技术及其应用[M]. 北京：海洋出版社.

石洪华，沈程程，李芬，等. 2014. 胶州湾生物-物理耦合模型参数灵敏度分析[J]. 生态学报，34.

石洪华，郑伟，丁德文，等. 2008. 典型海洋生态系统服务功能及价值评估——以桑沟湾为例[J]. 海洋环境科学，6（2）：101-104.

宋延巍. 2006. 海岛生态系统健康评价方法及应用[D]. 青岛：中国海洋大学.

宋增华. 2002. 构建海岸带综合管理体制的设想[J]. 海洋开发与管理，5.

孙久文，丁鸿君. 2012. 京津冀区域经济一体化进程研究[J]. 经济与管理研究，7.

孙连友，何广顺. 2013. 天津市近海海洋环境资源基本现状[M]. 北京：海洋出版社.

孙松君. 2000. 海洋污染与赤潮[J]. 中学生物教学，5.

谭映宇，张平，刘容子，等. 2012. 渤海内主要海湾资源和生态环境承载力比较研究[J]. 中国人口·资源与环境，12：7-12.

谭映宇. 2010. 海洋资源、生态和环境承载力研究及其在渤海湾的应用[D]. 青岛：中国海洋大学.

汤国安，杨昕．2007．ArcGIS地理信息系统空间分析实验教程[M]．北京：科学出版社．

唐启升，苏纪兰，孙松，等．2005．中国近海生态系统动力学研究进展[J]．地球科学进展，20：1288-1299．

童钧安．1994．莱州湾主要污染物来源及分布特征[J]．黄渤海洋，12（4）：16-20．

汪劲．2006．环境法学[M]．北京：北京大学出版社：242-243．

王长友．2008．东海Cu、Pb、Zn、Cd重金属环境生态效应评价及环境容量估算研究[D]．青岛：中国海洋大学．

王海涛，徐刚，恽晓方．2013．区域经济一体化视阈下京津冀产业结构分析[J]．东北大学学报：社会科学版，7．

王华东，张敦富，郭宝森，等．1988．环境规划方法及实例[M]．北京：化学工业出版社．

王金坑．2013．入海污染物总量控制技术与方法[M]．北京：海洋出版社．

王军锋，侯超波．2013．中国流域生态补偿机制实施框架与补偿模式研究——基于补偿资金来源的视角[J]．中国人口·资源与环境，2．

王敏嫱．2011．基于ArcGIS和DEM在水文流域模拟中的应用[J]．地下水，4：159-161．

王启尧．2011．海域承载力评价与经济临海布局优化理论与实证研究[D]．青岛：中国海洋大学．

王青．2012．基于资本市场的水污染治理融资渠道的分析[M]//中国环境科学学会．中国环境科学学会学术年会论文集．北京：中国环境科学出版社．

王想红．2013．基于三维虚拟地球的海洋环境数据动态可视化研究[D]．阜新：辽宁工程技术大学．

王修林，崔正国，李克强，等．2008．环渤海三省一市溶解态无机氮容量总量控制[J]．中国海洋大学学报：自然科学版，12（4）：619-622，626．

王修林，崔正国，李克强，等．2009．渤海COD入海通量估算及其分配容量优化研究[J]．海洋环境科学，6（5）：497-500．

王修林，李克强．2006．渤海主要化学污染物海洋环境容量[M]．北京：科学出版社．

王云，梁明，汪桂生．2012．基于ArcGIS的流域水文特征分析[J]．西安科技大学学报，12（5）：581-585．

吴光红，李万庆，郑洪起．2007．渤海天津近岸海域水污染特征分析[J]．海洋学报：中文版，12（2）：143-149．

吴佳璐．2013．辽宁省海域生态承载力综合测度分析[D]．大连：辽宁师范大学．

吴桑云，王文海，丰爱平，等．2011．我国海湾开发活动及其环境效应[M]．北京：海洋出版社，95，101-102．

徐广才，康慕谊，贺丽娜，等．2009．生态脆弱性及其研究进展[J]．生态学报，29（5）：2578-2588．

徐明德．2006．黄海南部近岸海域水动力特性及污染物输移扩散规律研究[D]．上海：同济大学．

徐晓甫，聂红涛，袁德奎，等．2013．天津近海富营养化及环境因子的时空变化特征[J]．环境科学研究，12（4）：396-402．

许娟，等．2008．我国农业面源污染现状与防控策略[J]．中国农学通报，11．

杨建强，崔文林，张洪亮，等．2003．莱州湾西部海域海洋生态系统健康评价的结构功能指标法[J]．海洋通报，22（5）：58-63．

杨文．2000．船舶污染防治系统工程及其法律体系要求[C]//中国航海学会2000年度学术交流会优秀论文集．北京：中国航海学会．

姚丽娜．2003．我国海岸带综合管理与可持续发展[J]．哈尔滨商业大学学报：社会科学版，3．

于谨凯，杨志坤．2012．基于模糊综合评价的渤海近海海域生态环境承载力研究[J]．经济与管理评论，12

（3）：54-60.

袁宇，朱京海，侯永顺，等．2008．污染物入海通量非点源贡献率的分析方法[J]．环境科学研究，12（5）：169-172.

张存智，韩康，张砚峰，等．1998．大连湾污染物排放总量控制研究——海湾纳污能力计算模型[J]．海洋环境科学，17（3）：1-5.

张高生，董光清．1999．莱州湾生态系统特点及保护建议[J]．环境科学研究，12（4）：6-64.

张功．2000．二十一世纪国际海洋倾废立法趋势及我国对策[D]．大连：大连海事大学．

张华玲，等．2006．济南市面源污染现状及防治对策[J]．中国环境监测，22（4）：60-64.

张继民，刘霜，唐伟，等．2009．海洋生态脆弱性评估理论体系探析[J]．海洋开发与管理，26（8）：30-33.

张静．2010．深圳湾水环境综合评价及环境容量研究[D]．大连：大连海事大学．

张燕．2007．海湾入海污染物总量控制方法与应用研究[D]．青岛：中国海洋大学．

张聿柏．2013．石油烃对海洋微藻的毒性效应及其机理研究[D]．青岛：中国海洋大学．

张占斌．2013．新型城镇化的战略意义和改革难题[J]．国家行政学院学报，1.

张志锋，韩庚辰，王菊英．2013．中国近岸海洋环境质量评价与污染机制研究[M]．北京：海洋出版社．

章力建，朱立志．2006．农业立体污染综合防治研究的概况与进展[J]．世界科技研究与发展，12.

赵亮，魏皓，冯士筰．2002．渤海氮磷营养盐的循环和收支[J]．环境科学，12（1）：78-81.

赵亮．2002．渤海浮游植物生态动力学模型研究[D]．青岛：青岛海洋大学．

赵薇莎．2006．论我国水资源管理体制的完善[D]．北京：中国政法大学．

赵跃龙．1999．中国脆弱生态环境类型分布及其综合整治[M]．北京：中国环境科学出版社．

郑丙辉，秦延文，孟伟，等．2007．1985—2003年渤海湾水质氮磷生源要素的历史演变趋势分析[J]．环境科学，12（3）：494-499.

郑伟．2008．海洋生态系统服务及其价值评估应用研究[D]．青岛：中国海洋大学．

中国城市经济学会中小城市经济发展委员会．2010．中国中小城市发展报告（2010）[M]．北京：社会科学文献出版社．

中国海湾志编纂委员会．1991—1999．中国海湾志（第一至第十四分册）[M]．北京：海洋出版社．

中国社会科学院环境与发展研究中心．2001．中国环境与发展评论（第一卷）[M]．北京：社会科学文献出版社．

周红，华尔，张志南．2010．秋季莱州湾及邻近海域大型底栖动物群落结构的研究[J]．中国海洋大学学报．40（8）：80-87.

周文静．2009．海洋环境监测法律规制研究[D]．青岛：中国海洋大学．

朱琳．2007．渤海湾的生态环境压力与管理对策研究[D]．天津：天津大学．

邹涛．2012．夏季胶州湾入海污染物总量控制研究[D]．青岛：中国海洋大学．

Chen X, Gao H, Yao X, et al. 2010. Ecosystem-based assessment indices of restoration for Daya Bay near a nuclear power plant in South China[J]. Environmental Science & Technology, 44:75,89-95.

Costanza R, d'Arge R, de Groot R, et al. 1997.The value of the world's ecosystem services and natural capital [J]. Nature, 387:253-260.

Costanza R, Mageau M. 1999.What is a healthy ecosystem? [J].Aquatic Ecology, 33:105-115.

Costanza R. 2012. Ecosystem health and ecological engineering [J]. Ecological Engineering,45:24-29.

Daily G. 1997.Nature's Services: Societal Dependence on Natural Ecosystems[M]. Washington, D.C.: Island Press.

Duarte E.A., Neto I., Alegrias, et al. 1998.Appropriate technology for pollution control in corrugated board industry: the Portuguese case [J]. Water science and technology, 38(6): 45-53.

GESAMP.1986.Environmental capacity: An approach to marine pollution prevention[R]. Nairobi: UNEP.

Halpern BS, Longo C, Hardy D, et al. 2012.An index to assess the health and benefits of the global ocean [J]. Nature, 488,615-620.

Horiya k., Hirano T., Hosoda M., et al. 1991.Evaluating method of the marine environmental capacity for coastal fisheries and its application to Osaka Bay [J]. Marine Pollution Bulletin, 23: 253-257.

IPCC. 2007.Climate change 2007: Impacts, adaptation and vulnerability [M]. Cambridge: Cambridge University Press.

Jacobson C, Carter RW, Thomsen DC, et al. 2014. Monitoring and evaluation for adaptive coastal management [J]. Ocean & Coastal Management, 89:51-57.

Millennium Ecosystem Assessment (MA). 2005. Ecosystems and Human Well-being: Synthesis [M]. Washington, D.C.: Island Press.

Moldan B, Janoušková S, Hák T. 2012.How to understand and measure environmental sustainability: Indicators and targets [J]. Ecological Indicators, 17:4-13.

Olsen SB. 2003. Frameworks and indicators for assessing progress in integrated coastal management initiatives [J]. Ocean & Coastal Management, 46:347-361.

Peng S, Zhou R, Qin X, et al. 2013. Application of macrobenthos functional groups to estimate the ecosystem health in a semi-enclosed bay [J]. Marine Pollution Bulletin, 74:302-310.

Rapport DJ, Costanza R, McMichael AJ. 1998.Assessing ecosystem health [J]. Trends in Ecology & Evolution, 13:397-402.

Ray G. C. 1986. Conservation Concepts for the Seas and Coasts [J]. Environmental Conservation, 13(2):95-96.

Rombouts I, Beaugrand G, Artigas LF, et al. 2013.Evaluating marine ecosystem health: Case studies of indicators using direct observations and modeling methods [J]. Ecological Indicators , 24:353-365.

Tedeschi S. 1991.Assessment of the environmental capacity of enclosed coastal sea [J]. Marine Pollution Bulletin, 23: 449-455.

Wu XQ, Gao M, Wang D, Wang Y, et al. 2012. Framework and practice of integrated coastal zone management in Shandong Province, China [J]. Ocean & Coastal Management, 69:58-67.

Zheng W, Shi H, Chen S, et al. 2009. Benefit and cost analysis of mariculture based on ecosystem services[J]. Ecological Economics, 68:1626-1632.

Zheng W, Shi H, Fang G, et al. 2012. Global sensitivity analysis of a marine ecosystem dynamic model of the Sanggou Bay[J]. Ecological Modeling, 247:83-94.